Süßwasser- und Meeresökologie

Ulrich Sommer

Süßwasser- und Meeresökologie

 Springer

Ulrich Sommer
GEOMAR Helmholtz Zentrum für
Ozeanforschung Kiel
Kiel, Schleswig-Holstein, Deutschland

ISBN 978-3-031-64722-2   ISBN 978-3-031-64723-9   (eBook)
https://doi.org/10.1007/978-3-031-64723-9

Die Deutsche Nationalbibliothek verzeichnet diese Publikation in der Deutschen Nationalbibliografie; detaillierte bibliografische Daten sind im Internet über https://portal.dnb.de abrufbar.

Übersetzung der englischen Ausgabe: „Freshwater and Marine Ecology" von Ulrich Sommer, © The Editor(s) (if applicable) and The Author(s), under exclusive license to Springer Nature Switzerland AG 2024. Veröffentlicht durch Springer International Publishing. Alle Rechte vorbehalten.

Dieses Buch ist eine Übersetzung des Originals in Englisch „Freshwater and Marine Ecology" von Ulrich Sommer, publiziert durch Springer Nature Switzerland AG im Jahr 2023. Die Übersetzung erfolgte mit Hilfe von künstlicher Intelligenz (maschinelle Übersetzung). Eine anschließende Überarbeitung im Satzbetrieb erfolgte vor allem in inhaltlicher Hinsicht, so dass sich das Buch stilistisch anders lesen wird als eine herkömmliche Übersetzung. Springer Nature arbeitet kontinuierlich an der Weiterentwicklung von Werkzeugen für die Produktion von Büchern und an den damit verbundenen Technologien zur Unterstützung der Autoren.

© Der/die Herausgeber bzw. der/die Autor(en), exklusiv lizenziert an Springer Nature Switzerland AG 2024

Das Werk einschließlich aller seiner Teile ist urheberrechtlich geschützt. Jede Verwertung, die nicht ausdrücklich vom Urheberrechtsgesetz zugelassen ist, bedarf der vorherigen Zustimmung des Verlags. Das gilt insbesondere für Vervielfältigungen, Bearbeitungen, Übersetzungen, Mikroverfilmungen und die Einspeicherung und Verarbeitung in elektronischen Systemen.
Die Wiedergabe von allgemein beschreibenden Bezeichnungen, Marken, Unternehmensnamen etc. in diesem Werk bedeutet nicht, dass diese frei durch jede Person benutzt werden dürfen. Die Berechtigung zur Benutzung unterliegt, auch ohne gesonderten Hinweis hierzu, den Regeln des Markenrechts. Die Rechte des/der jeweiligen Zeicheninhaber*in sind zu beachten.
Der Verlag, die Autor*innen und die Herausgeber*innen gehen davon aus, dass die Angaben und Informationen in diesem Werk zum Zeitpunkt der Veröffentlichung vollständig und korrekt sind. Weder der Verlag noch die Autor*innen oder die Herausgeber*innen übernehmen, ausdrücklich oder implizit, Gewähr für den Inhalt des Werkes, etwaige Fehler oder Äußerungen. Der Verlag bleibt im Hinblick auf geografische Zuordnungen und Gebietsbezeichnungen in veröffentlichten Karten und Institutionsadressen neutral.

Cover Image: Colobometra perspinosa (Crinoidea, Echinodermata) growing on the gorgonian coral Meilthaea sp. (Octocorallia, Anthozoa); photographer: Nick Hawkins; with kind permission by Ocean School, Dalhousie University, Halifax Canada.

Planung/Lektorat: Eva Loerinczi
Springer ist ein Imprint der eingetragenen Gesellschaft Springer Nature Switzerland AG und ist ein Teil von Springer Nature.
Die Anschrift der Gesellschaft ist: Gewerbestrasse 11, 6330 Cham, Switzerland

Wenn Sie dieses Produkt entsorgen, geben Sie das Papier bitte zum Recycling.

*In Erinnerung an Peter Kilham (1943–1989),
Susan S. Kilham (1943–2022),
Elsalore Kusel-Fetzmann (1932–2020),
Winfried Lampert (1941–2021) und
Colin S. Reynolds (1943–2018)*

Vorwort

Die Bedeutung von Oberflächengewässern für das Leben auf der Erde und für menschliche Angelegenheiten steht außer Frage. Das Leben entstand im Wasser und noch immer findet sich die größte Vielfalt an Bauplänen von Organismen im aquatischen Bereich. Mehr als 70% der Erdoberfläche sind von Wasser bedeckt. Weit mehr als die Hälfte der menschlichen Weltbevölkerung lebt an den Küsten oder in der Nähe der Küsten des Meeres oder von Seen oder in der Nähe von Flüssen. Und sogar die meisten Menschen, die weit entfernt von Oberflächengewässern leben, sind auf die „Ökosystemgüter und -dienstleistungen" angewiesen, die von Oberflächengewässern bereitgestellt werden. Diese Ökosystemgüter und -dienstleistungen umfassen die Bereitstellung von Trinkwasser, Fischerei, Bewässerungswasser für die Landwirtschaft, Prozesswasser für die industrielle Produktion, Wasserwege für den Handel und in jüngerer menschlicher Geschichte auch Möglichkeiten für Erholung und Tourismus. Auch das für menschliche Zwecke intensiv genutzte Grundwasser ist durch den globalen Wasserkreislauf eng mit den Oberflächengewässern verbunden.

Das Funktionieren der Biosphäre und die Beziehungen zwischen menschlichen Gesellschaften und der Biosphäre können ohne aquatische Ökologie nicht verstanden werden. Dennoch sind marine und Binnengewässer in den meisten Lehrbüchern der allgemeinen Ökologie eher unterrepräsentiert. Tatsächlich sind die meisten Lehrbücher der allgemeinen Ökologie Lehrbücher der terrestrischen Ökologie, trotz der Tatsache, dass die Theorieentwicklung in terrestrischer und aquatischer Ökologie Hand in Hand ging. Diese konzeptionelle Kohärenz zwischen beiden kann aus der Vielzahl von Beispielen in diesem Buch gesehen werden, die allgemeine ökologische Konzepte illustrieren und ökologische Theorie testen.

Nach der Einführung der physikalischen und chemischen Eigenschaften des aquatischen Lebensraums und der Vielfalt der aquatischen Lebensformen, folgt das Buch der typischen Struktur von Ökologie-Lehrbüchern und nimmt einen „bottom-up"-Ansatz von den Bausteinen (Individuen, die sich mit der Umwelt auseinandersetzen müssen) zu übergeordneten und komplexeren Einheiten wie Populationen, Lebensgemeinschaften, Ökosystemen und globalen biogeochemischen Kreisläufen. Auf den verschiedenen Ebenen dieser Hierarchie nimmt das Buch eine evolutionäre Perspektive ein, d. h. es betrachtet die Merkmale von Organismen einschließlich ihres Verhaltens als Ergebnisse der natürlichen Selektion. Es betont auch die Tatsache, dass Organismen sich nicht nur an ihre Umwelt anpassen, sondern diese auch verändern und somit Umwelt füreinander werden. Über geologische Zeitalter hinweg führte das gemeinsame Handeln von Organismen zu einer gigantischen Umverteilung von Substanzen zwischen Hydrosphäre, Lithosphäre, Atmosphäre und Biosphäre. Die heutige Chemie der Erdoberfläche kann nicht ohne die Aktivität von Organismen erklärt werden, wobei die aquatischen Organismen eine sehr prominente Rolle in dieser gigantischen biogeochemischen Maschinerie spielen.

Das Buch basiert auf der lebenslangen Erfahrung des Autors als akademischer Lehrer in Süßwasser- und Meeresökologie an den Universitäten Konstanz, Oldenburg und Kiel.

Die Kapitel des Buches beginnen mit einer Einführung, die den Platz der Ökologie innerhalb der biologischen Wissenschaften definiert, kurz die evolutionäre Perspektive auf die Ökologie einführt und die Ökologie als Naturwissenschaft definiert. Das zweite Kapitel bereitet die Bühne vor, indem es in die physikalischen und chemischen Eigenschaften von Oberflächengewässern einführt. Das dritte Kapitel stellt die Akteure des großen Spiels vor, die Lebensformen der aquatischen Organismen.

Kap. 4 bis 8 folgen der Hierarchie von Individuen bis zur Biosphäre hinauf. Kap. 4 (Ökophysiologie) ist den Umweltanforderungen von Individuen und ihrer Fähigkeit, mit ihrer Umwelt zurechtzukommen, gewidmet. Kap. 5 (Populationen) führt Wachstum und Rückgang, Altersstruktur und die genetische Zusammensetzung von Populationen von Individuen derselben Art ein. Kap. 6 analysiert die Interaktionen zwischen Populationen. Kap. 7 (Lebensgemeinschaften und Ökosysteme) zeigt, wie die Gesamtheit der Populationsinteraktionen innerhalb eines Standortes als Lebensemeinschaften und Ökosysteme beschrieben und analysiert werden kann. Kap. 8 (Biogeochemie) zeigt, wie die Aktivitäten von aquatischen Organismen zu lokalen, regionalen und globalen Stoffumverteilungen führen und die Chemie der Erdoberfläche prägen.

Kap. 9 ist der Tatsache geschuldet, dass *Homo sapiens* zu einem dominanten Akteur in der Ökologie unseres Planeten geworden ist. Das Kapitel führt in die wichtigsten menschlichen Belastungen für aquatische Ökosysteme ein.

Kiel, Deutschland Ulrich Sommer
Mai 2023

Danksagungen

Ich drücke meine Dankbarkeit gegenüber meinen Mentoren aus, von denen ich so viel gelernt habe, Elsalore Kusel-Fetzmann (Universität Wien), Max M. Tilzer (Universität Konstanz), Winfried Lampert (Max-Planck-Institut für Limnologie, Plön). Zahlreiche, intensive Diskussionen mit internationalen Kollegen haben meine Ansichten zur Ökologie geprägt, darunter spielen Peter Kilham, Susan S. Kilham und Colin S. Reynolds eine herausragende Rolle in meiner frühen Karriere. Ich war immer sehr zufrieden mit meiner Arbeitsgruppe am GEOMAR Helmholtz-Zentrum für Ozeanforschung Kiel, der Forschungseinheit „Experimentelle Ökologie – Nahrungsnetze." Die Zusammenarbeit und Diskussion mit meinen Laborassistenten, Doktoranden, Postdocs und Wissenschaftlern in der Mitte ihrer Karriere war immer ein Vergnügen und eine Quelle der Inspiration. Ich habe genauso viel von ihnen gelernt, wie ich hoffe, dass sie von mir gelernt haben.

Ich möchte meinen besonderen Dank an Herwig Stibor (Ludwig-Maximilians-Universität, München) aussprechen, der das Manuskript für dieses Buch überprüft hat.

Inhaltsverzeichnis

1	Einführung.		1
	1.1	Der Platz der Ökologie innerhalb der biologischen Wissenschaften	2
		1.1.1 Definition	2
		1.1.2 Wissensimport und -export	2
		1.1.3 Warum aquatische Ökologie?	3
	1.2	Ökologie und Evolution.	4
		1.2.1 Anpassung durch natürliche Selektion	4
		1.2.2 Fitness	6
		1.2.3 Ökologische und evolutionäre Zeitskalen	8
	1.3	Ökologie als Naturwissenschaft.	9
		1.3.1 Ökologie und Umweltbewusstsein.	9
		1.3.2 Vom Sammeln von Wissen zur Theorie	10
		1.3.3 Globale Prognosen	17
	1.4	Ausblick auf die Struktur des Buches	17
	Literatur.		18
2	Der aquatische Lebensraum.		21
	2.1	Oberflächengewässer	23
		2.1.1 Weltmeere	23
		2.1.2 Seen, Teiche und Stauseen	24
		2.1.3 Fließgewässer.	24
	2.2	Physikalische Eigenschaften von Wasser	25
		2.2.1 Dichte und thermische Eigenschaften	25
		2.2.2 Viskosität und Bewegung im Wasser	27
		2.2.3 Schweben, Sinken und Schwimmen	29
	2.3	Chemische Eigenschaften von Oberflächengewässern	31
		2.3.1 Gelöste Salze	31
		2.3.2 Gelöste Gase	33
		2.3.3 CO_2 und das Karbonatsystem	34
		2.3.4 Redoxreaktionen	37
		2.3.5 Gelöste organische Substanzen	38

2.4		Unterwasserlichtklima	39
	2.4.1	Oberflächenstrahlung	39
	2.4.2	Einheiten zur Messung der Einstrahlung	41
	2.4.3	Die vertikale Abschwächung von Licht	41
2.5		Vertikale Schichtung	45
	2.5.1	Temperaturschichtung in Seen	45
	2.5.2	Thermohaline Schichtung in Meeresgewässern	47
	2.5.3	Vertikale Schichtung biologisch aktiver Elemente	48
2.6		Boden und Rand von Gewässern	50
	2.6.1	Sediment	50
	2.6.2	Harte Substrate	51
2.7		Horizontale Bewegungen des Wassers	52
	2.7.1	Strömungen	52
	2.7.2	Gezeiten	53
	2.7.3	Fließende Gewässer	54
		Übungsaufgaben	57
		Literatur	58

3 Lebensformen von aquatischen Organismen ... 59

3.1		Repräsentation höherer Taxa im Wasser	60
3.2		Grundlegende trophische Typen	61
	3.2.1	Photosynthese	62
	3.2.2	Chemosynthese	62
	3.2.3	Heterotrophie	63
3.3		Körpergröße	63
	3.3.1	Großskalige statistische Beziehungen	64
	3.3.2	Kleinskalige statistische Beziehungen	67
3.4		Stöchiometrie der Biomasse	67
	3.4.1	C, N und P in wichtigen Biochemikalien	68
	3.4.2	C:N:P-Verhältnisse von aquatischen Organismen	70
3.5		Plankton	73
	3.5.1	Allgemeine Merkmale	73
	3.5.2	Phytoplankton und Mixoplankton	76
	3.5.3	Zooplankton	81
	3.5.4	Bakterioplankton	88
	3.5.5	Mykoplankton	88
	3.5.6	Planktonische Viren	89
3.6		Nekton	89
	3.6.1	Taxonomische Gruppen	89
	3.6.2	Schwimmverhalten	94
3.7		Benthos auf Hartsubstraten	98
	3.7.1	Allgemeine Bemerkungen	98
	3.7.2	Phytobenthos	100
	3.7.3	Zoobenthos	103

3.8	Benthos von Weichsubstraten		108
	3.8.1	Allgemeine Bemerkungen	108
	3.8.2	Phytobenthos	108
	3.8.3	Zoobenthos	110
	3.8.4	Bakteriobenthos	114
3.9	Aquatische Larven von terrestrischen Tieren		116
	3.9.1	Insekten mit benthischen Larven	116
	3.9.2	Insekten mit pelagischen Larven	116
Übungsaufgaben			119
Literatur			122
4	**Ökophysiologie**		**125**
Abkürzungsverzeichnis			126
4.1	Überleben in der abiotischen Umwelt		127
	4.1.1	Die Optimumskurve	127
	4.1.2	Temperatur	129
	4.1.3	Salinität	136
	4.1.4	Austrocknung	138
4.2	Ernährung und Wachstum von Autotrophen		139
	4.2.1	Licht und Photosynthese	139
	4.2.2	Mineralische Nährstoffe	147
	4.2.3	Chemolithoautotrophie	155
4.3	Ernährung und Wachstum von Heterotrophen		158
	4.3.1	Osmotrophie	158
	4.3.2	Phagotrophie	160
4.4	Dissimilatorischer Stoffwechsel		169
	4.4.1	Aerobe Atmung	169
	4.4.2	Anaerobiose	172
Übungsfragen			176
Literatur			179
5	**Populationen**		**185**
5.1	Populationsverteilung im Raum		187
	5.1.1	Abundanz	187
	5.1.2	Verteilung im Raum	187
5.2	Verteilung in der Zeit		189
	5.2.1	Typen der Abundanzänderung	189
	5.2.2	Mechanismen der Abundanzveränderung	190
5.3	Die mathematische Behandlung des Populationswachstums		191
	5.3.1	Wachstum mit konstanten Raten	191
	5.3.2	Begrenztes Wachstum	193
	5.3.3	Die Komponenten der Populationsdynamik entwirren	197
5.4	Altersstruktur		200
	5.4.1	Überlebenskurve	200
	5.4.2	Verteilung der Altersklassen	201

		5.4.3	Lebenszyklusstrategien	203
	5.5	Genetische Struktur		207
		5.5.1	Gründereffekt	207
		5.5.2	Genetische Drift	208
		5.5.3	Lokale Anpassung	209
		5.5.4	Speziation	210
	Übungsfragen			214
	Literatur			216
6	**Interaktionen**			**219**
	6.1	Konkurrenz		221
		6.1.1	Typen von Konkurrenz	221
		6.1.2	Interferenzkonkurrenz	222
		6.1.3	Ressourcenkonkurrenz	225
		6.1.4	Konkurrenz unter variablen Bedingungen	239
		6.1.5	Evolutionäre Konsequenzen der Konkurrenz	243
	6.2	Räuber-Beute-Beziehungen		246
		6.2.1	Allgemeine Muster	246
		6.2.2	Grazing, Herbivorie	250
		6.2.3	Räuber-Beute Beziehungen zwischen Tieren	259
		6.2.4	Parasitismus und Krankheit	267
	6.3	Positive Interaktionen		270
		6.3.1	Kommensalismus und Ökosystem-Engineering	271
		6.3.2	Mutualismus	277
	6.4	Komplexe Interaktionen		283
		6.4.1	Algen-Nährstoff-Konkurrenz–Grazing–Nährstoffrecycling	283
		6.4.2	Schlusssteinräuber	285
		6.4.3	Trophische Kaskaden	286
		6.4.4	Alternative Stabile Zustände	288
	Übungsaufgaben			294
	Literatur			297
7	**Lebensgemeinschaften und Ökosysteme**			**305**
	7.1	Allgemeine Merkmale		306
		7.1.1	Abgrenzungsprobleme	306
		7.1.2	Grad der Integration	308
		7.1.3	Struktur	309
		7.1.4	Kollektive Eigenschaften	311
	7.2	Nahrungsnetze		312
		7.2.1	Nahrungsketten und Trophieebenen	312
		7.2.2	Von Nahrungsketten zu Nahrungsnetzen	314
	7.3	Lebensgemeinschaften und Ökosysteme basierend auf Ökosystem-Engineering		320
		7.3.1	Makrophytenbestände	320
		7.3.2	Muschelriffe	322

		7.3.3	Korallenriffe	325
	7.4	Diversität und Artenreichtum.		329
		7.4.1	Definition und Messung	329
		7.4.2	Quellen und Erhaltung der Diversität.	333
		7.4.3	Auswirkungen der Diversität auf kollektive Eigenschaften	337
	7.5	Sukzession		344
		7.5.1	Allgemeines Konzept	344
		7.5.2	Treiber der Sukzession	345
		7.5.3	Benthische Beispiele	346
		7.5.4	Pelagische Saisonalität: Eine Mischung aus Sukzession und Phänologie	348
	Übungsaufgaben			355
	Literatur.			357
8	**Biogeochemie**			363
	8.1	Grundlagen des Energie- und Materietransfers		364
		8.1.1	Transfers von Energie.	364
		8.1.2	Transfers von Materie.	367
		8.1.3	Bildung von Partikeln.	368
		8.1.4	Regeneration gelöster Substanzen	370
		8.1.5	Sedimentation und Ablagerung	371
		8.1.6	Maßstab der biogeochemischen Kreisläufe	373
	8.2	Spezifische Kreisläufe		374
		8.2.1	Kohlenstoffkreislauf.	374
		8.2.2	Nährstoffkreisläufe.	377
		8.2.3	Sauerstoffzyklus.	378
	8.3	Weltproduktion und die ozeanische Kohlenstoffpumpe		380
		8.3.1	Plankton	380
		8.3.2	Benthos.	382
		8.3.3	Globale Summen der Primärproduktion.	382
		8.3.4	Die biologische Kohlenstoffpumpe	383
	8.4	Der langfristige Einfluss der biologischen Produktion im Ozean		388
		8.4.1	Biogene Bildung von Sedimenten und Gesteinen	388
		8.4.2	Biologische Kontrolle der Meerwasserchemie.	391
		8.4.3	Biologische Kontrolle der Atmosphäre	394
	Übungsaufgaben			398
	Literatur.			401
9	**Menschliche Einflüsse**			405
	9.1	Eutrophierung		407
		9.1.1	Ursachen.	407
		9.1.2	Folgen im Pelagial	411
		9.1.3	Auswirkungen auf das Benthos	416

9.2	Klimawandel		418
	9.2.1	Physikalische Veränderungen	418
	9.2.2	Biogeographische Verschiebungen	419
	9.2.3	Verschobene Saisonalität biologischer Prozesse	420
	9.2.4	Zukünftige Primärproduktion	424
	9.2.5	Schrumpfende Körpergröße	426
	9.2.6	Risiken für Korallenriffe	427
9.3	Versauerung		428
	9.3.1	Süßwasserversauerung	428
	9.3.2	Ozeanversauerung	430
9.4	Überfischung		434
	9.4.1	Ausmaß und Ursachen	434
	9.4.2	"Fishing Down the Food Web" (Pauly et al. 1998)	436
	9.4.3	Wiederherstellungsbemühungen	439
9.5	Biologische Invasionen		439
	9.5.1	Menschliche Transportvektoren	439
	9.5.2	Vom Transport zur Etablierung	440
	9.5.3	Auswirkungen invasiver Arten	442
9.6	Das Anthropozän		448
	9.6.1	Definition des Anthropozäns	448
	9.6.2	Menschliche Dominanz	448
	9.6.3	Erleben wir das sechste Massenaussterben?	449
Übungsaufgaben			454
Literatur			457

Einführung

1

Inhaltsverzeichnis

1.1	Der Platz der Ökologie innerhalb der biologischen Wissenschaften	2
	1.1.1 Definition	2
	1.1.2 Wissensimport und -export	2
	1.1.3 Warum aquatische Ökologie?	3
1.2	Ökologie und Evolution	4
	1.2.1 Anpassung durch natürliche Selektion	4
	1.2.2 Fitness	6
	1.2.3 Ökologische und evolutionäre Zeitskalen	8
1.3	Ökologie als Naturwissenschaft	9
	1.3.1 Ökologie und Umweltbewusstsein	9
	1.3.2 Vom Sammeln von Wissen zur Theorie	10
	1.3.3 Globale Prognosen	17
1.4	Ausblick auf die Struktur des Buches	17
Literatur		18

Zusammenfassung

In diesem Kapitel wird der Platz der Ökologie innerhalb der biologischen Wissenschaften zusammen mit den Besonderheiten der aquatischen (Süßwasser- und Meeres-) Ökologie definiert. Es wird betont, wie eng Ökologie und Evolution miteinander verflochten sind. Die moderne Ökologie kann nicht verstanden werden, ohne die Grundlagen der darwinistischen Evolutionswissenschaft zu verstehen, insbesondere das Prinzip der natürlichen Selektion. Schließlich wird die Unterscheidung zwischen Ökologie als Naturwissenschaft und der Umweltbewegung mit einer grundlegenden Darstellung der notwendigen Bestandteile der wissenschaftlichen Entwicklung und Prüfung von Theorien gemacht.

1.1 Der Platz der Ökologie innerhalb der biologischen Wissenschaften

1.1.1 Definition

Der Begriff Ökologie wurde erstmals vom deutschen Zoologen und Evolutionsbiologen Ernst Haeckel geprägt. Er kombinierte die griechischen Wörter für Haus oder Haushalt, οἶκος (oîkos) und für Wissenschaft oder Studien, −λογία (logía). Heckels (1866) ursprüngliche Definition definierte die Ökologie als die Wissenschaft über die Beziehungen zwischen Organismen und ihrer Umwelt, d. h., die Lebensbedingungen im weitesten Sinne. Die Lebensbedingungen sind teilweise organischer Natur (andere Organismen und ihre Überreste) und teilweise anorganischer Natur (physikalische, chemische und geologische Umwelt).

Heckels Definition ist recht weit gefasst und erlaubt umfangreiche Überschneidungen mit benachbarten Disziplinen, wie Biogeographie, Verhaltensbiologie, Genetik und Evolutionsbiologie. Krebs (1985) versuchte, die Definition der Ökologie als „die wissenschaftliche Untersuchung der Wechselwirkungen, die die Verteilung und Häufigkeit von Organismen bestimmen" zu präzisieren. Diese Definition könnte zu eng sein, denn die Erklärung von Verteilungen und Häufigkeiten ist ein wichtiges, aber nicht das einzige Ziel der Ökologie. Es ist auch ein zentrales Ziel der Ökologie zu verstehen, wie die Aktivität von Organismen die Verteilung von Substanzen an der Erdoberfläche beeinflusst, d. h., den „Haushalt (οἶκος) der Biosphäre". Natürlich ist die Verteilung von Substanzen auch ein Bestandteil der Erklärung der Verteilungen und Häufigkeiten von Organismen, aber sie ist auch ein legitimes Untersuchungsobjekt aus eigenem Recht. Sie ist der Schwerpunkt eines der wichtigsten Teilbereiche der Ökologie, der Biogeochemie (Kap. 8). Daher könnte es klug sein, die Breite von Haeckels Definition beizubehalten und die Überschneidungen mit anderen Disziplinen zu akzeptieren.

1.1.2 Wissensimport und -export

Import Die Ökologie benötigt Wissen, das von den meisten anderen biologischen Disziplinen erzeugt wird, wie Systematik, Morphologie, Physiologie, Verhaltensbiologie, Genetik und Evolutionsbiologie. Darüber hinaus sind bestimmte Elemente der Physik, Chemie und Geowissenschaften erforderlich, wie in Kap. 2 zu sehen ist.

Export Das von der Ökologie erzeugte Wissen wird von einer Reihe von angewandten Wissenschaften und Managementfragen benötigt, wie z. B. Naturschutzbiologie, Fischereibiologie und -management, Landwirtschaft und Landschafts- und Stadtplanung. Idealerweise sollte es nicht nur einen Einwegfluss von Informationen von der Grundlagenforschung zur Anwendung geben. Managementmaßnahmen sollten von einer ökologischen Überwachung der Auswirkungen begleitet werden, und die durch die Überwachung der Auswirkungen des Umweltmanagements gewonnenen Daten sollten verwendet werden, um ökologische Theorien zu testen, zu verbessern und zu verfeinern und, falls notwendig, Konzepte und Theorien aufzugeben, die den Test der Anwendung nicht bestanden haben.

1.1.3 Warum aquatische Ökologie?

Das Leben entstand im Wasser. Mehr als 70 % der Erdoberfläche sind von Wasser bedeckt. Weit mehr als die Hälfte der menschlichen Bevölkerung lebt an den Küsten oder in der Nähe der Küsten des Meeres oder von Seen oder in der Nähe von Flüssen. Und selbst die meisten Menschen, die weit entfernt von Oberflächengewässern leben, sind auf die „Ökosystemgüter und -dienstleistungen" angewiesen, die von Oberflächengewässern bereitgestellt werden, sei es Trinkwasser, Bewässerungswasser für die Landwirtschaft, Prozesswasser für die industrielle Produktion, Wasserwege für den Handel usw. Daher kann es keinen Zweifel geben, dass die Biosphäre und die Beziehungen zwischen den menschlichen Gesellschaften und der Biosphäre nicht ohne aquatische Ökologie verstanden werden können.

Dennoch werden die meisten klassischen Ökologie-Lehrbücher von terrestrischen Beispielen dominiert, wobei Beispiele aus Süßwasser- und Meereslebensräumen nur eine exotische Rolle spielen. Dies ist besonders enttäuschend, da die Theorieentwicklung in der terrestrischen und aquatischen Ökologie Hand in Hand ging. Nur um ein Beispiel zu nennen: Das Konzept der **Lebensgemeinschaft** (damals „Biocoenose" genannt), d. h., die Gesamtheit der lokal interagierenden Organismen verschiedener Arten, wurde ursprünglich vom Zoologen Möbius (1877) auf der Grundlage seiner Untersuchungen von Austernbänken in der Nordsee vorgeschlagen.

Es gibt zahlreiche solche Beispiele, wie die aquatische Ökologie die allgemeine Ökologie inspiriert hat oder wie Theorien, die aus der terrestrischen Ökologie stammen, in aquatischen Systemen eine erstklassige Testumgebung gefunden haben. Seen sind besonders geeignet als Testumgebung wegen ihrer relativ klaren räumlichen Abgrenzung von benachbarten Ökosystemen. Mit gutem Grund heißt eine der programmatischen Arbeiten der frühen Limnologie (Süßwasserökologie) „Der See als Mikrokosmos" (Forbes 1887).

Die Ökologie der Binnengewässer und die Meeresökologie haben sich teilweise getrennt entwickelt, aber es hat immer gegenseitige intellektuelle Inspiration und einen gegenseitigen Import und Export von Konzepten und Theorien gegeben. In den letzten 5 Jahrzehnten sind Karrieren, die die Süßwasser-Salzwasser-Grenze überschreiten, immer häufiger geworden, einschließlich meiner eigenen Karriere. In Nordamerika gibt es eine gemeinsame Fachgesellschaft für Süßwasser- und Meereswissenschaften, die **Association for the Sciences of Limnology and Oceanography** (früher American Society for Limnology and Oceanography,

ASLO), gegründet 1936. In anderen Ländern, z. B. in Deutschland, sind die Fachgesellschaften für beide Disziplinen noch getrennt.

Hier benötigen wir ein wenig Terminologie, um einige Begriffe zu klären, die fast Synonyme sind, aber nicht ganz:

Limnologie und **Süßwasserökologie** sind die am weitesten verbreiteten Begriffe für die ökologischen Wissenschaften, die sich mit Binnengewässern befassen. Der Begriff „Süßwasser" ist hier nicht ganz korrekt, denn auch Salzseen sind eingeschlossen. Während die meisten Wissenschaftler Limnologie und Süßwasserökologie als austauschbare Begriffe verwenden, würden einige traditionelle Limnologen behaupten, dass die Limnologie eine interdisziplinäre Wissenschaft ist, die der Physik, Chemie, Geologie und Biologie der Binnengewässer gleiches Gewicht beimisst.

Meeresbiologie, **Meeresökologie** und **biologische Ozeanographie** werden auch oft synonym verwendet, unterscheiden sich aber in der Betonung. Die Meeresbiologie legt den Schwerpunkt auf die Organismen, die Meeresökologie auf die Beziehungen zwischen Organismus und Umwelt und die biologische Ozeanographie auf den Ozean als integriertes System. Die biologische Ozeanographie wird als Teilbereich der Ozeanographie angesehen, zusammen mit der physikalischen Ozeanographie und der chemischen Ozeanographie.

1.2 Ökologie und Evolution

1.2.1 Anpassung durch natürliche Selektion

Bedingungen für Anpassung

Ökologie und Evolutionsbiologie sind eng miteinander verflochten. Die Organismen, die mit ihrer unbelebten Umwelt und anderen Organismen interagieren, sind das Ergebnis der Evolution. Wenn sie in ihrer Umwelt gut abschneiden, nennen wir sie „angepasst". Wenn sie weniger gut angepasst sind als andere, wird ihr Typus schließlich seltener, bis sie schließlich aussterben. Dies ist das Wesen der natürlichen Selektion als treibende Kraft der Evolution (Darwin 1859). Die Evolution der Anpassung durch natürliche Selektion erfordert mehrere Voraussetzungen:

- **Variation:** Verschiedene Individuen einer Population sind nicht identisch. Sie unterscheiden sich zumindest in einigen Merkmalen, wie morphologischem Aussehen, Größe, Verhalten, physiologischen Anforderungen und Fähigkeiten usw.
- **Vererbung:** Zumindest ein Teil der Variation ist vererbbar, d. h., wird von den Eltern an ihren Nachwuchs weitergegeben.
- **Verschiedene Allele**: Die genetische Grundlage der vererbbaren Variation sind verschiedene Versionen desselben Gens, d. h., Allele. Wenn ein Gen in einer Population einheitlich ist, kann es keine Selektion zwischen Allelen geben.
- **Potenziell unendliches Wachstum:** Wenn er nicht durch selektierende Kräfte eingeschränkt wird, kann jeder Genotyp potenziell die gesamte Erde besiedeln.

1.2 Ökologie und Evolution

Die selektiven Kräfte, die von der unbelebten und belebten Umwelt ausgeübt werden, verhindern, dass jeder Genotyp innerhalb der Elterngeneration in gleicher Proportion in zukünftigen Generationen vertreten ist. Die fitteren Genotypen und Gene werden zunehmen; die weniger fitten werden abnehmen.

Anpassung vs. Akklimatisierung
In einem evolutionären Kontext wird der Begriff Anpassung (Adaptation) in einem engeren Sinne verwendet als in der Alltagssprache. Anpassung ist vererbbar; sie ist nicht das Ergebnis einer Art von Training eines Individuums in seinem Versuch, besser mit Umweltbelastungen umzugehen. Für diese Modifikationen sollten die Begriffe „Akklimatisierung" oder „Akkomodation" verwendet werden. Durch Akklimatisierung erworbene Merkmalsmodifikationen sind nicht vererbbar. Das Fehlen der Vererbbarkeit erworbener Akklimatisierungen unterscheidet das Darwin'sche vom Lamarck'schen Konzept der Evolution. Die Fähigkeit zur Akklimatisierung kann jedoch ein vererbbares und somit adaptives Merkmal sein.

Transgenerationale Übertragung von epigenetischen Modifikationen
Die Akklimatisierung an die Umwelt beinhaltet die Hoch- und Herunterregulierung von Genen. Im Prinzip handelt es sich dabei um die gleichen Mechanismen wie die Programmierung von somatischen Zellen für ihre Funktion in einem vielzelligen Organismus. Zu diesem Zweck müssen Hoch- und Herunterregulierungsmuster über Zellteilungen hinweg übertragen werden. Nach der Definition von Heard und Martinssen (2014), betrifft Epigenetik „die Aufrechterhaltung der Genexpression und Funktion über Zellteilungen hinweg ohne Veränderungen in der DNA-Sequenz." Während der Zygotenbildung wird diese Informationsübertragung gelöscht („Reprogrammierung"), aber mit unterschiedlichem Grad an Perfektion in verschiedenen Gruppen von Organismen. Daher gibt es eine gewisse epigenetische Vererbung, am wichtigsten unter klonalen Organismen. Sie ist auch recht wichtig unter Protisten (Weiner und Katz 2021), aber auch bei Pflanzen und einigen Tiergruppen wie Nematoden, aber eher marginal bei Wirbeltieren (Heard und Martinssen 2014).

Selektion des Phänotyps
Der Genotyp eines Individuums ist nicht direkt sichtbar. Umweltfaktoren beeinflussen, wie der Genotyp in die Merkmalskombination eines Individuums, d. h., seinen Phänotyp, übersetzt wird. Es ist der Phänotyp, der mit der Umwelt zurechtkommen muss. Daher wirkt die natürliche Selektion auf den Phänotyp. Die Selektion ändert nicht den Genotyp. Indem sie jedoch einen Phänotyp gegenüber dem anderen bevorzugt, verändert sie die Repräsentation der zugrunde liegenden Genotypen in zukünftigen Generationen und die Häufigkeit verschiedener Allele. Daher verändert die natürliche Selektion den **Genpool** einer Population.

Quellen der Variation

Population Wie oben erwähnt, kann die natürliche Selektion nur wirken, wenn es eine genetische Variation innerhalb einer Population gibt. In der klassischen genetischen Definition bestehen Populationen aus den Mitgliedern einer Art, die sich fortpflanzen können, d. h., die nicht durch Barrieren, sei es geographisch oder verhaltensbedingt, getrennt sind. Bei eukaryotischen Organismen wird der genetische Austausch während der Fortpflanzung durch die Verteilung homologer Gene auf Tochterzellen (Gameten) während der Meiose und Fusion von Gameten durchgeführt. Prokaryoten haben andere Mechanismen des genetischen Austauschs (Parasexualität). Es gibt jedoch zahlreiche Taxa mit nur vegetativer Fortpflanzung und keinem Austausch von genetischem Material; d. h., die Abstammungslinien sind genetisch identische Klone. Es ist auch üblich geworden, den Begriff „Populationen" für Ansammlungen von gleichartigen Klonen, die zusammenleben, zu verwenden, aber sie teilen keinen gemeinsamen Genpool.

Mutation Die zufällige Veränderung von Genen und damit das Auftreten neuer Allele ist die primäre Quelle der genetischen Variation. Sie wirkt ohne Richtung; d. h., Mutationen treten nicht mit dem Ziel auf, die Anpassung zu verbessern.

Rekombination Wo immer es einen genetischen Austausch innerhalb einer Population gibt, sind neue Kombinationen von Allelen aus demselben Genpool möglich. Das bedeutet, dass neue Genotypen zusammengestellt werden können. Die Rekombination kann zufällig sein, genau wie Mutationen, aber es kann auch ein Grad an Nicht-Zufälligkeit und Selektion geben, wenn Partner aufgrund bestimmter Merkmale ausgewählt werden. Streng klonale Taxa fehlt die Möglichkeit, die Genotypenvielfalt durch Rekombination zu erhöhen.

„Strategie" ist ein häufig verwendeter Begriff in der Ökologie, um Muster zu beschreiben, wie Organismen an ihre Umwelt angepasst sind. Man sollte sich des metaphorischen Charakters dieses Wortes bewusst sein, denn der Begriff Strategie impliziert normalerweise eine Planung für einen bestimmten Zweck. Die Produktion von genetischer Variation fehlt jedoch Planung und Voraussicht. Stattdessen wird die Anpassung durch Selektion aus ungeplanter Variation erreicht. Lösungen, die überhaupt nicht funktionieren, werden sofort eliminiert; Lösungen, die schlechter funktionieren als andere, werden allmählich seltener, bis sie aussterben.

1.2.2 Fitness

Überleben des Stärksten

„Überleben des Stärksten" ist zur sprichwörtlichen Charakterisierung von Darwins Theorie geworden. Es muss jedoch beachtet werden, dass Fitness ein relativer Begriff ist. Natürlich würde ein Genotyp aussterben, wenn die Lebensbedingungen

1.2 Ökologie und Evolution

tödlich sind. Aber diesseits der lethalen Grenzen ist der „stärkste Genotyp" fitter als andere Genotypen innerhalb einer Population. Fitness wird gemessen an der Repräsentation eines Gens oder eines Genotyps in zukünftigen Generationen im Vergleich zur Ausgangsgeneration. Fittere Genotypen und Gene werden sich anreichern; weniger fitte Genotypen werden seltener.

Komponenten der Fitness
Es reicht nicht aus, so viele Nachkommen wie möglich zu produzieren. Die Nachkommen müssen bis zur Fortpflanzung überleben, um die Repräsentation eines Genotyps in zukünftigen Generationen zu erhöhen. Das bedeutet, dass Fitness zwei Komponenten hat, **reproduktives Potenzial** und **Überleben**. Beide sind nicht nur intrinsische Eigenschaften eines Genotyps; sie hängen auch von den Umweltbedingungen ab, aber es gibt oft einen Trade-off. Eltern, die wenig Energie, Material und Aufwand in einzelne Nachkommen investieren, können viele Nachkommen auf Kosten der Überlebenschancen produzieren. Andererseits können Eltern, die viel in einzelne Nachkommen investieren, nur wenige Nachkommen produzieren, aber diese haben bessere Überlebenschancen (Abschn. 5.4).

Grenzen der Anpassung
Die Anpassung ist nicht immer perfekt wegen

- **Zeitbeschränkungen:** Fitness existiert nur in Bezug auf die vorherrschende Umwelt. Die Umweltbedingungen ändern sich jedoch und diese Änderung kann schneller sein als die Zeit, die benötigt wird, damit der fitteste Genotyp durch natürliche Selektion dominant wird.
- **Überreste aus der Vergangenheit:** Neue Merkmalskombinationen können nur durch Veränderung bestehender Merkmale entstehen, nicht durch Neukonstruktion.
- **Strukturelle Grenzen:** Selbst wenn die Bedingungen der Selektion die Zunahme eines Merkmals begünstigen würden, z. B. die Schwimmgeschwindigkeit eines Fisches, kann diese nicht unendlich gesteigert werden.
- **Trade-offs:** Die meisten Anpassungen haben Kosten; d. h., die Anpassung an eine Umweltherausforderung könnte die Fähigkeit beeinträchtigen, die Anpassung an andere Umweltherausforderungen zu maximieren. Größe (Abschn. 3.3) ist ein einfaches Beispiel. Größer zu sein bedeutet oft, sicherer vor Raubtieren zu sein, aber es ist auch mit höheren Nahrungsanforderungen, einem langsameren Wachstum und einer längeren Zeit bis zur Fortpflanzungsfähigkeit verbunden. Andere Beispiele beziehen sich auf das **Allokationsproblem**: Materie und Energie, die in ein Ziel investiert werden, können nicht in ein anderes investiert werden.

Optimierung statt Maximierung Solche Trade-offs und die vielfältige Natur der Umweltherausforderungen bedeuten, dass es nicht möglich ist, alle günstigen Merkmale gleichzeitig zu maximieren. Stattdessen wird Fitness durch die Optimierung der Kombination von Merkmalen erlangt. Daher kann es keinen einzigen Genotyp geben, der unter allen Umständen am fittesten ist.

1.2.3 Ökologische und evolutionäre Zeitskalen

Ökologie schnell- Evolution langsam?
Ökologie und Evolutionsbiologie befassen sich beide mit den Beziehungen zwischen Organismus und Umwelt. Es war jedoch lange Zeit eine implizite oder explizite Annahme, dass Zeitskalen beide Disziplinen klar trennen. Ökologische Prozesse wurden als schnell angesehen, sie reichen von Tagen bis zu Jahrhunderten (Wald- oder Korallenriff-Sukzession). Evolutionäre Prozesse wurden als langsam angesehen, sie wirken auf geologischen Zeitskalen. Daher wurde angenommen, dass Populationen und Arten während ökologischer Prozesse feste Eigenschaften haben und evolutionäre Veränderungen nicht berücksichtigt werden müssen, um ökologische Veränderungen zu erklären.

Schnelle Evolution
Die Annahme der evolutionären Langsamkeit trifft immer noch auf übergeordnete phylogenetische Prozesse zu, z. B. die Radiation der Säugetiere oder die Evolution des Wirbeltier-Bauplans. Andererseits wurde seit Jahrzehnten von medizinischen Mikrobiologen über eine sehr schnelle bakterielle Evolution hin zur Resistenz gegen Antibiotika berichtet. Dies wurde von Ökologen, die hauptsächlich mit komplexeren Organismen arbeiten, aufgrund der kurzen Generationszeit von Bakterien nicht allzu ernst genommen. Inzwischen wurden zahlreiche Beispiele für schnelle Evolution (in der Größenordnung von 10^1 bis 10^2 Generationen) auch für komplexere Organismen dokumentiert, und mehrere davon werden in diesem Buch vorgestellt (Temperaturanpassung: Abschn. 4.1.2; Lebenszyklusanpassung an altersspezifische Prädation: Abschn. 5.4.3; Anpassung an die Ozeanversauerung: Abschn. 9.3.2).

Ein Problem für die Verwendung von Indikatorarten und für die Paläo-Ökologie?
Die angewandte Ökologie verwendet häufig „Indikatorarten", um ökologische Bedingungen von lokalen Ökosystemen abzuleiten, z. B. die Wasserqualität in Seen. Die Paläo-Ökologie ist der Versuch, vergangene Umweltbedingungen aus fossilen oder subfossilen Überresten von Indikatorarten zu rekonstruieren, z. B. die Rekonstruktion der pH-Geschichte von versauerten Seen aus der Artenzusammensetzung von Diatomeen-Schalen in Sedimentkernen. Beide Ansätze gehen implizit davon aus, dass Arten oder sogar höhere Taxa Umwelttoleranzen und -präferenzen haben, die sich nicht im Raum (aktuelle Bioindikation) und in der Zeit (Paläo-Ökologie) ändern.

In der Praxis funktioniert die Verwendung biologischer Indikatoren als Proxy für vergangene Umweltbedingungen in den meisten Fällen zufriedenstellend und liefert Ergebnisse, die den Ergebnissen unabhängiger, alternativer Ansätze ähnlich sind, z. B. auf chemischen Proxies basierend. Wie lässt sich dies mit den jüngsten Erkenntnissen über die schnelle Evolution in Einklang bringen?

Derzeit gibt es keine zufriedenstellende Antwort. Mögliche, aber ungetestete und möglicherweise unzureichende Erklärungen könnten sein:

- **Dominanz eines einzelnen Faktors:** Alle Beispiele für schnelle Evolution basieren auf einem einzigen oder zwei hoch dominanten Selektionsfaktoren, die konstant über die Zeit angewendet werden. Unter den meisten natürlichen Umständen gibt es eine größere Anzahl von Selektionsfaktoren und keiner von ihnen hat eine zeitlich konstante Stärke.
- **Effekte einzelner Arten:** Die experimentellen Beispiele basieren auf Kulturen einzelner Arten. Daher wird ein Genotyp der Versuchsart, der besser an eine neue Umgebung angepasst ist, nicht mit Genotypen konkurrierender Arten konfrontiert, die dort bereits gedeihen.

1.3 Ökologie als Naturwissenschaft

1.3.1 Ökologie und Umweltbewusstsein

Das zunehmende Bewusstsein für Umweltprobleme hat zu einer Erweiterung der Bedeutung von „Ökologie" in der Alltagssprache geführt. Insbesondere das abgeleitete Adjektiv „ökologisch" und das Präfix „Öko-" werden nun oft verwendet, um ein umweltfreundliches Verhalten oder Weltbild zu kennzeichnen. In diesem Buch werde ich den Begriff Ökologie für eine Teildisziplin der Biologie und daher eine Naturwissenschaft verwenden, die streng den Regeln der Naturwissenschaften folgt. Die Wissenschaft der Ökologie muss von **Umweltbewusstsein** unterschieden werden. Umweltbewusstsein ist eine politische Philosophie und gesellschaftliche Bewegung, die den Schutz und die Wiederherstellung der natürlichen Umwelt an die Spitze der Prioritätenliste der Politik stellt.

Offensichtlich sollte kluges Umweltbewusstsein ökologisch informiert sein, d. h., das beste verfügbare ökologische Wissen nutzen, um sein politisches Programm zu gestalten. Eine Naturwissenschaft kann jedoch der Politik oder Wirtschaft nicht direkt sagen, was sie tun soll. Naturwissenschaften suchen nicht nach politischen To-Do-Listen; sie streben danach, die Natur zu verstehen, d. h., natürliche Gesetze und Wahrscheinlichkeiten zu entschlüsseln. Ein gutes Verständnis ermöglicht die Vorhersage dessen, was passieren würde, wenn menschliche Gesellschaften dies oder das tun oder es versäumen zu tun. Idealerweise sollten auch die Kosten und unerwünschten Nebenwirkungen von umweltbezogenen politischen Maßnahmen vorhergesagt werden, sicherlich nicht immer von der Ökologie, sondern auch von den Wirtschafts- und Sozialwissenschaften.

Der Rat der Wissenschaft an die Politik ist daher **nicht**:
„Du musst A tun!"
sondern:
„Wenn du Ziel X erreichen willst, musst du A tun und die Kosten B und die Nebenwirkungen C akzeptieren." Oft wird diese Aussage nicht in Bezug auf Ge-

wissheit, sondern in Bezug auf Wahrscheinlichkeit gemacht. Dann muss die Politik entscheiden, ob sie A tun will oder ob die Kosten zu hoch und die Nebenwirkungen zu schlecht sind. Bei einer demokratischen Entscheidung hat der Experte keine größere Stimme als der normale Bürger.

1.3.2 Vom Sammeln von Wissen zur Theorie

Wer? Sammlung, Nomenklatur und Klassifikation
In der Regel beginnt eine Naturwissenschaft mit der Sammlung ihrer Untersuchungsobjekte, gibt ihnen Namen und versucht, sie in ein geordnetes System, d. h., eine Klassifikation, zu bringen. Im Wesentlichen ist dies der Versuch, die Frage „wer" zu beantworten. Der Prototyp dieser Phase der Biologie ist das Linnésche System der Organismen, aber ähnliche Klassifikationsanstrengungen können mit abstrakteren Konzepten gemacht werden, wie Lebensformtypen, Arten von Lebensgemeinschaften und Ökosystemen usw. Während der typologischen Phase entstehen die meisten wissenschaftlichen Debatten um die Frage der Definitionen. Definitionen entscheiden, ob ein Objekt zu einer Klasse oder einer anderen Klasse von Objekten gehört. Als solche können Typologien (Klassifikationsschemata) nicht richtig oder falsch sein; sie können mehr oder weniger praktisch sein. Unpraktische Typologien werden im Laufe der Zeit aufgegeben und durch praktischere ersetzt. Es gibt jedoch ein Element von „richtig oder falsch", wenn Klassifikationsschemata über die Forderung hinausgehen, Phänomene in eine klare (so klar wie möglich) Ordnung zu bringen, z. B. die Behauptung, dass das taxonomische System der Organismen die Phylogenie widerspiegeln sollte.

Wie viele? Wie viel? Quantifizierung
Oft folgen auf Identifikation und Klassifikation die Fragen „wie viele?" oder „wie viel?" Diese Frage kann sich auf biologische Arten, aber auch auf chemische Einheiten beziehen. Auf den ersten Blick scheint es ziemlich trivial zu sein, quantitative Schätzungen zu erhalten, aber die aquatische Ökologie musste ziemlich viel Aufwand betreiben, um Probenahmegeräte und quantitative Analysemethoden zu entwickeln. Ein Probenahmegerät könnte die Untersuchungsobjekte unterschätzen; z. B. könnten Exemplare, die kleiner sind als die Maschenweite eines Netzes, der Probenahme entkommen. Eine Analysemethode könnte nicht genau die Umweltkonzentration einer vordefinierten chemischen Einheit messen, z. B. ein bestimmtes freies Ion, wenn die Messmethode zusätzliche Ionen aus leicht zerbrechlichen Verbindungen freisetzt.

Repräsentativität von Proben Die meisten Untersuchungsobjekte der ökologischen Forschung sind nicht homogen in ihrer Umgebung verteilt, was bedeutet, dass einzelne Proben zufällig lokale Minima oder Maxima treffen könnten, was zu verzerrten Schätzungen des Durchschnittswertes in einer gegebenen Umgebung führt. Dieses Problem wird weiter in dem Abschnitt über die Verteilung von Populationen im Raum (Abschn. 5.1.2) behandelt.

1.3 Ökologie als Naturwissenschaft

Zustandsvariablen beschreiben den quantitativen Status quo der Untersuchungsobjekte, z. B. die Anzahl der Individuen (Abundanz) oder Biomasse von Organismen oder die Konzentrationen von chemischen Einheiten. Die Menge wird als Anzahl von Individuen, in molaren oder Masseneinheiten ausgedrückt und auf das Volumen oder die Fläche der Umwelt bezogen. Manchmal kann es unmöglich oder zu mühsam sein, die tatsächlich interessierende Variable zu messen. Dann müssen wir uns auf Proxies oder Ersatzparameter verlassen, z. B. die Konzentration von Chlorophyll als Proxy für die Biomasse des Phytoplanktons.

Flussvariablen Viele der interessierenden Zustandsvariablen sind das Ergebnis gleichzeitig auftretender Prozesse von **Zufuhr** (Wachstum, biologische oder chemische Produktion, Import usw.) und **Entfernung** (Tod, biologischer oder chemischer Verbrauch, Export usw.). Wir können viel Verständnis für ökologische Prozesse gewinnen, wenn wir messen können, welche zuführenden und welche Entfernungsprozesse wie viel zu einer beobachtbaren Änderung einer interessierenden Zustandsvariable beitragen. Quantitative Metriken dieser Prozesse werden **Raten** oder **Flüsse** genannt. Zusätzlich zu den Dimensionen der Zustandsvariablen haben sie eine negative Zeitdimension, d. h., Zufuhr oder Entfernung pro Zeiteinheit.

Absolute vs. relative Raten **Absolute Raten** beziehen sich auf das Volumen oder die Fläche der Umgebung; **relative** oder **spezifische Raten** beziehen sich auf die Zustandsvariable selbst, z. B. Biomasseproduktion pro Einheit Biomasse und Einheit Zeit. Absolute Raten beschreiben zum Beispiel die Leistung von Ökosystemen, z. B. die Primärproduktion pro Liter Wasser oder Hektar eines Sees. Spezifische Raten beschreiben die Leistung von Individuen oder Arten und ermöglichen somit einen Vergleich zwischen ihnen.

In den meisten Fällen sind Flussvariablen viel schwieriger zu messen als Zustandsvariablen. Die zeitliche Änderung von Zustandsvariablen ist in der Regel unzureichend, weil additive und Entfernungsprozesse gleichzeitig ablaufen. Es bedarf experimenteller Manipulationen, um alle Prozesse außer dem Prozess von Interesse zu stoppen oder den Einsatz von Tracern, z. B. radioaktiv markierten Substanzen, deren Einbau in Biomasse oder eine chemische Substanz gemessen werden kann.

Warum? Erklärung durch Kausalität

Wissenschaft besteht nicht nur aus dem Sammeln, Klassifizieren und Quantifizieren von Phänomenen. Stattdessen ist das Erklären von Phänomenen das Kerngeschäft der Wissenschaft. Erklärungen werden klassischerweise durch **Ursache-Wirkungs-Beziehungen** gegeben. Das Feststellen von Ursache-Wirkungs-Beziehungen hat die Form von konditionalen Sätzen:

- Wenn A passiert, dann folgt B.

Kausalität kann nicht direkt beobachtet werden. Wir können nur eine zeitliche Sequenz zwischen A und B beobachten. Um eine kausale Beziehung zu behaupten, muss die Sequenz zwischen A und B wiederholt beobachtet werden und wir müssen sicherstellen, dass B nicht ohne A oder eine alternative Ursache geschieht. Idealerweise sollten wir auch in der Lage sein zu zeigen, dass wir B induzieren können, indem wir künstlich A geschehen lassen – das ist das Wesen eines Experiments.

Deterministische vs. probabilistische Kausalität In ihrer strengen, deterministischen Form toleriert die Behauptung einer Ursache-Wirkungs-Beziehung keine einzige Ausnahme. Die Aussage, wenn A passiert, dann folgt B, wird durch eine einzige Beobachtung von B, das nicht nach A auftritt, widerlegt. Biologische und Sozialwissenschaften haben jedoch gezeigt, dass deterministische Ursache-Wirkungs-Aussagen oft scheitern und in einem probabilistischen Sinne gelockert werden müssen, d. h.,

- Wenn A passiert, dann folgt B mit einer Wahrscheinlichkeit von X %

oder

- A erhöht die Wahrscheinlichkeit von B

Kausalität als Kategorie menschlichen Denkens Die Unmöglichkeit einer direkten Beobachtung von Kausalität und das häufige Auftreten von probabilistischen Beziehungen und völlig unvorhersehbaren Zufallsereignissen haben zu wiederholten Versuchen geführt, das Prinzip der Kausalität in Philosophie und theoretischer Physik abzulehnen, aber eine strikt nicht-kausale Denkweise, die über die probabilistische Lockerung der Kausalität hinausgeht, konnte sich weder im Alltagsleben noch in der Wissenschaft durchsetzen. Daher neige ich dazu, an Kants (1781) Position festzuhalten, dass Kausalität eine notwendige Kategorie menschlichen Denkens ist, kein Faktum der Natur.

Kausalität und Korrelation Die vermeintliche Ursache A und die vermeintliche Wirkung B können kategoriale (ja oder nein) oder kontinuierliche Variablen (mit einer Quantität) sein. Wenn beide kontinuierliche Variablen sind, wird die Kausalität oft aus Korrelationen zwischen A und B abgeleitet. Diese Schlussfolgerung ist jedoch gefährlich, weil A und B unabhängig voneinander sein könnten, aber beide von der dritten Variable C abhängen. Manchmal gibt es gute Gründe, eine solche „verborgene" Ursache zu vermuten; manchmal bleibt sie wirklich verborgen und eine spätere neue Entdeckung wird die tatsächliche Beziehung aufdecken.

Wenn es Grund gibt, eine Abhängigkeit von einer dritten Variable zu vermuten, kann diese entdeckt werden, wenn die Korrelationen zwischen C und A und zwischen C und B enger sind als die Korrelation zwischen A und B. Alternativ könnten A und C experimentell manipuliert werden, um die Auswirkung auf B zu sehen.

1.3 Ökologie als Naturwissenschaft

Warum Experimente? Experimente bieten die Möglichkeit, einen vermuteten kausalen Faktor zu manipulieren, während der Einfluss aller anderen potenziell störenden Faktoren zwischen den Behandlungen gleich gehalten werden kann. Sorgfältig gestaltete experimentelle Forschung muss die folgenden Kriterien erfüllen:

- **Kontrolle:** In der experimentellen Forschung reicht es nie aus, einfach etwas zu tun und zu sehen, was passiert, und nicht zu berücksichtigen, was ohne die experimentelle Manipulation passiert. Wenn der vermutete kausale Faktor A eine kategoriale Variable ist, müssen die Reaktionen von B zwischen experimentellen Einheiten mit und ohne A („Kontrolle") verglichen werden. Wenn A ein kontinuierlicher Faktor ist, sollten eine Anzahl von experimentellen Einheiten mit unterschiedlichen A-Niveaus verwendet werden. Es wäre auch möglich, A wie einen kategorialen Faktor zu behandeln und nur zwei Niveaus zu verwenden, aber diese Vereinfachung könnte irreführend sein, wenn B eine unimodale Reaktion auf A zeigt, d. h., maximal auf einem mittleren Niveau von A und minimal auf niedrigen und hohen Niveaus von A.
- **Replikation innerhalb von Experimenten:** Der Unterschied zwischen Kontrolle und Behandlung könnte rein zufällig sein, wenn beide nur durch eine einzige Einheit repräsentiert werden. Daher müssen mehrere Behandlungs- und Kontrolleinheiten verwendet werden und das Ergebnis muss statistisch auf die Signifikanz des Unterschieds in geeigneten Zwei-Stichproben-Vergleichen (parametrische Tests wie t-Test oder ANOVA, wenn die Daten normalverteilt sind, oder nicht-parametrische Tests bei Abwesenheit von Normalität) überprüft werden. In einem Experiment mit mehreren A-Niveaus muss die Anzahl der Einheiten ausreichend sein für den effektiven Einsatz von Regressionsanalysen oder vergleichbaren Verfahren. In allen Fällen müssen die verschiedenen experimentellen Einheiten voneinander unabhängig sein; die Entnahme von Teilstichproben aus einer einzigen Einheit oder aus Einheiten, die sich durch Nachbareffekte beeinflussen, ist als Pseudo-Replikation bekannt. Für die verschiedenen statistischen Methoden zur Bewertung von Effekten siehe Winer et al. (1991).
- **Replikation über Experimente hinweg:** Ein einzelnes Experiment liefert nur Informationen von sehr geringer Allgemeingültigkeit, die für eine Testart/Testökosystem, einen Ort, eine Jahreszeit usw. gültig sind. Wenn eine zunehmende Anzahl von so ähnlichen wie möglichen Experimenten mit anderen Testarten, an anderen Orten, in anderen Jahreszeiten usw. ähnliche Ergebnisse liefert, wird die Allgemeingültigkeit der Ergebnisse zunehmen und das Vertrauen in das Ergebnis wird wachsen.
- **Reproduzierbarkeit:** Experimente müssen in ausreichender Detailtiefe veröffentlicht werden, damit andere Forscher sie wiederholen und das Ergebnis testen können.
- **Skalenangemessenheit:** Ökologische Prozesse benötigen Raum und Zeit. Daher müssen die Größe der experimentellen Einheiten und die Dauer des

Experiments angemessen sein. Zum Beispiel kann der Einfluss von planktivoren Fischen auf eine Zooplanktongemeinschaft nicht in einer 1 m^3 Einheit untersucht werden, weil 1 Fisch m^{-3} weit über der natürlichen Fischdichte liegt. Wenn die Frage von Interesse ist, wie die Düngung von Phytoplankton durch Nährstoffe auf Fische wirkt, wären 1 oder 2 Wochen völlig ineffizient. Es dauert ein paar Tage, bis die Phytoplanktonbiomasse auf die erhöhten Nährstoffe reagiert und ein paar Wochen, bis die Zooplanktonbiomasse auf die erhöhte Verfügbarkeit von Nahrung Phytoplankton reagiert. Physiologische Indikatoren für gute oder schlechte Ernährung von Fischen benötigen weitere Tage oder Wochen, aber eine Reaktion auf der Ebene der Eiproduktion kann bis zu einem Jahr dauern, abhängig vom saisonalen Start des Experiments.

Mit begrenzten Ressourcen für die Forschung gibt es oft einen Konflikt zwischen Replikation und Skalenangemessenheit. Größere experimentelle Einheiten sind teurer, schwieriger zu handhaben und schwieriger vor externen Störungen zu schützen. Daher ist die Wahl der Skala eines Experiments oft ein Kompromiss (Kasten 1.1), und das Vertrauen in die Ergebnisse steigt, wenn Experimente auf mehreren Skalen und Feldbeobachtungen das gleiche Ergebnis zeigen.

Kasten 1.1 Typologie ökologischer Experimente

Einzelindividuum/Klon-Experimente sind in der Ökophysiologie allgemein akzeptiert, wenn die Reaktion einiger biotischer Variablen (z. B. Atmungsrate und Produktionsrate) auf abiotische Faktoren oder auf Nährstofffaktoren untersucht werden soll. Wenn die Untersuchungsorganismen größer als 1 mm bis 1 cm sind, werden normalerweise einzelne Individuen verwendet. Wenn die Organismen kleiner sind, wird eine klonale Kultur, d. h. eine Kultur aus genetisch identischen Individuen, verwendet.

Mikrokosmen sind experimentelle Systeme, die aus mehreren Arten aus Reinkulturen bestehen. Sie werden verwendet, um Phänomene der Wechselwirkung zwischen Arten, wie Konkurrenz und Räuber-Beute-Beziehungen, zu untersuchen. Normalerweise werden Mikrokosmen im Labor eingerichtet. Daher können nicht nur der Zugang von Arten, sondern auch die physikalischen und chemischen Bedingungen streng kontrolliert werden. Typische Größen von Mikrokosmen liegen in der Größenordnung von 10^1 bis 10^3 mL^3.

Mesokosmen basieren auf der natürlichen Mischung von Arten, oft unter Ausschluss großer Räuber. Feldmesokosmen werden eingerichtet, indem Volumina von Wasser (pelagische Mesokosmen) oder Bereiche des Seebodens oder Meeresbodens (benthische Mesokosmen) durch physische Barrieren abgegrenzt werden. Diese Barrieren können undurchlässig (normalerweise Plastikfolien) oder durchlässig (Netze, durchlässig für Chemikalien und Organismen kleiner als die Maschengröße) sein. Mesokosmen können auch im Labor installiert werden, indem Behälter mit einer natürlichen Artenmischung gefüllt werden. Mögliche experimentelle Manipulationen umfassen Beschattung, Zugabe von chemischen Substanzen, Zugabe oder Entfernung von Arten und Zugang für mobile Räuber durch Öffnungen in der Barriere. Feldmesokosmen müssen die natürliche Variabilität des Wetters akzeptieren, aber die verschiedenen Versuchseinheiten müssen den gleichen physikalischen Bedingungen unterliegen. Übliche Größen von pelagischen Mesokosmen reichen von 10^2 bis 10^4 L^3 und benthische Mesokosmen von mehreren 10^{-2} bis 100 m^2.

Offene Feldexperimente haben keine künstliche Barriere und verwenden ganze Seen oder halbgeschlossene Buchten. Die Zugabe von chemischen Substanzen und die Entfernung oder Zugabe von größeren Arten sind typische Behandlungen. Offene Feldexperimente haben den höchsten Grad an Natürlichkeit und sind für die meisten ökologischen Fragen vollständig maßstabsgetreu, aber es ist schwierig, angemessene Kontrollen zu haben und fast unmöglich, einen angemessenen Grad an Replikation zu erreichen. Selbst der Vergleich der Zeit vor und nach dem Beginn einer Manipulation ist keine korrekte Form der Kontrolle, denn niemand kann garantieren, dass der Unterschied zwischen „vorher" und „nachher" nicht einfach durch das Wetter verursacht wurde. Dieses Problem kann durch das BACI-Design (before–after, control–impact; Green 1979) gelöst werden. Dabei werden zwei hinreichend ähnliche Standorte vor und nach dem Beginn der experimentellen Manipulation wiederholt beprobt: einer wird manipuliert und der andere bleibt als Kontrolle unmanipuliert. Der Effekt wird durch den Vergleich der Unterschiede zwischen ihnen vor und nach dem Beginn der Manipulation bewertet.

Theoriebildung
Was macht eine Theorie aus? In Teilen der Literatur werden die Begriffe „**Hypothese**" und „**Theorie**" synonym verwendet, während andere Autoren den Begriff Hypothese für einzelne „Wenn-dann"-Aussagen und Theorie für ein höheres System aus axiomatischen Definitionen und miteinander verbundenen Hypothesen verwenden. Hier wird der Begriff Theorie in letzterem Sinne verwendet. Naturwissenschaften streben danach, einzelne Erkenntnisse zu Naturgesetzen oder zumindest zu allgemein gültigen Regeln zu erweitern und die Bildung von großen Theorien, die aus einer Vielzahl von miteinander verbundenen Gesetzen und Regeln auf der Grundlage von so wenigen wie möglich grundlegenden Prinzipien bestehen. Eine erfolgreiche Theorie sollte die folgenden Attribute haben:

- **Interne Konsistenz**, d. h., die Aussagen innerhalb einer Theorie müssen widerspruchsfrei sein
- **Übereinstimmung mit früheren empirischen Erkenntnissen**
- **Fähigkeit, zukünftige empirische Erkenntnisse aufzunehmen**
- So viel wie möglich **Allgemeingültigkeit**
- So viel wie möglich **Einfachheit**

Die ersten beiden Punkte sind absolute Notwendigkeiten, die mit dem heutigen Wissen getestet werden können. Das dritte Kriterium kann nur in der Zukunft getestet werden. Allgemeingültigkeit und Einfachheit sind Attribute, die für die „Fitness" einer Theorie im Wettbewerb mit anderen Theorien im gleichen Wissenschaftsbereich entscheidend sind.

Deduktion und Induktion Deduktion ist die Ableitung von Aussagen über Einzelfälle aus allgemeinen Gesetzen oder Regeln. Sie folgt den Gesetzen der Logik. Induktion ist die Verallgemeinerung zu allgemeinen Gesetzen oder Regeln aus mehreren bis vielen Einzelbefunden. Die Induktion ist nie vollständig, weil die Gesamtheit aller Fälle nie untersucht werden kann. Daher sind widersprüchliche zukünftige Beobachtungen möglich. Das bedeutet, dass wir uns nie über die Wahrheit von Aussagen, die aus der Induktion abgeleitet sind, sicher sein können.

Poppers Falsifikationsprinzip Wie können wir Vertrauen in wissenschaftliche Aussagen gewinnen angesichts der unvermeidlichen Unvollständigkeit der Induktion? Natürlich ist die Position „jeder Fall ist ein Einzelfall mit seinen eigenen singulären Gesetzen" eine Position ohne Risiko, widerlegt zu werden, aber sie führt zu keinem Verständnis der Natur. Ein Ausweg aus dem Dilemma wurde durch das **hypothetisch-deduktive Modell** von Popper (1959) gezeigt, das sich um die Möglichkeit der Falsifizierung von Hypothesen dreht. Popper unterscheidet den „Kontext der Entdeckung" und den „Kontext der Rechtfertigung" einer Hypothese. Der Kontext der Entdeckung ist ziemlich frei; Hypothesen können durch Deduktion aus allgemeineren Theorien, durch (unvollständige) Induktion, durch Inspiration usw. generiert werden. Der Kontext der Rechtfertigung folgt strengen Regeln. Hypothesen müssen Vorhersagen über beobachtbare Phänomene mit logischer Notwendigkeit generieren. Wenn diese Vorhersagen scheitern, ist die Hypothese falsifiziert. Wenn die Vorhersage erfüllt ist, ist die Ablehnung der Hypothese gescheitert. Eine Hypothese kann nicht falsifiziert werden, wenn die Vorhersage den gesamten Bereich möglicher Ergebnisse umfasst („wenn A passiert, wird B zunehmen oder abnehmen oder unverändert bleiben"). Eine nicht falsifizierbare Hypothese ist bedeutungslos, weil sie keine Informationen enthält.

Das Falsifikationsprinzip ist asymmetrisch. Eine Hypothese kann abgelehnt, aber nicht bewiesen werden, weil zukünftige Ablehnungen nicht ausgeschlossen werden können. Allerdings führt eine zunehmende Anzahl von gescheiterten Ablehnungen zu einem zunehmenden Vertrauen. Dieser Vertrauensgewinn kann durch das Wort „bestätigt" anstelle von „bewiesen" ausgedrückt werden.

Axiome Falsifizierbare (= testbare) Hypothesen sind nicht die einzigen Bestandteile einer höheren Theorie. Solche Theorien enthalten auch Klassifikationen, die definieren, welche Hypothesen auf welche Klassen von Phänomenen anwendbar sind, und Axiome. Axiome sind grundlegende Definitionen, wie die Definition der Kraft als Produkt aus Masse und Beschleunigung in der Newtonschen Mechanik. Axiome können nicht falsifiziert werden, aber Theorien, die auf ihnen aufbauen, unterliegen dem Test der Zeit in der Wissenschaftsgeschichte und werden aufgegeben oder in ihrem Anwendungsbereich eingeschränkt, wenn erfolgreichere Theorien auftauchen.

1.3.3 Globale Prognosen

Die Globalisierung der Umweltverschlechterung und insbesondere die globale Klimaveränderung hat die Wissenschaft mit Fragen konfrontiert, die über die klassische Triade „wer? – wie viel? – warum?" hinausgehen. Die dringende Frage „was wird global geschehen?" kann nicht im Rahmen des hypothetisch-deduktiven Systems der Wissenschaft beantwortet werden. Eine Prognose des globalen Klimas und seiner Auswirkungen auf die Ökosysteme der Erde unterscheidet sich von den Vorhersagen, die für die Hypothesenprüfung verwendet werden. Hypothesenprüfungsvorhersagen sind räumlich und zeitlich begrenzt und auch die Bedingungen, unter denen eine Vorhersage gelten sollte, werden oft recht restriktiv definiert. Wenn das gesamte Erdsystem auf dem Spiel steht, kann es keine Kontrollen und Replikationen geben, zumindest nicht im physischen Sinne des Wortes.

Quasi-Kontrollen und quantitative Dosis-Wirkungs-Beziehungen sind möglich als verschiedene Szenarien, die von komplexen Klimamodellen unter Verwendung verschiedener Szenarien für treibende Faktoren vorhergesagt werden, z. B. verschiedene CO_2-Emissionsszenarien. Modellergebnisse sind jedoch strenge Ableitungen aus den Eingaben, d. h. den Gleichungen, die ein Modell bilden, und den Parameterwerten. Wenn ein Modell probabilistische Komponenten enthält, kann das mehrmalige Ausführen des Modells eine Art von Replikation liefern. Eine andere Art von Replikation wird erreicht, wenn unterschiedlich konstruierte Modelle ähnliche Vorhersagen liefern. Dies ist einer der Wege zur Steigerung des Vertrauens in Modellergebnisse.

Ein weiterer Weg, Vertrauen zu gewinnen, ist die Rekonstruktion der Vergangenheit. Globale Modelle können auch durch ihre Fähigkeit getestet werden, vergangene Veränderungen vorherzusagen (dokumentiert durch paläontologische Proxies oder durch menschliche Dokumentation der jüngeren Vergangenheit). Solche Vergleiche mit der Vergangenheit können auch verwendet werden, um Modelle zu kalibrieren, um die Vorhersage vergangener Veränderungen zu verbessern. Die Fähigkeit, zuverlässige Rückprojektionen zu machen, erhöht das Vertrauen in die Fähigkeit, zuverlässige Prognosen zu machen.

1.4 Ausblick auf die Struktur des Buches

Das ökologische Theater und das evolutionäre Spiel ist der programmatische Titel eines der Bücher des berühmten Ökologen Hutchinson (1965). Wenn wir bei der Analogie mit einem Theater bleiben, brauchen wir eine Bühne, wir brauchen die Schauspieler, und wir brauchen ein Skript.

Die physikalischen und chemischen Lebensbedingungen in Oberflächengewässern sind die Bühne der aquatischen Ökologie. Kap. 2 führt in die physikalischen und chemischen Eigenschaften der aquatischen Umwelt ein.

Aquatische Organismen sind die Schauspieler. Sie werden in Kap. 3 vorgestellt. Das Kapitel folgt keinem taxonomischen Ansatz, sondern einem lebensform- und merkmalsbasierten Ansatz. Die Organismen und ihre Merkmale sind das Ergebnis der vergangenen Evolution und werden im Verlauf des in den folgenden Kapiteln skizzierten Spiels weitere Evolution erfahren.

Kap. 4–8 sind das Hauptskript der Mechanismen, die das Spiel erklären. Ihre Reihenfolge folgt einem Bottom-up-Ansatz entlang der Hierarchie von Individuen bis zur Biosphäre.

Individuen sind die elementaren Partikel der Ökologie. Die Fähigkeit, mit der abiotischen Umwelt zurechtzukommen, ihre Ernährungsbedürfnisse und ihre Fähigkeiten, diese Bedürfnisse zu erfüllen, sind das Objekt der Ökophysiologie, der Inhalt von Kap. 4 .

Individuen der gleichen Art, die zusammen leben, bilden Populationen. Die Muster von Populationswachstum und -rückgang, die zugrunde liegenden Mechanismen, die Altersstruktur und die genetische Struktur von Populationen werden in Kap. 5 vorgestellt.

Populationen werden zu Umweltfaktoren füreinander; d. h., sie interagieren. Die Wirkung einer Population auf eine andere kann positiv oder negativ sein. Paarweise Interaktionen oder Interaktionen zwischen wenigen Populationen sind der Inhalt von Kap. 6 .

Kap. 7 integriert, was oft getrennt behandelt wird, Lebensgemeinschaften und Ökosysteme. Lebensgemeinschaften sind die Gesamtheit der interagierenden Populationen an einem Ort. Ökosysteme sind die Lebensgemeinschaften plus ihre abiotische Umwelt mit einem Fokus auf den Austausch von Materie und Energie zwischen beiden. Gemeinschafts- und Ökosystemökologie werden zusammen behandelt, da die meisten Gemeinschaftsprozesse wie Nahrungsnetzinteraktionen Materie- und Energieflüsse beinhalten und eine separate Behandlung oft bedeuten würde, die gleiche Geschichte zweimal zu erzählen.

Kap. 8 widmet sich der aquatischen Biogeochemie. Es zeigt, wie die aquatischen Ökosysteme am globalen Austausch von Materie teilnehmen und wie das gemeinsame Funktionieren der aquatischen Ökosysteme über geologische Zeiten hinweg seine Spuren in der Chemie der Erdoberfläche hinterlassen hat.

In Zeiten des globalen Wandels und der Verschlechterung der Ökosysteme kann ein Lehrbuch die menschlichen Auswirkungen auf aquatische Ökosysteme nicht vernachlässigen. Die wichtigsten davon werden in Kap. 9 vorgestellt.

Literatur

Darwin C (1859) On the origin of species. Murray, London
Forbes SA (1887) The lake as a microcosm. Ill Nat Hist Survey 15:536–551

Green RH (1979) Sampling design and statistical methods for environmental biologist. Wiley Interscience, Chichester

Haeckel E (1866) Generelle Morphologie der Organismen. Allgemeine Grundzüge der organischen Formen-Wissenschaft, mechanisch begründet durch die von Charles Darwin reformirte Descendenz-Theorie, Bd 2, S 286, Berlin

Heard E, Martinssen RA (2014) Transgenerational epigenetic inheritance: myths and mechanisms. Cell 114:95–109

Hutchinson GE (1965) The ecological theater and the evolutionary play. Yale University Press, New Haven

Kant I (1781) Kritik der reinen Vernunft (1974, Suhrkamp, Frankfurt)

Krebs CJ (1985) Ecology. Harper & Row, New York

Möbius K (1877) Die Auster und die Austernwirtschaft. Wiegandt, Hemple & Parey, Berlin (English translation: The Oyster and Oyster Farming. U.S. Commission Fish and Fisheries Report, 1880: 683–751)

Popper KR (1959) The logic of scientific discovery. Harper and Row, New York

Weiner AKL, Katz LA (2021) Epigenetics as driver of adaptation and diversification in microbial eukaryotes. Protists. Front Genet 12:642220

Winer BJ, Brown DR, Michels KM (1991) Statistical principles in experimental design. McGraw-Hill Kogakusha, Tokyo

Der aquatische Lebensraum

Inhaltsverzeichnis

2.1 Oberflächengewässer ... 23
    2.1.1 Weltmeere ... 23
    2.1.2 Seen, Teiche und Stauseen ... 24
    2.1.3 Fließgewässer ... 24
2.2 Physikalische Eigenschaften von Wasser ... 25
    2.2.1 Dichte und thermische Eigenschaften ... 25
    2.2.2 Viskosität und Bewegung im Wasser ... 27
    2.2.3 Schweben, Sinken und Schwimmen ... 29
2.3 Chemische Eigenschaften von Oberflächengewässern ... 31
    2.3.1 Gelöste Salze ... 31
    2.3.2 Gelöste Gase ... 33
    2.3.3 CO_2 und das Karbonatsystem ... 34
    2.3.4 Redoxreaktionen ... 37
    2.3.5 Gelöste organische Substanzen ... 38
2.4 Unterwasserlichtklima ... 39
    2.4.1 Oberflächenstrahlung ... 39
    2.4.2 Einheiten zur Messung der Einstrahlung ... 41
    2.4.3 Die vertikale Abschwächung von Licht ... 41
2.5 Vertikale Schichtung ... 45
    2.5.1 Temperaturschichtung in Seen ... 45
    2.5.2 Thermohaline Schichtung in Meeresgewässern ... 47
    2.5.3 Vertikale Schichtung biologisch aktiver Elemente ... 48
2.6 Boden und Rand von Gewässern ... 50
    2.6.1 Sediment ... 50
    2.6.2 Harte Substrate ... 51
2.7 Horizontale Bewegungen des Wassers ... 52
    2.7.1 Strömungen ... 52
    2.7.2 Gezeiten ... 53
    2.7.3 Fließende Gewässer ... 54
Glossar ... 55
Übungsaufgaben ... 57
Literatur ... 58

Abkürzungsverzeichnis

a charakteristische Länge eines sinkenden/schwimmenden Partikels
A Alkalinität
C_S Gleichgewichts**konzentration** eines Gases
e Eulersche Zahl (Basis des natürlichen Logarithmus, 2,718…)
E_h Redoxpotential
E_7 Redoxpotential bei pH = 7
η Dynamische Viskosität
ϕ Formwiderstand
k Vertikaler Attenuatioskoeffizient des Lichts
K_s Löslichkeitskoeffizient eines Gases
N Zahl
P_T Partialdruck eines Gases
r Radius
ρ Dichte von Wasser
ρ' Dichte der in Wasser suspendierten Partikel
Re   Reynolds-Zahl
v Geschwindigkeit
z Tiefe
z_{eu} euphotische Tiefe
z_m Durchmischungstiefe
z_s Secchi-Tiefe

Zusammenfassung

Wasserorganismen leben in einer Umgebung, die sich in vielerlei Hinsicht von der Umgebung terrestrischer Organismen unterscheidet. Daher bietet dieses Kapitel eine kurze Zusammenfassung der wichtigsten physikalischen und chemischen Eigenschaften der aquatischen Umwelt, soweit sie für das Verständnis ökologischer Prozesse erforderlich sind. Für eine detailliertere Behandlung der Physik und Chemie der Ozeane, Seen und Flüsse sollten Lehrbücher über physikalische Ozeanographie, Limnologie und Wasserchemie herangezogen werden.
In Abschn. 2.1 dieses Kapitels wird eine kurze Zusammenfassung der wichtigsten Arten von Oberflächengewässern gegeben. Die folgenden beiden Abschnitte widmen sich den ökologisch wichtigsten physikalischen (Abschn. 2.2) und chemischen (Abschn. 2.3) Eigenschaften des Mediums Wasser. Abschn. 2.4 skizziert das Unterwasserlichtklima, einen der wichtigsten Faktoren, die die biologische Produktion in Oberflächengewässern bestimmen. Abschn. 2.5 stellt die vertikale Schichtung der Wassersäule in Seen

2.1 Oberflächenwasser

und Ozeanen dar. Abschn. 2.6 skizziert die wichtigsten Eigenschaften des Bodens und des Randes von Gewässern. Abschn. 2.7 stellt die wichtigsten Arten von horizontalen Wasserbewegungen dar.

2.1 Oberflächengewässer

Oberflächengewässer sind durch den globalen Wasserkreislauf miteinander verbunden. Sie speisen den atmosphärischen Pool von Wasserdampf durch Verdunstung. Niederschläge bringen Wasser aus der Atmosphäre zurück zur Erdoberfläche. Wenn dieses Wasser nicht erneut verdunstet, fließt der größte Teil davon entweder über Bäche, Flüsse und Seen oder über unterirdische Ströme zum Weltmeer. Nur ein kleiner Teil des Oberflächenwasserflusses endet auf Kontinenten, entweder durch Verdunstung aus Seen in trockenen Becken oder durch Versickern in einem ausreichend durchlässiges Untergrund.

2.1.1 Weltmeere

Das Weltozean bildet den größten Teil (71 %, 361.000.000 km^2) der Erdoberfläche und enthält ca. 97,5 % des flüssigen und gefrorenen Wassers der Erde mit einem Volumen von $1,335 \times 10^9$ km^3. Es hat eine durchschnittliche Tiefe von 3688 m und eine maximale Tiefe von 10.971 m (Marianengraben im Pazifischen Ozean). Der Weltozean ist ein global kontinuierlicher Wasserkörper mit salzhaltigem Wasser in den meisten seiner Teile und Brackwasser in einigen halbgeschlossenen Randbecken. Manchmal wird der Begriff „Ozean" nur für seine größten Becken verwendet, Pazifischer Ozean (46,6 % der Ozeanfläche, 50,1 % des Ozeanvolumens), Atlantischer Ozean (23,5 % der Fläche, 23,3 % des Volumens), Indischer Ozean (19,5 % der Fläche, 19,8 % des Volumens), Südlicher oder Antarktischer Ozean (6,1 % der Fläche, 5,4 % des Volumens) und Arktischer Ozean (4,3 % der Fläche, 1,4 % des Volumens).

Das offene Wasser des Ozeans wird **pelagische Zone** oder einfach Pelagial genannt. Die **neritische Zone** ist der Teil der pelagischen Zone über den Kontinentalschelfen mit Tiefen, die selten 200 m überschreiten. Einige Randmeere (z. B. Nordsee, Ostsee, beide in Europa) liegen vollständig innerhalb der neritischen Zone. Die **ozeanische Zone** enthält die Wassermassen jenseits der Kontinentalränder. Eine konventionelle Tiefenklassifikation des **Pelagials** unterscheidet das Epipelagial (0–200 m), Mesopelagial (200–1000 m), Bathypelagial (1000–3000 m) und Abyssopelagial (>3000 m). Dies ist nur eine formale Klassifikation, während aus ökologischer Sicht eine Klassifikation auf der Grundlage von Licht (Abschn. 2.4) und thermohaliner Schichtung (Abschn. 2.5.2) angemessener erscheint.

Der Boden und der Rand des Ozeans werden **benthische Zone** genannt. Der nahe der Oberfläche gelegene, küstennahe Teil wird als **Litoral** bezeichnet, mit dem **Eulitoral** oder Intertidal zwischen den Hoch- und Niedrigwasserständen und dem **Sublitoral**, das die angrenzende Zone darunter bis zu einer Tiefe umfasst, in der noch genügend Licht für die Photosynthese vorhanden ist.

2.1.2 Seen, Teiche und Stauseen

Seen sind stehende Gewässer in natürlichen Becken und nicht Teil des weltweiten Ozeankontinuums. Ihre Verbindung mit dem Weltmeer ist der einseitige Fluss von abfließenden Flüssen, die das Meer erreichen. Natürliche Seen können einen tektonischen, vulkanischen, glazialen oder fluvialen Ursprung haben. Menschliche Aktivitäten wie das Aufstauen oder Ausheben (z. B. Kiesgruben) können ebenfalls Becken bilden, die anschließend mit Wasser gefüllt werden. Die Mehrheit der Seen hat Abflüsse, aber einige liegen in trockenen Becken ohne Abfluss und verlieren ihr Wasser durch Verdunstung. Dies führt zu einem erhöhten Salzgehalt (salzige Seen, Abschn. 2.3.1). Es gibt keine international anerkannte Definition für die Grenze zwischen Seen und Teichen. Die Ökologie von Stauseen könnte bei geringem Wasserdurchfluss näher an der Seenökologie und bei hohem Durchfluss näher an der Flussökologie liegen.

Das Kaspische Meer (Kasachstan, Russland, Turkmenistan, Aserbaidschan, Iran) ist sowohl hinsichtlich der Fläche (371.000 km^2) als auch des Volumens (78.200 km^3) der größte See. Es ist ein Brackwasser-Körper mit einer maximalen Tiefe von 1025 m und liegt in einem Becken unterhalb des Meeresspiegels. Obwohl es üblicherweise „Meer" genannt wird, ist es aus geomorphologischer Sicht ein See, da es keine Verbindung zum Weltmeer hat. Der Obere See (Kanada, USA) ist der größte Süßwassersee hinsichtlich der Fläche (82.100 km^2). Er hat ein Volumen von 12.100 km^3 und eine maximale Tiefe von 406 m. Der Baikalsee (Russland) ist der tiefste (1637 m) See und der größte Süßwassersee hinsichtlich des Volumens (23.600 km^3). Seine Oberfläche beträgt 23.600 km^2.

2.1.3 Fließgewässer

Flüsse und Bäche sind die Förderbänder, die Wasser von der Landoberfläche zum Weltmeer transportieren. An ihrem Anfang von einer Quelle werden sie als Bäche erster Ordnung oder Quellbäche bezeichnet. Wenn zwei Bäche erster Ordnung zusammenfließen, bilden sie einen Bach zweiter Ordnung. Wenn zwei Bäche zweiter Ordnung zusammenfließen, bilden sie einen Bach dritter Ordnung, und so weiter. Die größten Flüsse sind Bäche der 10. oder 11. Ordnung. Während die Ordnung eines Baches nicht durch Größe oder Wasserdurchfluss definiert ist, ist offensichtlich, dass im Durchschnitt höher geordnete Bäche größer sind und mehr Wasser führen als niedriger geordnete.

Bei der Messung der Länge eines Flusses ist es üblich, entlang der längsten Nebenflüsse bis zur am weitesten entfernten Quelle zur Mündung zu messen. Inwieweit Gezeitenkanäle im Delta in die Längenmessungen einbezogen werden sollten, ist umstritten. Nach https://de.wikipedia.org/wiki/Liste_der_l%C3%A4ngsten_Fl%C3%BCsse_der_Erde ist der Nil (Afrika) der längste Fluss (6650 km), gefolgt vom Amazonas (Südamerika, 6400 km), dem Jangtse (China, 6300 km) und dem Mississippi (Nordamerika, 6275 km). Der Amazonas hat mit Abstand das größte Einzugsgebiet (7.000.000 km^2) und den höchsten durchschnittlichen Wasserabfluss (209.000 m^{3}s^{-1}) aller Flüsse. Der Nil hat ein Einzugsgebiet von 3.254.555 km^2 und einen durchschnittlichen Wasserabfluss von 2800 m^{3}s^{-1}.

2.2 Physikalische Eigenschaften von Wasser

2.2.1 Dichte und thermische Eigenschaften

Gefrieren Reines Wasser gefriert bei 0 °C, während der Gehalt an gelösten Stoffen den Gefrierpunkt senkt. Meerwasser mit einem Salzgehalt, der dem Durchschnitt der Weltmeere entspricht (35 g kg^{-1}; g Salz pro kg Wasser), gefriert bei ca. −1,9 °C. Bei jeder Salinität ist Eis leichter als flüssiges Wasser, im Falle von Süßwasser 8,5 % leichter als flüssiges Wasser bei 0 °C. Das bedeutet, dass Eis auf Wasser schwimmt und gefrorene Seen und Meere eine Eisschicht an der Oberfläche haben.

Dichte Reines Wasser hat eine Dichte von 998,2 kg m^{-3} bei 20 °C. Die Dichte steigt mit dem Gehalt an gelösten Stoffen. Die Dichte von Süßwasser weicht nur unmerklich von reinem Wasser ab, während Meerwasser mit einer Salinität von 35 kg kg^{-1} eine Dichte von 1026 kg m^{-3} bei 20 °C hat. Die Temperaturabhängigkeit der Dichte hängt von der Salinität ab. Reines Wasser zeigt eine **Dichteanomalie** mit einer maximalen Dichte nicht am Gefrierpunkt, sondern bei 4 °C. Die Temperatur der maximalen Dichte sinkt mit der Salinität und bei 24,7 g kg^{-1} (ca. 70 % des durchschnittlichen Meerwassers) verschwindet die Dichteanomalie; d. h., flüssiges Wasser ist gerade am Gefrierpunkt am schwersten (Abb. 2.1). Dieser Unterschied zwischen Süß- und Meerwasser führt zu unterschiedlichen Mustern der Eisbildung in Süßwasserseen und im Meer. In Seen bildet sich Eis an der Oberfläche, während im Meer Eis innerhalb der Wassersäule kristallisieren und dann zur Oberfläche aufsteigen kann. Wenn Meereis an Unterwasserflächen entsteht, können Bodenorganismen am aufsteigenden Eis („Ankereis") haften bleiben und zur Unterseite der Eisdecke transportiert werden. Dieses Phänomen wurde wiederholt von Tauchern beobachtet.

Spezifische Wärme Wasser ist eine thermisch sehr langsam reagierende Flüssigkeit, wie durch eine spezifische Wärme von 4,186 kJ bei 15° ausgedrückt wird;

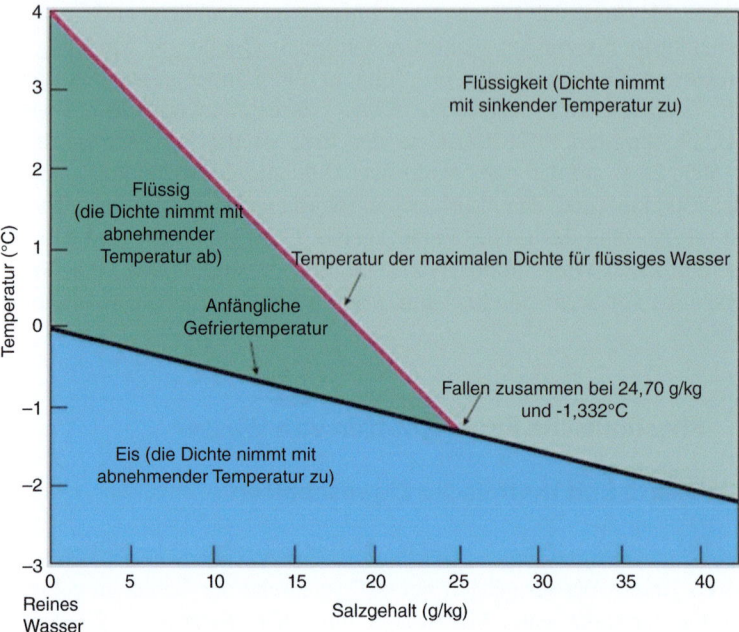

Abb. 2.1 Gefrierpunkt (schwarze Linie) von Wasser und Temperatur der maximalen Dichte (magenta Linie) in Abhängigkeit von der Salinität. (Quelle: FridtjofNansen, Creative Commons Attribution-Share Alike 4.0, https://upload.wikimedia.org/wikipedia/commons/thumb/1/18/Sea_water_freezing_temperature_and_density_maximum.png/640px-Sea_water_freezing_temperature_and_density_maximum.png)

d. h., 4,186 kJ sind erforderlich, um die Temperatur von 1 kg Wasser um 1 °C zu erhöhen. Nur wenige Flüssigkeiten haben eine höhere spezifische Wärme und Luft hat eine viel niedrigere. Die hohe Wärmespeicherkapazität und die langsame Reaktion auf Erwärmung zeigen sich im Unterschied zwischen den saisonalen Erwärmungs- und Abkühlungsmustern von Gewässern und der Atmosphäre. Das Frühjahrs- und Sommererwärmung von Gewässern und die Herbst-/Winterabkühlung sind in Gewässern viel langsamer als in der Atmosphäre und kurzfristige Temperaturschwankungen sind im Vergleich zur Luft stark gedämpft. Diese Verzögerung und Dämpfung sind in den tiefsten und größten Gewässern am stärksten.

Wärmeübertragung Wärme kann innerhalb von Flüssigkeiten durch molekulare Diffusion und durch Mischen transportiert werden. Nur letzteres ist in natürlichem Wasser wirklich wichtig, weil ersteres trotz der höheren Wärmeleitfähigkeit von Wasser extrem langsam ist. Das Mischen kann entweder durch externe mechanische Einflüsse (Wind) oder durch **Konvektion** induziert werden. Konvektives Mischen tritt auf, wenn Wasser an der Oberfläche abkühlt und dadurch schwerer wird als die Wassermassen darunter.

2.2.2 Viskosität und Bewegung im Wasser

Viskosität Aus der klassischen Mechanik kennen wir das Prinzip der **Trägheit**. In einer reibungslosen Welt (d. h. im Vakuum) würde ein Körper in konstanter Bewegung bleiben, wenn keine Kraft auf ihn wirkt, und die Bewegung würde beschleunigt, wenn eine konstante Kraft auf den Körper wirkt. Allerdings wird bereits in der Luft die Geschwindigkeit eines Körpers, der nur einmal gestoßen wird, kontinuierlich durch Reibung reduziert. Im Wasser ist diese Verzögerung viel stärker. Die innere Reibung eines Mediums wird durch seine **dynamische Viskosität** (η), oft kurz einfach „Viskosität" genannt, ausgedrückt.

Dynamische Viskosität von Wasser bei 20 °C: $\eta = 1 \times 10^{-3}$ kg m^{-1} s^{-1}
Dynamische Viskosität von Wasser bei 0 °C: $\eta = 1,8 \times 10^{-3}$ kg m^{-1} s^{-1}
Das ist etwa 100 Mal die Viskosität der Luft.

Reynolds-Zahl Wasser ist eine der am wenigsten viskosen Flüssigkeiten, aber dennoch muss die Bewegung des Wassers viel mehr Reibung überwinden als die Bewegung in der Luft. Die Reynolds-Zahl (Re) drückt das Verhältnis zwischen den Trägheitskräften und den viskosen Kräften aus, die auf einen Körper wirken, der sich durch ein flüssiges oder gasförmiges Medium bewegt, oder umgekehrt, des Mediums, das sich durch feste Rohre oder Siebe bewegt. Die Reynolds-Zahl kann berechnet werden als

$$\text{Re} = av\,\rho\eta^{-1} \tag{2.1}$$

a: charakteristische Länge (m), z. B. Länge eines sich bewegenden Körpers
η: dynamische Viskosität (kg m^{-1} s^{-1})
 in Fließrichtung, Durchmesser eines Rohres, durch das Wasser fließt.
v: Geschwindigkeit der Bewegung (m s^{-1})
ρ: Dichte (kg m^{-3})

Das bedeutet, dass kleine und langsame Organismen die Viskosität des Mediums anders erleben als große und schnelle. Sich schnell bewegende und größere Organismen erfahren einen stärkeren Einfluss der Trägheit, während sehr kleine oder langsame Organismen von viskosen Kräften dominiert werden.

Normalerweise ist es nicht einfach, genaue Werte von Re zu berechnen, da die charakteristische Länge für nicht-sphärische Partikel schlecht definiert ist. Für die meisten biologischen Betrachtungen ist jedoch eine Abschätzung der Größenordnung ausreichend (Tab. 2.1). Sehr grob kann man sagen, dass bewegliche Tiere von >1 cm in einer Welt mit hohen Reynolds-Zahlen leben, während Protisten in einer viskositätsdominierten Welt leben. Kleine Metazoen von etwa 1 mm Größe, wie viele Zooplankter, leben in einer Übergangsumgebung. Das Schwimmen wird von Trägheitskräften dominiert, während andere lebenswichtige Funktionen, wie das Filtrieren von Nahrungspartikeln aus dem Wasser, von der Viskosität dominiert werden.

Tab. 2.1 Reynolds-Zahlen verschiedener Organismen, die sich im Wasser bewegen (Sommer 2005)

Art der Bewegung und Organismen	Re
Schwimmender Wal	10^8
Schwimmender Hering	10^5
Krebstier-Zooplankton (ca. 1 mm)	10^2
Schwimmende Wimperntierchen (100 μm)	10^{-1}
Sinkende, große Kieselalge (100 μm)	10^{-2}
Wasserstrom durch Filtrationsapparat von Zooplankton (1 μm Maschenweite)	10^{-3}
Schwimmendes Bakterium (0,3 μm)	10^{-4}

Laminare und Turbulente Strömung Partikel, die sich bei hohen Reynolds-Zahlen bewegen, sind von turbulenter Strömung des Mediums umgeben, während Partikel, die sich bei niedrigen Reynolds-Zahlen bewegen, von laminarer Strömung umgeben sind. Laminare Strömung bedeutet parallele Stromlinien ohne Vermischung des Wassers um den bewegten Partikel. Für uns ist das Leben bei niedrigen Reynolds-Zahlen schwer vorstellbar, da wir groß sind, uns relativ schnell bewegen und in Luft bewegen, einem Medium, das viel weniger viskos ist als Wasser. Das Leben bei niedrigen Re könnte man sich vorstellen, indem man langsam durch Honig schwimmt. Der größte Teil des Honigs wird am Körper haften bleiben, wobei die laminare Strömungsgeschwindigkeit abnimmt, je näher der Honig am Körper ist (Grenzschicht). So werden wir den größten Teil des Honigs der Ausgangsposition mit uns führen, anstatt während unserer Bewegung mit frischem Honig in Berührung zu kommen, im Gegensatz zum Schwimmen bei normaler Geschwindigkeit in einem weniger viskosen Medium, wie Wasser, wo wir immer von frischem Medium umspült werden (Purcell 1977).

Probleme bei der Aufnahme gelöster Nährstoffe Phytoplankton und Bakterien, die im Wasser suspendiert sind, sind von laminarer Strömung umgeben, auch wenn sie von größeren Wasserparzellen in einer turbulenten Umgebung bewegt werden. Der daraus resultierende Mangel an Vermischung verursacht Probleme bei der Aufnahme gelöster Stoffe aus dem Wasser zur Ernährung und bei der Entsorgung von Abfallstoffen. Die Konzentrationen von Nährstoffen werden in der Nähe von Zellen verarmt, während Abfallstoffe angereichert werden. Letztendlich hängt die Möglichkeit, gelöste Nährstoffe aufzunehmen, von der molekularen Diffusion ab, die ein langsamer Prozess im Vergleich zur turbulenten Vermischung ist. Die Geschwindigkeit der Diffusion hängt von der Steilheit des Konzentrationsgradienten ab. Daher helfen Schwimmbewegungen solchen kleinen Organismen nicht, die diffusive Grenzschicht abzuschütteln. Schwimmen bietet jedoch die Möglichkeit, höhere Außenkonzentrationen zu treffen und auf diese Weise die Diffusion zu beschleunigen.

Probleme bei der Filtration Das Filtrieren kleiner, im Wasser suspendierter Nahrungspartikel ist eine weit verbreitete Form der Ernährung bei aquatischen

Tieren. Wenn jedoch kamm- oder siebähnliche Filterstrukturen eine Maschenweite im μm-Bereich haben, wie es oft der Fall ist, charakterisieren niedrige Reynolds-Zahlen den Wasserfluss durch den Filter. Die Strömung wird laminar und Grenzschichten mit minimaler Fließgeschwindigkeit entwickeln sich um die Filterstruktur. Nur wenig Wasser wird durch den Filter passieren und das meiste wird seitlich herumfließen, wenn die Grenzschichten benachbarter Strukturen zu überlappen beginnen. Dies kann nur verhindert werden, wenn die Filter in einer geschlossenen Kammer positioniert sind und Druck ausgeübt wird, um das Wasser durch den Filter zu drücken (Brendelberger et al. 1986). Sieb- oder kammähnliche Strukturen, die frei im Wasser bewegen, werden heutzutage nicht mehr als Filter interpretiert, sondern als Fächer, die einen Wasserstrom erzeugen, aus dem die Nahrung aktiv aufgenommen werden kann.

Prandtls Grenzschicht ist eine Grenzschicht, die sich entwickelt, wenn Wasser entlang flacher Oberflächen fließt (Lampert und Sommer 2007). Direkt an der Oberfläche sind die Fließgeschwindigkeiten null und steigen mit dem Abstand zur Oberfläche. Die Dicke der Grenzschicht wird konventionell als der Abstand von der Oberfläche zur Schicht definiert, in der 99 % der Geschwindigkeit des frei fließenden Wassers erreicht werden. Grenzschichten um Steine in Bächen können mehrere mm Dicke erreichen. Bachorganismen, wie Insektenlarven, können diese Grenzschicht als Schutz gegen das Abwaschen durch das fließende Wasser nutzen. Sie haben eine stromlinienförmige Oberkörperoberfläche und sind eng an den Stein angeheftet. So wird ihre Grenzschicht Teil der Grenzschicht des Steins und die Kraft des fließenden Wassers verdrängt sie nicht.

2.2.3 Schweben, Sinken und Schwimmen

Stoke'sches Gesetz Alle Oberflächengewässer enthalten suspendierte Partikel. Die meisten dieser Partikel haben eine andere Dichte als Wasser. Partikel, die leichter als Wasser sind, schwimmen an die Oberfläche, während Partikel, die schwerer als Wasser sind, auf den Boden sinken. Für kleine Partikel mit niedrigen Reynolds-Zahlen (ca. 10 % Abweichung bei Re = 0,5, praktisch keine Abweichung bei Re < 0,1) kann die Sinkgeschwindigkeit oder Auftriebsgeschwindigkeit nach Stokes Gesetz berechnet werden:

$$v = 2\,g\,r^2\,(\rho' - \rho)\,(9\,\Phi\eta)^{-1} \qquad (2.2)$$

g: Erdbeschleunigung [9,8 m s^{-2}]
v: Sink-/Auftriebsgeschwindigkeit (0: Auftriebsgeschwindigkeit) [m s^{-1}]
r: Radius einer Kugel mit gleichem Volumen [m]
ρ': Dichte des sinkenden/schwebenden Partikels [kg m^{-3}]
ρ: Dichte des Wassers
η: dynamische Viskosität des Wassers [kg m^{-1} s^{-1}]
Φ: Formwiderstand, dimensionslos, 1 für Kugel, maximal ca. 4

Der Ausdruck ($\rho' - \rho$) wird auch als „**Überschussdichte**" bezeichnet. Ist sie positiv (Partikel schwerer als Wasser), wird auch v positiv (Sinken). Ist sie negativ (Partikel leichter als Wasser), wird v negativ (Auftrieb).

Der **Formwiderstand** spielt eine relativ geringe Rolle bei der Bestimmung der Sinkgeschwindigkeit. Komplexe Formen erhöhen die Reibung und verringern daher die Sinkgeschwindigkeiten im Vergleich zu Kugeln gleichen Volumens und gleicher Dichte. Praktisch wurden Werte von bis zu 4 experimentell für komplexe Formen im Phytoplankton bestimmt. Dies ist ein geringer Effekt im Vergleich zu den potenziellen Auswirkungen von Größe und Überschussdichte. Das Sinken kann durch den Formwiderstand maximal 4-mal langsamer gemacht werden.

Die **Überschussdichte** hat einen starken Einfluss auf die Sink-/Auftriebsgeschwindigkeiten von lebenden Organismen. Geringe Unterschiede in der Dichte von Organismen können eine große Rolle spielen, da ihre Dichte oft nur wenig vom Wasser abweicht. Nehmen wir an, die Dichte von Süßwasser beträgt 1000 kg m^{-3} und zwei Phytoplanktonarten haben Dichten von 1020 und 1040 kg m^{-3}, bei sonst gleichen Bedingungen. In diesem Fall führt eine Erhöhung der Dichte um nur 2 % zu einer 100 %igen Erhöhung der Überschussdichte und der Sinkgeschwindigkeit.

Die Partikelgröße hat ebenfalls einen starken Einfluss auf die Sink-/Auftriebsgeschwindigkeiten aufgrund der quadratischen Abhängigkeit der Sinkgeschwindigkeiten von linearen Abmessungen. Eine Verdoppelung des Partikeldurchmessers führt zu einer Vervierfachung der Sinkgeschwindigkeit.

Gemessene Sinkgeschwindigkeiten von Phytoplankton sind maximal für große Diatomeen, die aufgrund ihrer kieselsäurehaltigen Zellwand schwer sind. Für die große Diatomee *Coscinodiscus wailesii* (500.000 μm^3 Zellvolumen) wurden 9 m d^{-1} berichtet, während mittelgroße Diatomeen (Zellvolumen um 1000 μm^3) mit ca. 1 m d^{-1} und ähnlich große, nicht verkieselte Phytoplanktonarten mit <0,1 m d^{-1} sinken (Reynolds 1984).

Rolle der Turbulenz Turbulenz verhindert, dass das Wasser durch vollständiges Absinken auf den Boden von Partikeln, die schwerer als Wasser sind, befreit wird. Schwebende Partikel werden in die turbulente Vermischung von Wasserschichten konstanter Dichte (isopyknische Wasserschichten) einbezogen und verlassen sie nur, wenn das Absinken sie die unteren Grenzen einer gemischten Schschicht überqueren lässt. Der Anteil der auf diese Weise während eines bestimmten Zeitintervalls verlorenen Partikel entspricht dem Verhältnis zwischen der Sinkstrecke während dieser Zeit und der Dicke der Mischschicht. Die verbleibenden Partikel bleiben in dieser Schicht suspendiert. Die Anzahl der Partikel, die in einer gemischten Schicht (N_t) nach dem Zeitintervall t verbleiben, kann aus der Anzahl zu Beginn (N_0), der Sinkgeschwindigkeit (v) und der Dicke der Mischschicht (z) berechnet werden:

$$N_t = N_0 \cdot e^{-v \cdot t/z} \qquad (2.3)$$

(Reynolds 1984)

2.3 Chemische Eigenschaften von Oberflächengewässern

2.3.1 Gelöste Salze

Salinität Gelöste Salze gelangen durch Verwitterung von Mineralien und durch vulkanische Einträge vom Meeresboden in den globalen Wasserkreislauf. Die Salzkonzentrationen in Becken steigen aufgrund der Verdunstung an, aber Salze gehen auch durch chemische Fällung und durch die biologische Bildung von partikulären Substanzen verloren. Der Salzgehalt des Wassers wird häufig als „Salinität" bezeichnet und in den Meereswissenschaften oft als PSU (praktische Salinitätseinheiten, äquivalent zu Massen ‰, d. h., g kg^{-1}) ausgedrückt. Konzentrationen können in Masseneinheiten oder in molaren Einheiten ausgedrückt werden. Sie können entweder auf das Volumen des Wassers oder auf seine Masse bezogen werden. Letzteres hat den Vorteil, dass sich die berechnete Konzentration nicht mit der thermischen Ausdehnung des Wassers ändert.

Meerwasser hat eine Salinität zwischen 32 PSU (Arktisches Meer) und 40 PSU (Rotes Meer). Wasser mit einer geringeren Salinität, aber salziger als Süßwasser, wird als Brackwasser bezeichnet. **Brackwasser** ist charakteristisch für Übergangszonen, in denen sich Meerwasser und Süßwasser mischen, z. B. Ästuare oder Randmeere mit flussbedingten Süßwassereinträgen. In solchen Systemen gibt es oft horizontale Gradienten mit geringerer Salinität am Ende der maximalen Süßwassereinträge und höherer Salinität, wo salzigeres Meerwasser in das Becken eintritt. Typische Beispiele sind die Ostsee mit relativ hohen Salinitäten am SW-Ende und niedrigen Salinitäten am NE-Ende. Ähnliche Muster können auch in völlig abgeschlossenen Becken wie dem Kaspischen Meer gefunden werden, wo Flusseinträge im Norden und Verdunstung im Süden dominieren (Abb. 2.2).

Zusammensetzung von Meersalz Trotz regionaler Unterschiede im Salzgehalt hat Meersalz eine konstante Zusammensetzung im gesamten Weltmeer (Bearman 1989), wobei Chlorid (Cl$^-$) das dominierende Anion und Natrium (Na$^+$) das dominierende Kation ist (Tab. 2.2). Chlorid stammt aus vulkanischen Gasen, während die anderen Ionen hauptsächlich aus der Verwitterung von Gesteinen stammen.

Süßwasser Süßwasser hat einen viel geringeren Salzgehalt als Meerwasser, und die ionische Zusammensetzung seiner gelösten Stoffe ist weitaus variabler als die Zusammensetzung von Meersalz. Salzgehalt und Salzzusammensetzung hängen von der Geologie des Einzugsgebiets, der Verwitterung, dem Niederschlag und der Verdunstung während der Transportprozesse des Wassers ab. Mit Ausnahme von weichem Wasser sind Karbonat (CO$_3^{2-}$) und Bikarbonat (HCO$_3^-$) die dominierenden Anionen. Sulfat (SO$_4^{2-}$), Chlorid und Nitrat (NO$_3^-$) kommen in geringeren Konzentrationen vor. Kalzium (Ca^{2+}) ist normalerweise das dominierende Kation, mit geringeren Mengen an Magnesium (Na$^+$), Natrium (Na$^+$) und Kalium (K$^+$).

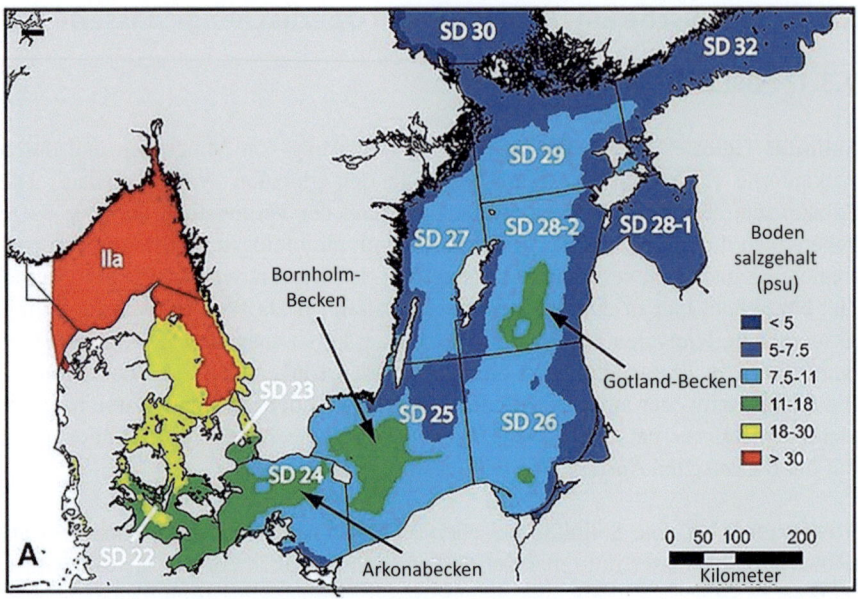

Abb. 2.2 Bodensalinität der Ostsee. (Quelle: Paolo Momigliano, Gaël P. J. Denys, Henri Jokinen, Juha Merilä; Creative Commons Attribution 4.0https://commons.wikimedia.org/w/index.php?search=salinit%C3%A4t+Ostsee&title=Special:MediaSearch&go=Go&type=image))

Tab. 2.2 Durchschnittliche Konzentration der Hauptionen im Meerwasser. (Quelle: Tab. 2.1 in Sommer 2005)

Anion	g kg^{-1}	mmol kg^{-1}	Kation	g kg^{-1}	mmol kg^{-1}
Cl^-	18,98	535,36	Na^+	10.556	459,16
SO_4^{2-}	2,649	27,57	Mg^{2+}	1,272	52,32
HCO_3^-	0,14	2,295	Ca^{2+}	0,4	9,98
Br^-	0,065	0,813	K^+	0,38	9,72
$H_2BO_3^-$	0,026	0,428	Sr^{2+}	0,013	
F^-	0,001	0,018			

Weiches Wasser Weiches Wasser entsteht in niederschlagsreichen Regionen, die von silikatischen Gesteinen dominiert werden, die gegen Verwitterung resistent sind, wie Granit und Gneis. Die Salinität ist niedrig (<50 mg kg^{-1}). Die Konzentrationsrangfolge der Anionen ist in der Regel $Cl^- > SO_4^{2-} > HCO_3^-$ und die Rangfolge der Kationen ist $Ca^{2+} > Na^+ > Mg^{2+} > K^+$, aber in einigen Fällen dominiert Na^+. Weiche Gewässer sind in der Regel sauer mit einem pH-Wert < 7 aufgrund von gelöstem CO_2.

Hartes Wasser entwickelt sich in Einzugsgebieten mit Gesteinen, die leicht verwittern, oft Sedimentgesteine wie Kalkstein. Sie haben eine höhere Salinität als weiches Wasser und die Konzentrationsrangfolge der Anionen ist

2.3 Chemische Eigenschaften von Oberflächengewässern

$HCO_3^- > SO_4^{2-} > Cl^-$; die der Kationen ist $Ca^{2+} > Mg^{2+} > Na^+ > K^+$. Aufgrund der Pufferkapazität des Karbonatsystems (Abschn. 2.2.3), ist hartes Wasser leicht alkalisch. **Karstgewässer** sind extrem hartes Wasser mit einer starken Tendenz zur Ausfällung von $CaCO_3$.

Salzseen In geschlossenen Becken in ariden Regionen wird der Wasserverlust aus Seen durch Verdunstung anstelle von Abfluss dominiert. Daher reichern sich Salze an und Seen werden brackig oder salzig. In einigen Fällen ist die Salinität höher als im Meer (z. B. Totes Meer, Großer Salzsee). Einige dieser Endseen werden „Meer" genannt (Kaspisches Meer, Totes Meer), obwohl sie im geomorphologischen Sinne Seen sind. Je nach den dominanten Anionen gibt es **Sodaseen** (dominiert von Karbonat), **Sulfatseen** und **Chloridseen**.

Bauelemente der Biomasse Die ökologische Bedeutung von in Wasser gelösten Elementen folgt nicht so sehr der Rangfolge der Konzentration; stattdessen hängt sie von ihrer Rolle als wesentliche Bestandteile der Biomasse von Organismen ab. Während des Prozesses der Primärproduktion (Abschn. 3.4) müssen die Elemente von Pflanzen, phototrophen Protisten und phototrophen und chemoautotrophen Bakterien aus der Lösung aufgenommen werden. Unter diesen Elementen werden C, O, H, N, S, P, K, Ca, Mg, Na und Cl als die „klassischen Nährstoffelemente" bezeichnet und tragen jeweils >0,1 % zur Trockenmasse von Organismen bei. Mehrere Gruppen von Organismen verwenden auch Si (Diatomeen, Silikoflagellaten, Radiolarien, Schwämme) oder Sr (Acantharia) zum Aufbau ihrer Skelettstrukturen. Als Folge haben die Skelettelemente einen hohen Beitrag zu ihrer Trockenmasse. Neben diesen Elementen sind auch essentielle **Spurenelemente** (Fe, Mn, Cu, Zn, B, Mo, V, Co, Se) für lebenswichtige Funktionen notwendig, obwohl sie normalerweise <0,1 % zur Trockenmasse beitragen. Einige der Bauelemente der Biomasse sind so reichlich vorhanden, dass ihre Konzentration durch biologische Aktivitäten nicht merklich beeinflusst wird (z. B. Ca, Mg, K, Cl). Diese werden als **konservative Elemente** bezeichnet. Andere Elemente reagieren auf biologische Aktivitäten mit reduzierten Konzentrationen, wo der Aufbau von Biomasse dominiert während die Konzentration erhöht sind, wo der Abbau (Remineralisierung) von Biomasse dominiert. Dies ist oft in vertikalen Profilen während der Vegetationsperiode zu sehen, mit niedrigen Konzentrationen nahe der Oberfläche und hohen Konzentrationen in tiefem Wasser. Typische Beispiele sind die ionischen Formen von Stickstoff (Nitrat, Nitrit, Ammonium), Phosphor, Silizium und Eisen. Wenn der Mangel an einem oder mehreren dieser Elemente das Wachstum der Primärproduzenten reduziert oder stoppt, werden sie als **limitierende Nährstoffe** bezeichnet (Abschn. 4.2.2).

2.3.2 Gelöste Gase

Sauerstoff (O_2), Stickstoff (N_2), Kohlendioxid (CO_2), Methan (CH_4) und Schwefelwasserstoff (H_2S) sind die wichtigsten gelösten Gase für biologische Prozesse im Wasser. Sauerstoff, Stickstoff und Kohlendioxid werden aus der Atmosphäre aufgenommen, aber auch sowohl verbraucht als auch durch biologische Prozesse freigesetzt. Methan und Schwefelwasserstoff entstehen als reduzierte

Endprodukte biologischer Prozesse. Kohlendioxid und Schwefelwasserstoff werden zusätzlich aus vulkanischen Quellen am Meeresboden geliefert.

Die Lösung von Gasen aus der Atmosphäre folgt dem **Henry'schen Gesetz Henry-Gesetz**:

$$C_s = K_s P_T \tag{2.4}$$

wo C_s die Konzentration des Gases im Wasser bei Gleichgewicht mit der Gasphase ist, K_s sein Löslichkeitskoeffizient (temperaturabhängig) und P_T sein Partialdruck in der Gasphase, z. B. 0,21 für Sauerstoff unter Standardatmosphärenbedingungen auf Meereshöhe. Die tatsächliche Konzentration kann oft von der Gleichgewichtskonzentration abweichen aus zwei Gründen: Gase können nur an der Oberfläche eines Gewässers mit der Atmosphäre ausgetauscht werden und der Verbrauch und Austausch durch biologische Prozesse ist oft schneller als der Austausch mit der Atmosphäre.

Relative Sättigung Tatsächliche Konzentrationen werden oft als % Sättigung ausgedrückt, d. h. als % von C_s. Unter höherem hydrostatischen Druck in größerer Tiefe könnte jedoch theoretisch mehr Gas gelöst werden, wenn dieses Wasser mit der Atmosphäre in Kontakt wäre. Wenn dieser Effekt wie üblich vernachlässigt wird, ist der korrekte Begriff „relative Sättigung".

2.3.3 CO_2 und das Karbonatsystem

Kohlendioxid unterscheidet sich von anderen in Meerwasser gelösten atmosphärischen Gasen durch seine Wechselwirkung mit gelösten Ionen. Die Bildung von Kohlensäure, Bikarbonat und Karbonat ermöglicht mehr CO_2 in das Wasser aufzunehmen als nach dem Henry-Gesetz erwartet (Morel und Hering 1993; Lee und Miller 1995).

Wenn es in Wasser gelöst ist, wird ein kleiner Teil von CO_2 (<1 %) hydratisiert, um Kohlensäure zu bilden:

$$\bullet H_2O + CO_2 --- H_2CO_3 \tag{2.5}$$

Die Dissoziation von Kohlensäure erzeugt Bikarbonat und ein Wasserstoffion:

$$\bullet H_2CO_3 --- HCO_3^- + H^+ \tag{2.6}$$

Die Dissoziation von Bikarbonat führt zu Karbonat und einem weiteren Wasserstoffion:

$$\bullet HCO_3^- --- CO_3^{2-} + H^+ \tag{2.7}$$

Die Summe von gelöstem Kohlendioxid, Kohlensäure, Bikarbonat und Karbonat wird als **gelöster, anorganischer Kohlenstoff (DIC)** bezeichnet.

Die relative Häufigkeit der verschiedenen Ionen hängt vom pH-Wert des Wassers ab. Bei niedrigem pH-Wert, d. h. hohen Protonenkonzentrationen, wird das Gleichgewicht der Reaktionen zur linken Seite verschoben, d. h. zur protonenverbrauchenden Seite der Reaktionsgleichungen. Bei hohem pH-Wert, d. h. niedriger Protonenkonzentration, wird das Gleichgewicht zur rechten Seite verschoben, d. h. zur protonenproduzierenden Seite. Bei einem pH-Wert von 4 oder weniger sind fast nur CO_2 und H_2CO_3 vorhanden. Bei einem pH-Wert von ca. 6 besteht etwa die Hälfte des DIC aus CO_2 und H_2CO_3 und die andere Hälfte aus HCO_3^-. Bei einem pH-Wert von 8 findet man fast nur HCO_3^- und bei einem pH-Wert von > 12 nur CO_3^{2-} (Abb. 2.3).

Pufferung Die Fähigkeit des Karbonatsystems, Protonen freizusetzen oder zu binden, führt zu einer Pufferung des Wassers, d. h., die Zugabe oder Entfernung von Protonen führt nicht zu einer sofortigen Verschiebung des pH-Werts, sondern wird durch Verschiebungen im Dissoziationszustand des DIC gepuffert. Die Fähigkeit, Protonen zu binden, wird als **Alkalinität** bezeichnet. Da auch andere Ionen an der Pufferkapazität des Wassers beteiligt sind, wird die Gesamtalkalinität wie folgt berechnet

$$A_T \left(\text{mequiv L}^{-1}\right) = HCO_3^- + 2CO_3^{2-} + B(OH)_4^- + OH^- \\ + 2PO_4^{3-} + HPO_4^{2-} + SiO(OH)_3^- - H^+ - HSO_4^- - HF \quad (2.8)$$

In der Praxis leisten Carbonat und Bicarbonat den größten Beitrag zur Gesamtalkalinität.

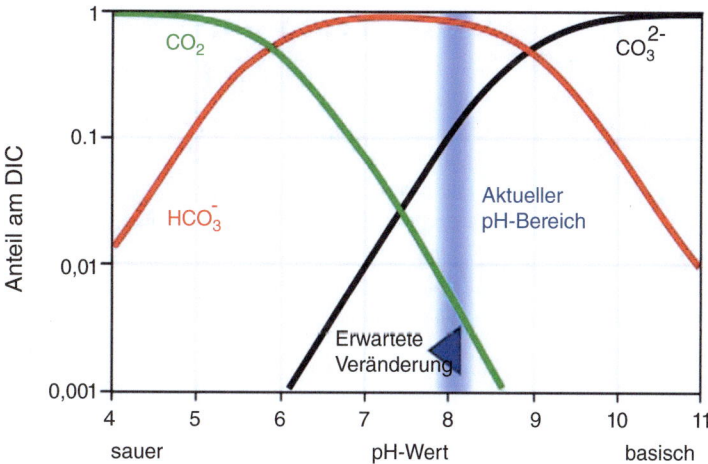

Abb. 2.3 Aufteilung des DIC in Kohlendioxid (einschließlich Kohlensäure), Bikarbonat und Karbonat in Abhängigkeit vom pH-Wert; die blaue Schattierung zeigt den aktuellen pH-Wert des Weltmeeres an. (Quelle: https://commons.wikimedia.org/w/index.php?search=Carbonate+systems&title=Special:MediaSearch&go=Go&type=image)

Ausfällung und Auflösung von Karbonaten Bivalente Kationen wie Kalzcium und Magnesium bilden mit Karbonat schlecht lösliche Salze, während Bikarbonate gut löslich sind. Die Zugabe von Kohlensäure (z. B. durch Atmung) neigt dazu, Karbonate aufzulösen, während die Reduktion von Kohlensäure (z. B. durch Photosynthese) dazu neigt, Karbonate auszufällen.

$$\bullet Ca(HCO_3)_2 ----CaCO_3 + H_2CO_3 \qquad (2.9)$$

Diese Reaktion ist die Grundlage zahlreicher geologischer und biologischer Phänomene. Sie erklärt die Bildung von Tropfsteinen in Höhlen in Karstregionen und **biogene Entkalkung** (Kalzit-Ausfällung) in Hartwasserseen. Biogene Entkalkung tritt auf, wenn hohe Photosyntheseraten Kohlendioxid und Kohlensäure im Wasser verbrauchen und dadurch zur Ausfällung von Kalziumkarbonat führen. Das Wasser bekommt ein milchiges Aussehen durch die Lichtstreuung durch die Kalzitkristalle.

Biogene Kalzifizierung ist die Bildung von partikulärem Kalziumkarbonat (Kalzit oder Aragonit) zum Aufbau von kohlenstoffhaltigen Skelettstrukturen oder Schalen durch viele aquatische Organismen. Erhöhungen von CO_2, wie sie durch die Versauerung von Seen und Ozeanen (Abschn. 9.3) verursacht werden, erschweren die Bildung solcher Skelettstrukturen und erhöhen ihre Korrosion.

Kasten 2.1 Bildung von festen Karbonaten: Ein global wichtiger Prozess

Es ist ein wenig verwirrend, dass die chemische Ausfällung von Karbonaten aus Wasser als „Entkalkung" bezeichnet wird (weil Kalziumkarbonat aus dem Wasser verloren geht), während die biogene Bildung von Karbonatschalen und -skeletten als Kalzifizierung bezeichnet wird (weil Kalciumcarbonat für die handelnden Organismen gewonnen wird). Trotz der entgegengesetzten Terminologie ist die Grundchemie der Prozesse die gleiche. Beide Prozesse sind von großer Bedeutung für die Geologie der Erdoberfläche, wie man an der Bedeutung von Kalkstein in vielen Gebirgsregionen sehen kann. Im Laufe der Erdgeschichte wurde bei weitem der größte globale Kohlenstoffpool in Karbonatgesteinen angesammelt:

Karbonatgesteine enthalten >40.000 × 10^{18} g C, im Gegensatz zu 40,6 × 10^{18} g C in der Hydrosphäre, 5 × 10^{18} g C in fossilen Brennstoffen, 3,8 × 10^{18} g C in Böden und terrestrischer Vegetation und 0,7 × 10^{18} g C in der Atmosphäre (Longhurst et al. 1995; Whittaker 1975; Whittaker und Likens 1973; Woodwell 1980).

Während diese Verteilung der Kohlenstoffpools das Ergebnis langfristiger Prozesse auf geologischen Zeitskalen ist, können kleinräumige, gegenwärtige Beispiele in den karstigen Plitvicer Seen in Kroatien beobachtet werden. Dies sind 16 kleine Seen, die durch Kaskaden und Wasserfälle verbunden sind. Jedes Stück Holz, das in diese Seen fällt, wird innerhalb von mehreren Wochen bis Monaten mit einer Schicht frisch ausgefälltem

Kalziumkarbonat bedeckt. Die Barrieren zwischen den Seen sind 3 bis 50 m hoch und bestehen aus Travertin und Tuff, porösen Kalziumarbonatgesteinen, die durch chemische und biogene Entkalkung aus Süßwasser entstehen (Biondić et al. 2010). Der CO_2-Verbrauch durch Photosynthese, hauptsächlich durch Wassermoos, ist der Haupttreiber der biogenen Entkalkung in den Plitvicer Seen (Miliša et al. 2006) (Abb. 2.4).

2.3.4 Redoxreaktionen

Viele chemische und biologische Reaktionen in aquatischen Ökosystemen sind Redoxreaktionen. Das Wesen einer Redoxreaktion ist die Übertragung von Elektronen, wobei der Elektronenakzeptor die oxidierende Substanz und der Elektronendonator die reduzierende Substanz ist. Bei der Photosynthese wirkt CO_2 als Oxidationsmittel, während H_2O als Reduktionsmittel wirkt. Kohlenstoff wird von Oxidationsstufe +IV auf 0 reduziert, die produzierte organische Substanz wird zu einem Reduktionsmittel für weitere Reaktionen und Sauerstoff ist der terminale Elektronenakzeptor.

Ebenso ändern auch eine Reihe anderer Elemente ihr Oxidationsniveau (Tab. 2.3) während biologischer Umwandlungen, wie N, S und Fe, aber nicht P und Si.

Redoxpotential (E_h) ist die Fähigkeit einer Lösung zu oxidieren oder zu reduzieren. Es kann mit einer Elektrode gemessen werden und wird oft auf einen pH-Wert von 7 (E_7) standardisiert, wegen seiner Abhängigkeit vom pH-Wert. E_h verringert sich um 0,058 V, wenn der pH-Wert um eine Einheit steigt. Eine gesättigte Lösung

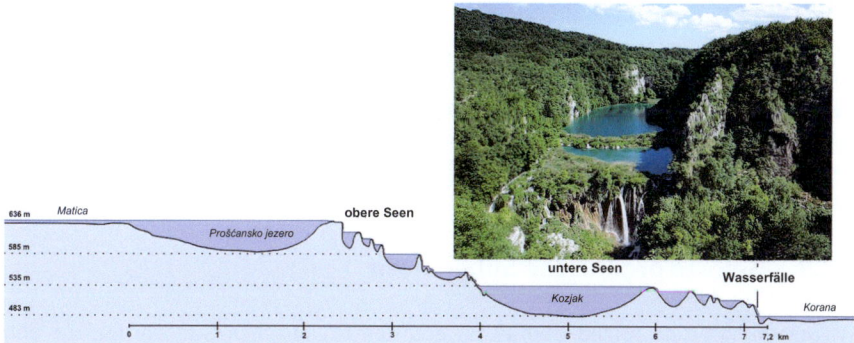

Abb. 2.4 Die Plitvicer Seen. (Quellen: Fotografie: https://commons.wikimedia.org/w/index.php?search=plitvice+lakes&title=Special:MediaSearch&go=Go&type=image; Längsschnitt: Von Raffaello – Eigenes Werk, CC BY-SA 3.0, https://commons.wikimedia.org/w/index.php?curid=4437811)

Tab. 2.3 Oxidationsstufe biologisch relevanter Elemente

Oxidationsstufe	Verbindung oder Ion
C(+IV)	CO_2, HCO_3^-, CO_3^{2-}
C(0)	C, CH_2O
C(−IV)	CH_4
N(+V)	NO_3^-
N(+III)	NO_2^-
N(0)	N_2
N(−III)	NH_4^+, NH_3, −NH_2
S(+VI)	SO_4^{2-}
S(0)	S_2
Fe(+III)	Fe^{3+}
Fe(+II)	Fe^{2+}

von Sauerstoff hat ein E_7 von 0,8 V, aber dieser Wert ist relativ unempfindlich gegenüber Sauerstoffkonzentrationen als solche. Eine 99 %ige Abnahme der Sauerstoffkonzentrationen allein verringert E_7 nur um 0,08 V, aber nur, wenn es keinen Anstieg von reduzierenden Substanzen gibt, der mit der Abnahme von Sauerstoff verbunden ist. Solche Substanzen sind jedoch sogar in vollständig oxygenierten natürlichen Gewässern vorhanden. Unter natürlichen Bedingungen haben sauerstoffreiche Oberflächengewässer ein Redoxpotential zwischen 0,4 und 0,6 V.

Redoxklinen Scharfe vertikale Gradienten des Redoxpotentials finden sich in den Übergangszonen zwischen oxischen und anoxischen Wasserschichten und noch steilere Gradienten finden sich im Porenwasser von Sedimenten. Diese Gradienten sind mit Redoxänderungen mehrerer wichtiger Ionen verbunden, z. B. Nitrat-Nitrit bei einem Übergang von 0,45 auf 0,40 V, Nitrit-Ammonium bei 0,40 auf 0,35 V, Fe^{3+} − Fe^{2+} bei 0,3 auf 0,2 V und Sulfat zu Sulfid bei 0,06 auf 0,1 V.

Der Übergang von oxidiertem zu reduziertem Eisen hat indirekte Auswirkungen auf den Pflanzennährstoff Phosphor, da oxidiertes Eisen dazu neigt, Phosphat auszufällen, während ausgefällte Phosphate an einer oxidierten Sedimentoberfläche wieder gelöst werden können, wenn Eisen bei $E_7 < 0{,}3$ V in die reduzierte Form umgewandelt wird. Wenn das Redoxpotential weiter reduziert wird (<0,1 V), wird Fe^{2+} wieder zusammen mit Sulfid als FeS ausgefällt.

2.3.5 Gelöste organische Substanzen

Wasser enthält eine reiche Vielfalt an gelösten organischen Substanzen, die entweder von einem Einzugsgebiet zu einem bestimmten Gewässer transportiert werden (**allochthone Substanzen**) oder durch biologische Prozesse innerhalb eines Gewässers produziert werden (**autochthone Substanzen**). In kleineren Gewässern sind allochthone Substanzen wichtiger, während in größeren oder weiter entfernten vom Ufer autochthone Substanzen an Bedeutung gewinnen. Autochthone Substanzen werden durch **Ausscheidung** von lebenden Organismen, durch **Autolyse** nach dem Tod oder durch **mikrobiellen Abbau** von gelöster oder partikulärer organischer Materie produziert. Die Abkürzung **DOC** bedeutet gelöster, organischer Kohlenstoff. POC ist partikulärer, organischer Kohlenstoff, einschließlich lebendem und totem Material (Detritus).

Niedermolekulares DOC Verbindungen wie Zucker, Alkohole und einfache organische Säuren werden leicht von heterotrophen Bakterien und Archaeen verbraucht. Daher sind ihre Konzentrationen in unverschmutzten Gewässern in der Regel niedrig, normalerweise <10 mg kg $^{-1}$ in Meerwasser. Polysaccharide haben in der Regel höhere Konzentrationen als monomere Substanzen. Die hauptsächliche ökologische Rolle von niedermolekularem DOC besteht darin, dass es **Nährstoffe für heterotrophe Bakterien und Archaeen** bereitstellt.

Hochmolekulares DOC wird von einer vielfältigen Palette von **Huminsubstanzen** dominiert. Sie sind die Endprodukte des Abbaus von pflanzlicher organischer Materie, entweder autochthonen oder allochthonen Ursprungs. Huminsubstanzen sind ziemlich resistent gegen den Abbau durch Mikroorganismen und werden hauptsächlich durch Ausfällung mit Kalziumionen aus dem System entfernt. In weichen Seen und Flüssen können Huminsubstanzen aufgrund des Mangels an Kalziumionen stark angereichert werden. Dies führt zu einer gelben bis braunen Färbung des Wassers mit Auswirkungen auf das Unterwasserlichtklima (Abschn. 2.4.1).

Komplexierung (Chelation) von Ionen ist eine der Hauptwirkungen von DOC auf die Wasserchemie. Viele Spurenelemente haben eine sehr geringe Löslichkeit in Wasser. Ohne Komplexierung durch DOC würden sie ausfallen und für aquatische Organismen nicht verfügbar sein. Wenn sie durch aquatischen Humus komplexiert werden, bleiben nur geringe Mengen freier Ionen in der gelösten Phase. Wenn diese von Organismen verbraucht werden, können Ionen aus dem komplexierten Pool freigesetzt werden und diesen Verbrauch ausgleichen. Daher kann die Konzentration im gelösten Pool viel höher sein als erwartet aufgrund der Löslichkeit der freien Ionen.

2.4 Unterwasserlichtklima

2.4.1 Oberflächenstrahlung

Die Wellenlängen der solaren Strahlung reichen von 100 bis 1000 nm und umfassen die Bereiche ultraviolettes, sichtbares und infrarotes Licht. Der sichtbare Teil des Spektrums (ca. 380 bis 750 nm) stimmt ungefähr mit dem für die Photosynthese nutzbaren Spektrum überein, das als **photosynthetisch aktive Strahlung (PAR)** (400–700 nm) bezeichnet wird. Die maximale Energie des Sonnenlichts liegt bei einer Wellenlänge von ca. 500 nm. Die Gesamtmenge der Strahlung, die die Erdoberfläche erreicht, hängt von der Bewölkung und dem Winkel der Sonne ab. Je tiefer die Sonne steht, desto länger ist der Weg durch die Atmosphäre und damit die Abschwächung des Lichts in der Atmosphäre. Der Sonnenwinkel hängt von der geographischen Breite, der Jahreszeit und der Tageszeit ab. Tägliche Summen der Strahlung zeigen im Sommer weniger latitudinale Variabilität als im Winter (Abb. 2.5). Im Sommer haben der Sonnenwinkel zur Mittagszeit (höher bei niedrigen Breitengraden) und die Tageslänge (länger bei hohen Breitengraden) gegenläufige Auswirkungen auf die täglichen Lichtsummen.

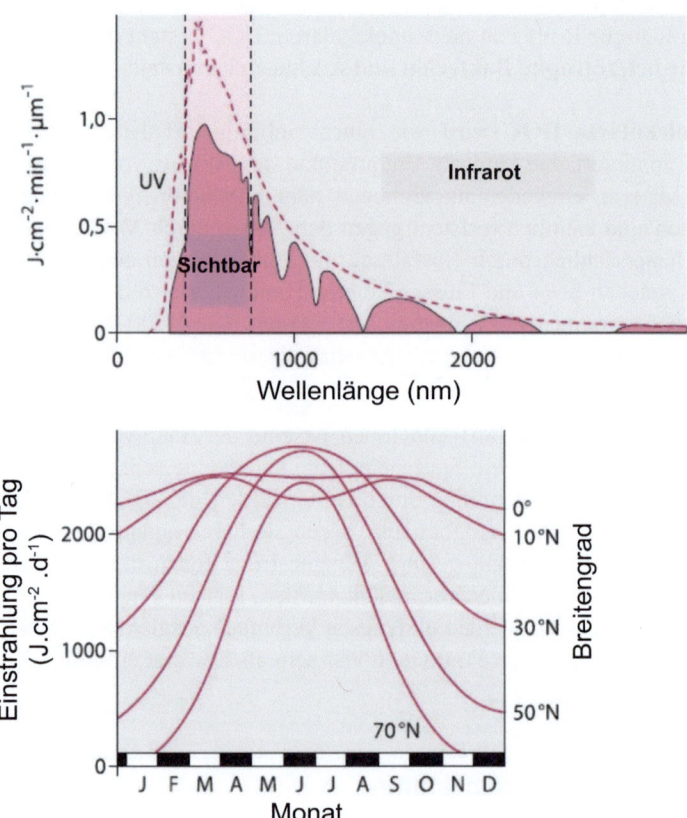

Abb. 2.5 Oberes Panel: spektrale Verteilung des Sonnenlichts, volle Linie: Strahlung an der Erdoberfläche, gestrichelte Linie: Strahlung, die die Atmosphäre erreicht, **Unteres Panel:** Gesamtstrahlung (alle Wellenlängen) die die Erdoberfläche an einem wolkenlosen Tag abhängig von Jahreszeit und Breitengrad erreicht. (Quelle: Abb. 2.1 in Sommer 2005)

2.4.2 Einheiten zur Messung der Einstrahlung

Licht kann als **Energie** oder als Photonenfluss-Dichte gemessen werden. Die Umrechnung zwischen beiden Typen ist nur für eine feste Wellenlänge einfach, da der Energiegehalt von Photonen (Lichtquanten) linear mit der Frequenz von Lichtwellen zunimmt. Eine Umrechnung für gemischtes Wellenlängenlicht ist daher nur eine Annäherung.

Energie Konventionelle Energieeinheiten sind

$$1 \text{ J } (Joule) = 1 \text{ W s } (Wattsekunde) = 0{,}2338 \text{ cal (Kalorien)}$$

Die Lichtenergie, die eine definierte Oberfläche in einer gegebenen Zeit erreicht, hat die Dimension $J \, m^{-2} \, s^{-1} = W \, m^{-2}$.

Photonenfluss 1 mol Quanten, d. h., $6{,}022 \times 10^{23}$ Quanten wird in der Literatur manchmal als „Einstein" (E) bezeichnet. Die Dichte des Photonenflusses hat die Dimension mol Quanten $cm^{-2} \, s^{-1}$.

Eine grobe **Umrechnung** zwischen den energetischen und den photonbasierten Maßen der Einstrahlung für den photosynthetisch aktiven Teil des Spektrums (PAR) ist:

$$1 \text{ mol quanta} = 0{,}2 \text{ to } 0{,}25 \text{ J}$$

2.4.3 Die vertikale Abschwächung von Licht

Lichtattenation Innerhalb der Wassersäule führen eine Reihe von Prozessen zu einer vertikalen Abschwächung des Lichts (Kirk 2011).

An der Oberfläche wird ein kleiner Teil des Lichts **reflektiert**. Der Anteil des reflektierten Lichts hängt vom Einfallswinkel des Lichts und von der Rauheit der Wasseroberfläche ab. In mittleren Breiten (rund 45°) werden im Sommer 3 % von glatten Oberflächen reflektiert und im Winter ca. 14 %. Wellen mit starker Schaumbildung können diesen Wert auf ca. 30–40 % erhöhen.

Nach dem Eindringen in einen Wasserkörper wird das Licht weiter durch **Absorption** und durch **Streuung** an Partikeln reduziert, wobei letztere den Weg durch das Wasser verlängern und damit die Absorption durch Wasser und darin gelöste oder suspendierte Stoffe erhöhen. Zusammengefasst wird dieser vertikale Lichtverlust als **Attenuation** bezeichnet. Wichtige absorbierende Bestandteile sind **Huminsubstanzen** und die **photosynthetischen Pigmente** (Abschn. 4.2.1) des Phytoplanktons, d. h., Chlorophyll und Hilfspigmente. Huminsubstanzen färben das Wasser gelb oder bräunlich. Sie können am einfachsten von gelbem und rotem Licht durchdrungen werden, während andere Teile des Spektrums stärker absorbiert werden. Wasser, das durch Chlorophylle gefärbt ist, kann am besten von grünem Licht durchdrungen werden, während blaues und rotes Licht stark absorbiert wird. Reines Wasser erscheint blau; chlorophyllreiches Wasser erscheint grün.

Eine rote Färbung des Wassers resultiert aus den Pigmenten Phycoerythrin und Carotin. Oliv- und bräunliche Farben resultieren aus der Mischung von Pigmenten.

Das Lambert-Beer'sche Gesetz beschreibt, wie **monochromatisches Licht** (Licht einer einzigen Wellenlänge) beim Durchgang durch einen homogenen Körper eines absorbierenden Mediums abgeschwächt wird. Licht wird um den gleichen Anteil reduziert, wenn es die gleiche Entfernung in einem solchen homogenen Medium durchläuft; z. B., wenn das Licht auf 50 % abgeschwächt wird, wenn es 1 m Tiefe erreicht, wird es auf 50 % der 50 %, d. h., 25 % bei 2 m Tiefe abgeschwächt.

$$E_z = E_0 \cdot e^{-kz} \tag{2.10}$$

E_z: Einstrahlung in Tiefe z
E_0: Einstrahlung, oder genauer: knapp unter der Oberfläche nach Abzug der Verluste durch Reflexion
k: Attenuationskoeffizient (m^{-1})
z: Tiefe (m)
e: Basis des natürlichen Logarithmus (Eulersche Zahl = 2,718......)

Der Attenuationskoeffizient kann aus Bestrahlungsstärkemessungen in zwei Tiefen berechnet werden:

$$k = (\ln E_1 - \ln E_2)(z_2 - z_1)^{-1} \tag{2.11}$$

Wenn Bestrahlungsstärkemessungen in mehreren Tiefen durchgeführt werden, kann auch eine lineare Regression zwischen den ln-transformierten Einstrahlungsdaten und denlineare Tiefendaten verwendet werden. Dann entspricht die negative Steigung der Regressionslinie dem Attenuationskoeffizienten.

Eine Warnung für gemischtes Licht Wie oben erwähnt, wird Licht unterschiedlicher Wellenlänge unterschiedlich von Wasser und seinen farbigen Inhaltsstoffen und suspendierten Partikeln absorbiert. Daher hat jede Wellenlänge ihren eigenen Attenuationskoeffizienten, was zu einer relativen Anreicherung der Wellenlängen mit den kleinsten Attenuationskoeffizienten entlang des Tiefenprofils führt. Die relative Anreicherung der Wellenlängen mit minimaler Abschwächung führt zu einer Abnahme des Gesamtattenuationskoeffizienten für gemischtes Licht mit zunehmender Tiefe. Mit zunehmender Tiefe wird das Licht immer mehr von den leicht eindringenden Wellenlängen dominiert. Die Ergebnisse sind eine blaue Dominanz in reinem Wasser und eine grüne Dominanz in Wasser mit hohen Chlorophyllkonzentrationen. Dennoch wird das Lambert-Beer'sche Gesetz für die meisten praktischen Zwecke in der Limnologie und Ozeanographie als gerechtfertigte Annäherung betrachtet.

Lichtprofil Die vertikale Abschwächung nach dem Lambert-Beer'schen Gesetz führt zu vertikalen Profilen, wie sie in Abb. 2.6 gezeigt werden. Wenn Licht und

2.4 Unterwasserlichtklima

Tiefe auf einer linearen Skala dargestellt werden, nähert sich das Profil asymptotisch der y-Achse (exponentieller Rückgang), aber null Einstrahlung wird nie erreicht. Wenn das Licht logarithmisch und die Tiefe linear dargestellt wird, wird das Lichtprofil zu einer Geraden.

Aufgrund der vertikalen Attenuation sind lichtabhängige biologische Prozesse nur bis zu einer bestimmten Tiefe möglich. Die Photosynthese durch Phytoplankton erfordert ca. 1 bis 10 W m^{-1}, die Phototaxis von Crustaceen-Zooplankton ca. 10^{-8} bis 10^{-7} W m^{-1}, und die Sicht von Tiefseefischen 10^{-11} W m^{-1}. Das bedeutet, dass selbst in sehr klarem ozeanischem Wasser ($k = 0{,}03$ m^{-1}) die Photosynthese selten über eine Tiefe von ca. 200 m hinausgeht, während Tiefseefische noch in etwas mehr als 1000 m sehen können (Abb. 2.6). Die Tiefenzone mit genügend Licht für die Photosynthese wird als **euphotische Zone** bezeichnet; die dunklere Zone darunter mit unzureichendem Licht für die Photosynthese wird als **aphotische Zone** bezeichnet.

Kasten 2.2 Die Secchi-Scheibe und einige einfache Faustregeln

Die Secchi-Scheibe ist das älteste und einfachste Instrument zur Untersuchung der Transparenz von Wasser. Eine weiße Scheibe (normalerweise 20 cm im Durchmesser) wird in das Wasser gelassen, bis sie aus dem Blickfeld des Beobachters an der See- oder Meeresoberfläche verschwindet; d. h., bis der Kontrast zwischen der weißen Scheibe und dem Hintergrund verschwindet. Diese Tiefe wird als Secchi-Tiefe (z_s) oder Sichttiefe bezeichnet. Messungen von z_s sind überraschend reproduzierbar mit normalerweise

---

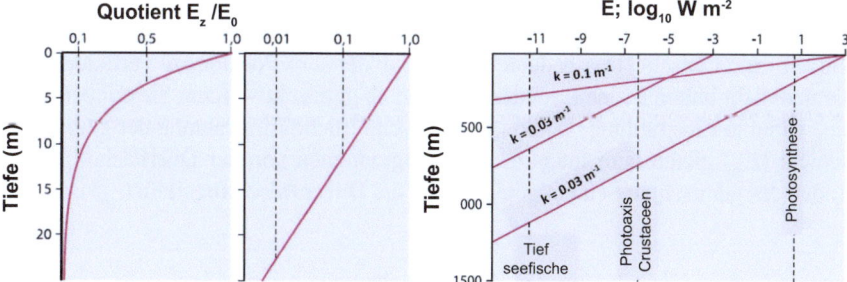

Abb. 2.6 Vertikales Lichtprofil (**links:** linearer Plot; **Mitte:** halblogarithmischer Plot) basierend auf einem angenommenen Abschwächungskoeffizienten von 0,2 m^{-1}, ausgedrückt in Anteil der Oberflächenbestrahlung; **rechts:** halblogarithmische Plots der vertikalen Lichtabschwächung im Ozean bei voller Sonne (Profile beginnen bei $x = 3$) und Vollmond (Profil beginnt bei $x = -3$); $k = 0{,}03$ m^{-1} repräsentiert extrem klares offenes Ozeanwasser; $k = 0{,}1$ m^{-1} repräsentiert klares neritisches Wasser. (Quelle: Abb. 2.3 in Sommer 2005)

<10 % Abweichung zwischen verschiedenen Beobachtern. Secchi-Tiefen verschiedener Gewässer variieren zwischen wenigen dm in Seen mit umfangreichen Algenblüten bis ca. 70 m in maximal klaren Ozeanwassern (z. B. Antarktischer Ozean im Winter).

Eine weit verbreitete Faustregel besagt, dass die Tiefe der euphotischen Zone (z_{eu}) das Zwei- bis Dreifache der Secchi-Tiefe beträgt. In einer weiteren Faustregel wird z_{eu} als die 1 % Lichtdurchdringungstiefe definiert, d. h., die Tiefe, an der $E_z = 0{,}01\, E_0$ ist. Entsprechende Umrechnungsregeln sind

$$z_s = 1{,}5\, k^{-1} \text{ und } z_{eu} = 4{,}605\, k^{-1} \qquad (2.12)$$

Leider müssen diese weit verbreiteten Faustregeln mit Vorsicht angewendet werden:

1. Aufgrund einer nicht-linearen Beziehung zwischen z_{eu} und z_s, die oft sehr spezifisch für bestimmte Gewässer ist, z. B. $z_{eu} = 4{,}8\, z_s^{0{,}68}$ (Salmaso 2000) im Gardasee.
2. Weil die minimalen Lichtanforderungen für die Photosynthese durch eine absolute Einstrahlungswert definiert sind, nicht durch einen Prozentwert der Oberflächeneinstrahlung. Moustaka-Gouni und Sommer (2019) analysierten die saisonalen Einstrahlungsmuster an einem norddeutschen Standort (54°24'N) und einem nordgriechischen Standort (40°30'N) und verglichen diese mit dem Lichtbedarf einer an schwaches Licht angepassten Phytoplanktonart (*Planktothrix rubescens*). Am deutschen Standort wäre die Photosynthese unterhalb der 1 % Lichtdurchdringungstiefe das ganze Jahr über und unterhalb der 1‰ Lichtdurchdringungstiefe von Mitte Februar bis Mitte Oktober möglich. Am griechischen Standort wäre sie sogar unterhalb der 1‰ Lichtdurchdringungstiefe das ganze Jahr über möglich.

Licht in gemischten Wasserschichten Wie in Abschn. 2.5 gezeigt wird, sind die Oberflächenschichten von Seen und Ozeanen normalerweise nicht stagnierend, sondern durchmischt. Das bedeutet, dass Plankter ihre Position im vertikalen Gradienten nicht halten können, sondern auf und ab gemischt werden. Sie erleben daher eine variable Einstrahlung, wobei die durchschnittliche Einstrahlung der gemischten Schicht (E_m) gleich dem Integral des Lichtgradienten von der Oberfläche bis zum Boden der gemischten Schicht geteilt durch die **Durchmischungstiefe** (z_m) ist:

$$E_m = E_0 \left(1 - e^{-k \cdot z_m}\right)(k \cdot z_m)^{-1} \qquad (2.13)$$

2.5 Vertikale Schichtung

2.5.1 Temperaturschichtung in Seen

Wärme kann in einer Flüssigkeit durch molekulare Diffusion, konvektive Vermischung oder externe Zufuhr von kinetischer Energie ausgetauscht werden, d. h. durch Wind im Falle von Oberflächengewässern. Molekulare Diffusion ist extrem langsam und spielt eine vernachlässigbare Rolle im Temperaturregime von Oberflächengewässern, während konvektive Vermischung (hauptsächlich während Abkühlungsszenarien) und Wind (in allen Szenarien) eine entscheidende Rolle spielen.

Erwärmung Langwellige Strahlung wird schnell von Wasser absorbiert und in Wärme umgewandelt. Ohne Windmischung würde das vertikale Temperaturprofil einen exponentiellen Abfall wie das Lichtprofil zeigen, wobei leichteres und wärmeres Wasser kälteres und dichteres Wasser überlagert. Der vertikale Dichteunterschied verursacht einen Widerstand gegen die Vermischung, der durch den Wind überwunden werden muss, um eine **gemischte Oberflächenschicht** zu erzeugen, die aus warmem, leichtem Wasser mit homogener Temperatur (**isotherm**) und Dichte (**isopyknisch**) besteht. In Seen wird diese Schicht **Epilimnion** genannt. Die Windmischung erreicht nur eine bestimmte Tiefe. Die Durchmischungtiefe (z_m) hängt von der Stärke der Winde, ihrer Dauer und der Strecke ab, über die der Wind auf die Oberfläche des Gewässers einwirken kann. Das bedeutet, dass größere Gewässer unter den gleichen Temperatur- und Windbedingungen tendenziell eine größere Durchmischungstiefe haben. Eine Erwärmung an sonnigen, windstillen Tagen kann einen vorübergehenden Temperaturgradienten innerhalb des Epilimnions erzeugen. Dieser Gradient wird jedoch normalerweise während der nächtlichen Abkühlung zerstört.

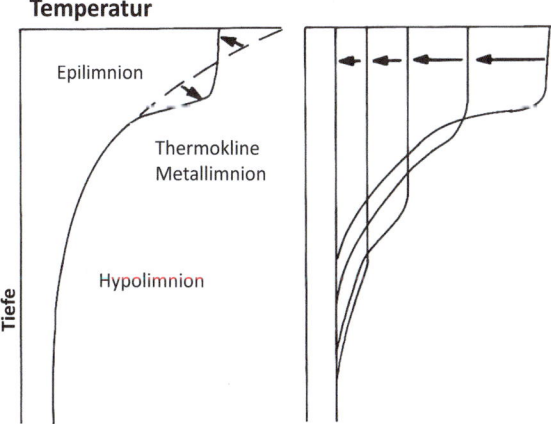

Abb. 2.7 Aufbau (**links**) der Schichtung während der Erwärmungsperioden (links) und Erosion der Schichtung während der Abkühlungsperioden (rechts). (Quelle: Abb. 4.7 in Sommer 1994)

Unterhalb der Durchmischungstiefe finden wir eine Übergangszone mit starken vertikalen Temperaturunterschieden, genannt **Thermokline**, in Seen auch **Metalimnion** genannt. Das Wasser unterhalb der Thermokline, in Seen **Hypolimnion** genannt, wird nicht von der Oberflächenerwärmung und Mischung beeinflusst (Abb. 2.7, links). Die Thermokline versiegelt das Tiefenwasser effektiv gegen den Austausch mit der Atmosphäre, d. h., nicht nur den Temperaturaustausch, sondern auch den Gasaustausch.

Es bildet sich keine thermische Schichtung, wenn ein Gewässer zu flach ist, d. h., wenn seine Tiefe kleiner ist als z_m.

Abkühlung Während der saisonalen (herbstlichen) und episodischen (Schlechtwetterfronten) Abkühlung wird das Oberflächenwasser kühler und damit schwerer, was zu **konvektiver Durchmischung** führt. Wenn das Oberflächenwasser schwerer wird als das darunter liegende Wasser, beginnt es zu sinken und wird durch nun leichteres Wasser von unten ersetzt. Das Ergebnis ist ein Mischprozess, der zu einer zunehmend kälteren, aber tiefer reichenden Oberflächenschicht führt. Diese konvektive Durchmischung kann durch Windmischung beschleunigt werden, würde aber auch ohne Wind stattfinden. Wenn die Oberflächenkühlung und Konvektion lange genug anhalten, erreicht die Vertiefung der Durchmischung den Boden. Dies wird als **Vollzirkulation** bezeichnet. In tiefen Seen ist jedoch die Abkühlung während wärmerer Winter möglicherweise nicht ausreichend, um eine vollständige Zirkulation zu erreichen, da das Oberflächenwasser nicht so kalt wird wie das Bodenwasser.

Inverse Schichtung Im Süßwasser ist die Dichte bei 4 °C maximal. Das bedeutet, dass eine Abkühlung unter 4 °C wieder leichteres Wasser als das etwas wärmere Wasser darunter erzeugen würde. Die daraus resultierende inverse Schichtung ist jedoch sehr instabil, da die Dichteunterschiede bei Temperaturen zwischen 0 und 4 °C gering sind. Schon eine geringe Menge an Windenergie würde eine solche inverse Schichtung zerstören. Eine inverse Schichtung kann nur stabil werden, wenn eine Eisdecke das Wasser vor dem Einfluss des Windes schützt.

Jahreszeitliche Mischungsmuster Die saisonalen Wechsel zwischen verschiedenen Schichtungs- und Zirkulationsphasen hängen vom lokalen Klima, der Tiefe und der Windexposition der Seen ab. Diese Muster bilden die Grundlage für die traditionelle Klassifizierung der Seen nach Durchmischungstypen:

- **Amiktische Seen** sind dauerhaft mit Eis bedeckt und kommen in sehr kalten Klimazonen (Antarktischer Kontinent) vor.
- **Kalt monomiktische Seen** sind während einer langen Periode mit Eis bedeckt und werden nicht ausreichend erwärmt, um eine Sommerstratifikation zu erzeugen. Die eisfreie Periode ist die einzige jährliche Zirkulationsperiode.
- **Dimiktische Seen** haben eine Eisbedeckungsperiode, eine Zirkulatiosperiode nach dem Eisschmelzen, eine sommerliche geschichtete Periode und eine Zirkulationsperiode vor dem Einfrieren.

- **Warm monomiktische Seen** haben keine Eisperiode. Die Zirkulation findet in der kalten Jahreszeit statt und während des Rests des Jahres sind die Seen geschichtet.
- **Oligomiktische Seen** haben nur während einiger kalter Winter eine vollständige Zirkulation.
- **Polymiktische Seen** sind entweder zu flach, um eine stabile Schichtung zu erzeugen, oder die Winter sind während des gesamten Jahreszyklus zu warm, um ein ausreichend kaltes Tiefenwasser zu erzeugen. Die Schichtung ist ein vorübergehendes Phänomen während windstiller Erwärmungsperioden.
- **Meromiktische Seen** sind ein Sonderfall, da die Mischungsmuster auch von chemischen Faktoren abhängen. Hohe Konzentrationen von gelösten Stoffen machen das Tiefenwasser zu schwer, um in die saisonalen Mischmuster einbezogen zu werden. Ein stagnierender Tiefenwasser-Körper (**Monimolimnion**) liegt unter dem leichteren Wasser, das die saisonalen Muster von Mischung und Schichtung durchläuft.

2.5.2 Thermohaline Schichtung in Meeresgewässern

In Meeresgewässern ist die vertikale Dichteschichtung komplizierter als in Süßwasserseen, da die Dichte des Wassers nicht nur von der Temperatur, sondern auch vom Salzgehalt abhängt. Daher verwenden wir den Begriff **thermohaline Schichtung**. Das grundlegende Prinzip ist jedoch das gleiche: leichteres Wasser überlagert schwereres Wasser und das Mischen erfolgt durch Windenergie und Konvektion. Windenergie kann die Wassersäule nur bis zu einer bestimmten Tiefe mischen, während die Konvektion bis zur Tiefe der gleichen Dichte reicht. Quellen für leichteres Wasser sind Erwärmung, Zufluss von Flusswasser oder Schmelzwasser von Eis. Quellen für schwereres Wasser sind Abkühlung, Verdunstung und Eindringen von salzigerem Wasser in Becken mit geringerem Salzgehalt.

Pyknoklinen Pyknoklinen sind scharfe vertikale Dichtegradienten in Tiefenprofilen, die Zonen ohne oder mit geringer vertikaler Dichteänderung trennen. Sie können entweder **Thermoklinen** oder **Haloklinen** sein. Letztere sind Dichtegradienten, die durch Unterschiede im Salzgehalt verursacht werden. In halbgeschlossenen Meeresbecken mit starken Flusseinträgen kann es eine mehr oder weniger dauerhafte Halocline über einem Tiefenwasserkörper geben, der durch das Eindringen von Meerwasser gespeist wird. Im Falle der Ostsee stammt das Tiefenwasser aus der salzigeren Nordsee. Im Winter wird die weniger salzige Wasserschicht über der Halokline gemischt, außer in Zeiten von Eisbedeckung, während im Sommer das typische Muster der thermischen Schichtung über der Halokline zu finden ist. Daher enthält das Sommerprofil sowohl eine Thermokline als auch eine Halokline. Über einer Halokline kann kühleres Wasser gefunden werden, das wärmeres, aber salzigeres Wasser überlagert (Abb. 2.8).

Dauerhafte Thermokline im offenen Ozean Tropische und gemäßigte Ozeane frieren im Winter nicht ein und in den Polarregionen bildet sich viel kälteres Wasser. Dieses Wasser sinkt ab und breitet sich durch die Ozeanbecken aus („**Großes Förderband**," Abschn. 2.7.1) und bildet eine Kaltwasserschicht unter den Oberflächenwassern der niedrigen oder mittleren Breiten. Daher trennt eine **permanente Thermokline** das Wasser polaren Ursprungs vom Oberflächenwasser, das dem lokalen saisonalen Erwärmungs- und Abkühlungszyklen unterliegt. Die permanente Thermokline erstreckt sich etwa von 60°N bis 60°S. In der gemäßigten Zone liegt sie in einer Tiefe von 500 bis 1000 m. In tropischen Zonen ist die Oberflächenschicht dauerhaft warm, während sie in gemäßigten Zonen den saisonalen Zyklus von Schichtung und Mischung durchläuft (Abb. 2.9).

2.5.3 Vertikale Schichtung biologisch aktiver Elemente

Während die Hauptionen des Meersalzes eine entscheidende Rolle für die Dichte des Wassers und damit für die physikalische Schichtung spielen, haben die biologisch aktiven Elemente nur einen vernachlässigbaren Einfluss auf die Dichte.

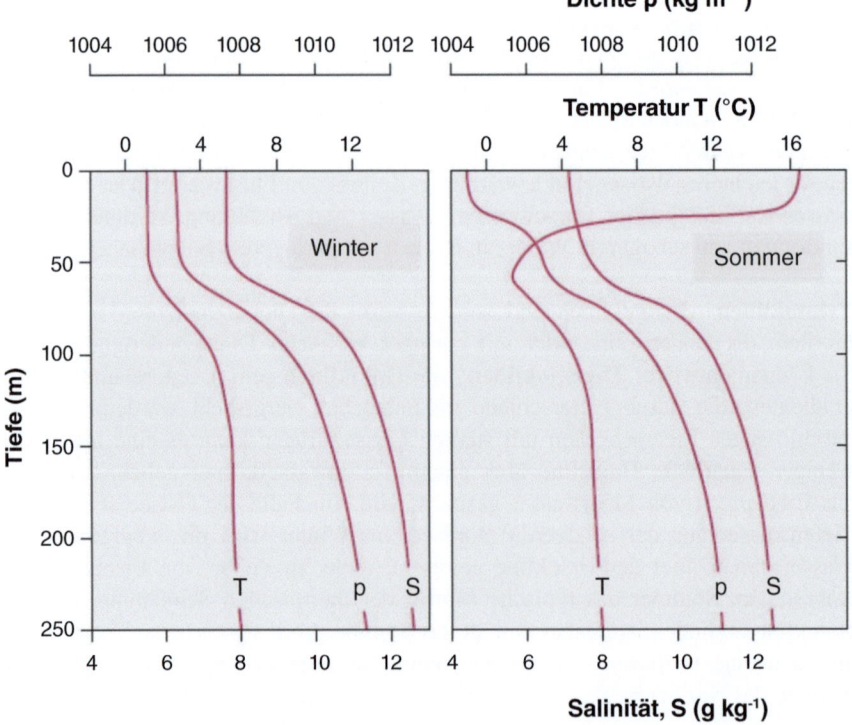

Abb. 2.8 Thermohaline Schichtung der Ostsee. (Quelle: Abb. 2.5. in Sommer 2005, nach Daten in Matthäus 1996)

2.5 Vertikale Schichtung

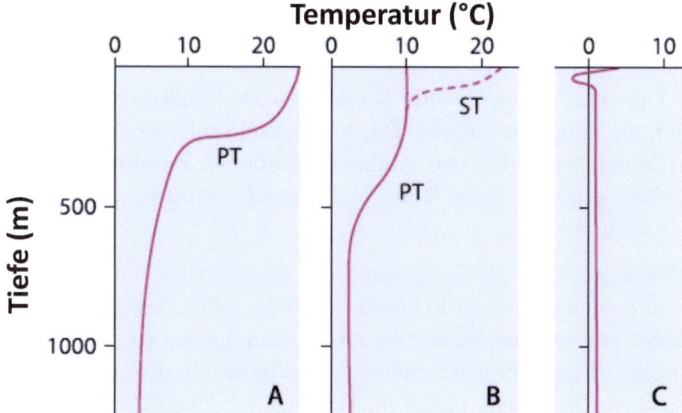

Abb. 2.9 Thermische Schichtung im Ozean. (**a**) Tropische Ozeane; (**b**) gemäßigte Ozeane, volle Linie: Winter, gestrichelte Linie: Sommer; (**c**) Polar Ozeane. *PT* permanente Thermokline, *ST* saisonale Thermokline. (Quelle: Abb. 2.6 in Sommer 2005)

Sie reagieren auf das Zusammenspiel von physikalischer Schichtung und Mischmustern mit biologischer Produktion und Remineralisierung. Da die Photosynthese bei weitem den größten Teil der aquatischen Primärproduktion ausmacht, spielt auch das Licht eine entscheidende Rolle.

Nährstoffe Die Primärproduktion organischer Substanz verbraucht Elemente wie Stickstoff und Phosphor. Diese Elemente werden in der Oberflächenschicht gezehrt (Abb. 2.10). Wenn ein Teil der in der Oberflächenschicht produzierten partikulären organischen Substanzen in tiefere Wasserschichten sinkt, werden sie während des Sinkprozesses zunehmend zersetzt und Nährstoffe werden freigesetzt.

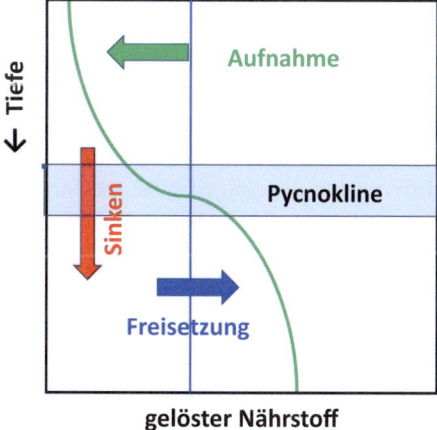

Abb. 2.10 Entstehung des vertikalen Profils eines gelösten Nährstoffs (grüne Linie) in einer geschichteten Wassersäule durch Aufnahme in biologisch produzierte Biomasse, Absinken der Biomasse und Freisetzung aus absinkender Biomasse, ausgehend von vertikal homogenisierten Konzentrationen (vertikale blaue Linie) nach der Wintermischung

Dies führt zu einer Anreicherung in der Tiefe, bis Mischereignisse die Konzentrationen wieder homogenisieren. Die Auffüllung von Oberflächennährstoffen erfolgt nicht nur während der saisonalen Vollzirkulation, sondern auch während der partiellen Durchmischungen, wenn Kaltfronten zu vorübergehenden Erhöhungen der Durchmmischungstiefe führen. Die vertikalen Profile der verschiedenen Stickstoffionen Nitrat und Nitrit und Ammonium können komplizierter sein als die von Phosphat, aufgrund ihrer Rolle in bakteriell vermittelten Redoxreaktionen (Abschn. 4.2.3 und 4.4.2).

Sauerstoff Sauerstoff ist ein Endprodukt der Photosynthese und zeigt daher mehr oder weniger das entgegengesetzte Muster von Nährstoffen, obwohl ein Teil des durch Photosynthese produzierten Sauerstoffs an die Atmosphäre verloren gehen kann. In Gewässern mit geringer Produktivität sind die Produktion durch Photosynthese und der Verbrauch durch Atmung gering im Vergleich zur Hintergrundkonzentration und vertikale Profile zeigen wenig Variation mit der Tiefe (**orthogrades Sauerstoffprofil**), während in produktiven Gewässern Sauerstoffkonzentrationen über dem Sättigungsniveau während der Vegetationsperiode in der euphotischen Zone gefunden werden können und die Sauerstoffkonzentration in tieferem Wasser abnimmt (**klinogrades Sauerstoffprofil**). Das Ausmaß der Sauerstoffverarmung hängt von der Menge der organischen Substanz ab, die in das tiefere Wasser sinkt, und von der Menge des Sauerstoffs, der vom letzten Kontakt mit der Atmosphäre übrig geblieben ist und nun für die Atmung zur Verfügung steht. Der Sauerstoffverbrauch kann zu nicht nachweisbaren Restsauerstoffwerten führen. **Anoxisches Wasser** ist typisch für das Hypolimnion produktiver Seen und für Tiefwasserkörper mit keinem oder wenig Austausch mit der Atmosphäre oder wenig oder keinen Einströmungen von sauerstoffhaltigem Wasser. Ersteres ist der Fall im Monimolimnion meromiktischer Seen; letzteres ist der Fall der tiefen Becken der Ostsee (Bornholm-Becken, Gotland-Becken), die nur gelegentlich mit Nordseewasser durchgespült werden.

2.6 Boden und Rand von Gewässern

2.6.1 Sediment

Korngröße Sedimente sind die am weitesten verbreitete Bedeckung des Bodens von Ozeanen, Seen und Flüssen, es sei denn, Sediment wird von harten Strukturen (Felsen, biogenen Riffen, küstennahen menschengemachten Strukturen) durch Strömungen abgetragen oder die Steilheit des Hangs erlaubt keine Ansammlung von Sediment. Korngröße ist die wichtigste physikalische Eigenschaft von Sedimenten. Üblicherweise werden die verschiedenen Fraktionen >63 μm durch herkömmliche Maschenweiten von Sieben bestimmt. Kleinere Korngrößen werden indirekt durch die Sinkgeschwindigkeit bestimmt, da zu feine Siebe zu schnell verstopfen. Eine weit verbreitete Terminologie definiert Ton <4 μm, Schluff 4–63 μm, Feinsand 63–250 (200) μm, Mittelsand 250 (200)–500 (630) μm, Grobsand 500 (630) μm—2 mm und Kies >2 mm, aber es gibt auch andere leicht unterschiedliche Klassifizierungstypen. Der Begriff Schlamm beschreibt keine bestimmte Größenfraktion, sondern ein gemischtes Sediment mit hohem Anteil an Ton und Schluff (>50 %).

Mobilität Die Korngröße bestimmt nicht nur die Sinkgeschwindigkeit der Sedimentpartikel, sondern auch ihren Widerstand gegen das Wiederaufwirbeln und den Transport an andere Orte durch die Bewegung des Wassers. Eine Strömungsgeschwindigkeit von 2 m s^{-1} ist erforderlich, um ein Kiespartikel von 1 cm zu bewegen, während nur 0,5 m s^{-1} für Grobsandpartikel von 1 mm benötigt werden. Die Mobilität ist maximal bei 180 µm (Feinsand) und nur 0,2 m s^{-1} sind notwendig, um die Körner zu bewegen (Sanders 1958). Feineres Sediment bildet eine bindende Oberfläche, auf der die einzelnen Körner wenig Fläche für den Aufprall des Wassers bieten (Seibold 1974). Dieser Effekt wird verstärkt, wenn **mikrobielle Biofilme** (Abschn. 6.3.1) sich auf der Sedimentoberfläche entwickeln. Ruhige Bedingungen mit geringer Exposition gegenüber Strömungen und Wellen werden durch Sedimente angezeigt, die von Feinsand um 180 µm Korngröße dominiert werden.

Porenwasser Der Zwischenraum zwischen den Sedimentkörnern ist mit Porenwasser gefüllt. Sandige Sedimente haben ein eher flüssiges Porenwasser, das mit dem freien Wasser über dem Sediment in Austausch steht. Das Porenwasser in schluffigen Sedimenten kann nur durch Druck aus dem Sediment herausgepresst werden. In situ ist es jedoch durch gelöste organische Substanzen und kolloidale Tonminerale hochviskos. Es findet kein Austausch mit dem freien Wasser statt.

Daher ist Sauerstoff bereits in wenigen mm Tiefe aufgrund des mikrobiellen Verbrauchs abwesend.

Chemische Gradienten Redox-Gradienten sind in Sedimenten viel steiler als im freien Wasser aufgrund der eingeschränkten (Sand) oder fehlenden (Schlamm) Mobilität des Porenwassers. Steile Redox-Gradienten entwickeln sich auf mm-Skalen (Schluff) bis cm-Skalen (Sand). In Fe-reichen Sedimenten kann die Grenze zwischen der oxidierten und der reduzierten Zone leicht an der Farbe erkannt werden. Oxidiertes Fe^{3+} führt aufgrund von Eisenoxiden zu einer rötlichen Farbe. In der nächsten Schicht darunter führt die Reduktion zu Fe^{2+} und anschließende Auflösung zu einer grauen Farbe. Bei dem noch niedrigeren Redoxpotential darunter wird Fe^{2+} als FeS ausgefällt und verursacht eine schwarze Farbe des Sediments. In Fe-armen kalkhaltigen Sedimenten indiziert die Farbe jedoch nicht den Redoxzustand.

2.6.2 Harte Substrate

Primäre Substrate Primäre harte Substrate finden sich dort, wo fester Fels nicht von Sediment bedeckt ist, weil er entweder zu steil ist oder weil Wellen und Strömungen Sedimente wegspülen. Felsige Substrate finden sich typischerweise an steilen Küsten, steilen Unterwasserhängen und exponierten Graten. Sie sind im Ozean weit verbreiteter als in Seen. Findlinge und Kieselsteine finden sich dort, wo Wellen- und Strömungseinflüsse zwischen Bedingungen liegen, die nackten

Fels und Sediment erzeugen. Findlinge können von typischen Hartgesteinsorganismen besiedelt werden, wenn die Findlinge lange genug an Ort und Stelle bleiben und die Organismen nicht durch das Rollen der Findlinge beschädigt werden.

Sekundäre Substrate sind entweder menschengemachte Konstruktionen (Hafenkonstruktionen, Schiffswracks, etc.) oder Riffe, die von sessilen Organismen gebaut werden. Beispiele sind Korallenriffe oder Muschelbänke (Abschn. 6.2.1).

2.7 Horizontale Bewegungen des Wassers

2.7.1 Strömungen

Strömungen in Ozeanen und Seen werden hauptsächlich durch **Winde** angetrieben und durch die **Corioliskraft** in großen Gewässern modifiziert. Diese Kraft entsteht durch die Trägheit des Wassers und der Atmosphäre im Verhältnis zur Erdrotation. Sie lenkt Wasser- und Luftströmungen auf der Nordhalbkugel im Uhrzeigersinn und auf der Südhalbkugel gegen den Uhrzeigersinn ab. Da Wasser sich nicht unendlich an der Leeseite einer Strömung aufbauen kann, gibt es unterhalb der Pyknocline Gegenströmungen. Wenn die treibende Kraft einer Strömung aufhört zu wirken, lösen die Unterschiede zwischen dem niedrigen Wasserstand am windzugewandten Ende und dem hohen Wasserstand an der Leeseite Oszillationen der Wasseroberfläche (**Seiches**) und der Pyknoclinen (**interne Seiches**) aus, die allmählich gedämpft werden.

Thermohaline Tiefenwasserbildung ist von größter Bedeutung für das globale Zirkulationssystem des Ozeans. Wenn das Wasser des Nordatlantikstroms (nördliche Fortsetzung des Golfstroms) die Arktis erreicht, kühlt es ab und sinkt in tiefere Schichten. So kann es an der Oberfläche durch weiteres Wasser des Nordatlantikstroms ersetzt werden. Das abgekühlte Tiefenwasser bildet eine Gegenströmung, die Teil eines globalen Zirkulationssystems ist, das als **thermohaline Zirkulation** (Gordon 1986) oder mit einem populäreren Begriff **Großes Förderband** (Rahmstorf 2003) bezeichnet wird. Weitere Zentren der Tiefenwasserbildung, die am GFB beteiligt sind, befinden sich am Rand des antarktischen Kontinents (Abb. 2.11). Die gesamte Zirkulation des Wassers benötigt ca. 2000 Jahre; d. h., an den meisten Orten ist das kalte, tiefe Wasser vor mehreren hundert Jahren zuletzt mit der Atmosphäre in Kontakt gekommen. In der ozeanographischen Terminologie wird die seit dem letzten Kontakt mit der Atmosphäre verstrichene Zeit als „Alter" des Wassers bezeichnet.

Auftrieb von kälterem, meist nährstoffreichem Wasser tritt auf, wo die kombinierte Wirkung von Wind und Corioliskraft Oberflächenwasser in einem 90°-Winkel zur vorherrschenden Windrichtung wegbewegt. Tiefenwasser ersetzt dann das Oberflächenwasser. Auftriebszonen sind kälter als aufgrund ihrer geographischen Breite zu erwarten wäre, und die Nährstoffreichtum des aufsteigenden Wassers führt zu einer hohen biologischen Produktion, die in der Regel reiche Fischgründe unterstützt. Die wichtigsten Küstenströmungen, die mit Auftrieb verbunden sind,

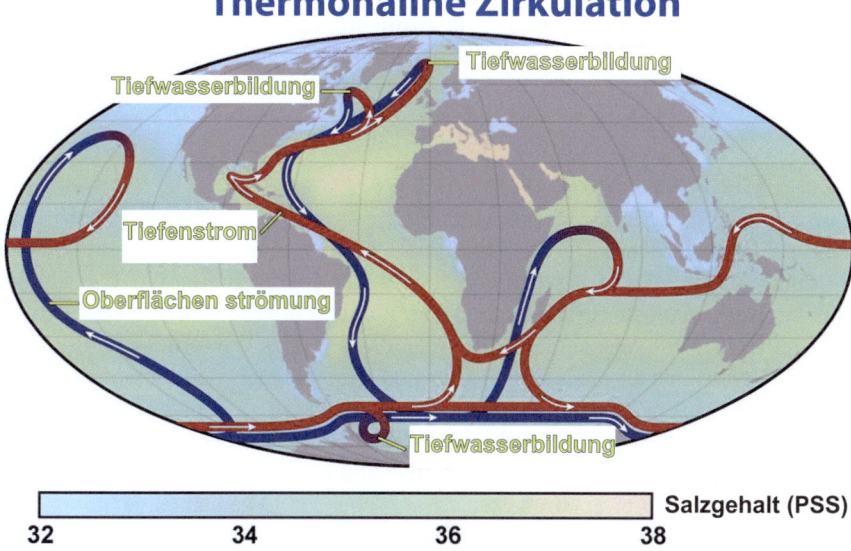

Abb. 2.11 Schematische Darstellung des Großen Förderbands. (Quelle: https://de.wikipedia.org/wiki/Thermohaline_Zirkulation). *Diese Datei ist in den USA gemeinfrei, da sie ausschließlich von NASA erstellt wurde. Die Urheberrechtsrichtlinie der NASA besagt, dass „NASA-Material nicht urheberrechtlich geschützt ist **sofern nicht anders angegeben.**" (Siehe Vorlage:PD-USGov, NASA-Urheberrechtsrichtlinienseite oder JPL Image Use Policy.)*

sind der Humboldtstrom (vor Chile und Peru), der Kalifornienstrom (vor Kalifornien und Oregon), der Kanarenstrom (vor NW-Afrika), der Benguelastrom (vor SW-Afrika) und der Somalistrom (NE-Afrika).

2.7.2 Gezeiten

Die Gravitation des Mondes, der Sonne und die Rotation der Erde verursachen periodische Schwankungen des Meeresspiegels mit einer Hauptperiodenlänge von 12 h 25,2', d. h., die Hälfte eines Mondtages. Lokale Maxima des Wasserstands werden als **Flut** bezeichnet; Minima werden als **Ebbe** bezeichnet. Die **Gezeitenamplitude** ist maximal (**Springtide**), wenn Mond, Sonne und Erde in einer Linie ausgerichtet sind, weil dann die Gravitation der Sonne die Wirkung des Mondes verstärkt (**Springtide**). Wenn Mond, Erde und Sonne einen rechten Winkel bilden, sind die Gezeitenamplituden minimal (**Nipptide**). Gezeitenamplituden sind klein (maximal einige dm) in Randmeeren mit einer engen Verbindung zum offenen Ozean (Ostsee, Mittelmeer). Hier übersteigen windinduzierte Änderungen des Wasserstands die Gezeitenamplitude. Gezeitenamplituden sind groß, wenn Gezeitenströmungen des Ozeans in enge Buchten eindringen, z. B. St. Malo, N Frankreich, wo 10 bis 12 m gefunden werden.

Die Gezeiten schaffen eine spezifische Umgebung entlang sowohl felsiger als auch sandiger/schlammiger Küsten, die **Intertidalzonen**, in denen Organismen an den periodischen Wechsel zwischen Überflutung und Luftexposition angepasst sein müssen.

2.7.3 Fließende Gewässer

Unidirektionaler Fluss Der unidirektionale Fluss von Wasser hat wichtige Auswirkungen auf die physikalischen und chemischen Eigenschaften von Bächen und Flüssen. Das turbulente Strömungsmuster verhindert die Entwicklung von vertikalen Gradienten, mit Ausnahme des Lichtgradienten. Der Wasserfluss transportiert sowohl Organismen als auch Steine, Kies und Sand. Organismen müssen entweder in der Lage sein, gegen die Strömungsgeschwindigkeit zu schwimmen, oder sie müssen die Prandtl'sche Grenzschicht oder andere Formen der Befestigung nutzen, um nicht abgetrieben zu werden. Gelegentliche Überschwemmungen können sonst stabile Steine bewegen und die darauf lebenden Organismen zerstören. Am anderen Extrem können ganze Bäche oder Teile davon gelegentlich austrocknen und so den Organismen Trockenstress verursachen.

Fließgeschwindigkeit ist ein wichtiger Faktor für die Struktur des Flussbettes von Flüssen und Bächen. Größere Steine dominieren bei hohen Fließgeschwindigkeiten Geschwindigkeiten, während feinkörnigeres Sediment in ruhigen Zonen abgelagert wird. Bei <20 cm s^{-1} wird schluffiges Sediment erwartet, bei 20–40 cm s^{-1} feiner Sand, bei 40–60 cm s^{-1} grober Sand und Kies, bei 60–120 cm s^{-1} Kieselsteine und bei >120 cm s^{-1} größere Steine.

Man könnte erwarten, dass Gebirgsbäche mit der größten Neigung die höchsten Fließgeschwindigkeiten haben. Allerdings ist die Neigung nicht der einzige Faktor, der die Fließgeschwindigkeit bestimmt. Auch der Querschnitt ist wichtig, denn ein größerer Querschnitt führt zu weniger Reibung. Einige große, tiefliegende Flüsse haben trotz geringer Neigung Fließgeschwindigkeiten, die hoch genug sind, um ein von Kieselsteinen dominiertes Flussbett zu haben.

Temperatur Quellen haben saisonal sehr konstante Wassertemperaturen, die nahe an der jährlichen Durchschnittstemperatur ihres Standortes liegen. Während des Abflusses nähert sich die Temperatur des Bachwassers der saisonalen Lufttemperatur der Region an. Das bedeutet Erwärmung im Sommer und Abkühlung im Winter. Wenn kalte Bäche durch einen See fließen, wird der Erwärmungsprozess im Sommer beschleunigt, weil der Abfluss aus dem See aus warmem Wasser aus dem Epilimnion besteht. Auch die Beschattung durch Wälder oder die Einstrahlung von Sonnenlicht sindt wichtig für das lokale Temperaturregime kleiner Bäche.

Sauerstoff Quellwasser ist in der Regel mit Sauerstoff untersättigt, weil es lange Zeit unterirdisch war. Aber schon bald führt turbulentes Mischen zur Gleichgewichtseinstellung mit der Atmosphäre und Sauerstoffsättigung nahe 100 % in Gebirgsbächen. Abweichungen vom atmosphärischen Gleichgewicht entwickeln sich erst weiter flussabwärts in großen Flüssen, wo die größere Querschnittsfläche den Austausch mit der Atmosphäre einschränkt und die Sauerstoffeffekte von Photosynthese und Atmung nicht sofort durch den Austausch mit der Atmosphäre ausgeglichen werden. Hier kann man tagsüber Übersättigung und nachts Untersättigung finden. Die Belastung mit organischer Substanz aus dem Einzugsgebiet und der daraus resultierende Sauerstoffverbrauch aufgrund ihres Abbaus ist ein zusätzlicher, manchmal dominierender, Faktor für das Sauerstoffregime.

Glossar

aerobic(aerob) in Anwesenheit von Sauerstoff
alkalinity (Alkalinität) Pufferkapazität von Wasser gegen Säuren
allochthonous (allochthon) stammt von außerhalb eines Systems
anaerobic (anaerob) in Abwesenheit von Sauerstoff
anoxic(anoxisch) ohne Sauerstoff
aphotic zone (aphotische Zone) vertikale Zone eines Gewässerkörpers, in der das Licht für die Photosynthese unzureichend ist
attenuation (Attenuation) Abnahme der in Wasser eindringenden Strahlung
autochthonous (autochthon) aus einem System heraus entstehend
benthos (benthos) Gemeinschaft von Organismen, die am Boden oder Rand eines Gewässers leben
calcification (Kalzifizierung) Bildung von Karbonatstrukturen (Schalen, Skelette, usw.) durch Organismen
carbonate system (Karbonatsystem) chemisches Gleichgewicht zwischen Kohlendioxid, Kohlensäure, Bicarbonat und Carbonat
clay (Ton) Sediment mit einer Korngröße von <4 μm
decalcification (Dekalzifizierung) Ausfällung von Karbonaten aus Wasser
Coriolis force (Corioliskraft) Ablenkung von Strömungen aufgrund der Trägheit von Flüssigkeiten im Verhältnis zur Rotation der Erde
DIC gelöster anorganischer Kohlenstoff
dimictic lakes (dimktische Seen) Seen, die sich zweimal in einem saisonalen Zyklus vermischen (vor der Eisbildung und nach dem Eisbruch)
DOC gelöster organischer Kohlenstoff
epilimnion (Epilimnion) gemischte Oberflächenschicht von Seen
eulittoral (Eulitoral) Gezeitenzone
euphotic zone(euphotische Zone) Tiefenzone mit genügend Licht für die Photosynthese
excess density (Überschussdichte) Dichtedifferenz zwischen einem festen Partikel und dem umgebenden Medium

form resistance (Formwiderstand) Auswirkung von Abweichungen von einer sphärischen Form auf die Sinkgeschwindigkeit
gravel (Kies) Sediment mit einer Korngröße >2 mm
grain size (Korngröße) Größe der festen Partikel, die das Sediment bilden
Great Conveyor Belt (Großes Förderband) großräumiges Strömungsmuster des Weltmeeres, angetrieben durch Wind und thermohaline Zirkulation
hard water (Hartwasser) Süßwasser mit hohen Konzentrationen von zweiwertigen Kationen
Henry's law (Henry'sches Gesetz) Gesetz über die Löslichkeit von Gasen in Wasser
hypolimnion (Hypolimnion) Tiefwasserzone (→Thermokline) in geschichteten Seen
interstitial space (Interstitialraum) Raum zwischen Sedimentkörnern
intertidal zone (Gezeitenzone) Zone zwischen niedrigem und hohem Gezeitenwasserstand
isopycnic (isopyknisch) die gleiche Dichte haben
isothermal die gleiche Temperatur haben
Lambert–Beer's law (lambert-Beer'sches Gesetz) Gesetz, das beschreibt, wie Licht beim Durchdringen einer Wassersäule abgeschwächt wird
laminar flow (laminare Strömung) Strömung mit parallelen Stromlinien
littoral (Litoral) Rand von Gewässern
metalimnion (Metalimnion) Thermokline in Seen
meromictic lakes (meromiktische Seen) Seen, in denen tiefes Wasser sich nie mit den oberen Schichten vermischt
monimolimnion (Monimolimnion) Tiefwasserzone in meromiktischen Seen, die nicht in die Durchmischung einbezogen ist
monomictic lakes (monomiktische Seen) Seen, die sich einmal in einem saisonalen Zyklus vermischen
mud (Schlick) Sediment mit >50 % Ton und Schluff
oligomictic lakes (oligomiktische Seen) Seen, die weniger als einmal pro Jahr durchmischen
PAR photosynthetisch aktive Strahlung (Licht von 400–700 nm Wellenlänge)
pelagic zone (Pelagial) offene Wasserzone von Seen und Meeren
photosynthesis (Photosynthese) Synthese von organischer Materie aus anorganischen Quellen unter Verwendung von Lichtenergie
porewater (Porenwasser) Wasser, das den Zwischenraum in Sedimenten füllt
primary production (Primärproduktion) Synthese von organischer Materie aus anorganischen Quellen
pycnocline (Pyknokline) vertikale Zone mit einem steilen Gradienten der Wasserdichte
Reynolds number (Reynoldszahl) dimensionslose Zahl, die das Verhältnis zwischen Trägheits- und Viskositätskräften charakterisiert, die auf einen Körper wirken, der sich in Flüssigkeiten bewegt
salinity (Salinität) Salzgehalt
sand (Sand) Sediment mit einer Korngröße von 65 µm bis 2 mm
silt (Schluff) Sediment mit einer Korngröße von 4 bis 65 µm

2.1 Übungsaufgaben

soft water (Weichwasser) Wasser mit einer niedrigen Konzentration an gelösten bivalenten Kationen

thermocline (Thermokline) vertikale Zone mit einem steilen Temperaturgradienten des Wassers

thermohaline circulation (thermohaline Zirkulation) Kreislauf des Wassers, angetrieben durch thermische und salinitätsbedingte Auswirkungen auf die Wasserdichte

tides (Gezeiten) periodische Wasserstandsschwankungen, die durch die Gravitation des Mondes und der Sonne angetrieben werden

turbulent flow (turbulente Strömung) Fluss mit verwirbelten Stromlinien

Übungsaufgaben

Die rechte Spalte der untenstehenden Tabelle gibt den Ort an, an dem die Antwort gefunden oder durch eine dortige Gleichung berechnet werden kann. Bei der Berechnung des Ergebnisses beachten Sie bitte die Dimension der verschiedenen Variablen. Die Dimensionen in den Gleichungen und die Dimensionen in den Fragen sind nicht unbedingt die gleichen.

	Frage	Abschn.
1	Was ist der Unterschied zwischen der Temperaturabhängigkeit der Dichten von Süßwasser und Meerwasser?	2.2.1
2	Berechnen Sie die Reynolds-Zahl von drei sich bewegenden Organismen: (1) ein Flagellat mit einem Durchmesser von 5 µm, der mit 0,2 mm s^{-1} schwimmt, (2) eine Diatomee mit einem Durchmesser von 30 µm, die mit 1 m d^{-1} sinkt, (3) ein Fisch von 0,5 m, der mit 1 m s^{-1} schwimmt.	2.2.2
3	Vergleichen Sie die Sinkgeschwindigkeiten von zwei gleich geformten Diatomeen in Meerwasser (Dichte: 1026 kg m^{-3}). Diatom A hat eine Dichte von 1036 kg m^{-3} und einen Durchmesser von 10 µ. Die Diatomee B hat eine Dichte von 1046 kg m^{-3} und einen Durchmesser von 20 µm. Wie viel schneller denkt A als B?	2.2.2
4	Was sind die drei häufigsten Anionen und Kationen im Meerwasser?	2.3.1
5	Erklären Sie die Pufferkapazität des Karbonatsystems.	2.3.3
6	Was ist das Oxidationsniveau der wichtigsten Stickstoffionen im Wasser?	2.3.4
7	Welche Wellenlänge des Lichts kann für die Photosynthese verwendet werden	2.4.1
8	Wie viele % der Oberflächenstrahlung befinden sich in 20 m Tiefe, wenn die Strahlung in 10 m Tiefe 60 % der Oberflächenstrahlung beträgt	2.4.3
9	Wie ändert sich die Tiefe der Thermokline, wenn das Oberflächenwasser im Herbst kühler wird?	2.5.1
10	Ist es möglich, dass Wasser weiter oben im Temperatur-Tiefenprofil kühler ist als Wasser weiter unten? Wenn ja, warum?	2.5.3
11	Welche Korngröße von Sediment ist charakteristisch für sehr ruhige Bedingungen? Und warum?	2.6.1
12	Erklären Sie Farbänderungen entlang von Redox-Gradienten im Sediment.	2.6.1

Frage	Abschn.
13 In welche Richtung ändert die Corioliskraft Strömungen?	2.7.1
14 Erklären Sie die Rolle der Tiefenwasserbildung für das Große Förderband.	2.7.1
15 Wie sind der Mond, die Sonne und die Erde während der Nipp- und Springfluten zueinander positioniert?	2.7.2
16 Wie ändert sich die Temperatur eines Baches mit der Entfernung von der Quelle?	2.7.3

Literatur

Bearman G (1989) Seawater: its composition, properties and behavior. The Open University, Watson Hall & Pergamon, Oxford

Biondić B, Biondić R, Meaški H (2010) The conceptual hydrogeological model of the Plitvice Lakes. Geologia Croatica 63:195–206

Brendelberger H, Herbeck M, Lang H, Lampert W (1986) Daphnia's filters are not solid walls. Arch Hydrobiol 107:197–202

Gordon AL (1986) Interocean exchange of thermocline water. J Geophy Res 91:5037–5046

Kirk JTO (2011) Light and photosynthesis in aquatic ecosystems, 3. Aufl. Cambridge University Press, Cambridge

Lampert W, Sommer U (2007) Limnoecology, 2. Aufl. Oxford University Press, Oxford

Lee K, Miller FJ (1995) Thermodynamic studies of the carbonate system in seawater. Deep Sea Res I 42:2035–2062

Longhurst A, Sathyendranath S, Platt T, Caverhill C (1995) An estimate of global primary production in the ocean from satellite radiometer data. J Plankton Res 17:1245–1271

Matthäus W (1996) Temperatur, Salzgehalt und Dichte. In: Reinheimer G (Hrsg) Meereskunde der Ostsee. Springer, Berlin, S 75–81

Miliša M, Habdija I, Primc-Habdija B, Radanović I, Matoničkin Kepčija R (2006) The role of flow velocity in the vertical distribution of particulate organic matter on moss-covered travertine barriers of the Plitvice Lakes (Croatia). Hydrobiologia 553:231–243

Morel FMM, Hering J (1993) Principles and applications of aquatic chemistry. Wiley, New York

Moustaka-Gouni M, Sommer U (2019) Monitoring of cyanobacteria for water quality: doing the necessary right or wrong? Mar Freshw Res MF18381

Purcell EM (1977) Life at low Reynolds numbers. Am J Phys 45:3–11

Rahmstorf S (2003) The concept of the thermohaline circulation. Nature 421:699

Reynolds CS (1984) The ecology of freshwater phytoplankton. Cambridge University Press, Cambridge

Salmaso N (2000) Factors affecting the seasonality and distribution of cyanobacteria and chlorophytes: a case study from the large lakes south of the Alps, with special reference to Lake Garda. Hydrobiologia 438:43–63

Sanders HL (1958) Benthic studies in Buzzards Bay. I. Animal-sediment relationship. Limnol Oceanogr 3:245–258

Seibold E (1974) Der Meeresboden. Ergebnisse und Probleme der Meeresgeologie. Springer, Berlin

Sommer U (1994) Planktologie. Springer, Berlin

Sommer U (2005) Biologische Meereskunde, 2. Aufl. Springer, Berlin

Whittaker RH (1975) Communities and ecosystems. Macmillan, New York

Whittaker RH, Likens GE (1973) Primary production: the biosphere and man. Human Ecol 1:357–369

Woodwell GM (1980) Aquatic systems as part of the biosphere. In: Barnes RSK, Mann KH (Hrsg) Fundamentals of aquatic ecosystems. Blackwell, Oxford, S 201–215

Lebensformen von aquatischen Organismen

3

Inhaltsverzeichnis

Abkürzungsverzeichnis 60
3.1 Repräsentation höherer Taxa im Wasser 60
3.2 Grundlegende trophische Typen 61
    3.2.1 Photosynthese 62
    3.2.2 Chemosynthese 62
    3.2.3 Heterotrophie 63
3.3 Körpergröße 63
    3.3.1 Großskalige statistische Beziehungen 64
    3.3.2 Kleinskalige statistische Beziehungen 67
3.4 Stöchiometrie der Biomasse 67
    3.4.1 C, N und P in wichtigen Biochemikalien 68
    3.4.2 C:N:P-Verhältnisse von aquatischen Organismen 70
3.5 Plankton 73
    3.5.1 Allgemeine Merkmale 73
    3.5.2 Phytoplankton und Mixoplankton 76
    3.5.3 Zooplankton 81
    3.5.4 Bakterioplankton 88
    3.5.5 Mykoplankton 88
    3.5.6 Planktonische Viren 89
3.6 Nekton 89
    3.6.1 Taxonomische Gruppen 89
    3.6.2 Schwimmverhalten 94
3.7 Benthos auf Hartsubstraten 98
    3.7.1 Allgemeine Bemerkungen 98
    3.7.2 Phytobenthos 100
    3.7.3 Zoobenthos 103
3.8 Benthos von Weichsubstraten 108
    3.8.1 Allgemeine Bemerkungen 108
    3.8.2 Phytobenthos 108
    3.8.3 Zoobenthos 110
    3.8.4 Bakteriobenthos 114
3.9 Aquatische Larven von terrestrischen Tieren 116
    3.9.1 Insekten mit benthischen Larven 116
    3.9.2 Insekten mit pelagischen Larven 116
Glossar 117
Übungsaufgaben 119
Literatur 122

© Der/die Autor(en), exklusiv lizenziert an Springer Nature Switzerland AG 2024
U. Sommer, *Süßwasser- und Meeresökologie*,
https://doi.org/10.1007/978-3-031-64723-9_3

Abkürzungsverzeichnis

b Allometrie-Koeffizient
I Aufnahmerate
L Körperlänge
R_a absolute Stoffwechselrate
R_s spezifische Stoffwechselrate

Zusammenfassung

Dieses Kapitel gibt eine Art minimaler Einführung in die Organismen, die im Wasser leben, soweit sie für ein Ökologie-Lehrbuch benötigt wird. Es wird sich nicht auf die Taxonomie konzentrieren, da dies nur eine Wiederholung eines Taxonomie-Lehrbuchs wäre. Alle Phyla und die meisten Klassen und Ordnungen haben Vertreter, die im Wasser leben (Abschn. 3.1). Anstelle eines taxonomischen Ansatzes wird ein „Lebensform"-Ansatz gewählt, der sich auf die für Wachstum und Überleben im aquatischen Bereich wichtigsten Merkmale konzentriert.

Die Klassifizierung von Lebensformtypen beginnt mit grundlegenden Ernährungstypen (Abscn. 3.2). Die nächstwichtigste Dimension einer funktionalen Charakterisierung ist die Körpergröße (Abschn. 3.3), ein ökologisches „Master-Merkmal" mit weitreichenden Konsequenzen für viele andere Merkmale, wie Stoffwechselraten, Wachstumsrate und Langlebigkeit. Ein weiteres funktional wichtiges Merkmal ist die Stöchiometrie der Biomasse (Abschn. 3.4), die die elementaren Anforderungen der Organismen definiert. Die verbleibenden Abschnitte sind einer Gruppierung nach Hauptlebensräumen gewidmet, in pelagischen Gewässern Plankton (treibende Organismen, Abschn. 3.5) und Nekton (schwimmende Organismen, Abschn. 3.6) und Benthos auf festen Substraten (Abschn. 3.7) und Benthos auf weichen Substraten (Abschn. 3.8).

3.1 Repräsentation höherer Taxa im Wasser

Die Vielfalt der aquatischen Organismen umfasst den gesamten Baum des Lebens. Eine der wenigen höheren Taxa ohne aquatische Vertreter sind die Gymnospermae, eine Pflanzengruppe, die unter anderem die Koniferen enthält. Die Anzahl der ausschließlich aquatischen höheren Taxa ist viel größer und umfasst unter anderem Porifera, Ctenophora, Cnidaria, Rotatoria, Polychaeta, Echinodermata, Chaetognatha und Fische. Einige davon sind ausschließlich maritim (Ctenophora, Echinodermata), während andere überwiegend maritim sind mit einigen Süßwasservertretern (z. B. Porifera, Cnidaria). Im Gegensatz dazu leben die meisten Rotatoria in Süßwasser. Einige Gruppen von Algen und heterotrophen Protisten sind überwiegend aquatisch, aber auch in feuchten terrestrischen Lebensräumen vertreten.

Eine der am stärksten unterrepräsentierten Tiergruppen im Wasser sind die Insekten, die artenreichste Tierklasse (> eine Million Arten). Sie sind besonders selten in marinen Lebensräumen, aber auch in Süßwasser vollenden nur wenige Arten ihren Lebenszyklus im Wasser, während die meisten aquatischen Insektenarten aquatische Larven und terrestrische Adulte haben. Blütenpflanzen sind ebenfalls stark unterrepräsentiert im Wasser, ebenso wie Reptilien und Säugetiere. Das Unterphylum Crustacea zeigt das entgegengesetzte Muster der Insekten, mit nur wenigen terrestrischen, aber vielen aquatischen Arten.

Aufgrund des Lebensform-Ansatzes, der in diesem Buch verfolgt wird, sind einige der hier verwendeten Gruppennamen gebräuchliche Namen und nicht in Übereinstimmung mit einer aktualisierten, phylogenetisch orientierten Nomenklatur. Einige Gruppennamen sind hochgradig polyphyletisch, wie „Algen" oder „Protisten". In anderen Fällen werden gut etablierte paraphyletische Namen, z. B. Pisces = Fische, verwendet, anstatt sich an eine phylogenetisch korrekte monophyletische Nomenklatur zu halten.

3.2 Grundlegende trophische Typen

Organismen müssen ihre Körpermasse aufbauen, indem sie organische Materie aus anorganischer Materie synthetisieren oder organische Materie konsumieren, die von anderen Organismen synthetisiert wurde. Der Aufbau von Biomasse benötigt eine Energiequelle, ein Reduktionsmittel (Elektronendonator) und eine Kohlenstoffquelle. Um Organismen nach diesen grundlegenden Bedürfnissen zu kennzeichnen, wird eine dreikomponentige Terminologie verwendet:

Photo-: Licht als Energiequelle vs. **chemo-:** chemische (Redox-)Reaktionen als Energiequelle
Litho-: anorganischer Elektronendonator vs. **organo-:** organischer Elektronendonator
Auto-: CO_2 oder HCO_3^- als C-Quelle vs. **hetero:** organische Materie als C-Quelle

Ein photolithoautotropher Organismus ist ein Organismus, der Licht als Energiequelle, einen anorganischen Elektronendonator (H_2O; H_2S, H_2) und CO_2 oder HCO_3^- als C-Quelle verwendet. Ein chemoorganoheterotropher Organismus verwendet organische Materie als Energiequelle, Elektronendonator und Kohlenstoffquelle.

Die Begriffe auto- und heterotroph können auch auf andere essentielle Elemente angewendet werden; C-heterotrophe Bakterien sind oft P-autotroph, d. h., sie beziehen P aus dem gelösten ionischen Pool im Wasser.

Mixotrophe Organismen sind in der Lage, auto- und heterotrophe Ernährung zu kombinieren. Diese Ernährungsweise ist besonders häufig bei Protisten mit

Chloroplasten für die Photosynthese und Strukturen zur Ernährung von anderen Mikroorganismen. Mehrzellige Tiere können auch mixotroph sein, wenn sie Wirt von photosynthetischen Symbionten sind, die prominentesten Beispiele sind viele Korallen.

3.2.1 Photosynthese

Photosynthese ist die dominante Form der **Primärproduktion**, d. h., die Produktion organischer Substanzen aus anorganischen Ressourcen. Die Organismen, die Photosynthese durchführen, sind photolithoautotroph; alle von ihnen verwenden Licht als Energiequelle und CO_2 oder HCO_3^- als C-Quelle, aber die Elektronendonatoren unterscheiden sich zwischen den verschiedenen Arten der Photosynthese.

Die Sauerstoff produzierende Art der Photosynthese von **Pflanzen, autotrophen Protisten,** und **Cyanobakterien** verwendet H_2O als Elektronendonator. Der durch Photosynthese freigesetzte O_2 wird als terminaler Elektronenakzeptor produziert. Er entsteht durch die Spaltung des Wassermoleküls.

$$6CO_2 + 6H_2O \rightarrow C_6H_{12}O_6 + 6O_2. \tag{3.1}$$

Grüne und **Purpur-Schwefelbakterien** verwenden H_2S als Elektronendonator und S_2 wird als terminaler Elektronenakzeptor als Ergebnis der Spaltung des Wasserstoff-Sulfid-Moleküls produziert.

$$6CO_2 + 12H_2S \rightarrow C_6H_{12}O_6 + 6H_2O + 6S_2. \tag{3.2}$$

Schwefelfreie Purpurbakterien verwenden H_2 als Elektronendonator.

$$6CO_2 + 6H_2 \rightarrow C_6H_{12}O_6. \tag{3.3}$$

Die Sauerstoff produzierende („Pflanzentyp") Photosynthese ist quantitativ der wichtigste Weg der Primärproduktion. Sie ist von größter Bedeutung für das Sauerstoffbudget der Hydrosphäre und der Atmosphäre. Sie ist die ursprüngliche Quelle von O_2 in der Erdgeschichte. Die anderen beiden Arten der Photosynthese sind auf relativ dünne Schichten im Sediment oder in der pelagischen Zone beschränkt, wo reduzierende chemische Bedingungen mit ausreichendem Licht für die Phtosynthese zusammenfallen.

3.2.2 Chemosynthese

Chemosynthese ist die Ernährungsweise von chemolithoautotrophen Organismen. Sie kommt nur bei Bakterien vor und nutzt die Energie chemischer Reaktionen für die Biosynthese. Diese Reaktionen sind Redoxreaktionen und benötigen einen Elektronendonator und einen Elektronenakzeptor.

Elektronendonatoren (Reduktionsmittel) umfassen die am stärksten reduzierten Formen eines Elements, aber auch intermediäre Oxidationsstufen, wenn

3.2 Grundlegende trophische Typen

das betreffende Element mehrere Oxidationsstufen hat. Die gebräuchlichsten Elektronendonatoren sind H_2, CO, S_2, S^{2-}, $S_2O_3^{2-}$, SO_4^{2-}, NH_4^+, NO_2^-, Fe^{2+}, Mn^{2+}.

Elektronenakzeptoren (Oxidationsmittel) sind hauptsächlich O_2, CO_2, NO_3^-, $S_2O_3^{2-}$, SO_4^{2-}. Das bedeutet, dass intermediäre Oxidationsstufen, wie Thiosulfat ($S_2O_3^{2-}$), sowohl als Elektronendonatoren als auch als Elektronenakzeptoren wirken können.

Chemosynthese erfordert das räumliche Zusammenkommen von oxidierten und reduzierten Substanzen. Daher ist sie oft auf Zonen von Redoxgradienten im Sediment oder in der Wassersäule beschränkt.

3.2.3 Heterotrophie

Die Mehrheit der Bakterien und Archaeen, alle Pilze und alle Tiere sind chemoorganoheterotroph; d. h., sie verwenden organische Substanzen als Energiequelle, Reduktionsmittel und Kohlenstoffquelle beim Aufbau ihrer Biomasse. Die organischen Substanzen können entweder partikulär (POC, partikulärer organischer Kohlenstoff) oder gelöst (DOC, gelöster organischer Kohlenstoff) sein.

Phagotrophie ist die Verwendung von partikulärer Nahrung und die typische Ernährungsform von Tieren und heterotrophen Protisten, früher Protozoen genannt. Der Begriff Phagotrophie wird für sehr unterschiedliche Arten der Nahrungsaufnahme verwendet, einschließlich des Schluckens ganzer Nahrungspartikel, des Abbeißens von Stücken oder des Bohrens und Saugens. Die Nahrungsquelle können lebende Organismen oder ihre toten Überreste sein. Die Ernährung von lebenden Organismen wird **Herbivorie** genannt, wenn es sich um Pflanzenmaterial handelt, und **Carnivorie**, wenn es sich um tierisches Material handelt. **Omnivorie** ist die Fähigkeit, sich von beidem zu ernähren. Die Ernährung von totem Material wird **Detritivorie** genannt.

Osmotrophie ist die Aufnahme und Verwendung von DOC zur Ernährung. Sie ist die typische Ernährungsweise von heterotrophen Bakterien und Archaeen und von vielen Pilzen und einigen Protisten. Aufgrund der normalerweise niedrigen Konzentrationen von DOC mit niedrigem Molekulargewicht ist ein hohes Oberflächen- zu Volumenverhältnis erforderlich, um genügend DOC zu gewinnen. Daher ist Osmotrophie im Grunde auf Mikroorganismen beschränkt.

3.3 Körpergröße

Die Größen von Wasserorganismen reichen von einzelligen Organismen <1 μm bis zu 30 m für das größte Tier (Blauwal) und ca. 100 m für die größte Alge (Riesentang). Die Körpergröße ist eine der grundlegendsten Eigenschaften, die die Leistung von Organismen in ihrer Umgebung bestimmen. Kleine Organismen sind keine verkleinerten Modelle von großen, wie bereits durch den Vergleich der Reynolds-Zahlen von schwimmenden Fischen und Flagellaten gezeigt wurde. Der

Flagellat ist kein verkleinerter und langsamer schwimmender Fisch; er erlebt das aquatische Medium auf eine völlig andere Weise als Fische (Abschn. 2.2.2).

3.3.1 Großskalige statistische Beziehungen

Es ist seit langem bekannt, dass kleine Organismen kürzer leben und sich schneller vermehren als große. Es gibt gut etablierte, statistische Beziehungen zwischen Körpergröße und einer Vielzahl von physiologischen und ökologischen Variablen (Peters 1983). Solche Größenbeziehungen werden statistisch signifikant, wenn der Vergleich von Organismen mehrere bis viele Größenordnungen umfasst. Üblicherweise haben die Gleichungen, die diese Beziehungen beschreiben, genannt **allometrische Gleichungen**, die allgemeine Form

$$y = ax^b \quad \text{oder in logarithmischer Form} \quad \log y = \log a + b \log x \quad (3.4)$$

wo y die gewählte Antwortvariable und x ein Maß für die Körpergröße ist. b ist der **Allometriekoeffizient.** y nimmt mit der Größe ab, wenn $b < 0$. Es nimmt auf beschleunigte Weise mit der Größe zu, wenn $b > 1$. Es nimmt auf verlangsamte Weise mit der Größe zu, wenn $0 < b < 1$ (Abb. 3.1). In einem doppelt logarithmischen Diagramm werden die Beziehungen zu geraden Linien, wobei b die Steigung der Beziehung ist. Bitte beachten Sie, dass die Größenmaße eindimensional, (Länge, Radius, Durchmesser usw.), zweidimensional (Oberfläche, Querschnitt usw.) oder dreidimensional (Volumen, Masse usw. sein können). Die Verwendung von Größenmessungen mit unterschiedlicher Dimensionalität führt zu unterschiedlichen Werten von b.

Absolute Stoffwechselraten Das Prinzip der allometrischen Beziehungen wird durch das Beispiel in Abb. 3.2. veranschaulicht, das die Standardatmungsrate (in W) in Beziehung setzt zur Lebendkörpermasse (in g) von einzelligen, ektothermen und endothermen Organismen. Der Datenbereich erstreckt sich über 18 Größenordnungen (von pg bis metrische Tonnen). Drei separate Regressionslinien (für einzellige, ektotherme und endotherme mehrzellige Organismen) wurden an die

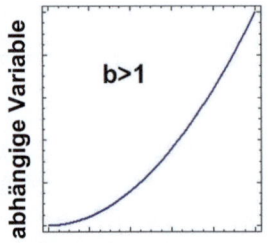
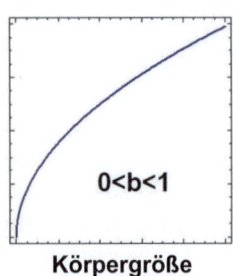
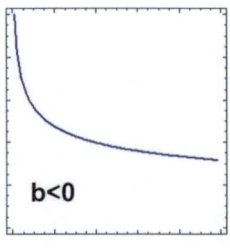

Abb. 3.1 Form der Beziehung zwischen einer biologischen Antwortvariable und Körpergröße abhängig vom Allometriekoeffizienten b

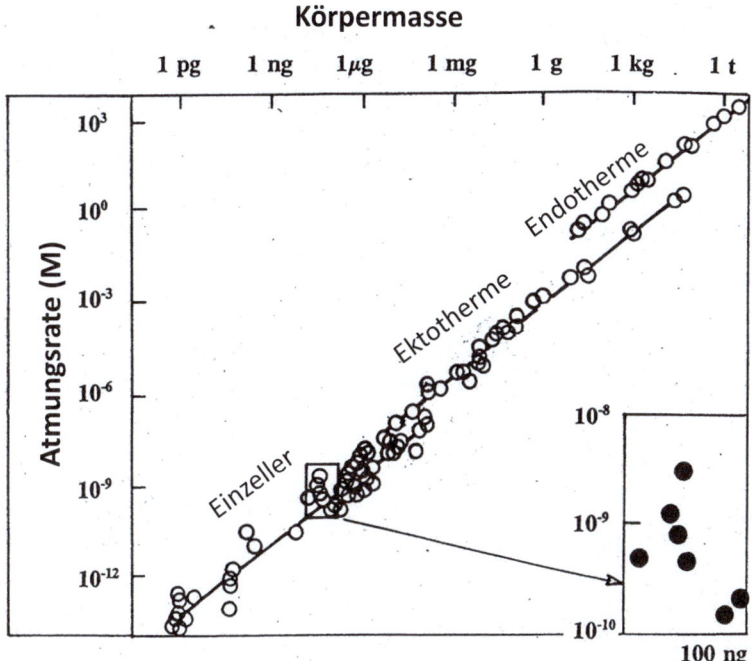

Abb. 3.2 Beziehung zwischen Standard-Stoffwechselraten und Frischkörpermasse von „Tieren" in einem doppelt logarithmischen Diagramm. Eine Skaleneinheit an der x- und y-Achse repräsentiert 3 Größenordnungen. (Quelle: Abb. 3.5 in Sommer 1994, nach Daten zusammengestellt von Hemmingsen 1960)

Daten angepasst. Eine einzelne Linie hätte auch an alle Daten angepasst werden können, was zu einer leicht anderen Steigung und etwas mehr Streuung der Daten geführt hätte. Die Steigung der drei Linien ist $b = 0{,}75$; d. h., die Atmungsraten steigen mit der Körpermasse, aber sie steigen nicht so schnell wie die Körpermasse. Eine zehnfache Zunahme der Biomasse würde zu einer ca. 5,6-fachen Zunahme der Stoffwechselraten führen.

Ein Blick auf die Daten in Abb. 3.2 ist in mehrfacher Hinsicht aufschlussreich. Die Daten wurden aus einer Vielzahl von Quellen zusammengestellt und die Standardisierung der Atmungsmessungen zwischen diesen Studien war sicherlich weit davon entfernt, perfekt zu sein. In diesem Diagramm würde jedoch selbst eine dreifache Änderung eines Atmungswertes einen Datenpunkt nur um etwa ein Zehntel der Skaleneinheiten an der y-Achse verschieben, d. h. etwa die Dicke der Punktsymbole im Diagramm. Eine solche Verschiebung würde die Signifikanz der gesamten statistischen Beziehung zwischen log R und log M nicht beeinträchtigen.

Das Diagramm zeigt jedoch auch, dass eine Herunterskalierung der Beziehung zu Tieren mit geringen Größenunterschieden nicht gewährleistet werden kann. Die

Einblendung in der unteren rechten Ecke zeigt die Verteilung der Atmungsraten für Einzeller von 10 bis 100 ng Körpermasse. Offensichtlich hält die „makroskopische" Beziehung nicht unbedingt für kleinere Skalenvergleiche stand, zumindest wenn die Arten innerhalb eines eingeschränkten Größenintervalls taxonomisch und funktionell nicht besonders ähnlich sind.

Ein sehr ähnlicher Allometriekoeffizient ($b = 0{,}76$) wurde von Ernest et al. (2003) für Produktionsraten von Protisten, Pflanzen und Tieren gefunden. Allometriekoeffizienten um 0,75 für absolute Stoffwechselraten wurden auch in Studien von eingeschränkten taxonomischen Gruppen bestätigt, wo funktionelle Ähnlichkeit die Streuung um den Mitteltrend reduziert (Gillooly et al. 2001; Brown et al. 2004).

Spezifische Stoffwechselraten Massenspezifische Raten, d. h., Stoffwechselraten pro Einheit Biomasse, können berechnet werden, indem absolute Raten durch die Körpermasse geteilt werden.

$$R_s = R_a/M; \text{ if } R_a = aM^b \rightarrow R_s = aM^{b-1} \tag{3.5}$$

Daraus folgt, dass $-0{,}25$ der Allometriekoeffizient für spezifische Stoffwechselraten wird. **Spezifische Wachstumsraten** der Körpermasse oder Populationsdichte folgen der gleichen Regel, da sie von spezifischen Stoffwechselraten abgeleitet sind (welcher Anteil ihrer eigenen Körpermasse wird pro Zeiteinheit produziert?). Obwohl es zahlreiche Beispiele zur Unterstützung dieser **−0,25-Regel** gibt, zeigen Datensammlungen für maximale Wachstumsraten von Phytoplankton eine recht breite Palette von Allometriekoeffizienten von $-0{,}08$ bis $-0{,}32$ (Sommer et al. 2017). Die einzige Studie, die extrem kleine Zellgrößen (<10 μm^3 Zellvolumen) einschloss, fand sogar eine unimodale Beziehung mit maximalen Wachstumsraten, die bis zu einer optimalen Größe von 100 μm^3 ansteigen und bei größeren Größen abnehmen (Marañón 2015).

Biologische Zeiten, d. h., die Zeiten, die benötigt werden, um bestimmte Entwicklungsstadien oder eine bestimmte Vermehrung der Körpermasse oder Populationsdichte zu erreichen, sind der Kehrwert von spezifischen Raten, die gemäß Gl. (3.5) berechnet werden. Im einfachen Fall von Protisten, die sich durch binäre Spaltung teilen, entspricht dies der Zeit, die benötigt wird, um Biomasse zu produzieren (Verdopplungszeit). Daraus folgt, dass der Allometriekoeffizient für biologische Zeiten 0,25 betragen sollte, wenn der Allometriekoeffizient für spezifische Stoffwechselraten $-0{,}25$ beträgt.

Erklärungen Der Rückgang der spezifischen Stoffwechselraten mit der Körpergröße wurde traditionell dadurch erklärt, dass Volumina und Massen mit der dritten Potenz von linearen Messungen zunehmen, während Flächen nur mit der zweiten Potenz zunehmen. Stoffe werden über externe oder interne (z. B. Kiemen, Lungen) Oberflächen ausgetauscht, während der Bedarf an Stoffen für den Stoffwechsel und das Wachstum proportional zum Volumen oder zur Masse ist. Dieser Oberflächen: Volumseffekt würde zu einem Allometriekoeffizienten von 2/3 für absolute Stoffwechselraten, $-1/3$ für spezifische Raten und 1/3 für biologische Zeiten führen, wenn die Formen geometrisch ähnlich sind. Die schwächere Abweichung der 0,75-Regel von der Linearität könnte durch komplexere Formen oder ausgefeiltere interne Oberflächen größerer Organismen erklärt werden, wodurch ihre Oberflächen: Volumenverhältnisse erhöht werden. Diese Kompensation ist jedoch nicht ohne Grenzen, da komplexere Formen mehr Investition in strukturelles Material auf Kosten von metabolisch aktivem Material erfordern.

Eine neuere Erklärung der 0,75-Regel basiert auf der fraktalen Geometrie von Verzweigungsnetzwerken für den Austausch von Stoffen innerhalb von Organismen (West et al. 1999).

Die abweichende Allometrie, die für Phytoplankton $<100\,\mu m^3$ gefunden wurde, wurde vorläufig durch physikalische Grenzen für die Miniaturisierung von Organismen erklärt (Marañón 2015). Biologische Membranen und andere strukturelle Komponenten werden nicht dünner, wenn Zellen kleiner werden. Als Konsequenz wird der freie Raum für metabolisch aktive Substanzen relativ kleiner, wenn Zellen unter eine kritische Grenze schrumpfen.

3.3.2 Kleinskalige statistische Beziehungen

Wie aus der Einblendung in Abb. 3.2 ersichtlich, macht die zu starke Reduzierung von Größenvergleichsbereichen größenabhängige Vorhersagen weniger zuverlässig oder sogar unmöglich. Vorhersagen könnten jedoch noch möglich sein, wenn eng verwandte, funktionell und morphologisch ähnliche Arten, Populationen oder unterschiedlich große Individuen innerhalb von Arten verglichen werden. Ein intraspezifisches Beispiel wurde von Geller (1975) für die Aufnahmerate (Fütterungsrate) (I; $\mu g\ C\ lnd^{-1}\ h^{-1}$) der Zooplanktonart *Daphnia pulicaria* in Abhängigkeit von der Länge (L; mm) unter hoch standardisierten Futterbedingungen gegeben.

$$I = 0{,}08\,L^{2{,}19} \tag{3.6}$$

Wenn wir annehmen, dass die Masse mit der dritten Potenz der Länge zunimmt, wäre der Allometriekoeffizient für die Beziehung zwischen Aufnahmerate und Masse 0,73, nahe am „kanonischen" Wert von 0,75 für absolute Raten.

Andererseits können Größenbeziehungen, einschließlich der Körpergeometrie, in Abhängigkeit vom physiologischen Zustand des Untersuchungsorganismus variieren, z. B. Fütterungsbedingungen. Geller und Müller (1985) demonstrierten dies mit einfachen Längen (mm)–Trockenmassen (μg) Beziehungen für *Daphnia hyalina*, die zu verschiedenen Zeiten mit unterschiedlichen Nahrungsverfügbarkeiten aus dem Bodensee entnommen wurden, von $M = 3{,}48\,L^{2{,}76}$ bei minimalen Nahrungsbedingungen bis zu $M = 5{,}99\,L^{3{,}62}$ bei maximalen Nahrungsbedingungen.

3.4 Stöchiometrie der Biomasse

Die ökologische Stöchiometrie (Sterner und Elser 2002) ist eine kürzlich entstandene Teildisziplin der Ökologie. Sie versucht, Muster und Prozesse in der Ökologie durch stöchiometrische Beschränkungen des Stofftransfers zu erklären.

In der Regel liegt der Fokus auf den Elementen C, N und P. Die Frischmasse von Organismen besteht aus Wasser, organischen Substanzen und mineralischen (oft skelettartigen) Komponenten. Wasser macht ca. 70 % der Frischmasse von typischen „fleischigen" Tieren (z. B. Fische) und manchmal >99 % von gallertartigen Organismen (z. B. Quallen) aus. In der stöchiometrischen Literatur werden der N- und P-Gehalt normalerweise als molare Verhältnisse in Bezug auf organisches C ausgedrückt.

3.4.1   C, N und P in wichtigen Biochemikalien

Proteine Proteine sind Polymere, die aus Aminosäuren aufgebaut sind. Unter den 20 essentiellen Aminosäuren ist Tyrosin am ärmsten an N (C:N = 9:1) und Arginin am reichsten an N (C:N = 1,5:1). Durchschnittliche Proteine haben ein C:N-Verhältnis von ca. 2,7:1. Da Proteine den größten Pool an N in der Biomasse enthalten, sind proteinreiche Organismen (Proteine ca. 70 % der organischen Materie) auch N-reiche Organismen, während hohe Gehalte an Speicherlipiden, Speicherkohlenhydraten oder N-freien Strukturpolymeren (z. B. Zellulose) den N-Gehalt reduzieren.

Lipide Die Lipid-Klassen, die am meisten zur Biomasse beitragen, sind Triglyceride, Wachse und Phosphoglyceride („Phospholipide"). Die biologische Rolle von Triglyceriden und Wachsen besteht hauptsächlich in der Speicherung von Energie. Triglyceride und Wachse enthalten weder N noch P. Phospholipide, die Hauptbestandteile der biologischen Membranen von Bakterien und Eukarya, sind relativ reich an P und enthalten wenig N. Das durchschnittliche C:N:P-Verhältnis von Phospholipiden beträgt 39:0,8:1. Archaeen haben verschiedene Arten von Membranlipiden, aber sie sind auch arm an N und relativ reich an P. Phospholipidkonzentrationen sind relativ konstant und tragen nur wenig zum zellulären P-Pool und noch weniger zum N-Pool bei. Im Gegensatz dazu hat die große Variabilität der Triglyceridspeicherung starke Auswirkungen auf die Biomasse-Stöchiometrie. Der Lipidgehalt der Trockenmasse von Copepoden (eine wichtige Gruppe des Zooplanktons) kann von <5 % bis 70 % variieren (Båmstedt 1986).

Kohlenhydrate Zucker sind von zentraler Bedeutung im Stoffwechsel und Polysaccharide wie Stärke oder Glykogen sind wichtig für die Energiespeicherung. Keines von beiden enthält N und P. Ebenso enthalten mehrere strukturelle Polysaccharide, z. B. Zellulose, Hemicellulose, Lignin und Pektin, kein N und P. Sie können einen sehr wesentlichen Teil der Pflanzenbiomasse bilden, was zu hohen C:N- und C:P-Verhältnissen der Pflanzenbiomasse führt. Es gibt auch einige strukturelle Polymere, die N enthalten, z. B. Peptidoglykan in Bakterienzellwänden (C:N = 2,2:1) und Chitin (C:N = 5:1). Während Zellulose und Lignin starke Auswirkungen auf die Stöchiometrie der Pflanzen haben, hat Chitin eher geringe Aus-

3.4 Stöchiometrie der Biomasse

wirkungen auf die Stöchiometrie der Tiere. Sein Beitrag zur Trockenmasse von Copepoden liegt zwischen 2,1 und 9,3 % (Båmstedt 1986).

Nukleinsäuren DNA und RNA sind reich an N und sehr reich an P mit einer durchschnittlichen Stöchiometrie von C:N:P = 9,5:3,7:1. Das bedeutet, dass die C:N-Verhältnisse von Proteinen und Nukleinsäuren nicht sehr unterschiedlich sind, während die C:P- und N:P-Verhältnisse von Nukleinsäuren viel niedriger sind. Der DNA-Gehalt pro Zellbiomasse ist ein relativ konservierter Wert, der etwa 1,5 % zur tierischen Biomasse beiträgt (Båmstedt 1986). Der größte und bei weitem variablere Pool an zellulärem P wird von RNA beigesteuert. Sie trägt bis zu 15 % zur Biomasse einiger Metazoen und manchmal bis zu 40 % zur mikrobiellen Biomasse bei (Sutcliffe 1970; Elser et al. 1996). Sie variiert stark zwischen Taxa, Entwicklungsstadien, Größenklassen und metabolischer Aktivität. Im Allgemeinen sind hohe RNA-Gehalte mit hoher metabolischer Aktivität verbunden.

Chlorophyll Chlorophyll enthält kein P und ist mäßig reich an N, mit C:N = 7,8:1. Selbst in chlorophyllreichen Algenzellen (C:Chlorophyll = 40:1) trägt Chlorophyll nur geringfügig zum zellulären N bei, ca. 5,7 % des zellulären N für nährstoffreiche Zellen mit C:N = 7,1.

Energetische Nukleotide Adenosintriphosphat (ATP) ist die P-reichste Substanz in den meisten Organismen mit einem C:N:P-Verhältnis von 3,9:1,7:1. Auch andere Nukleotide, die im Energieübertrag verwendet werden (Phosphokreatin, Phosphoarginin), sind extrem P-reich. Trotz der essentiellen Rolle von ATP im Stoffwechsel ist es jedoch nicht ausreichend in der Biomasse vorhanden, um die Gesamtstöchiometrie zu beeinflussen.

Anorganische Substanzen Anorganische Substanzen in Organismen sind hauptsächlich skelettartige Strukturen. Die phylogenetisch am weitesten verbreiteten sind $CaCO_3$ (Kalzit und Aragonit). Opalines SiO_2 ist weniger weit verbreitet im Baum des Lebens, könnte aber genauso viel zur Trockenmasse von Diatomeen beitragen wie C. Die Knochen von Wirbeltieren enthalten bis zu 70 % $Ca_{10}(PO_4)_6(OH)_2$ (Hydroxylapatit), was sie zu einem wichtigen P-Beitrag zur Trockenmasse von Wirbeltieren macht, aber nicht zur organischen Masse. Polyphosphatgranulate, die als P-Speicher dienen, haben einen starken Einfluss auf die Trockenmasse von Cyanobakterien.

Treibende Faktoren der C:N:P-Verhältnisse Zusammenfassend wird die meiste Variation der C:N:P-Verhältnisse der Biomasse durch den Gehalt von 4 Stoffgruppen bestimmt (Sterner und Elser 2002):

- **RNA**: verringert C:N- und N:P-Verhältnisse
- **Speicherlipide und Kohlenhydrate**: erhöhen C:N- und C:P-Verhältnisse
- **Pflanzliche Strukturpolymere**: erhöhen C:N- und C:P-Verhältnisse
- **Proteine**: verringern C:N- und erhöhen N:P-Verhältnisse

3.4.2 C:N:P-Verhältnisse von aquatischen Organismen

Primärproduzenten Primärproduzenten zeigen die größte Variabilität der Biomasse-Stöchiometrie unter allen funktionellen Gruppen von Organismen. Diese breite Spanne wird hauptsächlich durch enorme Unterschiede im Anteil des Stützgewebes zwischen höheren Pflanzen und Mikroalgen verursacht. Das obere Extrem der C:N- und C:P-Verhältnisse wird von Bäumen besetzt, einer Lebensform, die in aquatischen Umgebungen fehlt, da die Unterstützung des aufrechten Wachstums durch Holz in einem Medium, das so dicht wie Wasser ist, nicht notwendig ist. Elser et al. (2000) verglichen die elementare Stöchiometrie von terrestrischer Vegetation und Seeseston (**Seston** = filtrierbare organische Materie, die oft als Proxy für Phytoplankton angesehen wird). Das durchschnittliche C:N-Verhältnis betrug 32 (c.v. = 0,64) für terrestrische Pflanzen und 9,06 (c.v. = 0,29) für Seeseston. Die durchschnittlichen C:P-Verhältnisse betrugen 968 (c.v. = 0,75) für terrestrische Pflanzen und 307 (c.v. = 0,69) für Seeseston. Im offenen Ozean ist Seston oft N- und P-reicher mit Werten um das **Redfield-Verhältnis** von C:N:P = 106:16,1 (Goldman et al. 1979, Kasten 3.1). Die durchschnittlichen C:N:P-Verhältnisse von marinen Makrophyten betragen 550:30:1 (Atkinson und Smith 1983), d. h., sie liegen zwischen terrestrischer Vegetation und Seston. Allerdings sind Seegrasblätter (*Posidonia oceanica*) den terrestrischen Pflanzen sehr ähnlich (C:N:P = 956:39:1) und Wurzeln und Rhizome sind extrem arm an N und P (3559:61:1 und 1749:40:1, jeweils).

Neben den Unterschieden zwischen den funktionellen Gruppen der Primärproduzenten gibt es auch eine wichtige Variabilität aufgrund der Wachstumsbedingungen, insbesondere bei Mangel an N- und P-Quellen im Wasser. Während dies in Abschn. 4.2.2 detaillierter erläutert wird, sollen hier einige extreme Werte präsentiert werden, um die Bandbreite der Variation zu verdeutlichen. Durchschnittliche C:N-Verhältnisse von Seephytoplanktonarten unter extremem N-Mangel betragen ca. 50:1 (Sommer 1991). Durchschnittliche C:P-Verhältnisse unter extremem P-Mangel betragen ca. 700:1 (Sommer 1988a), während unter reichlichem Angebot von N und P die Biomasse-Stöchiometrie dem Redfield-Verhältnis nahekommt (Kasten 2.1). Benthische Mikroalgen ähneln dem Phytoplankton mit einem C:N:P-Verhältnis von 119:17:1 unter nährstoffreichen Bedingungen.

Kasten 3.1 Das Redfield-Verhältnis, hochgradig anregend für die Forschung, aber oft missbraucht

In seinen einflussreichen Arbeiten stellte Redfield (Redfield 1934; Redfield et al. 1963) fest, dass die C:N:P-Werte des ozeanischen Sestons und des in Sedimentfallen gesammelten organischen Materials um 106:16:1 gruppiert waren. Ein N:P-Verhältnis von 16:1 wurde auch für gelöste Nährstoffkonzentrationen in tiefem Wasser und als Verhältnis zwischen den Gradienten der gelösten Nährstoffkonzentrationen über die Pyknokline gefunden. Die Schlussfolgerung war, dass dies die typische Stöchiometrie von planktonischen Organismen ist und dass die Tiefwasserkonzentrationen durch die Remineralisierung von absinkenden Organismenresten bestimmt wurden. Bald wurde das Redfield-Verhältnis zu einem wichtigen Anreiz für die chemische und biologische Ozeanographie. Es wurde als „kanonisch" betrachtet und manchmal fast wie ein Umrechnungsfaktor behandelt („wenn man ein Element messen/modellieren kann, kann man das andere berechnen").

Spätere Entwicklungen in der Mikroalgenphysiologie zeigten, dass der N- und P-Gehalt der Algenbiomasse stark von der Ausprägung der Nährstofflimitierung abhängt (zusammengefasst in Droop 1983, für weitere Ausführungen siehe Abschn. 4.2.2). Goldman et al. (1979) interpretierten eine Biomasse-Stöchiometrie von marinem Phytoplankton nahe dem Redfield-Verhältnis als Anzeichen für das Fehlen einer N- oder P-Limitierung. Weitere Forschungen fanden eine größere Bandbreite von Stöchiometrien unter Arten, die ohne N- und P-Limitierung wachsen (Bi et al. 2012).

Heute können wir das Redfield-Verhältnis nicht mehr als fast konstanten Umrechnungsfaktor verwenden, aber es dient immer noch als „Landmarke", um den physiologischen Zustand und die Besonderheiten von Phytoplanktontaxa durch Abweichung vom Redfield-Verhältnis zu beurteilen.

Tiere Die Stöchiometrie tierischer organischer Materie variiert weniger als die Stöchiometrie der Primärproduzenten, sowohl auf der Ebene des Vergleichs zwischen Arten als auch innerhalb von Arten. Der Effekt organischer Strukturmaterialien unterscheidet sich zwischen Wirbellosen und Wirbeltieren, da P-freies Chitin (Wirbellose) die C:P- und N:P-Verhältnisse erhöht, während P-reiche Knochen (Wirbeltiere) die C:P- und N:P-Verhältnisse verringern. Die Stöchiometrie des plasmatischen Teils der Biomasse wird durch die Aufteilung von Materie zwischen Proteinen, Nukleinsäuren und Speicherlipiden bestimmt. Mehr Protein bedeutet höhere C:P- und N:P-Verhältnisse, mehr Nukleinsäuren bedeuten niedrigere C:P- und N:P-Verhältnisse, und mehr Speicherlipide bedeuten höhere C:N- und C:P-Verhältnisse. Insgesamt versuchen Tiere, eine gewisse **Homöostase** ihrer Stöchiometrie aufrechtzuerhalten (Sterner und Elser 2002), d. h., die Stöchiometrie trotz Variationen in der Stöchiometrie der Nahrung relativ konstant zu halten. Ein relativ konstantes C:N:P-Verhältnis aufrechtzuerhalten ist besonders schwierig für Tiere, die sich von Pflanzenmaterial ernähren, aufgrund der breiten stöchiometrischen Variabilität ihrer Nahrung. Übermäßige Variation der Nahrungsstöchiometrie wird durch Atmung (C) oder Ausscheidung (N, P) des Elements kompensiert, das über die Anforderungen hinaus vorhanden ist (Elser und Urabe 1999). Offensichtlich kann die Homöostase nicht perfekt sein. Die Aufs und Abs im Gehalt an Speicherlipiden sind der Hauptgrund für die Variabilität der C:N- und C:P-Verhältnisse.

Die **Wachstumsraten**-Hypothese (Elser et al. 1996) besagt, dass Tiere mit hohen Wachstumsraten einen hohen RNA-Gehalt benötigen und daher einen hohen P-Gehalt, d. h. niedrige C:P-Verhältnisse, aufweisen. Dies kann in groß angelegten Vergleichen von Bakterien bis hin zu mehreren Wirbellosen gesehen werden (Sutcliffe 1970), aber auch beim Vergleich der C:P-Verhältnisse von Cladocera und Copepoda (Abb. 3.3). Beide sind wichtige Zooplanktongruppen, die zu den Crustacea gehören und sehr ähnliche Größenbereiche umfassen, von mehreren 100 μm bis zu mehreren mm. Cladocera sind die schneller wachsende Gruppe mit höheren massenspezifischen Stoffwechselraten. Dementsprechend sind die C:P-Verhältnisse von Cladocera kleiner. Ebenso haben frühere Lebenszyklusstadien von Tieren tendenziell niedrigere C:P- und N:P-Verhältnisse aufgrund ihres aktiveren Stoffwechsels.

Bakterien Bakterien werden in der ökologischen stöchiometrischen Forschung seltener berücksichtigt als Primärproduzenten und Tiere, aber gemäß der Wachstumsrate-Hypothese sollte man niedrige C:P-Verhältnisse erwarten, wahrscheinlich niedrigere als für Phytoplankton. In einer Literaturübersicht fand Hochstädter (2000) eine Bandbreite von bakteriellen C:P-Verhältnissen von 8:1 bis 130:1. Sie verglich auch die saisonale Variation des bakteriellen C:P mit dem Phytoplankton C:P im Bodensee. Die bakteriellen C:P-Verhältnisse waren durchweg niedriger (von 50:1 bis 130:1) als die Phytoplankton C:P-Verhältnisse (von 180:1 und 500:1).

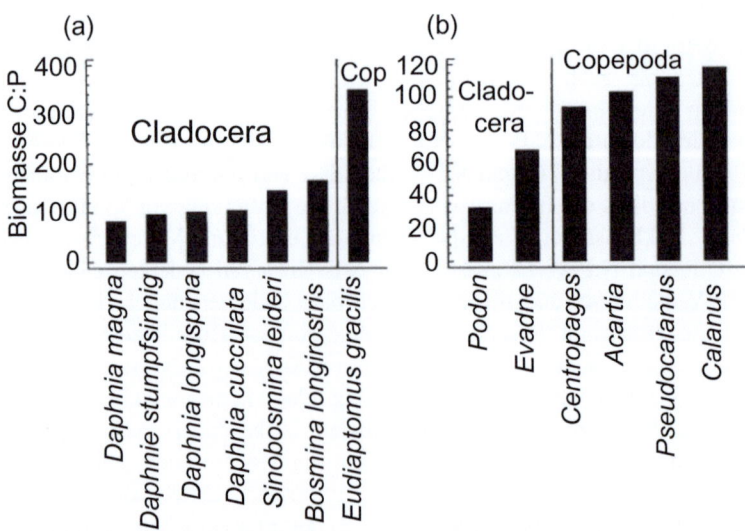

Abb. 3.3 C:P-Verhältnisse von marinen und Süßwasser-Cladoceren und Copepoden. (Quelle: Abb. 1 in Sommer und Stibor 2002, mit Genehmigung von John Wiley und Sons)

3.5 Plankton

3.5.1 Allgemeine Merkmale

Definition Plankton ist die Gesamtheit derOrganismen, die im offenen Wasser (pelagische Zone) treiben. Treiben bedeutet, dass sie von Wasserströmungen transportiert werden, d. h., dass ihnen entweder die Fähigkeit zum Schwimmen fehlt oder ihre Schwimmfähigkeit nicht ausreicht, um gegen Strömungen anzukommen. Dies unterscheidet sie von Nekton (Abschn. 3.6). Die meisten Planktonorganismen leben in einer Welt mit niedriger Reynolds-Zahl (Abschn. 2.2.2) oder am Übergang zwischen niedrigen und hohen Reynolds-Zahlen. Dies bedeutet, dass ihre Bewegung entweder von viskosen Kräften dominiert oder stark beeinflusst wird. Im Gegensatz zum Benthos und terrestrischen Organismen sind Planktonorganismen vollständig von einem flüssigen Medium umgeben und leben nicht an der fest-flüssigen Grenzfläche (Benthos Abschn. 3.7 und 3.8) oder fest-gasförmigen Grenzfläche (terrestrische Organismen); d. h., sie haben keinen Boden „unter ihren Füßen" und neigen dazu, aus ihrem Medium herauszusinken oder aufzusteigen (Abschn. 2.2.3).

Der Übergang zwischen Plankton und Nekton ist graduell, da Wasserströmungen sehr unterschiedliche Geschwindigkeiten haben können.

- **Holoplankton** vollenden ihren gesamten Lebenszyklus innerhalb des Planktons.
- **Meroplankton** sind planktische Lebenszyklusstadien von Organismen mit nicht-planktischen Lebenszyklusstadien (Nekton, Benthos, terrestrisch)

Plankton wird üblicherweise in funktionale Gruppen eingeteilt, basierend auf ihrer Ernährung

- **Phytoplankton,** das von der Sauerstoff produzierenden Art der Photosynthese lebt
- **Zooplankton,** das von der tierischen Art der Ernährung lebt
- **Bakterioplankton.** Üblicherweise denken Planktologen bei Bakterioplankton an heterotrophe Bakterien und Archaeen, aber in Redoxgradienten, die sich in der pelagischen Zone entwickeln, spielen auch chemolithoautotrophe Bakterien eine Rolle.
- **Mykoplankton**, Planktonpilze.
- **Mixoplankton** ist ein eher neuer Begriff, der in der älteren Literatur nicht zu finden ist. Er umfasst mixotrophe Planktonorganismen, die einen funktionalen Übergang zwischen Phyto- und Zooplankton bilden (Flynn et al. 2019).

Größe Die meisten Planktonarten sind kleiner als das Nekton, aber einige Quallen können mehrere Meter groß sein. Eine gängige Größen-Klassifizierung von Plankton (Sieburth et al. 1978) basiert auf einer dekadischen Skalierung von linearen Abmessungen (Tab. 3.1).

Tab. 3.1 Größenklassen von Plankton basierend auf linearen Messungen

Größenklasse	Bereich	Typische Vertreter
Femtoplankton	<0,2 μm	Viren, Phagen
Picoplankton	0,2–2 μm	Bakterien, Archaeen, kleinste Phytoplankton
Nanoplankton	2–20 μm	Phytoplankton, heterotrophe Protisten
Microplankton	20–200 μm	Phytoplankton, heterotrophe Protisten, kleinste Metazoen
Mesoplankton	200–2000 μm	Größte Einzeller, „klassisches" Zooplankton
Makroplankton	2 mm–2 cm	Großes Zooplankton
Megaplankton	>2 cm	Größtes Zooplankton

Die Präfixe femto-, pico-, nano-, usw., können mit der funktionalen Typologie kombiniert werden, was zu Begriffen wie „Nanophytoplankton", usw. führt.

Die Unterschiede in der Größe erfordern unterschiedliche Methoden zur Probenahme, Identifizierung und Quantifizierung von Plankton. Die historische Entwicklung der Methoden ist gekennzeichnet durch eine zunehmende Fähigkeit, immer kleineres Plankton zu entdecken, zu beproben und wissenschaftlich zu bearbeiten (Kasten 3.2). Im Allgemeinen sind Methoden, die in der Lage sind, kleineres Plankton zu untersuchen, auch auf kleinere Probenahmevolumen beschränkt.

Kasten 3.2 Methodik der Planktonprobenahme

Planktonnetze aus feinmaschigem Gazestoff sind die älteste Methode zur Probenahme von Plankton und wurden ursprünglich zur Probenahme von Mesozooplankton verwendet, der Hauptnahrungsquelle von kleinen, schwarmbildenden Fischen, wie Heringen. Im Prinzip können Netze Organismen einfangen, die größer sind als die Maschenweite eines Netzes. Obwohl Planktongaze mit Maschenweiten bis hinunter zu 5 μm erhältlich ist, gibt es eine praktische Grenze von 20 μm, da feinere Gaze zu schnell verstopft.

Planktonnetze sind immer noch die Methode der Wahl für Mesoplankton und größere Größenklassen, da diese Planktonarten zu selten sind, um mit den unten beschriebenen Methoden analysiert zu werden. Das Probenahmevolumen eines Netzes ist das Produkt aus der Öffnungsfläche und der Länge des Netzzuges.

Während einfache Netze die Wasserschicht von Beginn des Zuges bis zur Oberfläche beproben, gibt es auch Netze, die beim Hochziehen geschlossen werden können, um eine definierte Tiefenschicht zu beproben.

Umkehrmikroskopie. Zu Beginn des zwanzigsten Jahrhunderts wurde entdeckt, dass es viele Planktonarten gibt, die kleiner sind als die Maschenweite von Planktonnetzen. Sie wurden untersucht, indem eine Wasserprobe mit einer Probenahmeflasche entnommen wurde, die in der erforderlichen Tiefe geschlossen werden kann („Ruttner-Flasche", „Van Dohrn-Flasche",

„Niskin-Flasche" usw.). Eine Teilprobe wird mit Lugolscher Jodlösung, Formaldehyd oder Glutardialdehyd fixiert und in einen Sedimentationszylinder gefüllt, um das Plankton zum Boden absinken zu lassen. Später entwickelte Utermöhl (1958) das Umkehrmikroskop, mit dem das am Boden des Sedimentationszylinders gesammelte Plankton von unten mikroskopisch analysiert werden konnte. Der Boden der Kammer sollte die Dicke eines mikroskopischen Deckglases haben, d. h. ca. 0,18 mm. Die Sedimentationszeit vor der Mikroskopie sollte ca. 24 h betragen.

Diese Methode eignet sich für Plankton >3 oder 5 μm, da kleinere Plankter nicht vollständig absinken. Das Probenahmevolumen kann maximal 100 mL betragen.

Fluoreszenzmikroskopie ist die Methode der Wahl für Plankton, das zu klein für die Sedimentationsmethode ist (Hobbie et al. 1977). Einige mL Wasser werden auf einen Filter mit einer Porengröße von 0,2 μm gefiltert. Heterotrophe Protisten und Bakterien können in einem Fluoreszenzmikroskop nach Färbung mit einem fluoreszierenden Farbstoff (z. B. Acridinorange, DAPI) beobachtet werden, während für Autotrophe die Fluoreszenz der Pigmente genutzt werden kann.

Durchflusszytometrie wurde ursprünglich entwickelt, um Blutzellen automatisch zu zählen, und später für das Zählen und Klassifizieren von aquatischen Mikroorganismen nach Fluoreszenzmerkmalen (entweder Autofluoreszenz von Pigmenten oder fluoreszierende Farbstoffe) und Größe (Veldhuis und Kraay 2000) adaptiert. Sie ist sehr leistungsfähig in Bezug auf die Anzahl der gezählten Zellen, aber die Unterscheidung von Taxa/Typen in natürlichen Proben ist im Vergleich zur Mikroskopie eher grob. Sie kann auch für größeres Plankton verwendet werden, ist aber optimal für Plankton <5 μm geeignet. Bei größeren Größen überwiegt das Unterscheidungspotenzial der Mikroskopie den Vorteil der Durchflusszytometrie.

Molekulare Identifizierung basiert auf der Polymerase-Kettenreaktion von extrahierter DNA unter Verwendung spezifischer Primer, z. B. bestimmte Regionen des 18 s RNA-Gens für Eukaryoten (Stern et al. 2018) und des 16 s RNA-Gens für Prokaryoten (Zwart et al. 2002). Diese Methoden erfassen in der Regel weit mehr OTUs (operational taxonomic units) als durch Mikroskopie erkannte Arten. Eine Abstimmung zwischen molekularen und mikroskopischen Befunden ist nach wie vor eine laufende Herausforderung. Die molekulare Identifizierung ist besonders wertvoll in Gruppen, die arm an ausgeprägten morphologischen Merkmalen sind, wie viele heterotrophe Protisten. Sie sehen oft sehr ähnlich im Mikroskop aus, können aber phylogenetisch weit unterschiedlichen Linien angehören.

Mit zunehmender Verfügbarkeit der Technologie wird auch die vollständige Sequenzierung der DNA zu einer Option der Identifizierung.
Für Organismen, die nicht beprobt werden können, weil sie zu leicht zerstört werden, zu selten sind oder zu flüchtig sind, ist die Umwelt-DNA, d. h. die DNA in Fragmenten von Organismen, eine zunehmend genutzte Option, um ein vollständiges Bild der lokalen Biodiversität zu erhalten (Rees et al. 2014).

3.5.2 Phytoplankton und Mixoplankton

Zellen und Kolonien

Phytoplankton enthält Taxa, die weite Bereiche des Lebensbaums abdecken, einschließlich Prokaryoten (Cyanobakterien), mehrere Protisten-Phyla (Euglenophyta, Dinophyta, Cryptophyta, Chromophyta, Prymnesiophyta, Raphidophyta, usw.), und Grünalgen (Chlorophyta), ein Phylum, das zum Pflanzenreich gehört. Lebensformen können sein:

- **Kokkoide Einzelzellen:** unbewegliche Einzelzellen, bedeckt von einer Zellwand oder einer gallertartigen Hülle oder beidem
- **Flagellaten** können entweder eine Zellwand (Dinophyta, Teil der chlorophyten Flagellaten) oder eine äußere plasmatische Membran (Euglenophyta, Cryptophyta, Chromophyta) haben (Abb. 3.6).
- **Coenobien** sind Kolonien mit einer festen Anzahl von Zellen, die bereits während der kurz aufeinanderfolgenden Zellteilungen innerhalb der Wand der Mutterzelle bestimmt wurden.
- **Kolonien** mit einer unbegrenzten Anzahl von Zellen, die aus sequenziellen Zellteilungen resultieren.
- **Filamente**, die entweder eindimensionale Kolonien ohne Austausch von Stoffen zwischen den Zellen oder echte Filamente mit Arbeitsteilung und Austausch von Substanzen zwischen den Zellen sein können.

Einige Taxa haben ein- und mehrzellige Lebenszyklusstadien, z. B. das Süßwasser-Cyanobakterium *Microcystis* mit kokkoiden Einzelzellen <10 µm und gallertartigen Kolonien, die den mm- oder sogar cm-Größenbereich erreichen. Eine ähnliche Abwechslung zwischen nanoplanktonischen Einzelzellen und großen gallertartigen Kolonien findet man in der marinen Prymnesiophyceen-Gattung *Phaeocystis* spp. Hier sind die Einzelzellstadien Flagellaten.

Größe

Die Größen von Phytoplankton reichen von ca. 0,5 µm bis zu mehreren mm, im Falle von Kolonien auch mehrere cm. Nur einige der höheren Taxa, die im Phytoplankton vertreten sind, decken den gesamten Größenbereich ab (Abb. 3.4). Das untere Extrem wird von pikoplanktonischen Cyanobakterien besetzt, z. B., *Synechococcus* und *Prochlorococcus*. Pikoplanktonische Eukaryoten beginnen bei etwas größeren Zellgrößen, ca. 1,2 µm. Die meisten eukaryotischen höheren Taxa sind gut im Nano- und Mikroplankton-Größenbereich vertreten. Cyanobakterien sind im mittleren Größenbereich sehr unterrepräsentiert, insbesondere im marinen Phytoplankton. Die größten einzelligen Flagellaten sind Dinoflagellaten (mehrere 100 µm lang); die größten kokoide Einzelzellen sind riesige marine Diatomeen und die riesige marine Grünalge *Halosphaera*. Filamentöse und koloniale Cyanobakterien, der koloniale Zustand von *Phaeocystis* und koloniale und filamentöse Grünalgen (hauptsächlich Süßwasser), erreichen den cm-Größenbereich.

3.5 Plankton

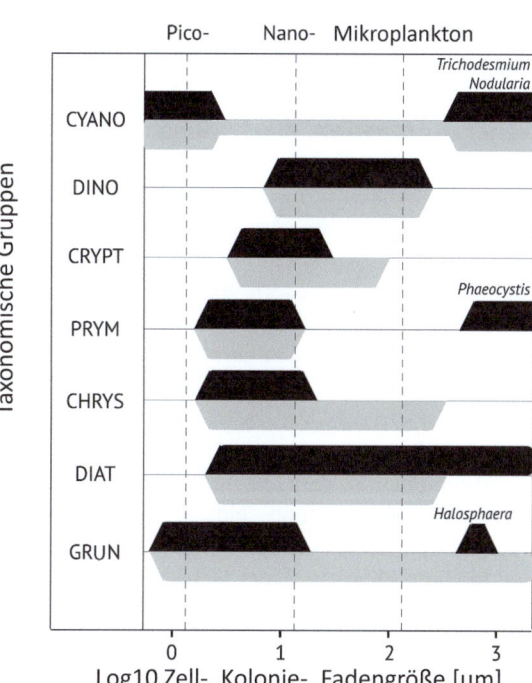

Abb. 3.4 Größenbereiche höherer Phytoplankton-Taxa (CYAN: Cyanobakterien; DINO: Dinoflagellaten; CRYPT: Cryptophyten; PRYM: Prymnesiophyten; CHRYS: Chrysophyceae (gehören zu Chromophyta); DIAT: Diatomeen (gehören zu Chromophyta); GREEN: Grünalgen) in marinem (schwarz) und Süßwasser (grau) Phytoplankton (Abb. 4 in Sommer et al. 2017, mit Genehmigung von Oxford University Press)

Beweglichkeit
Begeisselte Zellen können schwimmen und ihr Schwimmen in Umweltgradienten lenken, z. B., **positive Phototaxis** in Richtung zunehmendes Licht, **negative Phototaxis** in Richtung abnehmendes Licht, oder **Chemotaxis**. Die Trennung einer lichtreichen Oberflächenschicht und einer nährstoffreichen Schicht darunter kann durch **vertikale Wanderungen** überwunden werden, indem die Lichtphase bei optimalem Licht und die Nachtphase in nährstoffreichem tieferem Wasser verbracht werden. Tagesamplituden können 20 m erreichen (Sommer 1988b).

Auftriebsregulierung Vertikale Wanderung ist auch für unbegeisselte Phytoplankter durch Auftriebsregulierungen möglich, d. h., durch physiologisch kontrollierte Mechanismen, leichter oder schwerer als Wasser zu werden. Der am besten untersuchte Mechanismus ist die Auftriebsregulierung durch jene Cyanobakterien, die **Gasvesikel** enthalten, d. h., gasgefüllte Vakuolen mit einer starren Membran. Sie sind viel leichter als Wasser, während das Gegenstück in der Auftriebsregulierung das schwere Polymer Glykogen ist. Glykogen wird aufgebaut, wenn nahe der Oberfläche Photosynthese stattfinden kann, aber die Proteinsynthese aufgrund von Nährstoffmangel stoppt. Zellen werden schwerer und sinken. Unter Lichtmangel in der Tiefe werden Nährstoffe aufgenommen und Glykogen wird veratmet. Jetzt bieten die Gasvesikel genug Auftrieb, um die Zellen auftreiben zu lassen. Die Wanderungen großer kolonialer Cyanobakterien können Amplituden von bis zu 50 m erreichen (Walsby und Reynolds 1980).

Generationszeiten, Wachstumsmuster

Phytoplankton und Mixoplankton sind ephemere Organismen, die schnell mit **Generationszeiten** von Zellteilung zu Zellteilung von Stunden bis zu wenigen Tagen wachsen. Das bedeutet, dass unter idealen Wachstumsbedingungen die Abundanzen innerhalb einer Woche um das 10- bis 100-fache ansteigen können. In ausreichend nährstoffreichen Gewässern werden Massenentwicklungen als **Blüten** bezeichnet und führen zu einer grünlichen, bräunlichen oder rötlichen Färbung des Wassers, abhängig von der Pigmentzusammensetzung der dominanten Arten. Cyanobakterien, die leichter als Wasser sind, können auffällige **Oberflächenfilme** bilden.

Mixotrophie

Wahrscheinlich können die meisten pigmentierten Flagellaten (Abb. 3.5) in gewissem Maße mixotroph sein, obwohl die gut dokumentierten Fälle nur relativ wenige Arten umfassen. Mixotrophe Flagellaten ernähren sich von Bakterien oder von kleinem Phytoplankton. Der Unterschied zwischen Phototrophie/Mixotrophie und Heterotrophie hat wenig taxonomisches Gewicht b ei den Dinophyta. Einige Dinoflagellaten-Gattungen, z. B. *Gymnodinium*, enthalten sowohl mixotrophe als auch heterotrophe Arten. Flagellaten, die zu den Grünalgen gehören, sind nicht mixotroph.

Spezifische Ernährungsanforderungen und -fähigkeiten

Stickstofffixierung (Abschn. 4.2.2) ist auf einige Cyanobakterien beschränkt. Es ist die Fähigkeit, N_2 anstelle von N-haltigen Ionen als Nährstoff zu verwenden. Das Brechen der starken Bindung im N_2-Molekül ist ein energieaufwändiger Prozess. Dennoch kann die Stickstofffixierung einen Wettbewerbsvorteil bieten, wenn Nitrat und Ammonium knapp sind. Sie ist an das Vorhandensein des Enzyms Nitrogenase gebunden, das für eine ordnungsgemäße Funktion anoxische oder niedrige Sauerstoffkonzentrationen erfordert. Dieser Bedarf steht im Konflikt mit der laufenden Photosynthese. Cyanobakterien, die zur Ordnung der Nostocales gehören, haben spezialisierte Zellen (**Heterocysten**), die kein Photosystem II haben und daher keinen Sauerstoff produzieren (Abb. 3.6). Gleichzeitig verbraucht die Atmung von DOC Sauerstoff und erzeugt eine suboxische Mikrozone, die für die Stickstofffixierung geeignet ist. Andere Cyanobakterien teilen den Tag-Nacht-Zyklus zwischen Photosynthese tagsüber und Stickstofffixierung nachts.

Skelettsubstanzen Einige Phytoplanktongruppen haben skelettartige Strukturen, die im Vergleich zu anderen Algen zusätzliche Mineralnährstoffe benötigen. Die ausschließlich marinen Flagellaten der Ordnung Coccolithophorales haben morphologisch komplexe Schuppen aus Kalziumkarbonat auf ihrer Zelloberfläche, was sie abhängig von pH-getriebenen Veränderungen im Karbonatsystem macht (Abschn. 2.3.3 und 9.3.2). Dictyochophyceae (Silicoflagellaten, gehören zu Chromophyta) haben ein internes Skelett aus amorphem, opalinem SiO_2.

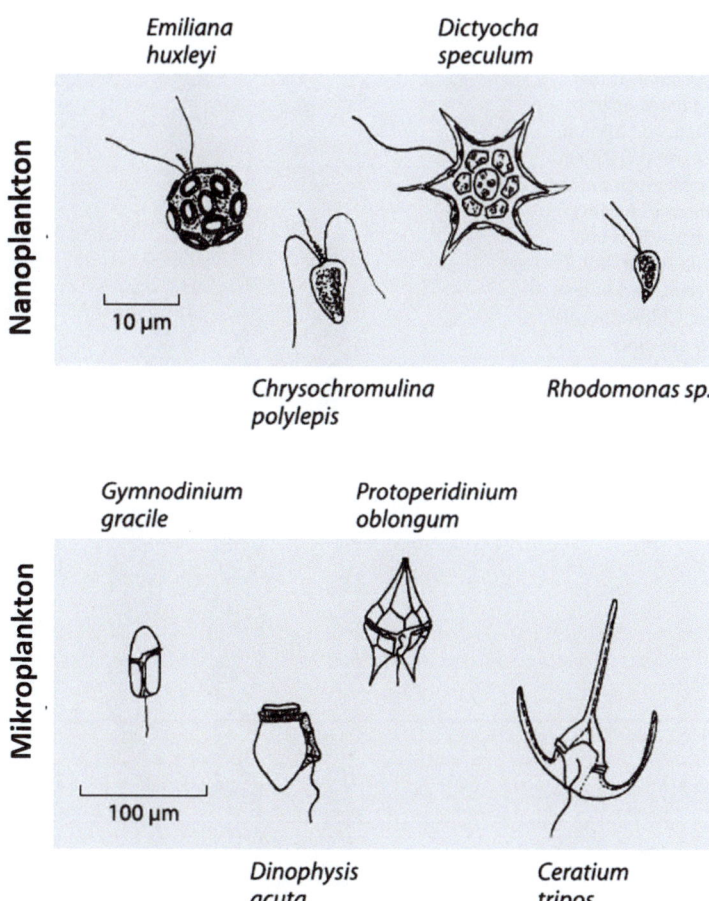

Abb. 3.5 Einige Flagellaten im Nano- und Mikroplankton-Größenbereich; unter den Nanoplanktern ist die Coccolithophore *Emiliana* mit $CaCO_3$-Schuppen und der Silicoflagellat *Dictyocha* hat ein internes SiO_2-Skelett. Die Mikroplankton-Flagellaten gehören zu den Dinophyta. Sie haben Zellwände aus Zellulose, im Falle von *Gymnodinium* eine glatte und dünne Zellwand, während die anderen drei Arten dicke Zelluloseplatten mit einer hoch definierten Morphologie haben. *Protoperidinium* ist heterotroph, während die anderen mixotroph sind. (Quelle: Abb. 6.2 in Sommer 2005)

Bacillariophyceae (Diatomeen, gehören ebenfalls zu Chromophyta) haben Zellwände aus opalinem SiO_2. Diese haben eine sehr ausgeprägte Morphologie, die zahlreiche Merkmale trägt, die für die Identifizierung von Arten, Gattungen und Familien wichtig sind (Abb. 3.6). Coccolithophoren- $CaCO_3$ und Diatomeen- SiO_2 sind wichtige Bestandteile der Mineralsedimentation im offenen Ozean und dominieren die Sedimentzusammensetzung, wo diese Gruppen im Oberflächenwasser dominieren und ihre Sedimentation den Boden erreicht (Abschn. 8.4.1) (Abb. 3.7).

Abb. 3.6 Filamente des Cyanobakteriums *Dolichospermum* (früher *Anabaena*) *inaequalis*; h: Heterocysten; sp.: Sporen; die kleinen, runden Zellen sind die vegetativen Zellen. (Quelle: Internet Archive Book Images – Bild von Seite 56 von Algae. Vol. I. Myxophyceae, Peridinieae, Bacillariae, Chlorophyceae, zusammen mit einer kurzen Zusammenfassung des Vorkommens und der Verbreitung von Süßwasseralgen (1916), Public Domain, https://commons.wikimedia.org/w/index.php?curid=84142529)

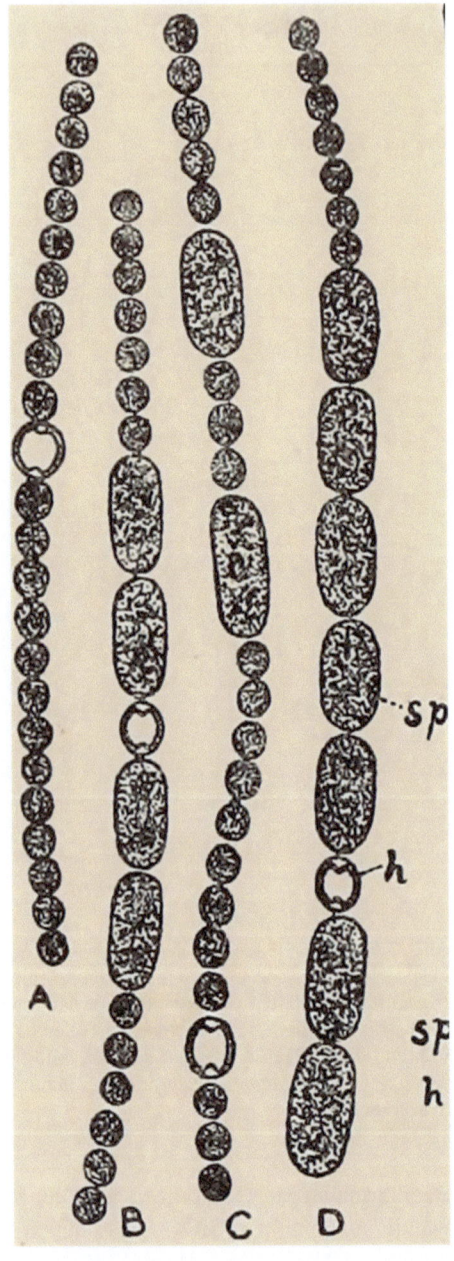

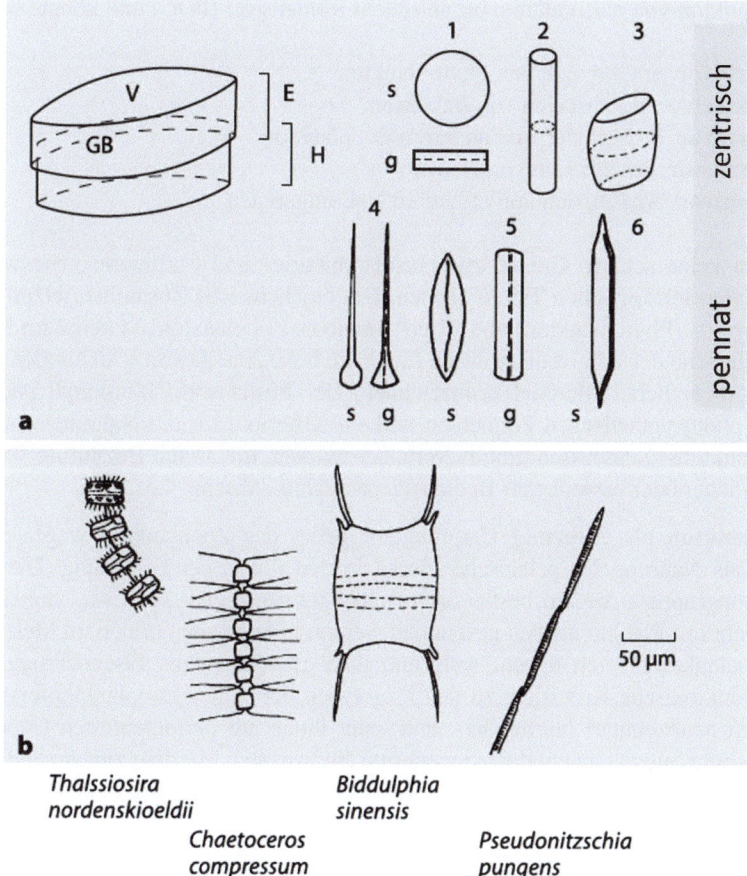

Abb. 3.7 (**a**, **b**). Planktische Diatomeen. (**a**) *links* Grundmorphologie der Schale. Jede Schale besteht aus zwei Halbschalen (E: Epitheca, obere Halbschale, H: Hypotheca: untere Halbschale). Jede Halbschale hat mindestens zwei Komponenten (V: Valve, G: Gürtelband). Dementsprechend unterscheiden wir die Valvaransicht (v) und die Gürtelbandansicht (g) auf den Zellen. Zentrische Diatomeen sind kreisförmig, manchmal elliptisch in der Valvaransicht; pennate Diatomeen sind stäbchenförmig in der Ventilansicht.; *rechts:* Modifikationen der Grundmorphologie in Valvarlansicht (v) und Gürtelbandansicht (g), 1 flacher Zylinder (z. B., *Cyclotella, Thalassiosira*), 2 verlängerter Zylinder (z. B., *Leptocylindrus*), 3 Kissenform (z. B., *Biddulphia*), 4 pennate Diatom ohne Raphe (z. B., *Asterionellopsis*), 5 pennate Diatom mit Raphe in der Mitte des Valve (z. B., *Navicula*), 6 pennate Diatom mit Raphe am Rand des Valve (z. B., *Nitzschia*). (**b**) Ausgewählte marine Beispiele. (Quelle: Abb. 6.3. in Sommer 2005)

3.5.3 Zooplankton

Trophische Rollen

Zooplankton-Ernährung Zooplankton umfasst heterotrophe Protisten und Tiere mit einem planktischen Lebensstil. In Bezug auf die Ernährung ernährt sich das

Zooplankton von partikulärem organischem Kohlenstoff (POC) und könnte sein

- **Herbivor**, ernährt sich von Phytoplankton
- **Bakterivor**, ernährt sich von Bakterien
- **Carnivor**, ernährt sich von anderem Zooplankton
- **Detritivor**, ernährt sich von Detritus
- **Omnivor**, ernährt sich von mehreren Nahrungstypen

Es gibt keine scharfe Grenze zwischen Herbivorie und Carnivorie, wie wir sie von vielen terrestrischen Tieren kennen. Die biochemische Zusammensetzung von „Pflanzen"- (Phytoplankton) und „Tier"- (anderes Zooplankton) Material im Plankton unterscheidet sich weniger als an Land, wo hohe Anteile von strukturellen Polymeren pflanzliches Material kennzeichnen. Der Besitz von Chlorophyll oder anderen photosynthetischen Pigmenten ist kein Kriterium für die Nahrungswahl des Zooplanktons. Stattdessen gibt es Verhaltensweisen, die an die Ernährung von unbeweglicher oder beweglicher Beute angepasst sind (Abschn. 4.3.2).

Zooplankton als Nahrung Ursprünglich geriet das Zooplankton wegen seiner Rolle als Nahrung für pelagische Fische in den Fokus der Forschung. Die Zooplanktongruppen, die am besten als Fischnahrung geeignet sind, sind diejenigen, die leicht mit Planktonnetzen gesammelt werden können und Größen im Meso- und Makroplanktonbereich haben. Aufgrund ihrer Bedeutung als Fischnahrung wurden planktonische Krebstiere zu den Prototypen der frühen Zooplanktonforschung ab dem neunzehnten Jahrhundert, und unter ihnen am prominentesten Copepoda (Meer- und Süßwasser) und Cladocera (nur Süßwasser). Mit dem zunehmenden Interesse an den Polarregionen gerieten auch Euphausiacea (Krill) in den Fokus.

Die meisten planktonischen Krebstiere gehören zum **fleischigem Zooplankton**, d. h., Tiere mit ca. 70 % Wassergehalt und 30 % Trockenmasse, ganz ähnlich wie terrestrische Tiere. Das Gegenteil sind **gelatinöses Zooplankter** wie Quallen (Ctenophora und Cnidaria) und planktonische Tunikaten mit Wassergehalten >96, oft sogar >99 %. Für die meisten Fische ist fleischiges Zooplankton die attraktivere Nahrung, weil es mehr organische Materie für das gleiche Volumen an Nahrung liefert.

Protistisches Zooplankton und Quallen im weiteren Sinne waren ursprünglich eher ein Forschungsthema für Systematiker, sind aber seit den 1970er Jahren ein sich schnell entwickelndes Thema der Zooplanktonökologie geworden.

Größe

Die Größen des Zooplanktons reichen von ca. 1 µm (die kleinsten heterotrophen Flagellaten) bis zu mehreren m (die größten Quallen). Die größten Protisten haben Größen von mehreren mm und die kleinsten mehrzelligen Tiere etwas weniger als 100 µm.

Nanozooplankton besteht aus unpigmentierten Flagellaten. Flagellaten gehören zu einer breiten Palette von manchmal phylogenetisch sehr entfernten Abstammungslinien. In den meisten Studien werden sie jedoch unter dem Begriff heterotrophe Nanoflagellaten (**HNF**; als Beispiel siehe *Monosiga* in Abb. 3.8). Funktionell könnten sie durch die Ernährung von Bakterien, Pikophytoplankton

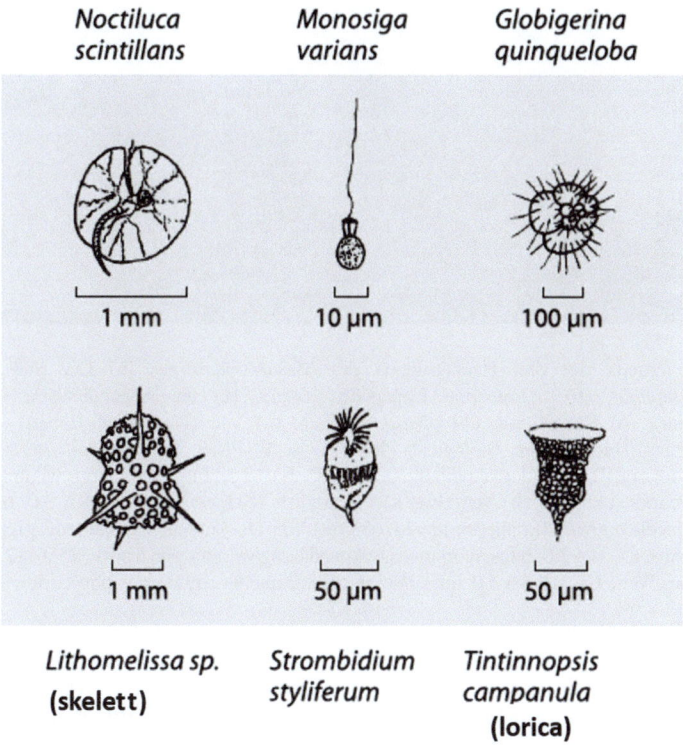

Abb. 3.8 Heterotrophe Protisten im Plankton, der Dinoflagellat *Noctiluca*, der Choanoflagellat *Monosiga*, der Foraminifer *Globigerina*, das SiO_2 Skelett der Radiolarie *Lithomelissa*, der Ciliat *Strombidium*, und die Lorica (äußere Schale) des Ciliaten *Tintinnopsis*. (Quelle: Abb. 6.5 in Sommer 2005)

oder Protisten fast ihrer eigenen Größe (Moustaka-Gouni et al. 2016) recht unterschiedlich sein. HNF sind bei weitem die häufigste Gruppe des Zooplanktons.

Mikrozooplankton (Abb. 3.8) besteht hauptsächlich aus Protisten, vor allem **heterotrophen Dinoflagellaten** und **Ciliaten**. Rhizopoda sind hauptsächlich benthisch, aber die wenigen planktonischen **Foraminiferen** (z. B. *Globigerina*) und die **Radiolarien** leisten wichtige Beiträge zur mineralischen Sedimentation im Ozean. Metazoen innerhalb des Mikrozooplanktons sind die kleineren Arten von **Rotiferen** und die Naupliuslarven von Copepoden. Mit wenigen Ausnahmen sind die meisten Rotiferen Süßwasserorganismen, während Naupliuslarven in marinen und Süßgewässern vorkommen. Mikrozooplankton ernährt sich hauptsächlich von Pico- oder Nanoplankton, aber einige Protisten fressen auch Nahrungsmittel, die fast so lang sind wie sie selbst.

Mesozooplankton (Abb. 3.9) ist das „klassische" Zooplankton. Die am besten untersuchten und in vielen Fällen auch wichtigsten Mesozooplankton-Taxa gehören zu den **Krebstieren (Crustacea)**. Die wichtigsten Crustaceengruppen sind die **Cladocera** und die **Copepoden**, die überlappende Positionen im Ökosystem einnehmen, aber mit interessanten funktionalen Unterschieden. Die dritte

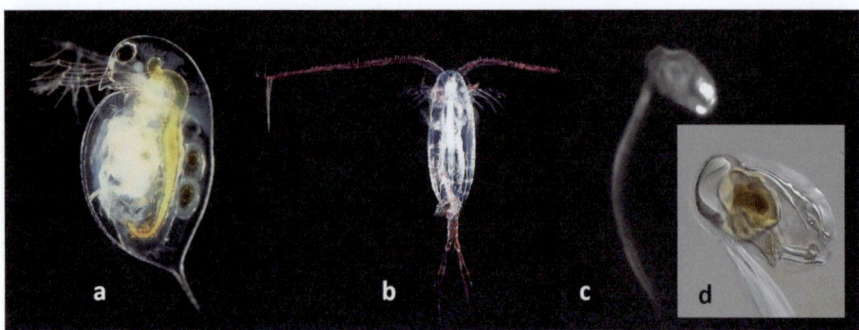

Abb. 3.9 Vertreter der drei Hauptgruppen des Mesozooplanktons. (**a**) Der Süßwasser-Cladoceran *Daphnia*, (**b**) der marine Copepode *Acartia*, (**c**) die Appendicularie *Oikopleura* (ganzes Tier), (**d**) Rumpf von *Oikopleura*. Quellen: (**a**) Von (Foto: Paul Hebert) – Functional Genomics Thickens the Biological Plot. Gewin V, PLoS Biology Vol. 3/6/2005, e219. doi:https://doi.org/10.1371/journal.pbio.0030219, CC BY 2.5, https://commons.wikimedia.org/w/index.php?curid=1428600, (**b**) Von Uwe Kils – English Wikipedia., CC BY-SA 3.0, https://commons.wikimedia.org/w/index.php?curid=241051, (**c**) Von Dr. Thomas Clarke/RedEnsign bei English Wikipedia, CC BY 2.5, https://commons.wikimedia.org/w/index.php?curid=2556112, (**d**) Mowgli – Eigenes Werk, CC BY-SA 4.0, https://commons.wikimedia.org/w/index.php?curid=93709610

zentrale, aber oft vernachlässigte Gruppe des Mesozooplanktons sind die **Appendicularia** (gehören zu den Tunicata) im mm-Größenbereich (Alldredge 1977). Appendicularien sind gallertartig und zerbrechlich. Dies führt dazu, dass sie schnell in Planktonproben zerfallen, was ihre Vernachlässigung während der frühen Planktonforschung erklärt. Tab. 3.2 fasst die wichtigsten funktionalen Unterschiede zwischen den drei Gruppen zusammen.

Tab. 3.2 Funktionelle Eigenschaften der drei Hauptgruppen des Mesozooplanktons. Der Vergleich konzentriert sich auf die bakterivoren, herbivoren und omnivoren Arten und vernachlässigt die fleischfressenden Cladocera und Copepoda. Weitere Details finden Sie bei Sommer und Stibor (2002)

Eigenschaft	Cladocera	Copepoda	Appendicularia
Marin/Süßwasser	Hauptsächlich Süßwasser	Beides	Nur marin
Fleischig/gelatinös	Fleischig[a]	Fleischig	Gelatinös
Nahrungsgröße	0,5 (1)–0 (50) µm	>3 (5) µm	0,5–10 µm
Generationszeit	Tage	Wochen bis einige Jahre	Stunden bis Tage
Entwicklung	Direkt	Mehrere Larven- und Subadultstadien	Direkt
Stoffwechsel	Schnell	Langsam	Schnell
C:P	Niedrig	Hoch	Niedrig
Fluchtreaktion vor Raubtieren	Langsam	Schnell	Langsam
Nahrung für Fische	Attraktiv	Attraktiv	Unattraktiv

[a] Die Gattung *Holopedium* ist eine gelatinöse Ausnahme

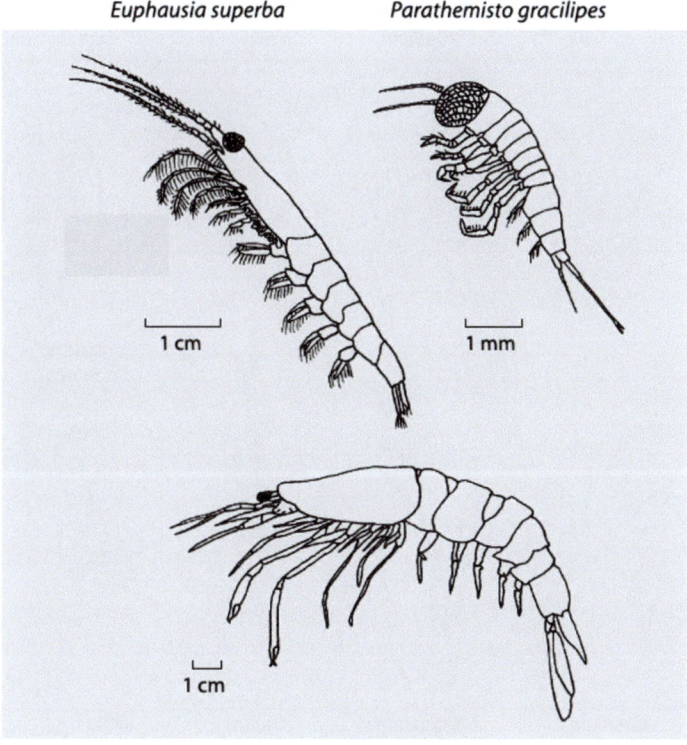

Abb. 3.10 Krebstiere, die zum Makro- und Megazooplankton gehören, der Antarktische Krill, *Euphausia superba*, der Gammarid *Parathemisto gracilipes*, und die Garnele *Pasiphaea tarda*. (Quelle: Abb. 6.8 in Sommer 2005)

Makro- und Megazooplankton (Abb. 3.10 und 3.11). Einige Cladoceren und Copepoden überschreiten die kanonische Obergrenze von 2 mm für Mesozooplankton. Die wichtigste Gruppe des Krebstier-Makro- und Megazooplanktons gehört zur Ordnung der **Euphausiidae.** Sie sind hauptsächlich in Polarmeeren zu finden, z. B. *Euphausia superba*, der Antarktische Krill, die wichtigste Nahrung für Bartenwale und anderes Nekton im Südlichen Ozean. Einige hauptsächlich benthische Krebstiergruppen (Garnelen, Amphipoden, Isopoden) haben auch einige planktonische Vertreter, z. B. *Mysis,* einer der wenigen Süßwasser-Makrozooplanktongattungen. Die wenigen pelagischen Schnecken (Pteropoda) und die kleinsten Cephalopoda gehören ebenfalls zum Makro- oder zum Megazooplankton.

Gelatinöses Makro- und Megazooplankton sind entweder ausschließlich marin, wie **Ctenophora** (Rippenquallen), **Tunicata,** und **Chaetognatha**, oder überwiegend marin wie die pelagischen **Cnidaria** (Quallen). Quallen der Gruppe **Scyphozoa** und **Hydrozoa** durchlaufen einen benthisch-pelagischen Generationswechsel mit einem sexuell reproduzierenden pelagischen Medusenstadium und einem vegetativen, benthischen Polypenstadium.

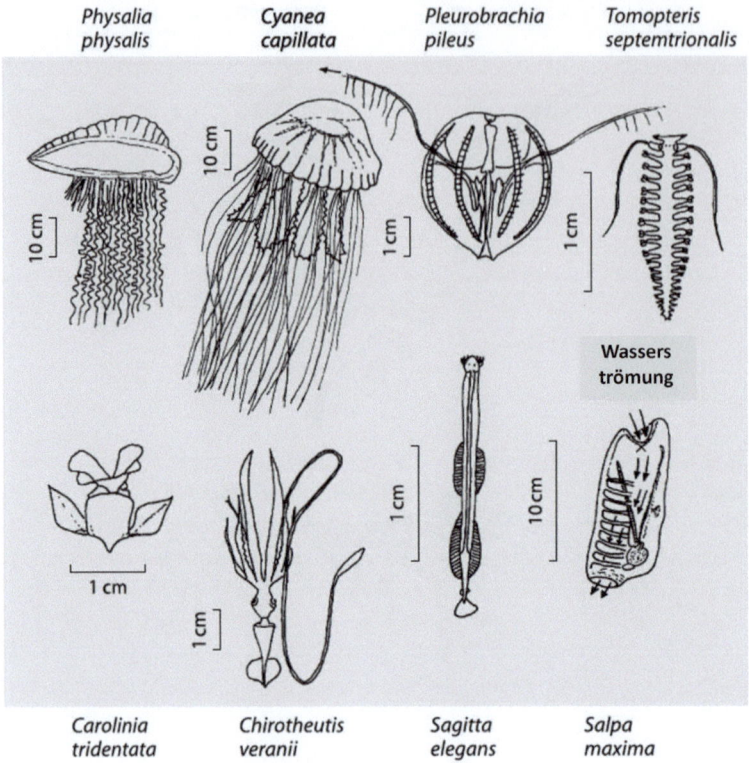

Abb. 3.11 Makro- und Megaplankton: *Physalia* (Hydrozoa), *Cyanea* (Scyphozoa), *Pleurobrachia* (Ctenophora), *Tomopteris* (Polychaeta), *Carolina* (Gastropoda), *Chirotheutis* (Cephalopoda), *Sagitta* (Chaetognatha), *Salpa* (Tunicata). (Quelle: Abb. 6.9 in Sommer 2005)

Meroplankton (Abb. 3.12). Neben holoplanktonischen Organismen enthält das Zooplankton auch Larvenstadien von Organismen, die im Erwachsenenalter zu Nekton oder Benthos gehören. In Süßwasser gibt es auch planktonische Larven von Insekten, z. B. die Phantommücke *Chaoborus*. Die **Trochophora** ist ein phylogenetisch weit verbreiteter Larventyp von benthischen Tieren (Polychaeta, Nemertina, Sipunculida, Bryozoa). Die Trochophora mehrerer Molluskengruppen (Bivalvia, Gastropoda, Scaphopoda) entwickelt sich weiter zu einem morphologisch komplexeren **Veliger** Stadium vor der Ansiedlung und Metamorphose. Echinodermata haben bilaterale Larven (**Bipinnaria** von Seesternen, **Pluteus** von Seeigeln) trotz der radialen Symmetrie der Adulten. Benthische Krebstiere haben Larven des **Nauplius** und **Zoea** Typs. **Fischlarven** vieler Fischarten sind ebenfalls planktonisch.

Planktische Larven sind wichtig für die Ausbreitung von sessilen oder langsam kriechenden benthischen Tieren. Sie können **lecithotroph** oder **planktotroph** sein. Im ersteren Fall fressen sie nicht im Plankton und leben vom Dotter. Im letzteren Fall ernähren sie sich von Plankton. Lecitotrophe Larven können eine kürzere Zeit im Pelagial verbringen und haben daher ein geringeres Potenzial zur Ausbreitung als planktotrophe Larven.

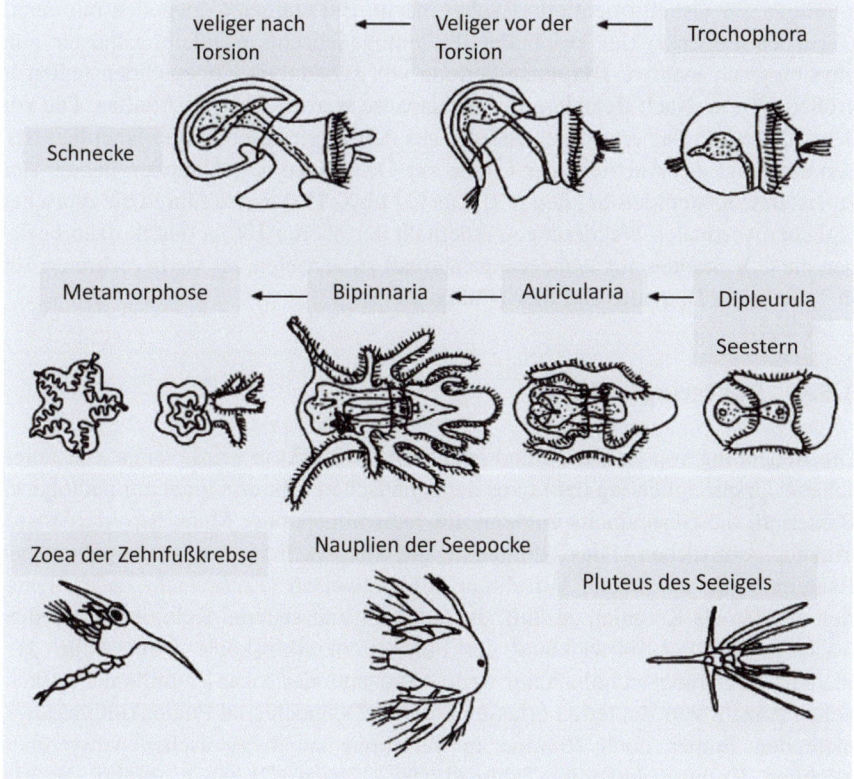

Abb. 3.12 Meroplanktische Larven. (Quelle: Abb. 6.10 in Sommer 2005)

Beweglichkeit

Alle Zooplankter können sich aktiv bewegen, obwohl ihre Schwimmfähigkeit nicht ausreicht, um gegen Wasserströmungen anzukommen. Neben kurzfristigen Bewegungen, die durch die Suche nach Nahrung und die Flucht vor Raubtieren motiviert sind, gibt es auch regelmäßige vertikale Wanderungsmuster.

Tagesperiodische Vertikalwanderung ist ein häufig beobachtetes Verhalten vieler Meso-, Makro- und Megazooplanktonarten. Der Standardtyp besteht aus einem Aufstieg am Ende der Lichtphase und einem Abstieg am Ende der Dunkelphase. Die tägliche Amplitude kann im Ozean >100 m betragen. Das bedeutet, dass die Tiere einen Teil des täglichen Zyklus in tieferen und kälteren Zonen verbringen, wo es in der Regel weniger Nahrung gibt. Die proximaten (Auslöser des Verhaltens) und ultimaten (evolutionären) Faktoren, die für dieses Verhalten verantwortlich sind, werden in Abschn. 6.2.3, Kasten 6.2 behandelt. Hier soll kurz zusammengefasst werden, dass die tägliche vertikale Wanderung dazu dient, die visuelle Prädation durch Fische in der gut beleuchteten Oberflächenschicht zu vermeiden.

Ontogenetische Vertikalwanderung besteht darin, dass verschiedene Lebenszyklusstadien in verschiedenen Tiefenzonen leben. Im Allgemeinen besetzen spätere und daher größere Entwicklungsstadien tiefere Zonen, weil ihre Größe sie anfälliger für visuell orientierte Räuber macht. Bei einigen Copepoden mit einem jährlichen Lebenszyklus beinhaltet das ontogenetische Wanderungsmuster eine physiologisch inaktive **Diapause**-Periode von subadulten Copepodidenstadien in größerer Tiefe. Nach Beendigung der Diapause werden diese zu Adulten. Die von den Adulten produzierten Eier und die aus den Eiern geschlüpften Nauplien treiben aufgrund des Auftriebs der Lipide zur Oberfläche. Die Nauplien häuten sich zu ersten Copepodiden-Stadien (CI). Die C I bis C IV Stadien führen die typischen täglichen vertikalen Wanderungen innerhalb der oberen 100 m durch; dann beginnen die C V Stadien, ihr Wanderungsintervall zu vertiefen, bis sie in mehreren 100 m Tiefe in die Diapause eintreten (Fulton 1973).

3.5.4 Bakterioplankton

Die Bedeutung von Bakterien und Archaeen im Plankton wurde lange Zeit unterschätzt. Ursprünglich lag der Fokus der aquatischen Mikrobiologie auf pathogenen Bakterien, die Gesundheitsprobleme für Schwimmer oder Menschen, die Wasser trinken, verursachen. Dies beinhaltete die Überwachung von nicht-pathogenen Bakterien, die auf fäkale Verschmutzung hinweisen (*Escherichia coli*). Bakterien wurden als Kolonien gezählt, die auf Agar und anderen Kultivierungsmedien wachsen. Mit der Entwicklung der Fluoreszenzmikroskopie wurde klar, dass Plattenkultivierungstechniken nur wenige Prozent oder sogar Promille der tatsächlichen Anzahl von Bakterien erfassen können. Dennoch sind Plattenkultivierungsmethoden immer noch Routine in Verfahren zur hygienischen Wasserüberwachung. Kulturunabhängige Zählmethoden (Kasten 3.2) haben gezeigt, dass die Individuenzahlen von Bakterien in der Größenordnung von 10^9 Zellen L^{-1} liegen, selbst in vielen unverschmutzten Gewässern. Heterotrophe Bakterien können an detritischen Partikeln haften oder frei im Wasser schweben. Die Bedeutung des Bakterioplanktons für das gesamte pelagische Ökosystem begann erst Ende der 1970er Jahre vollständig gewürdigt zu werden (Azam et al. 1983).

Während Phytoplankton und Zooplankton morphologisch sehr vielfältig, aber metabolisch ziemlich einheitlich sind, ist das Bakterioplankton morphologisch eher einheitlich, aber metabolisch sehr vielfältig. In planktologischen Studien wird das meiste Augenmerk auf das aerobe, chemoorganoheterotrophe Bakterioplankton gelegt. Chemolithoautotrophe Bakterien existieren auch im Plankton, aber hauptsächlich entlang vertikaler Redoxgradienten, z. B. in Seen mit saisonal anaerobem Tiefenwasser und entlang der Pycnocline in meromiktischen Seen und Meeresbecken. Die überwiegende Mehrheit der Studien über Bakterien, die in Redoxgradienten oder unter anaeroben Bedingungen leben, werden in Sedimenten durchgeführt (Abschn. 4.2.3 und 3.8.4).

3.5.5 Mykoplankton

Im Vergleich zu Phytoplankton, Zooplankton und Bakterioplankton haben planktonische Pilze bisher nicht viel Aufmerksamkeit erhalten. Pilze sind heterotrophe

Organismen, die entweder als **Saprophyten**, d. h. von totem organischem Material, oder als **Parasiten** (Abschn. 6.2.4) auf (Ektoparasiten) oder innerhalb (Endoparasiten) anderer Planktonarten leben. In vielen Fällen sind parasitäre Pilze nicht nur pathogen, sondern auch tödlich für den Wirt. Die tödlichen Parasiten verbrauchen den größten Teil der Biomasse des Wirtes. In der terrestrischen Ökologie werden diese tödlichen Arten von Parasiten als **Parasitoide** bezeichnet (Eggleton und Gaton 1990). Mehrere sehr wirtsspezifische Parasitoide können innerhalb weniger Wochen Populationen einzelner Phytoplanktonarten auslöschen, die Infektion erfolgt durch die begeißelten Zoosporen der Pilze. Detaillierte Studien zur Epidemiologie dieser Parasitoide wurden hauptsächlich in Süßwassern durchgeführt (Bruning 1991; Holfeld 1998).

3.5.6 Planktonische Viren

Viren können sich nicht selbst reproduzieren, da sie keinen eigenen Stoffwechsel haben. Sie benötigen den Stoffwechsel ihrer Wirtszellen, um ihre DNA oder RNA zu replizieren. Viren im Plankton wurden in den 1980er Jahren zu einem aktiven Forschungsthema. Inzwischen ist klar geworden, dass sie die am häufigsten vorkommenden biologischen Einheiten im offenen Wasser sind, sogar Bakterien mit einer Häufigkeit von etwa 10^{10} L^{-1}, die von 3×10^8 L^{-1} bis 10^{11} L^{-1} übertreffen (Bergh et al. 1989; Fuhrman 1999). Aufgrund ihrer geringen Größe tragen sie jedoch nur 1–5 % zur gesamten pelagischen Biomasse bei (Suttle 2005). Ursprünglich konzentrierte sich die Forschung auf die Rolle von Viren als Pathogene und Killer von Plankton auf die Viren, die heterotrophe Bakterien und Cyanobakterien infizieren (Proctor und Fuhrman 1990). Inzwischen wurde klar, dass Viren auch starke negative Auswirkungen auf eukaryotisches Phytoplankton haben können (Bratbak et al. 1998; Gustavsen et al. 2014). Planktonische Viren sind ein expandierendes Forschungsfeld und es ist mit einer weiteren Expansion des Wissens zu rechnen (Mateus 2017).

3.6 Nekton

3.6.1 Taxonomische Gruppen

Definition Nekton sind jene schwimmenden Tiere des offenen Wassers, die ihre horizontale Position durch Schwimmen gegen Strömungen kontrollieren können. Es gibt einen graduellen Übergang zwischen Nekton und Plankton, da einige große Planktonarten, z. B. Krill, sich gegen schwache Strömungen bewegen können, während einige Fische nicht gegen starke Strömungen schwimmen können. Nekton enthält **Cephalopoda** (nur marin), **Pisces** (marin und Süßwasser), **Reptilia** (hauptsächlich Schildkröten) und **Mammalia** (Cetacea, Pinnipeda, Sirenia).

Cephalopoda Die meisten pelagischen Cephalopoden gehören zur Ordnung Theutoidea (Kalmare), während die anderen Gruppen (Sepioidea, Octopoda) in der Nähe des Bodens leben. Die wenigen rezenten Nautiloidea leben im freien Wasser, aber nahe dem Meeresboden. Cephalopoden schwimmen durch Strahlantrieb, um schnell vor Raubtieren zu fliehen oder Beute zu jagen, während langsames Schwimmen mit Flossen oder Armen erfolgt. Schwarmbildende Tintenfische (*Ilex, Loligo, Todarodes,* usw.) sind wichtige Fischereiressourcen geworden. Der Riesenkalmar *Architeuthis* ist ein Tiefseetier, das nur selten nahe an die Oberfläche kommt. Der bisher größte gefundene hatte eine Kopflänge von 6 m und Arme von 8 m. Cephalopoden vermehren sich nur einmal in ihrem Leben und sterben dann (Abb. 3.13).

Fische (Pisces) sind die wichtigste Gruppe im Nekton. Aufgrund ihrer paraphyletischen Natur werden sie nicht mehr als phylogenetisch definiertes Taxon betrachtet. Dennoch wird der Begriff hier aus Praktikabilität verwendet. Die beiden für das Nekton wichtigsten Klassen sind die **Chondrichthyes** (Knorpelfische; Rochen und Haie, Abb. 3.14) und die **Osteichthyes** (Knochenfische, Teleostei). Chondrichthyes sind hauptsächlich marin, mit sehr wenigen Süßwasserausnahmen. Osteichthyes entwickelten sich ursprünglich im Süßwasser und sind heute in Süß- und Meerwasser zu finden. Mehrere Fischarten wandern zwischen beiden Bereichen.

Knorpelfische sind hauptsächlich marin, mit Ausnahme einiger Haifischarten. Die abgeflachte Körperform der Rochen ist eine Anpassung an das benthische Leben, aber die planktonfressenden Riesenmantas (*Mobula mobular, Manta bi-*

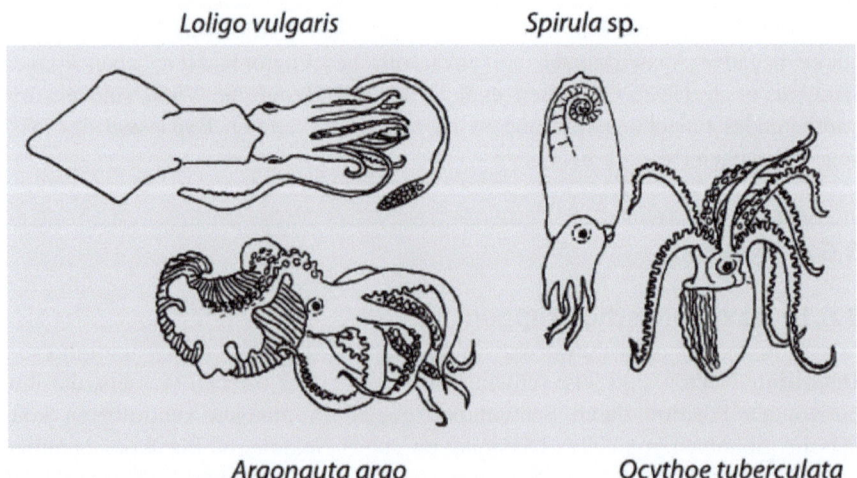

Abb. 3.13 Pelagische Cephalopoden, *Loligo* (Theutoidea), bis zu 50 cm lang; *Spirula* (Sepioidea), bis zu 5,5 cm; *Argonauta* (Octopoda), bis zu 20 cm; *Ocythoe* (Octopoda), Weibchen bis zu 28 cm, Männchen nur 3,5 cm (Abb. 6.16 in Sommer 1985)

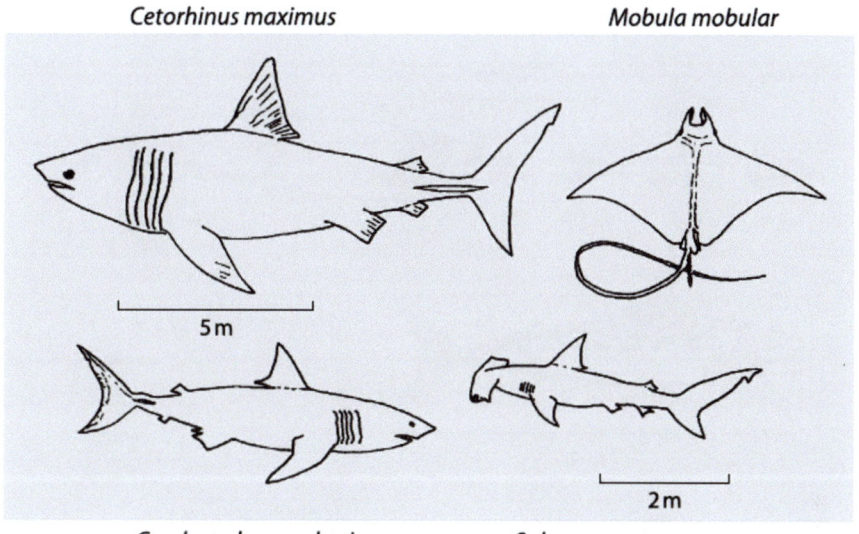

Abb. 3.14 Pelagische Chondrichthyes. (Quelle: Abb. 6.17 in Sommer 2005)

rostris) gehören zum Nekton. Die meisten der torpedoförmigen Haie sind gut an das pelagische Leben angepasst, aber einige Arten leben in der Nähe des Bodens. Die meisten Haie sind Raubtiere, aber die größten (z. B. der Walhai, *Rhincodon typus*, bis zu 18 m lang) ernähren sich von Makrozooplankton. Pelagische Haie sind **lebendgebärend**, d. h., es gibt keine freilebenden Eier oder Larven.

Alle pelagischen Teleostei sind **eierlegend**, d. h., sie legen Eier. Einige legen pelagische Eier, die in der Wassersäule schweben, z. B. Sprotten (*Sprattus sprattus*). Die eng verwandten Heringe (*Clupea harengus*) legen Eier nahe dem Boden, die dann zum Boden sinken oder sie legen sie direkt auf den Boden. Normalerweise haben pelagische Knochenfische extrem hohe Eizahlen und üben keine elterliche Fürsorge aus.

Die meisten **epipelagischen** Teleostier (Abb. 3.15) haben eine stromlinienförmige, torpedoförmige Gestalt, die schnelles Schwimmen ermöglicht, um Raubtieren zu entkommen oder Beute zu jagen. Die kleineren Teleostier ernähren sich von Zooplankton, während die größeren Räuber für andere Fische sind. Die meisten Planktivoren (Hering, Sardine, Sardelle, Sprotte) bilden Schwärme, aber auch mehrere Raubfische tun dies, z. B. Thunfische und Barrakudas. Solitäre Räuber, wie der Europäische Schwertfisch *Xiphias gladius*, gehören zu den größten Teleostiern, mit einer Länge von bis zu 4,5 m und einem Körpergewicht von 600 kg. Er ist einer der schnellsten Schwimmer und erreicht ca. 100 km h^{-1}.

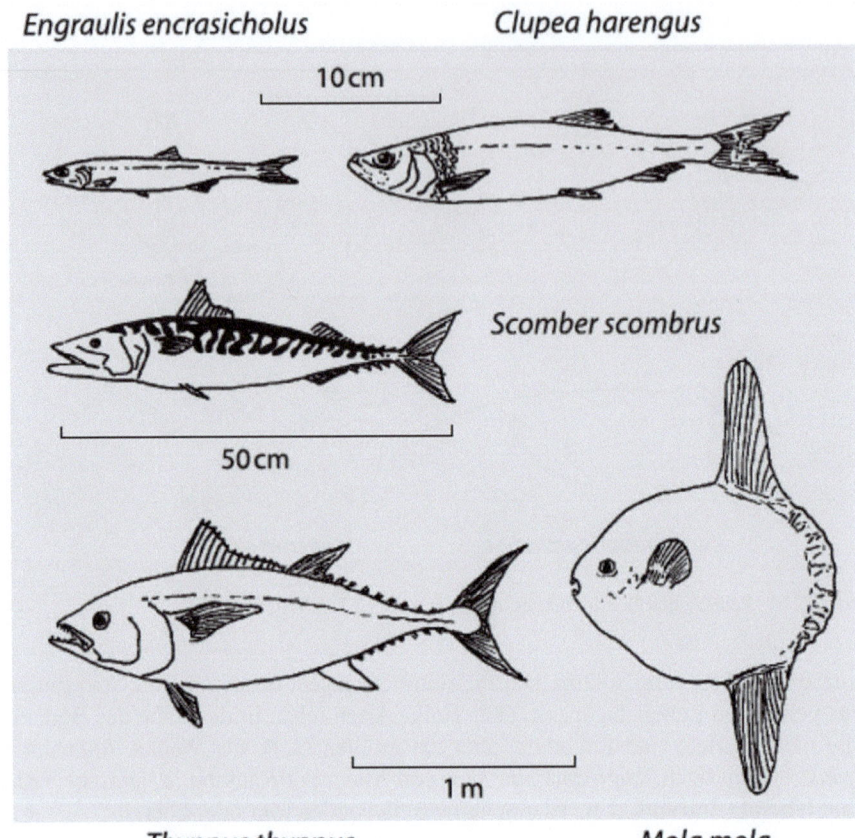

Abb. 3.15 Epipelagische Teleostier. (Quelle: Abb. 6.18 in Sommer 2005)

Eine bemerkenswerte Ausnahme von der torpedoförmigen Gestalt ist der langsam schwimmende große (bis zu 1500 kg) Mondfisch (*Mola mola*), einer der wenigen Fische, die sich auf Quallen als Nahrung spezialisiert haben.

Die torpedoförmige Gestalt findet sich auch bei **mesopelagischen** (200–1000 m) Teleostiern, ist dort aber weniger ausgeprägt (Abb. 3.16). Sie haben große Augen als Anpassung an ihre lichtarme Umgebung. **Bathypelagische** Teleostier sind an ein Leben ohne Licht und mit nur sporadischer Verfügbarkeit von Nahrung angepasst. Ein sehr großer Mund und ausdehnbare Eingeweide, wie sie bei *Saccopharynx* gefunden werden, sind eine Anpassung an die sporadische Verfügbarkeit von großen Nahrungsbrocken. Viele bathypelagische Fische haben **Photophoren** (leuchtende Organe), entweder um Beute anzulocken oder um Sexualpartner anzuziehen. Zwergmännchen sind eine weitere Lösung zur Partnersuche in einer dunklen Umgebung mit großen Entfernungen zwischen den Individuen. Zwergmännchen sind viel kleiner als Weibchen und leben befestigt am Körper der Weibchen.

3.6 Nekton

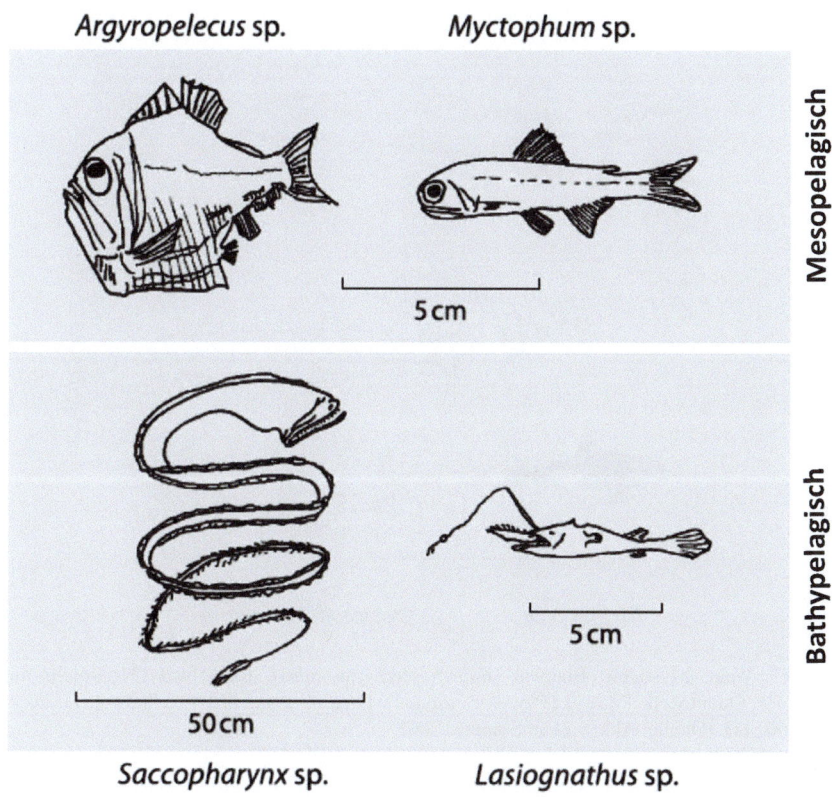

Abb. 3.16 Meso- und bathypelagische Teleostier. (Quelle: Abb. 6.19 in Sommer 2005)

Reptilien und **Wasservögel**. Es gibt keine Reptilien und Vögel, die den gesamten Lebenszyklus im Pelagial verbringen. Allerdings können Meeresschildkröten (Cheloniidae, Dermochelidae) zu Recht als Nekton betrachtet werden. Mütter vergraben ihre Eier an sandigen Stränden und die jungen Schlüpflinge kriechen sofort ins Meer. Das Leben der Schildkröten im Meer ist ein Übergang zwischen benthisch und nektonisch. Schildkröten sind gute Schwimmer, ernähren sich aber oft von benthischen Organismen. Unter den Vögeln sind die Pinguine (Pygoscelidae) am nekton-ähnlichsten. Sie brüten an Land, ernähren sich aber pelagisch und schwimmen oft mehrere 100 km ins offene Meer.

Säugetiere. Zu den aquatischen Säugetieren gehören **Cetacea** (Wale; Abb. 3.17), **Pinnipeda** (Robben), **Sirenia** (Dugongs), und **Lutrinae** (Otter). Nur Wale und Dugongs leben ständig im Wasser. Dugongs sind eher benthisch, während Wale wirklich Nekton sind. Dugongs und Wale haben kein Fell, weil sie als ständig aquatische Tiere diese Art der thermischen Isolation nicht benötigen. Robben und Otter haben Fell.

Zahnwale (**Odontoceti**) sind Raubtiere. Sie umfassen Delfine, Orcas und das größte existierende Raubtier, den Pottwal *Physeter catodon* (bis zu 18 m lang, 50 Tonnen). Er ist nicht nur das größte Raubtier, sondern auch der am tiefsten

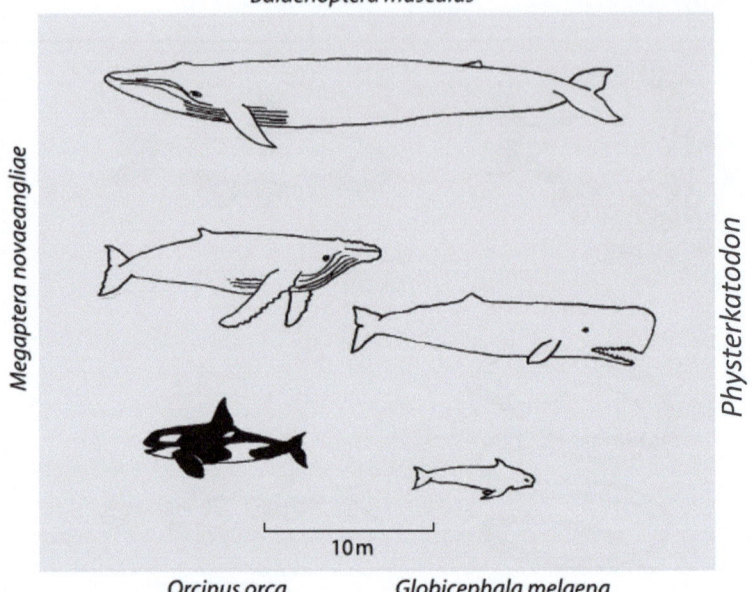

Abb. 3.17 Wale: Mysticeti: Blauwal (*Balaenoptera musculus*), Buckelwal (*Megaptera novaeangliae*); Odontoceti: Pottwal (*Physeter catodon*), Orca (*Orcinus orca*), Grindwal (*Globicephala melaena*). (Quelle: Abb. 6.21 in Sommer 2005)

tauchende Lungenatmer, der Tiefen von 2000 m erreicht. Die meisten Bartenwale (**Mysticeti**) sind planktivor, sie ernähren sich hauptsächlich von Makrozooplankton, z. B. Krill. Das größte existierende Tier gehört zu den Bartenwalen, derm Blauwal, 30 m, 160 t (*Balaenoptera physalis*).

3.6.2 Schwimmverhalten

Schwarmbildung
Viele Tiere des Nekton bilden Schwärme, die oft aus gleich großen Individuen bestehen. In solchen Schwärmen gibt es keine soziale Rangordnung, im Gegensatz zu den familienbasierten Gruppen von Walen, die Adulte und ihren Nachwuchs einschließen. Fischschwärme zeigen ein koordiniertes Verhalten, das auf einem einfachen Regelwerk basiert. Fische versuchen, einen konstanten Abstand zu dem Fisch vor und neben ihnen zu halten. Fische drehen nach links, wenn der Fisch vor oder links von ihnen nach links dreht. Fische drehen nach rechts, wenn der Fisch vor ihnen oder rechts von ihnen nach rechts dreht. Dies führt zu abrupten Drehungen ganzer Schwärme, wenn die Fische an der Front anfangen zu drehen.

Schwärmen hat mehrere adaptive Vorteile. Raubtiere, die einzelne Beutetiere ins Visier nehmen, haben es schwerer, diese in einem Schwarm zu treffen (Ioannou et al. 2012). Die Suche nach Sexualpartnern wird einfacher. Es ist einfacher, günstige lokale Bedingungen zu finden. Wenn ein Schwarm durch ein ungünstiges Gewässer schwimmt (niedriger Sauerstoffgehalt, schlechte Futterbedingungen usw.), wird der gesamte Schwarm in günstigere Bedingungen übergehen, wenn der Fisch an der vorderen rechten oder vorderen linken Ecke einen Grund zur Richtungsänderung entdeckt (Kils 1986).

Vertikalwanderungen
Mesopelagische Fische führen oft tägliche Vertialwanderungen durch, wobei sie sich tagsüber in der Tiefe aufhalten und nachts näher an der Oberfläche (Mann 1984). Tagsüber stratifizieren mesopelagische Nekton oft in einer ausgeprägten Schicht, die mit einem Echolot („tiefe Streuschicht") erkannt werden kann. Der adaptive Wert des Tagesabstiegs könnte in der Verfolgung der vertikalen Wanderung ihrer Zooplanktonnahrung liegen oder in der Vermeidung von visuellen Räubern während des Tages in der gut beleuchteten Oberflächenzone.

Wanderungen im Zusammenhang mit dem Lebenszyklus
Viele Nekton-Organismen führen Wanderungen durch, die mit Wechseln zwischen Futtergründen und Laich-/Aufzuchtgründen verbunden sind. Oft erstrecken sich diese Wanderungen über große Entfernungen. Die Wanderungen können vollständig im Meer und im Süßwasser stattfinden oder beide Bereiche verbinden. Typischerweise ist das Zugverhalten mit einer hohen Fähigkeit zum **Heimkehren** verbunden, d. h. einer Rückkehr zum Geburtsort zur Fortpflanzung (Keefer und Caudill 2014). **Anadrome** Fische haben ihre Laichgründe in Flüssen und ihre Futtergründe im Meer. Beispiele sind die marinen Lachsverwandten (z. B., *Salmo salar*, mehrere *Oncorhynchus* spp., *Salmo trutta, etc.*), das Meeresneunauge (*Petromyzon marinus*) und viele andere. Der Atlantische Lachs (*S. salar*) kann die Laichgründe mehrmals besuchen, während die Pazifischen Lachse (*Oncorhynchus* spp.) nur einmal flussaufwärts wandern und nach dem Laichen sterben. **Katadrome** Wanderungen sind das entgegengesetzte Muster, mit Laichgründen im Meer und Futtergründen in Süßwasser. Die spektakulärsten Beispiele für katadrome Wanderungen sind die Aale (Kasten 3.4). Lebenszyklusbezogene **Wanderungen im Meer** sind sehr häufig unter allen Nekton-Gruppen. Beispiele an den entgegengesetzten Enden des Nekton-Größenspektrums sind der Hering (Kasten 3.5) und der Buckelwal (Kasten 3.6). Wanderungen in Süßwasser sind häufig bei seewohnenden Lachsen, z. B. wandert die Seemorphe der Braunen Forelle (*Salmo trutta* f. *lacustris*) flussaufwärts zu Nebenflüssen zum Laichen.

Kasten 3.4 Migration des Europäischen (*Anguilla anguilla*) und des Amerikanischen Aals (*Anguilla rostrata*)

Die Leptocephalus-Larven des Europäischen Aals schlüpfen aus den Eiern in der Sargassosee und werden mit dem Golfstrom während einer Reise von bis zu 3 Jahren zu den Europäischen Küsten transportiert. Bei Annäherung an Europa verwandeln sie sich in Glasaale und wandern aufwärts ins Süßwasser oder die Ostsee, wo sie als „Gelbaale" bis zur Erwachsenengröße wachsen. Bei sexueller Reife ändert sich die Morphologie von einer gelben zu einer silbernen Färbung, die Augen werden größer und die Eingeweide zerfallen. Diese Silberaale wandern zurück in die Sargassosee, wo sie lai-

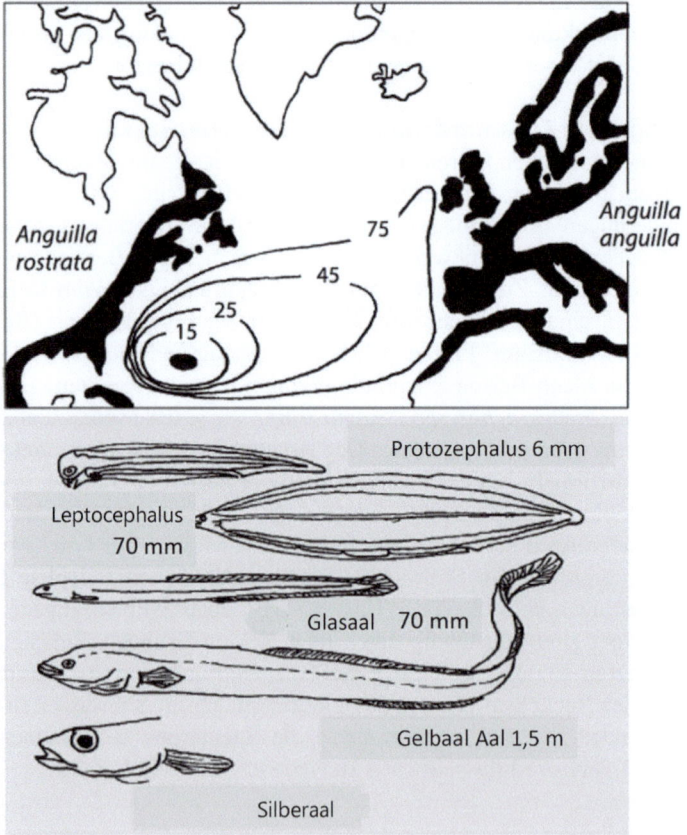

Abb. 3.18 Katadrome Wanderungen des Europäischen (*Anguilla anguilla*) und des Amerikanischen Aals (*Anguilla rostrate*), die Zahlen auf den Konturlinien geben die Länge der Leptocephalus-Larven in mm an, die schwarzen Bereiche auf den Kontinenten sind die von Aalen besiedelten Regionen. (Quelle: Abb. 6.24 in Sommer 2005)

chen und nach dem Laichen sterben. Die Amerikanischen Aale teilen das gleiche Laichgebiet, aber die Reiseentfernung für die Larven zu den Flussmündungen an der Amerikanischen Ostküste ist viel kürzer als die Reiseentfernung des Europäischen Aals. Die Migration des Europäischen Aals gilt als phylogenetisches Relikt der Zeit, als die Entfernung zwischen Amerika und Europa aufgrund der Kontinentaldrift kleiner war (Schmidt 1924) (Abb. 3.18).

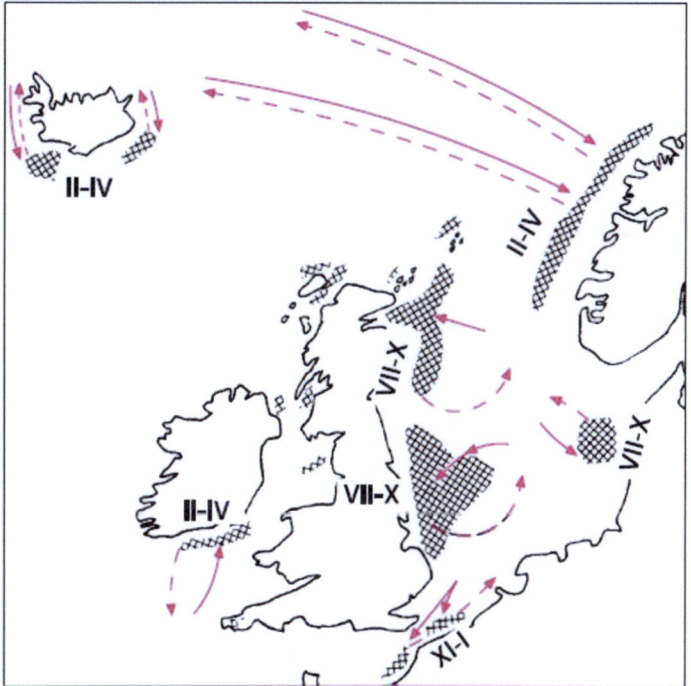

Abb. 3.19 Wanderungen der NO Atlantischen und Nordsee Heringbestände nach (Tait 1981). Kreuzschraffierte Bereiche. Aufzuchtgebiete; römische Zahlen: Monate des Laichens; volle Pfeile: Wanderung zu den Laichgründen; gebrochener Pfeil: Wanderungen zu den Futtergründen. (Quelle: Abb. 6.23 in Sommer 2005)

Kasten 3.5 Migration des Herings (*Clupea*harengus) in der Nordsee und dem NO Atlantischen Ozean

Die Heringbestände des NO Atlantischen Ozeans und der Nordsee bestehen aus unterschiedlichen Populationen, die ihre eigenen Laichgründe, Futtergründe und Laichzeiten haben. Der größte Bestand, der Norwegische, laicht nahe der Norwegischen Küste in 40–70 m Tiefe zwischen Februar und April. Nach zwei Wochen schlüpfen die Larven und treiben zum Oberflächenwasser, wo sie im ersten Jahr ca. 4 cm lang werden. Nach 1–2 Jahren sind die Heringe ca. 30 cm lang und bewegen sich zum offenen Ozean zwischen Island, Svålboard und den Färöer Inseln. Sie beginnen im Spätherbst zur Rückkehr zu den Laichgründen und wiederholen diese Migration jährlich während ihrer ca. 25-jährigen Lebenszeit (Tait 1981) (Abb. 3.19).

Kasten 3.6 Migration der Buckelwale (*Megaptera novaeangliae*)
Bartenwale haben das Problem, dass sie als Endotherme in warmen Regionen gebären sollten, während die großen Schwärme von Makrozooplankton, z. B. Krill, während der Sommerperiode in polaren und subpolaren Ozeanen zu finden sind. Die am besten untersuchten Wanderungen sind die der Buckelwale, weil ihre Wanderungsrouten relativ nahe an den Küsten liegen. Ihre Winterlebensräume sind oft so nahe an den Küsten, dass das Whale Watching zu einer Touristenattraktion geworden ist. Es gibt zwei reproduktiv isolierte Populationen im Atlantischen Ozean, eine mit Sommerfuttergründen in der Arktis und die andere in der Antarktis. Die reproduktive Isolation wird durch die Tatsache verursacht, dass der Arktische und der Antarktische Sommer um ein halbes Jahr verschoben sind (Baker 1980).

3.7 Benthos auf Hartsubstraten

3.7.1 Allgemeine Bemerkungen

Die Ökologie des Benthos, das auf festen Oberflächen wächst, war einer der Eckpfeiler in der ökologischen Forschung. Das Konzept der Lebensgemeinschaften (damals „Biocoenose" genannt), d. h. der entscheidenden Rolle der Interaktionen zwischen verschiedenen Arten, die einen Lebensraum teilen, geht zurück auf den Meereszoologen Möbius (1877) und seine Studien über Austern- und Muschelbänke an den norddeutschen Küsten. Benthos auf harten Substraten ist auch die vielfältigste Gemeinschaft in Bezug auf höhere Taxa und Lebensformen.

Beweglichkeit

Benthos enthält völlig sessile Organismen, (z. B. Makroalgen und sessile Tiere), langsam kriechende Organismen (z. B. Seeigel, Schnecken) und Organismen, die zumindest zeitweise recht schnell bewegen (z. B. Bodenfische). Sessile Tiere finden sich nur im Benthos und nicht in terrestrischen Ökosystemen.

In den meisten höheren Taxa sind benthische Organismen weniger beweglich als ihre pelagischen Verwandten. Sie sind oft auch schwerer als ihre Verwandten, weil sie nicht vermeiden müssen, zu sinken und können sich daher schwer gepanzerte Exoskelette leisten, wie Muscheln, Gastropoden und viele Krebstiere. Ein sessiler oder langsam kriechender Lebensstil ist nicht mit Langstreckenverbreitung vereinbar. Daher haben planktonische Larven des Benthos oft die Funktion, die Langstreckenverbreitung zu ermöglichen (Meroplankton, Abschn. 3.5.3).

Physische Verbindung zum Substrat

Epibenthos Die meisten Benthosorganismen harter Substrate leben an der Oberfläche des Substrats, entweder fest angeheftet oder in direktem Kontakt oder sich in unmittelbarer Nähe zum Substrat bewegend.

Biogene Substrate Oberflächen von Organismen, insbesondere harte Schalen, aber auch Haut können von Benthos besiedelt werden, genau wie primäre Substrate. Eine Seepocke kann genauso gut auf einer Muschelschale wie auf einem Felsen wachsen; sie kann sogar auf der Haut eines Wals oder auf dem Rumpf eines Schiffes wachsen. Das Phänomen, dass Organismen auf anderen Organismen wachsen können, wird **Epibiose**, genannt, z. B. die Seepocke auf der Haut von Walen. In diesem Fall wird der Wal „Basibiont" und die Seepocke „Epibiont" genannt. Epibiose ist besonders wichtig im Benthos, obwohl sie auch anderswo gefunden wird, z. B. bei Epiphyten, die auf Bäumen wachsen.

Aufrechte Wuchsformen von benthischen Organismen und Epibiose fügen dem benthischen Lebensraum eine dreidimensionale Struktur hinzu, die nicht nur Anhaftungsraum für Epibionten bietet, sondern auch als Unterschlupf für bewegliche Organismen dient. Epibionten können als Basibionten für weitere Organismen dienen; z. B. kann eine Makroalge, die auf einer Muschelschale wächst, als Basibiont für fadenförmige Algen dienen, die ihrerseits von Diatomeen überwachsen werden. Die komplexesten Beispiele für 3D-Strukturen, die von Organismen geschaffen werden, sind **Korallenriffe** und **Seetangwälder**. Sie sind die aquatischen Gegenstücke zu Wäldern im Sinne, dass Organismen die physische Struktur des Lebensraums konstruieren.

Endobenthos Einige spezialisierte Organismen, z. B. bohrende Muscheln und Schwämme, können das Substrat bis zu mehreren dm durchdringen und innerhalb von Felsen leben. Dies ist häufiger in Kalkstein, weil er durch die Ausscheidung von Säuren aufgelöst werden kann, wie es die Muschel *Lithophaga lithophaga* tut. Das Durchdringen von silikatischen Felsen (z. B. die Muschel *Pholas dactylus*) ist viel seltener und muss mechanisch durchgeführt werden. Bohrende Organismen beschleunigen die Erosion von Felsen.

Größenklassen

Die Klassifizierung in der benthologischen Literatur ist in der Regel weniger gut ausgearbeitet als die für Plankton und die Größengrenzen sind weniger einheitlich. Der Begriff **Mikrobenthos** wird entweder für Größen <0,1 (0,2) mm verwendet oder für alle einzelligen benthischen Organismen unabhängig von der Größe. **Meiobenthos** wird für Organismen von 0,1 (0,2) bis 1 (2) mm verwendet oder nur für mehrzellige Organismen in diesem Größenbereich. **Makrobenthos** ist größer >1 mm. In den letzten Jahrzehnten wurde auch der Begriff **Megabenthos** zunehmend für viel größere Organismen verwendet.

3.7.2 Phytobenthos

Harte Substrate werden nicht von Blütenpflanzen besiedelt, weil ihre Wurzeln Felsen nicht durchdringen können. Das Phytobenthos von harten Substraten besteht aus **Cyanobakterien** und eukaryotischen Algen verschiedener Taxa, mit besonderer Bedeutung von **Chlorophyta** (Grünalgen), **Rhodophyta** (Rotalgen), **Phaeophyceae** (Braunalgen) und **Bacillariophyceae** (Diatomeen). Allerdings fin-

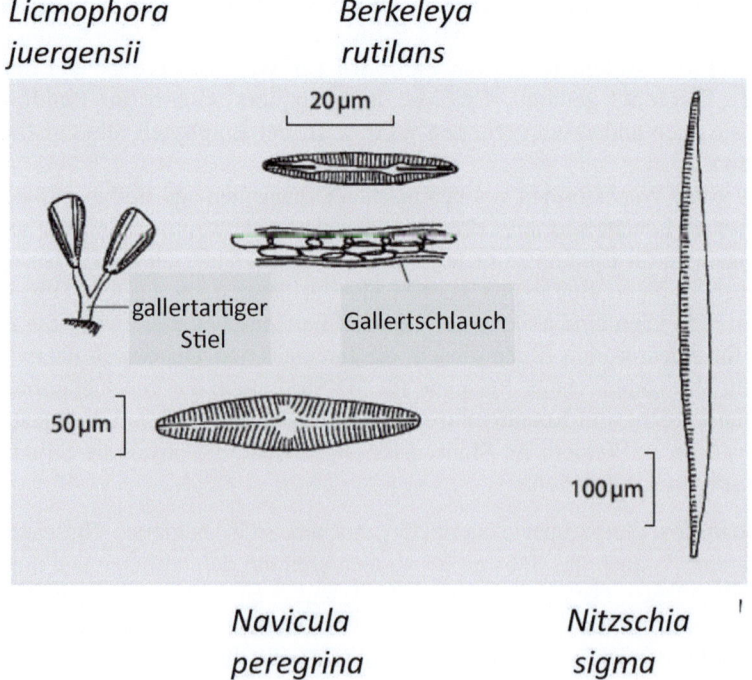

Abb. 3.20 Benthische Diatomeen. (Quelle: Abb. 7.1. in Sommer 2005)

den sich auch begeisselte Taxa wie Cryptophyta und Dinophyta schwimmend zwischen dem sessilen Benthos.

Mikrophytobenthos Überflutete Oberflächen sind fast immer von einer Ansammlung von Mikroorganismen und einer gallertartigen Matrix ausgeschiedener Polymere überzogen. Diese Ansammlung wird oft als **Periphyton** bezeichnet, obwohl nicht alle Komponenten photolithoautotroph sind. Sie enthält auch Bakterien, Pilze, heterotrophe Protisten und mikroskopische Tiere. Normalerweise sind Diatomeen, Grünalgen und Cyanobakterien die wichtigsten Primärproduzenten im Periphyton. Periphyton kann auf primären mineralischen Substraten (**Epilithon**), auf Phototrophen (**Epiphyton**) oder auf Tieren (**Epizoon**) wachsen. Benthische Mikroalgen vermehren sich ähnlich schnell wie Phytoplankton mit Generationszeiten von Stunden bis Tagen.

Benthische Diatomeen (Abb. 3.20) können entweder sessil sein, auf gallertartigen Stielen sitzen, oder mit Hilfe der Raphe entlang fester Oberflächen kriechen. Eine besondere Lebensform wird durch *Berkeleya rutilans* repräsentiert, bei der Hunderte von Einzelzellen in einem gemeinsamen gallertartigen Schlauch leben, der makroskopisch einer filamentösen Alge ähnelt.

Fadenalgen Fadenalgen sind weit verbreitet auf festen Substraten in Meeres- und Süßgewässern, einschließlich Flüssen. Sie gehören zu einer breiten Palette von höheren Taxa, **Cyanobakterien, Chlorophyta, Rhodophyta, Phaeophyceae,** und **Xanthophyceae**. Diatomeen (z. B., *Melosira*) mit einer filamentösen Morphologie sind nicht wirklich echte Filamente, weil es keinen Austausch von Material zwischen den Zellen gibt. Bei einigen filamentösen Taxa gibt es eine Arbeitsteilung zwischen den Zellen. Diese Arbeitsteilung kann eine metabolische sein, z. B. die **Heterocysten** der Cyanobakterien, die N_2 aufnehmen und assimilieren, während sie mit DOC von den anderen Zellen unterstützt werden. Die Spezialisierung der Zellen kann auch mit der Fortpflanzung zusammenhängen, wenn spezifische Zellen als **Gametangien** oder **Sporangien** fungieren.

Makroalgen Makroalgen haben einen zwei- oder dreidimensionalen Thallus. Dies kann ein Komplex aus verwobenen Filamenten (**Plectenchym**, z. B. bei Rhodophyta) oder ein wirklich dreidimensionales Gewebe (**Parenchym**, z. B. bei Phaeophyta) sein. Viele Makroalgen sind **mehrjährig** und leben mehrere Jahre. Die größten Makrophyten, z. B. die Riesentang *Macrocystis pyrifera*, können bis zu 100 m Länge erreichen und Unterwasserwälder bilden. Im Gegensatz zu terrestrischen Bäumen benötigen Makroalgen keine holzigen Stützstrukturen, da blasenartige Strukturen, die leichter als Wasser sind (Pneumatocysten), sie nach oben in Richtung zunehmendes Licht strecken können.

Komplexe Makroalgen entwickelten eine Morphologie analog zu terrestrischen Pflanzen mit **Cauloiden** (Gegenstücke von Stielen) und **Phyllodien** (Gegenstücke

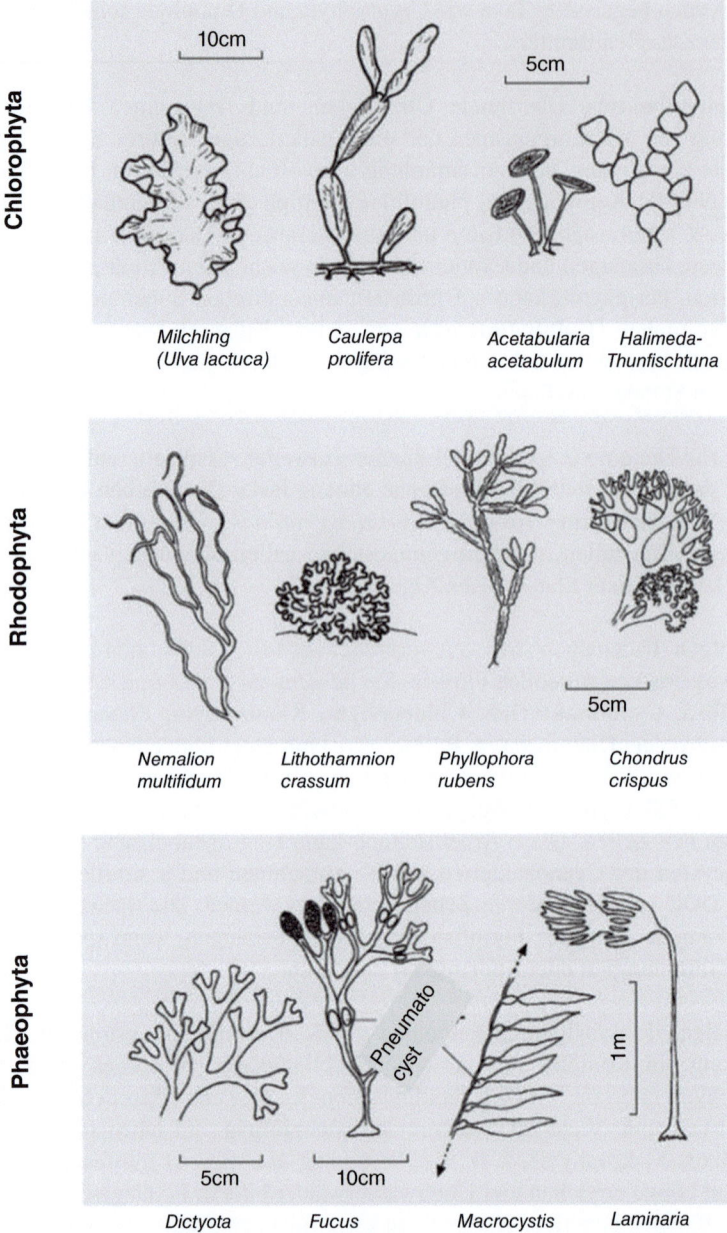

Abb. 3.21 Grüne, rote und braune Algen des Makrobenthos. (Quellen: Abb. 7.3, 7.4 und 7.5 in Sommer 2005)

von Blättern). Der größte funktionale Unterschied besteht zwischen den **Rhizoiden** der Makroalgen und den Wurzeln der höheren Pflanzen. Rhizoide entziehen dem Substrat keine Stoffe, um den Rest der Pflanze zu unterstützen. Sie dienen lediglich als mechanische Halterungen, um die Makroalge am Substrat zu befestigen.

Der Wechsel zwischen **haploiden Gametophyten** und **diploiden Sporophyten-Generationen** ist ein weit verbreitetes Phänomen bei Makroalgen. Bei einigen Taxa sind beide in Größe und Morphologie ähnlich, während es bei anderen auffällige Unterschiede gibt.

Grüne Makroalgen (Abb. 3.21) sind sowohl in Süßwasser als auch auf marinen Hartsubstrat-Benthos weit verbreitet, obwohl die morphologisch komplexeren nur auf marine Lebensräume beschränkt sind. **Rotalgen** und **Braunalgen** sind überwiegend marin, obwohl es einige Süßwasserausnahmen gibt, z. B. die Rotalge *Hildenbrandia*, die dunkelrote Krusten auf kalkhaltigen Felsen in klaren Seen und Flüssen bildet, und die verzweigte Rotalge *Batrachospermum* und die Braunalge *Bodanella*. Braunalgen sind die morphologisch komplexesten Algen. Braunalgen sind oft die dominierenden Algen der felsigen Gezeitenzonen und bilden eine charakteristische Vegetationszonierung, die von der Widerstandsfähigkeit gegenüber periodischer Austrocknung abhängt (Abschn. 4.1.4). Typische Gattungen der Gezeitenzone sind *Pelvetia* und *Fucus*. Während die meisten Makroalgen nur organisches Gewebe enthalten, haben koralline **Rotalgen**, z. B. *Corallina* und *Lithothamnion*, kalkhaltige Inkrustierungen. Mitglieder der letzteren Gattung haben in der geologischen Vergangenheit kalkhaltige Felsen gebildet.

3.7.3 Zoobenthos

Zoobenthos auf festen Substraten ist die vielfältigste Tiergemeinschaft in Bezug auf höhere Taxa, aber nicht in Bezug auf die Artenzahl, da terrestrische Insekten alle anderen Tiergruppen in der Artenzahl überwiegen. Daher würde selbst eine kurze Beschreibung aller Tiergruppen im Hartboden-Benthos fast zu einem Lehrbuch der speziellen Zoologie werden. Aus diesem Grund sollen nur einige ausgewählte Taxa hervorgehoben werden, die eine zentrale Rolle in der Forschung zum Hartboden-Benthos spielen. Da heterotrophe Protisten in der Benthosforschung eine viel geringere Rolle spielten als in der Planktonforschung, wird dieser Überblick sich nur auf die wichtigsten Phyla der Animalia konzentrieren.

Sessile Tiere sind eine Lebensform, die auf das Benthos beschränkt ist und an Land nicht vorkommt. Der Grund für diese Beschränkung liegt in der Möglichkeit des Suspensionsfressens, d. h. der Aufnahme von POC, meist Plankton, aus Wasserströmungen. Luft enthält nicht genug suspendiertes POC, um die Suspensionsfressen zu einer praktikablen Option zu machen.

Porifera (Schwämme) sind ausschließlich benthisch und die meisten von ihnen sind marin, obwohl es auch einige Süßwassertaxa gibt. Schwämme sind Suspensionsfresser; d. h., sie nehmen kleine Nahrungspartikel (meist Plankton)

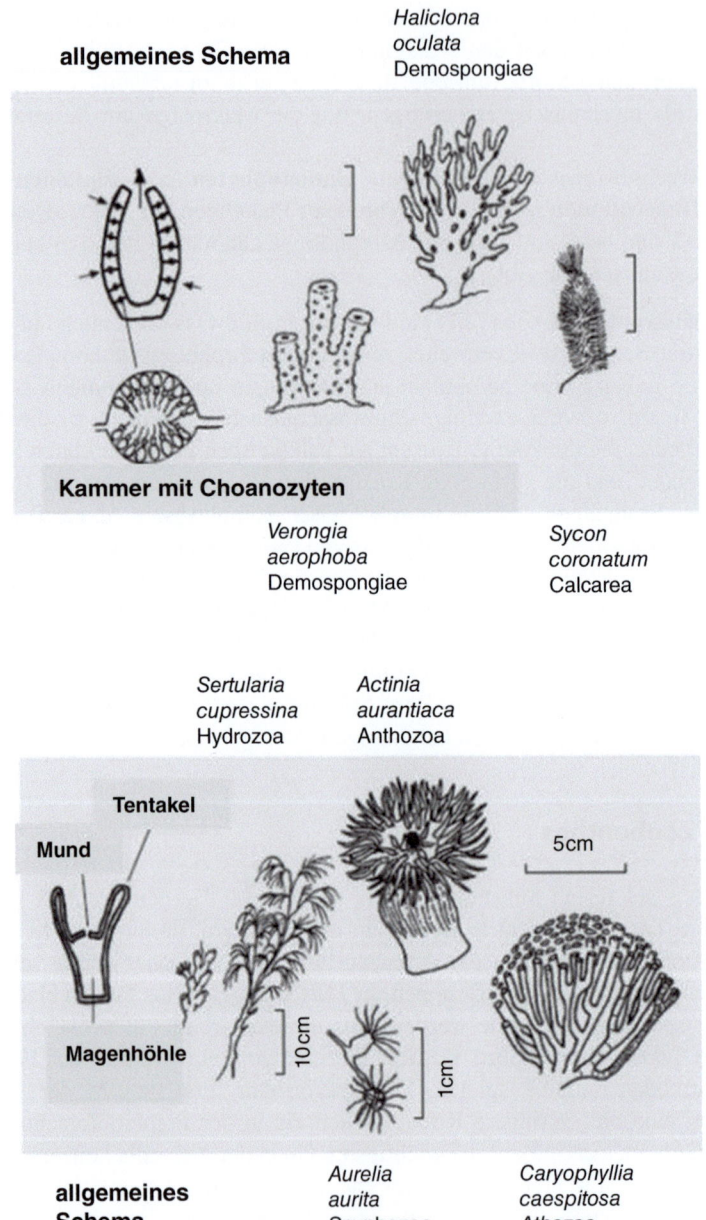

Abb. 3.22 Porifera (oben) und Cnidaria (unten) des Benthos. Im Fall von *Aurelia* wird nur der Polyp gezeigt, weil das Medusenstadium pelagisch ist. (Quellen: Abb. 7.9 und 7.10. in Sommer 2005)

aus einer Fütterungsströmung auf. Diese Strömung wird durch einen spezifischen begeisselten Zelltyp, Choanozyten, erzeugt. Die Wasserströmung tritt durch kleine Poren in den Schwamm ein, durchläuft ein System von Hohlräumen und verlässt den Schwamm durch eine zentrale große Öffnung (Abb. 3.22, oben). Der Körper wird durch Nadeln versteift, die kalkhaltig (Calcarea), kieselsäurehaltig (Hexactinellidae) sind oder SiO_2 mit Spongin, einem hornähnlichen Protein (Demospongiae), kombinieren.

Cnidaria haben keinen Darm mit zwei Öffnungen, sondern nur einen sackartigen gastralen Hohlraum mit nur einer Öffnung. Der Mund ist von Tentakeln umgeben, die Cnidocyten enthalten, die bei Kontakt Gift in die Haut der Beute injizieren. Es gibt zwei Lebensformen, sessile Polypen und treibende Medusen. Die Klassen **Hydrozoa** und **Scyphozoa** führen einen Generationswechsel zwischen der sexuellen Meduse und der vegetativen Polypenstufe durch. Die Klasse **Anthozoa** hat kein Medusenstadium und ist während ihres gesamten Lebens sessil, mit Ausnahme ihrer planktonischen Larven. Im Falle von kolonialen Anthozoa entsteht der Gründungspolyp aus sexueller Fortpflanzung, während alle anderen Polypen in der Kolonie aus vegetativer Knospung resultieren. Steinkorallen sind die wichtigsten Riffbauer und haben über geologische Zeitskalen hinweg Kalksteinfelsen gebildet. Viele sessile Cnidaria haben endosymbiotische Algen (Zooxanthellen, die Dinoflagellatengattung *Symbiodinium*) und sind funktionell mixotroph.

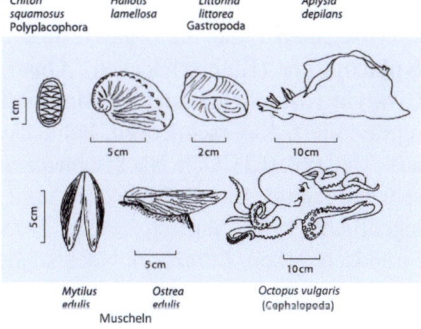

Abb. 3.23 Mollusken des festen Substratbenthos. (Quelle: Abb. 7.12 in Sommer 2005)

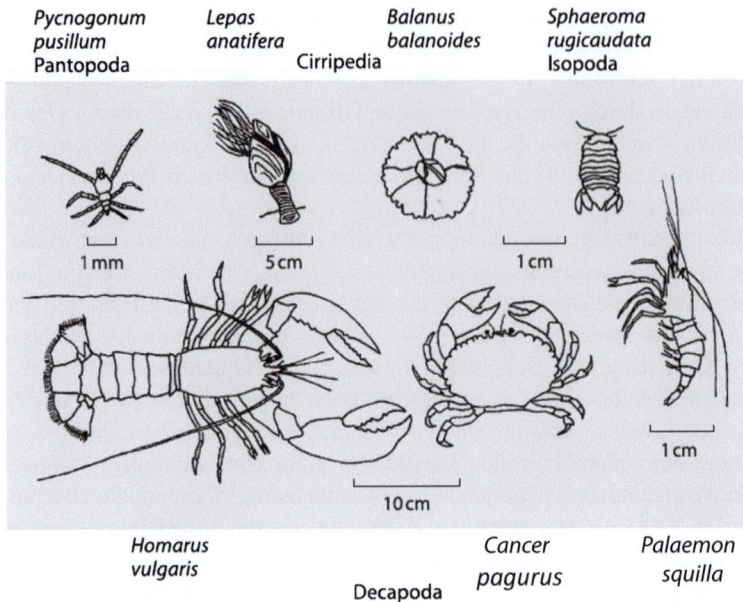

Abb. 3.24 Arthropoden des festen Substratbenthos. (Quelle: Abb. 7.13 in Sommer 2005)

Die meisten Cnidaria sind marin, aber es gibt einige Süßwasservertreter. Anthozoa sind ausschließlich marin.

Mollusken (Abb. 3.23) auf festem Substraten werden durch die Klassen **Polyplacophora** (Käferschnecken), **Gastropoda** (Schnecken und Nacktschnecken), **Bivalvia** (Muscheln), und **Cephalopoda**, darunter hauptsächlich die **Octopoda**, repräsentiert. Käferschnecken, Schnecken und Muscheln haben eine harte Schale aus Aragonit ($CaCO_3$). Nacktschnecken haben entweder keine Schale oder eine sehr reduzierte. Einige Schnecken sind fast sessil, kriechen nur langsam und gelegentlich (z. B. Napfschnecken, *Patella*); andere sind langsam mobil (z. B. Strandschnecken, *Littorina*). Nacktschnecken und Kraken sind mobiler. Muscheln sind sessil, entweder gebunden an das Substrat durch Byssusfäden (*Mytilus*, Blaumuschel) oder zementiert an die Felsen (Auster, *Ostrea*). Einige von ihnen durchdringen auch Felsen (*Lithophaga*, *Pholas*). Muschelschalen können Substrat für die Anhaftung anderer Individuen werden und dadurch Muschelbänke bilden.

Arthropoda (Abb. 3.24) werden hauptsächlich durch **Crustacea** repräsentiert. Ihr Körper besteht aus drei Teilen, dem Kopf, der die Antennen und die Mundanhänge (Mandibeln, Maxillen) trägt, dem Thorax mit den Beinen und dem Abdomen (Schwanz). Bei beweglichen Arten sind die Thoraxbeine für die Fortbewegung verantwortlich. Bei sessilen Taxa (**Cirripedia**, Rankenfußkrebse) wer-

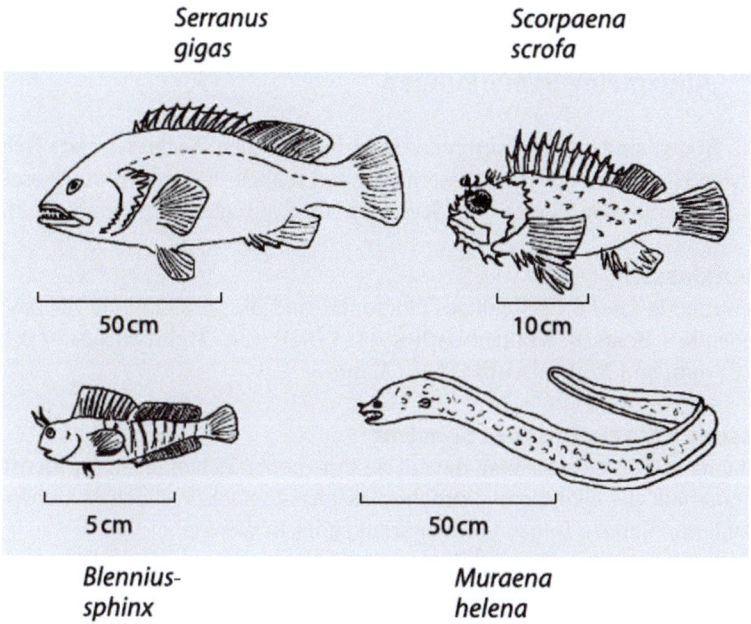

Abb. 3.25 Fische des Hartbodenbenthos. (Quelle: Abb. 7.16 in Sommer 2005)

den die Beine zum Filtrieren der Nahrung verwendet. **Isopoda**, **Amphipoda**, und kleine, transparente Vertreter der **Decapoda** (Garnelen) sind nur leicht gepanzert, während große Decapoden (Hummer, Krabben, Flusskrebse usw.) stark gepanzert sind und zum Beispiel Muschelschalen brechen können.

Echinodermata sind ein ausschließlich mariner Stamm. Der Körper hat ein Exoskelett aus Chitin, das bei vielen Arten verkalkt ist. Die meisten von ihnen sind langsam kriechende Tiere; nur die **Crinoidea** sind sessile, gestielte Organismen, während **Asteroidea** (Seesterne), **Ophiuroidea** (Schlangensterne), **Echinoidea** (Seeigel) und **Holothurioidea** (Seewalzen) sich mit ihren Saugfüßen bewegen. Die Saugfüße haben ein Ende ähnlich einem Saugnapf, in dem Unterdruck erzeugt werden kann für die Haftung. Die Saugfüße sind verbunden mit dem Wasser-Vaskularsystem, einem Netzwerk von wassergefüllten Kanälen, das für den Gasaustausch, die Ernährung und die Fortbewegung dient. Dieses System findet man nicht in anderen Tiergruppen.

Chordata sind durch sessile **Tunicata** (Klasse **Ascidiacea**) und **Pisces** vertreten. Die Morphologie von benthischen Fischen ist weitaus vielfältiger als die Morphologie von pelagischen Fischen (Abb. 3.25). Die strukturelle Komplexität des Lebensraums (Höhlen und Spalten in Felsen, Schutz zwischen sessilen Tieren und Makrophyten, freies Wasser über den Felsen) bietet eine Vielzahl von morphologischen Anpassungen an den Lebensraum, einschließlich Tarnung zur Vermeidung von Räubern oder zum Sitzen und Warten auf Beute.

3.8 Benthos von Weichsubstraten

3.8.1 Allgemeine Bemerkungen

Weiche Böden sind weitaus verbreiteter als harte Böden. Während harte Substrate auf felsige Küsten, steile Unterwasserhänge und schnell fließende Flüsse beschränkt sind, sind die meisten Meeres- und Seeböden mit Sand oder Schlamm bedeckt.

Größenklassen
Konventionelle Größe Größenklassifikationen sind die gleichen wie für das Hartbodenbenthos Benthos: **Makrobenthos** < 0,1 (0,2) mm, **Meiobenthos** < 0,1 (0,2) bis 1 (2) mm, und **Makrobenthos** > 1 (2) mm.

Physische Assoziation zum Substrat
Wir unterscheiden Organismen, die auf Sedimentoberflächen leben (**epibenthisch**) oder innerhalb des Sediments (**endobenthisch**). Je nach Vorliebe zwischen Sand und Schlamm können folgende Kategorien gemacht werden:

- **Endopsammisch:** lebt im Sand
- **Epipsammisch:** lebt auf Sand
- **Endopelisch:** lebt im Schlamm
- **Epipelisch:** lebt auf Schlamm

3.8.2 Phytobenthos

Mikroalgen
Praktisch alle Taxa von einzelligen Algen sind im Weichsubstrat-Benthos vertreten. Sie leben an oder leicht unterhalb der Oberfläche von Sedimenten innerhalb der euphotischen Zone. Üblicherweise sind die **Bacillariophyceae** die wichtigste Gruppe. Sessile Diatomeen finden sich hauptsächlich auf sandigen Sedimenten. Sie sind mit gelatinösen Polstern oder Stielen an Sandkörner gebunden. Bewegliche Diatomeen finden sich sowohl in/auf schlammigen als auch sandigen Sedimenten. Sie können licht- und gezeitenabhängige vertikale Wanderungen von wenigen mm oder cm Amplitude durchführen und zwischen einem epi- und endobenthischen Lebensmodus wechseln.

Fadenalgen
Fadenalgen auf weichen Böden gehören hauptsächlich zu den **Cyanobakterien**, **Chlorophyta**, und **Phaeophyta**. Zusammen mit heterotrophen Bakterien können Cyanophyta dichte **mikrobielle Matten** bilden, die das Sediment festigen und die Mobilisierung von Sedimenten durch Strömungen und Wellen verringern (Krumbein et al. 1994). Andere fadenförmige Algen, wie die Braunalge *Pilayella* und die Grünalgen *Enteromorpha*, *Cladophora*, *Spirogyra*, usw., bilden lockerere Matten,

3.8 Benthos von Weichen Substraten

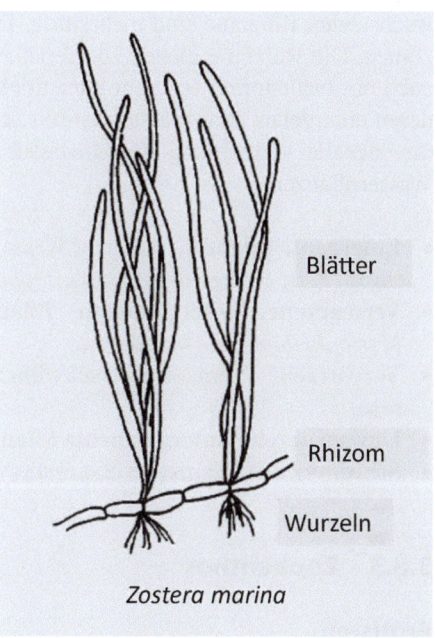

Abb. 3.26 Seegras. (Quelle: Abb. 8.1 in Sommer 2005)

die die Substrate überlagern. Das initiale Wachstum beginnt oft auf festen Substraten, z. B. Kieselsteinen oder Muschelschalen, aber abgelöste Matten können große Bereiche der Sedimente bedecken. In Seen beginnen solche Matten manchmal zu schwimmen und treiben im offenen Wasser.

Makroalgen

Es gibt weit weniger Makroalgen-Taxa auf Sedimenten als auf harten Substraten. Eine marine Ausnahme ist die Grünalge *Caulerpa*, die durch vegetative Knospung von horizontalen Ausläufern unterhalb der Sedimentoberfläche ausgedehnte Wiesen bilden kann. Diese Ausläufer unterscheiden sich von den Wurzeln höherer Pflanzen, da sie keine Rolle bei der Ernährung der Pflanze spielen. **Charophyceae** (Armleuchteralgen) sind eine Klasse von morphologisch relativ komplexen Grünalgen, die dichte Wiesen in klaren, nährstoffarmen Seen bilden.

Moose

Wassermoos (z. B. *Fontinalis, Riccia*) sind Süßwasserpflanzen, die in klaren Seen und Fließgewässern niedriger Ordnung vorkommen. Lokal spielen sie eine wichtige Rolle bei der Bildung von Tuff durch Kalkausfällung (Kasten 2.1).

Blütenpflanzen

Blütenpflanzen sind in Süßwasser weit verbreiteter als in Meeresgewässern. Die einzige marine Ausnahme sind die **Seegräser** (*Zostera*, Posidonia, Abb. 3.26). Sie haben Rhizome (unterirdischer Stamm) und Wurzeln im Substrat. Die horizontal wachsenden Rhizome sind mehrjährig. Die Blätter wachsen jährlich aus den Rhizomen. Die Rhizome dienen zur Verankerung, während die Wurzeln die Pflanzen auch mit Nährstoffen aus dem interstitiellen Wasser versorgen. Wie bei vielen anderen untergetauchten Wasserpflanzen ist die vegetative Vermehrung wichtiger als die sexuelle Vermehrung. In Süßwasser gibt es verschiedene Lebensformen von Wasserpflanzen:

- **Emergente Pflanzen**, die unter Wasser verwurzelt sind, aber in die Luft hineinragen, z. B. *Phragmites* (Schilf), *Typha* (Rohrkolben)
- **Verwurzelte, untergetauchte Pflanzen**, z. B. *Potamogeton* (Laichkraut), *Myriophyllum* (Wasserfeder)
- **Verwurzelte Pflanzen mit schwimmenden Blättern**, z. B. *Nymphaea* (Seerose)
- **Unverwurzelte untergetauchte Pflanzen**, z. B. *Ceratophyllum* (Hornblatt)
- **Schwimmende Pflanzen,** z. B. *Lemna* (Wasserlinsen), *Eichhornia* (Wasserhyazinthe)

3.8.3 Zoobenthos

Protisten

Die meisten, wenn nicht alle, höheren Protistentaxa haben Vertreter in oder auf dem Sediment. Sie reichen von ca. 2 µm bis zu mehreren cm. Im Gegensatz zum Plankton hat die Rolle von nano-großen heterotrophen Protisten in der ökologischen Benthosforschung noch nicht viel Aufmerksamkeit erhalten. Es ist nicht klar, ob sie jemals den gleichen Grad an Aufmerksamkeit wie HNF in der

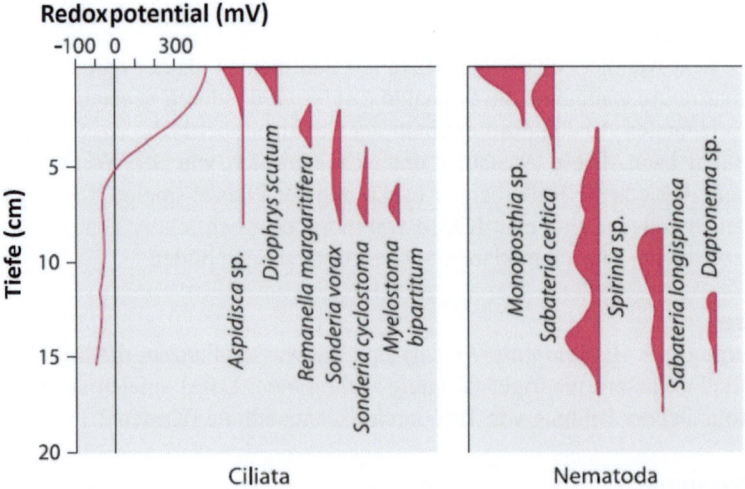

Abb. 3.27 Tiefenverteilung von interstitiellen Ciliaten (Daten von Fenchel 1969) und Nematoden (Daten von Jensen 1987) in Bezug auf das vertikale Redoxprofil. (Quelle: Abb. 8.10 in Sommer 2005)

3.8 Benthos von Weichen Substraten

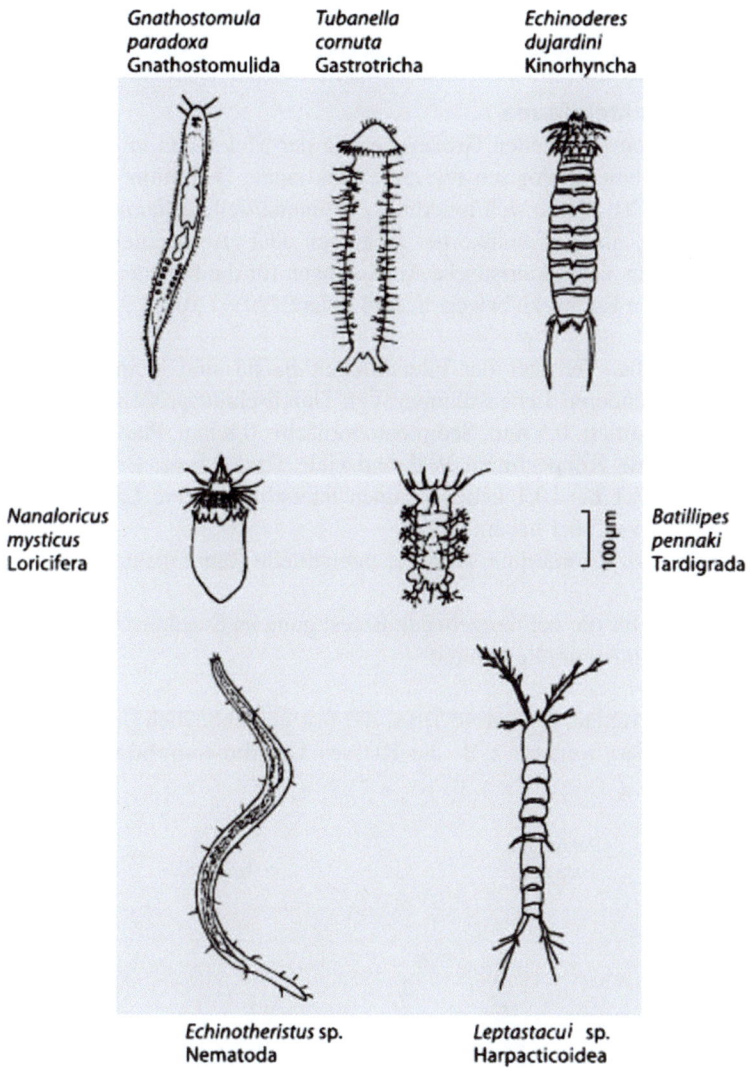

Abb. 3.28 Endobenthische Meiofauna. (Quelle: Abb. 8.7 in Sommer 2005)

Planktonökologie erreichen werden. Größere heterotrophe Protisten haben jedoch einige Aufmerksamkeit erhalten. Dies ist insbesondere der Fall bei **Foraminiferen**, einer Gruppe von Rhizopoden mit kalkigen Schalen. Diese sind wichtig in der Paläontologie, Paläoökologie und der Gesteinsbildung, da sie in der geologischen Vergangenheit Kalkstein gebildet haben. Die meisten Foraminiferen liegen im Größenbereich des Meiobenthos, einige erreichen jedoch einige cm. Ein ähnlicher Größenbereich wird auch von benthischen **Ciliaten** besetzt. Foraminiferen sind ausschließlich marin, während Ciliaten sowohl in Süß- als auch in Meerwasser vorkommen. Endobenthische Ciliaten zeigen ausgeprägte vertikale Verteilungen in Bezug auf das Redoxgradient im Sediment (Fenchel 1969, Abb. 3.27, links).

Metazoen der Meiofauna

Während die konventionellen Größengrenzen der Meiofauna in der Literatur variieren, gibt es eine ökologisch relevante funktionale Definition. Sediment-Meiofauna sind jene Tiere, die sich innerhalb des interstitiellen Raums bewegen, ohne in der Lage zu sein, Sedimentkörner zu graben oder zu verschieben, um Lebensraum zu schaffen. Charakteristische Anpassungen für die Fähigkeit, sich innerhalb des interstitiellen Raums zu bewegen, sind (Giere 1993) (Abb. 3.28):

- **Kleine Größe.** Vertreter der interstitiellen Fauna sind kleiner als ihre Verwandten in anderen Lebensräumen, vgl. Durchschnittsgrößen von Copepodenarten: interstitiell: 0,5 mm, Sedimentoberfläche, 0,8 mm, Plankton: 1,4 mm.
- **Lange, dünne Körperform:** Während viele Tiere Länge: Breite-Verhältnisse im Bereich 3:1 bis 10:1 haben, können interstitielle Tiere Länge: Breite-Verhältnisse bis zu 100:1 haben.
- **Flexibilität** ist erforderlich, weil der interstitielle Raum nicht aus geraden Kanälen besteht.
- **Haftorgane** für die vorübergehende Befestigung an Sandkörnern sind weit verbreitet unter interstitiellen Tieren.

Es gibt einige wenige, artenarme Taxa, die fast ausschließlich durch interstitielle Tiere repräsentiert werden, z. B. die Klassen **Gnathostomulida**, **Kinorhyncha**,

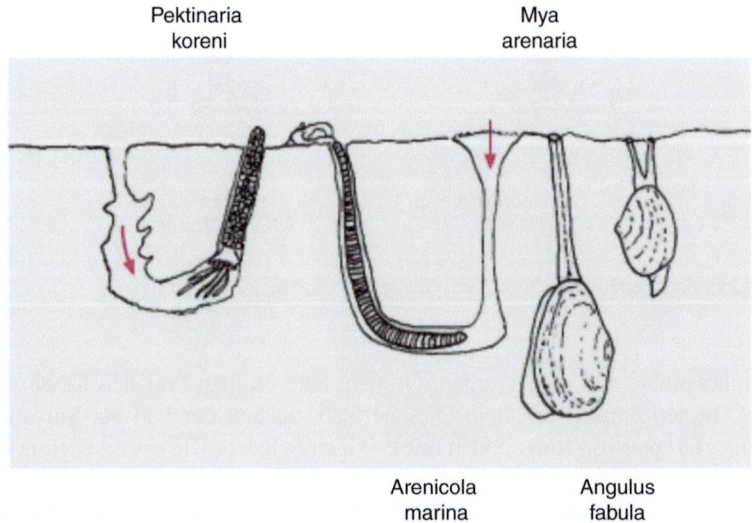

Abb. 3.29 Endobenthische Makrofauna, die Polychaeten (*Pectinaria, Arenicola*) und Muscheln *Mya* und *Angulus*. (Quelle: Abb. 4.16 in Sommer 2005)

Loricifera und **Tardigrada**. Diese sind jedoch normalerweise nicht die häufigsten Taxa. **Nematoda** (Phylum **Nemathelminthes**, Rundwürmer) machen >60 % der Anzahl der Individuen und >90 % der Biomasse in vielen Meiofauna-Proben aus. Die anderen häufigen Gruppen sind **Turbellaria** (Phylum **Platyhelminthes**, Plattwürmer) und die Copepoden-Unterordnung **Harpacticoida**. Einige Taxa zeigen eine hohe Toleranz gegenüber anoxischen Bedingungen und sogar der Anwesenheit von H_2S und sind daher bei niedrigen Redoxpotentialen zu finden (Reise und Ax 1979; Giere 1992) (Abb. 3.27, rechts).

Endobenthische Makrofauna

Endobenthische Tiere („Infauna") sind entweder vollständig begraben oder halb begraben und von einer dünnen Schicht Sediment zur Tarnung bedeckt. Eingegrabene Tiere haben das Problem der Sauerstoffversorgung, das sie entweder durch Erzeugung einer Wasserströmung durch Gänge lösen (z. B., *Arenicola*, Wattwurm) oder durch Ausstrecken von Siphonen zur Sedimentoberfläche (z. B., grabende Muscheln) (Abb. 3.29).

Die wichtigsten Gruppen der endobenthischen Makrofauna sind:

Polychaeta sind eine Schlüsselgruppe der marinen Sediment-Infauna. Viele Arten bilden Gänge und ernähren sich als Sedimentfresser, z. B., *Arenicola* und

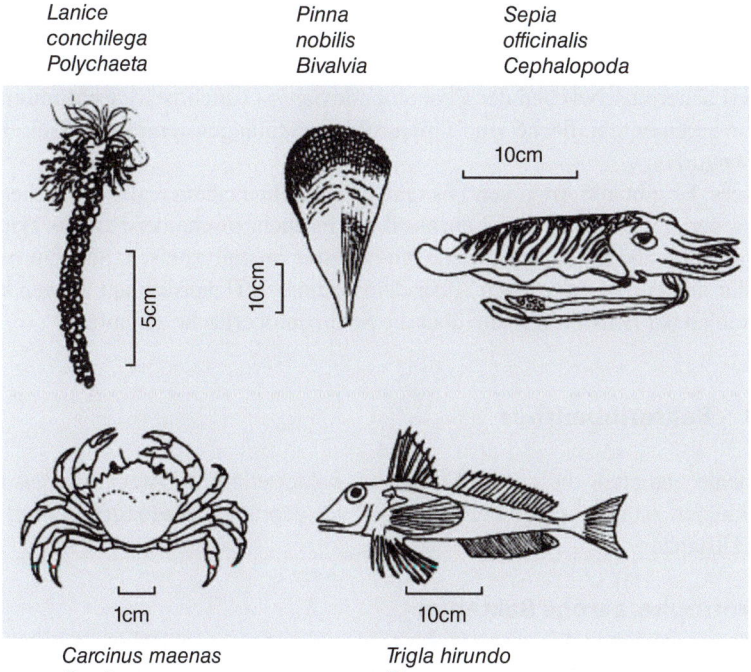

Abb. 3.30 Epibenthische Makrofauna. (Quelle: Abb. 8.9 in Sommer 2005)

Heteromastus. Sie nehmen Sediment einschließlich der daran befestigten Organismen auf, verdauen die organische Substanz und scheiden das anorganische Sediment zusammen mit den Fäkalien aus. Einige Polychaeten sind jedoch Räuber (z. B., *Nereis*).

Bivalven. Begrabene Bivalvia haben lange Siphonen, um Wasser von über dem Sediment zur Versorgung mit Nahrung (suspendiertes POC) und Sauerstoff anzusaugen. Marine Beispiele sind *Mya, Cerastoderma,* und *Rudatipes*; Süßwasserbeispiele sind *Anodonta* und *Unio*.

EndobenthischeFische bilden Gänge und leben dort oder sind nur halb endobenthisch, teilweise bedeckt von einer dünnen Schicht Sediment zur Tarnung beim Ruhen (z. B., Plattfische wie Scholle, *Pleuronectes*) während sie sich an der Sedimentoberfläche zur Flucht und zur Nahrungssuche bewegen.

Epibenthische Makro- und Megafauna

Es gibt allmähliche Übergänge zwischen Endo- und Epibenthos sowie zwischen Epibenthos und Nekton. Beispiele für den ersteren Übergang sind der räuberische Polychaet *Nereis* und halb vergrabene Plattfische. Beispiele für den Übergang von Benthos zu Nekton sind demersale Fische (Abb. 3.30).

Polychaeta: Neben beweglichen Polychaeten wie *Nereis* gibt es auch sessile, röhrenbewohnende (z. B., *Lanice, Sabella, Serpula*). Sie sind Suspensionsfresser, die kleine Nahrungspartikel mit ihren Tentakeln einfangen.

Crustacea sind hauptsächlich durch Krabben vertreten, z. B. der *Carcinus maenas* (Strandkrabe) und Garnelen, *Crangon crangon* (Sandgarnele). Typische **Mollusca** der Sedimentepifauna sind der Gastropode *Hydrobia*, die Muschel *Pinna* (Fächermuschel) und der Cephalopode *Sepia* (Tintenfisch). **Echinodermata** auf der Sedimentoberfläche sind Ophiuroidea (Schlangensterne) und Holothuroidea (Seegurken).

Pisces. Es gibt alle Arten von Übergängen zwischen einem endobenthischen, epibenthischen und nektonischen Lebensstil bei Fischen. Fische der Familie **Triglidae** (Knurrhähne) sind im strengen Sinne am nächsten an epibenthisch. Schwimmen besteht nur aus kurzen „Sprüngen" über dem Sediment. Hauptsächlich verwenden sie die Strahlen der Brustflossen, um über die Sedimentoberfläche zu laufen.

3.8.4 Bakteriobenthos

Sedimente enthalten die größte Vielfalt an bakteriellen Stoffwechseltypen innerhalb kleiner räumlicher Skalen aufgrund ausgeprägter **Redoxgradienten** über kurze Distanzen.

Heterotrophe, aerobe Bakterien

Das Sediment fängt die gesamte Last an sinkenden organischen Partikeln auf, die während des Sinkprozesses nicht remineralisiert werden. Die Konzentration gelöster organischer Substanzen an der Sedimentoberfläche und im Sediment ist mindestens 3 Größenordnungen höher als im pelagischen Wasser (g L^{-1} anstelle von mg L^{-1}). Entsprechend sind die Bakterienzahlen im Sediment (10^8 bis 10^{11} mL^{-1}) viel höher als im offenen Wasser (rund 10^6 mL^{-1}). Schlamm ist reicher an Bakterien als Sand aufgrund des höheren Gehalts an organischer Substanz. Frische Sedimentpartikel werden schnell von Bakterien besiedelt. Zunächst wird ein „sauberer" Partikel von einem Konditionierungsfilm organischer Makromoleküle bedeckt, die aus Porenwasser stammen. Dann wird dieser Film von Bakterien besiedelt, die extrazelluläre polymere Fasern produzieren, die sich durch bivalente Kationen an die Kornoberfläche binden (Wahl 1989). Die Bakterien selbst bedecken <5 % der Partikeloberfläche, aber die **extrazellulären polymeren Substanzen** binden die Bakterien an die Kornoberflächen und die Körner aneinander.

Heterotrophe, anaerobe Bakterien
Anaerobe Atmung. In Abwesenheit von Sauerstoff können oxidierte Ionen als Oxidationsmittel für die anaerobe Atmung organischer Substanzen verwendet werden (Abschn. 4.4.2). Die wichtigsten dieser Ionen sind **Nitrat** und **Sulfat**. Die Nitratatmung organischer Substanzen kann entweder zu Ammonium (**Nitratammonifikation**) oder zu Stickstoff (**Denitrifikation**) als reduziertes Stickstoffendprodukt führen. Der Begriff Denitrifikation deutet darauf hin, dass Stickstoff (teilweise) aus biologischen Kreisläufen verloren geht, da Autotrophe N_2 nicht als Stickstoffquelle nutzen können, mit Ausnahme der stickstofffixierenden Cyanobakterien. **Sulfatatmung** führt zu H_2S als reduziertem Endprodukt. Es ist giftig und verursacht den typischen Geruch anaerober Sedimente.

Gärung ist ein weiterer Weg, um Energie aus dem Abbau organischer Substanzen ohne Sauerstoff zu gewinnen. Polymere Substanzen werden zunächst durch Hydrolyse in monomere Moleküle (Zucker, Aminosäuren, Fettsäuren) gespalten. Dann werden die monomeren Moleküle in einen oxidierten und einen reduzierten Teil gespalten. Das oxidierte Endprodukt ist CO_2; die reduzierten Endprodukte können Alkohole, organische Säuren oder extrem reduzierte Gase oder Ionen (H_2, CH_4, H_2S, NH_4^+) sein. Der Energiegewinn ist viel geringer als der Energiegewinn durch aerobe oder anaerobe Oxidation.

Chemolithoautotrophe Bakterien
Die Präsenz von Redoxgradienten über kurze Distanzen macht das Sediment zu einem bevorzugten Lebensraum für chemosynthetische Bakterien (Abschn. 3.2.2). Die chemischen Reaktionswege, die zur Energiegewinnung genutzt werden, werden im Detail in Abschn. 4.2.3 beschrieben. Hier liegt der Fokus auf der räumlichen Verteilung entlang des vertikalen Redoxgradienten. **Nitrifikation** ist die Oxidation von NH_4^+ zuerst zu NO_2^- durch das Bakterium *Nitrosomonas* und weiter zu NO_3^- durch das Bakterium *Nitrobacter*. Wenn Ammonium durch Nitrat oxidiert wird (**Anammox** = anaerobe Ammoniumoxidation), wird N_2 als oxidiertes Endprodukt produziert (Ward 2013). H_2S ist sowohl das Endprodukt der heterotrophen Sulfatreduktion als auch der Elektronendonator der Photosynthese von Schwefelbakterien und der Chemosynthese von **H_2S-oxidierenden Bakterien**.

3.9 Aquatische Larven von terrestrischen Tieren

Die bekanntesten Beispiele für aquatische Larven von terrestrischen Tieren sind **Amphibien** mit ihren Kaulquappenlarven und **Insekten** mit aquatischen Larven, meist im Süßwasser. Bei halbaquatischen Insekten ist die aquatische Larvenlebensdauer in der Regel viel länger (manchmal mehrere Jahre) als die terrestrische Lebensdauer der Adulten. Im extremsten Fall dienen die Adulten nur zur Fortpflanzung, ohne überhaupt zu fressen. In mehreren Taxa schlüpfen die Adulten synchron innerhalb einer sehr kurzen Zeitspanne.

3.9.1 Insekten mit benthischen Larven

Die bekanntesten Insektentaxa mit benthischen Larven sind

- Ordnung **Ephemeroptera** (Eintagsfliegen) mit benthischen Larven, die oft unter Steinen in klaren Bächen leben
- Ordnung **Odonata** (Libellen) mit epibenthischen Larven auf steinigem Untergrund oder auf Makrophyten
- Ordnung **Plecoptera** (Steinfliegen) mit epibenthischen Larven
- Ordnung **Trichoptera** (Köcherfliegen) mit epibenthischen Larven
- Familie **Chironomidae** (Chironomiden, Seefliegen) mit Larven, die auf oder im Sediment leben
- Familie **Simuliidae** (Kriebelmücken) mit epibenthischen Larven

Eintagsfliegen und Steinfliegen sind charakteristische Bestandteile der wirbellosen Makrofauna von Bächen. Sie leben entweder unter Steinen oder eng an die Oberfläche von Steinen gedrückt mit einer stromlinienförmigen Oberfläche des Oberkörpers, um nicht von dem fließenden Wasser abgetrieben zu werden, obwohl sie eine Abdrift stromabwärts nicht vollständig vermeiden können. Daher unternehmen die Adulten nach der Häutung einen **Ausgleichsflug**; d. h., sie fliegen stromaufwärts, um dort Eier zu legen und die Population mehr oder weniger an der gleichen Stelle entlang des Baches zu halten (McNeal et al. 2005).

Im Gegensatz zu den anderen Gruppen sind Simuliidae blutsaugende Insekten. Tropische *Simulium* spp. können den parasitären Wurm *Onchocerca volvulus* übertragen, der die Flussblindheit verursacht.

3.9.2 Insekten mit pelagischen Larven

- Familie **Chaoboridae** (Phantommücken) haben planktonische Larven in Seen
- Familie **Culicidae** (Moskitos) haben Larven in kleinen Gewässern

Die weiblichen Erwachsenen der Culicidae sind blutsaugende Insekten, und mehrere von ihnen, insbesondere in tropischen und subtropischen Ländern, übertragen

3.9 Aquatische Larven von terrestrischen Tieren 117

Krankheiten. *Anopheles* spp. überträgt protistische Parasiten (*Plasmodium*), die Malaria verursachen. *Aedes aegypti* überträgt mehrere virale Krankheiten wie Gelbfieber, Denguefieber und Zika-Fieber. Das West-Nil-Fieber ist eine virale Krankheit, die von mehreren *Culex* spp., einschließlich *Culex pipiens* (gemeine Hausmücke), übertragen wird, die bis vor kurzem in gemäßigten und kalten Ländern als lästig, aber nicht gefährlich angesehen wurde. Das West-Nil-Fieber breitet sich jedoch derzeit in den USA nach Norden aus und wurde auch aus Südeuropa gemeldet.

Glossar

abundance (Abundanz) Anzahl der Individuen pro Volumen oder Fläche
aerobic (aerob) in Anwesenheit von Sauerstoff
ammonification (Ammonifizierung) Produktion von Ammonium durch →Nitratatmung
annamox (Annamox) bakterielle Oxidation von Ammonium durch Nitrat
anadromous migration (anadrome Wanderung) Laichwanderung vom Meer zu Süßwasser
anaerobic (anaerob) in Abwesenheit von Sauerstoff
autotrophic (autotroph) Verwendung von Kohlendioxid oder Bikarbonat als C-Quelle für die Biomasseproduktion
bacteriochlorophyll (Bacteriochlorophyll) Chlorophyll von photosynthetischen Bakterien, ohne Cyanobakterien
bacterivory (Bakteriovorie) sich von Bakterien ernährend
bacterioplankton (Bakterioplankton) bakterielles Plankton, normalerweise ausgenommen Cyanobakterien
benthos (Benthos) Organismen, die am Boden oder am Rand von Gewässern leben
biomass (Biomasse) Masse von lebenden Organismen, normalerweise ausgedrückt als Frischgewicht, Trockengewicht, Kohlenstoffgehalt
carnivory (Carnivorie) sich von tierischem Material ernähren
catadromous migration (katadrome Wanderung) Laichwanderung von Süßwasser zum Meer
chemolithoautotrophy (Chemolithoautotrophie) Produktion von Biomasse unter Verwendung von Redoxreaktionen als Energiequelle, anorganischer Substanz als Elektronenspender und Kohlendioxid oder Bikarbonat als Kohlenstoffquelle
chemosynthesis (Chmosynthese) Chemolithoautotrophie
chlorophyll (Chlorophyll) primäres Photosynthesepigment von Pflanzen, Algen und Cyanobakterien
C:N:P ratio (C:N:P Verhältnis) hier verwendet für die elementare Zusammensetzung der Körpermasse
denitrification (Denitrifikation) Produktion von N_2 durch Nitratatmung
detritus (Detritus) totes organisches Material

detritivory (Detritivorie) sich von Detritus ernährend
DIC gelöster anorganischer Kohlenstoff
DOC gelöster organischer Kohlenstoff
endobenthos (Endobenthos) Benthos, das im Substrat lebt
endopelon (Endopelon) benthos, das im Schlamm lebt
endopsammon (Endopsammon) benthos, das im Sand lebt
epibenthos (Epibenthos) Benthos, das auf dem Substrat lebt
epipelon (Epipelon) Benthos, das im Schlamm lebt
epipsammon (Epipsammon) Benthos, das auf Sand lebt
eulittoral (Eulitoral) Intertidalzone
femtoplankton (Femotoplankton) Plankton <0,2 µm (Viren)
fermentation (Fermentation, Gärung) Energiegewinn durch Spaltung organischer Moleküle in eine oxidierte und eine reduzierte Komponente
filtration (Filtration) Ernährung durch Aufnahme von Nahrungspartikeln aus einer Suspension durch Sieb- oder Filter-ähnliche Strukturen
flagellate (Flagellat) einzelliger Organismus, das sich durch Flagellen bewegt
gas vacuoles (Gasvakuolen) gasgefüllte Vesikel in Zellen von Cyanobakterien
herbivory (Herbivorie) sich von Pflanzenmaterial ernährend
heterotrophy (Hetrotrophie) Biomasseproduktion durch Verwendung organischer Substanzen als C-Quelle
HNF heterotrophe Nanoflagellaten (2–20 µm)
holoplankton (Holoplankton) Organismen mit vollständigem Lebenszyklus im Plankton
induction (Induktion) Auslösung von morphologischen oder verhaltensbedingten Veränderungen durch Umweltreize
intraspecific (intraspezifisch) innerhalb der Arten
interspecific (interspezifisch) zwischen Arten
interstitial (Interstitial) Raum zwischen Sedimentkörnern
kairomone (Kairomon) Substanz, die von einem Raubtier freigesetzt wird und Reaktionen eines Beutetiers hervorruft
lithotrophy (Litotrophie) Biomasseproduktion unter Verwendung anorganischer Elektronendonatoren
littoral (Litoral) Randzone von Gewässern
macrobenthos (Makrobenthos) Benthos >1 (2) mm
macroplankton (Makroplankton) Plankton 2 mm–2 cm
megaplankton Plankton >2 cm
meiobenthos (Meiobenthos) Benthos 100(200) µm–1(2) mm
meroplankton (Meroplankton) Organismen, die einen Teil ihres Lebenszyklus im Plankton haben
microbenthos (Mikrobenthos) Benthos <100(200) µm
microplankton (Mikroplankton) Plankton 20–200 µm
mixoplankton (Mixoplankton) mixotrophes Plankton
mixotrophy (Mixotrophie) Kombination aus Auto- und heterotropher Ernährung
nanoplankton (Nanoplankton) Plankton 20–200 µm
nekton (Nekton) schwimmende Organismen im offenen Wasser
nitrate respiration (Nitratrespiration) Atmung unter Verwendung von Nitrat als Oxidationsmittel

nitrogen fixation (Stickstofffixierung) Verwendung von N_2 als Stickstoffquelle für die Biomasseproduktion
organotrophy (Organotrophie) Biomasseproduktion unter Verwendung organischer Substanzen als Elektronendonatoren
osmotrophy (Osmotrophie) heterotrophe Ernährung basierend auf DOC
parasite (Parasit) heterotrophe Organismen, die sich von Körpersubstanzen des (normalerweise größeren) Wirts ernähren
parasitoid (Parasitoid) tödlicher Parasit
phagotrophy (Phagotrophie) heterotrophe Ernährung basierend auf POC
photosynthesis (Photosynthese) Biomasseproduktion unter Verwendung von Licht als Energiequelle
phototrophy (Phototrophie) Photosynthese
plankton (Plankton) treibende Organismen im offenen Wasser
POC partikulärer organischer Kohlenstoff
POM partikuläre organische Materie
proximate factor (Proximatfaktor) Umweltauslöser für morphologische oder verhaltensbedingte Veränderungen
Redfield-ratio (Redfield-Verhältnis) C:N:P-Verhältnis (106:16:1), typisch für Phytoplankton unter ausreichender N- und P-Versorgung
respiration (Respiration) Oxidation von organischer Materie zur Energiegewinnung für lebenswichtige Prozesse
reef (Riff) Hartbodenstruktur, die von benthischen Organismen gebaut wurde
specific metabolic rate (spezifische metabolische Rate) Stoffwechselrate pro Körpereinheit
sulfur bacteria (Schwefelbakterien) Bakterien, die Redoxreaktionen von Schwefel zur Energiegewinnung nutzen
sulfate respiration (Sulfatrespiration) Atmung unter Verwendung von Sulfat als Oxidationsmittel
ultimate factor (ultimater Faktor) Umweltfaktor, der in der evolutionären Vergangenheit für morphologische oder Verhaltensmerkmale selektiert hat
vertical migration (Vertikalwanderung) tägliche Auf- und Abwanderung von Plankton und Nekton oder ontogenetischer Wechsel in der vertikalen Position

Übungsaufgaben

Die rechte Spalte der untenstehenden Tabelle zeigt den Ort an, an dem die Antwort gefunden oder logisch aus den im Text enthaltenen Informationen abgeleitet werden kann.

Frage	Abschnitt
1. Welche große Pflanzengruppe ist nicht im Wasser vertreten?	3.1
2. Welches ist das wichtigste unterrepräsentierte höherere der Tiere im Wasser?	3.1
3. Was ist die Bedeutung der Begriffe „photolithoautotroph" und „chemoorganoheterotroph"?	3.2

Frage	Abschnitt
4. Was ist die Kohlenstoffquelle von mixotrophen Organismen?	3.2
5. Erklären Sie den Unterschied zwischen der Photosynthese von Purpurbakterien und Cyanobakterien	3.2.1
6. Warum ist Chemosynthese an Redoxgradienten gebunden?	3.2.2
5. Erklären Sie den Unterschied zwischen Osmotrophie und Phagotrophie.	3.2.3
6. Wie stehen absolute und spezifische Stoffwechselraten in Beziehung zur Körpermasse?	3.3.1
7. Können Beziehungen zwischen Stoffwechselraten und Körpermasse von der Nahrungszufuhr abhängen?	3.3.2
8. Welche Hauptgruppen organischer Substanzen erhöhen das C:N-Verhältnis in Biomasse?	3.4.1
9. Welche Hauptgruppen organischer Substanzen verringern das C:P-Verhältnis in Biomasse?	3.4.1
10. Warum ist das C:N:P-Verhältnis von Primärproduzenten variabler als das C:N:P-Verhältnis von Tieren?	3.4.2
11. Was ist der numerische Wert und was ist die biologische Grundlage des Redfield-Verhältnisses?	3.4.2
12. Was unterscheidet Plankton von Nekton?	3.5
13. Wie hängt die Größe des Planktons mit den Methoden der Probenahme, Identifizierung und Zählung zusammen?	3.5.1, Kasten 3.2
14. Welches höhere Taxon des Phytoplanktons hat die größte Größenreichweite?	3.5.2
15. Welches höhere Taxon von Phytoplankton ist in im Süßwasser diverser als im Ozean?	3.5.2
16. Welche Phytoplanktongruppen haben mineralische Skelettsubstanzen und welche sind die Mineralien?	3.5.2
17. Was ist die übliche Häufigkeit und die Hauptrolle von heterotrophen Nanoflagellaten?	3.5.3
18. Was sind die Hauptunterschiede in der Funktion zwischen Cladoceren, Copepoden und Appendicularien?	3.5.3
20. Welche Zooplankton-Taxa sind gallertartig?	3.5.3
21. Was ist der Unterschied zwischen lecitotrophen und planktotrophen Larven?	3.5.3
22. Wie hängt die ontogenetische Vertikalwanderung von langlebigen Copepoden mit ihrem Lebenszyklus zusammen?	3.5.3
19. Was sind die proximaten und die ultimaten Ursachen für die tägliche Vertikalwanderung des Zooplanktons?	3.5.3
20. Was ist die übliche Häufigkeit von heterotrophen Bakterien in Oberflächenwässern?	3.5.4
21. Können aquatische Pilze negative Auswirkungen auf Phytoplankton haben? Wenn ja, welche Gruppen und warum?	3.5.5
22. Sind Viren ein Problem für andere Planktonarten? Wenn ja, warum?	3.5.6

3.1 Übungsaufgaben

Frage	Abschnitt
23. Welche sind die wichtigsten höheren Tiergruppen, die zum Nekton gehören?	3.6
24. Welche nektonischen Tiere vermehren sich an Land?	3.6
24. Haben pelagische Fische eine typische Form? Wenn ja, warum?	3.6
25. Warum haben Wale kein Fell und Robben haben Fell?	3.6
26. Was ist der Unterschied zwischen anadromen und katadromen Wanderungen? Geben Sie Beispiele!	3.6
27. Warum führen Buckelwale lange Nord-Süd-Wanderungen durch?	3.6
28. Erklären Sie Epibiose	3.7.1
29. Wie können zweidimensionale Felsflächen zu einem dreidimensionalen Lebensraum für Benthos werden?	3.7.1
30. Was sind die wichtigsten Primärproduzenten im Periphyton?	3.7.2
31. Was sind die wichtigsten Gruppen von benthischen Makroalgen?	3.7.2
32. Was bestimmt die obere Grenze der Makroalgenverteilung im Eulitoral?	3.7.2
33. Welche höheren Taxa des Zoobenthos sind ausschließlich marin und welche enthalten auch Süßwasservertreter?	3.7.3
34. Vergleichen Sie die Mobilitätsmuster der verschiedenen Gruppen von Weichtieren und Krebstieren	3.7.3
35. Erklären Sie die Einzigartigkeit der Fortbewegung von Echinodermata.	3.7.3
36. Können benthische Fische morphologisch von pelagischen unterschieden werden?	3.7.3
37. Welche Auswirkungen haben mikrobielle Matten auf Sedimente?	3.8.2
38. Beschreiben Sie die Lebensformen von Blütenpflanzen im Wasser.	3.8.2
39. Können Sie Protisten und Tiere in reduzierten Sedimentschichten finden?	3.8.3
40. Was sind die morphologischen Anpassungen von Tieren, die im Interstitialraum leben?	3.8.3
41. Wie erhalten eingegrabene Polychaeten und Bivalven Sauerstoff?	3.8.3
42. Geben Sie Beispiele für endo- und epibenthische Fische.	3.8.3
43. Warum enthalten Sedimente die größte Vielfalt an bakteriellen Stoffwechseltypen auf kleinen räumlichen Skalen?	3.8.4
44. Wie viele heterotrophe Bakterien finden sich in oxidierten Sedimenten?	3.8.4
45. Was sind die reduzierten Endprodukte der Nitrat- und Sulfat-Atmung?	3.8.4
46. Welche oxidierten und reduzierten Substanzen sind notwendig für N-basierte und für S-basierte Chemosynthese?	3.8.4
47. Vergleichen Sie die Larven- und die adulte Lebensdauer von Wasserinsekten.	3.9
48. Wie gehen Flussinsekten mit dem Problem ders abwärts gerichteten Drift von Larven um?	3.9.1
49. Welche Wasserinsekten können gesundheitliche Probleme beim Menschen verursachen?	3.9.2

Literatur

Alldredge AL (1977) House morphology and mechanisms of feeding in the Oikopleuridae (Tunicata, Appendicularia). J Zool Lond 181:175–188

Atkinson MJ, Smith SV (1983) C:N:P ratios of marine plants. Limnol Oceanogr 28:568–574

Azam F, Fenchel T, Field JG, Ray JS, Meyer-Reil LA, Thingstad F (1983) The ecological role of water-column microbes in the sea. Mar Ecol Progr Ser 10:257–263

Baker CS (1980) Whale migrations. Mother (Nature) calls. Nat Geogr Mag 178

Båmstedt U (1986) Chemical composition and energy content. In: Corner EDS, O'Hara SCM (Hrsg) Biological chemistry of marine copepods. Oxford University Press, Oxford, S 1–58

Bergh O, Børsheim KY, Bratbak G, Heldal M (1989) High abundances of viruses found in aquatic environments. Nature 340:467–469

Bi R, Arndt C, Sommer U (2012) Stoichiometric responses of phytoplankton species to the interactive effect of nutrient supply rates and growth rates. J Phycol 48:539–549

Bratbak G, Jacobsen A, Heldal M, Nagasaki K, Thingstad F (1998) Virus production in *Phaeocystis pouchetii* and its relation to host cell growth and nutrition. Aquat Microb Ecol 16:1–9

Brown JH, Gillooly JF, Allen AP, Savage VM, West GB (2004) Toward a metabolic theory of ecology. Ecology 85:1771–1789

Bruning K (1991) Effects of phosphorus limitation on the epidemiology of a chytrid phytoplankton parasite. Freshwat Biol 25:409–417

Droop MR (1983) 25 years of algal growth kinetics. Bot Mar 26:99–112

Eggleton P, Gaton KJ (1990) "Parasitoid" species and assemblages: convenient definitions or misleading compromises? Oikos 59:417–421

Elser JJ, Urabe J (1999) The stoichiometry of consumer-driven nutrient recycling: theory, observations, and consequences. Ecology 80:735–751

Elser JJ, Dobberfuhl D, McKay NA, Schampel JH (1996) Organism size, life history, and N:P stoichiometry: towards a unified view of cellular and ecosystem processes. Bioscience 46:674–684

Elser JJ, Fagan WF, Denno RF, Dobberfuhl DR, Folarin A, Huberty A, Interlandi S, Kilham S, McCauley E, Schulz KL, Siemann EH, Sterner RW (2000) Nutritional constraints in terrestrial and freshwater food webs. Nature 408:578–580

Ernest SKM, Enquist BJ, Brown JH, Charnov EL, Gillooly JF, Savage V, White EP, Smith FA, Hadly EA, Haskell JP, Lyons SK, Maurer BA, Niklas KJ, Tiffney B (2003) Thermodynamic and metabolic effects on the scaling of production and population energy use. Ecol Lett 6:990–995

Fenchel T (1969) The ecology of marine microbenthos. IV. Structure and function of the benthic ecosystem, its chemical and physical factors, and the microfauna communities with special reference to the ciliate protozoa. Ophelia 6:1–182

Flynn KJ, Mitra A et al (2019) Mixotrophic protists and a new paradigm for marine ecology: where does plankton research go now? J Plankton Res 41:375–391

Fuhrman JA (1999) Marine viruses and their biogeochemical and ecological effects. Nature 399:541–548

Fulton J (1973) Some aspects of the life history of *Calanus plumchrus* in the Strait of Georgia. J Fish Res Bd Can 30:811–815

Geller W (1975) Die Nahrungsaufnahme von *Daphnia* in Abhängigkeit von der Futterkonzentration, der Körpergröße und dem Hungerzustand der Tiere. Arch Hydrobiol Suppl 48:47–107

Geller W, Müller H (1985) Seasonal variability in the relationships between body length and individual dry weight and individual dry weight as related to food abundance and clutch size in two coexisting *Daphnia* species. J Plankton Res 7:1–18

Giere O (1992) Benthic life in sulfidic zones of the seas – ecological and structural adaptations to a toxic environment. Verh Dtsch Zool Ges 85:77–93

Giere O (1993) Meiobenthology. Springer, Berlin

Gillooly JF, Brown JH, West GB, Savage VM, Charnov EL (2001) Effects of size and temperature on metabolic rate. Science 293:2248–2251

Goldman JC, McCarthy JJ, Peavey DG (1979) Growth rate influence on the chemical composition of phytoplankton in oceanic waters. Nature 279:210–215

Gustavsen JA, Winget DM, Tian X, Suttle CA (2014) High temporal and spatial diversity in marine RNA viruses implies that they have an important role in mortality and structuring plankton communities. Front Microbiol 5:703

Hemmingsen A (1960) Energy metabolism as related to body size and respiratory surface, and its evolution. Report of Steno Memorial Hospital (Copenhagen) 9:1–110

Hobbie JB, Daley RJ, Jasper S (1977) Use of nuclepore filters for counting bacteria by fluorescence. Appl Environ Microb 33:1225–1228

Hochstädter S (2000) Seasonal changes of C:P ratios of seston, bacteria, phytoplankton and zooplankton in a deep, mesotrophic lake. Freshw Biol 44:453–463

Holfeld H (1998) Fungal infections of the phytoplankton: seasonality, minimal host density, and specificity in a mesotrophic lake. New Phytol 138:507–517

Ioannou CC, Guttal V, Couzin ID (2012) Predatory fish select for coordinated collective motion in virtual prey. Science 337:1212–1215

Jensen P (1987) Differences in microhabitat, abundance, biomass and body size between oxybiotic and thiobiotic free-living marine nematodes. Oecologia 71:564–567

Keefer ML, Caudill CC (2014) Homing and straying by anadromous salmonids: a review of mechanisms and rates. Rev Fish Biol Fish 24:333–368

Kils U (1986) Verhaltensphysiologische Untersuchungen pelagischen Schwärmen, Schwarmbildung als Strategie zur Orientierung in Umweltgradienten, Bedeutung der Schwarmbildung in der Aquakultur. Ber Inst Meereskunde, Kiel 163:1–168

Krumbein WE, Paterson DM, Stal LJ (1994) Biostabilization of sediments. BIS-Verlag, Oldenburg

Mann KH (1984). Fish production in open ocean ecosystems. In: Fasham MJR (Hrsg) Flows of energy and materials in marine ecosystems. NATO Conf Ser 4, Mar Sci V. Plenum, New York, S 435–458

Marañón E (2015) Cell size as a key determinant of phytoplankton metabolism and community structure. Annu Rev Mar Sci 7:241–264

Mateus MD (2017) Bridging the gap between knowing and modeling viruses in marine systems—an upcoming frontier. Front Mar Sci 3:284

McNeal KH, Peckarsky BI, Likens GE (2005) Stable isotopes identify dispersal patterns of stonefly populations living along stram corridors. Freshw Biol 50:117–130

Möbius K (1877). Die Auster und die Austernwirtschaft. Wiegandt, Hemple & Parey: Berlin. English translation: The Oyster and Oyster Farming. U.S. Commission Fish and Fisheries Report (1880) 683–751

Moustaka-Gouni M, Kormas KA, Scotti M, Vardaka E, Sommer U (2016) Warming and acidification effects on planktonic heterotrophic pico- and nanoflagellates in a mesocosm experiment. Protist 167:389–410

Peters RH (1983) The ecological implications of body size. Cambridge University Press, Cambridge

Proctor LM, Fuhrman JA (1990) Viral mortality of marine-bacteria and cyanobacteria. Nature 343:60–62

Redfield AC (1934) On the proportions of organic derivatives in seawater and their relation to the composition of plankton. In: Daniel RJ (Hrsg) James Johnstone memorial volume. Liverpool University Press, Liverpool, S 176–192

Redfield AC, Ketchum BH, Richard FA (1963) The influence of organisms on the composition of seawater. In: Hill MN (Hrsg) The Sea. Wiley, NY, S 26–77

Rees HC, Maddison BC, Middleditch DJ, Patmore JR, Gough KC (2014) Review: the detection of aquatic animal species using environmental DNA – a review of EDNA as a survey tool in ecology. J Appl Ecol 51:1450–1459

Reise K, Ax P (1979) A meiofaunal "thiobios" limited to the anaerobic sulfide system of marine sand does not exist. Mar Biol 54:225–237

Schmidt J (1924) The breeding of the eel. Smithonian Report, Washington

Sieburth JMN, Smetacek V, Lenz J (1978) Pelagic ecosystem structure: heterotrophic compartments of the plankton and their relationship to plankton size fractions. Limnol Oceanogr 23:1256–1263

Sommer U (1988a) Does nutrient limitation of phytoplankton occur in situ? Verh internat Verein Limnol 23:707–712

Sommer U (1988b) Some size relationships in phytoflagellate motility. Hydrobiologia 161:125–131

Sommer U (1991) A comparison of the Droop and Monod models of nutrient limited growth applied to natural population of phytoplankton. Funct Ecol 5:535–544

Sommer U (1994) Planktologie. Springer, Berlin

Sommer U (2005) Biologische meereskunde, 2. Aufl. Springer, berlin, Heidelberg, New York

Sommer U, Stibor H (2002) Cladocera – Copepoda – Tunicata: the role of three major mesozooplankton groups in pelagic food webs. Ecol Res 17:161–174

Sommer U, Charalampous E, Genitsaris S, Moustaka-Gouni M (2017) Benefits, costs and taxonomic distribution of marine phytoplankton body size. J Plankton Res 39:494–508

Stern R, Kraberg A, Bresnan E, Kooistra WHCF, Lovejoy C, Montresor M, Moran XAG, Not F, Salas R, Siano R, Vaulot D, Amaral-Zettler L, Zingone A, Metfies K (2018) J Plankton R 40:519–539

Sterner RW, Elser JJ (2002) Ecological stoichiometry. Princeton University Press, Princeton, NJ

Sutcliffe WHJ (1970) Relationships between growth rate and ribonucleic acid concentration in some invertebrates. J Fish Res Boar Can 27:606–609

Suttle CA (2005) Viruses in the sea. Nature 437:356-351

Tait RV (1981) Elements of marine ecology, 3. Aufl. Butterworths, London

Utermöhl H (1958) Zur Vervollkommnung der quantitativen Phytoplanktonmethodik. Mitt internat Verein Limnol 9:1–38

Veldhuis MUV, Kraay GW (2000) Application of flow cytometry in marine phytoplankton research: current applications and future perspectives. Sci Mar 64:121–134

Wahl M (1989) Marine epibiosis. I. Fouling and antifouling. Some basic aspects. Mar Ecol Progr Ser 58:175–189

Walsby AF, Reynolds CS (1980) Sinking and floating. In: Morris I (Hrsg) The physiological ecology of phytoplankton. Blackwell, Boston, S 371–412

Ward BB (2013) How nitrogen is lost. Science 341:352–353

West GB, Brown JH, Enquist BJ (1999) The fourth dimension of life: fractal geometry and allometric scaling of organisms. Science 284:1677–1679

Zwart G, Crump BC, Agterveld MPKV, Hagen F, Han SK (2002) Typical freshwater bacteria: an analysis of available 16S rRNA gene sequences from plankton of lakes and rivers. Aqu Microb Ecol 28:141–155

Ökophysiologie

Inhaltsverzeichnis

Abkürzungsverzeichnis 126
4.1   Überleben in der abiotischen Umwelt 127
      4.1.1   Die Optimumskurve 127
      4.1.2   Temperatur 129
      4.1.3   Salinität 136
      4.1.4   Austrocknung 138
4.2   Ernährung und Wachstum von Autotrophen 139
      4.2.1   Licht und Photosynthese 139
      4.2.2   Mineralische Nährstoffe 147
      4.2.3   Chemolithoautotrophie 155
4.3   Ernährung und Wachstum von Heterotrophen 158
      4.3.1   Osmotrophie 158
      4.3.2   Phagotrophie 160
4.4   Dissimilatorischer Stoffwechsel 169
      4.4.1   Aerobe Atmung 169
      4.4.2   Anaerobiose 172
Glossar 173
Übungsfragen 176
Literatur 179

© Der/die Autor(en), exklusiv lizenziert an Springer Nature Switzerland AG 2024
U. Sommer, *Süßwasser- und Meeresökologie*,
https://doi.org/10.1007/978-3-031-64723-9_4

Abkürzungsverzeichnis

A	Assimilationsrate
AQ	Assimilationseffizienz
C	Clearance-Rate
E	Aktivierungsenergie (eV ... 1 eV = 96,49 kJ mol^{-1})
E	Einstrahlung
E_0	Oberflächeneinstrahlung
E_i	Einstrahlung beim Beginn der Hemmung
E_k	Einstrahlung beim Beginn der Sättigung
E_m	Mittlere Einstrahlung einer gemischten Oberflächenschicht
F	Nahrungskonzentration
I	Ingestionsrate
I	Physiologische Rate
ILL	Incipient limiting level
k	Attenuationskoeffizient
k	Boltzmann-Konstante (8,617343 10^{-5} eV K^{-1})
K	Halbsättigungskonstante der P–I Kurve
k_m	Halbsättigungskonstante der Aufnahme
k_s	Halbsättigungskonstante des Nährstoff-limitierten Wachstums
P	Produktionsrate
P	Rate der Photosynthese
p_i	Relative Häufigkeit des Nahrungstyps i in der Umgebung
P_{max}	Maximale Rate der Photosynthese
Q	Zellquote eines Nährstoffs
Q_0	Minimale Zellquote
r_i	Relative Häufigkeit des Nahrungstyps i in der Ernährung
S	Nährstoffkonzentration im Wasser
T	Absolute Temperatur in Kelvin (K = °C + 273,16)
v	Aufnahmerate
v_{max}	Maximale Aufnahmerate
W	Selektivitätskoeffizient nach Vanderploeg und Scavia
z_m	Mischungsschichttiefe
α	Anfangssteigung der P–I Kurve
μ	Wachstumsrate
μ_{max}	Maximale Wachstumsrate

> **Zusammenfassung**
>
> Wie überleben, entwickeln und wachsen Individuen in ihrer Umgebung? Die Vielzahl der Herausforderungen fällt in zwei Hauptkategorien:
> **Umgang mit der abiotischen Umwelt,** d. h. im Wesentlichen die physikalischen (z. B. Temperatur, Druck, Wellenenergie) und chemischen Be-

dingungen (z. B. Salzgehalt), die Überlebensgrenzen setzen und innerhalb dieser Grenzen mehr oder weniger günstig sein können.

Über das Überleben abiotischer Stressfaktoren hinaus müssen Organismen auch **Ressourcen aus ihrer Umgebung extrahieren,** d. h. Energie und Substanzen, die für die Produktion ihrer eigenen Körpermasse und zur Unterstützung ihrer Aktivität benötigt werden. Gleichzeitig werden auch Materialien an die Umwelt zurückgegeben, bestehend aus „Abfällen", d. h. Endprodukten des Stoffwechsels, und aus architektonischem Material, z. B. Substanzen zum Bau von Schalen, Riffen usw. Der Materie- und Energieaustausch mit der Umwelt ist mit einer internen Umwandlung von Materie und Energie gekoppelt, die **Stoffwechsel** genannt wird. Es gibt zwei Hauptkategorien von Stoffwechselumwandlungen: Die Prozesse, die Biomasse aufbauen, genannt **Anabolismus** oder **assimilatorischer Stoffwechsel,** und die Prozesse, die Energie für Erhaltung und Aktivität gewinnen, genannt **Katabolismus** oder **dissimilatorischer Stoffwechsel.**

4.1 Überleben in der abiotischen Umwelt

4.1.1 Die Optimumskurve

Keine Art oder kein Genotyp kann überall überleben und gedeihen. Es gibt Umweltbedingungen, unter denen sie optimal wachsen, andere, unter denen sie nur überleben, und wieder andere, unter denen sie nicht überleben. Während einige der Umweltfaktoren, die für das Wohlbefinden einer Art entscheidend sind, sich auf Ernährung und andere Ressourcen für den Stoffwechsel beziehen, sind andere physikalische und chemische Eigenschaften der Umwelt, wie Temperatur, Salzgehalt und pH-Wert. Die Optimumskurve (Abb. 4.1) ist eine Möglichkeit, das Wohlbefinden einer Art mit einem einzigen physikalischen oder chemischen Umweltfaktor in Beziehung zu setzen, wobei angenommen wird, dass die anderen Faktoren keine Einschränkungen für das Wohlbefinden darstellen. Die Kurve wird konstruiert, indem ein Maß für den Umweltfaktor auf der x-Achse und ein Maß für das Wohlbefinden auf der y-Achse aufgetragen wird. Die Kurve ist durch drei Kardinalpunkte gekennzeichnet: Der Gipfel der Kurve wird **Optimum** genannt und die Schnittpunkte mit der x-Achse **Toleranzgrenzen,** die Begriffe „**Minimum**" und „**Maximum**" charakterisieren die untere und obere Toleranzgrenze. Die Optimumskurve kann symmetrisch oder nicht symmetrisch sein. Symmetrie ist oft nur eine Folge der Skalierung der x-Achse (linear, logarithmisch usw.). Es gibt auch einige Diskussionen darüber, ob ein Ein-Punkt-Optimum oder ein flaches Plateau eine bessere Darstellung der Realität wäre. Die Bereiche zwischen dem Plateau und den Toleranzgrenzen werden **Pejus**-Regionen genannt. In der Praxis macht die Streuung realer Daten die Entscheidung zwischen einem Punkt-

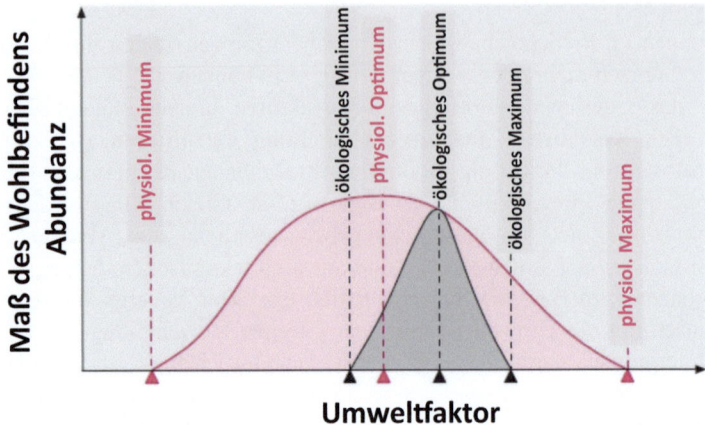

Abb. 4.1 Ökologische und physiologische Optimum-Kurven. (Quelle: Abb. 5.1 in Sommer 2005)

optimum und einem Plateau schwierig. Mathematisch können einzelne, an Daten angepasste Gleichungen nur ein Punktoptimum haben.

Es ist üblich, zwischen einer **ökologischen** und einer **physiologischen Optimumskurve** zu unterscheiden. Die ökologische Kurve wird aus Verteilungen und Häufigkeiten in der Natur abgeleitet. Die physiologische Kurve wird aus experimentellen Messungen des Wohlbefindens auf der Ebene von Individuen (große Organismen) oder experimentellen Populationen (Mikroorganismen) abgeleitet. Physiologische Optimumskurven sind ein Sonderfall dessen, was in der Genetik als **Reaktionsnorm** bezeichnet wird. Die unabhängige Variable kann jedes Maß für das Wohlbefinden sein, wie Produktionsraten, Wachstumsraten oder reproduktionsbezogene Parameter. Tödliche Grenzen können durch Überlebensexperimente untersucht werden. Offensichtlich müssen die ökologischen Toleranzgrenzen viel enger sein als die physiologischen Toleranzgrenzen, da die erfolgreiche Etablierung einer lokalen Population mehr erfordert als Überleben oder ein minimales Maß an Fortpflanzung. Es erfordert Fortpflanzungsraten, die mindestens im Gleichgewicht mit den durch Alterung, Prädation, Krankheit usw. verursachten Sterblichkeitsraten stehen.

Ökologische Nische

Die ökologischen Nischen von Organismen werden definiert, indem ökologische und physiologische Toleranzkurven in Bezug auf mehrere (N) Umweltfaktoren in einem N-dimensionalen Hyperraum abgebildet werden. Die **fundamentale Nische** einer Art wird aus den physiologischen Optimumskurven als Reaktion auf abiotische Faktoren und aus minimalen Ressourcenanforderungen, z. B. Licht und Nährstoffen für Phototrophe und Nahrung für Tiere, abgeleitet. In Abwesenheit negativer Effekte anderer Organismen (Kap. 6) könnte die gesamte fundamentale Ni-

4.1 Umgang mit der abiotischen Umwelt

sche von der Art besetzt werden. Negative Effekte anderer Arten, wie Konkurrenz und Prädation, reduzieren jedoch den tatsächlichen Verbreitungsbereich. Dies wird als **realisierte Nische** bezeichnet (Hutchinson 1958).

Betrachten wir zur Vereinfachung zwei Nischendimensionen: Wenn Toleranzen gegenüber zwei Umweltfaktoren sich nicht gegenseitig beeinflussen, wäre die Nische in einem zweidimensionalen Nischenraum rechteckig. Es ist jedoch leicht zu verstehen, dass die Toleranz gegenüber Faktor 2 geringer wird, wenn Faktor 1 bereits nahe der Toleranzgrenze liegt. In einem solchen Fall wäre die Form einer zweidimensionalen Nische etwas zwischen einem Rechteck mit abgerundeten Ecken und einer Ellipse, abhängig vom Ausmaß der Wechselwirkungen zwischen beiden Umweltfaktoren (Abb. 4.2). Bei komplexeren und unbekannten Wechselwirkungen zwischen Umweltfaktoren sind sogar unregelmäßige Geometrien der Nische möglich (Blonder 2018).

4.1.2 Temperatur

Moderate Temperaturvariabilität

Aquatische Lebensräume sind thermisch gemäßigter im Vergleich zu terrestrischen. Die Gefriertemperatur des Wassers setzt eine untere Temperaturgrenze,

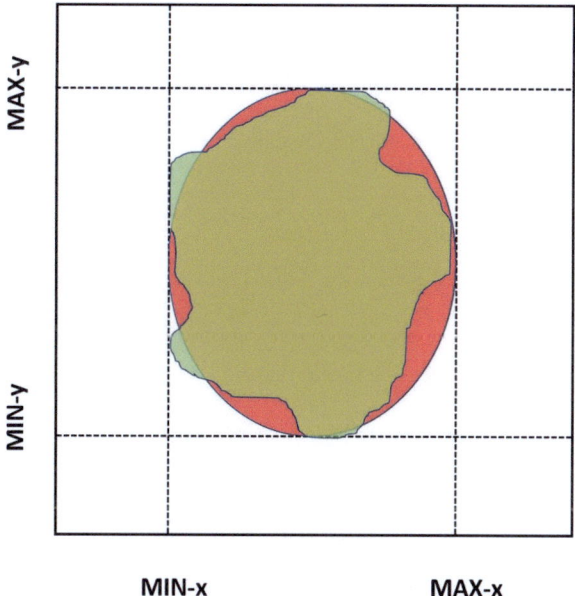

Abb. 4.2 Beziehung der Nische zu den Toleranzgrenzen (MIN, MAX) von Umweltfaktoren, dargestellt für 2 Umweltfaktoren (x, y) mit elliptischen (rot) und unregelmäßigen Nischengrenzen (grün)

während mehr als 40 °C selten in sonnenbeheizten Oberflächengewässern vorkommen. Im Gegensatz dazu variieren die Lufttemperaturen an Land zwischen −70 °C und +58 °C. Saisonale und kurzfristige Temperaturänderungen sind im Wasser auch weniger ausgeprägt als in der Luft. Höhere Temperaturen als in sonnenbeheizten Gewässern findet man in heißen Quellen, aber ihre Temperaturen sind zeitlich ziemlich konstant, was die Spezialisierung hitzetoleranter Organismen ermöglicht. Die meisten extrem hitzetoleranten Organismen gehören zu den Archaea. Stärkere Temperaturvariabilität als unter Wasser kann während der trockenen Gezeitenphase in Gezeitenzonen erwartet werden, mit Lufttemperaturen unter dem Gefrierpunkt im Winter und starker Sonnenheizung im Sommer.

Thermische Optima und Umgebungstemperatur

Ökologische und physiologische Temperaturoptima stimmen nicht immer überein, insbesondere bei Arten, die in extremen Umgebungen leben. El-Sayed und Taguchi (1981) sammelten Daten über die Temperaturabhängigkeit der maximalen Wachstumsraten von Phytoplankton von antarktischen und kalt-gemäßigten Meeren. In situ erleben die antarktischen Arten Temperaturen zwischen −1,9 und 1 °C, aber ihre Temperaturoptima lagen im Bereich von 2,5 bis 7 °C, während die Optimumskurven der kalt-gemäßigten Arten besser mit den Umgebungstemperaturbereichen übereinstimmten (Abb. 4.3).

Temperaturabhängigkeit der Stoffwechselraten

Die Geschwindigkeit chemischer Reaktionen nimmt mit der Temperatur zu. Dasselbe Prinzip gilt für physiologische und biochemische Raten, jedoch nur unter-

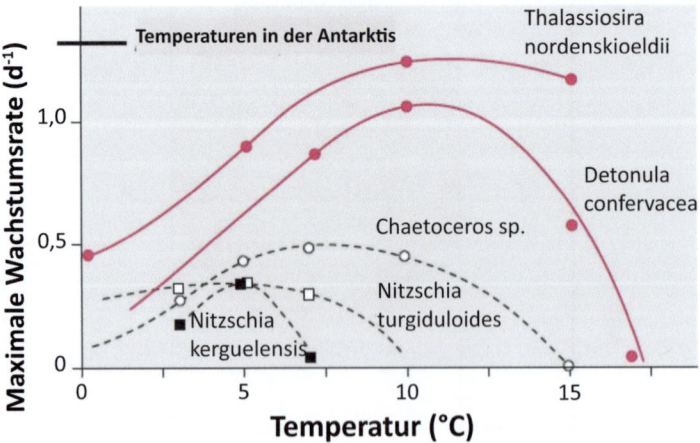

Abb. 4.3 Maximale Wachstumsrate von antarktischem (gestrichelte Linie) und kalt-gemäßigtem (durchgezogene Linien) Phytoplankton in Abhängigkeit von der Temperatur. (Quelle: Abb. 3.1 in Sommer 2005 basierend auf Daten von Durbin 1974; El-Sayed und Taguchi 1981; Jacques 1983; Smayda 1969)

halb des Temperaturmaximums. Oberhalb des Temperaturmaximums führen Ungleichgewichte in der Nachfrage und dem Angebot von Substanzen im Körper sowie Stabilitätsprobleme von Enzymen zu einer Verringerung der physiologischen Funktionen (Kasten 4.1, **aerobe Kapazität**). Bei Temperaturen weit unterhalb des Optimums kann die Zunahme der Reaktionsgeschwindigkeiten mit der Temperatur durch eine Faustregel beschrieben werden, die **Van't Hoff'sche Regel**: Jede Temperaturerhöhung um einen konstanten linearen Betrag führt zur Multiplikation der Reaktionsgeschwindigkeit mit einem konstanten Faktor. Für eine Temperaturerhöhung von 10 °C wird dieser Faktor als **Q_{10}** bezeichnet. Q_{10}-Werte für verschiedene physiologische Prozesse reichen von 0 bis 4, mit einer Tendenz zu höheren Werten für heterotrophe Prozesse als für photoautotrophe (Sommer und Lengfellner 2008):

- Keine Temperaturabhängigkeit für lichtbegrenzte Photosynthese ($Q_{10} = 0$) (Tilzer et al. 1986)
- Lichtgesättigte Photosynthese: $Q_{10} = 1,88$ (Eppley 1972)
- Mikroalgenatmung: $Q_{10} = 2,6-5,2$ (Hancke und Glud 2004)
- Zooplanktonatmung: $Q_{10} = 1,8-3,0$ (Ivleva 1980; Ikeda et al. 2001)
- Zooplankton-Filtrationsraten: $Q_{10} = 2-3$ (Prosser 1973)
- Bakterienatmung: $Q_{10} = 3,3$ (Sand-Jensen et al. 2007)

Die **Arrhenius-Gleichung** ist eine Beschreibung der Temperaturabhängigkeit physiologischer Raten, die mehr im Einklang mit den allgemeinen Prinzipien der physikalischen Chemie steht:

$$I = ae^{-E/k\,T} \tag{4.1}$$

I: physiologische Rate
E: Aktivierungsenergie (eV ... 1 eV = 96,49 kJ mol^{-1})
k: Boltzmann-Konstante (8,617343 10^{-5} eV K^{-1})
T: absolute Temperatur in Kelvin ($K = °C + 273,16$)
Zur Berechnung von E durch lineare Regressionsanalyse werden folgende Achsentransformationen empfohlen: *x*-Achse: $(k\,T)^{-1}$; *y*-Achse: ln von I (Arrhenius-Diagramm). Mit dieser Transformation kann die Aktivierungsenergie als negative Steigung der Regression berechnet werden.

Brown et al. (2004) stellten Temperatur-Rate-Beziehungen für eine Vielzahl physiologischer Prozesse zusammen und korrigierten die Raten für die Körpergröße gemäß der 0,75-Regel, d. h. der Zunahme der absoluten Stoffwechselraten mit der 0,75ten Potenz der Körpermasse (Abschn. 3.3.1). Schätzungen der Aktivierungsenergie waren für eine Vielzahl von Stoffwechselprozessen ziemlich einheitlich (0,68 bis 0,73 eV). Brown et al. versuchen, eine Theorie zu entwickeln, die großskalige ökologische Muster hauptsächlich auf der Größen- und Temperaturabhängigkeit der Stoffwechselraten erklärt („metabolische Theorie der Ökologie") (Abb. 4.4).

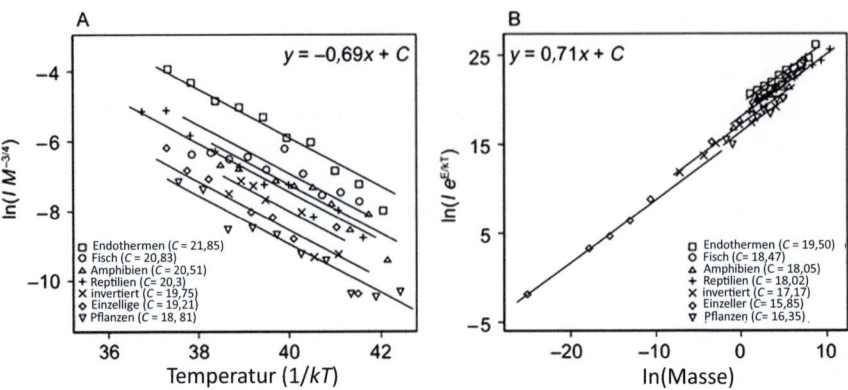

Abb. 4.4 Temperatur- und Massenabhängigkeit der Stoffwechselrate für verschiedene Organismengruppen, von einzelligen Eukaryoten bis zu Pflanzen und Wirbeltieren. (**a**) Beziehung zwischen massenkorrigierter Stoffwechselrate, $\ln(IM^{-3/4})$, gemessen in Watt/g$^{3/4}$, und Temperatur, $1/kT$, gemessen in K. Die negative Steigung, berechnet mit ANCOVA, schätzt die Aktivierungsenergie, und die Schnittpunkte schätzen die Normalisierungskonstanten, $C = \ln(i_0)$, für jede Gruppe. Die beobachtete Steigung liegt nahe dem vorhergesagten Bereich von 0,60–0,70 eV (95 % ci, 0,66–0,73 eV). Beachten Sie, dass die 1/kT-Werte auf der x-Achse etwa 49,2, 32,2, 16,95, 3,14 °C entsprechen, höhere Werte auf der linken Seite. (**b**) Beziehung zwischen temperaturkorrigierter Stoffwechselrate, $\ln(Ie^{E/kT})$, gemessen in Watt, und Körpermasse, $\ln(M)$, gemessen in Gramm. Variablen sind M, Körpergröße; I, individuelle Stoffwechselrate; k, Boltzmann-Konstante; T, absolute Temperatur (in K). E ist die Aktivierungsenergie. Die Steigung, berechnet mit ANCOVA, schätzt den allometrischen Exponenten, und die Schnittpunkte schätzen die Normalisierungskonstanten, $C = \ln(i_0)$, für jede Gruppe. Die beobachtet Steigunge liegt nahe dem vorhergesagten Wert von ¾ (95 % ci, 0,69–0,73). Zur Klarheit wurden Daten von Endothermen ($n = 142$), Fischen ($n = 113$), Amphibien ($n = 64$), Reptilien ($n = 105$), Wirbellosen ($n = 20$), einzelligen Organismen ($n = 30$) und Pflanzen ($n = 67$) für jede taxonomische Gruppe zusammengefasst und gemittelt, um die im Diagramm dargestellten Punkte zu erzeugen. (Quelle: Abb. 1 in Brown et al. 2004, mit Genehmigung von John Wiley and Sons)

Kasten 4.1 Aerobe Kapazität: Ein Maß für das Wohlbefinden

Es gibt viele Metriken, die als abhängige Variable von Optimumkurven verwendet werden können. Diejenigen, die der Fitness im evolutionären und ökologischen Sinne am nächsten kommen, beziehen sich auf die Fortpflanzung (Fruchtbarkeit), da die Fitness bestimmter Gene oder Genotypen als die Repräsentation ihrer eigenen Art in zukünftigen Generationen definiert ist. Fortpflanzungsbezogene Messungen erfordern jedoch eine langfristige Kultivierung, die unter nahezu natürlichen Lebensbedingungen schwierig sein kann und ohnehin mit einem niedrigen Aufwand-Ertrags-Verhältnis solcher Experimente verbunden ist.

Pörtner (2001, 2010) und Pörtner und Farrell (2008) schlagen die aerobe Kapazität als universelles Maß für die Leistung entlang von Temperaturgradienten vor. **Aerobe Kapaität** ist die Fähigkeit eines Organismus, durch

Stoffwechsel über das minimale Ruhemetabolismusniveau hinaus aerobe Energie zu gewinnen. Dieser Energiegewinn kann in jede lebenswichtige Funktion investiert werden, z. B. Fortbewegung, Wachstum, Fortpflanzung. Die aerobe Kapazität ist bei optimalen Temperaturen maximal. In den Pejus-Regionen wird die Sauerstoffversorgung im Körper des Tieres begrenzt und die aerobe Kapazität nimmt ab, selbst wenn das Wasser vollständig mit Sauerstoff gesättigt ist. Praktisch kann dies durch abnehmendes pO_2 in Körperflüssigkeiten und durch steigende Konzentrationen anaerober Produkte des Katabolismus wie Acetat oder Laktat gemessen werden. Wenn die oberen oder unteren **kritischen Temperaturgrenzen** (T_c) überschritten werden, wechselt der mitochondriale Stoffwechsel zu anaerobem Stoffwechsel, was zu einem passiven Überlebensmodus führt, der nicht dauerhaft aufrechterhalten werden kann. Bei noch extremeren Temperaturen kommt es zur Denaturierung lebenswichtiger Substanzen.

Regulierung der Körpertemperatur

Die meisten aquatischen Organismen sind **ektotherm** (früher poikilotherm genannt); d. h., ihre Körpertemperatur folgt den Umgebungstemperaturen und wird nicht von den Organismen reguliert. Daher kann die innere Körpertemperatur weit vom physiologischen Optimum entfernt sein. Einige Tiere, z. B. schnell schwimmende Fische wie Thunfische, haben Temperaturen über der Umgebungstemperatur (bis zu 12° mehr), weil die Wärme, die durch Stoffwechselaktivitäten entsteht, nicht vollständig an die Umgebung abgegeben wird. Nur Vögel und Säugetiere regulieren wirklich ihre Körpertemperatur; sie werden **endotherm** (früher homoiotherm) genannt. Der Zieltemperaturbereich für die Regulierung ist innerhalb der Arten sehr eng und die Unterschiede zwischen den Arten sind ebenfalls recht klein (Irving 1969): 35,6 °C bis 37 °C für Wale, 36 °C bis 38 °C für Robben und leicht >40 °C für die meisten Vögel, aber nur 37,7 °C für den Königspinguin. Wasservögel können ihre Körpertemperatur um einige Grad während langer Tauchgänge verlieren, ohne Schaden zu nehmen. Die Körpertemperatur nahe dem physiologischen Optimum zu halten, ermöglicht höhere Stoffwechselraten von endothermen Tieren im Vergleich zu ähnlich großen ektothermen Tieren (Abb. 3.2), aber es ist mit energetischen Kosten verbunden, besonders wenn die Umgebungstemperaturen viel niedriger als das Regelungsniveau sind. Die Temperaturregulierung im Wasser ist energetisch teurer als in der Luft, da Wasser Wärme 27-mal schneller überträgt. Daher sind die meisten aquatischen Endothermen groß, was das Verhältnis von Oberfläche zu Volumen reduziert und damit den Wärmeaustausch.

Evolutionäre Anpassung der Wärmetoleranz

Lokale Anpassung Viele Arten kommen in relativ weiten klimatischen Bereichen vor. Daher ist es interessant, die Temperaturtoleranzen von Populationen aus wärmeren und kälteren Gebieten zu vergleichen. Ein Beispiel für lokale Anpassung sind die unterschiedlichen kritischen Temperaturen (T_c) von Wattwürmern (*Arenicola marina*, Polychaeta) im subarktischen Weißen Meer und der kalt-gemäßigten Nordsee (Sommer et al. 1997). Es scheint, dass sich die Wärmetoleranzfenster parallel verschoben haben, da sowohl die untere als auch die obere kritische Temperatur (T_c) sensu Pörtner (2001) an beiden Standorten um etwa 3 °C unterschiedlich waren. Willett (2010) verglich die Überlebensraten von *Tigriopus californicus* (Copepoda, Crustacea) aus Gezeitentümpeln an der nordamerikanischen Westküste von Südkalifornien bis British Columbia. Die südlicheren Populationen hatten höhere Überlebensraten bei extrem hohen Temperaturen als die nördlichen (Abb. 4.5).

Andererseits fanden Mitchell und Lampert (2000) keinen Hinweis auf eine lokale Anpassung der Temperaturreaktionsnormen bei *Daphnia magna* (ein häufiger Süßwasserzooplankter, der zu Cladocera, Crustacea gehört) von Standorten, die von Sizilien bis Finnland beprobt wurden. Klone, die aus Ruheeiern schlüpften, die an den verschiedenen Standorten gesammelt wurden, wurden einem „Common-Garden-Experiment" unterzogen, d. h. sie wurden dem gleichen Temperaturbereich und anderen experimentellen Bedingungen ausgesetzt. Während es starke Unterschiede zwischen Klonen aus derselben Population gab, wurde kein Unterschied in den Mittelwerten der lokalen Populationen festgestellt. Dieses Fehlen einer lokalen Anpassung wurde auf das eingeschränkte saisonale Vorkommen von *Daphnia magna* und die Möglichkeit, ungünstige lokale Klimabedingungen durch Ruhezustände zu vermeiden, zurückgeführt.

Saisonale Anpassung Mitchell et al. (2004) verwendeten einen ähnlichen Ansatz für *Daphnia magna*, die aus Ruheeiern zu verschiedenen Jahreszeiten schlüpften. Es gab keinen Hinweis darauf, dass Populationen, die während wärmerer Jahreszeiten schlüpften, eine andere Reaktionsnorm auf Temperatur hatten als die Kaltjahreszeitpopulationen.

Anpassung an den Klimawandel Angesichts der fortschreitenden globalen Erwärmung besteht ein zunehmendes Interesse am Ausmaß der evolutionären Temperaturanpassung. Es ist wichtig zu wissen, welche Arten sich an steigende Temperaturen anpassen können, d. h. ihr Temperaturoptimum und ihre obere Toleranzgrenze für Temperatur erhöhen können (Dam 2013). In diesem Zusammenhang sind wir nicht an langsamer Evolution auf phylogenetischen Zeitskalen interessiert, sondern an schneller Evolution, die die Reaktionsnorm einer Population während der Zeit beeinflussen könnte, in der relevante Veränderungen der Umweltbedingungen auftreten (Hairston et al. 2005).

Resurrection-Ökologie ist ein weiterer und sehr vielversprechender Ansatz, um schnelle Evolution zu untersuchen (Hairston et al. 2005; Angeler 2007). Viele aquatische Organismen produzieren Ruhestadien, die im nächsten Jahr nicht vollständig schlüpfen, sondern im Sediment vergraben werden. Dort können sie Jahrzehnte überleben und als „Samenbank" für die Zukunft dienen. Wenn es möglich ist, sie zu datieren, sind sie auch eine wertvolle Ressource für experimentelle Forschung, da sie künstlich zum Schlüpfen gebracht werden können und ihre Re-

4.1 Umgang mit der abiotischen Umwelt

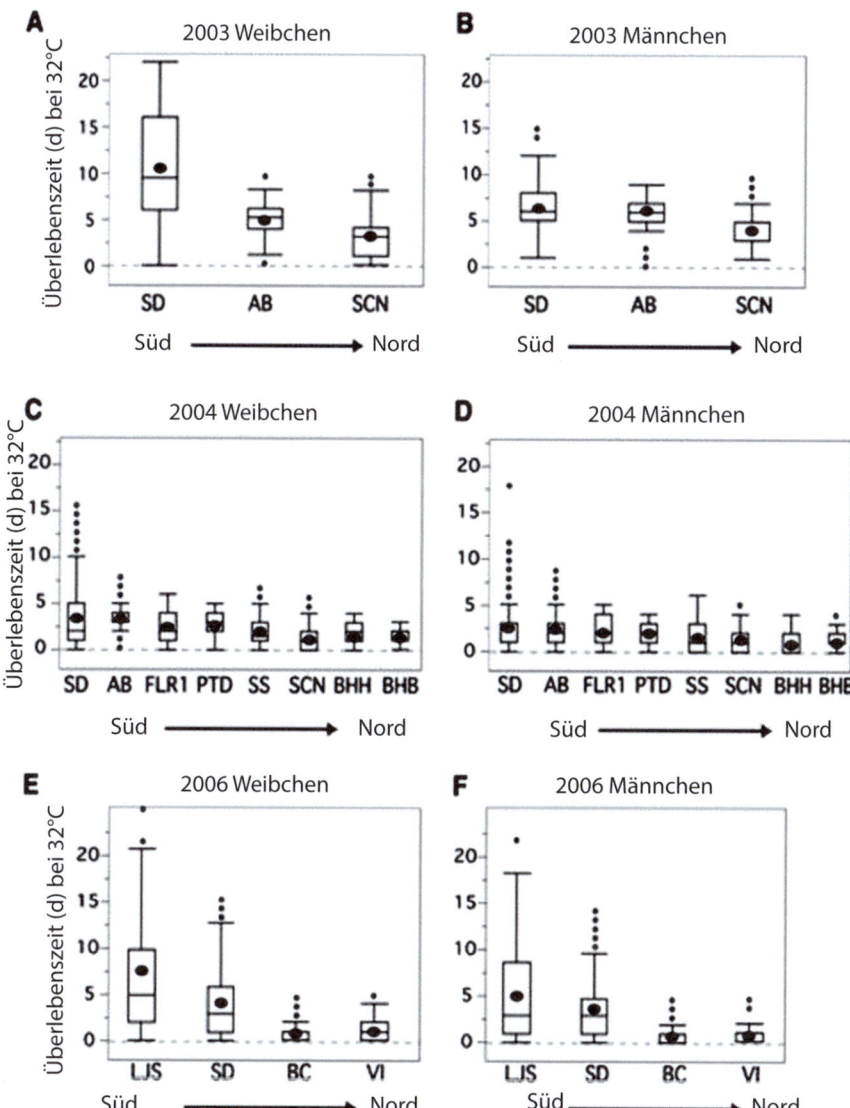

Abb. 4.5 Überlebenszeiten des Copepoden *Tigriopus californicus*, der von südlicheren (warmen) bis nördlicheren (kalten) Populationen stammt. (Quelle: Abb. 4, Willett 2010, mit Genehmigung der Oxford University Press)

aktionsnormen mit Populationen aus anderen Zeiträumen verglichen werden können. Henning-Lucass et al. (2016) erweckten Ruheeier von *Daphnia galeata* aus dem Bodensee, die aus den Jahren 1964 bis 1975 stammen, und verglichen die historischen *Daphnia*-Klone mit den aktuellen aus den Jahren 2000 bis 2009. Es gab keine Hinweise darauf, dass die aktuellen *Daphnia* bei höheren Temperaturen besser abschneiden würden als die historischen. Es sollte jedoch erwähnt werden, dass der Bodensee in dieser Zeit mehrere recht drastische Umweltveränderungen durchlief (Eutrophierung bis 1980, Erholung von der Eutrophierung danach), die wahrscheinlich stärkere Selektionsdrücke als die Erwärmung ausübten. Diese Interpretation wird durch die Tatsache gestützt, dass die schnelle Evolution der *Daphnia*-Resistenz gegen toxische Cyanobakterien im Zooplankton des Bodensees gefunden wurde (Hairston et al. 1999).

4.1.3 Salinität

Die Grenze zwischen Süßwasser und Salzwasser ist eine der stärksten Verbreitungsbarrieren für viele Tier- und Pflanzenarten. Übergangsbereiche zwischen Salz- und Süßwasser sind häufig durch ein regionales Minimum an Artenzahlen gekennzeichnet, wie für Zoobenthos im Bereich eines Salzgehalts von 5–7 g kg^{-1} in der Ostsee gezeigt wurde (Remane 1940). Es gibt nur wenige Süßwasser- und Meeresarten, die diese Grenze überschreiten, und auch nur wenige Arten, die auf Brackwasser spezialisiert sind.

Osmose

Salinität des umgebenden Mediums ist wichtig für das Wohlbefinden von Organismen aufgrund des durch das Medium ausgeübten osmotischen Drucks. Der osmotische Druck hängt von den im Wasser gelösten Substanzen ab, hauptsächlich von den Salzen, aber auch in gewissem Maße von gelösten organischen Substanzen. Biologische Membranen sind **semipermeabel**, d. h., Wasser kann durch die Poren solcher Membranen hindurchtreten, aber viel größere Moleküle nicht. Wenn die osmotischen Drücke auf beiden Seiten der Membran unterschiedlich sind, bewegt sich Wasser in Richtung des höheren osmotischen Drucks, um die gelösten Substanzen zu verdünnen und die osmotischen Drücke auf beiden Seiten der Membran auszugleichen.

Wenn die Körperflüssigkeiten eines Organismus verdünnter sind als das Medium, wird Wasser aus dem Organismus gesaugt und die Konzentrationen der gelösten Stoffe in den Körperflüssigkeiten könnten auf ein Maß ansteigen, das für eine geordnete physiologische Funktion schädlich ist. Wenn die Körperflüssigkeiten weniger verdünnt sind als das Medium, saugt der Organismus Wasser auf, wodurch die Konzentration der gelösten Stoffe reduziert wird. Infolgedessen beginnt der Organismus zu schwellen, im Extremfall bis zum Platzen.

Poikilosmotische Organismen („Konformer")

Ein innerer osmotischer Wert, der dem Medium ähnlich ist, und das Fehlen von Regulationsmechanismen werden durch das Fehlen starker Schwankungen der Salinität im Meer erleichtert. Daher können Organismen **isotonisch** sein, d. h., den gleichen osmotischen Wert wie das Medium haben, ohne schädliche Auswirkungen von Änderungen des osmotischen Drucks der Körperflüssigkeiten. Die meisten marinen Planktonarten und viele Mollusken sind osmotische Konformer. Im Gezeitenbereich kann jedoch osmotischer Stress vorherrschen, wenn die Verdunstung die Salinität des Restwassers erhöht oder wenn die Verdünnung durch Regenwasser die Salinität verringert. Intertidale Muscheln verhindern oder reduzieren osmotischen Stress, indem sie ihre Schalen schließen. Intertidale Algen sind oft durch dicke Schleimschichten geschützt. Der Schleim vermischt sich nicht stark mit Regenwasser und bietet einen Wasserspeicher, der gegen Austrocknung hilft.

Das Fehlen von Osmoregulation schließt nicht die **ionische Regulation** aus, d. h., die selektive Anreicherung bestimmter Ionen bei Aufrechterhaltung eines konstanten osmotischen Drucks.

Hypertonische Regulatoren

Lebenswichtige Prozesse sind in einem so verdünnten und ionenarmen Medium wie Süßwasser oder Brackwasser von < ca. 7 g kg^{-1} unmöglich. Daher müssen Organismen, die dort leben, einen internen osmotischen Wert aufrechterhalten, der höher ist als der des Mediums (hypertonisch). Die meisten von ihnen sind keine perfekten Regulatoren (homoiosmotisch), aber der interne osmotische Druck steigt leicht mit dem externen osmotischen Wert, bis er ein 1:1-Verhältnis erreicht (Abb. 4.6).

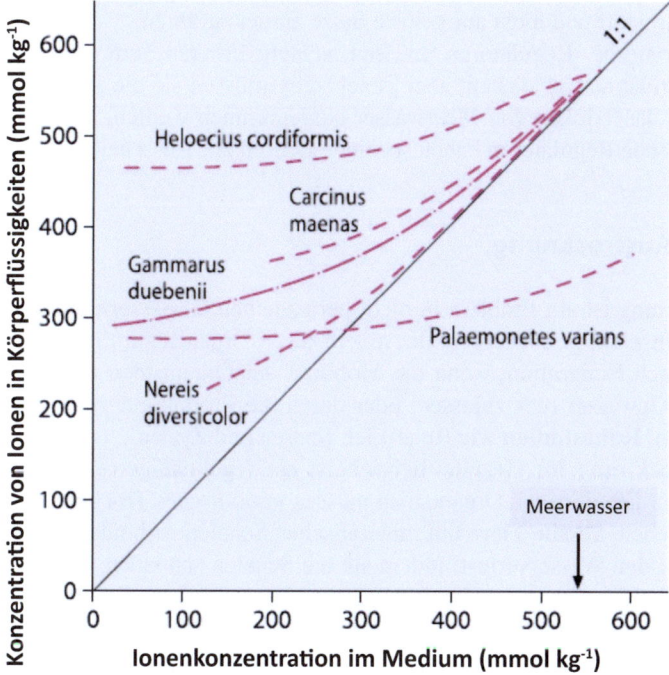

Abb. 4.6 Unterschiedliche Perfektion der Osmoregulation von Brackwasser- und Gezeitenzonen-Tieren. Der Polychaet *Nereis diversicolor* ist fast isotonisch, die Krebstiere *Gammarus duebeni* und *Carcinus maenas* sind intermediär, das Krebstier *Heloecius cordiformis* ist ein fast perfekter hypertonischer Regulator, und das Krebstier *Palaemon varians* ist sowohl ein hyper- als auch ein hypotonischer Regulator. (Quelle: Abb. 3.2 in Sommer 2005 nach Daten in Beadle 1943, 1957)

Hypertonische Regulation verursacht einen permanenten Wassereinstrom in den Körper. Dieses überschüssige Wasser muss durch spezielle Mechanismen entfernt werden, ohne gleichzeitig Ionen an das umgebende Medium zu verlieren. Beide Prozesse sind energetisch aufwendig und die Kosten steigen mit dem Unterschied zwischen dem internen und externen osmotischen Druck. Daher wächst Süßwasserplankton langsamer als ähnlich großes und ansonsten ähnliches Meeresplankton.

Hypotonische Regulatoren
Regulatoren, die das Regulationsniveau unter dem umgebenden osmotischen Druck halten, sind in hypersalinen Umgebungen wie Salzseen und Salinen häufig. Der **Salinenkrebs** *Artemia salina* ist das bekannteste Beispiel. Er kann in hypersalinen Umgebungen bis zur Grenze der Löslichkeit von Natriumchlorid leben. Oft ist er das einzige Metazoon in solchen Umgebungen. **Osteichthyes** (Knochenfische, Teleostei) des Meeres sind ebenfalls hypotonische Regulatoren. Dies wird als Hinweis darauf angesehen, dass die Evolution der Knochenfische in Süßgewässern begann, gefolgt von einer späteren Besiedlung der Ozeane (Remmert 1969, 1989). Das Blut der Chondrichthyes (Knorpelfische) hat einen höheren osmotischen Wert als das der Knochenfische, aber die Erhöhung des osmotischen Wertes ist auf Harnstoff und nicht auf gelöste Salze zurückzuführen.

Hypotonische Regulatoren müssen ständig trinken, um den osmotischen Wasserverlust auszugleichen, aber gleichzeitig müssen sie die zusätzlichen Salze, die durch das Trinken von Meerwasser aufgenommen werden, ausscheiden. Viele hypertonische Regulatoren haben spezielle Drüsen zur Ausscheidung von Salzen.

4.1.4 Austrocknung

Austrocknung ist ein Problem in nicht-permanenten Gewässern und im Gezeitenbereich. In nicht-permanenten Gewässern lösen Organismen dieses Problem entweder durch Emigration, wenn die Mobilität der Organismen und die Konnektivität der Gewässer dies zulassen, oder durch die Produktion von austrocknungsresistenten **Ruhestadien** wie Ruhe-Eier, Sporen und Zysten.

Austrocknung im Gezeitenbereich ist ein regelmäßigeres und kurzfristiges Phänomen. Die dortigen Organismen müssen periodisches Trockenfallen für Stunden überleben. **Sessile Tiere** mit mineralischen Schalen verhindern oder verzögern zumindest den Wasserverlust, indem sie die Schalen schließen. Der Preis für dieses adaptive Verhalten ist die Einstellung der Nahrungsaufnahme während der Schließungsperiode.

Im Gegensatz zu höheren Pflanzen haben **Gezeitenalgen** keine wasserundurchlässige Cuticula und Stomata, durch die sie die Transpiration regulieren können. Eine schleimige Beschichtung verzögert den Wasserverlust, kann ihn aber nicht vollständig verhindern.

Die Vegetations-**Zonierung** im Gezeitenbereich und darunter ist ein charakteristisches Merkmal felsiger Küsten. Es gibt eine Abfolge dominanter Arten vom

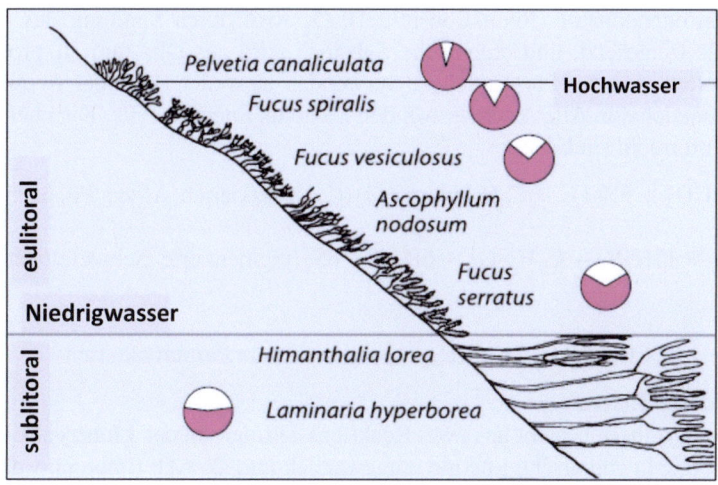

Abb. 4.7 Gezeitenzonierung von Makroalgen an der NW-Küste Frankreichs. Der rosa Teil der Kreise zeigt den Wasserverlust, der toleriert werden kann, nach dem die Photosynthese wieder aufgenommen werden kann. (Quelle: Abb. 7.6 in Sommer 2005)

oberen Gezeitenbereich bis zu den untersten von Algen bewohnten Zonen im Sublitoral. Die Übergänge zwischen den verschiedenen Zonen sind ziemlich scharf. Die Zonierung ist innerhalb großer Regionen (Lüning 1985) recht konsistent, wobei lokale Unterschiede hauptsächlich durch Unterschiede in der Welleneinwirkung verursacht werden. Die obere Grenze der Zonen wird durch die Austrocknungstoleranz definiert. Als Beispiel soll hier die typische Zonierung an den NW-Europäischen Küsten vorgestellt werden. Die Gezeitenalgen in Abb. 4.7 verlieren fast gleich schnell Wasser, ca. 70 bis 80 % nach 4 h Luftaussetzung bei Sonnenschein (Kristensen 1968), aber verschiedene Arten können unterschiedliche Mengen an Wasserverlust tolerieren (Dring und Brown 1982). Die Alge, die am höchsten in den NW-Europäischen Gezeitenzonen wächst, *Pelvetia canaliculata*, kann mehrere Tage Trockenfallen überleben und kann die Photosynthese bereits nach 2 h Überflutung nach einem Wasserverlust von 90 % wieder vollständig aufnehmen.

4.2 Ernährung und Wachstum von Autotrophen

4.2.1 Licht und Photosynthese

Arten der Photosynthese

Der Pflanzentyp der Photosynthese ist bei weitem die dominierende Form der **primären Produktion** organischer Substanz sowohl an Land als auch im Wasser. Der „Pflanzentyp" verwendet DIC (CO_2 oder HCO_3^-) als Kohlenstoffquelle und H_2O

als Elektronendonator (Reduktionsmittel). O_2 wird durch Spaltung des Wassermoleküls freigesetzt, und organische Substanz wird aus DIC und H_2 produziert. Bakterielle Arten der Photosynthese verwenden entweder H_2S oder freies H_2 als Elektronendonator. Alle Arten verwenden Licht als Energiequelle. Die chemischen Summenformeln sind:

$$6CO_2 + 6H_2O \rightarrow C_6H_{12}O_6 + 6O_2 \text{(Cyanobakterien, Algen, Pflanzen)} \quad (4.2)$$

$$6CO_2 + 12H_2S \rightarrow C_6H_{12}O_6 + 6H_2O + 6S_2 \text{(pigmentierte Schwefelbakterien)} \quad (4.3)$$

$$6CO_2 + 6H_2 \rightarrow C_6H_{12}O_6 \text{(schwefelfreie Purpurbakterien)} \quad (4.4)$$

Reaktionsschritte

Die Photosynthese besteht aus zwei Reaktionsschritten. In der **Lichtreaktion** wird Lichtenergie in chemische Energie umgewandelt und als ATP (Photophosphorylierung) gespeichert, und NADP wird zu NADPH reduziert, um als Elektronendonor für den folgenden Reaktionsschritt zu dienen. H_2O oder H_2S werden gespalten und O_2 oder S_2 werden freigesetzt.

In der anschließenden **Dunkelreaktion** werden die gespeicherte Energie und das Reduktionsmittel verwendet, um CO_2 in organische Substanz einzubauen.

Photosynthetische Pigmente

Das Einfangen von Lichtquanten erfordert Pigmente. **Chlorophyll a** ist das Hauptpigment in den Reaktionszentren des pflanzlichen Typs der Photosynthese, mit der bemerkenswerten Ausnahme von **Prochlorobakterien**, die **Divinyl-Chlorophyll** haben. **Bakteriochlorophylle** spielen die zentrale Rolle in den anoxygenen Typen der Photosynthese. Chlorophylle sind gut in der Absorption von rotem und blauem Licht, aber ineffizient im grünen Teil des Spektrums. Daher gibt es auch **akzessorische Pigmente** in den Antennensystemen, die Lichtenergie zu den Reaktionszentren übertragen. Ihre Absorptionsmaxima sind in Tab. 4.1 angegeben. Mehrere der akzessorische Pigmente haben charakteristische taxonomische Verteilungen. Die akzessorischen Pigmente umfassen andere Arten von Chlorophyll, Xanthophylle, Carotine und Phycobiliproteine.

Interessanterweise zeigen aquatische Primärproduzenten mehr verschiedene Farben als Blätter der terrestrischen Vegetation. Die Färbung vieler aquatischer Primärproduzenten (außer Chlorophyta und höheren Pflanzen) wird von akzessorischen Pigmenten und deren Mischungen dominiert. Daher können rötliche, braune, gelbe, olivgrüne und blaugrüne Farben von Primärproduzenten gefunden werden. Diese Farbenvielfalt erleichtert die maximale Nutzung des Lichtspektrums, da dichte Schichten von chlorophylldominiertem Phytoplankton das Lichtspektrum in Richtung einer Dominanz von grünem Licht verschieben, das dann von rötlichen oder bräunlichen Algen genutzt werden kann. **Aktionsspektren** (Abb. 4.8), d. h. die Abhängigkeit der photosynthetischen Raten von der Wellenlänge, haben im Allgemeinen das gleiche Muster wie **Absorptionsspektren**, d. h. Primärproduzenten sind im Licht ihrer eigenen Farbe photosynthetisch weniger aktiv.

Tab. 4.1 Farbe und Absorptionsmaxima (in nm Wellenlänge, genaue Lage der Maxima kann je nach Extraktionsmedium leicht variieren) wichtiger photosynthetischer Pigmente (nach Daten in Lüning 1985, Schlegel 1992)

Pigment	Farbe	Absorptionsmaxima (nm)
Bakteriochlorophyll a	Grün	ca. 370 (UV) 850–890 (IR)
Bakteriochlorophyll b	Grün	1020–1035 (IR)
Bakteriochlorophyll c,d,e	Grün	455–470 (blau) 715–755 (rot)
Chlorophyll a	Grün	438 (blau) 675 (rot)
Chlorophyll b	Grün	470 (blau) 650 (rot)
Chlorophyll c_1	Grün	444 (blau) 634 (orange)
Chlorophyll c_2	Grün	449 (blau) 631 (orange)
Fucoxanthin	Braun	545 (grün)
R-Phycoerythrin	Rot	542 (grün) 563 (gelb)
B-Phycoerythrin	Rot	545 (grün) 563 (gelb)
R-Phycocyanin	Blau	533 (grün) 615 (orange)
C-Phycocyanin	Blau	620 (orange)
Allophycocyanin	Blau	650 (rot)

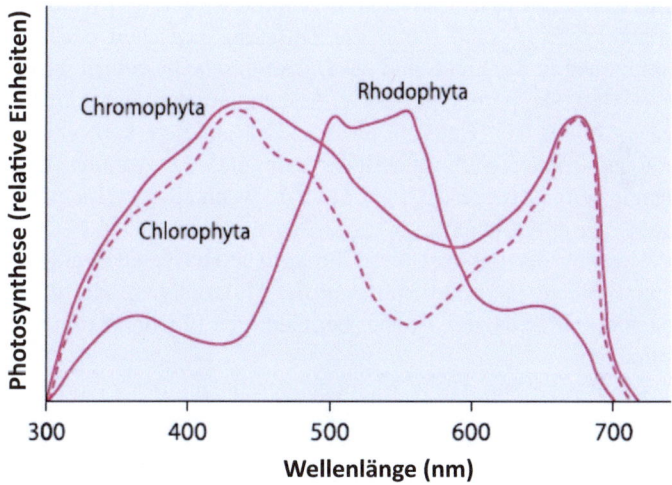

Abb. 4.8 Aktionsspektren von Chlorophyta (Grünalgen, Pigmentierung wie höhere Pflanzen), Chromophyta (eine vielfältige Gruppe von Algen mit gelber bis brauner Färbung, hauptsächlich aufgrund von Fucoxanthin) und Rhodophyta (Rotalgen, Färbung dominiert von Phycoerythrin). (Quelle: Abb. 4.1 in Sommer 2005)

Die Photosynthese von grünen und purpurnen Bakterien ist an anoxische Bedingungen gebunden, da H_2S und H_2 in Gegenwart von Sauerstoff durch biologische und chemische Oxidation verbraucht werden. Das bedeutet, dass grüne und purpurne Bakterien vertikal tiefer und im Schatten von sauerstoffproduzierenden Primärproduzenten wachsen müssen. Bakteriochlorophylle absorbieren an den äußeren Enden oder sogar jenseits des photosynthetisch aktiven Spektrums der pflanzlichen Photosynthese (PAR, 400–700 nm) und sind somit in der Lage, Wellenlängen zu nutzen, die nur marginal von Phytoplankton absorbiert werden (Schlegel 1992).

Kasten 4.2 Messung der Photosynthese (Wetzel und Likens 1991; Lampert und Sommer 2007)

O_2 **Produktion.** Die älteste Methode zur Messung der Photosynthese ist der Vergleich der zeitlichen Veränderung der O_2-Konzentrationen in Licht- und Dunkelflaschen. Um vertikale Profile zu erhalten, können Licht- und Dunkelflaschen in verschiedenen Tiefen oder in künstlich beschatteten Lichtinkubatoren inkubiert werden, um die erforderlichen Bestrahlungsstärken zu erhalten. Es wird angenommen, dass der zeitliche Sauerstoffanstieg in den Lichtflaschen die Nettophotosyntheseraten und der Sauerstoffabfall in den Dunkelflaschen die Respirationsraten misst. Die Bruttophotosynthese kann durch die Differenz zwischen den Sauerstoffkonzentrationen in der Licht- und der Dunkelflasche berechnet werden.

Diese Methode beruht auf zwei Annahmen, die nicht immer erfüllt sind. Die Atmung von Heterotrophen, z. B. Bakterien, sollte im Vergleich zu Photoautotrophen vernachlässigbar sein und die Atmung sollte lichtunabhängig sein. Letzteres ist nicht der Fall, wenn zu hohe Lichtintensitäten zur Photorespiration führen.

Die Messung der Photosynthese durch Sauerstoffveränderungen ist relativ unempfindlich. Sie funktioniert gut bei Makrophyten oder dichten Suspensionen von Mikroalgen, ist aber bei niedrigen Phytoplankton-Dichten zu unempfindlich.

^{14}C **Inkorporation.** Diese Methode beruht auf der Inkorporation des radioaktiven Isotops ^{14}C in POC oder in organische Substanz. ^{14}C wird den Flaschen als ^{14}C-markiertes Bikarbonat zugesetzt, das sich dann entsprechend dem pH-Wert des Mediums dissoziiert. Nach der Inkubationszeit werden die Proben entweder filtriert (Inkorporation von ^{14}C in partikuläre Substanz) oder DIC wird nach der Ansäuerung ausgetrieben und das verbleibende ^{14}C ist vollständig organisch. Die Kombination beider Ansätze ermöglicht eine Differenzierung zwischen der photosynthetischen Produktion von POC und ausgeschiedenem DOC. Zur Berechnung der Kohlenstoffassimilation müssen das Verhältnis von ^{14}C und dem dominanten ^{12}C

im Wasser bekannt sein. Unter Berücksichtigung der Tatsache, dass ^{14}C 1,05-mal langsamer aufgenommen wird als ^{12}C, kann die gesamte Kohlenstoffinkorporation aus dem in der partikulären oder organischen Phase auftretenden ^{14}C berechnet werden. Eine Unterscheidung zwischen Brutto- und Nettophotosynthese ist nicht möglich, da zu Beginn der Inkubation kein ^{14}C in den Organismen vorhanden ist. Bei kurzen Inkubationszeiten liegt die berechnete Photosyntheserate nahe an der „Brutto"-Rate, während später immer mehr des frisch inkorporierten ^{14}C veratmet wird und die berechnete Rate sich der „Nettophotosynthese" annähert.

Die Methode ist hochsensitiv und die Empfindlichkeit kann durch Erhöhung der Menge des radioaktiven Markers gesteigert werden. Daher ist sie zur Standardmethode bei der Messung der Phytoplankton-Photosynthese geworden.

Aufgrund zunehmender Sicherheitsbedenken beim Umgang mit radioaktivem Material wird radioaktives ^{14}C durch die Markierung mit dem **stabilen Isotop ^{13}C** ersetzt.

PAM (pulsmodulierte Amplitudenmodulation) Fluoreszenz (Beer und Björk 2000) ist eine inkubationsunabhängige Methode, die die Änderung der Chlorophyllfluoreszenz zwischen Umgebungslicht (F), wenn ein Teil der Reaktionszentren geschlossen ist, und maximaler Fluoreszenz bei sättigendem Licht (Fm'), wenn alle Reaktionszentren geschlossen sind, nutzt. Die Quantenausbeute des Elektronentransports durch Photosystem II kann als (Fm'-F)/Fm' berechnet werden. Die Umrechnung in Photosyntheseraten erfordert Einstrahlungsdaten und eine Kalibrierung für die untersuchten Organismen. Sie wurde erfolgreich bei Makrophyten, benthischen Tieren mit photosynthetischen Endosymbionten, Algenmatten und auch in gewissem Maße bei dichten Phytoplankton-Suspensionen eingesetzt.

Lichtabhängigkeit der photosynthetischen Raten

Spezifische photosynthetische Raten (oder Produktionsraten) werden als gebildeter organischer Kohlenstoff pro Zeiteinheit und Biomasse ausgedrückt. Oft wird Chlorophyll als Proxy für Biomasse verwendet. Die Kurven, die die Reaktion der spezifischen photosynthetischen Raten auf Licht beschreiben, werden **P–I-Kurven** (Photosynthese–Bestrahlungs-Kurven) genannt. Es gibt mehrere mathematische Formulierungen dieser Beziehung, die sich hauptsächlich durch die Schärfe des Übergangs zwischen Begrenzung und Sättigung unterscheiden.

Das älteste Modell (Blackman 1905, verwendet in Abb. 4.9) nimmt einen linearen Anstieg des lichtbegrenzten P (Photosyntheserate) mit der Einstrahlung kurz bevor das Licht sättigend wird an, und ein horizontales Plateau wird bei sättigendem Licht erreicht. Bei viel höheren Bestrahlungsstärken wird Licht hemmend, weil es zu photooxidativen Schäden am photosynthetischen Apparat kommt.

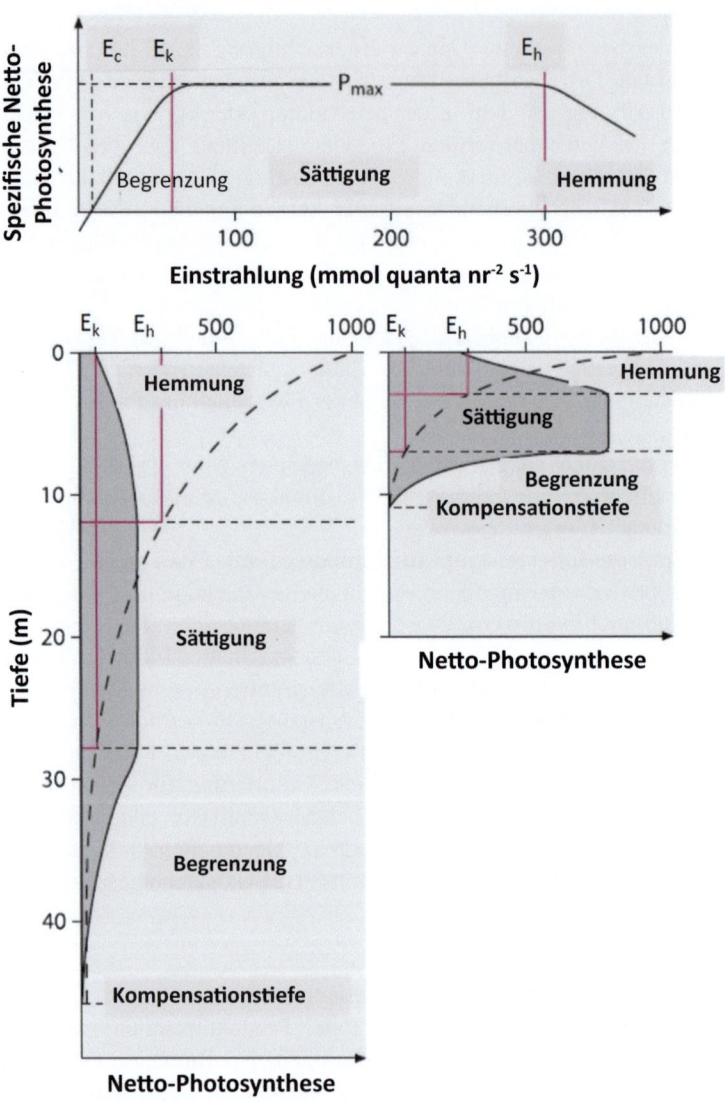

Abb. 4.9 Von der P–I-Kurve (**oberes Panel**) zum vertikalen Profil der Photosynthese basierend auf den folgenden Annahmen: E_c (Kompensationspunkt) bei 10 μmol Quanten m^{-2} s^{-1}, Sättigungskoeffizient (E_k) bei 60 μmol Quanten m^{-2} s^{-1}), Beginn der Hemmung (E_i) bei 300 μmol Quanten m^{-2} s^{-1}, Oberflächeneinstrahlung bei 1000 μmol Quanten m^{-2} s^{-1}. **Unten links:** vertikales Profil, resultierend aus einem Attenuationskoeffizienten von 0,1 m^{-1}, was einer niedrigen Phytoplankton-Biomasse entsprichtt. **Unten rechts:** vertikales Profil, resultierend aus einem Attenuationskoeffizienten von 0,4 m^{-1}, was einer hohen Phytoplankton-Biomasse entspricht. (Quelle: Abb. 4.3 in Sommer 2005)

Kardinalwerte dieser Beziehung sind P_{max} (maximale Photosyntheserate), α (Anfangssteigung der Beziehung), E_k (Sättigungskoeffizient, Einstrahlung beim Beginn der Sättigung) und E_i (Einstrahlung beim Beginn der Hemmung):

$$\text{if } E < E_k : P = \alpha E \ldots \text{if } E_k < E < E_i : P = P_{max} \quad (4.5)$$

Versuche, die P–I-Kurve durch eine einzige Gleichung zu beschreiben, führen zu einem allmählichen, asymptotischen Ansatz zur Sättigung, z. B. eine hyperbolische Kurve, die asymptotisch das maximale Niveau gemäß Michaelis und Menten (1913) erreicht:

$$P = (P_{max} E)(E + K)^{-1} \quad (4.6)$$

wobei K der Einstrahlungsswert ist, bei dem die Hälfte von P_{max} erreicht wird. Der Beginn der Lichtinhibition variiert zwischen Taxa und funktionellen Gruppen (Tab. 4.2) und auch als Ergebnis von **Licht**-oder **Schatten-Anpassung**. Es gibt mehrere Arten der Schattenanpassung, wobei der deutlichste Kontrast zwischen dem *Chlorella*-Typ und dem *Cyclotella*-Typ besteht. Beim *Chlorella*-Typ werden die zellulären Chlorophyllgehalte als Reaktion auf schwaches Licht erhöht. Infolgedessen bleiben α und P_{max} konstant, wenn P auf Chlorophyll normiert wird, aber steigen, wenn es auf Kohlenstoff normiert wird. Beim *Cyclotella*-Typ gibt es keine zusätzliche Chlorophyllsynthese, sondern nur eine Umstrukturierung der Chlorophyllverteilungen im Antennensystem, was zu einer Erhöhung von α, aber keiner Erhöhung von P_{max} führt.

Einfluss der Temperatur Die Größe von P_{max} hängt von der Temperatur ab. Die Temperatur-Optima reichen von 8 °C (extrem kälteangepasstes antarktisches Phytoplankton) bis 35 °C (tropische Cyanobakterien und Chlorophyta). Der Q_{10} bei Temperaturen unterhalb des Optimums ist eher niedrig (1,88 laut Eppley 1972). Lichtbegrenzte Photosynthese ist nicht temperaturabhängig, zumindest oberhalb von 2 °C. Tilzer et al. (1986) fanden einige Hinweise auf einen Rückgang von α bei Temperaturen unter 2 °C. Da E_k der Schnittpunkt zwischen dem ansteigenden und dem horizontalen Teil der P–I-Kurve ist, ist der Beginn der Lichtsättigung ebenfalls temperaturabhängig, mit einem höheren E_k bei höheren Temperaturen.

Tab. 4.2 Beginn der Lichtbegrenzung (in μmol Quanten $m^{-2} s^{-1}$) in verschiedenen Gruppen aquatischer Primärproduzenten. (nach Daten in Harris 1978; Kohl und Nicklisch 1988; Lüning 1985; Tilzer et al. 1986)

Gruppe	Häufig	Extreme
Phytoplankton	60–100	10–300
Makroalgen, Eulitoral	Um 500	
Makroalgen, Sublitoral	um 150	60–200
Purpurbakterien	25–70	
Grüne Schwefelbakterien	20–25	

Netto- vs. Bruttoproduktion Atmung nutzt andere biochemische Wege als die Photosynthese, aber ihre Massenbilanzwirkung auf O_2 und CO_2 ist das Gegenteil der Photosynthese. Da auch Primärproduzenten atmen, müssen die Photosyntheseraten die respiratorischen Verluste von Kohlenstoff überwinden, um zur Biomasseproduktion beizutragen. **Nettoproduktion** ist die Bruttophotosynthese minus respiratorische Verluste. Sie manifestiert sich in einer Rechtsverschiebung der P–I-Kurve mit einem Schwellenwert bei der Einstrahlung, die eine Photosynthese im Gleichgewicht mit der Atmung ermöglicht. Dieser Schwellenwert wird **Kompensationspunkt** (E_c) genannt.

Vertikale Profile der Photosynthese

Das vertikale Profil der Phytoplankton-Photosynthese hängt von den Parametern der P–I-Kurve, der Oberflächenbestrahlung und der vertikalen Lichtabschwächung ab (Abschn. 2.4.3). Chlorophyll-Konzentrationen sind in zweierlei Hinsicht wichtig. Um von spezifischen Photosyntheseraten zu absoluten Raten pro Wasservolumeneinheit zu gelangen, müssen erstere mit der Chlorophyllkonzentration multipliziert werden. Zweitens haben Chlorophyllkonzentrationen einen entscheidenden Einfluss auf den vertikalen Attenuatioskoeffizienten (k), insbesondere in Wasser mit geringer oder sehr konstanter Hintergrundattenuation (Tilzer 1983); siehe auch die länglichen und die komprimierten Profile in Abb. 4.9.

Die Oberflächeneinstrahlung kann an einem sonnigen Sommertag 2000 µmol Quanten $m^{-2} s^{-1}$ erreichen, während die täglichen Maxima an bewölkten Wintertagen in der gemäßigten Zone bei etwa 100 µmol Quanten $m^{-2} s^{-1}$ liegen. In der Polarnacht oder unter schneebedecktem Eis ist auch völlige Dunkelheit zur Mittagszeit möglich. Daher hängt es von der Oberflächeneinstrahlung ab, ob das vertikale Profil an der Oberfläche mit Lichthemmung, Lichtsättigung oder Lichtbegrenzung beginnt. Die untere Grenze des Profils ist die Kompensationstiefe, d. h. die Tiefe, in der die Bestrahlung E_c entspricht.

Vertikale Durchmischung bewegt Phytoplankton entlang des vertikalen Lichtgradienten auf und ab. Die mittlere Bestrahlung (E_m) in einer durchmischten Oberflächenschicht der Tiefe z_m könnte berechnet werden als (Abschn. 2.4.3)

$$E_m = E_0 \left(1 - e^{-k\, z_m}\right)(k\, z_m)^{-1} \quad (4.7)$$

Es ist jedoch Vorsicht geboten, wenn E_m und die P–I-Kurve zur Berechnung der Photosyntheseraten verwendet werden. Es ist bestenfalls eine grobe Annäherung, da Raten $<P_{max}$ in der Schicht der Lichtbegrenzung nicht durch Raten $>P_{max}$ in der gesättigten Schicht ausgeglichen werden können.

Kohlenstofflimitation

Kann die Photosynthese durch CO_2 begrenzt werden, trotz der Größe des gesamten DIC-Pools? Alle Primärproduzenten können CO_2 verwenden, aber sein Beitrag zu DIC sinkt von ca. 50 % bei pH = 7 auf wenige % bei pH = 8 und fast nichts bei pH = 9 (Abschn. 2.3.3). Obligate CO_2-Nutzer, z. B. *Callitriche stagnalis* (Teich-Wasserstern), zeigen einen Rückgang der Photosyntheseraten bei einem Wechsel von neutralen zu leicht alkalischen Bedingungen und stoppen die Photosynthese bei pH = 9. Fakultative HCO_3^--Nutzer *wie Potamogeton pectinatus* (Kamm-Laichkraut) zeigen ebenfalls einen Rückgang der Photosyntheseraten bei pH > 7, aber einen langsameren und stoppen die Photosynthese bei pH = 11 (Sand-Jensen 1987). Der Rückgang der Photosyntheserate mit steigendem pH-Wert selbst bei Bikarbonat-Nutzern zeigt, dass die Verwendung von Bikarbonat als C-Quelle metabolisch teurer ist als die Verwendung von CO_2.

Der pH-Wert des Meerwassers liegt im pH-Bereich der Bikarbonat-Dominanz und empfindlichen Reaktionen von CO_2 auf pH-Änderungen. Die CO_2-Konzentrationen im Oberflächenozean variieren zwischen <10 und 30 μmol kg^{-1}. Diese Konzentrationen sind sowohl viel niedriger als auch variabler als die DIC-Konzentrationen, die um weniger als ±10 % schwanken. Während DIC ein unerschöpflicher Pool ist, kann die Auffüllung von CO_2, das durch Photosynthese verbraucht wird, durch chemische Dehydratisierung von HCO_3^- langsamer sein als die biologische Aufnahme. Das Enzym RubisCO, der primäre Eintrittspunkt von Kohlenstoff in den Syntheseweg organischer Materie, kann Bikarbonat nicht verwenden und hat eine geringe Affinität zu CO_2. Darüber hinaus verliert Rubisco CO_2 durch Photorespiration. Zusammen mit der langsamen Diffusion von CO_2 im Wasser können diese Mechanismen zu einer CO_2-Begrenzung des Phytoplanktonwachstums führen (Riebesell et al. 1993). Daher haben marine Phytoplankter **Kohlenstoffkonzentrationsmechanismen** entwickelt (Badger et al. 1998; Reinfelder 2011). Diese umfassen die Produktion von extrazellulärer und intrazellulärer Carboanhydrase, die die Dehydratisierung von HCO_3^- zu CO_2 katalysiert, den Transport von HCO_3^- durch Membranen und in einigen Fällen einen C_4-Stoffwechsel, der die Kohlenstofffixierung in der Nacht ermöglicht, wenn die Konzentrationen höher sind. Aufgrund der metabolischen Kosten all dieser Mechanismen kann die Primärproduktion bei niedrigeren CO_2-Konzentrationen geringer sein und somit kann CO_2 ein begrenzender Faktor sein.

4.2.2 Mineralische Nährstoffe

Elemente in der Biomasse

Photolithoautotrophe gewinnen die Elemente C, H und O aus der Photosynthese. Normalerweise machen diese >90 % der lebenden Biomasse aus, wenn mineralische Skelettsubstanzen ausgeschlossen sind. Die klassischen zusätzlichen Nährstoffe sind Ca, K, Mg, N, S, P und Cl, bekannt aus der frühen Agrarchemie (Liebig 1855). Diese Elemente tragen einzeln >0,1 % zur Biomasse bei (**Makronährstoffe**). Na ist aufgrund seines hohen Vorkommens im Meerwasser ebenfalls in signifikanten Mengen in der Biomasse vorhanden, aber es ist kein Nährstoff. Neben den klassischen Nährstoffen werden auch **Spurenelemente** (Mikronährstoffe) benötigt, allerdings in viel geringeren Mengen. Dazu gehören Fe, Mn, Cu, Zn, Mo, Co, B und V. Für mehrere Mikroalgen (z. B. *Peridinium*) wurde auch Se als essentielles Spurenelement festgestellt. In vielen Fällen sind Spurenelemente essentielle Kofaktoren von Enzymen. Einige von ihnen werden in höheren Konzentrationen toxisch, z. B. Cu, Zn.

Diatomeen und Silicoflagellaten benötigen Si für ihre Skelettstrukturen. Die erforderlichen Konzentrationen qualifizieren Si für sie als Makronährstoff.
Die meisten mineralischen Nährstoffe müssen in ionischer Form (z. B. Nitrat, Ammonium, Phosphat) oder als undissoziierte Lösungen (Kieselsäure für Diatomeen) aufgenommen werden. Stickstoff ist ein Sonderfall, da viele wichtige Cyanobakterien und einige heterotrophe Bakterien gelöstes N_2 als Stickstoffquelle nutzen können (**Stickstofffixierung**), was sie unabhängig von der Verfügbarkeit von stickstoffhaltigen Ionen macht. Die Stickstofffixierung hat einen hohen Energiebedarf, da die starke kovalente Bindung zwischen den beiden N-Atomen aufgebrochen werden muss. Außerdem benötigt die Stickstofffixierung das Enzym Dinitrogenase, das empfindlich gegenüber Sauerstoff ist. Daher könnte die Photosynthese die Stickstofffixierung inaktivieren. Um lokale Mikroumgebungen mit niedriger Sauerstoffkonzentration zu schaffen, haben Cyanobakterien der Ordnung Nostocales spezialisierte Zellen (Heterocysten) für die Stickstofffixierung, die die Dunkelreaktion der Photosynthese nicht durchführen. Andere Cyanobakterien nutzen die Nacht für die Stickstofffixierung.

Nährstofflimitierung

Limitierende Nährstoffe Mehrere der essentiellen Elemente sind normalerweise im Überschuss vorhanden, z. B. Ca, K, Mg. Oft sind ihre Konzentrationen so hoch, dass der Verbrauch für den Aufbau von Biomasse nicht zu einer bemerkenswerten Abnahme der gelösten Konzentrationen führt. Einige Elemente können jedoch so stark erschöpft werden, dass ihre Verfügbarkeit das weitere Wachstum der Primärproduzenten begrenzt. Diese werden **limitierende Nährstoffe** genannt. Traditionell wurden Stickstoff und Phosphor als limitierende Nährstoffe in Oberflächengewässern für alle Arten von Primärproduzenten betrachtet, und Silizium für Diatomeen. In jüngerer Zeit wurde Eisen auch als limitierender Faktor für das Phytoplanktonwachstum in einigen Teilen des Weltmeeres festgestellt, z. B. im antarktischen Ozean und im nördlichen und äquatorialen Pazifik (Martin et al. 1990; Coale et al. 1996).

Ertragslimitierung Limitierende Nährstoffe und ihre Auswirkungen auf die erreichbare Biomasse standen bereits im Fokus der frühen Agrarchemie. Schon damals formulierte Liebig (1855) das **Minimumgesetz**. Dies bedeutet, dass der Nährstoff, der im Verhältnis zum Bedarf am knappsten ist, den erreichbaren Ertrag an Biomasse bestimmt. Dies ist konsistent mit den nicht ersetzbaren Rollen der verschiedenen Nährstoffe. Wenn der gesamte verfügbare Stickstoff zur Bildung von Proteinen aufgebraucht ist, spielt es für das weitere Wachstum keine Rolle, ob noch viel Phosphor verfügbar ist oder nur wenig. Das Gegenteil ist der Fall, wenn der gesamte verfügbare Phosphor zur Bildung von Nukleinsäuren aufgebraucht ist.

Für Phytoplankton findet der kanonische Übergang zwischen N- und P-Limitierung bei einem N:P-Verhältnis von 16:1 statt (Redfield-Verhältnis, Abschn. 3.4.2). Dies ist jedoch nur ein Mittelwert für Phytoplankton. Einzelne Arten können unterschiedliche stöchiometrische Übergangsverhältnisse („optimale Verhältnisse") haben, die von ca. 7:1 bis 30:1 reichen (Rhee und Gotham 1980). Daher könnte sowohl die Zu-

4.2 Ernährung und Wachstum von Autotrophen

gabe von N als auch von P eine weitere Biomasseakkumulation ermöglichen, wenn die Verfügbarkeit beider Nährstoffe innerhalb dieses Verhältnisspektrums liegt und das Phytoplankton eine Mischung aus N- und P-limitierten Arten enthält. Dies ist eine **scheinbare Co-Limitation** auf Gemeinschaftsebene, während einzelne Arten weiterhin durch einzelne Nährstoffe limitiert bleiben.

Nährstofflimitierung der Aufnahmeraten Die Abhängigkeit der Aufnahmeraten (**v**) von den Nährstoffkonzentrationen im Wasser (**S**) wird üblicherweise durch eine Gleichung vom Typ Michaelis und Menten (1913) beschrieben, die einen asymptotischen Anstieg bis zu einer maximalen Aufnahmerate (v_{max}) annimmt (Dugdale 1967):

$$v = (v_{max}S)(k_m + S)^{-1} \qquad (4.8)$$

wobei k_m die **Halbsättigungskonstante** ist, d. h. die Nährstoffkonzentration, bei der die Hälfte der maximalen Aufnahmerate erreicht wird. Die Effizienz der Nährstoffaufnahme bei extrem niedriger Konzentration wird durch die Anfangssteigung definiert, d. h. die Steigung der Kurve am Ursprung. Sie entspricht dem Verhältnis $v_{max} k_m^{-1}$. Ursprünglich wurden v_{max} und k_{ms} als artspezifische Konstanten bei einer gegebenen Temperatur betrachtet (Abb. 4.10). Inzwischen wurde klar, dass sich v_{max} mit dem Ernährungszustand der Organismen ändert (Morel 1987). Wenn

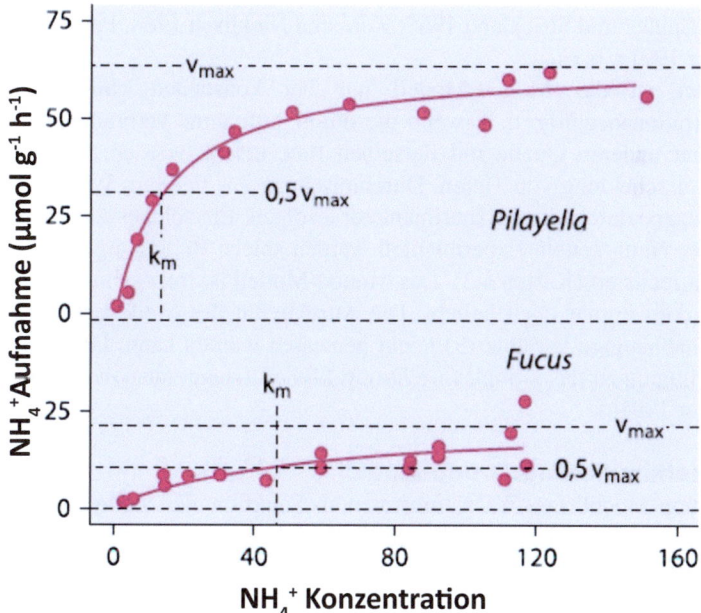

Abb. 4.10 Spezifische Ammoniumaufnahme von zwei Braunalgen in Abhängigkeit von der Ammoniumkonzentration, der fadenförmigen, kurzlebigen *Pylaiella littoralis* und der parenchymatischen, mehrjährigen *Fucus vesiculosus*. (Quelle: Abb. 4.5 in Sommer 2005, nach Daten in Schramm 1996)

Zellen den limitierenden Nährstoff maximal erschöpft haben („hungrige Zellen"), ist der v_{max}-Parameter maximal; wenn die Zellen eine gesättigte interne Konzentration des limitierenden Nährstoffs haben, ist der v_{max}-Parameter minimal. Für den Bereich der intrazellulären Konzentrationen (Zellquoten) dazwischen kann eine negative lineare Abhängigkeit von v_{max} von der Zellquote angenommen werden. Daraus folgt, dass die Kurven in Abb. 4.10 durch ein Bündel von Kurven ersetzt werden müssen, die zwischen den für das obere und untere Limit von v_{max} vorhergesagten Kurven liegen.

Nährstofflimitierung des Wachstums: Monod-Modell

In einem Versuch, auch Wachstumsraten in Abhängigkeit von gelösten Nährstoffkonzentrationen vorherzusagen, wurde Monods (1950) Anwendung der Michaelis-Menten-Gleichung für C-limitiertes Wachstum heterotropher Bakterien auf das nährstofflimitierte Wachstum von Mikroalgen erweitert:

$$\mu = (\mu_{max}S)(S + k_s)^{-1} \tag{4.9}$$

wobei μ die spezifische Wachstumsrate ist, μ_{max} ihr asymptotischer Wert und k_s die Halbsättigungskonstante des Wachstums. Halbsättigungskonstanten für P-limitiertes Wachstum von Phytoplankton reichen von 0,003 bis 1,8 µmol kg^{-1}, wobei die meisten Werte im Bereich von 0,02 bis 0,2 µmol kg^{-1} liegen. Halbsättigungskonstanten für N-limitiertes Wachstum von Phytoplankton reichen von 0,036 bis 11,6 µmol kg^{-1}, wobei die meisten Werte im Bereich von 0,3 bis 3,0 µmol kg^{-1} liegen (Eppley und Strickland 1968; Kohl und Nicklisch 1988; Parsons et al. 1984; Sommer 1991a, b, c).

Leider ist das Monod-Modell nur bei konstanten gelösten Nährstoffkonzentrationen gültig, d. h. wenn die durch Aufnahme verbrauchten Nährstoffe von einer anderen Quelle mit derselben Rate ersetzt werden. Der Ersatz kann durch Ausscheidung von Tieren, Durchmischung aus tieferem Wasser oder künstliche Zugabe durch einen Experimentator erfolgen. Ein solcher stationärer Zustand ist in der Natur selten. Experimentell werden solche Bedingungen in Chemostatkulturen realisiert (Kasten 4.3). Das Monod-Modell ist trotz seiner begrenzten Anwendbarkeit immer noch beliebt. Die Attraktivität des Modells liegt darin, dass seine unabhängige Variable (S) leicht gemessen werden kann. Dennoch sollte für Feldbedingungen das komplexere Droop-Modell (siehe unten) verwendet werden (Sommer 1991a).

Nährstofflimitierung: Droop-Modell

Das Droop-Modell sagt Wachstumsraten als Funktion der **Zellquote** voraus, d. h. die Konzentration eines limitierenden Nährstoffs innerhalb der Zellen (Droop 1973, 1983, Abb. 4.11). Die Zellquote (Q) kann entweder in Bezug auf die Anzahl der Zellen oder auf ein Maß der Biomasse, z. B. Kohlenstoff, gesetzt werden. Dann wird der Zellquotient zum Nährstoff:C-Verhältnis.

$$\mu = \mu'_{max}(1 - Q/Q_0) \tag{4.10}$$

4.2 Ernährung und Wachstum von Autotrophen

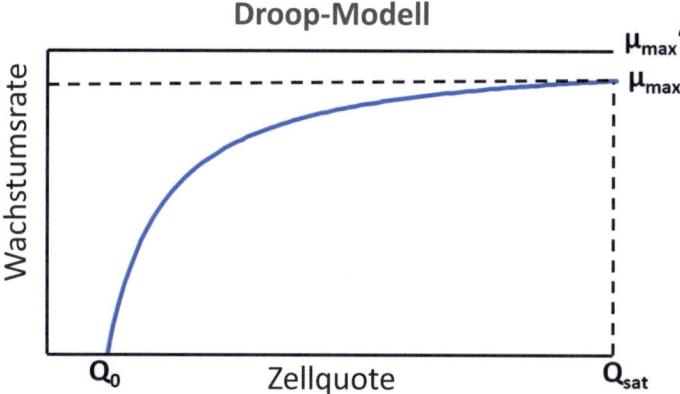

Abb. 4.11 Droop-Modell der Wachstumsratenabhängigkeit vom Zellquotienten des limitierenden Nährstoffs. Q_0: minimale Zellquotet, Q_{sat}: sättigende Zellquote, μ_{max}: realisierte maximale Wachstumsrate, μ_{max}': asymptotische maximale Wachstumsrate

wobei Q_0 die **minimale Zellquote** ist, d. h. das strukturelle Minimum des Nährstoffgehalts, unterhalb dessen ein Überleben nicht möglich ist. μ'_{max} ist nicht identisch mit dem μ_{max} des Monod-Modells, da es sich nur um einen theoretischen Wert handelt, der bei einer unendlichen Zellquote erreicht wird. Das μ_{max} des Monod-Modells ist das μ, das für einen gesättigten Zellquote (Q_{sat}) berechnet wird.

Minimale Zellquoten von Mikroalgen (ausgedrückt als molare P:C-Verhältnisse) reichen von 0,0003 bis 0,008 P:C, wobei die meisten Werte zwischen 0,0008 und 0,002 P:C liegen. Minimale Zellquoten von N reichen von 0,014 bis 0,18 N:C, wobei die meisten Werte um 0,02 und 0,05 N:C liegen. Maximale Zellquoten von P reichen von 0,008 bis 0,04 P:C, wobei die meisten Werte um 0,01 P:C liegen. Maximale Zellquoten von N reichen von 0,09 bis 0,28 N:C, wobei die meisten Werte um 0,15 N:C liegen (Kohl und Nicklisch 1988; Parsons et al. 1984; Sommer 1991a, b, c; Bi et al. 2012).

Box 4.3 Mikroalgenkulturen als Werkzeug zur Untersuchung der Nährstoffanforderungen von Mikroalgen, Batch-Kultur vs. Chemostat (Jannasch 1974)

Batch-Kultur: Eine Batch-Kultur ist eine Kultur, bei der ein definiertes Volumen an Medium mit einer kleinen Ausgangspopulation von Mikroalgen aus Vorrats- oder Vorbereitungskulturen inokuliert wird. Abhängig von den Voraussetzungen kann eine kurze Anpassungsphase erforderlich sein, bis die Algen exponentiell zu wachsen beginnen. Wenn die Ausgangskonzentrationen der Nährstoffe nicht limiterend sind, beginnt das Wachstum mit der maximalen Wachstumsrate (**exponentielle Phase**). Nährstoffe werden mit zunehmender Biomasse verbraucht. In der Regel wird der begrenzende Nährstoff auf nicht nachweisbare Werte erschöpft, bevor das Wachstum stoppt. Unter Nährstoffmangel wird das Wachstum nicht mehr durch die Aufnahme aus dem Medium, sondern auf Kosten der internen Zellquote sensu Droop (1983) angetrieben. Zellquoten werden bei jeder Zellteilung halbiert. Folglich nehmen die Wachstumsraten ab, bis das Wachstum stoppt (**stationäre Phase**). In Batch-Kulturen gibt es eine permanente Veränderung der Häufigkeit, Biomasse, Nährstoffkonzentrationen, Wachstumsraten und Zellquoten. Daher folgt die Beziehung zwischen Wachstumsrate und Nährstoff nicht dem Monod-Modell. Es ist nicht Stand der Technik, Monod-Parameter aus Batch-Kulturen abzuleiten. Batch-Kulturen können jedoch verwendet werden, um die realisierte maximale Wachstumsrate und die minimale Zellquote zu berechnen, vorausgesetzt, dass der begrenzende Nährstoff vollständig für den Biomasseaufbau verwendet wurde. Wenn die Wachstumsraten während der Laufzeit der Batch-Kultur mit ausreichender Genauigkeit bewertet und Unterproben zur Elementaranalyse der Algen entnommen werden können, kann Droops gesamte Wachstumsrate-Zellquote-Gleichung an die Daten angepasst werden.

Chemostat. Ein Chemostat ist ein Kultursystem, bei dem die Suspension von Algen ständig durch frisches Medium verdünnt wird (Monod 1950). Die Verdünnungsrate (D) ist der Quotient aus frischem Medium pro Zeiteinheit (F) geteilt durch das Kulturvolumen ($D = F/V$). Wenn $D < \mu_{max}$ beginnen die Algen zu wachsen und nehmen Nährstoffe aus dem Medium auf, wodurch die Nährstoffkonzentration gesenkt wird, bis ein dynamisches Gleichgewicht zwischen Nährstoffimport in die Kultur, Nährstoffverbrauch durch die Algen, Export von Algen über den Überlauf und Neuproduktion von Algen durch Zellteilung erreicht ist. Es gibt einen **stationären Zustand**, bei dem $\mu = D$. Häufigkeit, Biomasse, gelöste Nährstoffkonzentrationen und Zellquoten bleiben konstant. Unter diesen Umständen sind sowohl das Monod-Modell als auch das Droop-Modell korrekte Beschreibungen der Nährstofflimitation.

Vergleich zur Natur. Weder die Batch-Kultur noch der Chemostat sind perfekte Simulationen dessen, was in der Natur passiert. Mikroalgen wachsen nie so ungestört wie in Batch-Kulturen. Es gibt immer Zellverluste durch Fraß oder Absinken, und es gibt immer eine Zugabe von Nährstoffen. Die Aufstiegsphase von Blüten, d. h. die explosive Wachstumsphase mit nahezu maximalen Wachstumsraten und vernachlässigbaren Verlusten, ist jedoch der Batch-Kultur sehr ähnlich. Ein chemostatähnlicher stationärer Zustand wird in der Natur ebenfalls nie erreicht, aber es gibt Perioden, in denen die apparenten Änderungsraten viel kleiner sind als die Reproduktion, weil Algen durch Zellteilung produziert und durch Fraß und Sedimentation in ähnlichen Raten entfernt werden. Gleichzeitig scheiden die Fresser gelöstes Ammonium und Phosphat aus, was ein Analogon zur Zufuhr frischer Nährstoffe in den Chemostat darstellt.

Co-Limitierung der Wachstumsraten Folgen physiologische Raten auch dem Liebig'schen Minimumgesetz? Wenn die erreichbare Biomasse durch einen einzelnen Nährstoff begrenzt ist, wäre es keine Überraschung, dass der Weg zur Erreichung dieses Biomasseniveaus (Wachstum) ebenfalls durch einzelne Nährstoffe begrenzt sein sollte. Tatsächlich war dies lange Zeit die vorherrschende Hypothese; d. h., wenn μ vorhergesagt durch Nährstoff 1 (μ_1) kleiner ist als μ vorhergesagt durch Nährstoff 2 (μ_2), sollte das realisierte μ gleich μ_1 sein. Die alternative Hypothese einer multiplikativen Interaktion hielt sich jedoch weiterhin in der Literatur, obwohl die Daten zugunsten des Minimumgesetzes sprachen (Rhee 1978). Ein jüngeres Modell über die **optimale Allokation** von Materie und Energie in die Ressourcengewinnung (P, N, Licht) weist jedoch auf einen gewissen Grad an Co-Limitierung hin, wenn die nicht begrenzenden Ressourcen ebenfalls knapp sind (Pahlow und Oschlies 2009). Die Ressourcenaquisition erfordert Investitionen von Materie und Energie in zelluläre Strukturen, und diese Investitionen können reduziert werden, wenn eine Ressource im Überfluss vorhanden ist. Somit können die eingesparte Materie und Energie in die Aquisition der begrenzenden Ressource investiert werden, was bedeutet, dass die limitierende Ressource etwas weniger limitierend wird. Bisher scheint das optimale Allokationsmodell mindestens ebenso kompatibel mit veröffentlichten Daten zu sein wie das Minimumgesetz. Interessanterweise stimmt das optimale Allokationsmodell auch mit Droops Zellquotenmodell überein (Pahlow und Oschlies 2013).

Nährstofflimitierung der Wachstumsraten von Phytoplankton in situ ist nicht so leicht zu erkennen, wie man glauben könnte. Niedrige Konzentrationen eines gelösten Nährstoffs weisen nicht unbedingt auf eine Nährstofflimitierung hin, da das Monod-Modell nur eingeschränkt anwendbar ist. Darüber hinaus liegen die k_s-Werte mehrerer Phytoplanktonarten weit unter den Nachweisgrenzen einiger Nährstoffe, insbesondere Phosphat (Nachweisgrenze ca. 0,03 μmol kg^{-1}). Goldman et al. (1979) behaupteten, dass ozeanisches Plankton ohne Nährstofflimitierung wächst, da sie feststellten, dass die C:N:P-Stöchiometrie des filtrierbaren partikulären Materials (Seston) oft nahe dem Redfield-Verhältnis (C:N:P = 106:16,1) liegt, was auf das Fehlen von N- und P-Limitierung hinweist. Später wurden jedoch viel höhere C:N- und C:P-Verhältnisse berichtet (Sommer 1988; Elser et al. 2000). Darüber hinaus ist die Seston-Stöchiometrie ein schlechter Indikator für die Zellquoten von Phytoplankton, da Seston eine Mischung aus verschiedenen Phytoplanktonarten, Detritus, heterotrophen Protisten und Bakterien ist. Sommer (1991a, b) versuchte, dieses Problem durch eine Kombination aus

Größenseparation und Dichtegradientenzentrifugation von Seston zu überwinden und erhielt fast reine Fraktionen, die von einzelnen Phytoplanktonarten dominiert wurden. Ein Vergleich der Zellquoten dieser Fraktionen mit Wachstumsraten, die aus Bioassays gewonnen wurden, ergab eine gute Übereinstimmung mit dem Droop-Modell und Hinweise auf eine Nährstofflimitierung. Dieses Verfahren ist jedoch viel zu aufwendig, um routinemäßig angewendet zu werden.

Anreicherungs-Bioassays, die das Wachstum in angereicherten und nicht angereicherten Proben vergleichen, sind potenziell leistungsstarke Werkzeuge, können jedoch irreführend sein, wenn nicht genügend Vorsicht walten gelassen wird, um Artefakte zu vermeiden. In einer Flasche eingeschlossene Planktonproben sind von Nährstoffquellen wie Ausscheidungen und Durchmischung abgeschnitten und vor dem Fraß durch größere Zooplankton geschützt. Dies kann dazu führen, dass sich in den Flaschen mehr Biomasse ansammelt als in situ und eine strengere Nährstofflimitierung in den nicht angereicherten Kontrollflaschen auftritt. Diese Verzerrung kann minimiert werden, indem die Planktonproben mit gefiltertem, nicht angereichertem in situ Wasser verdünnt und die Analyse auf einen Zeitraum beschränkt wird, der kurz genug ist, bevor die ursprüngliche Biomasse wiederhergestellt ist, in der Regel einige Tage (Sommer 1991a, b).

Molekulare Analysen der Nährstofflimitierung sind ein aufstrebendes Feld (Palenik 2015; Lin et al. 2016; Lovio-Fragoso et al. 2021). Es gibt eine wachsende Anzahl von Veröffentlichungen über die Hoch- und Herunterregulierung von Genen unter bestimmten Arten von Nährstoffstress und über Nährstofflimitierungssignale, die durch Genomik, Transkriptomik und Proteomik nachgewiesen werden können. Es ist gut möglich, dass diese Methoden in naher Zukunft Anreicherungs-Bioassays und Elementaranalysen ersetzen werden.

Makrophyten Makroalgen beziehen Nährstoffe aus demselben Pool wie Plankton und Mikroalgen auf festen Oberflächen, d. h. aus dem gelösten Pool im Wasser. Im Allgemeinen sind die Nährstoffanforderungen von Makroalgen viel höher als die von Mikroalgen aufgrund ungünstigerer Oberflächen-Volumen-Verhältnisse, wie aus den hohen Halbsättigungskonstanten in Abb. 4.10 ersichtlich ist. Mehrere mehrjährige Makroalgen (z. B. *Laminaria*) haben daher einen Jahreszyklus entwickelt, der aus Photosynthese und Produktion von Speicherpolymeren im Sommer sowie Nährstoffaufnahme und Proteinsynthese im Winter besteht (Lüning et al. 1973). Dies kann als Vermeidung von Nährstoffkonkurrenz mit Phytoplankton angesehen werden. Im Winter sind Phytoplankton weniger oder gar nicht aktiv und verbrauchen weniger Nährstoffe. Daher sind die Nährstoffkonzentrationen im Wasser auf ihrem saisonalen Maximum. **Höhere Pflanzen** unterscheiden sich von Makroalgen dadurch, dass sie im Sediment verwurzelt sind und Nährstoffe aus dem Porenwasser im Sediment aufnehmen, wo die Nährstoffkonzentrationen um mehrere Größenordnungen höher sind als im offenen Wasser. Daher hat die Nährstofflimitierung in der Forschung über die Umweltfaktoren, die verwurzelte Makrophyten kontrollieren, keine bedeutende Rolle gespielt.

Auxotrophie Einige Autotrophe benötigen spezifische organische Substanzen („Vitamine") aus externen Quellen, da sie diese nicht selbst produzieren können (Droop 1968). Am häufigsten werden Vitamin B12 und Thiamin als essentielle Vitamine für einige Arten genannt. Aufnahme und Nutzung für das Wachstum können durch dieselben Modelltypen beschrieben werden, die auch für die Limitierung von Mineralnährstoffen verwendet werden.

4.2.3 Chemolithoautotrophie

Elektronendonatoren und -akzeptoren
Chemolithoautotrophie ist autotrophe Produktion, die ihre Energie aus Redoxreaktionen bezieht und anorganische Elektronendonatoren verwendet. Diese Art der Primärproduktion wird auch **Chemosynthese** genannt. Sie ist auf Archaeen und Bakterien beschränkt, obwohl einige von ihnen als Endosymbionten in eukaryotischen Organismen leben können.

Elektronendonatoren der Chemosynthese Typische Elektronendonoren der Chemosynthese sind niedrigere und mittlere Oxidationsstufen mehrerer Elemente:

- **Wasserstoff:** H_2
- **Kohlenstoff:** CO
- **Schwefel:** S_2, S^{2-}, $S_2O_3^{2-}$, SO_3^{2-}
- **Stickstoff:** NH_4, NO_2^+
- **Eisen:** Fe^{2+}
- **Mangan:** Mn^{2+}

Herkunft der Elektronendonatoren Die Elektronendonatoren der Chemosynthese stammen entweder **aus vulkanischen Gasen** (H_2, CO, H_2S) oder aus dem **anaeroben Abbau organischer Substanzen**. Allerdings ist die biologische Freisetzung von Wasserstoff und Ammonium nicht nur auf anaerobe Gewässer beschränkt. Ammonium wird durch **tierische Ausscheidungen** in aerobe Gewässer freigesetzt, und Wasserstoff wird als Nebenprodukt der cyanobakteriellen **N_2 Fixierung** freigesetzt.
Elektronenakzeptoren der Chemosynthese sind Sauerstoff, oxidierte Stickstoffverbindungen (hauptsächlich Nitrat), oxidierte Schwefelverbindungen und CO_2. Verbindungen mit mittleren Oxidationsstufen (z. B. Thiosulfat: $S_2O_3^{2-}$) können sowohl als Elektronendonatoren als auch als Elektronenakzeptoren dienen. Einige chemolithoautotrophe Bakterien können auch Energie gewinnen, indem sie Verbindungen mit mittlerer Oxidationsstufe in eine reduzierte und eine oxidierte Komponente aufspalten, z. B. Thiosulfat in Sulfat und Sulfid.

Einige wichtige chemosynthetische Reaktionen
Nitrifikation ist die Oxidation von NH_4^+ zuerst zu NO_2^- durch das Bakterium *Nitrosomonas* und weiter zu NO_3^- durch das Bakterium *Nitrobacter*.

$$NH_4^+ + 3/2\, O_2 = NO_2^- + 2\, H^+ + H_2O \qquad (4.11)$$

$$NO_2^- + 1/2\, O_2 = NO_3^- \qquad (4.12)$$

Anammox (anaerobe Ammoniumoxidation). Wenn Ammonium durch Nitrat oxidiert wird, entsteht N_2 als oxidiertes Endprodukt.

$$5\, NH_4^+ + 3\, NO_3^- = 4\, N_2 + 9\, H_2O + 2H^+ \qquad (4.13)$$

Schwefelbasierte Chemosynthese *Thiobacillus* spp. oxidieren reduzierte Schwefelverbindungen. Die meisten Arten sind auf eine einzige Verbindung spezialisiert. Einige können auch organische Energiequellen nutzen, während die meisten obligate Chemolithoautotrophe sind. Die wichtigsten Reaktionen sind:

$$H_2S + 1/2\, O_2 = S + H_2O \qquad (4.14)$$

$$S_2 + H_2O + 3/2\, O_2 = SO_4^{2-} + 2\, H^+ \qquad (4.15)$$

$$S_2O_3^{2-} + H_2O + 2\, O_2 = 2\, SO_4^{2-} + 2\, H^+ \qquad (4.16)$$

Der anaerobe *Thiobacillus denitrificans* verwendet Nitrat als Elektronenakzeptor. Eine weitere anaerobe Form der schwefelbasierten Chemosynthese ist die Spaltung von Thiosulfat:

$$S_2O_3^{2-} + H_2O = SO_4^{2-} + H_2S \qquad (4.17)$$

Eisenbasierte Chemosynthese Die Oxidation von reduziertem zweiwertigem Eisen (Fe^{2+}) zu oxidiertem dreiwertigem Eisen (Fe^{3+}) wird als Energiequelle von eisenoxidierenden Bakterien wie *Ferrobacillus*, *Gallionella* und *Leptothrix* verwendet:

$$4\, Fe^{2+} + 4\, H^+ + O_2 = 4\, Fe^{3+} + 2\, H_2O \qquad (4.18)$$

Wasserstoffoxidation Wasserstoffoxidierende Chemoautotrophe oxidieren Wasserstoff entweder durch Sauerstoff oder durch Sulfat und gewinnen Energie für die Chemosynthese. Wasserstoff entsteht entweder durch Fermentation (eine anaerobe Form des dissimilatorischen Stoffwechsels, Abschn. 4.4.2) oder durch vulkanische Quellen wie hydrothermale Quellen.

Methanoxidation Methan (CH_4) wird ebenfalls entweder durch vulkanische Quellen oder durch Fermentation und Methanogenese (Abschn. 4.4.2) bereitgestellt. Methan wird von methanotrophen Bakterien als Elektronendonator und als Kohlenstoffquelle verwendet.

$$5\, CH_4 + 8\, O_2 = 2(CH_2O) + 3\, CO_2 + 8\, H_2O \qquad (4.19)$$

Räumliche Verteilung

Chemosynthetische Reaktionen sind an das gleichzeitige Vorhandensein von Elektronendonatoren und -akzeptoren gebunden. Viele dieser Redoxreaktionen erfolgen auch rein chemisch, insbesondere die Oxidation von H_2S durch O_2. Bei 20 °C beträgt die Halbwertszeit von H_2S in Gegenwart von O_2 nur etwa 1 Stunde. (Kuenen und Bos 1989). Daher findet sich eine ausreichende Versorgung mit H_2S und das gleichzeitige Vorhandensein von O_2 für die Chemosynthese nur an **vertikalen Redox-Gradienten** (Abb. 4.12), wo H_2S von unten und O_2 von oben zugeführt wird. Die Beschränkung auf Grenzschichten ist bei der Nitrifikation weniger streng, da durch die Ausscheidung von Tieren ständig Ammonium zugeführt wird. Dennoch findet sich der Großteil der Nitrifikation ebenfalls an Redox-Gradienten, da die Ammoniumkonzentrationen in anoxischem Wasser höher sind. In aeroben Gewässern müssen nitrifizierende Bakterien mit der Ammoniumaufnahme durch Phytoplankton konkurrieren.

Chemolithoautotrophe als Endosymbionten

Submarine vulkanische Gasemissionen treiben die Chemosynthese an, indem sie reduzierte Gase wie H_2 und H_2S durch **hydrothermale Quellen** bereitstellen. Hohe Emissionen durch die „Schwarzen Raucher" an den mittelozeanischen Rücken ermöglichen die Entwicklung spezifischer Ökosysteme, die nicht auf photosynthetischer, sondern auf chemosynthetischer Primärproduktion basieren. Diese Systeme sind nicht nur reich an chemosynthetischen Bakterien in der Wassersäule, sondern auch an Tieren, die endosymbiotische H_2S-Oxidierer enthalten (Jannasch und Mottl 1985). Unter ihnen befinden sich der Riesenkalkröhrenwurm *Riftia*

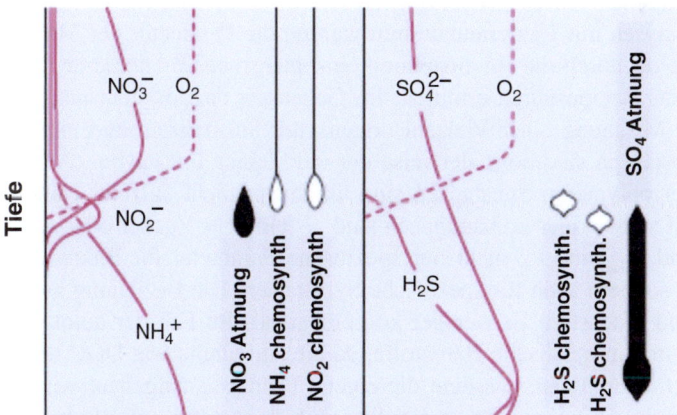

Abb. 4.12 Vertikale Verteilung von Sauerstoff, Nitrat, Nitrit, Ammonium, Sulfat und Sulfid entlang eines vertikalen Sauerstoffgradienten und vertikale Verteilung der N- und S-abhängigen anaeroben Atmung, Chemosynthese und H_2S-abhängigen Photosynthese. (Quelle: Abb. 4.8 in Sommer 2005)

pachyptila und Muscheln *Bathymodiolus* spp. (Grassle 1985; Lutz und Kennish 1993).

4.3 Ernährung und Wachstum von Heterotrophen

Die Mehrheit der Archaeen und Bakterien sowie alle Pilze, Protozoen und Tiere sind heterotroph. Einige Protozoen und Tiere enthalten autotrophe (photo- oder chemotrophe) Endosymbionten, wodurch der resultierende Metaorganismus funktionell auto- oder mixotroph wird. Heterotrophe können entweder **DOC** (gelöster organischer Kohlenstoff) oder **POC** (partikulärer organischer Kohlenstoff) als C-Quelle, Energiequelle und Elektronendonator nutzen. Die entsprechenden Ernährungsweisen werden als **Osmotrophie** (Aufnahme von DOC) oder **Phagotrophie** (Aufnahme von POC) bezeichnet.

4.3.1 Osmotrophie

Osmotrophie ist die typische Ernährungsform heterotropher Bakterien und Archaeen sowie vieler Pilze. Sie spielt auch eine gewisse Rolle bei der Ernährung einiger heterotropher Protisten. Der Begriff **Substrat** wird in der Literatur, insbesondere in der mikrobiologischen, häufig für die von Osmotrophen genutzten Substanzen verwendet. Diese Wortwahl könnte jedoch zu Verwechslungen mit dem physischen Substrat des Benthos (Sediment oder feste Oberflächen) führen.

Nährstofflimitierung
Die **Aufnahme** von DOC durch biologische Membranen wird üblicherweise durch eine **Michaelis-Menten Gleichung** (Abschn. 4.2.2) beschrieben. In experimentellen Analysen mit Bakterienkulturen werden die Parameter der Michaelis-Menten-Kurve oft durch die Bereitstellung einzelner, meist monomerer Substrate wie Zucker oder Aminosäuren ermittelt. Im Gegensatz dazu besteht natürlicher DOC aus einer Mischung einer Vielzahl organischer Substanzen, und einfache monomere Substanzen sind normalerweise nur ein kleiner Teil davon. (Abschn. 2.3.5). Einige der polymeren Substanzen sind überhaupt nicht nutzbar, während andere zumindest schwieriger zu handhaben sind als einfache Zucker oder Aminosäuren. Daher sind v_{max} und k_m nicht nur spezifische Parameter für Bakterienarten oder -stämme, sondern auch für spezifische Substanzen. Die Beziehung zwischen Aufnahme und Wachstum ist weniger kompliziert als im Fall der autotrophen Limitierung durch mineralische Nährstoffe, da die Aufnahme von DOC die Aufnahme des Hauptmaterials ist, aus dem die eigene Biomasse aufgebaut wird. Wenn die proportionale Aufteilung des assimilierten Kohlenstoffs auf Wachstum und Atmung sich nicht ändert, bleiben **Wachstum** und Aufnahme proportional, und die Wachstumsbegrenzung kann durch die **Monod-Gleichung** (Abschn. 4.2.2) beschrieben werden, für die sie ursprünglich von Monod entwickelt wurde (1950).

4.3 Ernährung und Wachstum von Heterotrophen

Verfügbarkeit von Substraten Die DOC-Konzentrationen im Ozean liegen zwischen 0,4 und 2 g C kg^{-1} (Williams 1985). Selbst in halbgeschlossenen Küstenmeeren liegen sie normalerweise unter 10 g C kg^{-1}, z. B. bis zu 4,7 g C kg^{-1} in der Ostsee (Ehrhardt 1996). In Seen sind sie normalerweise viel höher, und noch höhere Konzentrationen können im Porenwasser des Sediments gefunden werden (mehrere mg cm^{-3} Sediment; Meier-Reil und Köster 1993). Die bevorzugten niedermolekularen mono- oder oligomeren Verbindungen sind in viel niedrigeren Konzentrationen vorhanden, in der Größenordnung von μg C kg^{-1} im offenen Wasser (Iturriaga und Zsolnay 1981). Halbsättigungskonstanten (k_m) liegen in derselben Größenordnung, ca. 2 bis 50 μg C kg^{-1} (Overbeck 1975). Dies deutet darauf hin, dass natürliche Bakterienpopulationen zwischen Substratlimitierung und Nicht-Limitierung liegen.

Exoenzyme Hochmolekulare Substanzen können nicht leicht oder gar nicht durch biologische Membranen transportiert werden. Andererseits machen ihre hohen Konzentrationen sie zu einer attraktiven C- und Energiequelle für Osmotrophe. Daher haben sie Enzyme entwickelt, die in das Medium freigesetzt werden und die monomere Substanzen aus den leichter abbaubaren Polymeren abspalten können (Chrost 1991).

Box 4.4 Messungen der heterotrophen mikrobiellen Produktion

Heterotrophes Potenzial. Die bakterielle Produktion im Wasser wurde in den 1960er und 1970er Jahren zu einem zentralen Thema der Limnologie und Ozeanographie. Der erste Ansatz zur Messung der bakteriellen Produktion wurde analog zur ^{14}C-Methode der Photosynthesemessungen entwickelt. Radioaktiv (^{14}C oder ^{3}H)-markierte monomere Substrate (Glukose, Acetat usw.) wurden den Mikroben angeboten, und die Einbindung des radioaktiven Markers wurde nach der Inkubation gemessen (Hamilton und Austin 1967; Hoppe 1978). Die mit dieser Methode erzielten Ergebnisse werden als „heterotrophes Potenzial" bezeichnet, da einzelne monomere Substanzen nicht repräsentativ für das gesamte Substratspektrum im Wasser sind. Das heterotrophe Potenzial sollte eher als Proxy für die osmotrophe Produktion betrachtet werden, nicht als direkte Messung.

Thymidin- und Leucin-Inkorporation. Um die Probleme des heterotrophen Potenzials zu vermeiden, wurde vorgeschlagen, die Einbindung spezifischer organischer Substanzen zu messen, die keine allgemeinen C-Quellen sind, sondern in einem relativ konstanten Verhältnis zum Biomasseaufbau benötigt werden. Die wichtigsten Substanzen, die für diesen Ansatz verwendet werden, sind ^{3}H-markiertes Thymidin, eine der Basen in der DNA (Fuhrman und Azam 1982) und die Aminosäure Leucin (Kirchman et al. 1985). Dennoch besteht die Notwendigkeit, für die de novo-Synthese oder den Stoffwechselumbau dieser Markersubstanzen zu korrigieren (Rieman und Bell 1990).

Ausschluss von Bakterivoren. Die bakterielle Produktion kann auch durch den Ausschluss und/oder die Verdünnung von Bakterienfressern gemessen werden. Die meisten freilebenden Bakterien und Archaeen sind <1 μm groß, und alle Bakterivoren sind größer als das. Daher entfernt die Filtration durch Filter mit einer Maschenweite von 1 μm die Hauptquelle für bakterielle Verluste und ermöglicht es ihnen, sich nur entsprechend ihrem metabolischen Wachstum zu vermehren, da jede Verdopplung der Zellbiomasse von einer Zellteilung gefolgt wird. Güde (1986) fand eine gute Übereinstimmung dieser Methode mit den Ergebnissen der Thymidin-Methode.

Verdünnungsreihen. Die Verdünnungsreihen von Landry und Hassett (1982) basieren ebenfalls auf der Idee, dass das Grazing durch Bakterivoren die Hauptquelle für bakterielle Verluste ist. In situ gefiltertes Wasser wird verwendet, um natürliche Planktonsuspensionen zu verdünnen und eine Verdünnungsreihe zu erstellen. Die Verdünnung reduziert die Begegnungen zwischen Bakterien und Bakterivoren und damit die Grazingrate durch Bakterivoren. Nettowachstumsraten werden durch Bakterienzählungen berechnet. Eine Regression der Nettowachstumsraten vs. Anteil unverdünnten Wassers (von 0 bis 1) liefert zwei Schätzungen: Der Schnittpunkt schätzt die Produktionsrate (Bruttowachstum) und die negative Steigung die Grazingerate.

4.3.2 Phagotrophie

Ernährungsweise und Nahrungsselektion

Ernährungstypen Die traditionelle Unterscheidung der Ernährungstypen von Tieren basiert auf ihrer Nahrung. **Herbivore** ernähren sich von Pflanzen oder, allgemeiner, von Phototrophen, **Bakterivore** von Bakterien, **Karnivoren** von anderen Tieren, **Detritivore** von toten Überresten von Organismen und **Omnivoren** von mehr als einer Kategorie, üblicherweise die Kombination von Herbivorie und Karnivorie. In aquatischen Ökosystemen sind die Grenzlinien zwischen Herbivorie und Karnivorie weniger klar als in terrestrischen Systemen, hauptsächlich weil sich Phyto- und Zooplankton weniger in ihrer stochiometrischen und biochemischen Zusammensetzung unterscheiden als terrestrisches Pflanzen- und Tiermaterial (Abschn. 3.4.2).

Ernährungsweisen Die Art und Weise, wie Futterpartikel angegriffen und aufgenommen werden, hängt von der Größe, Beweglichkeit und den mechanischen Eigenschaften der Nahrungsorganismen sowie den Fähigkeiten des Fressers ab, die Nahrung zu handhaben. Nahrungsorganismen können vollständig verschluckt werden, es können nur Stücke des Nahrungspartikels abgebissen werden, oder die

4.3 Ernährung und Wachstum von Heterotrophen

Oberfläche kann durchbohrt und flüssige Inhalte des Nahrungsorganismus ausgesaugt werden. Die am weitesten verbreiteten Ernährungsweisen sind:

- **Phagozytose** ist die Ernährungsweise der meisten heterotrophen Protisten, bei der Nahrungspartikel entweder direkt an der Oberfläche oder innerhalb eines spezialisierten Zytopharynx von flexiblen Teilen der Zellmembran eingeschlossen werden.
- **Pallium-Ernährung.** Einige Protisten extrudieren spezialisierte Pseudopodien (Pallium), um Nahrungspartikel zu umschließen, die dann außerhalb des Hauptkörpers verdaut werden.
- **Leimrutenfang** ist eine passive Ernährungsweise unter Verwendung von Tentakeln. Tentakeln von Cnidaria sind mit Nematoblasten (Nesselzellen) ausgestattet, die Nahrungsorganismen lähmen, während die Tentakeln von Ctenophoren mit Kolloblasten ausgestattet sind, an denen die Nahrungsorganismen haften bleiben.
- **Räuberische Ernährung.** Räuber greifen einzelne Beuteorganismen aktiv an, entweder indem sie auf der Suche nach Nahrung umherstreifen oder bewegungslos warten („Warten und Sehen") als Lauerjäger.
- **Abkratzen.** Abkratzer haben spezielle Mundwerkzeuge, um mikrobielle Biofilme von festen Oberflächen abzukratzen. Diese Ernährungsweise ist weit verbreitet unter langsam kriechenden Zoobenthos, z. B. vielen Insektenlarven und Gastropoden.
- **Zerkleinern.** Zerkleinerer (z. B. viele Insektenlarven und Gammarid-Krustentiere) haben starke Mundwerkzeuge, die zum Zerkleinern von widerstandsfähigen, großen Nahrungspartikeln, wie Blättern aus allochthonen Quellen in Bächen, verwendet werden.
- **Sedimentfresser.** Tiere, die in feinkörnigen Sedimenten leben (z. B. der Wattwurm *Arenicola*), schlucken das Sediment und verdauen die Mikroben, die die Körner besiedeln, und geben ihren Kot an der Sedimentoberfläche ab.
- **Detritusfresser,** z. B. einige sedimentbewohnende Muscheln, pipettieren das an der Sedimentoberfläche angesammelte POC.
- **Suspensionsfresser** erzeugen einen Wasserstrom, aus dem sie schwebende Nahrungspartikel greifen oder filtern. **Filtrierer** sind ein spezieller Fall von Suspensionsfressern, die den Nahrungsstrom durch eine sieb- oder kammartige Struktur pressen. Der Druck ist aufgrund der Viskosität des Wassers erforderlich (Abschn. 2.2.2). Im Zooplankton sind herbivore Copepoden greifende Suspensionsfresser, während herbivore Cladocera und Tunicaten echte Filtrierer sind.
- **Bohrer** durchbohren die Haut ihrer Beute und saugen Körperflüssigkeiten.

Einige Tiere können je nach Verfügbarkeit der Nahrung zwischen Ernährungsweisen wechseln. Omnivore Copepoden verwenden greifendes Suspensionsfressen für unbewegliche Beute, z. B. Diatomeen, während bewegliche Planktonorganismen aus dem Nahrungsstrom schwimmen können. Bewegliche Beute wird in einer räuberischen Ernährungsweise angegriffen (Tiselius und Jonsson 1990; Kiørboe et al. 1996).

Größenspektren von Nahrungsmitteln Kein Tier ernährt sich von Nahrungspartikeln aller Größen. Die Größe ist eines der Hauptkriterien für die Auswahl von Nahrungspartikeln. Es gibt anatomische Einschränkungen, wie die „Maschenweite" der Filter von Filtrierern, die die minimale Nahrungsgröße für Filtrierer bestimmen (Geller und Müller 1981; Gophen und Geller 1984, Abb. 4.13). Die Öffnungsweite der Mundwerkzeuge oder Kiefer bestimmt die oberen Größenlimits, wenn Nahrungsteile vor der Aufnahme nicht zerkleinert werden. Im Fall von Raubtieren kann die Größe der Beute bestimmen, welches Organismus erfolgreich angegriffen werden kann. Bei Beuteorganismen, die durch Schalen geschützt sind, können dickere Schalen größerer Beute das Aufbrechen der Schale erschweren oder sogar unmöglich machen.

Neben anatomischen Einschränkungen, die untere und obere Größenlimits setzen, gibt es auch eine aktive Wahl. Allgemein gesagt bieten größere Nahrungspartikel mehr Energie und Material pro Angriff und sind daher attraktivere Nahrung. Sie sind jedoch im Allgemeinen seltener als kleinere Nahrungspartikel, was die Suche zeit- und energieaufwendiger macht. Daher hängt die Optimierung der Nahrungsgrößenauswahl von der relativen Häufigkeit unterschiedlich großer Nahrungspartikel ab, eines der Kernthemen der **Theorie der optimalen Nahrungswahl** (Pyke et al. 1977). Es wird angenommen, dass die Nahrungswahl sich so

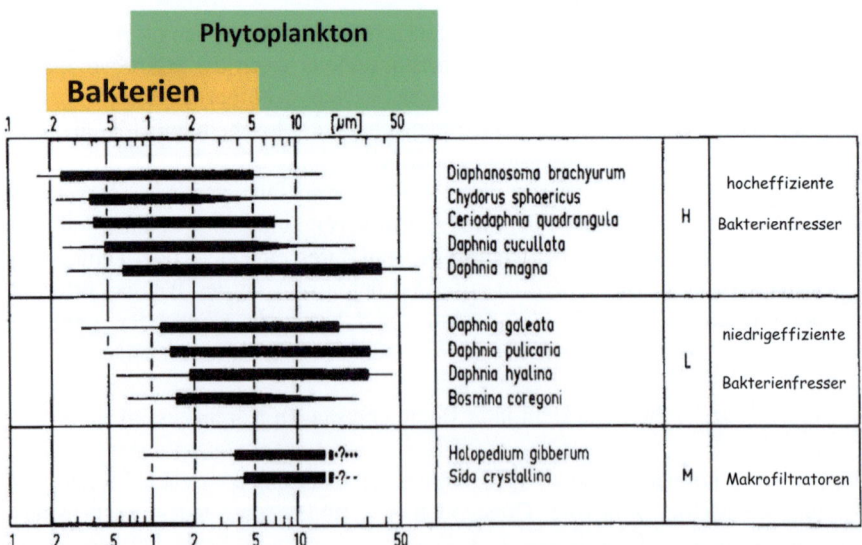

Abb. 4.13 Größenspektren von filtrierenden cladoceren Zooplankton: H: hocheffiziente Bakterienfresser, L: niedrigeffiziente Bakterienfresser, M: Makrofiltrierer. (Quelle: Abb. 5 in Geller und Müller 1981, mit Genehmigung von Springer Nature)

entwickelt hat, dass sie die Bilanz zwischen Gewinn (Energieaufnahme pro Zeit) und Kosten (Suchzeit, Handhabungskosten) optimiert. Werner und Hall (1974) boten *Daphnia* (Wasserfloh) von 3 verschiedenen Größenklassen in unterschiedlichen Mischungen Sonnenbarschen an. Die Fische fraßen nur die größten, solange die Begegnungszeiten mit ihnen weniger als 30 Sekunden betrugen.

Chemische Nahrungswahl Tiere, die aktiv Nahrungspartikel greifen, sind weitaus selektiver als Filtrierer oder Sedimentfresser. Aktiv greifende Tiere können Partikel basierend auf chemischen Reizen (Geschmack, Geruch) auswählen. DeMott (1988) bot 1:1-Mischungen aus Plastikpartikeln und gleich großen Algen herbivorem Zooplankton an. Filtrierende Cladocera (*Daphnia*, Sida) fraßen diese Partikel in einem Verhältnis von 1:1, während greifende Suspensionsfresser (die Copepoden *Temora, Pseudocalanus, Eudiaptomus*) 70–100 % Algen fraßen.

Selektivitätskoeffizienten Die Nahrungswahl kann nicht allein durch das Zählen der Nahrungstypen im Darminhalt analysiert werden, da die Vorherrschaft eines Typus durch die Auswahl dieses Nahrungstyps oder durch seine Vorherrschaft in der Umwelt verursacht worden sein könnte. Selektivitätsindizes müssen entweder die relative Häufigkeit der Nahrungstypen in der Ernährung mit den relativen Häufigkeiten in der Umwelt vergleichen oder die Sterberate des Nahrungstyps i (d_i), die durch das Fressen verursacht wird, mit der Sterberate des optimalen Nahrungstyps (d_{max}) in Beziehung setzen, wie im Index W_i von Vanderploeg und Scavia (1979).

$$W_i = d_i/d_{max} \qquad (4.20)$$

Reichend von 0 (überhaupt nicht gefressen) bis 1 (optimale Nahrung).

Wenn Sterberaten nicht berechnet werden können, aber Analysen des Darminhalts verfügbar sind, kann der Index D_i nach Jacobs (1974) aus der relativen Häufigkeit des Nahrungstyps i in der Umwelt (p_i) und im Darminhalt (r_i) berechnet werden

$$D_i = (r_i - p_i)(r_i - 2r_ip_i + p_i)^{-1} \qquad (4.21)$$

Die Werte von D_i reichen von -1 (totale Vermeidung) bis 1 (nur dieser Nahrungstyp verwendet). Ein Wert von 0 zeigt eine neutrale Auswahl an ($r_i = p_i$).

Funktionelle Reaktion

Funktionelle Reaktion ist die Reaktion der Fressraten auf die Verfügbarkeit von Nahrung, gemessen als Nahrungsmenge oder Biomasse. Die Nahrungsmenge oder Biomasse kann in Bezug auf das Wasservolumen (für dreidimensional verteilte Nahrung, wie Plankton) oder die Fläche (für zweidimensional verteilte Nahrung) angegeben werden. Wir müssen zwischen den Maßen für die Menge der pro Zeit gefressenen Nahrung (aufgenommen), der Ingestionsrate (**I**), und dem Aufwand zur Nahrungsbeschaffung, der **Klärungsrate (C)**, unterscheiden. Die Klärungsrate ist das Volumen oder die Fläche der Umgebung, aus der die Nahrung pro Zeiteinheit geerntet wird. Im Fall von Filtrierern entspricht sie der Filtrationsrate (Volumen des pro Zeit gefilterten Wassers) und bei Schabern der Fläche der pro

Zeit geernteten Substratoberfläche. Aufnahme- und Klärungsraten sind durch die **Nahrungskonzentration (F)** gekoppelt:

$$I = CF \tag{4.22}$$

Die Abhängigkeit von I von C wird üblicherweise durch drei verschiedene Modelle beschrieben (Holling 1959), abhängig vom Übergang von Nahrungsbegrenzung zu Sättigung. Die ersten beiden Modelle sind mathematisch äquivalent zum bi-linearen **Blackman-Modell**, das für P–I-Kurven verwendet wird (lineare Zunahme unter limitierenden Bedingungen, horizontales Plateau bei sättigenden Nahrungsniveaus) und dem allmählicheren Übergang von Begrenzung zu Sättigung wie im **Michaelis–Menten** Modell (Gl. 4.8, Abschn. 4.2.1). Der Übergangspunkt von Limitation zu Sättigung wird als " **Incipient Limiting Level**" **(ILL)** bezeichnet. Die Klärungsraten sind bei Nahrungskonzentrationen unterhalb des ILL maximal und nehmen bei Konzentrationen > ILL hyperbolisch ab (Abb. 4.14).

Hollings Typ-III-Modell ist S-förmig mit einer anfänglich langsamen Zunahme von I mit C, einer anschließend zunehmenden Steigung und einem allmählichen Übergang zur Sättigung. Alle drei Modelle können durch einen Schwellenwert modifiziert werden, unterhalb dessen keine Nahrungsaufnahme erfolgt. Wenn die Nahrung zu knapp ist, könnte der Energieverlust durch die Nahrungssuche höher sein als der Gewinn durch die Nahrungsaufnahme. Solche Bedingungen machen es profitabler, die Nahrungsaufnahme einzustellen.

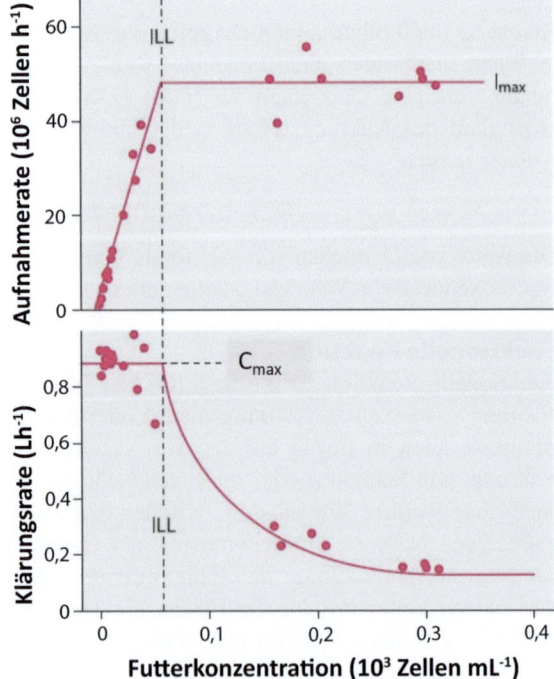

Abb. 4.14 Aufnahmeraten und Klärungs- (Filtrations-) raten von 2,5 bis 3 cm langen Miesmuscheln (*Mytilus edulis*) in Reaktion auf die Konzentration von Nahrungsalgen (*Dunaliella tertiolecta*). (Quelle: Abb. 4.11 in Sommer 2005)

Assimilation und Produktion

Ingestion ist der erste Schritt in der Ernährung von Tieren. Oft kann jedoch nicht die gesamte aufgenommene organische Substanz verdaut und genutzt werden. Daher wird der unbrauchbare Teil als **Faeces (F)** an die Umwelt abgegeben. Wenn ein Teil der aufgenommenen Nahrung vor dem Durchgang durch den Darm abgelehnt wird, werden die aus abgelehnten Partikeln gebildeten Klumpen als **Pseudofaeces** bezeichnet.

Assimilation (A) ist die Aufnahme der nicht abgelehnten Nahrung. Bei höheren Tieren entspricht dies der organischen Substanz, die von den Darmwänden resorbiert wird. Die assimilierte Nahrung muss den Bedarf an Materie und Energie für Erhaltung, Aktivität, Wachstum und Fortpflanzung decken. **Assimilationseffizienz (AQ)** ist der Quotient aus Assimilation und Aufnahme:

$$AQ = A/I \qquad (4.23)$$

Die assimilierte Nahrung wird dann in metabolische Verluste (Atmung unf Exkretion) und Produktion aufgeteilt (Abb. 4.15).

Atmung (R) ist der Hauptprozess zur Energiegewinnung für Aktivitäten. In geringerem Maße spielt unter anaeroben Bedingungen auch die Fermentation eine Rolle. Die Atmung besteht aus einem konstanten Hintergrund, der für die Erhaltung benötigt wird (**Erhaltungsstoffwechsel**) und einem aktivitätsbezogenen Teil (**Aktivitätsstoffwechsel**), der mit dem Aktivitätsniveau zunimmt. Diese Aktivitäten umfassen Fortbewegung, Nahrungsaufnahme und -verdauung, Wachstum und Fortpflanzung.

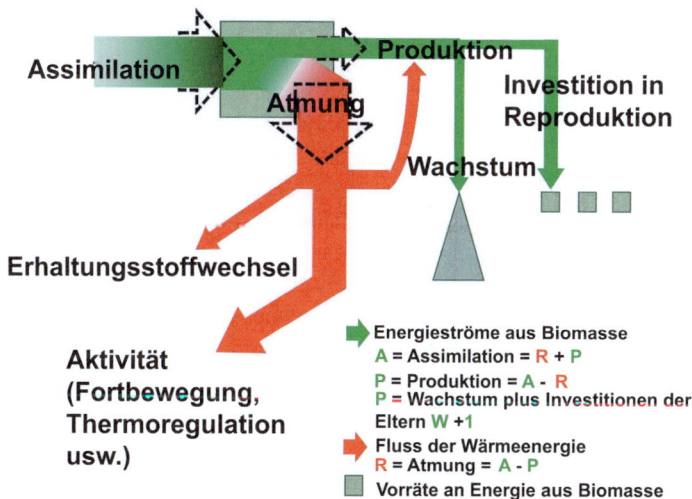

Abb. 4.15 Aufteilung der assimilierten Energie in Produktionsatmung (Exkretion nicht gezeigt). (Quelle: Abb. 1 in Burger et al. 2021, mit Genehmigung von John Wiley and Sons)

Exkretion (E). Metabolische Umwandlungen organischer Substanzen führen zur Produktion von Abfallprodukten, die an die Umwelt ausgeschieden werden müssen.

Produktion (P) ist der Aufbau von Biomasse. Die Produktion ist immer geringer als die Assimilation aufgrund von Atmung und Ausscheidung ($P = A - R - E$) und kann sogar negativ sein. Eine negative Produktionsrate führt zu einem Verlust an Körpermasse und schließlich zum Verhungern. Da die Atmung, außer in Dormanzphasen, nicht abgeschaltet werden kann, gibt es eine Schwelle der Aufnahmeraten, die für positive Produktionsraten erforderlich sind. Die Produktion wird in **somatische Produktion** (Körperwachstum) und **Fortpflanzung** (Nachkommenproduktion) investiert.

Produktionseffizienz kann als Verhältnis zur Aufnahmerate (**brutto Produktionseffizienz**: $K_1 = P/I$) oder als Verhältnis zur Assimilation (**netto Produktionseffizienz**: $K_2 = P/A$) ausgedrückt werden. K_1 ist sehr variabel und stark von schwer oder nicht verdaulichen Nahrungsbestandteilen (z. B. Zellulose) beeinflusst. Unter natürlichen Bedingungen liegt sie oft zwischen 0,05 und 0,3. K_2 hängt von der Verteilung der Energie zwischen Atmung und Produktion ab und nimmt daher mit der Nahrungsverfügbarkeit zu (Hawkins und Bayne 1993).

Nahrungsqualität

Die Tierproduktion hängt nicht nur von der Menge der Nahrung ab, sondern auch von ihrer Qualität. Selbst wenn schwer verdauliche Bestandteile wie Zellulose wenig oder nicht vorhanden sind, kann es zu einer Diskrepanz zwischen der elementaren und biochemischen Zusammensetzung von Tieren und ihrer Nahrung kommen.

Stöchiometrie Tiere entnehmen ihrer Nahrung nicht nur C, H und O, sondern auch Elemente wie N und P. Primärproduzenten sind in ihrer elementaren Zusammensetzung sehr variabel (Abschn. 3.4.2 und 4.2.2; Atkinson und Smith 1983; Elser et al. 2000), während Tiere relativ homöostatisch sind (Sterner und Elser 2002). Die hohe Variabilität der Stöchiometrie der Biomasse von Primärproduzenten kann zu einer suboptimalen Zusammensetzung im Verhältnis zum Bedarf der Herbivoren führen. Die optimale Stöchiometrie der Nahrung ist nicht identisch mit der Körperstöchiometrie des Tieres, da das Tier zwangsläufig Kohlenstoff veratmet. Daher muss Kohlenstoff in der Nahrung im Überschuss im Verhältnis zu N und P vorhanden sein. Wenn jedoch Kohlenstoff zu sehr im Überschuss vorhanden ist, muss das Tier ihn loswerden, z. B. durch verstärkte Atmung, die zu keinem Fitnessziel beiträgt. Solche metabolischen Verluste von C führen zu einer sinkenden Produktionseffizienz und weniger Produktion, als bei gleicher Nahrungsmenge mit einer besseren stöchiometrischen Übereinstimmung möglich gewesen wäre.

Sommer (1992) bot die Süßwasseralge *Scenedesmus* in verschiedenen Graden der P-Limitation *Daphnia galeata* an und maß die Reaktion der *D. galeata* Geburtenraten. *Daphnia* spp. sind P-reiche Zooplankter (C:P ca. 90–100:1). Die P-Limitation der Geburtenraten von *D. galeata* begann bei einem Nahrungs-C:P

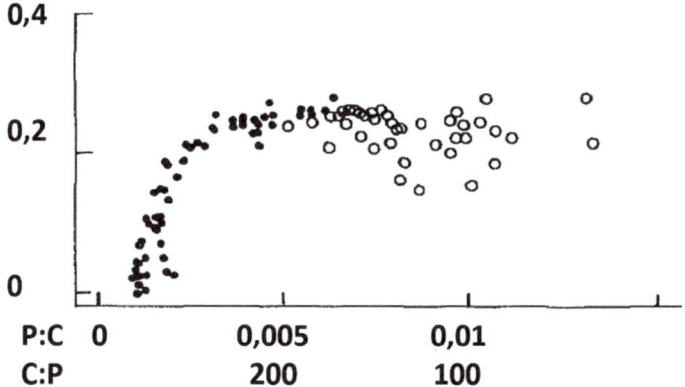

Abb. 4.16 Geburtenrate von *Daphnia galeata* in Abhängigkeit vom P-Gehalt der Nahrungsalge *Scenedesmus acutus*, offene Symbole: POC < ILL (ca. 100 µmol C kg^{-1}), geschlossene Symbole: POC > ILL. (Quelle: Abb. 6.19 in Sommer 1994, konstruiert nach Daten in Sommer 1992)

von ca. 200–250:1, und bei C:P > 1000:1 produzierte *D. galeata* keine Eier mehr (Abb. 4.16). Da Tiere nicht perfekt homöostatisch sind, kann die Limitation von Mineralnährstoffen sogar über trophische Ebenen hinweg übertragen werden. Schoo et al. (2012) zeigten eine rtritrophische Übertragung der P-Beschränkung mit der Nahrungsalge *Rhodomonas marina*, dem herbivoren Copepoden *Acartia tonsa* und den Hummer (*Homarus europaeus*)-Larven, die sich von *A. tonsa* ernährten. Hummerlarven wuchsen schlechter, wenn *R. marina* P-verarmt war.

Biochemische Qualität Viele Tiere sind nicht in der Lage, spezifische organische Verbindungen zu synthetisieren, oder können dies nur mit hohen metabolischen Kosten tun. Wenn diese Verbindungen wesentliche metabolische oder strukturelle Rollen haben, müssen sie aus der Nahrung gewonnen werden. Solche Verbindungen umfassen langkettige **mehrfach ungesättigte Fettsäuren** (PUFAs, Brett und Müller-Navarra 1997) und **Sterole** (Martin-Creuzburg und von Elert 2009). Sie können wie mineralische Nährstoffe limitierende Faktoren für das Wachstum von Tieren werden. Die Begrenzung durch Fettsäuren wurde am intensivsten für **EPA** (Eicosapentaensäure, C20:5ω3, eine Fettsäure mit 20 C-Atomen, 5 Doppelbindungen und einer Doppelbindung an der ω3-Position) und **DHA** (Docosahexaensäure, C22:6ω3, eine Fettsäure mit 22 C-Atomen, 6 Doppelbindungen und einer Doppelbindung an der ω3-Position) untersucht. Die limitierende Rolle von EPA für das Wachstum des Süßwasserzooplanktons *Daphnia* wurde häufig gezeigt, z. B. von Müller-Navarra (1995) und Von Elert (2002). DHA ist ein wesentlicher Bestandteil des Gehirns, der Haut und der Netzhaut von Wirbeltieren, aber es wurde auch als limitierender Faktor für Zooplankton etabliert (Leiknes et al. 2016). Essentielle Fettsäuren und Sterole haben in Phytoplankton und heterotrophen Protisten unterschiedliche taxonomische Verteilungen und werden manchmal als biochemische Marker für die Dominanz von taxonomischen Gruppen in der Ernährung von Pflanzenfressern verwendet (Ruess und Müller-Navarra 2019). Diatomeen sind reich an EPA, während Dinoflagellaten und viele heterotrophe Protisten reich an DHA sind. Es gibt jedoch auch einen starken Einfluss der Wachstumsbedingungen (Nährstoffe, Temperatur, pH-Wert) auf den Gehalt an essentiellen Fettsäuren in der Phytoplankton-Biomasse (Bi et al. 2014). Die Richtung dieser Reaktionen kann sogar zwischen den Arten unterschiedlich sein (Bi et al. 2020). Umwelteinflüsse auf Fettsäuren und Sterole können stark genug sein, um die Nahrungsqualität von Phytoplankton für Zooplankton zu bestimmen (Bi und Sommer 2020).

Numerische Reaktion
Numerische Reaktion ist die Abhängigkeit der Geburtenraten von den Nahrungsbedingungen. Sie folgt normalerweise einer Art Sättigungskurve (Blackman oder Michaelis-Menten) mit einem Schwellenwert, wenn die Nahrungsverfügbarkeit für die Nahrungsqualität korrigiert wird.

Somatisches vs. reproduktives Wachstum Energie und Materie, die die Tierproduktion unterstützen, werden bis zur Erreichung der Reife dem somatischen Wachstum zugewiesen. Nach Erreichen der Reife setzt sich das somatische Wachstum bei einigen Tieren fort und nur ein Teil der Produktion wird der Fortpflanzung zugewiesen (z. B. Cladoceren-Zooplankton). Bei anderen Tieren gibt es nach Erreichen der Reife kein weiteres somatisches Wachstum und die gesamte Produktion wird in die Fortpflanzung investiert, die entweder auf wiederholte Fortpflanzungsereignisse verteilt wird (z. B. Copepoden-Zooplankton) oder in ein einziges Fortpflanzungsereignis am Ende des Lebens investiert wird (z. B. Cephalopoden, Aal). Diese Unterschiede sind wichtige Komponenten der **Lebenszyklusstrategie** von Organismen, die in Abschn. 5.4.3 näher untersucht werden.

Geburtenraten Die Geburtenrate eines Tieres hängt von der Häufigkeit der Fortpflanzungsereignisse pro Zeit und der Anzahl der Nachkommen (Eier oder Neugeborene) ab, die bei jedem Fortpflanzungsereignis freigesetzt werden. Im Falle wiederholter Fortpflanzung ist das Timing oft an die Jahreszeit gekoppelt; bei Tieren mit einer Lebensdauer von weniger als einem Jahr hängt das Intervall zwischen den Fortpflanzungsereignissen oft von der Temperatur ab (McLaren 1963). Die Anzahl der Nachkommen pro Fortpflanzungsereignis hängt bei allen Tieren von den Nahrungsbedingungen und bei Tieren, die nach der ersten Fortpflanzung noch wachsen, auch vom Alter des Muttertieres ab.

Box 4.5 Messung der Tierproduktion

Direkte Beobachtung großer Tiere. Die Produktion von Tieren in Gefangenschaft kann leicht durch Überwachung des Massenwachstums von Individuen und der Geburtenraten durchgeführt werden. Bis zu einem gewissen Grad ist dies auch in freier Wildbahn möglich, wenn Individuen markiert werden können (z. B. beringte Vögel) und über die Zeit beobachtet werden, möglicherweise mit Hilfe von Ersatzparametern für die Körpermasse, z. B. Längen-Massen-Beziehungen.

Kohortenanalyse ist ein geeignetes Werkzeug für Tiere mit **synchronisierter Fortpflanzung**, d. h. wenn Nachkommen in kurzen Intervallen, normalerweise einmal pro Jahr, freigesetzt werden. Individuen, die in einem solchen Ereignis geboren werden, werden als Kohorte bezeichnet. Während des Intervalls zwischen den Fortpflanzungsereignissen zeigen die Individuen einer Kohorte somatisches Wachstum und eine Abnahme der Anzahl aufgrund von Sterblichkeit. Wenn Individuen Kohorten zugeordnet werden können, können das somatische Wachstum der Kohorten und die Sterblichkeit bestimmt werden. Wenn die Sterblichkeitsraten im Laufe der Zeit mehr oder weniger konstant sind, ist die Produktion einer Kohorte während eines bestimmten Zeitintervalls das mittlere Massenwachstum der Individuen multipliziert mit dem geometrischen Mittel der Anzahl der Individuen.

Größen-Alters-Beziehungen. Im Falle von **kontinuierlicher Fortpflanzung** ist es nicht möglich, Individuen einer bestimmten Kohorte zuzuordnen. Es kann jedoch möglich sein, das Alter von Individuen zu bestimmen, z. B. durch Wachstumsringe in Muschelschalen oder Fischotolithen. Die Beziehung zwischen Masse und Größe kann verwendet werden, um eine Massen-Alters-Kurve zu konstruieren. Die Steigung dieser Kurve entspricht der somatischen Produktion eines Individuums eines definierten Alters/Masse pro Zeit. Mit diesem Wert kann die Größenverteilung einer Population verwendet werden, um ihre Produktion zu berechnen.

4.4 Dissimilatorischer Stoffwechsel

4.4.1 Aerobe Atmung

Oxidation von organischen Substanzen

Stöchiometrie Aerobe Atmung von Kohlenhydraten ist die Umkehrreaktion der Photosynthese in Bezug auf die Gesamtbilanz, obwohl die biochemischen Wege völlig unterschiedlich sind.

$$C_6H_{12}O_6 + 6\,O_2 = 6\,CO_2 + 6\,H_2O \tag{4.24}$$

Der Energiegewinn beträgt 2802 kJ pro Mol Glukose. Das stöchiometrische Verhältnis zwischen Sauerstoffverbrauch und CO_2-Freisetzung und Sauerstoffverbrauch (**respiratorischer Quotient**, RQ) hängt vom Oxidationssubstrat und dem Ausmaß ab, in dem diese Substanzen reduziert sind. Kohlenhydrate haben einen RQ = 1,0, Proteine: RQ = 0,8 bis 0,9, und Lipide: RQ = 0,69 bis 0,76.

Die Auswirkungen der Atmung auf die Sauerstoffverfügbarkeit im Wasser sind das Gegenteil der Auswirkungen der Photosynthese. Das bedeutet, dass der Sauerstoffverbrauch im Dunkeln und immer dann dominiert, wenn heterotrophe Prozesse die sauerstoffproduzierende Photosynthese überwiegen.

Energiegewinn Der massenspezifische Energiegewinn der Atmung nimmt mit dem RQ ab und ist am höchsten für die am stärksten reduzierten organischen Substanzen. Da diese auch den höchsten C-Gehalt pro Masseneinheit haben (Lipide ca. 80 %, Kohlenhydrate ca. 40 %), ist er auch mit dem C-Gehalt korreliert. Kohlenhydrate haben einen durchschnittlichen Energiegehalt von 17,2 kJ g^{-1}, Proteine im Durchschnitt 23,7 kJ g^{-1}, und Lipide im Durchschnitt 39,6 kJ g^{-1}.

Sauerstoffversorgung

Transport im Körper Selbst bei 100 % Sättigung sind die Sauerstoffkonzentrationen im Wasser viel niedriger als in der Luft, < 10 mL L^{-1} im Vergleich zu 210 mL L^{-1}. Da die Diffusion von Sauerstoff im Gewebe von Organismen sehr langsam ist, können nur Organismen mit einer Gewebedicke < 1 mm ohne spezialisierte Systeme für den Sauerstofftransport leben. Sauerstoff wird durch die Zirkulation von Körperflüssigkeiten wie Blut oder Hämolymphe transportiert. Die Kapazität der Körperflüssigkeit, Sauerstoff zu transportieren, kann durch **respiratorische Pigmente** (Hämoglobin, Hämocyanin) erhöht werden, die Sauerstoff reversibel binden und an der Bedarfsstelle freisetzen.

Kiemen Der Austausch von Sauerstoff und CO_2 mit dem umgebenden Wasser erfolgt entweder über die gesamte Körperoberfläche (meist bei sehr kleinen Organismen) oder über **Kiemen**. Kiemen haben sich mehrfach in der Phylogenie der Tiere entwickelt und sind morphologisch überhaupt nicht homolog. Das gemeinsame Prinzip sind dünne Epithelien und eine verzweigte oder lamellierte Struktur zur Vergrößerung der Oberfläche. Kiemen können extern an der Körperoberfläche oder intern sein, was einen besseren Schutz vor Verletzungen bietet. Interne Kiemen benötigen ein aktives Pumpen von durchfließendem Wasser, außer bei einigen schnell schwimmenden Hochseefischen, bei denen schnelles Schwimmen mit offenem Mund ausreicht, um die Kiemen mit Wasser zu versorgen.

Kopplung von Atmungs- und Nahrungsstrom Der Nahrungsstrom vieler Suspensionsfresser wird auch als Wasserstrom zur Sauerstoffversorgung genutzt. Dies kann bei hohen Nahrungsdichten über dem Incipient Limiting Level (Abschn. 4.3.2) Probleme verursachen, da die Reduzierung des Pumpaufwands auch die Sauerstoffversorgung verringert.

Lungenatmung Reptilien, Vögel und Säugetiere müssen Luft atmen. Dies beschränkt ihre Tauchzeit und -tiefe. Es gibt jedoch große Unterschiede zwischen den Arten. Der Pottwal *(Physter katodon)* kann 75 Minuten tauchen und eine Tiefe von 2000 m erreichen, während das Walross *(Odobenus rosmarus)* nur 10 Minuten Tauchzeit und eine Tiefe von 90 m erreicht (Andersen 1969).

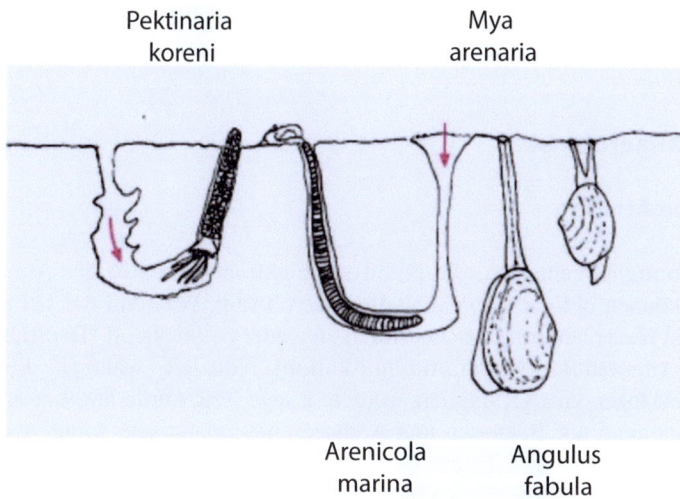

Abb. 4.17 Versorgung der endobenthischen Makrofauna mit sauerstoffreichem Wasser, die Polychaeten *Pectinaria, Arenicola* und die Muscheln *Mya* und *Angelus*. (Quelle: Abb. 4.16 in Sommer 2005)

Anpassung an niedrigen Sauerstoffgehalt Die Endofauna des Sediments lebt in einer anaeroben oder zumindest sauerstoffarmen Umgebung. Grabende Tiere können das Problem lösen, indem sie Zugang zu sauerstoffreichem Wasser oberhalb der Sedimentoberfläche durch lange Siphons erhalten, die sich bis zur Sedimentoberfläche erstrecken, z. B. die Muschel *Mya arenaria*, oder indem sie einen konstanten Wasserstrom durch ihre Gänge erzeugen, z. B. der Wattwurm *Arenicola marina* (Abb. 4.17). Darüber hinaus sind solche Tiere entweder besonders reich an Hämoglobin oder haben Hämoglobin mit einer höheren Affinität zu Sauerstoff, z. B. ist die Sauerstoffaffinität von *Arenicola* mehr als etwa 3-mal so hoch wie die Affinität des Hämoglobins der Makrele *Scomber scombrus* (Penzlin 1977). Viele benthische Muscheln können ihren Stoffwechsel stark reduzieren und so sauerstofffreie Perioden überdauern.

Probleme mit Schwefelwasserstoff Niedrige Sauerstoffkonzentrationen gehen oft mit der Produktion von giftigem Schwefelwasserstoff (H_2S) einher. Einige Taxa zeigen eine hohe Toleranz gegenüber anoxischen Bedingungen, selbst in Gegenwart von H_2S, und sind daher bei niedrigen Redoxpotentialen zu finden (Reise und Ax 1979; Giere 1992). In Gegenwart von Sauerstoff können viele endobenthische Tiere (z. B. *Arenicola marina*) Sulfid in ungiftiges **Thiosulfat** oder in geringerem Maße in Sulfit umwandeln. Die Bildung von Thiosulfat erfolgt in den Mitochondrien. Wenn die Kapazität zur Oxidation von H_2S überschritten wird, reichert es sich in den Körperflüssigkeiten an und blockiert die aerobe Atmung. Sulfidresistente Tiere wechseln dann zu **sulfidinduzierter Anaerobiose** selbst in Gegenwart von Sauerstoff (Oeschger und Vetter 1992).

4.4.2 Anaerobiose

Anaerobe Atmung

Nitratatmung Organismen, die Nitrat als Elektronenakzeptor der Atmung verwenden, können obligat oder fakultativ anaerob sein. Während der Nitratatmung wird Nitrat über mehrere Zwischenstufen entweder zu Stickstoff (**Denitrifikation**) oder zu Ammonium (**Nitratammonifikation**) reduziert, während die organischen Substanzen zu CO_2 oxidiert werden. Lange Zeit wurde angenommen, dass die Nitratatmung auf Bakterien und Archaeen beschränkt sein sollte, aber Finlay (1985) fand sie auch in Ciliaten. Der Energiegewinn der Nitratatmung ist nur ca. 10 % geringer als der Energiegewinn durch aerobe Atmung.

Die Reduktionsschritte des Nitrats sind:

$$\text{Nitratammonifizierung} : NO_3^- \rightarrow NO_2^- \rightarrow NO \rightarrow NH_2OH \rightarrow NH4^+ \quad (4.25)$$

$$\text{Denitrifikation} : NO_3^- \rightarrow NO_2^- \rightarrow NO \rightarrow N_2O \rightarrow N_2 \quad (4.26)$$

Sulfatatmung Sulfatreduzierende Bakterien nutzen die Reduktion von Sulfat zu H_2S oder anderen Schwefelverbindungen für die Atmung. Die organischen Substanzen werden nicht vollständig oxidiert. Oft bleibt Acetat als reduziertes organisches Restprodukt übrig.

$$8(H) + SO_4^{2-} \rightarrow H_2S + 2H_2O + 2OH^- \quad (4.27)$$

Gärung
Gärung ist ein Prozess der Energiegewinnung durch Spaltung organischer Moleküle in ein reduziertes und ein oxidiertes Fragment. Zuerst werden Polymere durch Hydrolyse in einfache Monomere gespalten, z. B. Zucker, Aminosäuren und Fettsäuren. Das oxidierte Endprodukt der Spaltung dieser Monomere ist CO_2, während die reduzierten Endprodukte entweder organische Substanzen wie organische Säuren und Alkohole oder reduzierte Gase wie Wasserstoff, Methan oder Schwefelwasserstoff sind. Die Gärung von Aminosäuren produziert auch NH_4^+ als reduziertes Endprodukt. Im Vergleich zur Atmung ist die Gärung energetisch nicht sehr effizient. Die aerobe Atmung von 1 mol Glucose gewinnt 2802 kJ. Gärung zu Milchsäure gewinnt 111 kJ und Gärung zu Ethanol 67 kJ.

Methanogenese
Methanogenese ist eine Form des anaeroben Stoffwechsels von methanogenen Archaeen, die CO_2 als terminalen Elektronenakzeptor verwenden. Methanogene Archaeen sind strikt anaerob. Es gibt biochemisch mehrere Wege in den ver-

4.4 Dissimilatorischer Stoffwechsel

schiedenen Gruppen, aber nur Ein-Kohlenstoff-Verbindungen und Acetat können als Substrate verwendet werden.

$$CO_2 + 4H_2 \rightarrow CH_4 + 2H_2O \qquad (4.28)$$

$$CH_3COOH \rightarrow CH_4 + CO_2 \qquad (4.29)$$

Der zweite Weg, der von Essigsäure ausgeht, ist für ca. 2/3 des mikrobiell produzierten Methans verantwortlich (Vogels et al. 1984). Die Abhängigkeit von Verbindungen mit nur wenigen C-Atomen oder von H_2 macht die Methanogene entweder von fermentierenden Mikroben oder von vulkanischen Gasen in hydrothermalen Quellen abhängig.

Tierische Anaerobiose

Entgegen früheren Annahmen können einige Tiere auch über längere Zeiträume anaerob überleben. Oft verlassen sie sich auf die Gärung, bei der Glykogen in Propionat, Acetate und CO_2 gespalten wird (Urich 1990). Da endobenthische Muscheln nur begrenzte Glykogenspeicher (5–12 % der Trockenmasse) haben, erfordert ein anhaltendes aerobes Überleben eine starke Reduktion des Stoffwechsels. Der anaerobe Erhaltungsstoffwechsel von *Astarte borealis* beträgt <1 % des aeroben Stoffwechsels. Niedrige Temperaturen können die Stoffwechselraten weiter senken und die Überlebenszeiten verlängern. Bei 0 °C überlebt *Astarte* ca. 200 Tage ohne Sauerstoff, bei 10 °C ca. 80 Tage und bei 20 °C nur 8 Tage (Theede 1984).

Glossar

aerobic (aerob) in Gegenwart von Sauerstoff
ammonification (Ammonifizierung) Produktion von Ammonium durch → Nitratatmung
anammox (Anammox) anaerobe bakterielle Oxidation von Ammonium durch Nitrat
anabolism (Anabolismus) assimilatorischer Stoffwechsel Stoffwechselprozesse, die am Aufbau von Biomasse beteiligt sind
anaerobic (anaerob) in Abwesenheit von Sauerstoff
assimilation (Assimilation) Herstellung von eigener Biomasse von außenbürtigen Substanzen
attenuation (Attenuation) Reduktion der Einstrahlung beim Durchgang durch ein Medium
autotrophic (autotroph) Verwendung von Kohlendioxid oder Bikarbonat als C-Quelle für die Biomasseproduktion
bacteriochlorophyll (Bakteriochlorophyll) Chlorophyll von photosynthetischen Bakterien, ohne Cyanobakterien
bacterivory (Bakterivorie) Ernährung durch Bakterien
benthos (Benthos) Organismen, die am Boden oder am Rand von Gewässern leben

biomass (Biomasse) Masse lebender Organismen, normalerweise ausgedrückt als Frischgewicht, Trockengewicht, Kohlenstoffgehalt

carnivory (Carnivorie) sich von tierischem Material ernähren

catabolism (Katabolismus) dissimilatorischer Stoffwechsel, Stoffwechselprozesse, die organisches Material zur Energiegewinnung verbrauchen

cell quota (Zellquote) intrazelluläre Konzentration eines Nährstoffs

chemolithoautotrophy (Chemolithoautotrophie) Produktion von Biomasse unter Verwendung von Redoxreaktionen als Energiequelle, anorganischer Substanz als Elektronendonor und Kohlendioxid oder Bikarbonat als Kohlenstoffquelle

chemosynthesis (Chemosynthese) → Chemolithoautotrophie

chlorophyll (Chlorophyll) primäres photosynthetisches Pigment von Pflanzen, Algen und Cyanobakterien

clearance rate (Klärungsrate) Fläche der Substratoberfläche oder Volumen des Wassers, aus dem Nahrungsorganismen pro Zeiteinheit geerntet werden

C:N:P ratio (C:N:P Verhältnis) hier verwendet für die elementare Zusammensetzung der Körpermasse

compensation depth (Kompensatiostiefe) Tiefe, bei der die Brutto-Photosynthese der Atmung entspricht

compensation point (Kompensationspunkt) Strahlung, bei der die Brutto-Photosynthese der Atmung entspricht

d_i Sterberate der Art i

d_{max} maximale Sterberate (Sterberate von Arten, die maximale Fütterungsverluste erleiden)

D_i Selektivitätskoeffizient sensu Jacobs

denitrification (Denitrifikation) Produktion von N_2 durch → Nitratatmung

detritus (Detritus) tote organische Materie

desiccation (Austrocknung) Wasserverlust beim Auftauchen aus dem Wasser

detritivory (Detritivorie) Ernährung von Detritus

DIC gelöster anorganischer Kohlenstoff

dissimilation (Dissimilation) oxidierende oder fermentierende organische Substanzen aus Körperreserven zur Energiegewinnung

DOC gelöster organischer Kohlenstoff

drift line feeding (Leimrutenfang) Erfassung von Nahrungsorganismen durch Tentakel

Droop model (Droop Modell) Gleichung, die die Abhängigkeit der Wachstumsraten von der intrazellulären Konzentration des limitierenden Nährstoffs (Zellquote) beschreibt

endobenthos (Endobenthos) Benthos, die im Substrat leben

euphotic zone (euphotische Zone) Wasserschicht mit ausreichendem Licht für eine positive Nettophotosynthese

eulittoral (Eulitoral) Gezeitenzone

fermentation (Fermentation, Gärung) Energiegewinn durch Spaltung organischer Moleküle in eine oxidierte und eine reduzierte Komponente

# 4 Ökophysiologie

filtration (Filtration) Ernährung durch Aufnahme von Nahrungsbestandteilen aus einer Suspension mittels sieb- oder filterähnlicher Strukturen
functional response (funktionelle Reaktion) Abhängigkeit der Aufnahme- oder Fütterungsraten von der Verfügbarkeit von Ressourcen.
growth rate (Wachstumsrate) Rate (absolut oder relativ), mit der die Körpermasse (**somatische Wachstumsrate**) oder die Abundanz (**Populations Wachstumsrate**) pro Zeiteinheit wächst
half saturation constant (Halbsättigungskonstante) Ressourcenverfügbarkeit, bei der die Hälfte des Maximums einer physiologischen Rate erreicht wird
herbivory (Herbivorie) sich von Pflanzenmaterial ernähren
heterotrophy (Hetrotrophie) Biomasseproduktion durch die Verwendung organischer Substanzen als C-Quelle
hypertonic (hypertonisch) osmotischer Wert der Körperflüssigkeiten höher als der Wert des umgebenden Mediums
hypotonic (hypotonisch) osmotischer Wert der Körperflüssigkeiten niedriger als der Wert des umgebenden Mediums
ingestion (Ingestion) Aufnahme von Nahrungspartikeln
interstitial (Interstitial) Raum zwischen Sedimentkörnern
isotonic (isotonisch) gleicher osmotischer Wert der Körperflüssigkeiten wie das umgebende Medium
limitation (Limitation) Bereich der Ressourcenverfügbarkeiten, in dem funktionale oder numerische Reaktionsraten positiv mit der Ressourcenverfügbarkeit korreliert sind
lithotrophy (Lithotrophie) Biomasseproduktion unter Verwendung anorganischer Elektronendonoren
littoral (Litoral) Randzone von Gewässern
mixotrophy (Mixotrophie) Kombination von auto- und heterotropher Ernährung
Michaelis-Menten-model (Michaelis-Menten Modell) Abhängigkeit der Aufnahmeraten von der gelösten Konzentration begrenzender Nährstoffe
Monod-model (Monod Modell) Abhängigkeit der Wachstumsraten von der gelösten Konzentration begrenzender Nährstoffe
nitrate respiration (Nitratatmung) Atmung unter Verwendung von Nitrat als Oxidationsmittel
nitrogen fixation (Stickstofffixierung) Verwendung von N_2 als Stickstoffquelle für die Biomasseproduktion
numerical response (numerische Reaktion) Reaktion der Wachstumsraten der Geburtenraten auf die Verfügbarkeit von Ressourcen
organotrophy (Organotrophie) Biomasseproduktion unter Verwendung organischer Substanzen als Elektronendonatoren
osmotrophy (Osmotrophie) heterotrophe Ernährung basierend auf DOC
phagotrophy (Phagotrophie) heterotrophe Ernährung basierend auf POC
photosynthesis (Photosynthese) Biomasseproduktion unter Verwendung von Licht als Energiequelle
phototrophy (Phototrophie) →Photosynthese
POC partikulärer organischer Kohlenstoff

Redfield ratio Redfield Verhältnis) C:N:P-Verhältnis (106:16:1) typisch für Phytoplankton bei ausreichender N- und P-Versorgung
respiration (Respiration, Atmung) Oxidation von organischem Material zur Gewinnung von Energie für lebenswichtige Prozesse
saturation (Sättigung) Bereich der Ressourcenverfügbarkeiten, bei denen die funktionale oder numerische Reaktion abflacht
specific metabolic rate (spezifische metabolische Rate) Stoffwechselrate pro Einheit Körpermasse
sulfur bacteria (Schwefelbakterien) Bakterien, die Redoxreaktionen von Schwefel zur Energiegewinnung nutzen
sulfate respiration (Sulfatatmung) Atmung unter Verwendung von Sulfat als Oxidationsmittel
uptake rate (Aufnahmerate) Rate, mit dem Substanzen aus dem Medium aufgenommen werden

Übungsfragen

Die rechte Spalte der untenstehenden Tabelle gibt den Ort an, an dem die Antwort gefunden oder logisch aus den im Text enthaltenen Informationen abgeleitet werden kann.

	Frage	Abschn.
1	Wie und warum unterscheiden sich ökologische und physiologische Optimumskurven voneinander?	4.1.1
2	Wie unterscheiden sich die ökologischen und physiologischen Temperaturoptima des antarktischen Phytoplanktons voneinander?	4.1.2
3	Wie ändern sich physiologische Raten bei Temperaturen, die niedriger als das Optimum sind?	4.1.2
4	Was sind typische Q_{10}-Werte für photoauto- und heterotrophe Prozesse?	4.1.2
5	Ist die Körpertemperatur von ektothermen Organismen immer identisch mit der Wassertemperatur?	4.1.2
6	Warum sind die meisten aquatischen endothermen Organismen groß?	4.1.2
7	Wie kann die Resurrection-Ökologie uns über Temperaturanpassung informieren?	4.1.2
8	In welcher Art von Gewässern erwarten Sie das Fehlen von Osmoregulation und wo erwarten Sie hyper- und hypotonische Regulation?	4.1.3
9	Wie schützen sich intertidale Muscheln vor osmotischem Stress?	4.1.3
10	Wie gehen hypertonische Regulatoren mit dem osmotischen Zustrom von Wasser um?	4.1.3

Übungsfragen

	Frage	Abschn.
11	Was ist die wichtigste Gruppe von hypertonischen Regulatoren?	4.1.3
12	Was macht Algen, die höher im Gezeitenbereich wachsen, widerstandsfähiger gegen Austrocknung als diejenigen, die tiefer unten wachsen?	4.1.4
13	Was unterscheidet die pflanzliche Art der Photosynthese von der bakteriellen Photosynthese?	4.2.1
14	Welche Farbe des sichtbaren Lichts wird von Chlorophyll am wenigsten effizient genutzt?	4.2.1
15	Was sind die Vor- und Nachteile der Sauerstoff- und der 14C-Methode zur Messung der Photosynthese?	4.2.1, Kasten 4.2
16	Erklären sie die Kardinalpunkte der P-I Kurve sensu Blackman.	4.2.1
17	Wie unterscheiden sich die *Chlorella* und die *Cyclotella* Art der Licht-Schatten-Anpassung voneinander?	4.2.1
18	Wie können Sie von der P-I-Kurve auf das vertikale Profil der Photosynthese extrapolieren?	4.2.1
19	Wie kann die Photosynthese kohlenstofflimitiert sein?	4.2.1
20	Was sind die häufigsten limitierenden Nährstoffe im Wasser?	4.2.2
21	Erklären Sie den Unterschied zwischen Ertragsbegrenzung und Begrenzung physiologischer Raten.	4.2.2
22	Erkläen sie den Unterschied zwischen dem Monod und dem and Droop Modell des nährstofflimitierten Wachstums	4.2.2
23	Gilt das Gesetz des Minimums auch für die Nährstoffbegrenzung physiologischer Raten? Gibt es ein vernünftiges alternatives Konzept?	4.2.2
24	Wie würden Sie Nährstofflimitation Feld untersuchen?	4.2.2
25	Was ist der Unterschied zwischen der Nährstoffaufnahme von Makroalgen und höheren Pflanzen?	4.2.3
26	Warum sind Redoxgradienten wichtig für die Chemosynthese?	4.2.3
27	Erklären Sie den Unterschied zwischen Nitrifikation und Anammox.	4.2.3
28	Was sind die verschiedenen Formen der schwefelbasierten Chemosynthese?	4.2.3
29	Wo sind Chemoautotrophe wichtige Symbionten von Tieren und welche Arten von Chemoautotrophen?	4.2.3
30	Was sind typische Halbsättigungskonstanten für die bakterielle Aufnahme von niedermolekularem DOC?	4.3.1
21	Wie kann die Produktion von heterotrophen Bakterien gemessen werden?	4.3.1
22	Wie können heterotrophe Bakterien Zugang zu hochmolekularem DOC erhalten?	4.3.1
23	Wie erhalten Suspensionsfresser Zugang zu partikulärer organischer Materie?	4.3.2

	Frage	Abschn.
24	Was unterscheidet Filterer von anderen Suspensionsfressern?	4.3.2
25	Was bestimmt des Futterspektrum von Filtrierern?	4.3.2
26	Was sind die Vor- und Nachteile von größeren Beutetieren?	4.3.2
27	Wie unterscheiden sich Cladocera und Copepoda hinsichtlich der chemischen Nahrungsauswahl?	4.3.2
28	Berechnen Sie den Selektivitätsindex von Jacobs für eine Art, die 80% (0,8) des potenziellen Futters in der Umwelt ausmacht und 50% (0,5) in der Ernährung ausmacht.	4.3.2
29	Was bedeutet "incipient limiting level"?	4.3.2
30	Was passiert mit der Klärungsrate, wenn die Nahrungskonzentration den incipient limiting level übersteigt?	4.3.2
31	Welche Prozesse führen dazu, dass die Assimilation geringer ist als die Ingestion?	4.3.2
32	Können Produktionsraten negativ sein? Wenn ja, warum?	4.3.2
33	Warum und wie können der N- oder P-Gehalt der Nahrung limitierende Faktoren für die Tierproduktion sein?	4.3.2
34	Welche spezifischen organischen Substanzen können das Tierwachstum einschränken, selbst wenn C im Überfluss vorhanden ist?	4.3.2
35	Wie wird die Produktion zwischen Wachstum und Fortpflanzung bei Cladocera, Copepoda und Cephalopoda aufgeteilt?	4.3.2
36	Wie kann synchrone Reproduktion zur Berechnung der Tierproduktion verwendet werden?	4.3.2
37	Warum haben Lipide einen respiratorischen Quotienten <1? Was bedeutet das für den Energiegehalt?	4.4.1
37	Warum benötigen Tiere, die dicker als 1 mm sind, spezialisierte Kreislaufsysteme, um den Körper mit Sauerstoff zu versorgen?	4.4.1
38	Wie können Tiere, die im Sediment leben, mit Sauerstoff angereichertes Wasser bekommen?	4.4.1
39	Wie geht der Wattwurm mit H_2S um?	4.4.1
40	Was sind die Unterschiede zwischen Denitrifikation, Nitrifikation und Nitratammonifikation?	Abschn. 4.2.3 und 4.4.2
41	Was sind die wichtigsten Elektronenakzeptoren bei der anaeroben Atmung?	4.4.2
42	Was sind typische Anfangs- und Endprodukte der Fermentation?	4.4.2
43	Wie effizient ist Fermentation im Vergleich zur Atmung?	4.4.2
44	Von welchen Substanzen stammt das C in der Methanogenese?	4.4.2
45	Wie überleben endobenthische Bivalven eine langfristige Abwesenheit von Sauerstoff?	4.4.2

Literatur

Andersen H (1969) The biology of marine mammals. Academic, London

Angeler DG (2007) Resurrection ecology and global climate change research in freshwater ecosystems. J N Am Benthol Soc 26:12–22

Atkinson MJ, Smith SV (1983) C:N:P ratios of marine plants. Limnol Oceanogr 28:568–574

Badger MR, Andrews TJ, Whitney SM, Ludwig M, Yellowlees DC et al (1998) The diversity and coevolution of Rubisco, plastids, pyrenoids, and chloroplast-based CO_2-concentrating mechanisms in algae. Can J Bot 76:1052–1071

Beadle JC (1943) Osmotic regulation and the fauna of inland waters. Biol Rev 18:172–183

Beadle JC (1957) Comparative physiology: osmotic and ionic regulation in aquatic animals. Annu Rev Physiol 19:329–359

Beer S, Björk M (2000) Measuring rates of photosynthesis of two tropical seagrasses by pulse amplitude modulated (PAM) fluorometry. Aquat Bot 66:69–76

Bi R, Sommer U (2020) Food quantity and quality interactions at phytoplankton–zooplankton interface: chemical and reproductive responses in a calanoid copepod. Front Mar Sci 7:274

Bi R, Arndt C, Sommer U (2012) Stoichiometric responses of phytoplankton to the interactive effect of nutrient supply ratios and growth rates. J Phycol 48:539–549

Bi R, Arndt C, Sommer U (2014) Linking elements to biochemicals: effects of nutrient supply ratios and growth rates on fatty acid composition of phytoplankton species. J Phycol 50:117–130

Bi R, Ismar-Rebitz SM, Sommer U, Zhang H, Zhao M (2020) Ocean related global change alters lipid biomarker production in common marine phytoplankton. Biogeosciences 17:6287–6307

Blackman FF (1905) Optima and limiting factors. Ann Bot 19:281–295

Blonder B (2018) Hypervolume concepts in niche- and trait-based ecology. Ecography 41:1441–1455

Brett MT, Müller-Navarra DC (1997) The role of highly unsaturated fatty acids in aquatic food web processes. Freshw Biol 38:483–499

Brown JH, Gillooly JF, Allen AP, Savage VM, West GB (2004) Toward a metabolic theory of ecology. Ecology 85:1771–1789

Burger JR, Hou C, Hall CAS, Brown JH (2021) Universal rules of life: metabolic rates, biological times and the equal fitness paradigm. Ecol Lett 24:1262–1281

Chrost RJ (1991) Exoenzymes in aquatic environments: microbial strategy for substrate supply. Verh Internat Verein Limnol 24:2597–2600

Coale KH, Johnson KS, Fitzwater SE, Gordon RM, Tanner S, Chavez FP, Ferioli L, Sakamoto C, Rogers P, Millero F, Steinberg P, Nightingale P, Cooper D, Cochlan WP, Landry MR, Constantinou J, Rollwagen G, Trasvina A, Kudela R (1996) A massive phytoplankton bloom induced by an ecosystem-scale iron fertilization experiment in the equatorial Pacific Ocean. Nature 383:495–501

Dam HG (2013) Evolutionary adaptation of marine zooplankton to Global Change. Annu Rev Mar Sci 5:349–370

DeMott WR (1988) Discrimination between algae and artificial particles by freshwater and marine copepods. Limnol Oceanogr 33:397–408

Dring MJ, Brown FA (1982) Photosynthesis of intertidal brown algae during and after periods of emersion: a renewed search for physiological causes of zonation. Mar Ecol Progr Ser 8:301–308

Droop MR (1968) Vitamin B12 and marine ecology. IV. The kinetics of uptake growth and inhibition in *Monochrysis lutheri*. J Mar Biol Ass U K 48:689–733

Droop MR (1973) Some thoughts on nutrient limitation in algae. J Phycol 9:264–272

Droop MR (1983) 25 years of algal growth kinetics. Bot Mar 26:99–112

Dugdale RC (1967) Nutrient limitation in the sea: dynamics, identification and significance. Limnol Oceanogr 12:685–697

Durbin EG (1974) Studies on the autecology of the marine diatom *Thalassiosira nordenskioeldii* Cleve. I. The influence of daylength, light intensity and temperature on growth. J Phycol 10:220–225

Ehrhardt M (1996) Organische Komponenten. In: Reinheimer G (ed) Meereskunde der Ostsee. Springer, Berlin, pp 108–112

El-Sayed S, Taguchi K (1981) Primary production and standing crop of phytoplankton along the ice-edge in the Weddel Sea. Deep Sea Res 28:1017–1032

Elser JJ, Fagan WF, Denno RF, Dobberfuhl DR, Folarin A, Huberty A, Interlandi S, Kilham S, McCauley E, Schulz KL, Siemann EH, Sterner RW (2000) Nutritional constraints in terrestrial and freshwater food webs. Nature 408:578–580

Eppley RW (1972) Temperature and phytoplankton growth in the sea. Fish Bull 70:1063–1085

Eppley RW, Strickland JDH (1968) Kinetics of marine phytoplankton growth. Adv Microbiol Sea 1:23–62

Finlay BJ (1985) Nitrate respiration by protozoa (*Loxodes* spp.) in the hypolimnetic nitrite maximum of a productive freshwater pond. Freshw Biol 15:333–346

Fuhrman JA, Azam F (1982) Thymidine incorporation as a measure of heterotrophic bacterioplankton production in marine surface waters: evaluation and field results. Mar Biol 66:109–120

Geller W, Müller H (1981) The filtration apparatus of Cladocera: filter mesh-sizes and their implication on food selectivity. Oecologia 49:316–321

Giere O (1992) Benthic life in sulfidic zones of the seas - ecological and structural adaptations to a toxic environment. Verh Dtsch Zool Ges 85:77–93

Goldman JC, MCCarthy J, Peavey DJ (1979) Growth rate influence on the chemical composition of phytoplankton in ocean waters. Nature 279:210–215

Gophen M, Geller W (1984) Filter mesh size and food particle uptake by *Daphnia*. Oecologia 64:408–412

Grassle JF (1985) Hydrothermal vent animals: distribution and biology. Science 229:713–717

Güde H (1986) Loss processes influencing growth of planktonic bacterial populations in Lake Constance. J Plankton Res 8:795–810

Hairston NG Jr, Lampert W, Caceres CE, Holtmeier CL, Weider LJ et al (1999) Lake ecosystems: rapid evolution revealed by dormant eggs. Nature 401:446

Hairston NG Jr, Ellner S, Geber M, Yoshida T, Fox J (2005) Rapid evolution and the convergence of ecological and evolutionary time. Ecol Lett 8:1114–1127

Hamilton RD, Austin KE (1967) Assay of relative heterotrophic potential in the sea – use of specifically labelled glucose. Can J Microbiol 13:1165–1170

Hancke K, Glud RN (2004) Temperature effects on respiration and photosynthesis in three diatom-dominated benthic communities. Aquat Microb Ecol 37:265–281

Harris GP (1978) Photosynthesis, productivity and growth: the physiological ecology of phytoplankton. Ergeb Limnol 10:1–163

Hawkins AJS, Bayne BL (1993) Physiological interrelations and the regulation of production. In: Gosling E (ed) The mussel mytilus: ecology, physiology, genetics and culture. Elsevier, Amsterdam, pp 171–222

Henning-Lucass N, Cordellier M, Streit B, Schwenk K (2016) Phenotypic plasticity in life-history traits of *Daphnia galeata* in response to temperature - a comparison across clonal lineages separated in time. Ecol Evol 4:881–891

Holling CS (1959) The components of predation as revealed by a study of small mammal predation of the European Pine Sawfly. Can Entom 91:293–320

Hoppe HG (1978) The relationship between active bacteria and heterotrophic potential in the sea. Neth J Sea Res 12:78–98

Hutchinson GE (1958) Homage to Santa Rosalia, or why are there so many species of animals. Am Nat 93:145–159

Ikeda T, Kanno Y, Ozaki K, Shinada A (2001) Metabolic rate of epipelagic copepods as a function of body mass and temperature. Mar Biol 139:587–596

Irving L (1969) Temperature regulation in aquatic mammals. In: Anderson HT (ed) The biology of marine mammals. Academic, London, pp 147–174

Iturriaga R, Zsolnay A (1981) Transformation of some organic compounds by a natural heterotrophic population. Mar Biol 62:125–129

Ivleva IV (1980) The dependence of crustacean respiration rate on body mass and habitat temperature. Int Rev Ges Hydrobiol 6:1–47

Jacobs J (1974) Quantitative measurement of food selection. Oecologia 14:413–417

Jacques G (1983) Some ecophysiological aspects of Antarctic phytoplankton. Polar Biol 2:27–33

Jannasch H (1974) Steady state and chemostat in ecology. Limnol Oceanogr 19:716–720

Jannasch HW, Mottl MJ (1985) Geomicrobiology of deep-sea hydrothermal vents. Science 229:717–725

Kiørboe T, Saiz E, Viitasalo M (1996) Prey switching behaviour in the planktonic copepod Acartia tonsa. Mar Ecol Prog Ser 143:65–75

Kirchman DL, Knees E, Hodson RE (1985) Leucine incorporation and its potential as a measure of protein synthesis by bacteria in natural aquatic systems. Appl Environ Microbiol 49:599–607

Kohl JG, Nicklisch A (1988) Ökophysiologie der Algen. Akademie Verlag, Berlin

Kristensen I (1968) Surf influence on the thallus of fucoids and the rate of desiccation. Sarsia 34:69–82

Kuenen JG, Bos P (1989) Habitats and ecological niches of chemolitho(auto)trophic bacteria. In: Schlegel HG, Bowien B (eds) Autotrophic bacteria. Springer, Berlin, pp 53–80

Lampert W, Sommer U (2007) Limnoecology, 2nd edn. Oxford University Press, Oxford, New York

Landry MR, Hassett RP (1982) Estimating the grazing impact of marine micro-zooplankton. Mar Biol 67:283–288

Leiknes Ø, Etter SA, Tokle NE, Bergvik M, Vadstein O, Olsen Y (2016) The effect of essential fatty acids for the somatic growth in nauplii of *Calanus finmarchicus*. Front Mar Si 3:33

Liebig JV (1855) Die Grundsätze der Agrikulturchemie. Vieweg, Braunschweig

Lin S, Litaker RW, Sunda WG (2016) Phosphorus physiological ecology and molecular mechanisms in marine phytoplankton. J Phycol 52:10–36

Lovio-Fragoso JP, de Jesus-Campos D, Lopez-Elias JA, Medina-Juarez LA, Fimbres-Olivarria D, Hayano-Kanashiro C (2021) Biochemical and molecular aspects of phosphorus limitation in diatoms and their relationship with biomolecule accumulation. Biology 10:565

Lüning K (1985) Meeresbotanik. Thieme, Stuttgart

Lüning K, Schmitz K, Willenbrink J (1973) CO_2 fixation and translocation in marine benthic algae. III. Rates and ecological significance of translocation in *L. hyperborea* and *L. saccharina*. Mar Biol 23:275–281

Lutz RA, Kennish MI (1993) Ecology of deep sea hydrothermal vent communities – a review. Rev Geophys 31:211–242

Martin JH, Gordon RM, Fitzwater SE (1990) Iron in Antarctic waters. Nature 345:156–158

Martin-Creuzburg D, von Elert E (2009) Ecological significance of sterols in aquatic food webs. In: Arts MT, Brett MT, Kainz MT (eds) Lipids in aquatic ecosystems. Springer, Heidelberg, pp 43–64

McLaren IA (1963) Effects of temperature on growth of zooplankton and the adaptive value of vertical migration. J Fish Res Bd Can 20:685–727

Meier-Reil LA, Köster M (1993) Mikrobiologie des Meeresbodens. Fischer, Jena

Michaelis L, Menten ML (1913) Kinetik der Invertinwirkung. Biochem Zeitung 49:333–369

Mitchell SE, Lampert W (2000) Temperature adaptation in a geographically widespread zooplankter, *Daphnia magna*. J Evol Biol 13:371–382

Mitchell SE, Halves J, Lampert W (2004) Coexistence of similar genotypes of *Daphnia magna* in intermittent populations: response to thermal stress. Oikos 106:469–478

Monod J (1950) La technique de la culture continue: theorie et applications. Ann Inst Pasteur Lille 79:390–410

Morel FMM (1987) Kinetics of nutrient uptake and growth in phytoplankton. J Phycol 23:137–150

Müller-Navarra D (1995) Evidence that a highly unsaturated fatty acid limits *Daphnia* growth in nature. Arch Hydrobiol 132:297–307

Oeschger R, Vetter D (1992) Sulfide detoxification and tolerance in *Halycriptus spinulosus* (Priapulida): a multiple strategy. Mar Ecol Progr Ser 86:167–179

Overbeck J (1975) Distribution pattern of uptake kinetic response in a stratified eutrophic lake. Verh Internat Verein Limnol 19:2600–2615

Pahlow M, Oschlies A (2009) Chain model of phytoplankton P, N, and light colimitation. Mar Ecol Progr Ser 376:69–83

Pahlow M, Oschlies A (2013) Optimal allocation backs Droop's cell-quota model. Mar Ecol Progr Ser 473:1–5

Palenik P (2015) Molecular mechanisms by which marine phytoplankton respond to their dynamic chemical environment. Annu Rev Mar Sci 7:325–340

Parsons TR, Takahashi M, Hargrave B (1984) Biological oceanographic processes, 3rd edn. Pergamon, Oxford

Penzlin H (1977) Lehrbuch der Tierphysiologie. 4. Aufl, Fischer, Stuttgart

Pörtner HO (2001) Climate change and temperature-dependent biogeography: oxygen limitation of thermal tolerance in animals. Naturwiss 88:137–146

Pörtner HO (2010) Oxygen- and capacity-limitation of thermal tolerance: a matrix for integrating climate-related stressor effects in marine ecosystems. J Exp Biol 213:881–893

Pörtner HO, Farrell AP (2008) Physiology and climate change. Science 322:690–692

Prosser CL (1973) Comparative animal physiology. Saunders, Philadelphia

Pyke JH, Pulliam HR, Charnov EL (1977) Optimal foraging: a selective survey of theory and test. Q Rev Biol 52:137–154

Reinfelder JR (2011) Carbon concentrating mechanisms in eukaryotic marine phytoplankton. Annu Rev Mar Sci 3:291–325

Reise K, Ax P (1979) A meiofaunal "thiobios" limited to the anaerobic sulfide system of marine sand does not exist. Mar Biol 54:225–237

Remane A (1940) Die Tierwelt der Nord- und Ostsee. I. Ökologie. Akademische Verlagsgesellschaft, Leipzig

Remmert H (1969) Der Wasserhaushalt der Tiere als Spiegel ihrer ökologischen Geschichte. Naturwiss 56:120–124

Remmert H (1989) Ökologie, 4th edn. Springer, Berlin, Heidelberg, New York

Rhee GY (1978) Effects of N:P atomic ratios and nitrate limitation on algal growth, cell composition, and nitrate uptake. Limnol Oceanogr 23:10–25

Rhee GY, Gotham IJ (1980) Optimum N:P ratios and the coexistence of phytoplankton. Limnol Oceanogr 16:486–489

Riebesell U, Wolf-Gladrow DA, Smetacek VS (1993) Carbon dioxide limitation of marine phytoplankton growth rates. Nature 361:249–251

Rieman B, Bell RT (1990) Advances in estimating bacterial biomass and production in aquatic systems. Arch Hydrobiol 118:385–402

Ruess L, Müller-Navarra DC (2019) Essential biomolecules in food webs. Front Ecol Evol 7:269

Sand-Jensen K (1987) Environmental control of bicarbonate use among freshwater and marine macrophytes. In: Crawford RM (ed) Plant life in aquatic and amphibian habitats. Blackwell, Oxford, pp 99–112

Sand-Jensen K, Pedersen NL, Søndergaard M (2007) Bacterial metabolism in small temperate streams under contemporary and future climates. Freshw Biol 52:2340–2353

Schlegel HG (1992) Allgemeine Mikrobiologie. Thieme, Stuttgart

Schoo KL, Aberle N, Malzahn AM, Boersma M (2012) Food quality affects secondary consumers even at low quantities: an experimental test with larval European lobster. PLoS One 7:e33550

Schramm W (1996) Pflanzen. In: Reinheimer G (ed) Meereskunde der Ostsee. Springer, Berlin, pp 202–209

Smayda TJ (1969) Experimental observations on the influence of temperature, light and salinity of cell divisions of the marine diatom Detonula confervacea (Cleve) Gran. J Phycol 5:150–157

Sommer U (1988) Does nutrient limitation of phytoplankton occur in situ? Verh internat Verein Limnol 23:707–712

Sommer U (1991a) A comparison of the Droop and the Monod models of nutrient limited growth applied to natural populations of phytoplankton. Funct Ecol 5:535–544

Sommer U (1991b) The application of the Droop-model of nutrient limitation to natural populations of phytoplankton. Verh Internat Verein Limnol 24:791–794

Sommer U (1991c) Comparative nutrient status and competitive interactions of two Antarctic diatoms. J Plankton Res 13:61–75

Sommer U (1992) Phosphorus limited *Daphnia*: Intraspecific facilitation instead of competition. Limnol Oceanogr 37:966–973

Sommer U (1994) Planktologie. Springer, Berlin

Sommer U (2005) Biologische Meereskunde, 2nd edn. Springer, Berlin

Sommer U, Lengfellner K (2008) Climate change and the timing, magnitude, and composition of the phytoplankton spring bloom. Glob Change Biol 14:1199–1208

Sommer A, Klein B, Pörtner HO (1997) Temperature induced anaerobiosis in two populations of the polychaete worm *Arenicola marina* (L.). J Comp Physiol 167B:25–35

Sterner RW, Elser JJ (2002) Ecological stoichiometry. Princeton University Press, Princeton, NJ

Theede H (1984) Physiological approaches to environmental problems of the Baltic. Limnologica 15:443–458

Tilzer MM (1983) The importance of fractional light absorption by photosynthetic pigments for phytoplankton productivity in Lake Constance. Limnol Oceanogr 28:833–846

Tilzer MM, Elbrächter M, Gieskes W, Beese B (1986) Light–temperature interactions in the control of photosynthesis in Antarctic phytoplankton. Pol Biol 5:105–111

Tiselius P, Jonsson PR (1990) Foraging behaviour of six calanoid copepods. Observations and hydrodynamic analysis. Mar Ecol Prog Ser 66:23–33

Urich K (1990) Vergleichende Biochemie der Tiere. Fischer, Stuttgart

Vanderploeg HA, Scavia D (1979) Calculation and use of selectivity of feeding: zooplankton grazing. Ecol Model 7:135–149

Vogels GD, van der Drift C, Stumm CK, Keltjens JTM, Zwart KB (1984) Methanogenesis: surprising molecules, microorganisms and ecosystems. J Microbiol 5:557–567

Von Elert E (2002) Determination of polyunsaturated fatty acids in *Daphnia galeata*, using a new method to enrich food algae with a single fatty acid. Limnol Oceanogr 47:1764–1173

Werner EE, Hall DJ (1974) Optimal foraging and the size selection of prey by the bluegill sunfish (*Lepomis macrochirus*). Ecology 55:1042–1052

Wetzel RG, Likens GE (1991) Limnological analysis, 2nd edn. Springer, New York

Willett CS (2010) Potential fitness trade-offs for thermal tolerance in the intertidal copepod *Tigriopus californicus*. Evolution 64:2521–2534

Williams PJL (1985) Biological and chemical aspects of dissolved organic material in the sea water. In: Riley JP, Skirrow G (eds) Chemical oceanography. Academic, London, pp 301–363

Populationen 5

Inhaltsverzeichnis

Abkürzungsverzeichnis. 186
5.1 Populationsverteilung im Raum. 187
    5.1.1 Abundanz. 187
    5.1.2 Verteilung im Raum. 187
5.2 Verteilung in der Zeit. 189
    5.2.1 Typen der Abundanzänderung. 189
    5.2.2 Mechanismen der Abundanzveränderung 190
5.3 Die mathematische Behandlung des Populationswachstums 191
    5.3.1 Wachstum mit konstanten Raten 191
    5.3.2 Begrenztes Wachstum 193
    5.3.3 Die Komponenten der Populationsdynamik entwirren 197
5.4 Altersstruktur. 200
    5.4.1 Überlebenskurve 200
    5.4.2 Verteilung der Altersklassen 201
    5.4.3 Lebenszyklusstrategien 203
5.5 Genetische Struktur. 207
    5.5.1 Gründereffekt. 207
    5.5.2 Genetische Drift. 208
    5.5.3 Lokale Anpassung 209
    5.5.4 Speziation. 210
Glossar 212
Übungsfragen 214
Literatur. 216

© Der/die Autor(en), exklusiv lizenziert an Springer Nature Switzerland AG 2024
U. Sommer, *Süßwasser- und Meeresökologie,*
https://doi.org/10.1007/978-3-031-64723-9_5

Abkürzungsverzeichnis

b Spezifische Geburtenrate (kontinuierliche Reproduktion)
B Spezifische Geburtenrate (stufenweise Reproduktion)
d Spezifische Sterberate
D Entwicklungszeit der Eier
e Eulersche Zahl $= 2{,}718 \ldots$, Basis des natürlichen Logarithmus
E Ei-Verhältnis
λ Spezifische Verlustrate
μ Spezifische Bruttowachstumsrate
r Nettowachstumsrate (kontinuierliche Reproduktion)
N Die Anzahl der Individuen (oft mit Indizes, die die Zeit anzeigen)
p Wahrscheinlichkeit; Häufigkeit, relative Anteile von Allelen, Altersklassen, Arten usw. (begrenzt zwischen 0 und 1)
t Zeit
T Zeit zwischen reproduktiven Ereignissen (stufenweise Fortpflanzung)
T_{fix} Zeit, bis ein Allel in einer Population fixiert wird
τ Verzögerungszeit

Zusammenfassung

Eine Population ist die Summe von Individuen der gleichen Art, die einen lokalen Lebensraum bewohnen. Populationen sind in gewissem Maße isoliert von Individuen der gleichen Art, die davon abgetrennte Orte bewohnen. Der Begriff Population stammt aus der Genetik. In der Genetik umfasst er die Mitglieder einer Art, die nicht durch physische Barrieren getrennt sind. Innerhalb einer Population findet ein uneingeschränkter Austausch von Genen statt und die Mitglieder einer Population teilen einen gemeinsamen Genpool.

Offensichtlich leitet sich diese Definition einer Population aus dem klassischen „biologischen" Artkonzept ab, das auf fruchtbare Paarung innerhalb von Arten basiert. Es funktioniert nicht für Arten ohne sexuelle Fortpflanzung. Da solche Arten recht häufig sind, wäre eine praktische Definition von Populationen in der Ökologie wie folgt: Populationen umfassen alle Individuen, die zu einer Art gehören (auf welche Weise auch immer definiert) und von anderen Populationen der gleichen Art durch Ausbreitungsbarrieren isoliert sind. Allerdings ist die „Isolation" zwischen Populationen fast nie absolut. In der Regel gibt es einen eingeschränkten Austausch von Individuen zwischen lokalen Populationen. Der Austausch zwischen Populationen ist im Vergleich zum Austausch innerhalb von Populationen gering. Eine Gruppe von Populationen, die durch einen relativ häufigen Austausch von Individuen verbunden ist, wird als **Metapopulation** bezeichnet, während die einzelnen Populationen dann **Subpopulationen** der Metapopulation sind.

5.1 Populationsverteilung im Raum

5.1.1 Abundanz

Während Populationsgenetiker oft an der absoluten Populationsgröße interessiert sind, sind Ökologen in der Regel mehr an der Abundanz, d. h. der **Dichte** der Individuen interessiert. Die Dichte bezieht sich entweder auf die Fläche oder das Volumen, abhängig davon, wie die Individuen im Raum verteilt sind. Die Häufigkeit von Benthos wird in der Regel besser als Dichte pro Fläche ausgedrückt, aber für Mikroorganismen im Sediment können auch Dichten pro Volumen sinnvoll sein. Planktonhäufigkeiten werden in der Regel pro Volumen angegeben, aber die Häufigkeit pro Flächeneinheit kann auch sinnvoll sein, z. B. wenn die vertikale Migration von Zooplankton die Dichten pro Volumen auf täglichen Zeitskalen variabel macht, während das Hauptinteresse auf die zeitliche Veränderung auf längeren, z. B. saisonalen Zeitskalen gerichtet ist.

Allerdings können auch absolute Populationsgrößen, sogar globale, von ökologischem Interesse sein, z. B. wenn die Reduzierung auf eine kleine Anzahl von Individuen das Risiko des Aussterbens birgt.

5.1.2 Verteilung im Raum

Verteilung entlang eines Umweltgradienten
Ein Gradient ist ein (idealisierter) Transekt durch einen Lebensraum mit einer gerichteten Änderung einer oder mehrerer Umweltbedingungen. Klare Beispiele sind die Lichtveränderung entlang des Tiefengradienten, horizontale chemische Veränderungen von einer Flussmündung zum offenen Wasser, der Austrocknungsgradient entlang der Gezeitenhöhe, der Redoxgradient im Sediment, usw. Wenn Umweltfaktoren, die sich entlang eines Gradienten ändern, für das Wohlbefinden einer Art wichtig sind, wird die Häufigkeit dieser Art entlang des Gradienten entsprechend der **ökologischen Optimumskurve** (Abschn. 4.1.1, Abb. 4.1) mit maximalen Dichten am oder nahe dem Optimum und abnehmenden Dichten in Richtung Minimum und Maximum ändern. Geringfügige Verschiebungen aufgrund von physikalischen Driftphänomenen können auftreten, z. B. wenn das Absinken von Phytoplankton das Maximum der Häufigkeit auf eine Tiefe unterhalb der Tiefe der optimalen Wachstumsbedingungen verschiebt.

Verteilung in isotropen Umgebungen
Wie sind Organismen verteilt, wo es keine offensichtlichen Umweltgradienten gibt? Im absoluten Sinne existieren solche Umgebungen nicht, aber es gibt große Regionen, in denen nur vernachlässigbare horizontale Veränderungen auftreten, z. B. über große Entfernungen in einer horizontalen Tiefenebene im offenen Wasser oder auf flachen Sedimentoberflächen. Die Verteilung von Individuen in isotropen Umgebungen kann regelmäßig, zufällig oder geklumpt sein. Die in Abb. 5.1 dargestellten Verteilungsmuster zeigen intuitiv, wie sich diese Verteilungen unter-

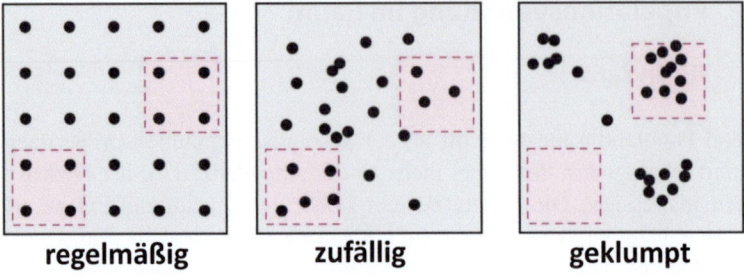

Abb. 5.1 Regelmäßige, zufällige und geklumpte Verteilung von Individuen und daraus resultierende Konsequenzen für die Repräsentativität von Teilmengen (kleines Quadrat mit unterbrochenen Konturen). (Quelle: Abb. 5.2 in Sommer 2005)

scheiden, aber es gibt auch statistische Kriterien, die auf der Entfernung zwischen Individuen und ihren Nachbarn basieren.

Zufällige Verteilung Der Quotient zwischen der Varianz (Summe der Quadrate der Abweichungen zum Mittelwert) und dem Mittelwert der Nachbardistanzen liegt etwa bei 1. Mittlere Distanzen sind häufig; sehr große und sehr kleine Distanzen sind selten.

Regelmäßige Verteilung Der Quotient zwischen der Varianz und dem Mittelwert der Nachbardistanzen ist signifikant kleiner als 1. Eine regelmäßige Verteilung ist in der Regel das Ergebnis von aktivem Verhalten, das die Distanzen zwischen den Individuen maximiert, z. B. Territorialität.

Geklumpter Verteilung („Patchiness") Der Quotient von Varianz: Mittelwert der Nachbardistanzen ist signifikant größer als 1, mit kurzen Distanzen innerhalb von Flecken und großen Distanzen zwischen Flecken. Patchiness ist in der Natur häufiger als man intuitiv denken könnte. Sie kann aus drei verschiedenen Quellen resultieren: aktivem Verhalten (Schwarmbildung), räumlicher Nähe von Nachkommen zu ihren Vorfahren und physischer Sortierung durch Strömungen. Plankton, das leichter als Wasser ist, reichert sich dort an, wo absinkende Strömungen konvergieren, und Plankton, das schwerer als Wasser ist, reichert sich dort an, wo aufsteigende Strömungen divergieren (Reynolds 1984).

Die Repräsentativität von Proben nimmt in der Richtung regelmäßige → zufällige → geklumpte Verteilung ab. Als Konsequenz muss der Probenahmeaufwand in dieselbe Richtung zunehmen, wenn eine realistische Schätzung der Häufigkeit erzielt werden soll.

5.2 Verteilung in der Zeit

5.2.1 Typen der Abundanzänderung

Das Zu- und Abnehmen der Abundanz sind von größtem Interesse in der Ökologie, da sie zeigen, wie gut eine Population in ihrer Umgebung abschneidet. Die Häufigkeit kann ohne Richtung um einen Durchschnitt schwanken (**Fluktuationen**), sie kann periodisch ändern (**Oszillation**), oder sie kann einen gerichteten **Trend** zur **Zunahme** oder **Abnahme** zeigen. In einigen Fällen gibt es auch seltene Massenzunahmen, während die meiste Zeit eine Population selten ist. Solche **Ausbrüche** sind recht typisch für Krankheitserreger. Diese grundlegenden Muster könnten miteinander kombiniert werden; z. B. könnten Oszillationen über einen langfristigen steigenden oder fallenden Trend überlagert sein. Die Stichprobenentnahme muss feinkörnig genug (ausreichend kurze Intervalle) und über einen ausreichend langen Zeitraum ausgedehnt sein, um die zeitlichen Muster der Häufigkeitsänderung korrekt zu identifizieren. Wenn der Stichprobenzeitraum zu kurz ist, könnten Zunahmen oder Abnahmen angenommen werden, während sie nur Teile von langfristigen Oszillationen sind. Streuungen um langfristige Muster könnten sowohl auf Stichprobenfehler zurückzuführen sein oder könnten reale Ergebnisse von kurzfristigen, z. B. meteorologischen oder hydrografischen, Änderungen der Umweltbedingungen sein.

Saisonalität. Saisonale Oszillationen von kurzlebigen Organismen sind eher die Regel als die Ausnahme. Bei Mikroorganismen und kleinen Metazoen überschreiten die Mindest:Maximal-Verhältnisse oft 3 Größenordnungen. Im Falle von mehrjährigen Organismen können saisonale Fortpflanzungsereignisse zu einem saisonalen Muster in der Abundanzführen.

Perennation ist das Überleben von ungünstigen Jahreszeiten durch spezialisierte Individuen. **Überwinterung** ist die dominierende Form der Perennation in gemäßigten und kalten Zonen. Andere Formen der Perennation können eine Anpassung an periodisches Austrocknen von Gewässern, Nahrungsmangel oder sonstige feindliche Lebensbedingungen sein. Mehrjährige Organismen können auch den Anschein von saisonalen Häufigkeitsänderungen erwecken, wenn **überwinternde Ausbreitungseinheiten** kryptisch sind, z. B. die unterirdischen Knospen vieler Makrophyten. **Perennationsstadien** von Mikroorganismen sind oft spezialisierte Zellen (**Zysten**) oder gebunden an bestimmte Stadien des Fortpflanzungszyklus, z. B. Zygoten. Bei Tieren dienen oft **Ruhe-Eier** als überwinternde Ausbreitungseinheiten, aber bei einigen Tieren können auch **subadulte Ruhe-Stadien** (z. B. das fünfte Copepoditenstadium bei einigen Copepodenarten) als Ruhestadien dienen.

5.2.2 Mechanismen der Abundanzveränderung

Die beobachtbare Veränderung der Abundanz ist das Nettoergebnis gleichzeitiger Prozesse, die Individuen zu einer Population hinzufügen und Individuen aus einer Population entfernen.

Fortpflanzung ist der wichtigste Prozess, der Individuen zu einer Population hinzufügt. **Zellteilung** ist der Prozess der Fortpflanzung bei Mikroorganismen. Die Produktion von **Samen**, **Eiern** oder **vegetativer Knospung** sind die Prozesse der Fortpflanzung bei mehrzelligen Organismen. **Rekrutierung** ist der Prozess, durch den Individuen in eine bestimmte Lebenszyklusphase eintreten, z. B. die Metamorphose von Larven zu juvenilen oder erwachsenen Stadien. Die Sterblichkeit in frühen Lebensstadien reduziert die Rekrutierung im Verhältnis zur Fortpflanzung.

Sterblichkeit ist der wichtigste Prozess, der Individuen aus einer Population entfernt. Todesursachen sind das Gefressenwerden durch Räuber und ungünstige physikalische Bedingungen, Hunger oder Krankheit. **Tod durch Alterung** ist auf mehrzellige Organismen beschränkt, während Mikroorganismen ohne Trennung zwischen Keimbahn und Soma potenziell unsterblich sind. In ihrem Fall wird der Tod nur durch physikalische, chemische oder biologische Einflüsse verursacht.

Import und Export: Einwanderung und **Auswanderung** sind aktive Prozesse des Hinzufügens oder Entfernens von Individuen zu einer lokalen Population. Passiver **physischer Transport** durch Strömungen und Wellen hat vergleichbare Auswirkungen auf die lokale Abundanz. In einigen Fällen ist der physische Transport ein integraler Bestandteil der Lebenszyklusstrategie, z. B. der Transport der Larven des Europäischen Aals (*Anguilla anguilla*) von der Sargassosee zu den europäischen Küsten. Die Rückkehr der Aale zur, Sargassosee ist eine aktive Migration.

Sinkverluste des Phytoplanktons (Abschn. 2.2.3) liegen zwischen Verlusten durch physischen Transport und Todesverlusten. Phytoplankton ist während des Exports aus der photischen Zone lebendig, aber dazu bestimmt zu sterben, wenn es nicht rechtzeitig durch Mischereignisse resuspendiert wird.

Quell- und Senkenpopulationen. Einwanderung, Auswanderung und physischer Transport verbinden Populationen. Die lokalen Populationen könnten selbsttragende Populationen sein oder sich als Quell- und Senkenpopulationen zueinander verhalten. Senkenpopulationen sind solche Populationen, bei denen die lokale Fortpflanzung nicht ausreicht, um das Überleben der Population zu gewährleisten. Sie sind auf den kontinuierlichen Import von Individuen aus Quellpopulationen angewiesen (Furrer und Pasinelli 2016). In einigen Fällen könnte es in Senkenhabitaten überhaupt keine Fortpflanzung geben, z. B. in den meisten Teilen der Ostsee für den Seestern *Asterias rubens*. An den meisten Orten sind die Salzgehalte der Ostsee zu niedrig für die Fortpflanzung von *Asterias*, aber die lokalen Populationen werden durch den Larvendrift von Standorten mit erhöhter Salinität oder aus der Nordsee aufrechterhalten (Casties et al. 2015).

5.3 Die mathematische Behandlung des Populationswachstums

5.3.1 Wachstum mit konstanten Raten

Netto- und Bruttowachstumsraten

Wie in Abschn. 5.2.2 beschrieben, wirken Prozesse, die Individuen hinzufügen und entfernen, gleichzeitig. Daher kann nur das **Nettowachstum** direkt aus den Veränderungen der Abundanz im Laufe der Zeit berechnet werden. Da potenziell unsterbliche Mikroorganismen keinen unvermeidlichen Tod durch Alterung haben, wachsen Bakterien- und Algenkulturen unter günstigen abiotischen und ernährungsphysiologischen Bedingungen und ohne natürliche Feinde ohne Verluste; d. h., in diesem Fall sind die Netto- und Bruttowachstumsraten identisch. Wenn Mikrobiologen den Begriff **Wachstumsrate** (z. B. μ in den Gleichungen 4.9 und 4.10) verwenden, meinen sie Bruttowachstumsraten oder Reproduktionsraten. Zoologen würden den Begriff **Geburtenrate (b)** verwenden.

Die Bilanz von Reproduktion und Verlusten geschlossener Populationen (keine Ein- und Auswanderung) kann in mikrobiologischer Terminologie als

$$r = \mu - \lambda \tag{5.1}$$

beschrieben werden, wobei r die Nettowachstumsrate, μ die Bruttowachstumsrate und λ die **Verlustrate** ist. Oder in zoologischer Terminologie als

$$r = b - d \tag{5.2}$$

wobei d die **Sterberate (Mortalität)** ist.

Während r positiv oder negativ sein kann (wachsende oder schrumpfende Populationen), müssen μ, λ, b und d null oder positiv sein.

Spezifische Wachstumsraten

Wachstums-, Geburten-, Verlust- und Sterberaten in der Literatur zur Populationsökologie sind in der Regel spezifische (= relative, = pro Kopf) Raten, d. h., Veränderungen der Abundanz, Geburtenfälle und Todesfälle werden auf die Abundanz (N) bezogen. Daher werden die berechneten Raten zu einem Maß für den Beitrag des durchschnittlichen Individuums zum Auf- und Abbau einer Population. Ein Anstieg von 1 auf 2 Individuen wird durch die gleiche Nettowachstumsrate beschrieben wie ein Anstieg von 100 auf 200 Individuen und es dauert die gleiche Zeit, wenn die spezifischen Wachstumsraten gleich sind.

Mathematisch ist die spezifische Nettowachstumsrate definiert als

$$r = dN/dt \; N^{-1} \tag{5.3}$$

Die Dimension von r, μ, λ, b und d ist t^{-1}, d. h., pro Zeiteinheit.

Exponentielles Wachstum

Wenn Geburts- und Todesfälle zufällig über die Zeit verteilt sind, folgt das Wachstum mit einer konstanten Nettorate einer exponentiellen Kurve (Abb. 5.2, gestrichelte Linien):

$$N_2 = N_1 e^{r\,(t2-t1)} \tag{5.4}$$

wo N_2 und N_1 die Häufigkeit zu den Zeiten t_1 und t_2 sind, und e die Basis des natürlichen Logarithmus (Eulersche Zahl $= 2{,}718 \ldots$) ist.

Wenn r positiv ist, steigt die Steigung der Wachstumskurve stetig an und die Abundanz tendiert gegen Unendlich. Die logarithmische Umwandlung der y-

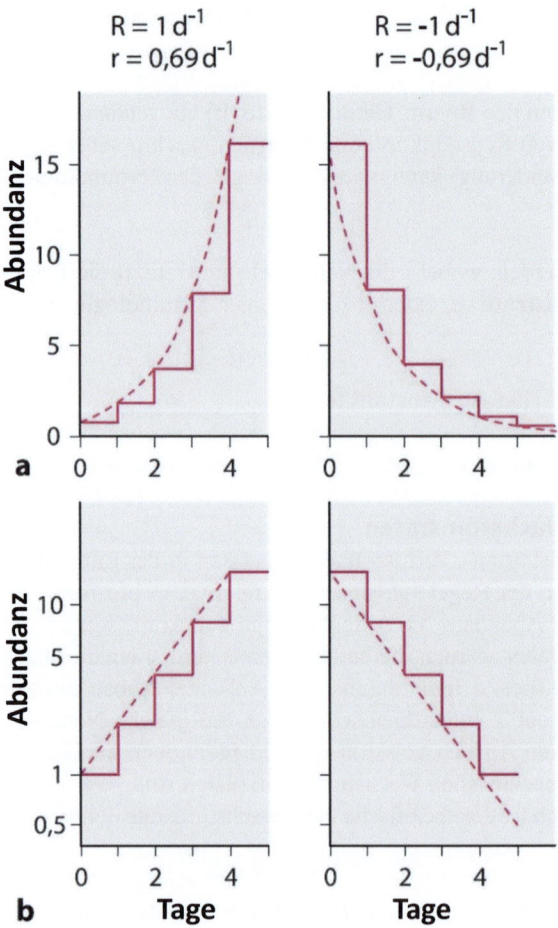

Abb. 5.2 Exponentielles (gestrichelte Linie, glatte Kurve) und geometrisches Wachstum (stufenweise Kurve) bei einer Verdoppelung (links) oder Halbierung (rechts) pro Tag. (**a**) Lineare Skalierung der Häufigkeit, (**b**) log Skalierung der Häufigkeit. (Quelle: Abb. 5.3 in Sommer 2005)

5.3 Die mathematische Behandlung des Bevölkerungswachstums

Achse ändert die Kurve in eine Gerade. Wenn r negativ ist, nimmt die Ambudanz mit einer stetig abnehmenden Steigung ab. Sie strebt asymptotisch gegen Null, erreicht Null aber theoretisch nie. Dies ist jedoch keine Versicherung gegen das Aussterben einer Population, denn eine kontinuierliche Kurve wie in Gleichung (5.4) beschrieben, ist nur eine mathematische Abstraktion, die auf der Möglichkeit der infinitesimalen Teilung der Anzahl der Individuen basiert. In der Realität existieren Individuen nur in ganzen Zahlen. Bei sexuell reproduzierenden Organismen ist ein Paar die theoretische Mindestgröße der Population. Praktisch gesehen beinhaltet bereits eine geringe Anzahl >2 immer das Risiko eines zufälligen Aussterbens.

Das Bevölkerungswachstum von Mikroorganismen wird oft in **Verdopplungszeiten ausgedrückt.** Eine Verdopplungszeit von 1 d entspricht einer Nettowachstumsrate von ca. 0,69 d^{-1} (ln 2 = 0,69 …). Wenn das Wachstum negativ ist, würde -069 d^{-1} in etwa einer Halbierung pro Tag entsprechen.

Geometrisches Wachstum

Wenn Populationen stufenweise wachsen, z. B. weil die Geburt saisonal synchronisiert ist, trifft die exponentielle Wachstumskurve nicht zu. Leider ist auch die Stufenfunktion der geometrischen Reihe nur eine mathematische Abstraktion, weil normalerweise nicht alle Komponenten der Populationsdynamik synchronisiert sind; z. B. können Geburten synchronisiert sein, während der Tod kontinuierlich über die Zeit verteilt ist. Um die Nettowachstumsrate der geometrischen Wachstumskurve von der exponentiellen zu unterscheiden, wird das Symbol R verwendet. $R = 1$ bedeutet eine Verdoppelung pro Zeitschritt, während $R = -0,5$ eine Halbierung pro Zeitschritt bedeutet.

$$N_x = N_1 (1 + R)^{(tx - t1)} \qquad (5.5)$$

wo x die Anzahl der Zeitschritte ist. Es sollte beachtet werden, dass x eine ganze Zahl sein muss.

5.3.2 Begrenztes Wachstum

Tragfähigkeit

Arten können nicht existieren, wenn sie immer und überall negative Nettowachstumsraten haben. Es ist jedoch auch offensichtlich, dass positives exponentielles oder geometrisches Wachstum nicht ewig andauern kann. Selbst im Fall von langsam wachsenden Arten würde dies schließlich zu einer vollständigen Füllung des Lebensraums mit Individuen dieser Art führen. Daher haben Ökologen das Konzept einer Tragfähigkeit (K) entwickelt. Dies ist die maximale Abundanz einer Art, die durch die Lebensbedingungen in einem gegebenen Lebensraum unterstützt werden kann. Das Konzept von K ist recht mehrdeutig, da es manchmal als idealisierte Tragfähigkeit in Abwesenheit von Konkurrenten und Räubern und manchmal als realisierte Tragfähigkeit in einer gegebenen Umgebung mit all ihren natürlichen Feinden verwendet wird. Trotzdem ist K eine

Schlüsselvariable in vielen Modellierungsstudien und ihre genaue Definition hängt vom Zweck ab. Zum Beispiel wird K im idealisierten Sinne verwendet, wenn die Auswirkungen eines Konkurrenten oder eines Raubtiers auf das Wachstum einer Zielart modelliert werden sollen. K wird im realisierten Sinne verwendet, wenn Wachstumskurven an Felddaten angepasst werden sollen.

Dichteunabhängige Begrenzung

Exponentiell wachsende Populationen können daran gehindert werden, die Tragfähigkeit zu erreichen oder zu überschreiten, durch externe Ereignisse, die nichts mit der Erschöpfung von Ressourcen durch zunehmende Häufigkeit oder zunehmende Anziehung von natürlichen Feinden durch zunehmende Häufigkeit zu tun haben. Diese Ereignisse sind unabhängig von der Populationsdichte, oft unvorhersehbar und werden als „katastrophal" wahrgenommen. Solche dichteunabhängigen Auswirkungen beinhalten Ereignisse in der physikalischen Umwelt, z. B. plötzliche Temperatur- oder Salzgehaltsänderungen, Zerstörung des intertidalen Benthos durch Wellen oder Eisschürfungen, Ereignisse in der chemischen Umwelt, z. B. die Freisetzung von giftigen Stoffen ins Wasser, oder Ereignisse in der biologischen Umwelt, z. B. den Ausbruch von Krankheitserregern. Wenn das Bevölkerungswachstum auf diese Weise unterhalb der Tragfähigkeit gehalten wird, könnte man auch die Länge der ungestörten Intervalle als limitierenden Faktor definieren. Dichteunabhängige Begrenzung ist in der Natur recht häufig, obwohl sie in der Modellierung auf Populations- und Gemeinschaftsebene nur eine untergeordnete Rolle spielt.

Dichteabhängige Begrenzung

Regulierung Eine zunehmende Abundanz einer Population führt zu einem erhöhten Verbrauch von Ressourcen, die schließlich erschöpft sein können. Mit zunehmender Abundanz wird auch die Übertragung von Parasiten und Krankheitserregern erleichtert und Raubtiere finden die Population attraktiver als Ziel ihrer Angriffe. All diese Mechanismen führen zu einer verringerten spezifischen Nettowachstumsrate einer zunehmend dichteren Population. Der negative Effekt der Dichte auf die Nettowachstumsraten kann entweder über die Fortpflanzung oder über die Sterblichkeit oder über beide Komponenten wirken. Auch die Auswanderungsraten könnten mit zunehmender Dichte steigen. Das **negative Feedback** der Dichte auf spezifische Wachstumsraten kann als echter Fall von **Regulierung** betrachtet werden, der N in der Nähe von K hält. Wenn N weit unter K liegt, kann die Population maximal wachsen. Wenn N K übersteigt, wird r negativ und die Population nimmt ab.

Die logistische Wachstumskurve Das beliebteste mathematische Modell für das negative Feedback der Dichte auf das Bevölkerungswachstum wurde bereits vor mehr als 1 ½ Jahrhundert vorgeschlagen (Verhulst 1845). Es spielt immer noch eine prominente Rolle in Ökologie-Lehrbüchern und in Modellierungen, obwohl seine Hauptannahme keineswegs universell gültig ist: die lineare Natur des negativen Feedbacks. Das bedeutet, dass bereits Dichtezunahmen weit unter K einen negativen Einfluss auf r haben sollten.

$$r = r_{max}(1 - N/K) \tag{5.6}$$

Seine integrierte Form zur Vorhersage von N_t zur Zeit t lautet:

$$N_t = K / \left\{ 1 + [(K - N_0)/N_0] \, e^{(-r_{max}\, t)} \right\} \tag{5.7}$$

Die logistische Wachstumskurve hat ein S-förmiges Aussehen mit einer maximalen Steigung bei $N = K/2$. Das bedeutet, dass die absoluten Wachstumsraten bei $K/2$ maximal sind, während die spezifischen Wachstumsraten bei Häufigkeiten nahe Null maximal sind. Wenn eine Population mit maximaler Effizienz genutzt werden soll, sollte sie so abgeerntet werden, dass N nahe bei $K/2$ bleibt (Abb. 5.3).

Auswirkungen von Zeitverzögerungen Der negative Effekt der Abundanz auf die Wachstumsraten tritt nicht immer sofort ein. Die Anzahl der von Muttertieren produzierten Eier hängt von den aktuellen und vergangenen Fütterungsbedingungen ab. Dann benötigen die Eier einige Zeit zur Entwicklung. Während der Entwicklungszeit entzieht die wachsende Population der Umwelt weiterhin Nahrung. Wenn die Neugeborenen aus den Eiern schlüpfen und zur Populationshäufigkeit beitragen, spiegelt ihre Abundanz vergangene und nicht gegenwärtige Nahrungsbedingungen wider. Die Verzögerung im negativen Feedback wird modelliert, indem eine **Verzögerungszeit (τ)** in die Gleichung (5.6) eingefügt wird.

$$r_t = r_{max}(1 - N_{t-\tau}/K) \tag{5.8}$$

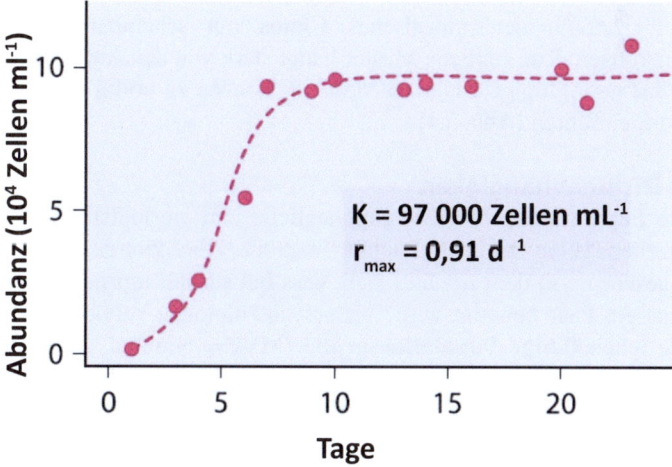

Abb. 5.3 Logistische Wachstumskurve, angepasst an das Wachstum der Kieselalge *Pseudonitzschia pungens* in Kultur. (Quelle: Abb. 5.4 in Sommer 2005, nach Abb. 1 in Hillebrand und Sommer 1996, mit Genehmigung von Oxford University Press)

Als Konsequenz reagiert r nicht auf die aktuelle Abundanz, sondern auf den Abundanz vor einem τ ($N_{t-\tau}$). Dies kann zu einer Überschreitung von K führen und anschließend zu negativen Nettowachstumsraten, die einen Rückgang von N unter K verursachen. Die Nettowachstumsrate wird ein τ nach der Abwärtsüberschreitung von K wieder positiv und N beginnt zu wachsen und überschreitet k erneut. Das langfristige Ergebnis dieser Zunahme- und Abnahmemuster hängt vom Produkt der maximalen Wachstumsrate und der Verzögerungszeit ab:

- $r_{max}\ \tau < 1/e$ (ca. 0,368): allmähliche Annäherung an K
- $1/e < r_{max}\ \tau < \pi/2$ (ca. 1,57): gedämpfte Oszillationen um K
- $r_{max}\ \tau > \pi/2$: anhaltende Oszillation um K mit einer Periodenlänge von ca. 4τ. Bei sehr hohen Werten von $r_{max}\ \tau$ gibt es kurze, scharfe Spitzen und lange Täler.

Auswirkungen des stufenweisen Wachstums Ähnliche und noch komplexere Dynamiken ergeben sich aus dem stufenweisen Wachstum. Hier entscheidet das Produkt aus R (geometrische Wachstumsrate) und T (Zeitlänge der diskreten Schritte zwischen Wachstumsereignissen) über die zeitliche Dynamik.

- $R_{max}\ T < 1$: allmähliche Annäherung an K
- $1 < R_{max}\ T < 2$: gedämpfte Oszillationen
- $2 < R_{max}\ T < 2,4495$: anhaltende Oszillation mit Werten, die sich 2 **Attraktoren** nähern, einem oberhalb von K, einem unterhalb von K, und N springt zwischen beiden Attraktoren
- $2,4495 < R_{max}\ T < 2,6699$: In diesem Bereich verdoppelt sich die Anzahl der Attraktoren auf 4 Attraktoren, dann (bei 2,5) auf 8 Attraktoren und weiter auf 16 Attraktoren (bei 2,569)
- $R_{max}\ T < 2,6699$: deterministisches **Chaos** mit scheinbar unregelmäßigen Schwankungen. Das zeitliche Muster hängt stark von den Anfangsbedingungen ab. Selbst geringfügige Unterschiede in N_0 können zu völlig unterschiedlichen Trajektorien führen (Abb. 5.4).

Positive Dichteabhängigkeit
Minimale Populationsgröße Die exponentielle und die logistische Wachstumskurve erfordern keine minimale Populationsgröße. Aber gibt es ein solches Minimum, abgesehen von dem trivialen Fall, dass bei sexuell reproduzierenden Arten mindestens ein Paar benötigt wird? Naturschutzbiologen verwenden den Begriff **minimale lebensfähige Populationsgröße** (MVP= minimal viable population) definiert als das Minimum, das benötigt wird, um Inzucht, zufälliges Aussterben und genetische Verarmung durch genetische Drift zu vermeiden (Abschn. 5.5.2). Trotz der allgemeinen Plausibilität dieses Konzepts ist es nicht möglich, einheitliche MVPs für alle Arten und Umstände zu definieren. Cowley (2008) verwendete einen Modellierungsansatz für den NW-amerikanischen Lachs *Oncorhynchus clarkii virginalis* und schätzte eine MVP von 2750 Fischen, die ca. 2,2 ha bei ihrer mittleren Dichte in New Mexicanischen Bächen benötigen. Im Gegensatz dazu fanden Jager et al. (2010) es schwierig, einen aussagekräftigen MVP-Wert für den

5.3 Die mathematische Behandlung des Bevölkerungswachstums

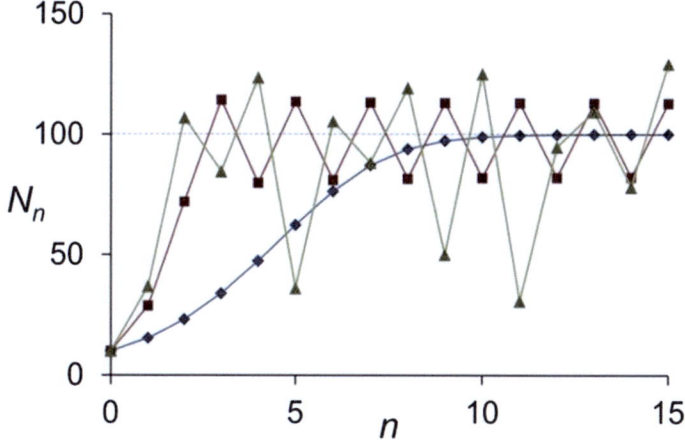

Abb. 5.4 Zeitliche Dynamik von Populationen nach der stufenweisen Version ($n =$ Anzahl der Schritte) der logistischen Wachstumsfunktion in Abhängigkeit vom Produkt R_{max} T. **Blau:** N nähert sich 2, **braun:** 2 Attraktoren, grün: deterministisches Chaos. (Quelle: https://upload.wikimedia.org/wikipedia/commons/thumb/b/b8/Discrete_logistic_equation-time_evolutions.svg/640px-Discrete_logistic_equation-time_evolutions.svg.png; Creative Commons Zero, Public Domain Dedication)

Weißstör *Acipenser transmontanus.* zu ermitteln. Darüber hinaus kamen sie zu dem Schluss, dass MVP für Naturschutzzwecke wenig Relevanz hat und schlugen eine minimale lebensfähige Rekrutierung als besseren Frühwarnwert für den Naturschutz vor.

Quorum-Sensing Populationen mit der Fähigkeit zur „Arbeitsteilung" benötigen offensichtlich auch minimale Populationsgrößen, um dies zu tun. Sie haben Mechanismen des Quorum-Sensing entwickelt, d. h., sie schätzen ihre eigene Anzahl mit Hilfe von Signalstoffen. Quorum-Sensing findet man nicht nur bei sozialen Insekten und anderen Tieren mit komplexem Verhalten; es kommt auch bei Bakterien vor. Es ermöglicht Bakterien, die Expression bestimmter Gene einzuschränken, um eine Verteilung von Phänotypen zu erzeugen, die für die Population am vorteilhaftesten ist. In den Meereswissenschaften wurde das bakterielle Quorum-Sensing am häufigsten in Biofilmen untersucht, einschließlich der Identifizierung von Signalstoffen (Hmelo 2017). In jüngster Zeit gibt es auch ein wachsendes Interesse an der Rolle des Quorum-Sensing bei bakteriellen Fischkrankheiten. Das Bakterium *Vibrio campbellii* benötigt Quorum-Sensing, um vollständig virulent für Fischlarven zu sein (Noor et al. 2019).

5.3.3 Die Komponenten der Populationsdynamik entwirren

Modellierer machen Annahmen über die verschiedenen Parameter des Populationswachstums und analysieren ihre Auswirkungen auf Muster. Empirische Populationsökologen haben das umgekehrte Problem. Sie beobachten Veränderungen in der Abundanz und wollen wissen, wie diese Veränderungen durch Geburtenraten,

Sterberaten usw. verursacht wurden, weil diese verschiedenen Komponenten der Populationsdynamik auf unterschiedliche Umweltbedingungen reagieren.

Nettowachstumsraten

Die Berechnung der Nettowachstumsraten aus Zeitreihen der Abundanz ist der einfache Teil, obwohl die Stichprobenfehler enorm sein können, insbesondere wenn es eine klumpige Verteilung von Individuen gibt (Abb. 5.1). Die Berechnung zwischen dem Zeitpunkt t_1 und t_2 kann durch Auflösen der Gleichung (5.4) für r durchgeführt werden:

$$r = (\ln N_2 - \ln N_1)(t_2 - t_1)^{-1} \tag{5.9}$$

Eine solche Zweipunktberechnung ist jedoch nicht ratsam, wenn es zu viele Stichprobenfehler gibt. Die Streuung der Daten um den tatsächlichen Trend führt zu einem Zickzack der berechneten r-Werte ohne viel Realität dahinter. Wenn Proben in ausreichend dichten Intervallen genommen werden und ein halblogarithmisches Diagramm (Abundanz in log-Skala, Zeit in linearer Skala) exponentielles Wachstum anzeigt, wird eine **lineare Regression** von **ln N** vs.Zeit empfohlen. Die Regressionssteigung b ist dann die Schätzung von r. Das halblogarithmische Diagramm ermöglicht auch eine schnelle visuelle Beurteilung, während welches Zeitintervalls wir exponentielles Wachstum annehmen können.

Bruttowachstumsrate und Geburtenrate

Mindestens 2 der 3 Werte in den Gleichungen (5.1) und (5.2) müssen bekannt sein, um den dritten berechnen zu können. Die Bestimmungsmethoden der Verlustraten sind so vielfältig wie die verschiedenen Verlustprozesse und können daher nicht in einem allgemeinen Lehrbuch behandelt werden. Es gibt jedoch mehrere gut etablierte Methoden zur Schätzung von μ oder b, die hier vorgestellt werden sollen.

Mitotischer Index (Häufigkeit der Zellteilung) Der Anteil der Zellen, die eine Teilung durchlaufen (p_D) während eines Tageszyklus ist die direkteste Methode zur Schätzung der Brutto-Wachstumsraten von Mikroorganismen. Es besteht jedoch ein zusätzlicher Bedarf, Tagesmuster der Zellteilung durch ausreichend häufige Probenahme zu analysieren. Andernfalls ist keine korrekte Schätzung von p_D möglich. Es ist weiterhin notwendig, die Dauer der ausgewählten Teilungsphase (Teilungszeit, t_D) zu definieren, um zu unterscheiden, ob Teilungsphasen in einer Probe neu sich teilende Zellen darstellen oder immer noch die sich teilenden Zellen sind, die bereits während der vorherigen Probenahme gesehen wurden. Phototrophe Mikroorganismen haben oft mehr oder weniger synchronisierte Zellteilungen, die ein ausgeprägtes Tagesmuster zeigen (Weiler und Chisholm 1976; Braunwarth und Sommer 1985; Chisholm 1981). In diesem Fall ist es möglich, die Teilungszeit durch die Zeitverschiebung zwischen den Häufigkeiten einer morphologisch definierten Teilungsphase und ihrem morphologisch definierten Endpunkt zu schätzen (Abb. 5.5). Wenn es keine klaren Tagespeaks in der Zellteilung gibt, müssen Schätzungen von t_d aus Kulturen gewonnen werden.

Egg Ratio Die Berechnung von Geburtenraten aus dem Verhältnis der Anzahl der Eier zur Populationshäufigkeit wurde ursprünglich für Zooplankton entwickelt,

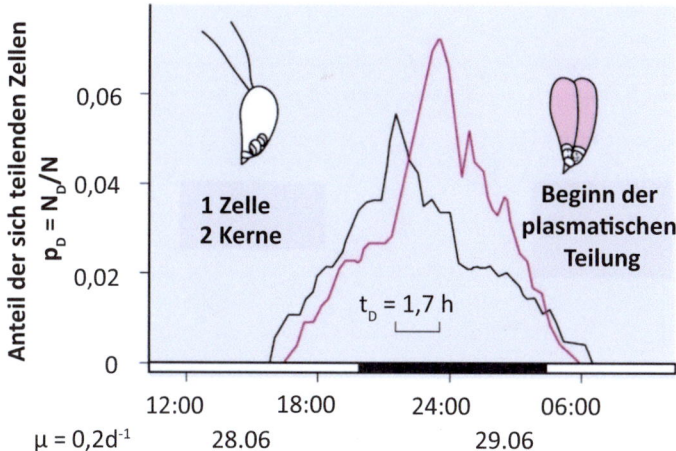

Abb. 5.5 Tagesmuster der Zellteilung des Cryptophyceen-Flagellaten *Rhodomonas minuta* im Bodensee. Die Phase mit noch nicht getrennten Zellen mit zwei sichtbaren Kernen (nach Färbung) wurde zur Berechnung der Wachstumsraten verwendet. Die Phase mit beginnender plasmatischer Teilung markiert den Endpunkt dieser Phase. (Quelle: Abb. 5.5 in Sommer 2005, aus Abb. 3 in Braunwarth und Sommer 1985, mit Genehmigung von John Wiley and Sons)

bei dem die Mütter die Eier bei sich tragen, bis die Neonaten schlüpfen (Paloheimo 1974), wie bei Cladoceren-Zooplankton (z. B., *Daphnia*). Im Gegensatz zu *Daphnia* werfen viele Copepoden-Arten ihre Eier bereits vor dem Schlüpfen ab. In diesem Fall müssen die Tiere lebend gesammelt und mehrere Tage aufbewahrt werden, und es muss Vorsorge getroffen werden, um das Fressen von Eiern durch Adulte zu vermeiden, z. B. durch ein Planktonnetz, durch das die Eier fallen können, aber die Erwachsenen nicht passieren können. Neben der Kenntnis des **Egg Ratio** (E; Anzahl der Eier pro Individuum) muss die Entwicklungszeit der Eier (D) bekannt sein, um die Geburtenrate (b) zu berechne

$$B = \ln(1 + E)/D \tag{5.10}$$

Das Egg Ratio spiegelt in der Regel die Fütterungsbedingungen wider, während D von der Temperatur abhängt. Bei dem großen, borealen bis subarktischen Meerescopepoden *Calanus finmarchicus* beträgt D ca. 5 d bei 0 °C und 1 d bei 20 °C (McLaren 1963). Bottrell (1975) fand höhere Werte für Süßwasser-Cladoceren und Copepoden aus dem Fluss Thames, 14 bis 23 d bei 0 °C und 3 bis 4 d bei 20 °C.

Kohorten Analyse Wenn Tiere synchron reproduzieren und Kohorten von Individuen, die zur gleichen Zeit geboren wurden, verfolgt werden können (z. B. mit Hilfe von Größe oder Jahresringen in mineralischen Strukturen), stellt der stufenweise Anstieg nach der Reproduktion die Geburtenrate dar, während der kontinuierliche Rückgang zu Zeiten ohne Reproduktion die Sterblichkeit darstellt (Abb. 5.6).

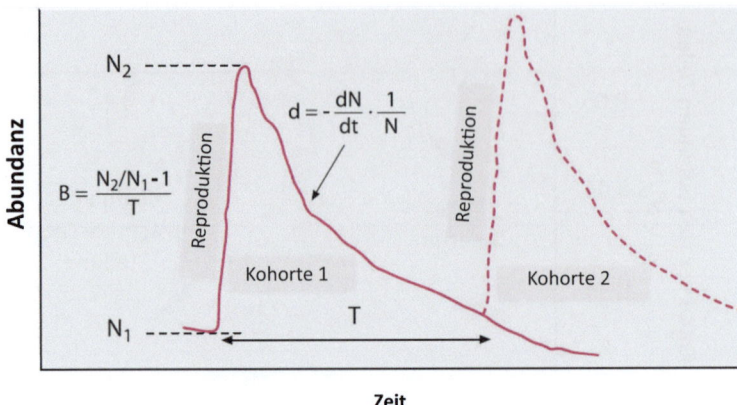

Abb. 5.6 Schematische Darstellung, wie Geburts- und Sterberaten aus der zeitlichen Veränderung der Häufigkeit einer Kohorte berechnet werden können. (Quelle: Abb. 5.7 in Sommer 2005)

5.4 Altersstruktur

5.4.1 Überlebenskurve

Die Überlebenskurve einer Population beschreibt die Wahrscheinlichkeit, mit der ein Individuum ein bestimmtes Alter erreicht. Ihre Form hängt von der Altersabhängigkeit der Sterberaten ab. Die grundlegenden Arten von Überlebenskurven können am besten in einem halblogarithmischen Diagramm visualisiert werden, in dem das Alter linear und die relative Überlebensrate auf einer logarithmischen Skala dargestellt wird (Abb. 5.7).

Altersunabhängige Sterblichkeit (Typ 1 in Abb. 5.7) führt zu einer geraden fallenden Linie in halblogarithmischen Diagrammen. Die Überlebenswahrscheinlichkeit ist in jedem Alter gleich. Dieses Muster wird am besten durch einzellige Organismen repräsentiert. Wenn sie sich durch binäre Teilung vermehren, sind die Größenunterschiede zwischen den Tochterzellen nach der Teilung und den Mutterzellen vor der Teilung eher klein, 1:2 in volumetrischen Begriffen. Daher teilen sie mehr oder weniger das gleiche Spektrum an natürlichen Feinden.

Vorherrschaft der Jugendssterblichkeit (Typ 2 in Abb. 5.7) führt zu einer nach unten gebogenen Überlebenskurve mit einem steilen Abfall zu Beginn und einer anschließenden Abflachung der Kurve. Die Überlebenswahrscheinlichkeit der Individuen steigt mit dem Alter. Die Vorherrschaft der Jugendssterblichkeit wird am typischsten durch jene Organismen repräsentiert, die viele Nachkommen produzieren und daher nur wenige Ressourcen in den einzelnen Nachwuchs investieren. Je mehr Eier, desto kleiner sind sie in der Regel. Neugeborene solcher Organismen sind viel kleiner als Adulte. Ihre Kleinheit führt zu einer erhöhten Anfälligkeit für Raub, da kleinere Raubtiere in der Regel viel häufiger vorkommen

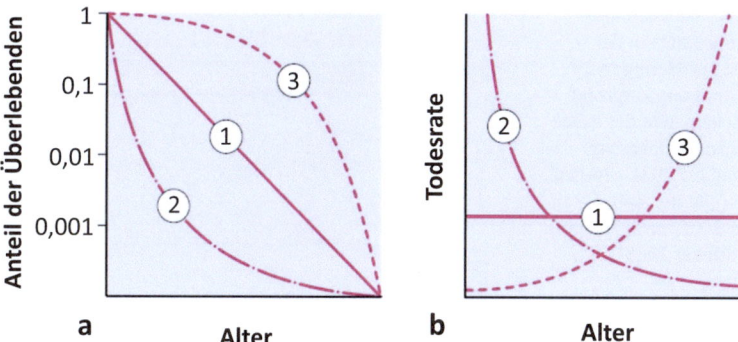

Abb. 5.7 Die drei grundlegenden Arten von Überlebenskurven (**a**) und die Altersabhängigkeit der Sterberaten dieser Typen (**b**) (Abb. 5.7 nach Sommer 2005)

als große und die meisten kleinen Raubtiere sich von kleiner Beute ernähren. Ebenso ist die Fähigkeit, Hunger zu überleben, umso geringer, je kleiner die Larven sind. Typ 2 wird am typischsten durch viele Knochenfische repräsentiert, die bei jedem Laichereignis Millionen von Eiern legen (z. B. Kabeljau, *Gadus morhua*) und extrem hohe Ei- und Larvensterblichkeiten haben.

Vorherrschaft der Alterssterblichkeit (Typ 3 in Abb. 5.7) ist typisch für Tiere mit einer geringen Anzahl von Nachkommen, eher großen Eiern oder Neugeborenen, hohen elterlichen Investitionen in den einzelnen Nachwuchs und im Falle von Vögeln und Säugetieren elterlicher Fürsorge, Fütterung und Schutz von Eiern und/oder Neugeborenen.

5.4.2 Verteilung der Altersklassen

Gleichgewicht Die Altersstruktur einer Population ähnelt der Überlebenskurve, wenn eine Population im **Gleichgewicht** ist, d. h., wenn Geburten- und Sterberaten sich über die Zeit nicht stark ändern. Wenn die Geburtenraten steigen, werden die jüngeren Altersklassen in der Population überrepräsentiert und wenn die Geburtenraten sinken, werden die älteren Klassen überrepräsentiert.

Starke einzelne Altersklassen Die Altersstruktur wird nicht nur durch das langfristige Muster der altersspezifischen Sterblichkeit bestimmt. Auch der Effekt von Einzelereignissen kann in der Altersverteilung von Populationen gesehen werden. Fischpopulationen enthalten oft einzelne, besonders starke, Jahrgänge (Abb. 5.8). Eine der üblichen Erklärungen ist die hohe Sterblichkeit beim Übergang von der Dotterernährung zur Ernährung mit planktonischer Nahrung bei Fischlarven. Starke Jahrgänge entwickeln sich nur, wenn ausreichend Nahrung der richtigen Größe (hauptsächlich Copepoden-Nauplien) zur richtigen Zeit verfügbar ist. Ein solches **Match** (sensu Cushing 1990) zwischen Angebot und Nachfrage ist eine

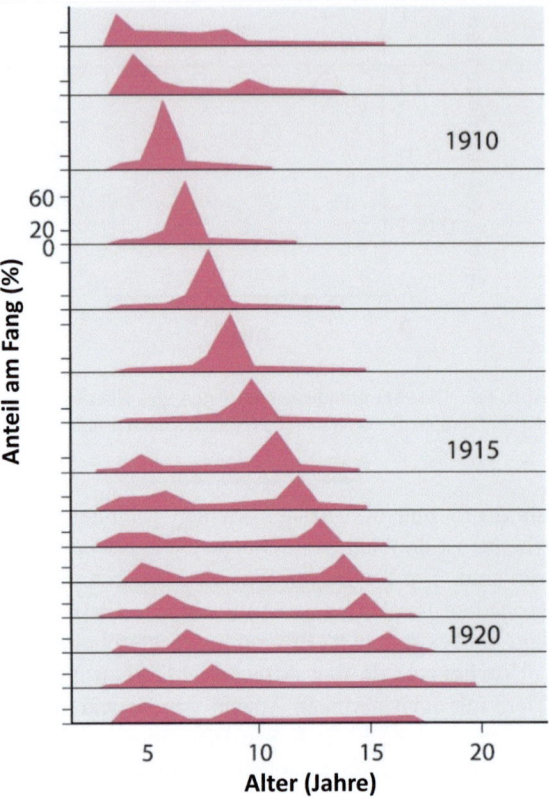

Abb. 5.8 Altersstruktur des Heringsfangs in der Nordsee; nur Heringe >3y tauchen im Fang aufgrund der Maschenweite der Netze auf. Der starke Jahrgang 1904 kann bis 1921 gesehen werden. (Quelle: Abb. 5.9 in Sommer 2005, nach Daten in Schwerdtfeger 1968)

Frage von wenigen Tagen. In vielen Jahren kommt entweder die Larvennachfrage zu früh oder zu spät oder die richtige Nahrung ist rechtzeitig vorhanden, aber nur in suboptimalen Dichten. Diese Bedingungen werden als „**Mismatch.**" bezeichnet.

Standorte mit einzelnen Jahrgängen Manchmal werden nur Individuen eines einzigen Jahrgangs an einem Standort gefunden. Dies kann passieren, wenn planktische Larven von Benthos durch Anomalien in den Wasserströmungen zu ungewöhnlichen Standorten getragen werden und sich dort ansiedeln, wo diese Tiere normalerweise keinen Zugang haben. Es besteht auch die Möglichkeit von negativen Auswirkungen von Adulten auf Jungtiere, z. B. Beschattung bei Phototrophen oder Raumkonkurrenz oder Fressen von konspezifischen planktonischen Larven durch sessile benthische Suspensionsfresser. Solche Effekte sind in der Regel eher lokal und die Probenahme größerer Gebiete führt zu einer ausgeglicheneren Altersklassenverteilung.

5.4.3 Lebenszyklusstrategien

Zeitpunkt der Fortpflanzung
Der richtige Zeitpunkt für die Investition von Energie und Materie in die Fortpflanzung ist von größter Bedeutung für die Fitness von Organismen (Stearns 1992). Das Timing der Fortpflanzung hat Konsequenzen für die Wahrscheinlichkeit, die eigenen Gene erfolgreich an die nächste Generation weiterzugeben. Die Anfälligkeit für Raubtiere, Nahrungsmangel und abiotischen Stress hängt vom ontogenetischen Stadium des Organismus ab und variiert im Raum und in der Zeit. Die Evolution hat mehrere Lösungen gefunden, um diese Risiken zu bewältigen.

Semelparität. Insekten mit aquatischen Larven, Cephalopoden und mehrere Fischarten (Pazifische Lachse, *Oncorhynchus* spp.; Aal, *Anguilla* spp.) pflanzen sich nur einmal am Ende ihres Lebens fort. Das bedeutet, dass sie Materie und Energie vollständig in das somatische Wachstum investieren können und somit relativ schnell anfällige frühe ontogenetische Stadien durchlaufen, wenn das Risiko von Raubtieren und Hungersnöten mit der Größe abnimmt. Sie können reiche Energiereserven für die Investition in die endgültige Fortpflanzung während eines Lebens aufbauen, ohne Ressourcen in frühe Fortpflanzung umzuleiten. Dies ist jedoch eine „Alles oder Nichts" Strategie.

Mikroben, die sich durch Zellteilung vermehren, sind per Definition semelpar, aber auch hier gibt es mehrere Optionen. Ein Mikroorganismus kann wachsen, bis er seine ursprüngliche Größe verdoppelt hat und 2 Nachkommen produziert, oder er kann weiter wachsen und 2^n Nachkommen durch wiederholte Teilung zum Zeitpunkt der Fortpflanzung produzieren. Das bedeutet mehr, aber kleinere Nachkommen.

Iteroparität bedeutet wiederholte Fortpflanzung während des Lebens. **Kein adultes Wachstum:** Iteropare Organismen könnten wachsen, bis sie die adulte Größe erreichen und dann mit der Fortpflanzung beginnen. Nach der ersten Fortpflanzung gibt es kein oder fast kein somatisches Wachstum; somit kann die Zuteilung von Energie und Materie in die Fortpflanzung maximal sein. Unter anderem repräsentieren Copepoden, Vögel und Säugetiere diesen Typ. Die Kosten dieses Fortpflanzungsmusters sind eine relativ späte erste Fortpflanzung und eine verlängerte Phase, in der das Risiko einer prä-reproduktiven Sterblichkeit besteht. **Adultes Wachstum** ist bei Cladoceren-Zooplankton und vielen Fischarten üblich. Das **Alter bei der ersten Fortpflanzung** ist eines der Lebensgeschichtsmerkmale, das stark zwischen Arten mit ansonsten ähnlicher Lebenserwartung und sogar innerhalb von Arten variiert. Es kann weitreichende Auswirkungen auf die Fitness haben, abhängig von größen- oder altersspezifischen Umweltrisiken. Früher zu reproduzieren bedeutet kleinere Muttertiere und daher kleinere Gelege. Im Falle eines langen Lebens kann diese Strategie zu mehr, aber kleineren Gelegen führen. Im Falle eines frühen Todes kann dies bedeuten, dass man zumindest ein Gelge hatte. Das Timing der ersten Fortpflanzung steht unter starkem selektivem Druck durch das vorherrschende Raubtierregime. Verschiebungen in Reaktion auf ein verändertes Sterblichkeitsmuster können durch die **Selektion Auswahl** verschiedener Gene oder das Ergebnis von **phänotypischer Plastizität** in Reaktion auf die Wahrnehmung von Räubern sein (Stearns 1989).

Kasten 5.1 Optimierung des Zeitpunkts der ersten Fortpflanzung

Phänotypische Plastizität. Der Süßwasser-Zooplankter *Daphnia* muss sich zwei Arten von Räubern stellen. Die meisten wirbellosen Räuber (z. B. räuberische Copepoden oder Larven der Phantommücke *Chaoborus*) greifen hauptsächlich kleine Individuen an. Fische und einige Wirbellose (z. B. die Wasserwanze *Notonecta*) bevorzugen größere *Daphnia*. *Daphnia* vermehren sich parthenogenetisch mit gelegentlicher sexueller Produktion, die auf die Produktion von Ruheeiern beschränkt ist. Dies ermöglicht die Zucht genetisch identischer Tiere. Daher kann jede Veränderung der Merkmale unter verschiedenen experimentellen Bedingungen der phänotypischen Plastizität zugeschrieben werden und Selektionseffekte können ausgeschlossen werden. Stibor und Lüning (1994) setzten *Daphnia hyalina* Wasser aus, das chemische Signale (**Kairomone**) enthielt, die von *Chaoborus*-Larven, Fischen und *Notonecta* freigesetzt wurden. *Daphnia*, die *Chaoborus* wahrnehmen (riechen), begannen erst nach Erreichen einer Körpermasse von > 10 µg in die Fortpflanzung zu investieren. *Daphnia*, die Fische oder *Notonecta* riechen, begannen bereits bei 2–5 µg in die Fortpflanzung zu investieren. Im Falle von *Chaoborus*-Räuberei ist es für die Fitness besser, den Größenbereich der Verwundbarkeit so schnell wie möglich zu durchlaufen (schnelles somatisches Wachstum). Im Falle von Fisch- und *Notonecta*-Räuberei ist es für die Fitness besser, sich fortzupflanzen, bevor eine Größenzunahme Sie verwundbar macht.

Selektion. Fischerei wirkt wie größen-selektive Raubdruck auf ausgebeutete Fischpopulationen, z. B. durch gezieltes Abfischen großer Fische oder durch Entlastung kleinerer Fische durch die Verwendung von Netzen bestimmter Maschengröße. Ausbeutung, die zu Verschiebungen in den Merkmalen von Fischpopulationen führt, wird als „**Darwinistische Fischerei**" bezeichnet (Conover 2000; Law 2007). In stark ausgebeuteten Populationen tragen diejenigen Individuen mehr zu zukünftigen Generationen bei, die trotz der Tatsache, dass diese kleinen Mütter weniger Eier produzieren als die älteren, größeren, früh reifen. Hutchings (2005) fand eine frühere Reifung von stark ausgebeutetem NW-Atlantik-Kabeljau (*Gadus morhua*) als Reaktion auf Fischerei. Ein komplizierteres Muster wurde von Sinclair et al. (2002) für die Kabeljaupopulation des Golfs von St. Lawrence berichtet. Größenspezifische Auswirkungen der fischereiinduzierten Mortalität sind in dieser Region unimodal, mit maximaler Mortalität bei mittleren Größen. Große Individuen entkommen der Mortalität, indem sie in tieferen Gewässern leben. Während der 1970er Jahre waren die Längen-im-Alter-Werte hoch, was auf ein schnelles Körperwachstum hindeutet, um so schnell wie möglich das geschützte große Größenrefugium zu erreichen. Am Ende der 1970er Jahre führten Zunahmen im Kabeljaubestand zu einem langsameren Wachstum aufgrund des Wettbewerbs um abnehmende Nahrung und ein schnelles Durchlaufen des am stärksten gefährdeten mittleren Größenbereichs wurde unmöglich. Daher wurde es rentabler, langsamer zu wachsen und mehr in die frühe Fortpflanzung zu investieren.

Der Fischereidruck auf Hechte (*Esox lucius*) im englischen Süßwassersee Windermere nahm stark ab von 1963 bis in die 2000er Jahre. Die Fischerei zielte hauptsächlich auf große Fische. Während des Rückgangs des Fischereidrucks stiegen die somatischen Wachstumsraten an und kleine Weibchen, die im dritten Jahr produziert wurden, hatten viel weniger Eier als ihre Gegenstücke von 1963, was auf eine stärkere Allokation von Energie in das somatische Wachstum hinweist. Im Alter von 8 Jahren war dieser Unterschied nicht mehr sichtbar (Abb. 5.9)

Law (2007) versuchte zu schätzen, wie schnell Darwinistische Fischerei einen Einfluss auf Lebensgeschichtsmerkmale haben würde, basierend auf jährlichen Unterschieden in quantitativen Lebensgeschichtsmerkmalen und einem eher niedrigen Erblichkeitsgrad. Er kam zu dem Schluss, dass der Effekt der Darwinistischen Fischerei auf einer dekadischen Zeitskala deutlich sichtbar werden würde.

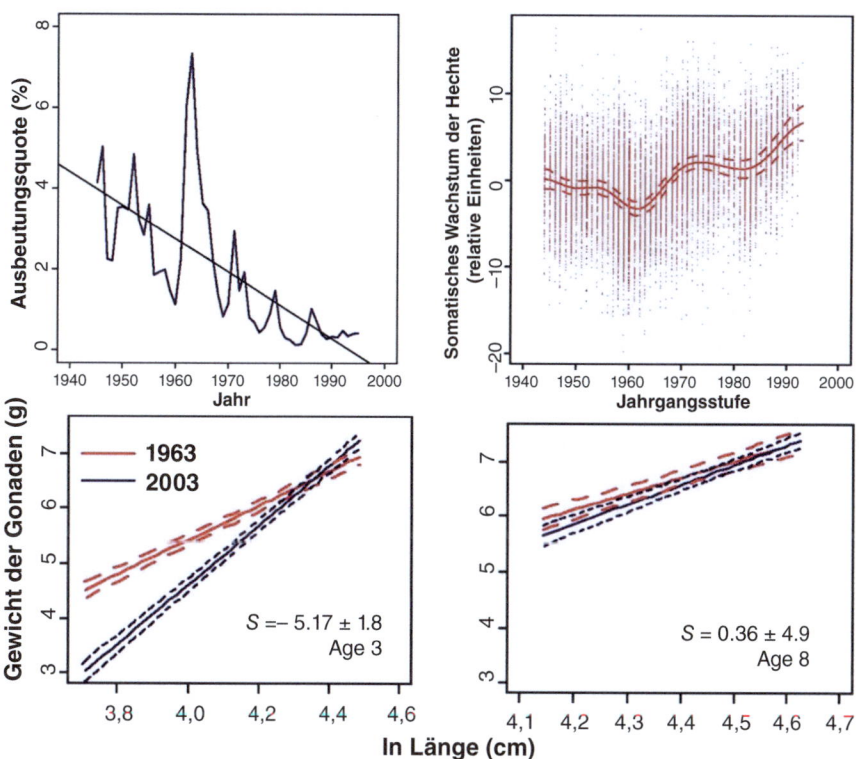

Abb. 5.9 Oben links: Veränderung des Fischereidrucks mit mittlerer Trendlinie (beachten Sie das Maximum im Jahr 1963); **oben rechts:** somatische Wachstumsrate (beachten Sie das Minimum im Jahr 1963); **unten links:** Beziehung zwischen Gonadengewicht und Körperlänge für 3 Jahre alte Weibchen; **unten rechts**: Beziehung zwischen Gonadengewicht und Körperlänge für 8 Jahre alte Weibchen (zusammengesetzt aus Elementen von Abb. 1 und 2 in Edeline et al. 2007, mit Genehmigung von PNAS)

Typologie der Lebenszyklusstrategien

r- vs. K-Selektion Das Konzept der r- und K-Selektion (MacArthur und Wilson 1967) ist ein historisches Konzept in der Ökologie mit einigem heuristischen Wert, aber stark kritisiert wegen seiner inhärenten Einfachheit. Es wurde nach den beiden Parametern der logistischen Wachstumskurve, r_{max} und K, benannt. Es ist offensichtlich, dass verschiedene Merkmalsgruppen in einem unbewohnten, zur Kolonisierung offenen Habitat und in einem mit Organismen gefüllten Habitat, das nahe oder an der Tragfähigkeit liegt, durch Selektion bevorzugt werden. Obwohl es ursprünglich dazu gedacht war, alle Arten oder sogar höhere Taxa in eine der beiden Kategorien einzuordnen, wird es nun eher dazu verwendet, Arten entlang eines Kontinuums relative Positionen zuzuweisen (Pianka 1970). **r-selektierte** Arten haben hohe maximale Wachstumsraten, reproduzieren früh, sind kurzlebig und haben ein hohes Potenzial, neue Lebensräume zu besiedeln. Diese Arten werden auch als „opportunistische" oder „Pionier"-Arten bezeichnet. **K-selektierte** Arten wachsen langsam, aber sicherer. Sie müssen in weiterem Sinn in Erhaltung investieren, d. h., Verluste von Biomasse und Mortalität vermeiden, Hunger tolerieren, die Effizienz der Ressourcennutzung maximieren und wenige, aber gut genährte und gut geschützte Nachkommen produzieren. Stearns (1992) kritisierte dieses Konzept, weil die mit beiden Strategietypen assoziierten Merkmale nicht genug korreliert sind, um einen eindimensionalen Gradienten von r- zu K-Selektion zu rechtfertigen. Dies ist besonders am K-Ende des Gradienten offensichtlich, da es viele alternative Anpassungen an ein dicht besiedeltes Habitat gibt. Trotz seiner übervereinfachten Natur hat das Konzept der r- und K-Selektion eine Menge Forschung inspiriert und tut dies immer noch, wenn auch mit einem gewissen Rückgang des Interesses.

Grimes C-S-R-Typologie Grime (1977) versuchte, die Einfachheit des r- und K-Kontinuums zu überwinden, indem er Arten auf einer dreieckigen Ebene mit den Ecken R (ruderals), Konkurrenten (C) und Stress-Toleranten (S) ordnete. Ruderals sind schnell wachsende Organismen, die das Habitat schnell nach Störungen wiederbesiedeln (wie r-selektierte Arten), Konkurrenten sind produktive Arten, die in der Lage sind, andere Arten zu überwachsen und zu verdrängen, und Stress-Tolerante sind langsam wachsende Arten, die in Toleranz gegenüber Stress investieren. Grime machte keinen Unterschied zwischen Stress durch abiotische Faktoren und biotischen Stress, wie Raub und Konkurrenz. Grime entwickelte sein Konzept zunächst für terrestrische Pflanzen. Später wurde es von Reynolds (1988) für Phytoplankton adaptiert.

Merkmal-Korrelationen Die berechtigte Unzufriedenheit mit vorgefertigten Klassifikationsschemata motivierte Vorschläge, sich auf messbare Merkmale zu konzentrieren und nach positiven und negativen Korrelationen zwischen ihnen zu suchen (McGill et al. 2006; Petchey und Gaston 2006). Merkmale bilden einen n-dimensionalen Hyperraum, in dem Arten platziert werden können. Aus praktischen Gründen kann die Dimensionalität des Hyperraums durch positive und negative Korrelationen zwischen Merkmalen reduziert werden. Korrelationen resultieren aus funktionalen Abhängigkeiten, z. B. der Abhängigkeit von Stoffwechselraten und Generationszeiten von der Größe (Abschn. 3.3.1, Abb. 3.1). Negative Korrelationen können auch aus Kompromissen resultieren, d. h. aus dem Problem der Ressourcenallokation zu konkurrierenden Zwecken, z. B. dem Kompromiss zwischen wenigen, aber großen oder vielen, aber kleinen Nachkommen. Merkmale, die viel von der Varianz anderer Merkmale erklären, können als „Master-Merkmale" identifiziert werden, die das Potenzial haben, Komplexität zu reduzieren (Litchman et al. 2010). Die Körpergröße ist derzeit wahrscheinlich das am besten untersuchte Master-Merkmal. **Merkmalbasierte Ökologie** ist ein gerade begonnenes Unterfangen mit hohem Potenzial für die Zukunft.

5.5 Genetische Struktur

Der Genpool einer Population ist zwangsläufig kleiner als der Genpool der gesamten Art. Dies könnte ein einfacher statistischer Effekt sein, da es eine höhere Wahrscheinlichkeit gibt, dass seltene Allele in einer Art als in Teilen davon existieren. Jede neue Mutation, die in einer einzelnen Population auftritt, zählt für die gesamte Art, aber – zumindest anfangs – nur für die Ursprungspopulation. Weitere Mechanismen, die die genetische Vielfalt reduzieren, können entweder neutral sein oder aus Selektion resultieren. Neutrale Effekte sind Effekte, die nicht durch Selektion getrieben sind, wie Gründereffekte (nur wenige Individuen gründen eine neue Population) und genetische Drift (zufälliger Verlust von Allelen). Selektionseffekte, d. h. das Verschwinden von Allelen mit lokal negativen Fitness-Effekten, führen zu lokaler Anpassung.

5.5.1 Gründereffekt

Die Gründerindividuen einer neuen Population sind oft wenige und haben daher im Vergleich zur Ursprungspopulation eine stark reduzierte genetische Vielfalt und stark verzerrte Allelfrequenzen. Dieser **Gründereffekt** (Mayr 1954) kann weitreichende Folgen für die zukünftige genetische Zusammensetzung einer Population haben, insbesondere wenn es keinen kontinuierlichen Zustrom von Individuen aus der Ursprungspopulation in die neu gegründete Population gibt. Durch die Einengung der ursprünglichen genetischen Vielfalt können Gründereffekte den Spielraum für die Selektion innerhalb der neu gegründeten Population effektiv reduzieren.

Das zunehmende Interesse an biologischen Invasionen (Abschn. 9.5) hat auch zu einem zunehmenden Interesse an dem Vergleich der genetischen Vielfalt von neu gegründeten Populationen mit den Ursprungspopulationen geführt. Die Rotfeuerfische *Pterois volitans* und *P. miles* sind Fische aus der tropischen und subtropischen Indo-Pazifik-Region und wurden als Eindringlinge im westlichen Atlantischen Ozean entdeckt. Eine Analyse der Cytochrom b-Haplotypen ergab einen starken Rückgang der genetischen Vielfalt im Vergleich zu den Ursprungspopulationen (Hamner et al. 2007). Ähnlich bieten von Menschen geschaffene Reservoire eine hervorragende Möglichkeit, Gründereffekte zu studieren. Haileselasie (2018) analysierte die genetische Struktur von *Daphnia* in 10 äthiopischen Reservoiren und fand starke Hinweise auf Gründereffekte und keine Korrelation der Genidentität oder genetischen Vielfalt mit lokalen Umweltbedingungen, was wenig Hinweise auf Selektion liefert. Mit verschiedenen statistischen Ansätzen kamen die Autoren zu dem Schluss, dass die Anzahl der Gründerindividuen in jedem Reservoir <10 betrug. Ein über Jahrtausende anhaltender Gründereffekt wurde von Freeland et al. (2004) hypothetisiert. Der Süßwasserbryozon *Cristatella mucedo* zeigt eine deutlich geringere genetische Vielfalt in nordischen Seen als in südlichen. Freeland et al. schrieben diesen Unterschied hypothetisch Gründereffekten zu, die seit der Zeit der Wiederbesiedlung nach der letzten Eiszeit andauern, obwohl sie Selektion als mögliche Erklärung nicht ausschließen konnten.

5.5.2 Genetische Drift

Genetische Drift ist die Fixierung eines Allels (Genvariante) oder sein Verschwinden aufgrund von Zufallseffekten. Drift ist ein **neutraler Prozess**, was bedeutet, dass keine Selektion zugunsten eines der konkurrierenden Allele stattfindet. In Abwesenheit von Selektionsprozessen ist die Wahrscheinlichkeit, dass ein Allel schließlich fixiert wird (alle konkurrierenden Allele verschwinden), identisch mit **p** (**Allelfrequenz**) und die Wahrscheinlichkeit, dass es schließlich verloren geht, ist $1 - p$. Die Zeit bis zur Fixierung eines Allels nimmt mit der Populationsgröße zu (Otto und Whitlock 1997). Die geschätzte **Zeit bis zur Fixierung** (T_{fix}, in Generationenzeiten) hängt von der effektiven Populationsgröße (N_{eff}) ab, die kleiner ist als die Gesamtpopulationsgröße, aufgrund von Korrekturen für Inzucht und Kopplung von neutralen Genen mit Genen unter Selektion.

$$T_{fix} = -4N_{eff}(1-p)\ln(1-p)\,p^{-1} \qquad (5.12)$$

Für ein Allel mit einer Frequenz von $p = 0{,}5$ innerhalb einer Population von 1000 Individuen bedeutet dies ca. 2760 Generationenzeiten bis zur Fixierung. Plankter haben Populationsgrößen, die mehrere bis viele Größenordnungen größer sind als 1000, und große Organismen mit Populationsgrößen <1000 haben in der Regel Generationenzeiten, die weit über 1 Jahr hinausgehen. Die resultierenden Zeiten für eine erwartete Allelfixierung liegen über ökologisch relevanten Zeitskalen für lokale Ökosysteme, die diese oder höhere Anzahlen von Individuen unterstützen. Ausnahmen sind gefährdete Arten wie die auf Roten Listen, große Organismen in kleinen lokalen Ökosystemen oder Populationen, die durch Katastrophen extreme Reduzierungen durchlaufen (**Flaschenhälse**).

Björklund et al. (2007) analysierten Mikrosatellitenallele im Zander (*Sander lucioperca*) in Seen im Norden und Süden Fennoskandiens. Die effektiven Populationsgrößen dieses Spitzenprädators waren eher klein (ca. 100), und es wurden Hinweise auf den Einfluss der genetischen Drift im nördlichen Datensatz gefunden.

5.5.3 Lokale Anpassung

Während der Etablierung und danach sind lokale Populationen einer Vielzahl von Selektionsdrücken ausgesetzt. Man könnte erwarten, dass sich unter solchen Drücken Populationen zur Optimierung des Überlebens an ihrer Stelle entwickeln, d. h. zur **lokalen Anpassung**. Allerdings kann die Auswahl nur auf einem durch Gründereffekte reduzierten Genpool und durch lokale, nicht-gerichtete Mutationen erhöhten Genpool wirken. Ein zusätzlicher Zustrom von Genen durch fortgesetzte Einwanderung könnte die Grundlage für die Auswahl erweitern, aber auch die lokale Anpassung durch Hybridisierung verdünnen. Daher kann nicht immer eine perfekte lokale Anpassung erwartet werden. Manchmal ist die Suche nach lokaler Anpassung sogar erfolglos, wie in einigen Beispielen für thermische Toleranz in Abschn. 4.1.2. Das Scheitern, lokale Anpassung zu finden, kann durch mangelnde Zeit für die Auswirkungen der lokalen Selektion oder durch ein Überwiegen anderer Selektionsfaktoren als den jeweils untersuchten verursacht werden.

Ein frühes Beispiel für lokale Anpassung war die Allelfrequenz, die das Enzym Leucin-Aminopeptidase II (Lap) in der Miesmuschel *Mytilus edulis* entlang der nordamerikanischen Küste des Atlantischen Ozeans kodiert. Es gibt 2 seltene und 3 häufige Allele, Lap^{94}, Lap^{96}, Lap^{98} (Koehn et al. 1976). Die Frequenzen dieser Allele sind entlang der 800 km offenen Ozeanküste von Virginia bis Massachusetts mit Lap^{94} mit einer Frequenz von ca. 0,55 ziemlich stabil. Allerdings nimmt die Frequenz von Lap^{94} in Richtung des Inneren von Ästuaren und Fjorden stark ab (Abb. 5.10), trotz einer ziemlich homogenen Larvenversorgung aus dem offenen Ozean (Hilbish 1985). Allerdings verlieren sowohl homozygote als auch heterozygote Muscheln mit dem Allel Lap^{94} unter hypoosmotischem Stress, der durch den Süßwassereinfluss im Inneren von Fjorden und Ästuaren induziert wird, weit mehr Aminosäuren und Ammonium (Hilbish und Koehn 1985; Koehn und Hilbish 1987).

Hämmerli und Reusch (2002) verwendeten einen wechselseitigen Transplantationsansatz, um die lokale Anpassung in der Seegrasart *Zostera marina* an zwei Standorten in der Ostsee, 50 km voneinander entfernt, zu untersuchen. Rhizome von genetisch identifizierten Klonen von *Zostera* wurden innerhalb ihres eigenen Ursprungsortes und an den anderen Ort transplantiert. Beide schnitten an ihrem Ursprungsort besser ab.

Culver und Acosta (2018) analysierten die lokale Anpassung der Zooplanktonart *Daphnia pulicaria* in drei verschiedenen nordamerikanischen Seen mit unterschiedlichem pH-Wert. Die Populationen waren genetisch voneinander verschieden und ein Common Garden-Experiment bei verschiedenen pH-Werten zeigte eine maximale Überlebensrate aller 3 Populationen bei pH = 7,5, während die Population aus dem sauersten See bei pH = 6,0 besser abschnitt und die 2 Populationen aus den alkalischeren Seen bei pH = 8,5 und 9,0 besser abschnitten.

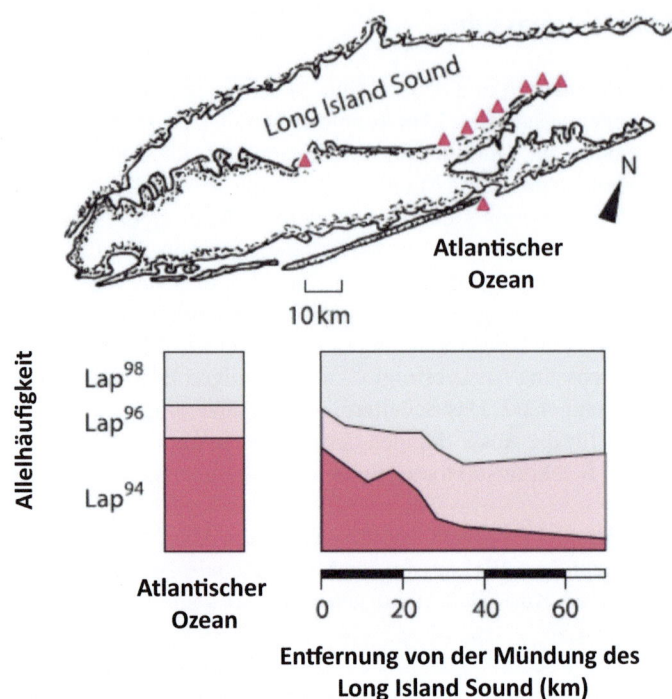

Abb. 5.10 Räumliche Veränderung der Frequenz der Lap-Allele in der Muschel *Mytilus edulis* in Long Island Sound. (Quelle: Abb. 5.10 in Sommer 2005, nach Abb. 1 in Hilbish 1985, mit Genehmigung von Springer Nature)

5.5.4 Speziation

Populationen derselben Art sind normalerweise nicht vollständig voneinander isoliert, aber der Genaustausch zwischen den Populationen ist viel geringer als der Genaustausch innerhalb der Populationen. Die relative Isolation zwischen den Populationen wird oft durch geographische Barrieren verursacht, aber auch andere Faktoren, wie unterschiedliche Fortpflanzungszeiten, können eine Rolle spielen. Aufgrund des eingeschränkten Genflusses können sowohl neutrale Prozesse wie Gründereffekte und genetische Drift als auch lokale Anpassung zu einer Divergenz in den Allelfrequenzen zwischen lokalen Populationen führen.

Die endgültige Stufe der Divergenz ist die Speziation, d. h., die Trennung von Populationen als verschiedene Arten. Arten werden entweder im Sinne der klassischen „biologischen" Artdefinition definiert, d. h., durch die biologische Möglichkeit der fruchtbaren Kreuzung zwischen Individuen derselben Art. Alternativ wird eine operationale Definition verwendet, die auf einem minimalen Maß an morphologischer oder genetischer Ähnlichkeit zwischen Individuen derselben Art basiert. Letzteres Konzept wird entweder aus praktischen Gründen (Vermeidung von zeitaufwändigen Kreuzungsexperimenten) oder aus Notwendigkeit für Organismen ohne sexuelle Fortpflanzung verwendet.

Allopatrische Speziation. Traditionell wurde angenommen, dass Speziation in Allopatrie (Mayr 1947) stattfindet, d. h., zwischen Populationen, die durch physische Barrieren getrennt sind, die den Austausch von Individuen und Genen zwischen den Populationen verhindern, bis schließlich die Divergenz zu einer biologischen **reproduktiven Isolation** führt; d. h., die Individuen können sich nicht paaren und fruchtbare Nachkommen produzieren, selbst wenn sie zusammengebracht werden. Nach der Evolution der biologischen reproduktiven Isolation können die getrennten Arten auch im selben Lebensraum koexistieren und als getrennte Arten bestehen bleiben, ohne die Isolation durch Hybridisierung aufzulösen. Die während der allopatrischen Speziation erworbene reproduktive Isolation ist normalerweise **post-zygotisch** (Turelli et al. 2001), d. h., F1-Hybriden können sich nicht selbst reproduzieren oder haben andere schwerwiegende Fitnessdefizite.

Sympatrische Speziation, d. h., die Entwicklung von reproduktiver Isolation innerhalb desselben Lebensraums, war lange Zeit umstritten und wird immer noch eher als Ausnahme denn als Regel betrachtet (Elmer und Meyer 2010). Es wird angenommen, dass sie hauptsächlich in isolierten, artenarmen und eher homogenen Lokalitäten auftritt, wie z. B. Kraterseen (Barluenga et al. 2006) oder ozeanischen Inseln. Der wahrscheinlichste Weg zur sympatrischen Speziation ist zunächst eine Art ökologische Divergenz, gefolgt von einer bevorzugten Paarung innerhalb der divergenten Subpopulationen. Diese **assortative Paarung** wird oft durch unterschiedliche Färbungsmuster zwischen den Paarungsgruppen unterstützt, wie es für Buntbarsche in einem Kratersee in Nicaragua gezeigt wurde (Elmer et al. 2009). Die mit der sympatrischen Speziation verbundene reproduktive Isolation ist **prä-zygotisch**, entweder sogar **prä-Paarung**, wie im Fall der assortativen Paarung, oder die Befruchtung der Eier ist unmöglich oder stark reduziert. Prä-zygotische reproduktive Isolation entwickelt sich in der Regel schneller als post-zygotische reproduktive Isolation.

Im Gegensatz zur angenommenen Beschränkung auf isolierte Lebensräume haben Crow et al. (2010) sympatrische Speziation innerhalb der marinen Gattung *Hexagrammos* (Greenling) nachgewiesen. In der Region des geographischen Überlappens produzieren die Arten *H. otakii* und *H. agrammus* gelegentlich Hybriden mit *H. octogrammus*. Diese F1-Hybriden haben schwere Fitnessdefizite, die auf post-zygotische genetische Inkompatibilität hinweisen, was auf allopatrische Speziation hindeutet (Turelli et al. 2001). Es gibt keine Hybriden der sympatrischen Arten *H. otakii* und *H. agrammus* in der natürlichen Umgebung. Die Befruchtung ist schlecht, wenn Eier und Spermien dieser Arten gemischt werden (eine Form der prä-zygotischen Isolation), aber es gibt keinen negativen Fitness-Effekt auf die wenigen Hybriden. Das vollständige Fehlen von Hybriden deutet auf prä-Paarungs-reproduktive Isolation in der Natur hin, z. B. durch Unterschiede im lokalen Lebensraum und in der Laichzeit (Abb. 5.11). Prä-Paarungs- und prä-zygotische reproduktive Isolation entwickeln sich eher schnell und gelten als typisch für sympatrische Speziation.

H. otakii
> Nesttiefe 6,5-19,0 m auf Felsvorsprüngen
> Laichzeit Ende Okt. bis Nov.

H. agrammus
> Nesttiefe 0,5-3,5 m auf Algenrasen
> Laich Sept. - Okt.

H. octogrammus
> Nesttiefe 0,5-3,0 m auf Algenrasen
> Laich im Okt.

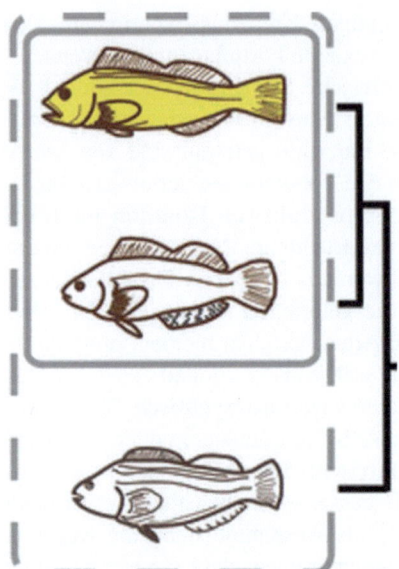

Abb. 5.11 Nesttiefe, Lebensraum, Laichzeit, Form und phylogenetische Beziehung von *Heterogrammis otakii*, *H. agrammus,* und *H. octogrammus* nach Daten in Crow et al. (2010). Sympatrische Speziation wird durch eine durchgezogene Linie und allopatrische Speziation durch eine gestrichelte Linie angezeigt (Abb. 2 in Elmer und Meyer 2010, mit Genehmigung von John Wiley and Sons)

Glossar

abundance (Abundanz) Anzahl der Individuen pro Fläche oder Raum
allele (Allel) Variante eines Gens
allopatric speciation (allopatrische Artbildung) Entwicklung geographisch isolierter Populationen zu separaten Arten
allele frequency (Allelfrequenz) relative Beitrag eines Allels zur Summe der Allele für einen Genlocus
assortative mating (assortative Paarung) Paarung nur innerhalb von Untergruppen einer Bevölkerung
birth rate (Geburtenrate) Anzahl der Geburten pro Zeiteinheit in einer Bevölkerung (normalerweise „spezifische Geburtenrate", d. h., Anzahl der Geburten pro Anzahl der Individuen und Zeit)
carrying capacity (Tragfähigkeit) Maximale Abundanz einer Population, der in einer gegebenen Umgebung aufrechterhalten werden kann
cohort (Kohorte) Individuen einer Population, die zur gleichen Zeit geboren wurden
egg ratio (Egg Ratio) Anzahl der Eier pro Anzahl der Individuen

death rate (Sterberate) Anzahl der Todesfälle pro Zeiteinheit (normalerweise „spezifische Sterberate", d. h., Anzahl der Todesfälle pro Anzahl der Individuen und Zeit)

density dependence (Dichteabhängigkeit) Abhängigkeit von Wachstumsraten, Geburtenraten, Sterberaten usw. von der Dichte einer Bevölkerung (Fülle)

emigration (Emigration) aktive Migration von Individuen aus einer Population

exponential growth (exponentielles Wachstum) Wachstum mit einer konstanten Wachstumsrate bei kontinuierlicher Fortpflanzung

founder effect (Gründereffekt) Einschränkung des Genpools einer Population durch den Genpool der Gründungsindividuen

genetic drift (genetische Drift) Verlust von Allelen durch zufällige Ereignisse

geometric growth (geometrisches Wachstum) Wachstum mit einer konstanten Wachstumsrate unter stufenweiser Reproduktion

gross growth rate Bruttowachstumsrate) (potenzielle) Wachstumsrate von mikrobiellen Populationen, wenn alle Verluste entfernt werden

growth rate (Wachstumsrate) Rate der Zunahme der Abundanz pro Zeiteinheit (normalerweise „spezifische Wachstumsrate", d. h. Zunahme der Abundanz pro Anzahl von Individuen und Zeit)

immigration (Immigration) aktive Migration von Individuen in eine Population

iteroparity (Iteroparität) wiederholte Reproduktion während des Lebenszyklus eines Individuums

local adaptation (lokale Anpassung) Formung des Genpools einer Population durch lokale Umweltbedingungen

logistic growth (logistisches Wachstum) S-förmige Wachstumskurve einer Popullation, die aus einer negativen Rückkopplung der Dichte auf die Wachstumsrate resultiert

loss rate (Verlustrate) Anzahl der Individuen, die pro Zeiteinheit aus einer Population verloren gehen (normalerweise „spezifische Verlustrate", d. h., Anzahl der verlorenen Individuen pro Anzahl der Individuen und Zeit)

K Tragfähigkeit

metapopulation (Metapopulation) Gruppe von lokalen Populationen, die durch Ein- und Auswanderung oder passiven Import und Export von Individuen verbunden sind

mortality (Mortalität) Sterberate

net growth rate (Nettowachstumsrate) beobachtete Wachstumsrate von mikrobiellen Populationen, die aus Reproduktion und Verlusten resultiert (normalerweise „spezifische Nettowachstumsrate", d. h. Zunahme der Häufigkeit pro Anzahl von Individuen und Zeit)

perennation (Überdauerung) Überleben von ungünstigen Zeiträumen

post-zygotic reproductive isolation (postzygotische reproduktive Isolation) Verhinderung der Hybridisierung durch Fitnessdefizite von F1-Hybriden

pre-zygotic reproductive isolation (präzygotische reproduktive Isolation) Verhinderung der Hybridisierung durch Hindernisse für der Bildung von Zygoten

recruitment (Rekrutierung) Hinzufügung von Individuen zu einer Lebenszyklusphase einer Population, z. B. planktonische Larven, die sich im Benthos ansiedeln

reproductive isolation (reproduktive Isolation) Unfähigkeit, entweder ausreichend fitte Nachkommen oder überhaupt Nachkommen zu produzieren. Reproduktive Isolation ist die Voraussetzung für Artbildung

semelparity (Semelparität) Vermehrung nur einmal während des Lebenszyklus, normalerweise am Ende

sink populations (Senkenpopulation) Population, die nicht durch lokale Fortpflanzung erhalten werden kann und die Einfuhr von Individuen aus Quellenpopulationen benötigt

source population (Quellpopulation) Population, die regelmäßig Individuen zu Senkenpopulationen exportiert

survival curve (Überlebenskurve) Diagramm der Häufigkeit der Überlebenden einer Kohorte über die Zeit

sympatric speciation (sympatrische Artbildung) Entwicklung separater Arten aus einer lokalen Population ohne geographische Barrieren

Übungsfragen

Die rechte Spalte der untenstehenden Tabelle zeigt den Ort an, an dem die
Antwort gefunden werden kann, logisch abgeleitet aus den Informationen, die im Text enthalten sind, oder berechnet aus den dort vorhandenen Gleichungen.

	Frage	Abschnitt
1	Sind Populationen vollständig isoliert?	5
2	Was ist eine Metapopulation?	5
3	Warum wird die Abundanz manchmal pro Fläche und manchmal pro Volumen berechnet?	5.1.1
4	Wie sind Arten entlang eines Gradienten von Umweltbedingungen verteilt?	5.1.2
4	Welche Mechanismen können zu einer geklumpten Verteilung von Individuen im Raum führen?	5.1.2
5	Welche Mechanismen können zu einer regelmäßigen Verteilung von Individuen im Raum führen?	5.1.2
6	Was ist die häufigste Art von Oszilllationen der Abundanz?	5.2.1
7	Wie können Populationen lebensfeindliche Zeiträume überleben?	5.2.1
8	Was sind die dominanten Prozesse, die Individuen zu einer Population hinzufügen oder aus ihr entfernen?	5.2.2
9	Erklären Sie den Unterschied zwischen Fortpflanzung und Rekrutierung?	5.2.2
9	Ist der Tod durch Seneszenz bei allen Arten von Organismen zu finden?	5.2.2
10	Welcher Teil der Langstreckenmigration des europäischen Aals ist passiver physischer Transport und welcher ist aktive Migration?	5.2.2

Übungsfragen

	Frage	Abschnitt
11	Was ist eine Senkenpopulation?	5.2.2
12	Warum sind die Populationen des Seesterns *Asterias rubens* in der Ostsee Senkenpopulationen?	5.2.2
13	Die Population A wächst exponentiell von 1 auf 4 Individuen pro Zeiteinheit und die Population B wächst von 100 auf 300 Individuen während der gleichen Zeit. Welche Population hat die höhere spezifische Nettowachstumsrate?	5.3.1
14	Berechnen Sie die spezifische Nettowachstumsrate r (d^{-1}) für eine Phytoplanktonpopulation, die exponentiell von 1 auf 8 Individuen innerhalb von 3 Tagen wächst.	5.3.1
15	Dauert es länger, von 1000 auf 4000 Individuen zu wachsen als von 1 auf 4 Individuen, wenn das Wachstum exponentiell ist?	5.3.1
16	Warum ist die stufenweise Wachstumskurve des geometrischen Wachstums eine mathematische Abstraktion?	5.3.1
17	Eine schrumpfende Population hat eine konstante negative Wachstumsrate von $-0{,}69$ d^{-1} (eine Halbierung pro Tag). Die Anfangshäufigkeit beträgt 1000 ind L^{-1}. Wann wird die Häufigkeit null erreichen?	5.3.1
18	Erklären Sie die Dichteabhängigkeit des Populationswachstums.	5.3.2
19	Bei welcher Frequenz sind absolute und spezifische Wachstumsraten maximal in einer Population, die gemäß der logistischen Wachstumsgleichung wächst?	5.3.2
20	Wie kann eine negative Dichtedependenz von Wachstumsraten zu einer Oszillation von Häufigkeiten führen?	5.3.2
21	Kann es auch eine positive Dichtedependenz geben?	5.3.2
22	Warum ist die Teilungszeit notwendig, um Bruttowachstumsraten aus Zellen zu berechnen, die sich in der Mitose befinden?	5.3.3
23	Was erhöht die Geburtenrate mehr: Verdopplung der Egg Ratio oder Halbierung der Entwicklungszeit der Eier?	5.3.3
24	Wie können Geburtenraten von Organismen mit synchronisierter Fortpflanzung berechnet werden?	5.3.3
25	Warum ändert sich das Prädationsrisiko von einzelligen Organismen während des Lebens weniger als das Prädationsrisiko von Fischen?	5.4.1
26	Beschreiben und erklären Sie den Unterschied in den Formen der Überlebenskurve von Kabeljau und Walen	5.4.1
27	Durch welche Mechanismen kann die Altersstruktur einer Population von der Überlebenskurve abweichen?	5.4.2
28	Wie können außergewöhnliche Jahrgänge die Altersklassenverteilung in einer Population beeinflussen?	5.4.2
29	Was sind die Unterschiede zwischen Semelparität und Iteroparität im Lebensmuster der Energie- und Materiezuteilung für Wachstum und Fortpflanzung?	5.4.3
30	Wie kann selektive Prädation auf große Individuen das Timing der ersten Fortpflanzung verändern?	5.4.3
31	Erklären Sie „Darwinistische Fischerei."	5.4.3

	Frage	Abschnitt
32	Was sind die problematischen Vereinfachungen im Konzept der r- und K-Selektion?	5.4.3
33	Erklären Sie den Unterschied zwischen dem Konzept der r-und-K-Auswahl und Grimes C-S-R-Typologie	5.4.3
34	Was ist der Grund für negative Korrelationen zwischen Merkmalen, z. B. Größe vs. Anzahl der Nachkommen?	5.4.3
35	Wie beeinflusst der Gründereffekt die genetische Vielfalt einer Population?	5.5.1
36	Geben Sie einige Beispiele an, unter denen Gründer-Effekte erkannt werden können	5.5.1
37	Warum ist der Verlust von Allelen durch genetischen Drift wahrscheinlicher für einzelne Populationen als für die gesamte Art?	5.5.2
38	Dauert die Fixierung eines Allels durch genetische Drift länger (a) für eine größere oder für eine kleinere Bevölkerung? (b) für ein häufiges oder für ein seltenes Allel? (c) für eine Art mit kurzer oder langer Generationszeit?	5.5.2
39	Warum scheitert die Erkennung von lokaler Anpassung manchmal?	5.5.3
40	Was sind die Beweise für die lokale Anpassung von Miesmuscheln an die Salinität in der Long Island Sound?	5.5.3
41	Wie haben Hämmerli und Reusch die lokale Anpassung von 2 *Zostera marina* Populationen in der Ostsee analysiert?	5.5.3
42	Was sind sympatrische und allopatrische Artbildung?	5.5.4
43	Welche wird als häufiger angesehen, allopatrische oder sympatrische Artbildung?	5.5.4
44	Unter welchen Bedingungen ist sympatrische Artbildung möglich?	5.5.4
45	Wie kann reproduktive Isolation auftreten, wenn es eine geographische Überlappung gibt?	5.5.4
46	Welche der Fischarten *Heterogrammis otakii*, *H. agrammusu* and *H. octogrammus* haben sich durch allopatrische bzw. sypatrische Speziation voneinander isoliert?	5.5.4
47	Wie hängen prä- und postzygotische reproduktive Isolation mit allo- und sympatrischer Artbildung zusammen?	5.5.4

Literatur

Barluenga M, Stölting KN, Salzburger W, Muschick M, Meyer A (2006) Sympatric speciation in Nicaraguan crater lake cichlid fish. Nature 439:719–723

Björklund M, Aho T, Larsson LC (2007) Genetic differentiation in pikeperch (*Sander lucioperca*): the relative importance of gene flow, drift and common history. J Fish Biol 71:264–278

Bottrell HH (1975) The relationship between temperature and duration of egg development in some epiphytic Cladocera and Copepoda from the river Thames, Reading, with a discussion of temperature functions. Oecologia 18:63–84

Braunwarth C, Sommer U (1985) Analysis of the in situ growth rates of cryptophyceae by use of the mitotic index technique. Limnol Oceanogr 30:893–897

Casties I, Clemmesen C, Melzner F, Thomsen J (2015) Salinity dependence of recruitment success of the sea star *Asterias rubens* in the brackish western Baltic Sea. Helgoland Mar Res 69:169–175

Chisholm SW (1981) Temporal patterns of cell-division in unicellular algae. Can Bull Fish Aquat Sci 210:150–181

Conover DO (2000) Darwinian fishery science. Mar Ecol Prog Ser 208:303–307

Cowley DE (2008) Estimating required habitat size for fish conservation in streams. Aqauat Conserv Mar Freshw Ecosyst 18:418–431

Crow KD, Munehara H, Bernardi G (2010) Sympatric speciation in a genus of marine reef fishes. Mol Ecol 19:2089–2105

Culver BW, Acosta F (2018) Population genetic structure and fitness of *Daphnia pulicaria* across a pH gradient in three North American lakes. Hydrobiologia 805:323–338

Cushing DH (1990) Plankton production and year-class strength in fish populations: an update of the match/mismatch hypothesis. Adv Mar Biol 26:249–293

Edeline E, Carlson SM, Stige LC, Winfield IJ, Fletcher JM, Ben James J, Haugen TO, Vollestad LA, Stenseth NC (2007) Trait changes in a harvested population are driven by a dynamic tug-of-war between natural and harvest selection. Proc Natl Acad Sci U S A 104:15799–15804

Elmer KR, Meyer A (2010) Sympatric speciation without borders? Mol Ecol 19:1191–1193

Elmer KR, Lehtonen TK, Meyer A (2009) Color assortative mating contributes to sympatric divergence of neotropical crater lake cichlid fish. Evolution 63:2750–2757

Freeland JR, Rimmer VK, Okamura B (2004) Evidence for a residual postglacial founder effect in a highly dispersive freshwater invertebrate. Limnol Oceanogr 49:879–883

Furrer RD, Pasinelli G (2016) Empirical evidence for source-sink populations: a review on occurrence, assessments and implications. Biol Rev 91:782–795

Grime JP (1977) Evidence for the existence of three primary strategies in plants and its relevance for ecological and evolutionary theory. Am Nat 111:1169–1194

Haileselasie HT, Mergeay J, Vanoverbeke J, Orsini L, De Meester L (2018) Founder effects determine the genetic structure of the water flea Daphnia in Ethiopian reservoirs. Limnol Oceanogr 63:915–926

Hämmerli A, Reusch TBH (2002) Local adaptation and transplant dominance in genets of the marine clonal plant Zostera marina. Mar Ecol Prog Ser 242:111–118

Hamner RM, Freshwater DW, Whitfield PE (2007) Mitochondrial cytochrome b analysis reveals two invasive lionfish species with strong founder effects in the western Atlantic. J Fish Biol Suppl Bc71:214–222

Hilbish TJ (1985) Demographic and temporal structure of an allele frequency cline in the mussel Mytilus edulis. Mar Biol 86:163–171

Hilbish TJ, Koehn RK (1985) The physiological basis for selection at the Lap locus. Evolution 39:1302–1317

Hillebrand H, Sommer U (1996) Nitrogenous nutrition of the potentially toxic diatom Pseudo-nitzschia pungens f. multiseries Hasle. J Plankton Res 18:295–301

Hmelo L (2017) Quorum sensing in marine microbial environments. Annu Rev Mar Sci 9:257–281

Hutchings JA (2005) Life history consequences of over-exploitation to population recovery in Northwest Atlantic cod (Gadus morhua). Can J Fish Aquat Sci 62:824–832

Jager HL, Lepla KB, Van Winkle W, James BW, McAdam SO (2010) The elusive minimal viable population size for white sturgeon. Trans Am Fish Soc 139:1551–1565

Koehn RK, Hilbish TJ (1987) The adaptive importance of genetic variation. Am Sci 75:134–141

Koehn RK, Milkman R, Mitton JB (1976) Population genetics of marine pelecypods. II. Selection, migration and genetic differentiation in the blue mussel Mytilus edulis. Evolution 30:2–32

Law R (2007) Fisheries-induced evolution: present status and future direction. Mar Ecol Progr Ser 335:271–277

Litchman E, Pinto PDT, Klausmeier CA, Thomas MK, Yoshiyama K (2010) Linking traits to species diversity and community structure in phytoplankton. Hydrobiologia 653:15–28

MacArthur RH, Wilson EO (1967) The theory of island biogeography. Princeton University Press, Princeton, NJ

Mayr E (1947) Ecological factors in speciation. Evolution 1:263–288

Mayr E (1954) Change of genetic environment and evolution. In: Huxley J, Hardy AC, Ford EB (eds) Evolution as a process. Allen & Unwin, London, pp 1331–1335

McGill BJ, Enquist BJ, Weiher E, Westoby M (2006) Rebuilding community ecology from functional traits. Trends Ecol Evol 21:178–185

McLaren LA (1963) Effects of temperature on growth of zooplankton and the adaptive value of vertical migration. J Fish Res bd Can 20:625–727

Noor NM, Defoirdt T, Alipiah N, Karim M, Daud H, Natrah I (2019) Quorum sensing is required for full virulence of Vibrio campbellii towards tiger grouper (Epinephelus fuscoguttatus) larvae. J Fish Dis 42:489–495

Otto SP, Whitlock MC (1997) The probability of fixation in populations of changing size. Genetics 146:723–733

Paloheimo JH (1974) Calculation of instantaneous birth rate. Limnol Oceanogr 19:692–694

Petchey OL, Gaston KJ (2006) Functional diversity: back to basics and looking forward. Ecol Lett 9:741–758

Pianka ER (1970) On r- and K-selection. Am Nat 104:592–597

Reynolds CS (1984) The ecology of freshwater phytoplankton. Cambridge University Press, Cambridge

Reynolds CS (1988) Functional morphology and the adaptive strategies of freshwater phytoplankton. In: Sandgren CD (ed) Growth and reproductive strategies of freshwater phytoplankton. Cambridge University Press, New York, pp 388–433

Schwerdtfeger F (1968) Ökologie der Tiere, II: Demökologie. Parey, Hamburg

Sinclair AF, Swain DP, Hanson JM (2002) Measuring changes in the direction and magnitude of size-selective mortality in a commercial fish population. Can J Fish Aquat Sci 59:361–371

Sommer U (2005) Biologische Meereskunde, 2nd edn. Springer, Berlin

Stearns SC (1989) The evolutionary significance of phenotypic plasticity. Bioscience 39:436–445

Stearns SC (1992) The evolution of life histories. Oxford University Press, Oxford

Stibor H, Lüning J (1994) Predator-induced phenotypic variation in the pattern of growth and reproduction in Daphnia hyalina (Crustacea, Cladocera). Funct Ecol 8:97–101

Turelli M, Barton NH, Coyne JA (2001) Theory and speciation. Trends Ecol Evol 16:330–343

Verhulst PF (1845) Recherches mathématiques sur la loi d'accroissement de la population. *Nouveaux Mémoires de l'Académie Royale des Sciences et Belles-Lettres de Bruxelles 18*

Weiler CS, Chisholm SW (1976) Phased cell division in natural populations of marine dinoflagellates from shipboard cultures. J Exp Mar Biol Ecol 25:239–247

Interaktionen 6

Inhaltsverzeichnis

Abkürzungsverzeichnis 220
6.1 Konkurrenz 221
    6.1.1 Typen von Konkurrenz 221
    6.1.2 Interferenzkonkurrenz 222
    6.1.3 Ressourcenkonkurrenz 225
    6.1.4 Konkurrenz unter variablen Bedingungen 239
    6.1.5 Evolutionäre Konsequenzen der Konkurrenz 243
6.2 Räuber-Beute-Beziehungen 246
    6.2.1 Allgemeine Muster 246
    6.2.2 Grazing, Herbivorie 250
    6.2.3 Räuber-Beute Beziehungen zwischen Tieren 259
    6.2.4 Parasitismus und Krankheit 267
6.3 Positive Interaktionen 270
    6.3.1 Kommensalismus und Ökosystem-Engineering 271
    6.3.2 Mutualismus 277
6.4 Komplexe Interaktionen 283
    6.4.1 Algen-Nährstoff-Konkurrenz–Grazing–Nährstoffrecycling 283
    6.4.2 Schlusssteinräuber 285
    6.4.3 Trophische Kaskaden 286
    6.4.4 Alternative Stabile Zustände 288
Glossar 292
Übungsaufgaben 294
Literatur 297

Abkürzungsverzeichnis

a Umrechnungsfaktor, der die Anzahl der produzierten Räuberindividuen mit der Menge der gefressenen Beute in Beziehung setzt
b Spezifische Geburtenrate
d Spezifische Sterberate
F Abundanz von Nahrungsorganismen (Beute)
p Prädatiosratw, Sterberate, die von einem Raubtierindividuum auf Beute verursacht wird
R^* Verfügbarkeit von Ressourcen, bei der das Bruttowachstum und Verluste im Gleichgewicht sind
r Nettowachstumsrate
λ Spezifische Verlustrate
μ Spezifische Bruttowachstumsrate

Zusammenfassung

Populationen leben nicht allein in ihrer unbelebten Umgebung. Sie leben zusammen mit anderen Populationen. Daher werden Populationen zu Teilen der Umwelt füreinander. Mit anderen Worten, sie interagieren miteinander. In diesem Kapitel konzentrieren wir uns auf paarweise Interaktionen oder Interaktionen mit wenigen Partnern, während das gesamte Netzwerk von Interaktionen innerhalb eines Lebensraums das Thema des folgenden Kapitels sein wird (Kap. 7).

Interaktionen zwischen Populationen können Vor- und Nachteile für die beteiligten Populationen haben. Die Klassifizierung von Interaktionen basiert auf der Verteilung von positiven und negativen Effekten. **Konkurrenz** ist eine beidseitig negative Interaktion, bei der beide Seiten sich gegenseitig benachteiligen. **Räuber-Beute-Beziehungen** sind einseitig positiv und einseitig negativ. Der Räuber profitiert von der Anwesenheit der Beute, während die Beute Verluste durch den Räuber erleidet.
Positive Interaktion wird unter dem Begriff **Facilitation** zusammengefasst, wenn mindestens ein Partner profitiert und kein Partner geschädigt wird. **Kommensalismus** ist eine einseitig positive Interaktion, bei der ein Partner dem anderen nutzt, ohne Gegenleistungen oder Schäden zu erhalten. **Mutualismus** ist eine beidseitig positive Interaktion, bei der beide Partner voneinander profitieren.

6.1 Konkurrenz

6.1.1 Typen von Konkurrenz

Interferenz vs. Ausbeutung Konkurrenz ist die negative Interaktion zwischen Populationen, die eine oder mehrere gemeinsame Ressourcen teilen. Ressourcen können Nährstoffe sein, wie Licht und Mineralstoffe für Phototrophe oder Nahrungsorganismen für Heterotrophe. Nicht-Nahrungsressourcen umfassen Substratoberflächen für die Ansiedlung, Räume für den Schutz und andere Komponenten der physischen Umgebung, die von Organismen besetzt werden können. **Ressourcen** müssen von anderen Wachstumsfaktoren, wie Temperatur oder Salinität, unterschieden werden. Das charakteristische Merkmal ist die Tatsache, dass Ressourcen von Organismen verbraucht werden. Verbrauchte Ressourcen stehen für den Konkurrenten nicht mehr zur Verfügung. Daher wird die Anwesenheit von Konkurrenten nachteilig, sobald die betreffende Ressource limitierend wird. Konkurrenz kann direkt durch eine Art von schädlicher Aktion gegen Konkurrenten ausgeübt werden, z. B. physischer Angriff oder Freisetzung von schädlichen Substanzen. Diese Art von Wettbewerb wird als **Interferenz-Konkurrenz** bezeichnet. Alternativ kann Konkurrenz indirekt über den negativen Effekt des Verbrauchs auf die Verfügbarkeit von Ressourcen ausgeübt werden. Ressourcen, die von einem Konkurrenten verbraucht werden, stehen dem anderen Konkurrenten nicht mehr zur Verfügung. Wenn es sich dabei um limitierende Ressourcen handelt, wird die reduzierte Verfügbarkeit die Brutto-Wachstums- oder Geburtenrate reduzieren. Diese Art von Wettbewerb wird als **exploitative Konkurrenz** oder **Ressourcenkonkurrenz** bezeichnet.

Diffuse, Nachbarschafts-Konkurrenz und gerichtete Konkurrenz Im Prinzip ist die Wirkung der Konkurrenz auf Populationsebene das kumulative Ergebnis der Handlungen von Individuen und ihrer Wirkung auf Individuen. Individuen sind aktiv in Störung und Ressourcenverbrauch und reagieren auf die Auswirkungen von Störung und Ressourcenverknappung durch reduzierte Fitness. Es hängt jedoch von der Raumnutzung einer Population ab, ob der Effekt eines Individuums auf ein anderes Individuum bemerkbar ist (Nachbarschaftskonkurrenz) oder ob nur der kumulative Effekt vieler Individuen auf viele andere Individuen bemerkt werden kann (diffuse Konkurrenz). **Diffuse Konkurrenz** wird idealerweise unter Plankton in einer gut durchmischten Wassersäule realisiert. Die Individuen haben keine permanenten Nachbarn und die lokale Verknappung von Ressourcen um ein Individuum wird durch turbulente Vermischung ausgeglichen. **Nachbarschaftskonkurrenz** wird idealerweise unter sessilen Organismen mit permanenten Nachbarn realisiert. Hier kann der Konkurrenzeffekt eines Individuums auf andere, benachbarte Individuen maximal sein, aber er erstreckt sich nur über eine begrenzte Distanz. **Gerichtete Konkurrenz** ist ein Sonderfall, bei dem nur ein Individuum oder eine Gruppe von Individuen andere beeinflussen kann, aber das Gegenteil ist nicht möglich. Dies ist der Fall in fließenden Gewässern oder anderen Systemen mit streng gerichteten Strömungen, wo Organismen stromaufwärts Auswirkungen auf Organismen stromabwärts haben können, aber nicht umgekehrt. Der **vertikale Gradient des Lichts** hat eine analoge Wirkung. In einer geschichteten Wassersäule kann Phytoplankton der oberen Schicht die Lichtverfügbarkeit für Phytoplankton darunter reduzieren, aber nicht umgekehrt. Die gleiche Art von einseitiger Beschattung geschieht, wenn Phytobenthos durch Phytoplankton beschattet wird.

6.1.2 Interferenzkonkurrenz

Allelopathie und Antibiose
Die Ausscheidung von chemischen Verbindungen, die Konkurrenten unterdrücken, wurde zunächst in der medizinischen Mikrobiologie entdeckt und als „Antibiose" bezeichnet. In der terrestrischen Pflanzenökologie wurde der chemische Krieg gegen Konkurrenten als „Allelopathie" bezeichnet. Sie tritt hauptsächlich im Boden auf. Dort werden die Konzentrationen von allelopathischen Verbindungen nicht schnell verdünnt und bleiben in der Nähe der ausscheidenden Wurzeln hoch genug, um gegen Konkurrenten wirksam zu sein. Die Wirksamkeit von Allelochemikalien in aquatischen Ökosystemen war Gegenstand lang andauernder Debatten, da angenommen wurde, dass turbulente Vermischung allelopathische Substanzen schnell verdünnen würde. Erstens wurde erwartet, dass die Verdünnung die Wirksamkeit auf den Zielorganismus reduziert. Zweitens wurde erwartet, dass die schnelle Ausbreitung von Allelochemikalien auch nicht ausscheidenden, aber resistenten Konkurrenten zugute kommt. Diese Konkurrenten würden von den Vorteilen der Allelochemikalien profitieren, ohne die Produktionskosten wie die ausscheidenden Individuen zu haben. Daher wurde die Allelopathie nicht als eine **evolutionär stabile Strategie** angesehen (Lewis 1986). Die Produktionskosten für die ausscheidenden Organismen sind jedoch nur vermutet, aber noch nicht abschließend bewiesen (Legrand et al. 2003). Dennoch wurde die Suche nach Beispielen fortgesetzt und neben vielen nicht schlüssigen Experimenten wurden eine Reihe überzeugender Beispiele für Allelopathie gefunden (Leflaive und Ten-Hage 2007).

Nicht schlüssige Studien sind solche, bei denen unter anderem reduzierte Wachstumsraten einer Zielart in Co-Kultur mit einer vermeintlich allelopathischen Art als ausreichender Beweis angesehen werden. Eine Wachstumshemmung könnte jedoch auch auf Ressourcenverknappung zurückzuführen sein. Der Nachweis von Allelopathie muss sicherstellen, dass die Reduzierung der Wachstumsraten der Zielart nicht durch die Erschöpfung begrenzter Ressourcen verursacht wird. Andere nachteilige Auswirkungen, z. B. mechanische Störungen, können ausgeschlossen werden, indem der vermeintliche Emittent, z. B. der „Red Tides" verursachende Dinoflagellat *Karenia brevis* in Abb. 6.1. mechanisch separiert werden.

Idealerweise sollte auch die Art der allelopathischen Substanz und ihre Produktion durch die vermeintlich emittierende Art identifiziert werden. Bisher wurden Alkaloide, zyklische Peptide, Terpene und flüchtige organische Verbindungen als von aquatischen Primärproduzenten emittierte allelopathische Substanzen identi-

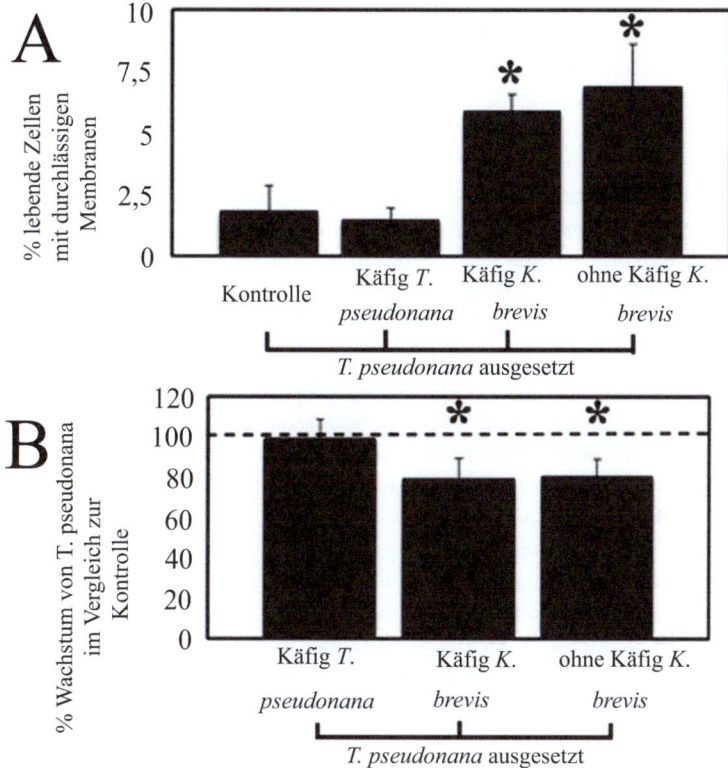

Abb. 6.1 Allelopathische Effekte des Dinoflagellaten *Karenia brevis* auf die Diatomee *Thalassiosira pseudonana*. *T. pseudonana* wurde zusammen mit *K. brevis* kultiviert, wobei entweder direkter Kontakt zwischen den Zellen erlaubt oder durch Einschließung von *K. brevis* in einem Käfig verhindert wurde. Die Auswirkungen der Einschließung wurden durch Co-Kultur mit *T. pseudonana* untersucht. (**a**) Die Allelopathie von *K. brevis* verringerte signifikant die Membranintegrität von *T. pseudonana* durch Permeabilisierung der Membranen, Stern markiert signifikante Effekte ($p < 0{,}05$). (**b**) Die Anwesenheit von *K. brevis*, eingeschlossen oder nicht, verringerte signifikant das Wachstum von *T. pseudonana*, während die Exposition gegenüber eingeschlossenen *T. pseudonana* im Vergleich zu verdünnten Medienkontrollen keinen Effekt hatte. (Quelle: Abb. 3 in Poulin et al. 2018, Open Access. Dies ist ein Open-Access-Artikel, der unter den Bedingungen der Creative Commons CC BY verteilt wird)

fiziert. Bekannte emittierende Arten im Plankton sind oft solche, die schädliche, von einer einzigen Art dominierte Blüten verursachen, wie Cyanobakterien in Süßwässern (von Elert und Jüttner 1996; Kearns und Hunter 2001) oder Red Tides verursachende Dinoflagellaten in Küstengewässern (Poulin et al. 2018).

Allelopathie scheint im Benthos häufiger zu sein, da der Verdünnungseffekt im Vergleich zum pelagischen Wasser viel schwächer ist. Es gibt gut dokumentierte Beispiele aus mikrobiellen Biofilmen und Cyanobakterienmatten (Gross et al. 1991; Gross 2003). Die Rosetten der Süßwassermakrophyte *Stratiotes aloides* sind in der Regel von einem „Halo" umgeben, der frei von fadenförmigen Algen ist, auch wenn der Sediment sonst vollständig von Algenmatten bedeckt ist. Es wurde gezeigt, dass Exsudate von *S. aloides* das Wachstum von Mikroalgen in vitro zu hemmen (Mulderij et al. 2006).

Zwischenartliche Aggression
Aggression gegen Individuen konkurrierender Arten wurde häufiger bei terrestrischen als bei aquatischen Organismen berichtet. Von 1040 Zitaten, die in der Web of Science gefunden wurden (25. Februar 2022, Thema „interspecifi aggression"), sind nur 135 von aquatischer Natur.

Hagelin und Bergman (2021) berichteten über eine Rangordnung der Aggression zwischen drei Salmoniden in Schweden: Äsche (*Thymallus thymallus*) > Bachforelle (*Salmo trutta*) > Atlantischer Lachs (*Salmo salar*). Die Ingestionsraten der Lachse wurden stark reduziert, wenn die beiden anderen Arten anwesend waren, während Äsche und Forelle von der Anwesenheit der Lachse nicht beeinflusst wurden. Die Äsche war leicht von der Forelle beeinflusst, hatte aber einen starken negativen Effekt auf die Forelle.

Beispiele für zwischenartliche Aggression sind oft mit **zwischenartlicher Territorialität** verbunden, d. h. mit der Verteidigung des eigenen Territoriums nicht nur gegen Artgenossen, sondern auch gegen heterospezifische Individuen, wie es für die Aggression des Bachstichlings *Culaea inconstans* gegen den Neunstachligen Stichling *Pungitius pungitius* gezeigt wurde (Peiman und Robinson 2007).

Zwischenartliche Aggression findet sich nicht nur bei beweglichen Tieren wie Fischen, sondern auch bei sessilen Tieren wie Korallen (Lang 1973). Wenn das Wachstum von Korallen zu Kontakten zwischen Polypen verschiedener Arten führt, verwenden die Polypen aggressiver Arten die extracoelenterische Verdauung, um die Polypen der weniger aggressiven Arten zu töten. Der Angreifer stülpt mesenteriale Filamente aus, die den Konkurrenten bedecken und dessen Gewebe durch die Ausscheidung von Enzymen auflösen.

Mechanische Störung
Überwachsen. Sessile benthische Organismen konkurrieren oft miteinander um Siedlungsraum. Dies kann zu Konkurrenz führen, selbst zwischen Arten mit unterschiedlicher trophischer Ebene, z. B. krustenbildenden Algen und sessilen Filtrierern (Bryozoen, Schwämme, Muscheln). Die dominante Position wird durch **Überwachsen** etabliert. Wenn eine Kolonie sessiler Organismen von anderen überwachsen wird, werden sie vom Licht, von Nährstoffen im Wasser und von in der Wasser schwebenden Nahrungspartikeln abgeschnitten.

Konkurrenz durch Überwachsen kann direkt beobachtet werden, wenn seitlich wachsende Kolonien miteinander in Berührung kommen. Der dominante Konkurrent überwächst den untergeordneten. Ein Wachstumsstopp beider Konkurrenten deutet auf gleiche Stärke hin. Konkurrenzhierarchien zwischen Arten sind oft recht invariant, können aber durch zusätzliche Umweltfaktoren modifiziert werden. Steneck et al. (1991) analysierten die Konkurrenzbeziehung zwischen den krustenbildenden Korallenalgen *Lithophyllum impressum* und *Pseudolithophyllum whidbeyense* in Gezeitentümpeln auf San Juan Island, Washington State, USA. Die dominante Position hing von der Gezeitenhöhe der Tümpel ab. Über 1 m war *L. impressum* der dominante Konkurrent, während unter 1 m *P. whidbeyense* der dominante Konkurrent war. In beiden Zonen hatte der Gewinner dickere Kolonien als der Verlierer. Die Koloniendicke wurde durch das Abweiden durch Napfschnecken modifiziert, die in der oberen Zone höhere Bissraten pro Flächeneinheit, aber eine geringere Eindringtiefe der Bisse hatten. *L. impressum* war resistenter gegen diese Art des Abweidens und konnte daher dickere Kolonien etablieren und in der oberen Zone der dominante Konkurrent werden.

Vanmari und Maneveldt (2019) fanden eine negative Korrelation zwischen Dominanz in der Überwuchskonkurrenz und seitlichen Wachstumsraten bei krustenbildenden Algen an einer südafrikanischen Küste. Die Koexistenz wird durch diesen negativen Trade-off aufrechterhalten. Die schnellwüchsigen Arten besetzen zuerst leere Räume, werden dann aber von den stärkeren Konkurrenten überwachsen.

Mechanische Schädigung. Eine andere Art der Störung wurde für die Interaktion zwischen *Daphnia* (Wasserflöhe) und Rädertieren (Rotifera) berichtet. Beide sind dominante Komponenten des herbivoren Seezooplanktons, die sich von Bakterien und kleinem Phytoplankton ernähren und somit einen breiten Überlappungsbereich an Nahrung haben, um die sie konkurrieren. Oft zeigen ihre Abundanzschwankungen umgekehrte zeitliche Muster. Neben der Ressourcenkonkurrenz gibt es auch eine Komponente der mechanischen Störung (Gilbert 1988). Große *Daphnia* (>1,2 mm) saugen kleine Rotiferen während des Fütterungsprozesses in die Filterkammer, wo sie verletzt werden und schließlich sterben. Große oder gepanzerte Rotiferen, z. B. *Keratella*, werden von *Daphnia* nicht beeinträchtigt und können mit *Daphnia* koexistieren.

6.1.3 Ressourcenkonkurrenz

Kompetitive Exklusion
Das Prinzip der kompetitiven Exklusion basiert auf Gause's (1934) bahnbrechenden Wettbewerbs Experimenten mit drei Arten des Süßwasserciliaten *Paramecium* spp., die mit der gemeinsamen Ressource Hefe gefüttert wurden (Abb. 6.2). Ein Viertel der Kultur wurde täglich durch eine frische Hefesuspension ersetzt, die auch Bakterien enthielt. Alle drei Arten konnten unter diesen Bedingungen in Monokultur existieren. In paarweise gemischten Kulturen konnten *P. caudatum* und *P. bursaria* koexistieren, während *P. aurelia P. caudatum* ausschloss. Es stellte sich heraus, dass die Koexistenz des Paares *P. caudatum*–*P. bursaria* durch Nahrungsspezialisierung möglich war, *P. bursaria* ernährte sich hauptsächlich von Hefe, die auf den Boden gesunken war, und *P. caudatum* ernährte sich hauptsächlich von Bakterien, die in Suspension verblieben. *P. aurelia* und *P. caudatum* konnten nicht koexistieren, weil sie die gleiche Nahrungsressource teilten.

Die Experimente von Gause führten zur Formulierung des **Exklusionsprinzips**, das besagt, dass nur eine von mehreren Arten den Wettbewerb um die gleiche Res-

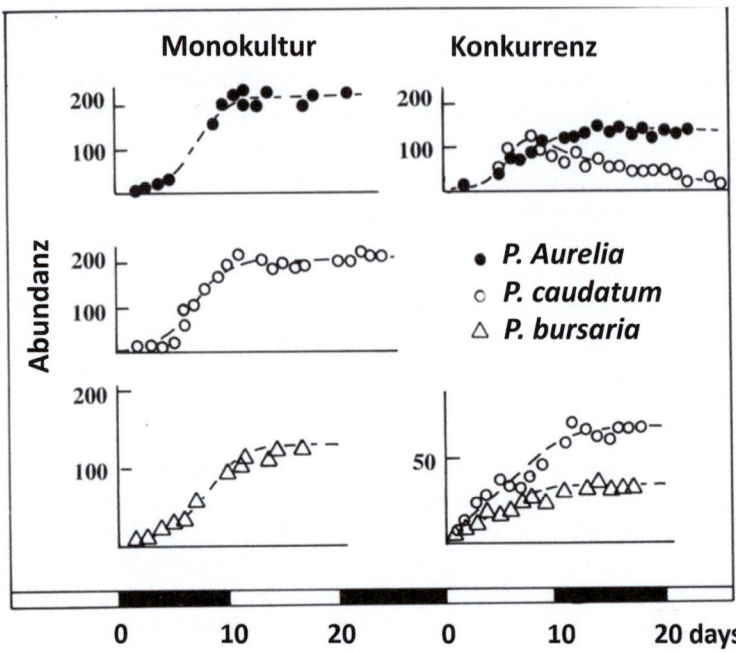

Abb. 6.2 Gause's (1934) Konkurrenzexperimente mit *Paramecium* spp. (Quelle: Abb. 8.1 in Sommer –1994c)

source unter konstanten Bedingungen überleben kann. Man muss auf die Klausel „unter konstanten Bedingungen" achten. Wenn sich die Bedingungen ändern (externe physische Bedingungen, Nahrungsverfügbarkeit, …) kann die Wettbewerbsdominanz umgekehrt werden und Verlierer können unter dem neuen Satz von Umweltfaktoren zu Gewinnern werden.

Der scheinbare Widerspruch zwischen dem Ausschlussprinzip und der Vielzahl von koexistierenden Arten hat zu lebhaften Debatten in der Forschungsgemeinschaft geführt (Hutchinson 1959) und zu mehreren Jahrzehnten fruchtbarer experimenteller Wettbewerbsforschung geführt. Es wurde eine Kernfrage in der Gemeinschaftsökologie, wie die Vielfalt der Pflanzen- und Tierarten trotz des Exklusionsprinzips aufrechterhalten werden kann. Das Problem war am offensichtlichsten bei Phytoplankton, wo viele Arten in einer gut durchmischten Umgebung mit wenig Raum für räumliche Segregation und nur einer Handvoll potenziell begrenzender Ressourcen (Licht, N, P, Si, mehrere Spurenelemente) koexistieren. Dieser scheinbare Widerspruch wurde als **„Paradoxon des Planktons"** bezeichnet (Hutchinson 1961).

Gleichgewichts- und Ungleichgewichtsmechanismen des Zusammenlebens
Die Lösung des Paradoxons von Hutchinson wurde zu einer großen Herausforderung in der Gemeinschaftsökologie. Die Versuche, das Paradoxon des Plank-

tons zu lösen, fallen im Grunde in zwei Kategorien, „Gleichgewichts-" und „Ungleichgewichts-" Ansätze. Die ersteren (Tilman 1981) versuchen, Erklärungen für Koexistenz unter konstanten Bedingungen in einer chemostat-ähnlichen (Kasten 4.3) Umgebung zu finden, während die letzteren die zeitliche und räumliche Variabilität der Umwelt betonen, die zu Umkehrungen in der Wettbewerbsdominanz zwischen den Arten führt (Richerson et al. 1970).

Beide Arten von Koexistenzmechanismen erfordern „Trade-offs", d. h. Koexistenz ist nicht möglich, wenn eine der Arten der stärkste Wettbewerber für alle geteilten Ressourcen unter allen Umständen ist („superkonkurrenzfähige Arten" sensu Tilman 1981).

Im Folgenden werden zwei Konkurrenztheorien vorgestellt, die auf verschiedenen Arten von Trade-offs basieren. Tilman's (1982) Theorie basiert auf Unterschieden in den Wettbewerbsfähigkeiten für verschiedene Ressourcen, während Keddy's Theorie auf einer Spezialisierung zwischen der Fähigkeit zu konkurrieren und der Fähigkeit, Stress oder Störungen standzuhalten, basiert (Keddy 1989).

Tilmans Konkurrenzstheorie: Ressourcenverhältnisse sind wichtig
Arten könnten koexistieren, wenn sie die gleichen Ressourcen benötigen, aber durch unterschiedliche Ressourcen begrenzt sind. Dieser Bereich der Koexistenz wird durch Verhältnisse in der Verfügbarkeit dieser Ressourcen abgegrenzt. Tilman (1977) demonstrierte die Koexistenz von zwei Süßwasserdiatomeen (*Cyclotella meneghiniana* und *Asterionella formosa*) bei Si:P Molverhältnissen von 6:1 bis 90:1. In diesem Bereich der Ressourcenverhältnisse war *A. formosa* Si-begrenzt und *C. meneghiniana* P-begrenzt. Bei Si:P-Verhältnissen <6:1 waren beide Si-begrenzt und *C. meneghiniana* schloss *A. formosa* aus. Bei Si:P-Verhältnissen >90:1 waren beide P-begrenzt und *A. formosa* schloss *C. meneghiniana* aus. Das Ergebnis dieser Experimente konnte aus Einzelarten-Nährstofflimitationsparametern vorhergesagt werden (Abschn. 4.2.2, Gln. 4.8, 4.9, und 4.10). Die Erstellung solcher Vorhersagen ist der Kern von Tilmans (1982) mechanistischer Theorie der Ressourcenkonkurrenz, die in Kasten 6.1 detaillierter dargestellt ist. Obwohl Kasten 6.1 nur die Grundlagen von Tilmans Theorie enthält, ist sie für ein allgemeines, einführendes Lehrbuch recht komplex. Daher werden die Hauptergebnisse im Haupttext nach der Box wiederholt.

Kasten 6.1: Ableitungen von Tilmans mechanistischer Theorie ders Ressourcenkonkurrenz

Grundannahmen
In seiner ursprünglichen Form ist Tilmans (1981) Modell für diffuse Konkurrenz konzipiert und ermöglicht eine grafische Ableitung des endgültigen Ausgangs des Wettbewerbs zwischen Arten mit definierten Eigenschaften der Ressourcennutzung und Umwandlung in Populationswachstum. Die

Theorie basiert auf dem Konzept des stationären Zustands wie in der Chemostatkultur (Kasten 4.3). Während die Vorhersage des endgültigen Ausgangs im Konkurrenzgleichgewicht analytisch und aus Diagrammen abgeleitet werden kann, können Vorhersagen der zeitlichen Verläufe vor dem Gleichgewicht nur durch numerische Simulation gemacht werden. Ursprünglich wurde Plankton als Modellsystem zur Entwicklung und Prüfung der Theorie verwendet. Eine spätere Erweiterung auf sessile Pflanzen (Tilman 1988) geht über den Rahmen dieses Buches hinaus.

Ein Art–Ein Ressourcen-Gleichgewicht

Wenn eine Population unter konstanten Umweltbedingungen wächst und eine konstante Verlustrate erleidet (wie die Verdünnungsrate in einem Chemostat), wird sie mit einer Nettowachstumsrate wachsen, die der Differenz zwischen der nährstoffbegrenzten Bruttowachstumsrate und der Verlustrate entspricht ($r = \mu - \lambda$). Die Population wird wachsen, solange $r > 0$ ist. Die zunehmende Größe der Population führt zu einem steigenden Verbrauch der begrenzenden Ressource, bis sie auf das Niveau R^* sinkt, bei dem $r = 0$ ist.

Mehrere Arten–Eine Ressource

Wenn mehrere Arten um dieselbe Ressource konkurrieren, wird die Art mit dem niedrigsten Wert für R^* die dominante Art (Abb. 6.3). Stellen Sie sich vor, dass Art C ihr Gleichgewicht mit Ressource R erreicht hat, d. h. ihren Level auf R_C^* reduziert hat. Wenn der R^*-Wert der Art B niedriger ist als der der Art C ($R_B^* < R_C^*$), kann sogar eine kleine Anzahl von Eindringlingen der Art B wachsen und eine Population etablieren. Der Ressourcenverbrauch, der dieses Populationswachstum antreibt, verringert die Ressourcenverfügbarkeit unterhalb des Gleichgewichtsniveaus der Art C. Als Konsequenz wird die Nettowachstumsrate der Art C negativ und C wird in einem exponentiellen Abnahmeprozess ausgeschlossen (Abschn. 5.3.1, Abb. 5.2). Das bedeutet, dass Art B in ein etabliertes Gleichgewicht der Art C eindringen kann. Umgekehrt ist dies jedoch nicht möglich, da Art C nur eine negative Nettowachstumsrate bei R_B^* erreichen kann.

In Abb. 6.2 gibt es eine dritte Art (A) mit einem noch niedrigeren R^*-Wert. Sie wird nicht nur C, sondern auch B ausschließen.

Daraus folgt, dass Arten stärkere Konkurrenten sind, wenn sie eine geringere Ressourcenanforderung haben, um eine Bruttowachstumsrate im Gleichgewicht mit den Verlusten zu erreichen, d. h. die weniger anspruchsvolle Art ist die wettbewerbsfähigere.

Eine Art – Zwei Ressourcen

Um die Vorhersagen für den Wettbewerb um mehrere Ressourcen abzuleiten, müssen wir ein zweidimensionales Diagramm erstellen, in dem die Ressourcen $R1$ und $R2$ die x- und y-Achse bilden (Abb. 6.4a). Jeder Punkt in diesem Diagramm repräsentiert die kombinierten Konzentrationen beider Ressourcen. Die anfängliche Verfügbarkeit beider Ressourcen, d. h. ihre

Konzentration, bevor irgendetwas von einem der Konkurrenten verbraucht wurde, wird als **Ressourcenversorgungspunkt** bezeichnet.

Die Wachstumsraten einer Art können durch Wachstumsisoklinen ausgedrückt werden, d. h. Linien, die aus Punkten gleicher Wachstumsraten bestehen. Im Falle von nicht-interaktiven, essentiellen Ressourcen (nach dem Liebig'schen Prinzip, Abschn. 4.2.2) bilden diese Wachstumsisoklinen rechte Winkel. Im Falle von Wechselwirkungen zwischen essentiellen Ressourcen wäre die Ecke der Isoklinen abgerundet. Zur Vereinfachung werden nur Ressourcen nach dem Liebig'schen Prinzip gezeigt, aber die Prinzipien bleiben für interaktive Ressourcen gleich. Für die Vorhersage der Wettbewerbsdominanz wird nur eine der Wachstumsisoklinen benötigt, die **Null-Netto-Wachstumsisokline (ZNGI)**. Die ZNGI wird von den Punkten gebildet, an denen die Bruttowachstumsrate der Verlustrate entspricht. Die Position der Ecke der ZNGI wird durch die R^*-Werte für beide Ressourcen definiert. Die Netto-Wachstumsraten sind in der Region zwischen der ZNGI und den Achsen negativ. In der Region außerhalb der ZNGI sind die Netto-Wachstumsraten positiv. Eine diagonale Linie mit der Steigung des **optimalen Verhältnisses** teilt das Feld in eine Zone der $R1$-Begrenzung und eine Zone der $R2$-Begrenzung.

Die Erschöpfung der Ressourcen durch eine wachsende Population wird durch den **Verbrauchsvektor** beschrieben. Seine Steigung wird durch das **optimale Verhältnis** definiert, d. h. das Übergangsverhältnis zwischen der Limitation durch $R1$ und $R2$. Die Steigung des Verbrauchsvektors kann gefunden werden, indem man die Ecke der ZNGI mit dem Ursprung verbindet. Der zweite für unsere Analyse benötigte Vektor ist der **Versorgungsvektor**. Er zeigt von jedem Punkt des Diagramms zum Versorgungspunkt. Der **Gleichgewichtspunkt einer Art–zwei Ressourcen** ist der Punkt auf der ZNGI, an dem der Verbrauchsvektor und der Versorgungsvektor einen 180° Winkel bilden (Abb. 6.3a). Er definiert die Gleichgewichtskonzentrationen von $R1$ und $R2$, bei denen eine Art eine Null-Netto-Wachstumsrate hat. Für die limitierende einer der beiden Ressourcen entspricht diese Konzentration R^*.

Zwei Arten–Zwei Ressourcen

Abb. 6.4b veranschaulicht den einfachen Fall. A ist der stärkere Konkurrent für beide Ressourcen und B der schwächere Konkurrent für beide Ressourcen ($R1_A^* < R1_B^*$ und $R2_A^* < R2_B^*$). Die ZNGIs beider Arten schneiden sich nicht und der Gleichgewichtspunkt für die Art B liegt in einer Region, in der A noch wachsen und beide Ressourcen weiter abbauen kann. B wird ausgeschlossen. Um es allgemeiner auszudrücken: Eine Art wird ausgeschlossen, wenn der Gleichgewichtspunkt des Konkurrenten in einer Region liegt, in der sie keine positiven Netto-Wachstumsraten erreichen kann.

Abb. 6.4c, d zeigt den Fall sich überschneidender ZNGIs, d. h. eine umgekehrte Rangfolge beider Arten in den Wettbewerbsfähigkeiten für beide

Ressourcen ($R1_A^* < R1_B^*$ und $R2_A^* < R2_B^*$). **Koexistenz** (Abb. 6.4c) ist möglich, wenn der Versorgungspunkt in der durch den Schnittpunkt der ZNGIs und zwei Linien mit den Steigungen der optimalen Verhältnisse beider Arten begrenzten Dreieckszone liegt. Die Gleichgewichtspunkte beider Arten liegen in einer Zone, in der die andere Art noch positive Nettowachstumsraten erreichen kann. Wenn eine der beiden Arten früher mit dem Wachstum begonnen hat, kann die spätere Art in das von der frühen Art etablierte Gleichgewicht eindringen. Wenn beide Arten ihr Gleichgewicht erreichen, liegen die kombinierten Konzentrationen beider Ressourcen am **Gleichgewichtspunkt beider Arten**, d. h. am Schnittpunkt der ZNGIs. Zusammenfassend hängt die Möglichkeit der Koexistenz im Gleichgewicht von der gegenseitigen Fähigkeit ab, in das Gleichgewicht des anderen einzudringen. Die relative Häufigkeit beider Arten hängt von der Lage des Versorgungspunktes ab. Je näher er am optimalen Verhältnis der Art A liegt, desto höher ist die relative Häufigkeit der Art A. Höhere Ressourcenniveaus bei unveränderten Verhältnissen ändern nicht das taxonomische Ergebnis des Wettbewerbs, sondern nur die gemeinsame Häufigkeit beider Arten.

Abb. 6.4d zeigt **Ausschluss** im Fall sich überschneidender ZNGIs. Das $R1:R2$-Verhältnis ist so hoch, dass beide Arten $R2$-begrenzt sind – Art B hat ihren Gleichgewichtspunkt zwischen der ZNGI der Art A und der x-Achse, d. h. außerhalb der Überlebenszone von A. Sie kann daher Ressource 2 auf ein Niveau reduzieren, bei dem Art A kein Netto-Wachstum erreichen kann.

Um genau zu sein, muss man beachten, dass die Abgrenzungslinien der Koexistenzzonen nicht genau konstante optimale Verhältnisse darstellen, da sie nicht am Ursprung beginnen. Wenn jedoch die Ressourcenkonzentrationen im Gleichgewicht viel niedriger sind als die Ressourcenkonzentrationen am Versorgungspunkt, ist „optimales Verhältnis" eine akzeptable Annäherung.

Mehrere Arten – Zwei Ressourcen

Mehrere Arten können ein Gradienten von $R1:R2$-Verhältnissen aufteilen, wenn ihre Wettbewerbsfähigkeiten für die beiden Ressourcen umgekehrt angeordnet sind. Im Fall der vier Arten in Abb. 6.4e, f bedeutet dies $R1_A^* < R1_B^* < R1_C^* < R1_D^*$ und $R2_D^* < R2_C^* < R2_B^* < R2_A^*$. Abb. 6.2e zeigt die Lage der ZNGIs der 4 Arten und der Zonen von Koexistenz und Dominanz. A und B haben einen gemeinsamen Gleichgewichtspunkt, an dem weder C noch D positive Nettowachstumsraten erreichen können, B und C haben einen gemeinsamen Gleichgewichtspunkt, an dem weder A noch B positive Nettowachstumsraten erreichen können, und C und D haben einen gemeinsamen Gleichgewichtspunkt, an dem weder A noch B positive Nettowachstumsraten erreichen können. Theoretisch können unendlich viele Arten entlang eines **Gradienten von Ressourcenverhältnissen** bestehen. Bei einem einzigen, festen Verhältnis (Ressourcenverhältnis des Versorgungspunktes) können jedoch maximal zwei Arten koexistieren. Die koexistierenden Arten sind „Nachbarn" in Bezug auf ihre optimalen Verhältnisse. Abb. 6.4f zeigt die relativen Häufigkeiten der vier Arten entlang eines Gradienten des $R1{:}R2$-Verhältnisses.

Austauschbare Ressourcen

Das Zwei-Ressourcen-Modell in Abb. 6.4 wurde für essentielle, d. h. nicht austauschbare Ressourcen entwickelt, wie verschiedene Nährstoffelemente (N, P, Si, ...) und Licht. Verschiedene Ionen, die dasselbe Nährstoffelement enthalten, z. B. NO_3^+ und NH_4^-, können einander jedoch als Stickstoffquellen ersetzen. Ebenso können verschiedene Nahrungsorganismen einander als Nahrung für Tiere ersetzen, da Futterorganismen „Paketressourcen" sind, die Energie, Kohlenstoff, Mineralstoffe, Proteine, Lipide, Kohlenhydrate usw. liefern. In einem Zwei-Ressourcen-Modell für austauschbare Ressourcen wird die ZNGI zu einer schrägen Linie, die die R^*-Werte für beide Ressourcen verbindet. Wenn verschiedene Arten unterschiedliche Vorlieben haben, ändert sich die Steigung der ZNGI und Vorhersagen für das Ergebnis des Wettbewerbs können auf die gleiche Weise wie für nicht austauschbare Ressourcen abgeleitet werden (Tilman 1982).

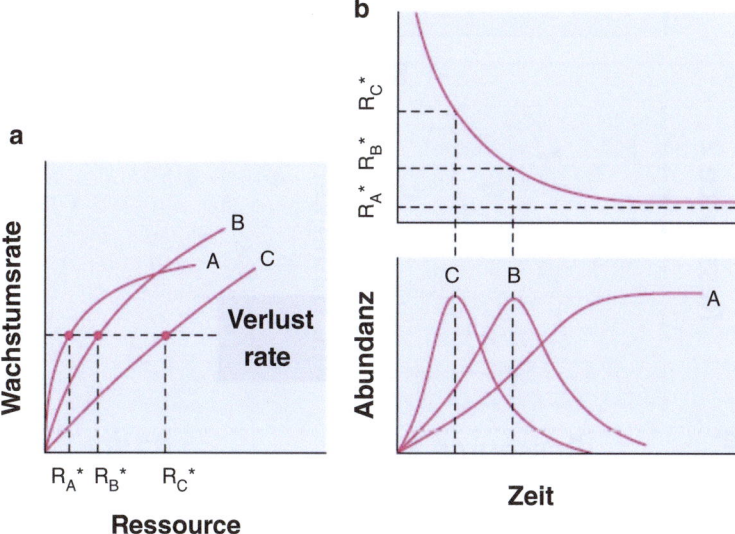

Abb. 6.3 Drei Arten (A, B, C) konkurrieren um eine Ressource und haben die gleiche Verlustrate. (**a**) Ableitung der Gleichgewichtspunkte der drei Arten (R_A^*, R_B^*, R_C^*) aus den Wachstumsrate-Ressourcenkonzentrationskurven und der Verlustrate. (**b**) Zeitliche Dynamik in einer Kultur, die von kleinen Populationen der drei Arten gestartet wird. (**b, oben**) Zeitliche Veränderung der Ressourcenkonzentration, die sich R_A^* asymptotisch nähert. (**b, unten**) Zeitliche Veränderung der Artenhäufigkeiten, C startet zuerst wegen der höchsten maximalen Wachstumsrate, A bleibt bestehen und schließt die anderen aus wegen des niedrigsten R^*-Wertes. (Quelle: Abb. 6.27 in Sommer 2005)

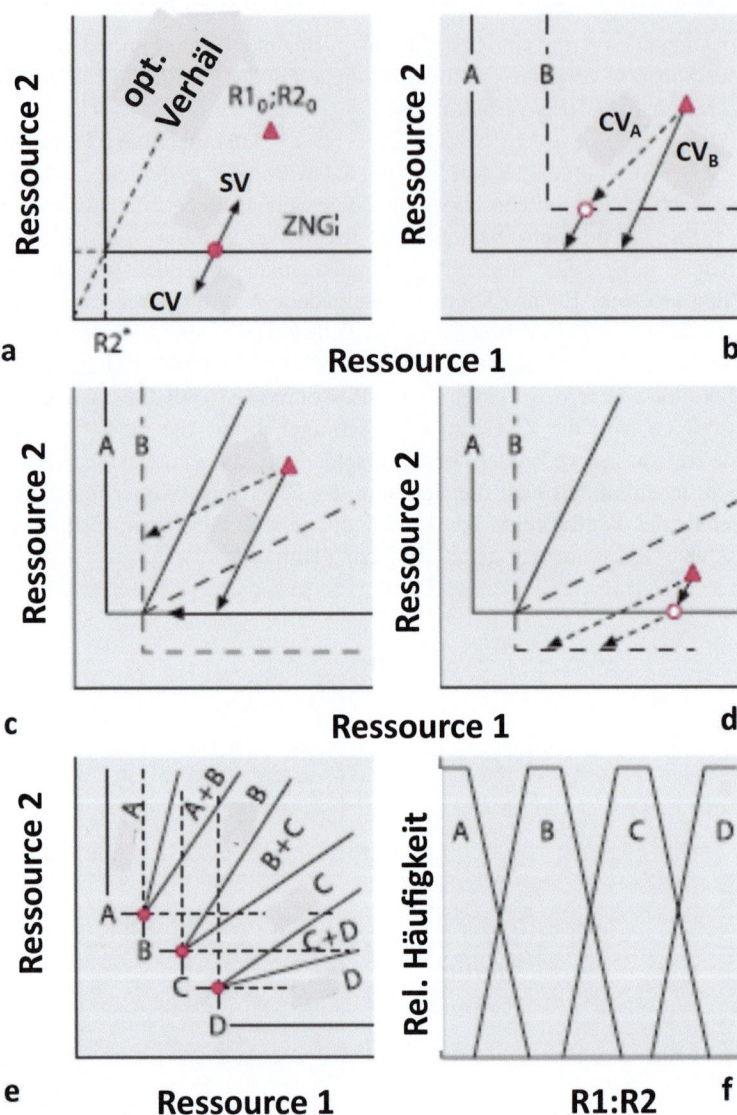

Abb. 6.4 Wettbewerb um zwei Ressourcen. (**a**) Vorhersage des 1-Arten-2-Ressourcen-Gleichgewichtspunkts (gefüllter Kreis) basierend auf der ZNGI, dem Versorgungspunkt (gefülltes Dreieck), dem Versorgungsvektor (SV) und dem Verbrauchsvektor (CV). (**b**) Konkurrenz der Arten A und B mit nicht überschneidenden ZNGIs, der Gleichgewichtspunkt der Art A (offener Kreis) ist instabil, weil B das Gleichgewicht stören kann. (**c**) Wettbewerb von zwei Arten mit sich überschneidenden ZNGIs, beide Arten können koexistieren, wenn der Versorgungspunkt zwischen den optimalen Verhältnissen liegt. (**d**) Wettbewerb von zwei Arten mit sich überschneidenden ZNGIs, Art B gewinnt, weil der Gleichgewichtspunkt der Art A instabil ist. (**e**) Vier Arten teilen sich ein Gradient von $R1:R2$ Verhältnissen, Lage der ZNGIs und Zonen der Koexistenz und Dominanz. (**f**) Vier Arten teilen sich ein Gradient von $R1:R2$ Verhältnissen, relative Häufigkeit im Gleichgewicht. (Quelle: Abb. 6.28 in Sommer 2005, konstruiert nach Tilman 1982)

Die **Haupterkenntnisse der Theorie von Tilman** sind:

- Die kompetitive Überlegenheit für eine Ressource wird durch einen geringeren Bedarf dieser Ressource definiert, der benötigt wird, um eine Null-Netto-Wachstumsrate (Gleichgewichtspunkt, $R*$) aufrechtzuerhalten
- Arten mit einem niedrigeren $R*$-Wert für eine begrenzende Ressource werden schließlich Arten mit einem höheren Wert ausschließen, selbst wenn sie mit einer geringen Häufigkeit beginnen und selbst wenn der unterlegene Konkurrent bereits sein Gleichgewicht etabliert hat
- Zwei Arten, die die gleichen Ressourcen benötigen, können im Gleichgewicht koexistieren, wenn sie in Bezug auf die Konkurrenzstärke für zwei Ressourcen umgekehrt eingestuft sind und wenn die Verhältnisse der Ressourcenversorgung innerhalb des Bereichs liegen, in dem jede Art durch eine andere Ressource begrenzt ist, d. h. das Versorgungsverhältnis muss zwischen den optimalen Verhältnissen beider Arten liegen
- Viele Arten können entlang eines Gradienten von Ressourcenverhältnissen koexistieren, wenn ihre Wettbewerbsstärken für die beiden Ressourcen umgekehrt eingestuft sind
- Bei einem einzigen Verhältnis von zwei begrenzenden Ressourcen können maximal zwei Arten koexistieren
- Das taxonomische Ergebnis ders Konkurrenz und die relative Häufigkeit der bestehenden Arten hängen von den Ressourcenverhältnissen ab

Taxonomische Auswirkungen von Ressourcenverhältnissen Experimente, die darauf abzielen, die Konkurrenztheorie von Tilman zu testen, wurden zunächst als Konzeptnachweis-Experimente konzipiert, wie das Experiment mit *A. formosa* und *C. meneghiniana*, das bereits oben erwähnt wurde (Tilman 1977) und ein Experiment, das die Invasion eines bereits etablierten Gleichgewichts der Diatomee *Tabellaria flocculosa* durch die wettbewerbsüberlegene Diatomee *Fragilaria crotonensis* zeigt (Tilman und Sterner 1984). Wie von der Theorie vorhergesagt, war die umgekehrte Invasion nicht möglich. Ein Chemostat-Experiment, das die Koexistenz von zwei Rotatorienarten (*Brachionus* spp.) zeigt, die mit einer mittleren Mischung von zwei unterschiedlich großen Nahrungsalgen gefüttert wurden, lieferte einen Konzeptnachweis für austauschbare Ressourcen von Tieren (Rothhaupt 1988).

In den folgenden Jahren wurden für solche Konkurrenzexperimente eine zunehmende Anzahl von Arten aus Stammkulturen oder sogar natürlichen Phytoplankton aus Süß- und Meerwasser verwendet (für eine Zusammenfassung siehe Tab. 4.1 in Sommer 2002). Die Experimente bestätigten nicht nur die grundlegenden Vorhersagen der Theorie, wie die Rolle der Ressourcenverhältnisse, sie zeigten auch eine gute Replikation auf der Arten- oder Gattungsebene, unabhängig vom geographischen Ursprung der Versuchsorganismen. Sie zeigten auch einige konsistente taxonomische Trends.

- **Si:P Verhältnisse und Diatomeen**. Süßwasserdiatomeen neigen dazu, alle anderen Algengruppen zu verdrängen, wenn die Si:P-Verhältnisse ausreichend hoch sind, um eine Si-Begrenzung der Diatomeen zu verhindern (Sommer 1983, 1996a; Tilman et al. 1986). Innerhalb der Diatomeen gibt es eine wiederholbare Sequenz von Arten, die den Si:P-Gradienten teilen, wie in Abb. 6.4e, f gezeigt. Nadelförmige Diatomeen (z. B., *Synedra* sp.) neigen dazu, das höchste optimale Si:P-Verhältnis zu haben (Tilman 1981).
- **Si:N Verhältnisse und Diatomeen**. Ein paralleler Trend wurde für marine Diatomeen und Si:N-Verhältnisse gefunden (Sommer 1994a, b). Abb. 6.5 zeigt ein

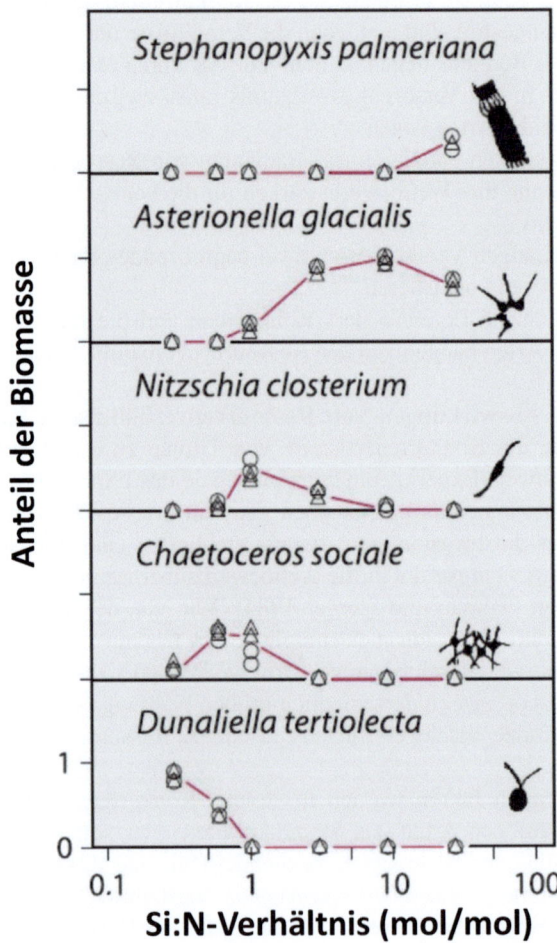

Abb. 6.5 Taxonomisches Ergebnis des Wettbewerbs von Nordsee-Phytoplanktonarten bei verschiedenen Si:N-Verhältnissen, N wurde entweder als Ammonium (Dreiecke) oder Nitrat (Kreise) angeboten, *Dunaliella* ist eine Grünalge, die anderen Arten sind Diatomeen. (Quelle: Abb. 6.28 in Sommer 2005, nach Daten in Sommer 1996a)

Beispiel mit Nordsee-Phytoplankton. Bei den niedrigsten und zweitniedrigsten Si:N-Verhältnissen dominierten oder ko-dominierten die begeißelten Grünalgen *Dunaliella tertiolecta*, während bei höheren Verhältnissen eine Sequenz verschiedener Diatomeenarten einander ersetzte. Die Bereitstellung von Nitrat oder Ammonium als N-Quelle hatte keinen großen Einfluss auf das taxonomische Ergebnis des Wettbewerbs.

- **N:P Verhältnisse und Grünalgen vs. Cyanobakterien.** Wenn Diatomeen aufgrund niedriger Si-Konzentrationen ausgeschlossen sind, neigen Süßwasser-Grünalgen dazu, bei hohem N:P-Verhältnis zu dominieren und Cyanobakterien bei niedrigen (Tilman et al. 1986). Stickstofffixierende Cyanobakterien können sogar unabhängig von Nitrat oder Ammonium sein, wodurch der R^*-Wert für gebundene N-Quellen theoretisch null ist.
- **Bakterien-Phytoplankton-Wettbewerb.** Kohlenstoff-heterotrophe Bakterien sind oft autotroph in Bezug auf Phosphat. Die meisten Phytoplanktonarten sind im Vergleich zu Bakterien unterlegene Konkurrenten um P (Bratbak und Thingstad 1985). Allerdings werden Algen in Konkurrenzexperimenten nicht ausgeschlossen, da die Bakterien auf verwertbaren DOC angewiesen sind, der vom Phytoplankton ausgeschieden wird und normalerweise C-limitiert sind. Wenn niedermolekularer DOC zum Medium hinzugefügt wird, könnte sich das C:P-Versorgungsverhältnis so ändern, dass auch Bakterien P-limitiert sind und Algen verdrängen können. Unter natürlichen Bedingungen erhöht auch die Prädation von heterotrophen und mixotrophen Protisten auf Bakterien oft deren Verlustrate über die Verlustrate des Phytoplanktons hinaus und erhöht damit das P^* der Bakterien.
- **Mikrophytobenthos.** Ein Konkurrenzexperiment mit Mikrophytobenthos aus der Ostsee zeigte im Wesentlichen die gleichen Trends wie Phytoplanktonexperimente (Sommer 1996b). Die Dominanz der Diatomeen nahm mit den Si:N- und Si:P-Verhältnissen zu, unter den nicht-silifizierten Algen nahmen die Grünalgen mit den N:P-Verhältnissen zu und die Cyanobakterien ab (Abb. 6.6).

Keddys Konkurrenztheorie: Konkurrenz vs. Stress- und Störungstoleranz

Keddys (1989) Theorie wurde ursprünglich für terrestrische und Feuchtlandpflanzen entwickelt, d. h. für sessile Organismen, bei denen der Wettbewerb von Natur aus ein Nachbarschaftswettbewerb ist. Sie stimmt gut mit der traditionellen Erklärung der **Makroalgen Zonierung** im Litoral überein. Für alle Algen wäre der oberste Teil des Sublitorals die bevorzugte Zone, da es dort weder Austrocknungsstress und nur geringen Lichtstress gibt. Diese Zone wird von den stärksten Konkurrenten besetzt, während schwächere Konkurrenten in weniger günstige Zonen verdrängt werden. Im Eulitoral nimmt die Austrocknungstoleranz in Richtung der höheren Zonen zu und im Sublitoral nimmt die Schattentoleranz in Richtung der tieferen Zonen zu. Die Konkurrenzintensität nimmt in beide Richtungen von der günstigsten Zone aus ab.

Dieses vermutete Muster der treibenden Faktoren für die Litoralzonierung stimmt mit dem Konzept der **zentrifugalen Organisation von Pflanzengemeinschaften** (Keddy 1990) überein. Dieses Konzept postuliert, dass Pflanzengemein-

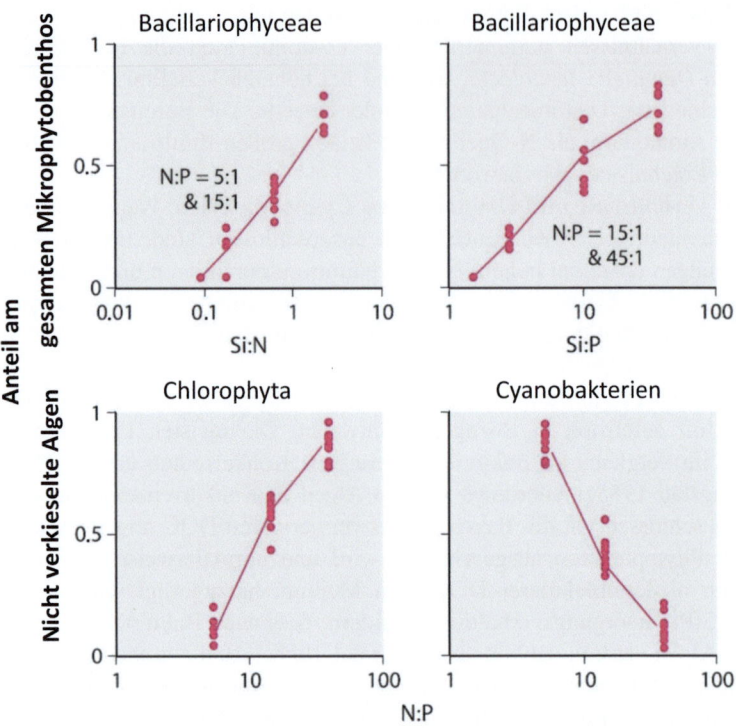

Abb. 6.6 Taxonomische Zusammensetzung der Mikrophytobenthos-Biomasse in einem Konkurrenzexperiment mit Ostseealgen. **Oben links** Beitrag der Diatomeen zur Gesamtbiomasse in Reaktion auf SI:N-Verhältnisse bei niedrigen und ausgeglichenen N:P-Verhältnissen, **oben rechts** Beitrag der Diatomeen zur Gesamtbiomasse in Reaktion auf SI:P-Verhältnisse bei niedrigen und ausgeglichenen N:P-Verhältnissen, **unten links** Beitrag der Grünalgen zur Biomasse der nicht-silizifizierten Algen in Reaktion auf N:P-Verhältnisse, **unten rechts** Beitrag der Cyanobakterien zur Biomasse der nicht-silizifizierten Algen in Reaktion auf N:P-Verhältnisse. (Quelle: Abb. 7.23 in Sommer 2005)

schaften ein Zentrum haben, in dem die Wachstums- und Überlebensbedingungen optimal sind und Gradienten vom Zentrum weg, wo entweder Stress oder Störungen zunehmen. **Stress** Faktoren sind chronische Faktoren, die zu reduzierten Wachstumsraten führen, wie Austrocknung, Schatten, Mangel an Nährstoffen, etc. **Störungen** sind episodische Ereignisse, die Biomasse zerstören, wie Eisabrieb, schwere Stürme, Erdrutsche, Feuer, etc. Entlang dieser Gradienten gibt es eine Abfolge von zunehmend stress- oder störungstoleranteren Arten, die gleichzeitig zunehmend schwächere Wettbewerber sind. Die Annahmen, die diesem Konzept zugrunde liegen, sind:

- **Unveränderliche Konkurrenzhierarchien.** Es gibt keine Spezialisierung in der Wettbewerbsstärke für verschiedene Ressourcen. Wettbewerbsstärke wird mit hoher Produktivität und Wachstumsraten einer Pflanze gleichgesetzt, da

dies ein schnelles Wachstum in der Höhe und damit Beschattung anderer und Wurzelwachstum und damit Monopolisierung von Bodenressourcen (Wasser und gelöste Nährstoffe) ermöglicht.
- **Inverse Beziehung zwischen Konkurrenzstärke und Stress-/Störungstoleranz.** Daher werden Stress- oder Störungstoleratoren vom „Zentrum" ausgeschlossen.
- **Gemeinsames physiologisches Optimum.** Wenn sie ohne Konkurrenz wachsen, würden alle Arten einer Gemeinschaft unter den gleichen Umweltbedingungen am besten wachsen, d. h. im „Zentrum".

Experimenteller Test. Die traditionelle Erklärung der Litoralzonierung stimmte gut mit Keddys Theorie überein und war schon lange vor Keddys Veröffentlichungen allgemein anerkannt. In experimentellen Studien waren nur die zunehmende Austrocknungstoleranz nach oben im Eulitoral und die zunehmend geringeren Lichtanforderungen nach unten im Sublitoral gut dokumentiert (Abschn. 4.1.4, Abb. 4.4). Karez (1996; Karez und Chapman 1998) führte den ersten Test aller zentralen Annahmen mit Braunalgen im felsigen Intertidal von Helgoland, Nordsee, durch. Das Eulitoral dort hat drei von Makroalgen dominierte Zonen, die *Fucus spiralis* Zone auf der höchsten Ebene, die *F. vesiculosus* Zone in der Mitte und die *F. serratus* Zone in der niedrigen Intertidalzone. Die Vorlieben einzelner Arten wurden durch Wachstumsexperimente von Keimlingen und Adulten der drei Arten getestet, die in jede der drei Zonen verpflanzt wurden. Der Wettbewerb wurde durch deWit (1960) Verdrängungsserie zwischen den beiden Paaren von Nachbarn experimentell analysiert. Eine Verdrängungsserie besteht aus verschiedenen Mischungen der konkurrierenden Arten (Eingangsverhältnis), die mit den relativen Anteilen am Ende des Experiments (Ausgangsverhältnis) verglichen werden. Wenn eine Art ein Gewinner ist, wird ihr Ausgangsverhältnis bei allen anfänglichen Mischungen höher sein als ihr Eingangsverhältnis. Wenn Arten in der Lage sind, im Gleichgewicht zu koexistieren, hängt der Ausgang von den Gleichgewichtshäufigkeiten beider Arten ab. Arten, die seltener als ihre Gleichgewichtshäufigkeit sind, werden relative Häufigkeit gewinnen und die häufigeren Arten werden verlieren.

Das Experiment bestätigte Keddys Theorie nur teilweise (Abb. 6.7). Adulte hatten ihr physiologisches Optimum in der niedrigsten, der *F. serratus* Zone (Übereinstimmung mit der Hypothese), aber Keimlinge hatten es in ihrer eigenen Ursprungszone (Nichtübereinstimmung). Die dominante Art der mittleren Gezeitenzone *F. vesiculosus* war Sieger gegen die dominante Art der hohen Gezeitenzone *F. spiralis* (Übereinstimmung), aber auch gegen die dominante Art derniedrigen Gezeitenzone *F. serratus* (Nichtübereinstimmung).

Unterschiede zwischen Tilman und Keddy
Der Hauptunterschied liegt in der Antwort auf die Frage „Was macht einen starken Konkurrenten aus?". Offensichtlich wird die produktivste Art in der Lage sein, alle Ressourcen so schnell wie möglich zu monopolisieren, solange sie reichlich vorhanden sind. Dies ist die **Fähigkeit, Konkurrenz auszuüben**. Bei Mikroorganismen würde diese Fähigkeit durch die maximale Aufnahmerate (v_{max}, Gl. 4.8) ge-

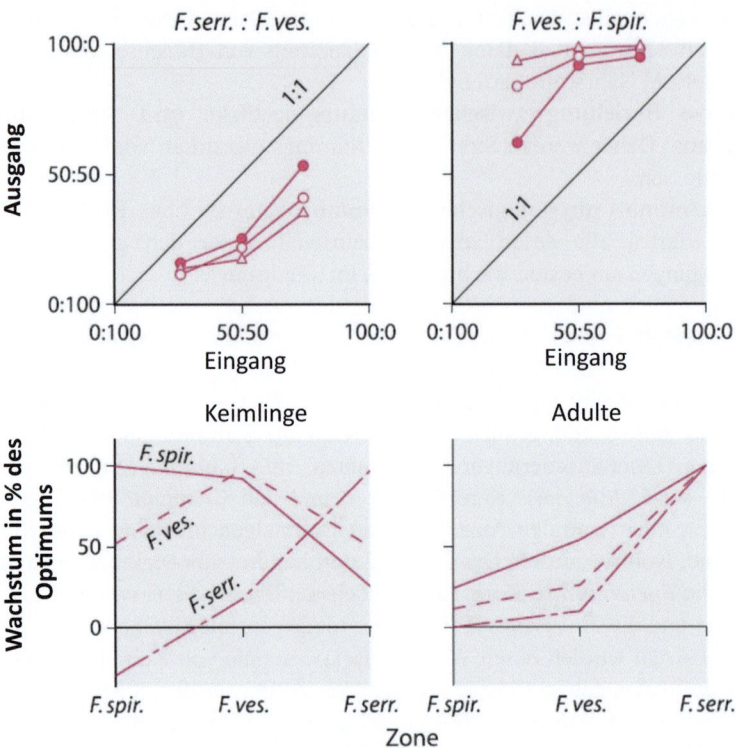

Abb. 6.7 Experimente zur Analyse der Zonierung von Braunalgen im felsigen Gezeitenbereich bei Helgoland, Nordsee. **Oben** Wettbewerbsexperimente nach der Verdrängungsseriee von deWit (1960), gestartet bei drei Dichten (volle Kreise: 1 cm^{-2}, offene Kreise: 5 cm^{-2}, Dreiecke 10 cm^{-2}), Darstellung von Ausgangs- gegen Eingaverhältnisse, *Fucus serratus* verliert gegen *F. vesiculosus*, *F. vesiculosus* gewinnt gegen *F. spiralis*. **Unten** Einzelarten-Wachstumsexperimente, Keimlinge gedeihen am besten in ihrer Ursprungszone, Adulte gedeihen am besten in der *F. serratus* Zone. (Quelle: Abb. 7.22 in Sommer 2005, nach Daten in Karez 1996; Karez und Chapman 1998)

messen. Sobald die Ressourcen jedoch erschöpft sind, wird es wichtiger, eine Population unter Ressourcenknappheit aufrechtzuerhalten, wie durch den R^*-Wert definiert. Ein niedriger R^* kann durch eine hohe Aufnahmeaffinität, einen geringen metabolischen Bedarf und eine Minimierung von Verlusten oder eine Kombination dieser Merkmale gefördert werden. Eine Population, die noch unter Ressourcenknappheit wachsen kann, wird schließlich so groß werden, dass sie mehr von der begrenzenden Ressource einfängt als die Population mit dem schnelleren Start, obwohl die Ressourcenaufnahme pro Individuum geringer sein könnte. R^* misst die **Fähigkeit, der Konkurrenz standzuhalten**. Diese Fähigkeit würde in Keddys Terminologie unter „Toleranz gegenüber niedrigem Ressourcenstress" subsumiert.

Wettbewerb auszuüben ist entscheidend im Wettbewerb zwischen Individuen und über eine oder wenige Generationen hinweg. Wettbewerb standzuhalten ist entscheidend, wenn es eine Abfolge von vielen Generationen gibt. Die Annahmen, die Keddys zugrunde liegen, sind eher geeignet für die Nachbarschaftskonkurrenz zwischen Individuen und die Annahmen, die Tilmans Modell zugrunde liegen, sind eher geeignet für die diffuse Konkurrenz.

6.1.4 Konkurrenz unter variablen Bedingungen

Ausschlusszeit Der scheinbare Widerspruch zwischen dem Prinzip des kompetitiven Ausschlusses und der Artenvielfalt in der Natur wurde bereits durch Hutchinsons „Paradoxon des Planktons" (1961) hervorgehoben. Einer seiner Vorschläge war eine Nicht-Gleichgewichtsannahme, die davon ausgeht, dass die Bedingungen der Konkurrenzs sich so ändern, dass siche Hierarchien der Konkurrenzstärke umkehren, bevor ein Wettbewerbsgleichgewicht erreicht wird. So können natürliche Dynamiken als eine „Reihe von Fehlstarts in Richtung sich ständig ändernder Gleichgewichte" betrachtet werden.

Bereits in Gause's (1934) klassischen *Paramecium*-Experimenten dauerte es ca. 20 Generationen, bis der Verlierer ausgeschlossen wurde. Dies stimmt gut überein mit einer Übersicht von Experimenten, die von Tilmans Theorie inspiriert wurden (Sommer 2002). In den meisten der veröffentlichten Experimente dauerte es etwa 10–20 Generationen, bis die Forscher den Ausschluss der Verlierer feststellen. Operationell definiert war „Ausschluss" nicht unbedingt das vollständige Verschwinden, sondern ein willkürliches Endpunktkriterium wie das Erreichen von 95 oder 99 % der Biomasse durch die Gewinner oder eine konstant negative Nettowachstumsrate der Verlierer über einige Zeit. Das bedeutet, dass selbst zu diesem Zeitpunkt noch eine potentielle Startpopulation der Verlierer übrig war, die hätte wachsen können, falls eine Umweltveränderung zu ihren Gunsten eingetreten wäre.

Koexistenz in Reaktion auf Umweltveränderungen
Strategische Typen. Wie aus Abb. 6.2b zu sehen ist, bietet eine Progression von Ressourcenreichtum zum Wettbewerbsgleichgewicht des endgültigen Gewinners die Möglichkeit einer vorübergehenden Dominanz durch Arten, die später zu Verlierern werden. In diesem Fall sind zwei extreme Strategien sichtbar, ein **Affinitätsspezialist** (Art A mit dem niedrigsten R^*) und ein **Wachstumsspezialist** (Art C mit dem höchsten μ_{max}). Art B ist intermediär. Die Entkopplung zwischen Ressourcenaufnahme und Wachstum (Abschn. 4.2.2, Gl. 4.8, 4.9 und 4.10) ermöglicht eine dritte Strategie, **Speicherspezialisten**, die unter ressourcenreichen Bedingungen eine hohe maximale Aufnahmerate und eine hohe Speicherkapazität haben. Für mineralische Nährstoffe wird die Speicherkapazität durch das Verhältnis zwischen maximalen und minimalen Zellquoten definiert. Die Speicherung von Kohlenstoff und Energie basiert auf polymeren Kohlenhydraten oder Lipiden.

Zeitliche Variabilität in Kulturexperimenten. In einer ersten experimentellen Überprüfung dieses Konzepts wurden entweder P allein oder P und Si aus dem kontinuierlich zugeführten Medium weggelassen und nur einmal pro Woche zu den Chemostaten hinzugefügt, wodurch ein wiederholter, wöchentlicher Gradient von nährstoffreichen zu nährstoffarmen Bedingungen entstand. Dieses Design ermöglichte das Zusammenleben von 5–10 Arten in Abhängigkeit von Si:P-Verhältnissen, im Gegensatz zu einer P- und einer Si-limitierten Art unter konstanter Nährstoffzufuhr (Sommer 1985, Abb. 6.8). Auf der Suche nach der optimalen Zeitskala der Variabilität wurde die Injektion von Nährstoffen in kontinuierliche Kulturexperimente durch diskontinuierliche Verdünnung in verschiedenen Intervallen ersetzt. So wurden Nährstoffanreicherung und Verdünnung der Populationsdichte gekoppelt. Das Ausmaß der Verdünnungen wurde auf zwei Arten angepasst: Entweder bleiben die Verdünnungsraten bei jedem Ereignis konstant, dann sinkt der langfristige Durchschnitt der Verdünnungsrate mit der Intervalllänge. Oder die Verdünnungsraten bei jedem Ereignis werden so angepasst, dass der langfristige Durchschnitt der Verdünnungsrate konstant bleibt. In diesem Fall nimmt das Ausmaß der Verdünnungen mit der Intervalllänge zu. Beide Ansätze zeigten ein Maximum an bestehenden Arten bei Verdünnungsintervallen von 3 bis 7 Tagen (Gaedeke und Sommer 1986; Sommer 1995). Die Kopplung des Ausmaßes und des Intervalls der Verdünnungen hatte einen stärkeren Effekt auf die Anzahl der

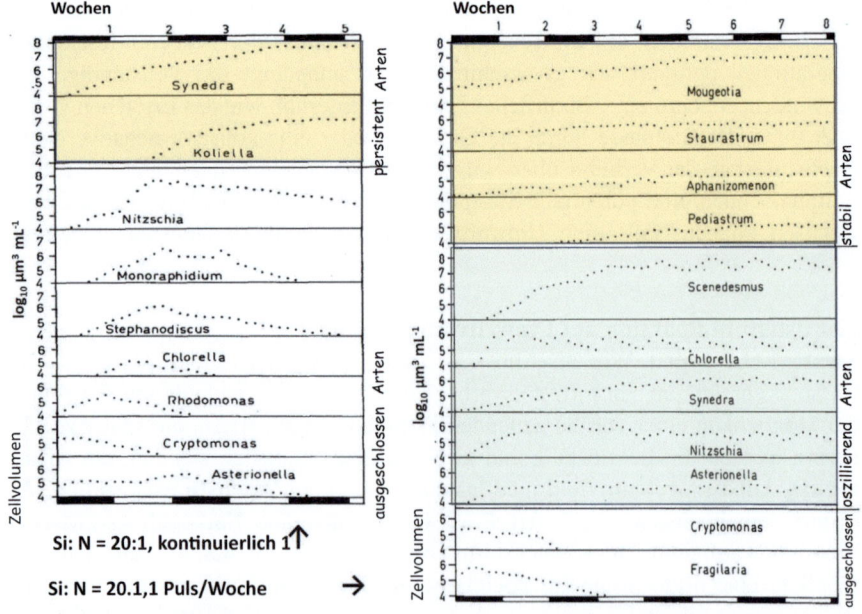

Abb. 6.8 Zeitliche Biomassenentwicklung von Phytoplanktonarten des Bodensees in einem Konkurrenzexperiment, bei dem alle Nährstoffe kontinuierlich hinzugefügt wurden (links) und bei dem die limitierenden Nährstoffe (Si und P) einmal pro Woche als Pulse hinzugefügt wurden (**rechts**). Die Si:P-Verhältnisse betrugen 20:1. **Gelbe** Schattierung: Arten, die ein konstantes Gleichgewicht erreichen, **grün**: Arten, die mit oszillierenden Abundanzen bestehen bleiben, weiß: ausgeschlossene Arten. (Quelle: Abb. 1 und 3 in Sommer 1985, mit Genehmigung von John Wiley and Sons)

bestehenden Arten (Abb. 6.8). Natürlichere, groß angelegte Experimente nutzten 12 m tiefe Einschlüsse in einem stark geschichteten See (Plusssee, Norddeutschland). Episodische Nährstoffzunahme und Populationsverdünnung wurden durch künstliche, kurzfristige Erhöhung der Mischungstiefe durchgeführt. Die Anzahl der bestehenden Phytoplanktonarten war maximal bei 6-tägigen Intervallen der Entschichtung (Flöder und Sommer 1999).

Die Hypothese der mittleren Störung. Die glockenförmige Reaktion der Anzahl der verbleibenden Arten auf die Verdünnungs- oder Mischintervalle stimmt mit Connells (1978) **Hypothese der mittleren Störung** überein, die ursprünglich für Regenwälder und Korallenriffe entwickelt wurde. Diese Hypothese prognostiziert ein Maximum an Artenreichtum bei mittleren Frequenzen und Intensitäten von Störungen. Aronson und Precht (1995) testeten diese Hypothese in einem Korallenriff in Belize (Zentralamerika). Unter ungestörten Bedingungen werden die topographischen Grate in diesen Riffen von stark verzweigten und zerbrechlichen Korallen (hauptsächlich *Agaricia tenuifolia*) dominiert, die durch Wellenschlag und rollende Steine während schwerer Stürme zerstört werden. Die Zerstörung dieser Korallen führt zu einer Reduzierung der topographischen Komplexität, die als Maß für vergangene Störungen verwendet wurde (Abb. 6.9). Wie von der Hypothese der mittleren Störung vorhergesagt, erreichte die Anzahl der Arten bei mittlerer Komplexität ihren Höhepunkt.

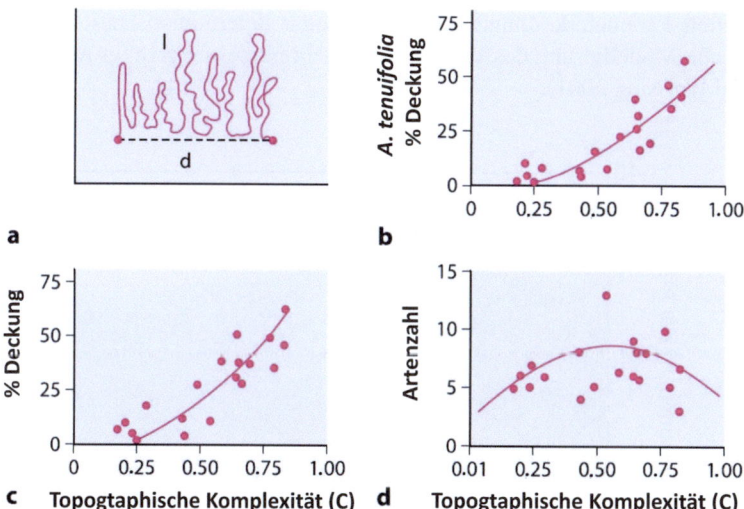

Abb. 6.9 Zusammenhang zwischen Störungen, topographischer Komplexität und Artenzahl in einem Korallenriff in Belize. (**a**) Messung der topographischen Komplexität ($C = 1 - l/d$), (**b**) Beziehung zwischen *Acropora tenuifolia* Bedeckung und topographischer Komplexität, (**c**) Beziehung zwischen Gesamtkorallenbedeckung und topographischer Komplexität, (**d**) Beziehung zwischen Artenzahl und topographischer Komplexität. (Quelle. Abb. 7.24 in Sommer 2005, nach Daten in Aronson & Precht, mit Genehmigung von Elsevier)

Räumliche Heterogenität und Ausbreitung. Ähnlich wie bei der zeitlichen Heterogenität können auch lokale Unterschiede und die Ausbreitung zwischen Standorten Auswirkungen auf das Zusammenleben von Arten haben, die einander lokal gegenseitig ausschließen würden. Ein lokal unterlegener Konkurrent kann vor dem Ausschluss bewahrt werden, wenn seine Population durch Einwanderung oder passiven Transport aus Quellpopulationen aufgefüllt wird. Allerdings finden wir auch in diesem Fall eine unimodale Beziehung. Fehlender oder geringer Austausch zwischen den einzelnen Lokalitäten ermöglicht kompetitive Ausschlüsse auf lokaler Ebene, während zu viel Austausch zu regionalen Ausschlüssen über einzelne Lokalitäten hinaus führt, weil die Dynamik des Wettbewerbs auf regional gemittelte Bedingungen und nicht auf die lokal unterschiedlichen Bedingungen reagiert. Dieses Reaktionsmuster wurde für experimentelle Gemeinschaften von benthischen Mikroalgen nachgewiesen (Matthiessen und Hillebrand 2006; Matthiessen et al. 2010).

Selbstgenerierte Variabilität. Umweltbedingte Heterogenität mit Relevanz für das Zusammenleben von Arten ist nicht nur das Ergebnis der natürlichen oder experimentell auferlegten physischen und chemischen Umgebung, sie kann auch aus der intrinsischen Dynamik eines Konkurrenzsystems in einer homogenen externen Umgebung resultieren. Sobald die Anzahl der limitierenden Ressourcen 2 übersteigt, nähert sich ein Konkurrenzsystem nicht notwendigerweise einem Gleichgewicht mit konstanten Häufigkeiten der koexistierenden Arten an. Abhängig von den Parametern, die die Nährstoffnutzung beschreiben, kann es auch zu stabilen Schwingungen der verbleibenden Arten und der drei Ressourcen enden, wie eine Modellstudie von Huisman und Weissing (1999, Abb. 6.10) gezeigt hat. Unter bestimmten Parameterkombinationen kann sogar deterministisches Chaos durch numerische Modellierung des Wettbewerbs mehrerer Arten erzeugt werden (Huisman und Weissing 2001).

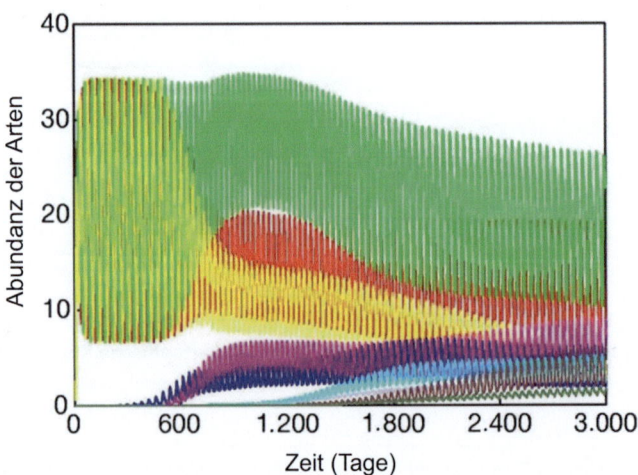

Abb. 6.10 Modellsimulation des Zusammenlebens von 9 Arten, die in ihrer Häufigkeit auf der Grundlage von drei limitierenden Ressourcen schwingen (Abb. 1d in Huisman und Weissing 1999, mit Genehmigung von Springer Nature)

6.1.5 Evolutionäre Konsequenzen der Konkurrenz

Merkmalsverschiebug
Konkurrenz muss evolutionäre Konsequenzen haben, wenn die die kompetitive Exklusiong als Selektionsfaktor wirkt. Traditionell wurde die Vermeidung von Exklusion durch Divergenz zwischen potenziell konkurrierenden Arten als die hauptsächliche evolutionäre Reaktion angesehen. Dies geht auf die Analysen der Schnabelgröße der Darwinfinken auf den Galapagosinseln als Proxy für die Nahrungsgröße zurück. Morphometrische Proxies zur Ableitung der Ressourcenpartitionierung wurden seitdem verwendet, um die Merkmalsverschiebungen abzuleiten. Divergenz und Verengung der intraspezifischen Variation in Merkmalen werden als Merkmalverschiebung bezeichnet, während eine Ausweitung der intraspezifischen Variation in Abwesenheit von Konkurrenten als **Merkmalsfreisetzung** bezeichnet wird (MacArthur und Levins 1967). **Begrenzende Ähnlichkeit** ist ein Konzept, das aus der Charakterverdrängung als eine Art Endpunkt der Merkmalsdivergenz abgeleitet wird. Um die Arten so unterschiedlich wie möglich zu machen, sollten die Merkmale gleichmäßig im Merkmalsraum verteilt werden oder zumindest entlang jener relevanten Achsen, die praktisch gemessen werden können.

Während die meisten gut untersuchten Beispiele terrestrisch sind, gibt es auch einige aquatische, z. B. die Küstenasseln (Crustacea) *Sphaeroma hookeri* und *S. rugicauda* aus dänischen Küstengewässern. Allopatrische Populationen unterschieden sich wenig in der Durchschnittsgröße, während sympatrische stärker unterschieden, wobei *S. rugicauda* die größere ist (Frier 1979a). Die Körpergröße hat eine direkte Beziehung zum Raumwettbewerb zwischen beiden Arten aufgrund der Abhängigkeit der Nutzung von unterschiedlich großen Verstecken von der Körpergröße (Frier 1979b). Ein komplexeres morphologisches Maß, das mehrere Aspekte der Schalenmorphometrie erfasst, wurde verwendet, um die Merkmalsverschiebung der Strandschnecken *L. saxatilis* und *L. arcana* an britischen Küsten abzuleiten (Grahame und Mill 1989). Eine ganze Reihe von Beispielen gibt es auch für Fische, wie in einer Übersicht von Robinson und Wilson (1994) dokumentiert.

Die Merkmalsverschiebung ist eng mit der Idee verbunden, dass Arten einzigartige **Nischen** benötigen, um ein Aussterben zu vermeiden. Das bedeutet, dass sie sich zumindest in einigen, minimal einer, Umweltanforderungen und in ihren physiologischen Fähigkeiten, diese Anforderungen zu erfüllen, voneinander unterscheiden sollten.

Neutralität
Die potenziell lange Dauer der kompetitiven Exklusion deutet auf eine alternative Möglichkeit zur Vermeidung der Exklusion hin. Wenn Konkurrenten in ihren Fähigkeiten, Ressourcen zu verbrauchen und zu nutzen, sehr ähnlich werden, dann sollten auch ihre R^*-Werte sehr ähnlich werden. In diesem Fall sollte auch die negative Wachstumsrate des leicht unterlegenen Konkurrenten nur minimal von Null abweichen und die Ausschließungszeit sollte entsprechend lang werden. Je ähnlicher die Konkurrenten sind und je länger die Ausschließungszeit, desto höher

ist die Wahrscheinlichkeit, dass selbst geringe Umweltveränderungen die Wettbewerbsrangfolge umkehren können. Im Extremfall sind die Konkurrenzstärken so nahe beieinander, dass sie mit keiner verfügbaren Methodik unterschieden werden können. Arten, die auf diese Weise koexistieren, müssen als gleichwertig in ihren Konkurrenzfähigkeiten oder neutral betrachtet werden. Dies ist der Kern von Hubbells (2001, 2006) **neutraler Theorie der Biodiversität**.

Die Synthese: Emergente Neutralität
Eine Synthese zwischen der neutralen und der Verdrängungstheorie wurde von einem Mehrarten-Konkurrenzmodell von Scheffer und van Nees (2006) vorgeschlagen, die Arten entlang einer Nischenachse sortierten. Nach zahlreichen Generationen bestand die Modellgemeinschaft aus Gruppen von Arten, die gleichmäßig entlang der Nischenachse verteilt waren, d. h. die Gruppen wurden nach dem Prinzip der begrenzenden Ähnlichkeit sortiert, während innerhalb der Gruppen viele ähnliche Arten koexistierten („emergente Neutralität"). Die unterschiedsbasierte Koexistenz zwischen Gruppen war dauerhaft, während ähnlichkeitsbasierte Koexistenz innerhalb von Gruppen vorübergehend, aber langfristig war (>1000 Generationen bis zur Exklusion). Geringfügige Modifikationen, z. B. die Zulassung einer geringen dichtabhängigen Zunahme der Sterblichkeit oder eine langsame Evolution hin zu weniger Wettbewerb, verwandelten die langfristige transiente Koexistenz in eine stabile Koexistenz. Während Merkmalsverschiebung und begrenzende Ähnlichkeit zwischen Clustern gefunden werden, negieren die Cluster das traditionelle Konzept, dass jede Art ihre spezifische Nische haben sollte, von der andere Arten ausgeschlossen sind (Abb. 6.11).

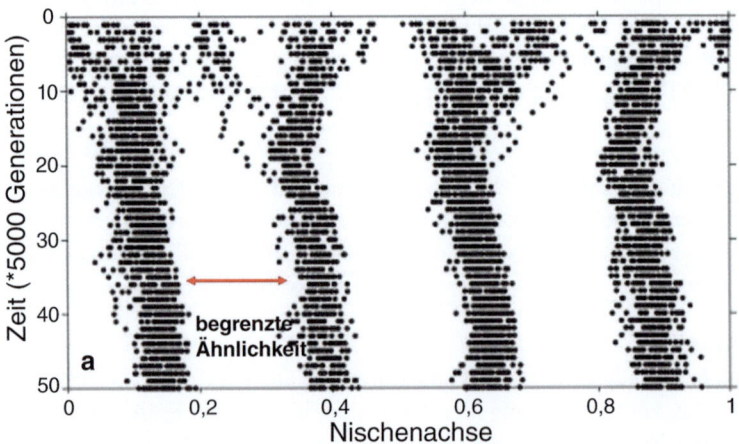

Abb. 6.11 Die Selbstorganisation einer Gemeinschaft mit Wettbewerb und Evolution. Arten (dargestellt durch Punkte) werden entlang der Nischenachse gruppiert und die Abstände der Cluster folgen dem Prinzip der begrenzenden Ähnlichkeit. (Quelle: Abb. 3a in Scheffer und van Nees 2006, mit Genehmigung von PNAS)

6.1 Wettbewerb

Vergnon et al. (2009) schlugen eine Analyse von langfristigen Phytoplanktondaten aus dem Ärmelkanal als empirischen Test der Divergenz- gegen Neutralitätsfrage vor. Sie stellten fest, dass ständig ansässige Arten entlang des Körpergrößenkontinuums in Gruppen ähnlich großer Arten gruppiert waren, während nicht ansässige Arten, die von anderswo in die Probennahmestelle drifteten, nicht auf diese Weise gruppiert waren (Abb. 6.12). Die Autoren betrachteten dies als Unterstützung der Hypothese der emergenten Neutralität.

Eine Frage für zukünftige Forschung: Nischendimensionalität
Die Selbstorganisation in wettbewerbsneutralen Clustern von Arten ist möglicherweise nicht das letzte Wort zu diesem Thema. Sowohl die Modellierung als auch die oben beschriebene Feldstudie untersuchen Divergenz und Konvergenz nur ent-

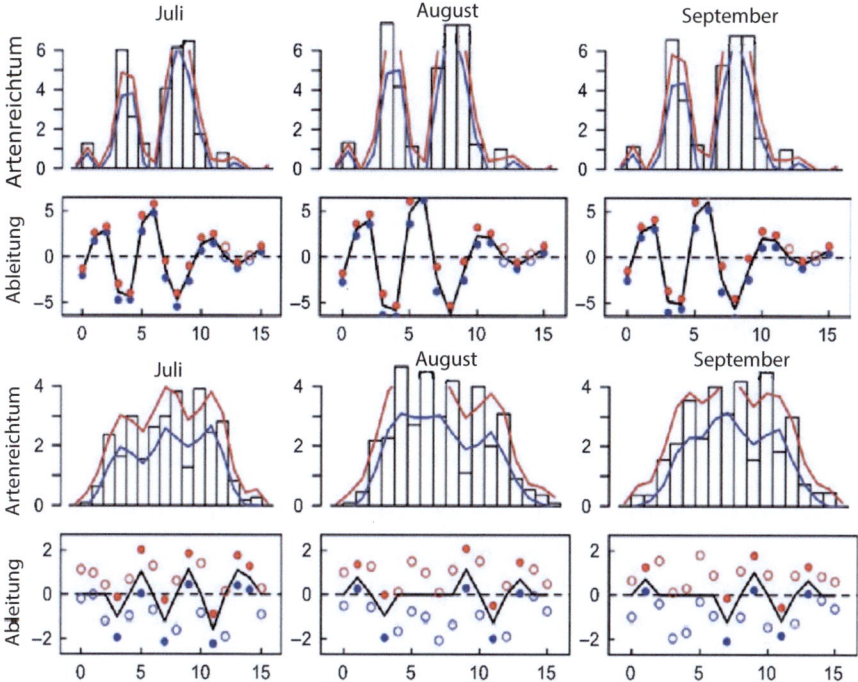

Abb. 6.12 Verteilung von $\log_2$ Artenzahl zu $\log_2$ skalierten Größenklassen (von 2^0 bis 2^{15} pg) im Juli, August und September (Mittelwert von 12 Jahren); die für die ständigen Arten sichtbaren Cluster (**oben**) zeigen sich nicht für die gelegentlichen Arten (**unten**). Zusätzlich zu den Rohdaten werden auch die Ableitungen (Unterschiede zwischen benachbarten Größenklassen) gezeigt, um den Kontrast zwischen Clusterbildung und deren Abwesenheit deutlicher zu machen. Der Unterschied zwischen ständigen und zufälligen Arten zeigt, dass die Lücken zwischen den Clustern der ständigen Arten nicht durch die Umwelt erzwungen werden, sondern auf die Selbstorganisation der Gemeinschaft zurückzuführen sind, die roten und blauen Linien zeigen 95 % Konfidenzintervalle. (Quelle: Abb. 2 und 3 in Vergnon et al. 2009, mit Genehmigung von John Wiley and Sons)

lang einer Achse, während das traditionelle Konzept der ökologischen Nische ein mehrdimensionaler Hyperraum ist (Hutchinson 1961), weil Organismen mehrere Umweltprobleme bewältigen müssen. Jenseits von Modellierungsbemühungen (Clark et al. 2007) wäre ein vollständiger empirischer Test praktisch unmöglich, insbesondere wenn Reaktionsnormen auf mehrere Umweltfaktoren gemessen werden sollten anstatt einfacher morphometrischer Proxies. Aber ein Anfang könnte gemacht werden, wenn es demonstriert werden könnte, dass eine zusätzliche, plausible Nischendimension die Cluster des Typs, wie sie von Vergnon et al. (2009) gefunden wurden, aufspalten würde.

6.2 Räuber-Beute-Beziehungen

6.2.1 Allgemeine Muster

Definition und Arten von Räuber-Beute-Beziehungen
Räuber-Beute-Beziehungen sensu lato sind einseitig positive und einseitig negative Beziehungen zwischen Arten. Der Räuber profitiert von der Anwesenheit von Beuteorganismen, da sie ihm Nahrung liefern. Auf der anderen Seite leidet die Beute entweder an Sterblichkeit oder reduzierter Fitness durch den Räuber. Raub kann **tödlich** sein, wenn Beuteindividuen getötet werden. Raub kann auch **subletal** sein, was zu reduzierter Fitness führt, wenn nur ein Teil der Beutekörpermasse verzehrt wird und das Beuteindividuum den Angriff überlebt.

- **Herbivorie** oder **Grazing** beschreibt das Fressen von Primärproduzenten. Es kann tödlich sein, wie in den meisten Fällen von Zooplankton, das Phytoplankton frisst, oder subletal, wie in vielen Fällen von Herbivorie auf Makrophyten.
- **Raub sensu stricto** oder **Carnivorie** ist das Fraßdruck von räuberischen, fleischfressenden Tieren auf andere Tiere.
- **Parasitismus** ist der Verzehr von Wirtskörpermasse durch räumlich eng verbundene Organismen. **Endoparasiten** leben innerhalb des Wirts, während **Ektoparasiten** auf seiner Oberfläche leben. Parasitismus kann subletal oder tödlich sein. Tödliche Parasiten, die große Teile der Wirtsbiomasse verzehren, werden **Parasitoide** genannt.
- **Pathogene** ähneln Parasiten in Bezug auf den Verzehr, aber ihre schädliche Wirkung hängt eher mit der Induktion schädlicher Reaktionen der Physiologie des Wirts (Krankheit) zusammen als mit dem Verlust von Körpermasse.

Räuber-Beute-Oszillationen
Das einfache Lotka-Volterra-Modell. Räuber-Beute-Modelle sind seit einem Jahrhundert eines der beliebtesten Themen in der ökologischen Modellierung (Volterra 1926; Rosenzweig und McArthur 1963; May 1972). Bereits Lotka und Volterra, die Pioniere der mathematischen Ökologie, entwickelten ein Modell der gekoppelten Populationsdynamik einer Räuber- und einer Beutepopulation, das **phasenverschobene Oszillationen** beider Populationen erzeugt (Abb. 6.13).

6.2 Räuber-Beute-Beziehungen

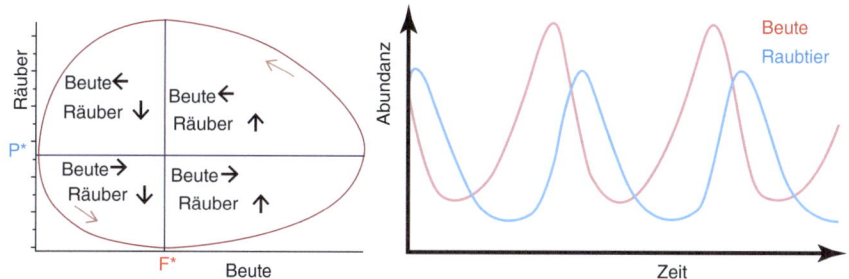

Abb. 6.13 Räuber-Beute-Schwankungen nach dem Lotka-Volterra-Modell, **links:** Phasendiagramm, das Beute- und Räuberabundanzen darstellt, **rechts:** zeitliche Veränderung der Räuber- und Beuteabundanz (konstruiert aus Elementen in https://commons.wikimedia.org/w/index.php?search=Lotka+Volterra&title=Special:MediaSearch&go=Go&type=image; Creative Commons Attribution-Share Alike 3.0)

Der Kern des Modells ist die Annahme, dass der Räuber eine Mindestdichte der Beute (F^*) benötigt, um eine positive Nettowachstumsrate zu erreichen. Umgekehrt gibt es auch eine Gleichgewichtsdichte des Räubers (P^*) unterhalb derer die Beute in der Abundanz wachsen kann. Wenn $P > P^*$ hat die Beute eine negative Wachstumsrate. Das Modell nimmt an,

- Dass die Geburtenrate der Beute (b_F) konstant ist und die Sterberate der Beute eine lineare Funktion der Räuberdichte ist, wobei p die Raubrate oder Sterberate darstellt, die durch einen einzelnen Räuber verursacht wird. Die Lösung der Gleichung für null Nettowachstum der Beute ergibt P^*:

$$r_F = b_F - pP \text{ ergibt } P^* = b_F/p \tag{6.1}$$

- Die Nettowachstumsrate des Räubers ergibt sich aus einer konstanten Sterberate (d) und einer Geburtenrate, die proportional zur Abundanz der Beute ist. Die Beuteabundanz muss mit der Raubrate (p) und einem Umrechnungsfaktor multipliziert werden, der definiert, wie viele Beuteindividuen gefressen werden müssen, um ein Räuberindividuum zu erzeugen (a):

$$r_P = a\,p\,F - d \text{ ergibt } F^* = d/(a\,p) \tag{6.2}$$

Wenn die Populationen von Räuber und Beute bei F^* und P^* beginnen, befindet sich das System im Gleichgewicht und beide Populationen bleiben unverändert. Wenn eine der beiden Populationen nicht im Gleichgewicht ist, ändern sich die Häufigkeiten in einer oszillierenden Weise. Die anfängliche Änderung hängt von der Position des Ausgangspunkts im Phasenraum der Raubtier- und Beutehäufigkeiten ab:

- **Phase 1:** Wenn beide Populationen unter dem Gleichgewichtspunkt liegen, wird die Beuteabundanz zunehmen und die Räuberabundanz t abnehmen, bis $F = F^*$.

- **Phase 2:** Nachdem FF^* überschritten hat, nimmt auch die Räuberabundanz zu, bis $P = P*$.
- **Phase 3:** Nachdem PP^* überschritten hat, beginnt die Beuteabundanz abzunehmen und die Räuberhäufigkeit weiterhin zu steigen, bis $F = F^*$.
- **Phase 4:** Nachdem FF^* überschritten hat, beginnt auch die Räuberhäufigkeit abzunehmen, bis $P = P*$.

Die gesamte Dynamik führt zu einem **Grenzzyklus**, d. h. die Trajektorie im Phasenraum wiederholt sich und führt zu anhaltenden Oszillationen von Räuber und Beute mit konstanter Amplitude. Die Phasenverschiebung zwischen beiden Populationen entspricht einem Viertel eines Umlaufs, mathematisch ausgedrückt als $\pi/2$ oder 90° Winkel im Phasenraum.

Obwohl es berühmte terrestrische Beispiele aus langfristigen Datenserien gibt, erstrecken sich die meisten empirischen Beispiele aus der aquatischen Ökologie nur über eine geringe Anzahl von Raubtier-Beute-Zyklen und bieten daher nur unvollständige Unterstützung für die langfristige Stabilität des Grenzzyklus. Ein überzeugendes langfristiges Beispiel wurde von Blasius et al. (2020) veröffentlicht. Sie kultivierten den Süßwasser-Phytoplankter *Monoraphidium minutum* (Chlorophyta) und den Zooplankter *Brachionus calyciflorus* (Rotatoria) über 50 Raubtier-Beute-Zyklen, was etwa 300 Generationen des Räubers entspricht. Während des größten Teils der Experimente entsprach die Phasenverschiebung zwischen Raubtier und Beute dem vorhergesagten Wert von $\pi/2$, obwohl es in der Mitte des Experiments aufgrund einer zufälligen Störung einige Abweichungen gab. Das System kehrte jedoch nach der Störung zum Grenzzyklus zurück (Abb. 6.14).

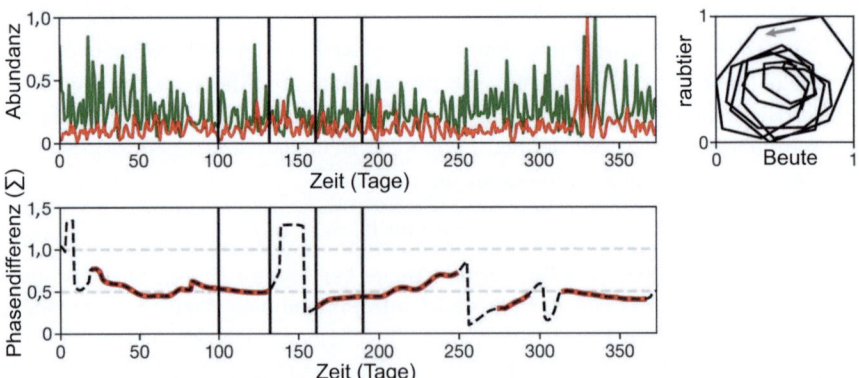

Abb. 6.14 Langfristige Raubtier-Beute-Oszillationen der Beute *Monoraphidium minutum* (grün) und des Räubers *Brachionus calyciflorus* (rot) in einem experimentellen System. **Oben links:** Zeitreihen der Häufigkeit, normalisiert auf Werte zwischen 0 und 1; **oben rechts:** Phasendiagramm der Raubtier- und Beutehäufigkeiten für den Zeitraum von 90 bis 135 Tagen, der Pfeil zeigt die gegen den Uhrzeigersinn gerichtete Orientierung der Trajektorie an; **unten:** Phasenverschiebung zwischen Raubtier und Beute, rot sind die statistisch gut definierten Phasenverschiebungen. (Quelle: Abb. 1 in Blasius et al. 2020, mit Genehmigung von Springer Nature)

Erweiterungen des Lotka-Volterra-Modells. Das Lotka-Volterra-Modell basiert auf vereinfachenden und oft unrealistischen Annahmen, z. B. das Fehlen einer Ressourcenbegrenzung der Beute. Es beinhaltet eine sofortige numerische Reaktion der Raubtierhäufigkeit auf die Nahrungsverfügbarkeit, ohne die durch die embryonale Entwicklung verursachte Verzögerung zu berücksichtigen. Der Räuber hat keine Möglichkeit, auf eine weniger bevorzugte Nahrungsart umzusteigen, wenn die bevorzugte zu selten wird. Die Sterblichkeitsrate des Räubers ist konstant und unabhängig von der Dichte.

Bereits die Einführung einer Ressourcenbegrenzung der Beute führt zu einem veränderten dynamischen Verhalten der Raubtier-Beute-Zyklen (Wissel 1989). Dies kann auf einfache Weise geschehen, indem man die Geburtenrate der Beute zu einer negativen Funktion der Beutedichte macht, analog zur logistischen Wachstums Gleichung (Gl. 5.8). Diese Änderung führt zu **gedämpften Oszillationen** mit asymptotisch abnehmenden Abständen zum Schnittpunkt der Gleichgewichtshäufigkeiten (F^*; R^*), d. h. der Schnittpunkt wird zu einem **Attraktor** und die Trajektorie im Phasenraum ist eine Spirale anstelle eines Grenzzyklus. Weitere Modifikationen des ursprünglichen Modells könnten unter anderem einen Wechsel des Räubers zu anderen Beutetieren unterhalb einer bestimmten Mindestdichte, eine minimale lebensfähige Populationsgröße von Räuber oder Beute beinhalten.

Die Einführung eines Räuberss zweiter Ordnung führt zu mehreren verschiedenen Arten von dynamischen Verhaltensmustern der Modellsysteme. Abhängig von der Wahl der Parameter kann es **Grenzzyklen, einfache Attraktoren, alternative stabile Zustände,** oder deterministisches **Chaos** geben (Schaffer 1985, 1991). Alternative stabile Zustände sind alternative Attraktoren, die für die kombinierten Häufigkeiten der drei Arten abhängig von den Anfangsbedingungen sind. Chaotische Dynamiken sind scheinbar unregelmäßige Schwankungen mit einer extremen Abhängigkeit von den Anfangsbedingungen.

Schnelle Evolution von Räuber und Beute

Räuber und Beute üben starke selektive Drücke aufeinander aus. Grundsätzlich drängt der selektive Druck auf die Beute in die Richtung „nicht gefressen zu werden", während der selektive Druck auf den Räuber in die Richtung „dennoch fressen zu können" drängt.

Abwehrmechanismen. Beuteorganismen können ihre Fitness durch die Entwicklung von **Abwehrmechanismen** erhöhen. Erfolgreiche Abwehrmechanismen reduzieren p in den Gln. (6.1) und (6.2). Individuen mit einem niedrigeren p werden weniger Sterblichkeit erleiden und der Genpool der Population wird sich in Richtung einer zunehmenden Häufigkeit von Abwehrmechanismen verschieben. Abwehrmechanismen können auf jedem Schritt eines räuberischen Einflusses wirken und können Tarnung, Verstecken, Flucht, Panzer (Schalen), abschreckenden Geschmack oder Toxizität beinhalten. Das Timing der ersten Reproduktion kann angepasst werden, um das Raubrisiko vor der Reproduktion zu minimieren (Abschn. 5.4.1, Kasten 5.1). Beispiele für spezifische Abwehrmechanismen werden in den folgenden Abschnitten über Grazing und Carnivorie gegeben.

Überwindung der Abwehr. Räuber werden mit zunehmender Wirksamkeit der Abwehrmechanismen immer weniger effizient. Wenn sie nicht auf alternative Beutearten ausweichen können, müssen sie die Fähigkeit entwickeln, Abwehrmechanismen zu überwinden, z. B. kann Tarnung durch Erhöhung der sensorischen Fähigkeiten des Räubers, Flucht durch Erhöhung der Geschwindigkeit der Angriffe, stärkere Panzerung durch stärkere Strukturen zur Durchbrechung von Panzern usw. überwunden werden.

Wettrüsten. In Abwesenheit von alternativer Beute sollten die selektiven Drücke in Räuber-Beute-Paaren zu einer Art permanentem evolutionären Wettlauf zwischen die Bewaffnung und Abwehr führen. Es gibt jedoch Einschränkungen für das Ausmaß eines solchen Wettlaufs, da Abwehrmechanismen und Mechanismen zur Überwindung der Abwehr in Bezug auf metabolische Investitionen und in Bezug auf nachteilige Nebenwirkungen kostspielig sind. Schwerere Schalen könnten die Fortbewegung beeinträchtigen, Verstecken kann die für die Fütterung verfügbare Zeit reduzieren usw. Eine Verkleinerung könnte die Attraktivität für einen Räuber, der große Beute bevorzugt, reduzieren, könnte aber anfälliger für einen Räuber machen, der kleine Beute bevorzugt.

Auswirkung auf Räuber-Beute-Dynamiken. Die Selektion kann sehr schnell sein, wenn die anfängliche Beutepopulation unterschiedlich gut geschützte Genotypen enthält und beeinflusst die Räuber-Beute-Dynamik bereits während des ersten Rückgangs der Beute in einem zyklischen Räuber-Beute-System. Yoshida et al. (2003) verwendeten den Süßwasser-Phytoplankter *Chlorella vulgaris* (Chlorophyta) und den Zooplankter *Brachionus calyciflorus* (Rotatoria) als Modellorganismen. *C. vulgaris* wurde entweder als einzelner Klon oder als Mischung aus acht Klonen mit einem Trade-off zwischen maximaler Wachstumsrate und Abwehr gegen Grazing angeboten. Im ersteren Fall war keine Auswahl zwischen den Klonen möglich, d. h. keine schnelle Evolution. Modellsimulationen deuteten auf kanonische Räuber-Beute-Schwingungen mit der typischen Phasenverschiebung von $\pi/2$ ohne Auswahl zwischen Beuteklonen und viel längere Zyklen und eine Phasenverschiebung von π im Falle der Auswahl zwischen Beuteklonen hin. Die experimentellen Ergebnisse stimmten mehr oder weniger mit den Modellvorhersagen überein, insbesondere in Bezug auf die Verlängerung der Räuber-Beute-Zyklen (Abb. 6.15).

6.2.2 Grazing, Herbivorie

Herbivore können ganze Primärproduzenten fressen oder sie können Stücke von ihrer Beute abbeißen. Der Verzehr von Beutestücken kann tödliche oder subletale Auswirkungen haben, die die Produktivität und Fruchtbarkeit des Primärproduzenten reduzieren und manchmal Abwehrmechanismen induzieren.

Planktongrazing

In den meisten Fällen fressen grazende weidende Zooplankter ganze Phytoplankton-Individuen. Dies bedeutet eine 1:1-Beziehung zwischen Beutesterblichkeit und Futteraufnahme durch den Räuber. Es gibt jedoch einige Ausnahmen,

6.2 Räuber-Beute-Beziehungen

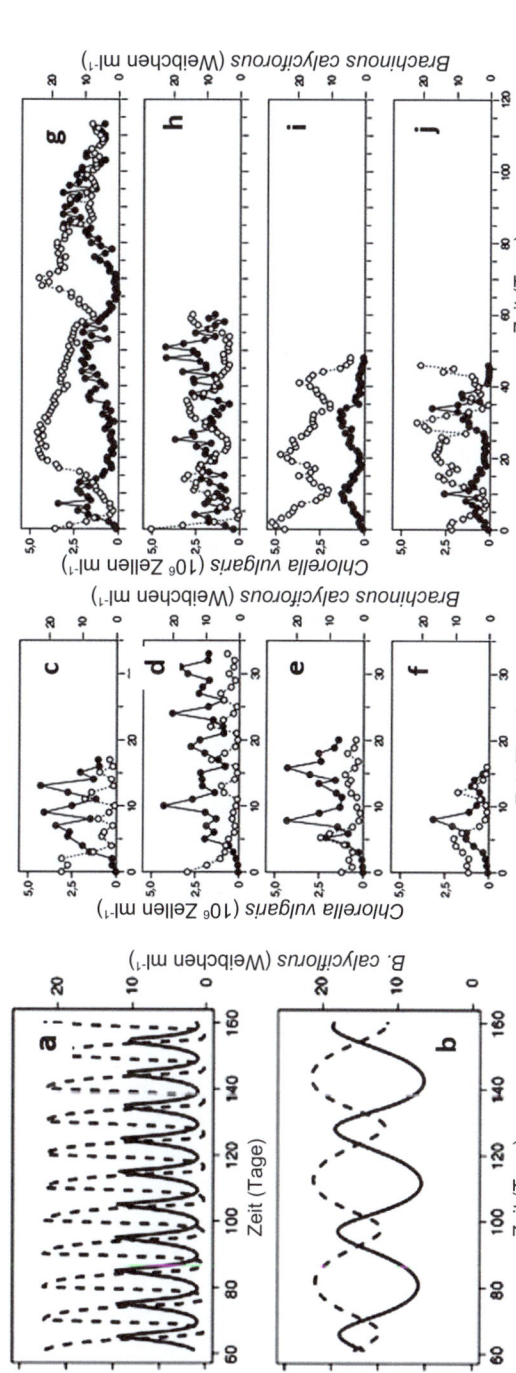

Abb. 6.15 Zyklen der Beute *Chlorella vulgaris* (volle Linie, offene Kreise) und des Räubers *Brachionus calyciflorus* (gestrichene Linie, gefüllte Kreise). (**a**) Modellergebnisse für einen einzelnen Klon von *C. vulgaris* mit einer Phasenverschiebung von π; (**b**) Modellergebnisse für mehrere Klone von *C. vulgaris* mit einer Phasenverschiebung von $\pi/2$; (**c–f**) **einzelne Klon** experimentelle Ergebnisse in Chemostaten mit zunehmenden Verdünnungsraten; (**g–j**) mehrere Klon experimentelle Ergebnisse in Chemostaten mit zunehmenden Verdünnungsraten (zusammengestellt aus Elementen in Abb. 1 und 2 in Yoshida et al. 2003, mit Genehmigung von Springer Nature)

z. B. Copepoden, die Stücke von Phytoplanktonarten abbeißen, die zu groß sind, um als ganzes Individuum aufgenommen zu werden. Im Falle von einzelligen Phytoplankton führt dies normalerweise zum Tod des verletzten Individuums, im Falle von Kolonien können die Zellen ohne Schaden überleben.u

Klarwasserstadium. Es ist seit langem bekannt, dass in kalt-gemäßigten und borealen Gewässern das jährliche Phytoplanktonwachstum im Frühjahr beginnt, wenn die Lichtverhältnisse günstig werden, die sogenannte **Frühjahrsblüte**. In Gewässern mit ausreichend Nährstoffreichtum führt dies zu einer sichtbaren Färbung durch photosynthetische Pigmente. Die Frühjahrsblüte wird häufig von einer Periode niedriger Phytoplanktonbiomasse gefolgt, die zu fast klarem Wasser wie im Winter führt (Lampert und Schober 1978; Sommer et al. 2012 und Referenzen darin). Beide Übergänge, der Beginn der Frühjahrsblüte und das anschließende Klarwasserstadium, sind eher schnelle Ereignisse, die in einem Zeitraum von wenigen Wochen stattfinden. Aufgrund der guten Lichtverhältnisse im späten Frühjahr oder frühen Sommer wurde angenommen, dass das Klarwasserstadium durch Nährstofferschöpfung und anschließendes Absinken von alterndem Phytoplankton verursacht worden sein könnte, d. h. die Erklärung für das überraschende Klarwasserstadium wurde auf der Ressourcenseite gesucht, d. h. **"bottom-up"**.

Im Gegensatz zur "bottom-up" Erklärung von unten nach oben zeigte eine detaillierte Analyse des Klarwasserstadiums im Bodensee (Deutschland/Schweiz/Österreich) keinen Nährstoffmangel und maximale Bruttowachstumsraten (abgeleitet aus Produktions-Biomasse-Verhältnissen) von Phytoplankton während der Abnahmephase von Phytoplankton, während die Hauptpflanzenfresser *Daphnia* spp. (Cladocera) ihren Frühjahrsgipfel als Reaktion auf das hohe Nahrungsangebot vor der Abnahmephase von Phytoplankton (Lampert und Schober 1978) hatten. Sie kamen zu dem Schluss, dass der Fraß durch das Zooplankton die Ursache für das Klarwasserstadium war, d. h. ein **"top-down"** Mechanismus. Diese Ansicht wurde durch Beobachtungen aus vielen Seen (Sommer et al. 1986; Lampert 1988) und durch direkte Messungen von Grazingraten (Lampert et al. 1986) unterstützt.

Oft wurde das Muster einer Phytoplankton-Frühjahrsblüte und eines anschließenden Klarwasserstadiums als Manifestation des ersten Kreislaufs im Lotka-Volterra-Räuber-Beute-Modell interpretiert. Allerdings gibt es zumindest in einigen Fällen einige Unterschiede, wie man in Abb. 6.16 sehen kann. Der Höhepunkt des großen Copepoden *Calanus helgolandicus* ist keine numerische Reaktion, d. h. eine Reaktion der Geburtenrate auf erhöhte Nahrungsverfügbarkeit. Dieser Copepode hat einen jährlichen Lebenszyklus und überwintert als Ruhestadium in der letzten subadulten Stufe (Copepodid V) in tiefen Gewässern. Er erwacht aus der Diapause in Erwartung der Nahrung, die durch die Phytoplankton-Frühjahrsblüte bereitgestellt wird. Selbst im Beispiel des Bodensees gibt es eine Komponente der „Jahreszeitenvorahnung", da ein Teil des Frühjahrsanstiegs von *Daphnia* auf das Schlüpfen aus Ruheeiern zurückzuführen ist, obwohl der größte Teil des *Daphnia*-Wachstums eine echte numerische Reaktion ist. Die zweite Phytoplanktonblüte in Abb. 6.16 ist nicht nur eine Erholung des Phytoplanktons, das während des Klarwasserstadiums abgeweidet wurde. Es handelt sich auch um eine Verschiebung hin zu einer fraßresistenten Gattung, der Prymnesiophyte

6.2 Räuber-Beute-Beziehungen

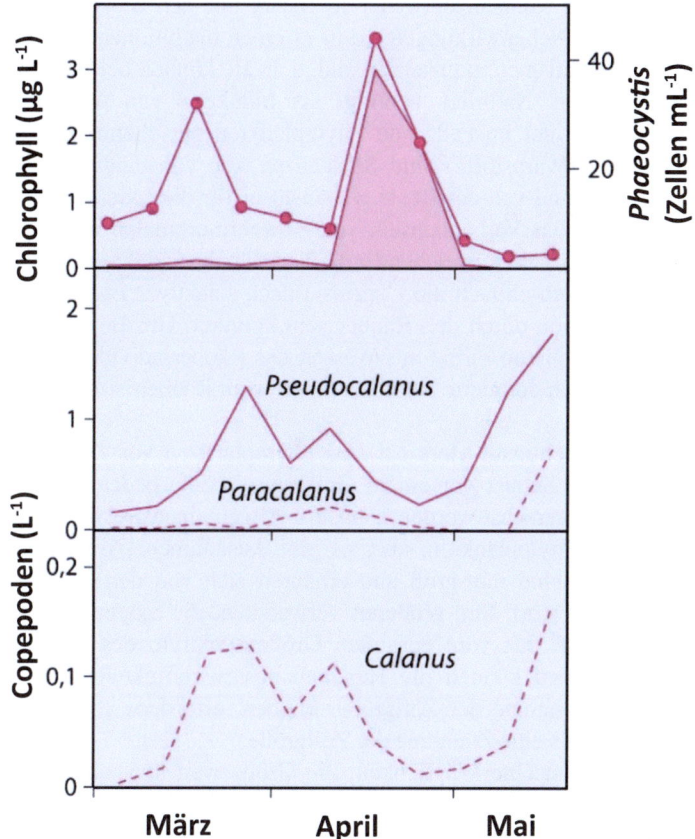

Abb. 6.16 Frühjahrsblüte und Klarwasserstadium im Ärmelkanal. **Oben:** Phytoplanktonbiomasse gemessen als Chlorophyllkonzentration, der schattierte Bereich sind *Phaeocystis*-Zellzahlen, das dominierende Phytoplanktontaxon während der zweiten Blüte. **Mitte und unten:** Häufigkeit der kleinen Copepoden *Pseudocalanus* und *Paracalanus* und des großen Copepoden *Calanus*. (Quelle: Abb. 6.11 in Sommer 2005 basierend auf Abb. 2 und 4 in Bautista et al. 1992, mit Genehmigung von Oxford University Press)

Phaeocystis spp. *Phaeocystis* hat ein einzelliges, begeißeltes Stadium von ca. 4–8 µm Größe, das für eine Vielzahl von Zooplankton gut essbar ist. Es kann jedoch auch gallertartige Kolonien von mehreren mm, manchmal sogar cm Größe bilden, die dem Fraß durch Protisten widerstehen und einen sehr reduzierten Weidedruck durch Copepoden erleiden.

Phytoplankton Abwehrmechanismen
Konstitutive vs. Induzierte Abwehrmechanismen. Grazing kann einen starken Selektionsdruck auf Phytoplankton ausüben. Daher ist es nicht überraschend, dass Phytoplankter Abwehrmechanismen entwickelt habet. Da viele dieser Mechanis-

men kostspielig sein können, entweder in Bezug auf den Stoffwechsel oder in Bezug auf negative Nebenwirkungen, kann es einen evolutionären Vorteil haben, wenn Abwehrmechanismen induzierbar sind, d. h. sie können bei Bedarf ein- oder ausgeschaltet werden. Natürlich benötigt die Induktion von Abwehrmechanismen einen Auslöser, der im Falle von Phytoplankton nur chemischer Natur sein kann. **Kairomone** (Warnstoffe) sind Substanzen, die von einem Räuber in die Umwelt freigesetzt und von der Beute als Auslöser für die Induktion der Abwehr verwendet werden. Das Vorhandensein von Abwehrmerkmalen in Co-Kultur mit dem Räuber ist noch kein ausreichender Beweis für die Induktion, da Individuen mit Abwehrmerkmalen einfach die Überreste nach selektiver Entfernung von unverteidigten Individuen durch den Räuber sein könnten. Um Beweise für die Induktion zu liefern, müssen Filtrat aus Wasser, das Räuberindividuen enthält, oder idealerweise chemisch definierte Substanzen, die vom Räuber isoliert wurden, verwendet werden.

Größe ist das wichtigste Merkmal, das Phytoplankton vor Zooplankton-Fraß schützen kann, aber Schutz vor einem Grazertyp könnte bedeuten, dass es von einem anderen Typ verzehrt werden kann. Im Allgemeinen fressen größere Zooplankton größeres Phytoplankton, aber es gibt Ausnahmen (Abb. 6.17). Appendicularia (Tunicata) sind mm-groß und ernähren sich von den kleinsten Phytoplankton (<1 bis 10 μm). Ihre größeren Verwandten, die Salpen (Thaliacea, Tunicata) ernähren sich fast vom gesamten Größenspektrum des Phytoplanktons. **Stacheln** und **Borsten** können die Handhabungsschwierigkeiten für Herbivore ähnlich wie eine Zunahme der Zellgröße erhöhen, erfordern aber weniger Biomasseinvestitionen als eine Zunahme der Zellgröße.

Koloniebildung ist eine Möglichkeit, die Größe weit über das Zellwachstum hinaus zu erhöhen. Die extremsten Beispiele sind das Süßwasser-Cyanobakterium *Microcystis* spp. und die marine Prymnesiophyte *Phaeocystis* spp. Beide haben einzelne Zellen von <10 μm, aber ihre gallertartigen Kolonien können mehrere cm erreichen. Fadenalgen können ebenfalls den cm-Größenbereich erreichen, aber nur in einer Dimension. In Kulturen ohne Zooplankton wachsen viele koloniale Phytoplankter hauptsächlich als einzelne Zellen, aber es gibt einige Hinweise auf Koloniebildung in Reaktion auf Grazer. Die Bildung von Kolonien und die Verlängerung von Filamenten in Co-Kultur mit einem Grazer oder in situ kann entweder ein Induktionseffekt oder ein Selektionseffekt sein. Die Induktion kann nachgewiesen werden, wenn durch einen Grazer chemisch konditioniertes Wasse oder isolierte Kairomone (Warnstoffe) den vermuteten Effekt hervorrufen können. Wejnerowski et al. (2018) fanden eine Induktion der Filamentverlängerung durch *Daphnia* Kairomone für einige, aber nicht für alle getesteten Arten. Interessanterweise haben Kairomone, die von Ciliaten und von Copepoden stammen, gegensätzliche Auswirkungen auf *Phaeocystis*. Kairomone, die von Ciliaten stammen, treiben die Koloniebildung voran, weil Ciliaten nur einzelne Zellen fressen können. Kairomone von Copepoden unterdrücken die Koloniebildung, weil einzelne Zellen zu klein sind, um von Copepoden gefressen zu werden, während sie Stücke von Kolonien abbeißen können (Long et al. 2007).

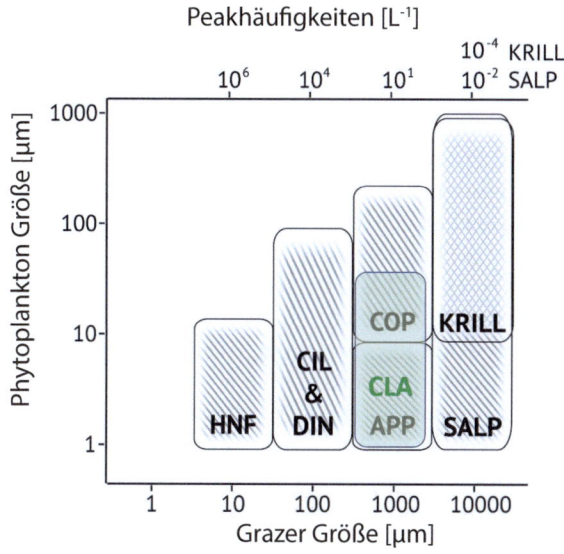

Abb. 6.17 Größenbeziehungen zwischen den Grazertypen und Phytoplankton. Herbivore, die durch graue Schraffur gekennzeichnet sind, sind entweder marin (APP, Appendicularia; SALP, Salpen; KRILL, Krill) oder sowohl marin als auch Süßwasser (HNF, heterotrophe Nanoflagellaten; DIN, heterotrophe Dinoflagellaten; CIL, Ciliaten; COP, Copepoden), Filtrierende Cladocera (CLA) der Süßwassers sind durch grüne Schattierung gekennzeichnet. Die Zahlen oben zeigen die typischen Spitzenabundanzen der Grazertypen an. (Quelle: Abb. 3 in Sommer et al. 2017, mit Genehmigung von Oxford University Press)

Harte Schalen wie die Zelluloseplatten von gepanzerten Dinoflagellaten oder die kieseligen Frusteln von Diatomeen könnten einen gewissen Schutz gegen einige Weidetiere bieten, obwohl bekannt ist, dass Cladoceren, Copepoden und Krill Diatomeenfrusteln zerkleinern können. Dennoch scheint es einen gewissen Widerstand zu bieten, da chemische Signale von Copepoden eine Verdickung der Schalen von Diatomeen induzieren können, was zu reduzierten Grazingraten führt (Gronning und Kiørboe 2020). Die Kosten für dickere Frusteln sind eine verlangsamte Wachstumsrate, ein höherer Silikatbedarf und höhere Sinkgeschwindigkeiten.

Toxizität ist ein weit verbreitetes Phänomen bei Phytoplankton und besonders bekannt bei Süßwasser-Cyanobakterien und marinen Dinophyta. Beide Gruppen sind berüchtigt für die Bildung von störenden Blüten unter eutrophen Bedingungen. Ursprünglich waren die Hauptbedenken auf die menschliche Gesundheit bezogen, d. h. Toxizität von Fischen und Meeresfrüchten aus Gewässern mit toxischen Algenblüten und Toxizität für Schwimmer. Es wurde jedoch vorgeschlagen, dass Toxizität als Fraßschutz dient (Lampert 1981). Allgemeine Filtrierer wie *Daphnia* können nicht vermeiden, toxische Nahrung zu sich zu nehmen und gleichzeitig nicht-toxische Algen zu fressen. Copepoden können jedoch bestimmte Nahrungsbestandteile aufgrund ihrer chemischen Qualität selektiv ablehnen (DeMott 1988). Wenn verschiedene Cyanobakterien zusammen mit Grünalgen angeboten wurden, lehnte der Süßwasser-Copepod *Diaptomus* die Cyanobakterien ab (DeMott und Moxter 1991) und der Brackwasser-Copepod *Eurytemora* hatte eine fünfmal niedrigere Fraßrate bei einem toxischen Stamm von *Nodularia* als bei einem nicht-toxischen (Engstöm et al. 2000). Beweise für die Induktion von Toxizität sind noch recht spärlich und widersprüchlich. Jang et al. (2003) fanden eine zunehmende Mikrocystinproduktion durch *Microcystis aeruginosa* in Reaktion auf gefiltertes Wasser aus Kulturen mehrerer Cladoceren-Arten. Die von Engström-Öst et al. (2011) untersuchten Ostsee-Copepoden führten nicht zu einer Erhöhung der Toxizität von *Nodularia*, während konkurrierende nichtcyanobakterielle Algen dies taten, was möglicherweise auf einen allelopathischen Effekt des Toxins Nodularin hinweist.

Toxintoleranz bei Zooplankton wurde in mehreren Fällen nachgewiesen und kann auf drei Arten erreicht werden. Sie kann während der Lebenszeit eines Grazers durch phänotypische Anpassung erworben werden (Gustafsson und Hansson 2004). Sie kann durch mütterliche Übertragung von Muttertieren, die Cyanobakterien ausgesetzt waren und sich erfolgreich an sie angepasst haben, erworben werden (Gustafsson et al. 2005). Sie kann evolutionär durch natürliche Selektion erworben werden (Hairston et al. 2001).

Grazing in Makrophytenbeständen
Makrophytenbetten bieten im Grunde drei Arten von Primärproduzentenmaterial:

- **Ausdauernde Makrophyten** (Makroalgen und höhere Pflanzen). Obwohl sie oft den größten Teil zur Gesamtbiomasse der Primärproduzenten beitragen, sind sie oft stark geschützt und ernährungsphysiologisch arm wegen hoher C:N-Verhältnisse und entsprechend niedrigem Proteingehalt (Abschn. 3.4.2).
- **Ephemere Makroalgen**, die auf primären Substraten und als Epiphyten auf sessilen Organismen wachsen.
- **Benthische Mikroalgen**, die zusammen mit Bakterien und heterotrophen Protisten Biofilme auf Unterwasserflächen bilden. Sie haben in der Regel günstige C:N:P-Verhältnisse, vergleichbar mit Phytoplankton.

Protistische und metazoische Nano- und Mikrograzer haben in benthologischen Weidestudien wenig Aufmerksamkeit erhalten. Der Schwerpunkt lag auf **Mesograzern** in der cm-Größenordnung. Die wichtigsten Komponenten der Mesograzer-Gilde sind **Gastropoda**, mehrere Taxa von **Crustacea** (hauptsächlich Isopoda, Gammaridae, aber auch einige Krabben), **Echinoidea** (Seeigel) und **herbivore Fische**. Letztere sind in tropischen und subtropischen Gewässern häufiger als in gemäßigten und kalten. In der Gezeitenzone sind Gastropoden die Hauptgruppe der benthischen Grazer, aber in tropischen Zonen finden sich auch halbterrestrische Krabben in der Gezeitenzone.

Mikroalgen werden als ganze Organismen konsumiert, was zu einer 1:1-Beziehung zwischen Beute-Mortalität und Räubernahrung führt, ähnlich wie beim

Planktongrazing. Ephemere und ausdauernde Makroalgen werden nur teilweise konsumiert, d. h. Stücke werden abgebissen, was oft nur zu Verletzungen anstatt zu Beutesterblichkeit führt. Mortalität kann jedoch auf Beute ausgeübt werden, wenn eine große Anzahl von Räuberindividuen dichte Weidefronten bildet, die verheerende Auswirkungen auf die Unterwasservegetation haben, wie im Fall von Seeigelbrachen. Der Effekt von Seeigeln ist besonders verheerend, weil sie oft nur die basalen Teile der Thalli konsumieren, während die abgetrennten oberen Teile durch Wellen und Strömungen aus dem lokalen Ökosystem entfernt werden. Daher ist der Mortalitätseffekt auf die Pflanzen viel stärker als der Ernährungsgewinn für die Seeigel.

Viele benthische Herbivore sind ziemlich generalistische Fresser, aber es gibt auch Fälle von Spezialisierung, sogar unter eng verwandten Arten, z. B. zwischen den kongenerischen Strandschnecken (Gastropoda) *Littorina littorea* und *L. obtusata*. *L. littorea* bevorzugt Mikroalgen, während *L. obtusata* Makroalgen bevorzugt (Norton et al. 1990).

Grazingkontrolle von ephemeren Algen. Grazingeffekte werden oft durch Einschluss-Ausschluss Experimente mit Käfigen in situ untersucht. Die Grazerdichte innerhalb der Käfige kann experimentell manipuliert werden, Käfige können Öffnungen haben, um den Zugang von Grazern zu ermöglichen, oder Grazerr können ausgeschlossen werden. In den meisten dieser Experimente führt der Ausschluss von Grazern zu einem Überwachsen von mehrjährigen Makroalgen durch schneller wachsende, ephemere Algen und einem anschließenden Rückgang (Lubchenco und Menge 1978) oder der Verhinderung der Etablierung von mehrjährigen Makroalgen (Worm et al. 2001; Abb. 6.18). Nachdem zahlreiche solcher Experimente veröffentlicht wurden, scheint es sicher zu sein, dass die Herbivorie eine zentrale Rolle bei der Förderung der Dominanz von Makroalgen spielt. Allerdings könnten auch Jungpflanzen von Makroalgen durch Grazer, die generell ephemere Algen bevorzugen, unterdrückt werden. *L. littorea* verhinderte das Wachstum von jungen *Fucus vesiculosus* Pflanzen <3 cm, während es Pflanzen >5 cm in einem Aquariumexperiment nicht unterdrücken konnte (Lubchenco 1983).

Seeigel-Brachen sind Bereiche von nacktem Fels oder Fels bedeckt mit krustigen Algen angrenzend an dichte Tangwälder und in einer Tiefe, in der Tang genug Licht zum Wachsen hat (Abb. 6.19). Die Brachen werden durch Seeigel verursacht, die dichte Fronten bilden, nachdem sie sich stark vermehrt haben (Weitzman und Konar 2021). Gagnon et al. (2004) fanden ca. 500 Ind m^{-2} von *Strongylocentrotus droebachiensis* in einer solchen Weidefront, die sich über ein Bett des Tangs *Alaria esculenta* im Sublitoral des St. Lawrence Golfes, Kanada, bewegte, den Tangwald verwüstete und ihn ine Brached verwandelte.

Abwehrmechanismen des Phytobenthos
Mineralische Inkrustierungen finden sich bei korallinen Rotalgen (*Corallina*, *Lithothamnion*) und im Süßwasser bei Armleuchteralgen (Charophyceae). Die Trockenmasse von *Corallina* besteht zu 80 % aus Calciumcarbonat, was es für viele Weidegänger schwierig macht, sie zu zerkleinern und sie weniger nahrhaft

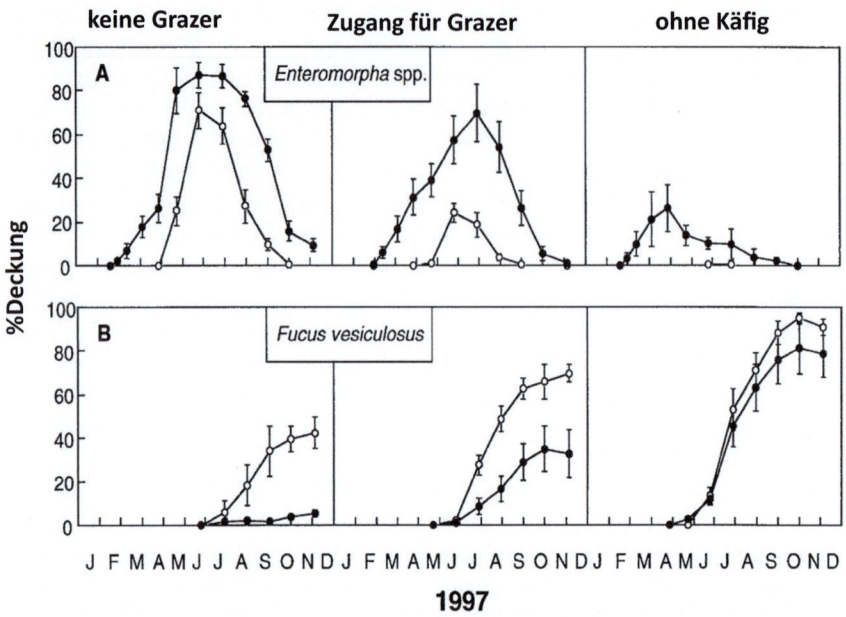

Abb. 6.18 Einschluss-Ausschluss-Experiment über den Einfluss von Grazern auf das Wachstum und die Entwicklung der ephemeren Grünalge *Enteromorpha* (**a**) und der mehrjährigen Braunalge *Fucus vesiculosus* (**b**) auf sterilisierten Steinen ohne Enteromorpha-Poren (offene Kreise) und auf Steinen mit Sporenn von *Enteromorpha*. Steine wurden in geschlossenen Käfigen inkubiert, die Grazer ausschlossen, in Käfigen mit Öffnungen, die den Eintritt von Grazern erlaubten, und ohne Käfig. (Quelle: Abb. 3A, B in Worm et al. 2001, mit Genehmigung von Springer Nature)

macht. Mehrere höhere Pflanzen, wie Schilf (*Phragmites* spp.) haben SiO_2 in ihren Zellwänden, was sie ebenfalls weniger schmackhaft macht.

Schutzstoffe. Studien zur chemischen Abwehr von Makroalgen wurden meist mit Braunalgen durchgeführt. Der spektakulärste Fall ist Schwefelsäure im Zellsaft von *Desmarestia* spp. (Pelletreau und Muller-Parker 2002). Organische Substanzen, die vermutlich vor Fraß schützen, sind Alkaloide, z. B. produziert von *Dictyota* spp., und Phlorotannine, Terpene und Phenole, produziert von *Fucus* spp. Die Produktion von Schutzstoffen kann konstitutiv sein oder sie kann induziert werden. Im Prinzip könnte die Induktion als Reaktion auf direkten Fraß auf der induzierten Pflanze, durch Fraß von Nachbarpflanzen (Freisetzung von Warnstoffen durch verletzte Pflanzen), als Reaktion auf die bloße Anwesenheit von Grazern (Freisetzung von chemischen Signalen durch den Weidegänger) oder durch Simulation der mechanischen Wirkung von Weidegang, d. h. Beschneidung (Toth und Pavia 2007), erfolgen. Insgesamt deuten widersprüchliche Ergebnisse in der Literatur darauf hin, dass die spezifischen Mechanismen vom spezifischen Pflanzen-Herbivoren-Paa abhängig sindr.

Haavisto et al. (2009) testeten alle Optionen mit dem Blasentang *Fucus vesiculosus* und der Assel *Idotea balthica*. Die Vorbehandlung von *F. vesiculosus* durch

6.2 Räuber-Beute-Beziehungen

Abb. 6.19 Der Rand einers Seeigel-Brache, verursacht durch *Evechinus chloroticus*, der Tang frisst, im Hauraki Golf, Neuseeland. (Quelle: https://upload.wikimedia.org/wikipedia/commons/thumb/7/7a/Kina_barrens_Shaun_Lee_52065449.jpg/640px-Kina_barrens_Shaun_Lee_52065449.jpg, Creative Commons Attribution 4.0)

direkten Grazing und Nachbarschaftsgrazing reduzierte die Fressraten von *I. balthica*, während die Vorbehandlung durch die blosse Anwesenheit von Grazern und simuliertes Grazing dies nicht tat. Überraschenderweise erhöhte die Anwesenheit von Grazern den Gesamtgehalt an Phlorotannin in *F. vesiculosus* und reduzierte nicht die Eiproduktion von *I. balthica* während der Fütterung mit *F. vesiculosus*, der durch direkten Weidegang oder Nachbarweidegang vorbehandelt wurde, reduzierte die Eiproduktion (Abb. 6.20). Die Autoren kamen zu dem Schluss, dass das Gesamtphlorotannin in diesem Fall tatsächlich nicht der wahre Abwehrstoff sein könnte.

6.2.3 Räuber-Beute Beziehungen zwischen Tieren

Numerische Effekte
Effekte über Jahre. Die Unterdrückung von Beutetieren durch ihre Räuber wurde durch zahlreiche Feld- und Experimentstudien nachgewiesen. Ein Vergleich der jährlichen Durchschnittswerte der Lachsbiomasse-Masse und der Zooplankton-Biomasse in drei Nordpazifikregionen ist besonders interessant, da er die Wechselbeziehung zwischen Bottom-up und Top-down Kontrolle zeigt. Ein interannueller Vergleich innerhalb von Standorten zeigt den Top-down-Effekt von Lachsen auf Zooplankton (nur an den zwei weniger produktiven Standorten), während der Vergleich zwischen Standorten den Bottom-up-Effekt zeigt, d. h. dass mehr Fische dort wachsen können, wo es mehr Nahrung gibt (Abb. 6.21).

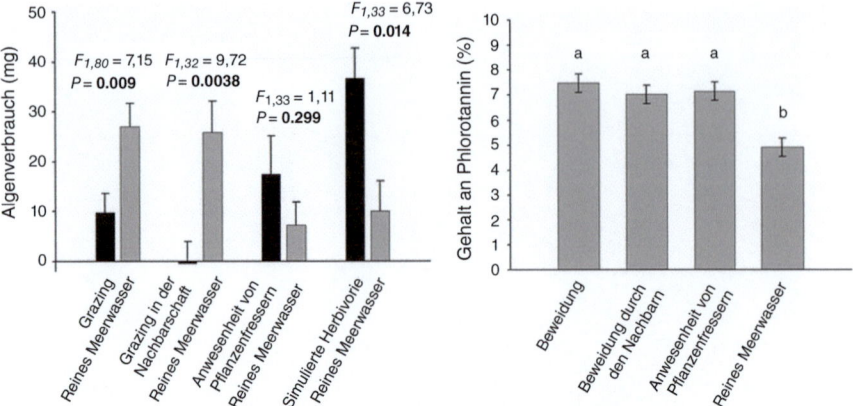

Abb. 6.20 Induktion der Fraßresistenz von *Fucus vesiculosus* gegen *Idotea balthica* durch Vorbehandlung mit direktem Grazing, Grazing auf Nachbarpflanzen, alleinige Anwesenheit von Grazern und simuliertes Grazing (mechanisches Beschneiden). **Links:** Fressraten von *I. balthica* in Wahlversuchen mit vorbehandeltem *F. vesiculosus* und Kontrollpflanzen, die in reinem Meerwasser gewachsen sind; **rechts:** Phlorotannin-Gehalt von *F. vesiculosus* in Reaktion auf Vorbehandlungen. (Quelle: Abb. 1 und 2 in Haavisto et al. 2009, mit Genehmigung von Springer Nature)

Ein neueres Beispiel aus dem westlichen Mittelmeer zeigte einen drastischen Rückgang der Mesozooplankton-Biomasse als Reaktion auf eine Zunahme der Zooplankton fressenden Fische, insbesondere *Sardina pilchardus* (Yebra et al. 2020).

Saisonale Effekte. Der Rückgang des Zooplanktons nach dem Klarwasserstadium ist oft nicht nur eine Reaktion auf verschlechterte Nahrungsbedingungen, sondern auch auf den saisonalen Beginn desr Zooplankton-Fraßes durch Jungfische des Jahres (YOY) in kalt-gemäßigten und borealen Seen. YOY-Fische sind viel zahlreicher als die erwachsenen und führen zu einem saisonalen Höhepunkt des Fraßdrucks auf das Zooplankton durch ihre Anzahl, trotz niedrigerer individueller Aufnahmeraten im Vergleich zu den Adulten. In warm-gemäßigten (z. B. Mittelmeer), subtropischen und tropischen Klimazonen sind Laichen und Schlüpfen von Fischen weniger saisonal und YOY-Fische sind während ausgedehnter Jahreszeiten reichlich vorhanden. Daher sind Frühjahrs-Klarwasserstadien weniger ausgeprägt oder fehlen, weil die Frühjahrszunahme des Zooplanktons durch den Fraßdruck der Fische reduziert oder sogar verhindert wird (Jeppesen et al. 1997, 2010).

Ein experimentelles Beispiel. Der Soldatenkrebs *Mictyris longicarpus* ist ein wichtiger Räuber in Wattgebieten in der Indo-Pazifik-Region. Während der Ebbe versammeln sich große Schwärme dieser Krabbe, um auf der Sedimentoberfläche zu fressen. Sie schaufeln Sediment in ihre Mundhöhle, suspendieren es mit Wasser und lassen die Mineralpartikel absinken. Diese werden ausgeschieden, während die Meiofauna-Tiere aufgenommen werden. Dittmann (1993) verglich die Meiofauna in Käfigen, zu denen Soldatenkrebse Zugang hatten, mit Käfigen, von denen sie ausgeschlossen waren. Der Zugang von Soldatenkrebse hatte einen drastischen

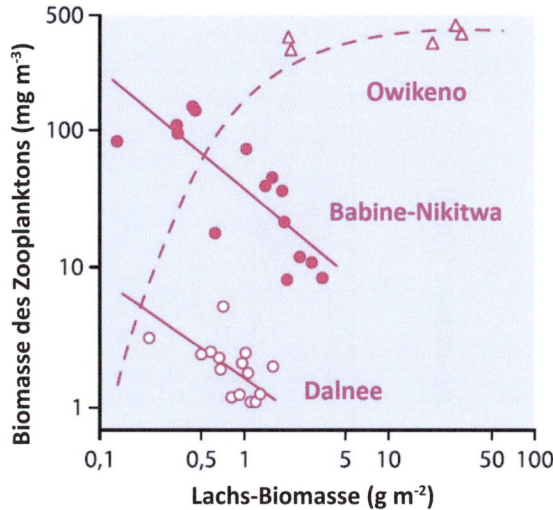

Abb. 6.21 Beziehung zwischen Lachs- und Zooplankton-Biomasse an drei Standorten im Nordpazifik, durchgezogene Linien: lokale Trends, gestrichelte Linie: Trend über Standorte unterschiedlicher Produktivität. (Quelle: Abb. 6.38 in Sommer 2005, basierend auf Daten in Brocksen et al. 1970)

Effekt auf die Häufigkeit der Meiofauna, während die Makrofauna unbeeinflusst blieb (Abb. 6.22).

Effekte auf die Größenstruktur

Alle Räuber sind größen-selektiv. Abhängig von anatomischen Strukturen gibt es obere und untere Größengrenzen für mögliche Beute. Im Allgemeinen sind größere Beutetiere pro individuellem Angriff profitabler, aber dies kann durch eine höhere Häufigkeit kleinerer Beutetiere ausgeglichen werden, was eine Optimierung der Wahl ermöglicht (optimales Foraging, Pyke et al. 1977; Abschn. 4.3.2). Fische sind optisch orientierte Räuber und daher nehmen Zooplankton fressende Fische größeres Zooplankton leichter wahr. Als Ergebnis führt starker Fischräuberdruck in der Regel zu einer selektiven Entfernung von größerem Zooplankton und einer Ersetzung durch kleinere. Dies wurde erstmals systematisch von Brooks und Dodson (1965) untersucht, die die Größenverteilung des Zooplanktons vor und nach der Invasion nordamerikanischer Seen durch den Zooplankton fressenden Fisch Alewife (*Alosa pseudoharengus*) verglichen. Vor der Invasion hatte die Größenverteilung des Zooplanktons ein Maximum bei ca. 0,8 mm Körperlänge, während nach der Invasion das Maximum bei ca. 0,25 mm lag und Zooplankton >0,6 mm fast fehlte. Shapiro und Wright (1984) beobachteten eine Zunahme der durchschnittlichen Zooplanktonlänge von ca. 0,25 mm auf rund 1 mm nach experimenteller Entfernung von Fischen aus dem Round Lake, Minnesota, USA. Nach zahlreichen ähnlichen Beobachtungen ist die Größenverteilung des Zooplanktons nun ein gut etablierter Indikator für Fischräuberdruck.

Verteidigungsstrategien

Um seine Beute zu bekommen, muss ein Räuber sie treffen, sie wahrnehmen, sie angreifen, sie fangen und ihren Widerstand überwinden. Die Beute kann Ver-

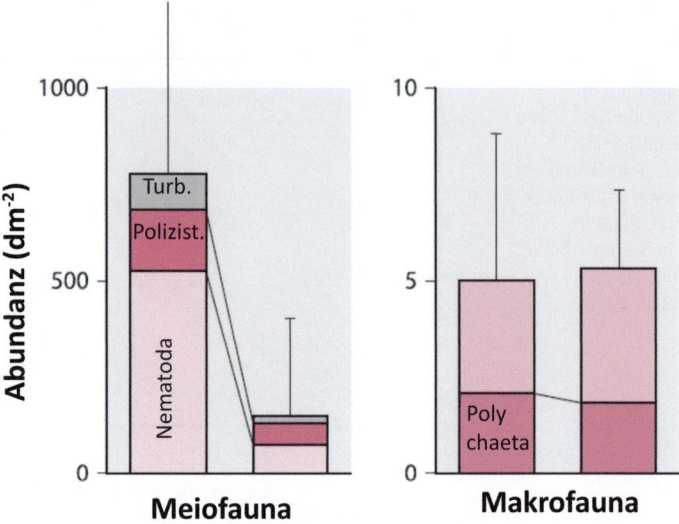

Abb. 6.22 Effekte des Zugangs der Soldatenkrebses *Mictyris longicarpus* zu experimentellen Käfigen im australischen Watt. **Linke Spalten**: Zugang für Soldatenkrebse, **rechte Spalten**: kein Zugang, Tudb: Turbellaria, Cop: Copepoda (Abb. 8.19 in Sommer 2005, nach Daten in Dittmann 1993)

teidigungsstrategien gegen jeden dieser Schritte entwickeln und Räuber können Mechanismen entwickeln, um Abwehrmaßnahmen zu überwinden.

Wahrnehmung. Die meisten Kopffüßer, Fische, Vögel und Säugetiere nehmen ihre Beute visuell wahr, viele kleine Tiere lokalisieren ihre Beute durch Chemorezeption oder Mechanorezeption, z. B. nehmen räuberische Ruderfußkrebse ihre Beute durch Turbulenzen wahr, die durch Schwimmen verursacht werden. Die Vermeidung der Wahrnehmung durch das Aufhören zu schwimmen bedeutet in der Regel, dass Fütterungsmöglichkeiten geopfert werden. Die Vermeidung der Wahrnehmung durch visuelle Raubtiere ist entweder durch **Verstecken** oder durch **Tarnung** möglich. Versteckmöglichkeiten beinhalten das Vergraben im Sediment, die Nutzung des Schutzes, der durch Makrophyten, Spalten und Höhlen geboten wird. Tarnung im Benthos bedeutet eine Färbung, die dem Untergrund ähnlich ist. Im Pelagial bedeutet Tarnung entweder Transparenz (viele Zooplankter) oder eine bläuliche oder silberne Färbung mit einem dunkleren Rücken und einem helleren Bauch. In durch Algenblüten verfärbtem Wasser kann auch eine grünliche und bräunliche Färbung einen Tarnungseffekt haben, z. B. bei vielen Süßwasserfischen. Räuber können bessere sensorische Fähigkeiten entwickeln, um immer noch gut getarnte Beute zu sehen, wie man an den größeren Augen von mesopelagischen Fischen sehen kann. Zooplankton hat einen Mechanismus entwickelt, um sich in der Pelagialzone durch **tägliche Vertikalwanderung** zu verstecken, indem es die Tagesphase in tieferem, dunklerem Wasser verbringt und die

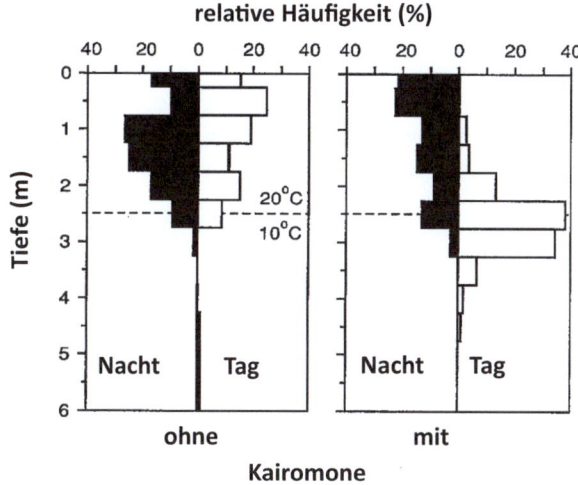

Abb. 6.23 Vertikalwanderung des Wasserflohs *Daphnia* in experimetellen Planktontürmen mit und ohne fischbürtige Kairomone. (nach Daten in Lampert & Loose 2002)

Nachtphase mit der Fütterung von Phytoplankton nahe der Oberfläche verbringt (Abb. 6.23).

Kasten 6.2: Tägliche Vertikalwanderung: Eine Fallgeschichte für die Suche nach proximaten und ultimativen Faktoren in der Ökologie

Obwohl die Vertikalwanderung seit den frühen Tagen der Zooplanktonforschung bekannt war, wurde erst in den 1970er und 1980er Jahren ein Konsens über ihren adaptiven Wert erreicht. Zuvor wurden die **proximaten Faktoren**, d. h. die Auslöser für das Verhalten, geklärt (Ringelberg et al. 1967). Das Schwimmen nach unten basiert auf negativer Phototaxis, d. h. der Tendenz, sich vom Licht wegzubewegen. Das Schwimmen nach oben basiert auf positiver Phototaxis, d. h. der Tendenz, sich zum Licht hin zu bewegen. Der Wechsel zwischen einer negativen und positiven Phototaxis wird nicht durch ein bestimmtes Einstrahlungsniveau ausgelöst, sondern durch die täglichen Maxima der Änderung der Einstrahlung. Solche schnellen Änderungen treten während des Sonnenuntergangs und während des Sonnenaufgangs auf. Die Lichtänderung während des Sonnenuntergangs löst einen Wechsel zur positiven Phototaxis aus, während die Lichtänderung während des Sonnenaufgangs einen Wechsel zur negativen Phototaxis auslöst.

Aber warum hat sich die tägliche vertikale Migration bei so vielen Tiergruppen entwickelt? Was ist der Nutzen in der natürlichen Selektion, wenn Tiere während der Lichtperiode die nahrungsreiche Oberflächenzone verlassen? Diese Frage ist die Suche nach **ultimativen Faktoren**. Grundsätzlich konkurrierten zwei Hypothesen oder Gruppen von Hypothesen über mehrere Jahrzehnte.

Die Hypothesen von **metabolischen Vorteilen** boten mehrere Erklärungen. Phytoplankton sollte am Abend einen höheren Nährwert haben als tagsüber, wegen der Anhäufung von Speicherprodukten aus der Photosynthese. Die Atmung des Zooplanktons ist bei den niedrigeren Temperaturen in der Tiefe geringer. Daher kann Zooplankton Energie sparen und in die Produktion investieren. Allerdings zeigten alle Versuche, diese Vorteile zu quantifizieren, dass sie den Nachteil des geringeren Fressens während des Tages (Lampert 1993) und einer langsameren Entwicklung unter kälteren Bedingungen (Kerfoot 1985) nicht aufwiegen können.

Die Hypothese der **Räuber-Vermeidung** besagte, dass Zooplankton das Risiko, von visuell orientierten Räubern gefressen zu werden, reduzieren kann, indem es die Lichtphase in tieferen und dunkleren Gewässern verbringt. Diese Hypothese erhielt starke Unterstützung durch eine Analyse, die die Evolution der Vertikalwanderung in historischer Zeit auf der Grundlage eines Vergleichs von natürlich fischlosen Bergseen, die zu dokumentierten Zeiten künstlich besetzt wurden, zeigte (Gliwicz 1986). Die dominierende Zooplanktonart in diesen Seen ist der Ruderfußkrebs *Cyclops abyssorum*. Ein Teil dieser Seen war mit Fischen (Forelle oder Saibling) 5 bis >1000 Jahre vor der Gegenwart besetzt. Die täglichen Migrationsamplituden von *C. abyssorum* nahmen mit dem Alter der Fischbestände zu und es gab überhaupt keine Migration in immer noch fischlosen Seen. Schließlich zeigten Lampert und Loose (1992) und Loose et al. (1993) experimentell in 11 m hohen Planktontürmen, dass die vertikale Migration von Zooplankton durch den „Geruch" von Fischen, d. h. durch **Kairomone**, die von Fischen ins Wasser abgegeben werden, induziert werden kann (Abb . 6.23)

Entscheidung. Räuber können davon abgehalten werden, eine potenzielle Beute anzugreifen, wenn sie bereits schlechte Erfahrungen gemacht haben, z. B. durch defensive morphologische Merkmale wie Stacheln oder durch schlechten Geschmack oder Toxizität. In diesem Fall kann es für die Beute von Vorteil sein, auffällig zu sein, anstatt getarnt zu sein. Das Aufblasen zu einer kugelförmigen Form durch giftige Kugelfische ist ein solcher Abschreckungsmechanismus.

Flucht ist eine der häufigsten Methoden, um der Prädation zu entgehen. Schnelle Flucht und schnelle Verfolgung von Beute gelten als evolutionäre Ursache für die Dominanz der Torpedoform unter pelagischen Fischen als Anpassung zur Reduzierung des Widerstands (Verity und Smetacek 1996). Im Gegensatz dazu ist die Selektion für Schwimmgeschwindigkeit in benthischen Lebensräumen nicht so universell, da es viele Möglichkeiten zum Verstecken gibt und viele sessile oder langsam bewegende Beute vorhanden ist. Dementsprechend sind benthische Fische in ihrer Körperform viel vielfältiger als pelagische.

Die wichtigsten Gruppen des Krebstier-Zooplanktons, die Cladocera und die Copepoda, unterscheiden sich auffällig in ihren Fluchtgeschwindigkeiten. Copepoden können schnelle Fluchtsprünge ausführen, wenn sie die Wasserströmung spüren, die durch den Versuch eines planktivoren Fisches verursacht wird, sie einzusaugen. Daher werden Cladoceren zuerst gefressen, wenn Fischen eine Mischung aus Copepoden und Cladoceren angeboten wird.

Mechanische Verteidigung kann aus Stacheln und anderen Strukturen bestehen, die die Handhabung erschweren. Im Benthos sind harte Schalen eine der effektivsten Verteidigungsmechanismen, aber selbst diese können geknackt werden, z. B. von gepanzerten Krebstieren, oder gebohrt. Dennoch machen Schalen die Handhabung schwieriger und erhöhen die Handhabungszeit, was den Räuber dazu veranlassen könnte, eine leichtere Beute zu wählen. Da die Schalendicke oft mit Alter und Größe zunimmt, sind größere Individuen besser geschützt (Abb. 6.24).

Zooplanktern fehlen dicke Schalen, weil diese sie zu schwer machen würden. Es gibt jedoch Modifikationen in der Morphologie, die einen gewissen Schutz bieten können, nicht so sehr gegen Fische, aber gegen räuberisches Zooplankton. Oft werden diese morphologischen Strukturen durch chemische Signale von Räubern induziert, wie bewegliche Stacheln beim Rädertier *Brachionus calyciflorus* (Halbach 1969), steife Stacheln beim Rädertier *Keratella testudo* (Stemberger 1988), Nackenzähne und Helme bei mehreren *Daphnia* spp. (Tollrian und Harvell 1999; Laforsch und Tollrian 2004; Abb. 6.25).

Toxine können Angriffs- oder Verteidigungsfunktionen haben. Die Toxine von Cnidaria haben eine Angriffs- und eine Verteidigungsfunktion. Beuteorganismen werden gelähmt oder getötet, nachdem sie mit den Nematocysten tragenden Ten-

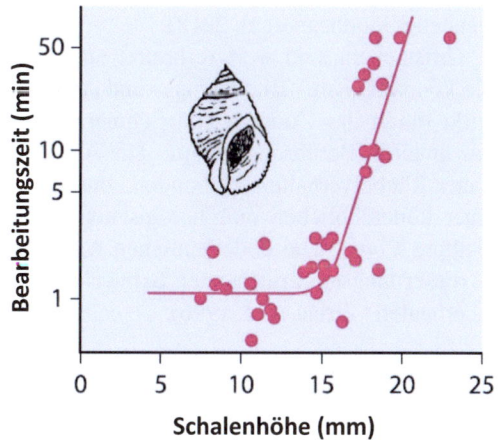

Abb. 6.24 Zeit, die von 6–7 cm großen Strandkrabben (*Carcinus maenas*) benötigt wird, um die Schalen der Gastropode *Nucella lapillus* in Abhängigkeit von der Schalenhöhe zu knacken. (Quelle: Abb. 7.27 in Sommer 2005 nach Daten in Hughes und Elner 1979)

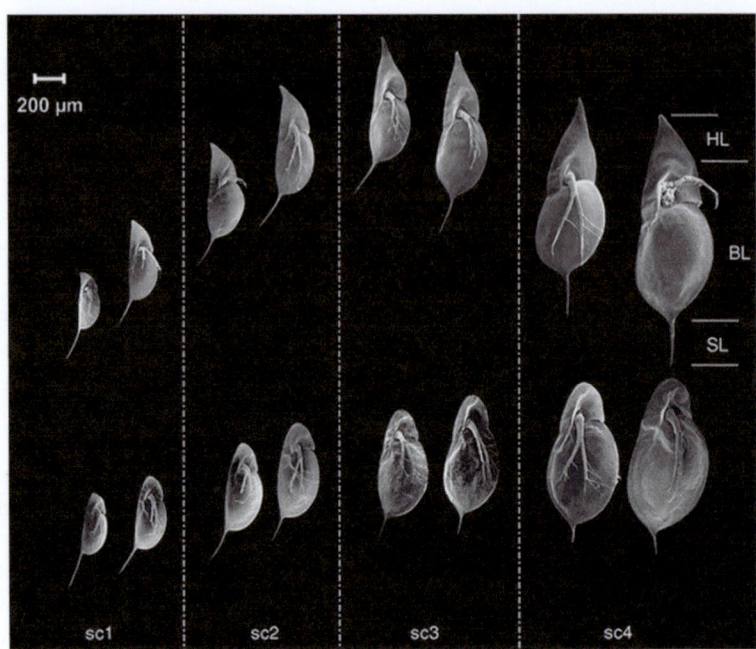

Abb. 6.25 Rasterelektronenmikroskopische Aufnahmen der ersten acht Stadien von *Daphnia cucullata*, die zur Bildung von Helmen induziert wurden (obere Reihe) oder ohne Induktion (untere Reihe). (Quelle: Abb. 1 in Laforsch und Tollrian 2004, mit Genehmigung von John Wiley und Sons)

takeln in Kontakt gekommen sind. Andererseits kann das Erleben von Schmerzen, das durch den Kontakt mit den Nematocysten entsteht, Angriffe von Räubern stoppen. Es gibt auch einige spezialisierte Räuber in der Gruppe der Nacktschnecken-Gastropoden, die gegen diese Toxine resistent sind, Cnidaria aufnehmen und die „gestohlenen" Nematocysten (kleptocnidae) für ihre eigene Verteidigung verwenden (Goodheart et al. 2018).

Giftstacheln sind weit verbreitet unter benthischen Fischen und Wirbellosen. Sie könnten auch Verteidigungs- und Angriffsfunktionen haben. Die Verteidigung wirkt durch das Zufügen von Schmerzen oder sogar Tod an einen Räuber, der mit ihnen in Berührung kommt. Die Angriffsfunktion ist in der Regel mit einem Lauer-Räuberverhalten verbunden, das die Beutestacheln in Kombination mit einer köderähnlichen morphologischen Struktur verwendet, wie Schnecken der Gattung *Conus*. Die köderähnlichen Anhänge ziehen Fische an und ermöglichen es dieser langsam kriechenden Schnecke, auf viel schneller schwimmende Fische zu erbeuten (Terlau et al. 1996).

6.2.4 Parasitismus und Krankheit

Auswirkungen auf Populatioebene

Es gibt eine Anzahl von gut dokumentierten Beispielen, die zeigen, wie Parasiten und Parasitoide zu Sterblichkeit oder verminderter Fruchtbarkeit führen können, was zu erheblichen Auswirkungen auf die Populationsdynamik und die taxonomische Zusammensetzung führt. Manchmal führt Parasitismus sogar zu regionalen Aussterben von Arten, wie dem europäischen Flusskrebs *Astacus astacus* durch die „Krebspest". Parasiten und Krankheitserreger sind ein gut entwickelter

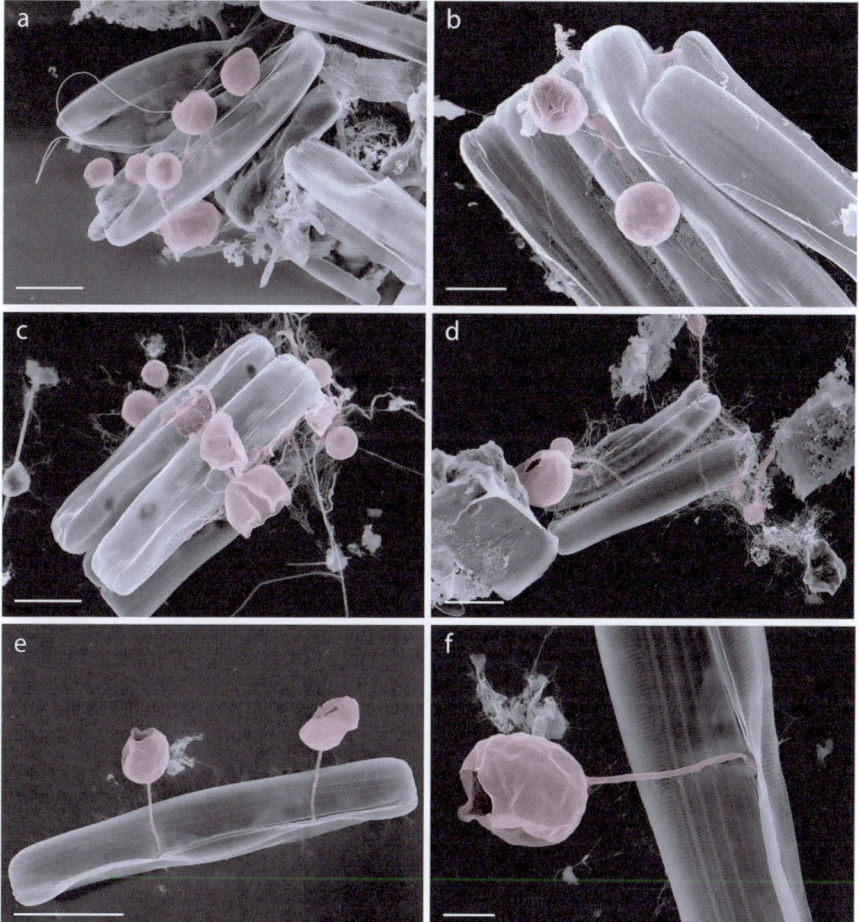

Abb. 6.26 Rasterelektronenmikroskopische Aufnahmen von Diatomeen-Frusteln mit Chytrid-Sporangien (in falschem Rot). (Quelle: Kilias et al. 2020, https://commons.wikimedia.org/wiki/Category:Chytridiomycota#/media/File:Pennate_diatoms_infected_with_chytrid-like_fungal_pathogens.webp, CC BY-SA 4.0)

Forschungsschwerpunkt in der Biologie von Fischen und wirbellosen Meeresfrüchten.

Phytoplankton. Pilze aus den Gruppen Chytridiomycetes und Oomycota sind weit verbreitete Parasitoide, die Phytoplankton infizieren. Zoosporen heften sich an die Oberfläche von Wirtsalgen und entwickel Rhizoide, die in den Wirt eindringen und die dessen Protoplasten verdauen und verbrauchen. Der gewonnene Kohlenstoff wird zur Produktion von Gametangien oder Sporangien (Abb. 6.26) an der Oberfläche der Wirtszellen verwendet. Gameten und Zoosporen werden ins offene Wasser freigesetzt. Normalerweise sind Pilzparasiten **hochspezifisch für den Wirt** und können innerhalb weniger Wochen zu einem Zusammenbruch der Population führen, wenn die Bedingungen für Massenausbrüche günstig sind. Solche Zusammenbrüche wurden sowohl aus dem Plankton von Seen als auch, seltener, aus dem marinen Plankton berichtet (van Donk und Ringelberg 1983; Holfeld 1998).

Die Geschwindigkeit von Ausbrüchen hängt oft von der Dichte der Wirte ab, da kleinere Abstände zwischen den Individuen Infektionen durch Zoosporen erleichtern. Zusammen mit der hohen Wirtsspezifität kann dies dies eine kompetitive Exklusion im Phytoplankton durch einen „Kill-the-Winner"-Mechanismus verhindern (Thingstad und Lignell 1997). Das Gleiche gilt für die intraspezifische genetische Vielfalt, wenn es einen Trade-off zwischen Widerstandsfähigkeit des Wirts und Wettbewerbsfähigkeit verschiedener Genotypen gibt, wie es für die Süßwasserdiatomee *Asterionella formosa* gezeigt wurde (De Bruin et al. 2004).

Ausbrüche hängen nicht nur von der Wirtsdichte ab, sondern auch von den physiologischen Bedingungen der Wirte und weiteren Umweltbedingungen. Licht- oder P-limitierte Diatomeen sind eine schlechte Nahrungsbasis für die Entwicklung von Parasitoiden und reduzieren daher Ausbrüche (Bruning 1991). Auch niedrige Temperaturen haben eine dämpfende Wirkung auf Ausbrüche, was bedeutet, dass Frühjahrsblüten, die in kälterem Wasser wachsen, weniger betroffen sind (Ibelings et al. 2011).

Zooplankton. Der Süßwasser-Cladocere *Daphnia* ist eine jener Zooplanktonarten, deren Parasiten und Parasitoide gut untersucht sind (Ebert 2005). Dazu gehören Bakterien, Pilze und Mikrosporidien. *Daphnia* wird nicht nur von Endoparasiten infiziert, die die Hämolymphe, das Gewebe und die Darmwände befallen, sondern es gibt auch Epibionten, die sich auf der Carapax-Oberfläche ansiedeln. Einige der Parasiten können tödlich sein, während andere nur das Wachstum und die Geburtenrate reduzieren. Einer der Parasiten ist die Hefe *Metschnikowia bicuspidata*. Sporen dieses Parasiten werden von *Daphnia* aufgenommen und durchdringen dann die Darmwände. Nach der Keimung in der Hämolymphe füllen nadelförmige Sporen von ca. 45 µm Länge die Körperhöhlen und die transparenten Tiere beginnen, trüb zu werden. Anfangs wird die Fruchtbarkeit reduziert und nach ca. 2 Wochen stirbt die *Daphnia*. Sporen können von infizierten lebenden und toten Tieren freigesetzt werden. Eine „vertikale Übertragung" von Müttern auf Töchter scheint selten zu sein, während die **horizontale Infektion** über die Umwelt die Regel ist.

Es gibt einige Hinweise aus Feldstudien, dass Parasitismus die taxonomische Zusammensetzung von Zooplankton-Gemeinschaften beeinflussen könnte (Decaestecker et al. 2005). Tödliche oder kastrierende parasitäre Dinoflagellaten wurden für mehrere marine Copepoden berichtet (Skovgaard und Saiz 2006).

Zoobenthos. Es gibt zahlreiche Berichte über parasitäre Krankheiten des Zoobenthos. Nicht überraschend wurde viel Arbeit auf kommerziell wertvolle Meeresfrüchte, wie den Hummer, verwendet (Shields 2011). Es gibt auch einige Bedenken, dass negative Auswirkungen von Parasiten auf wichtige Meeresfrüchtearten mit der globalen Erwärmung zunehmen könnten (Shields 2019).

Parasitäre Effekte können indirekte Auswirkungen über den Wirt hinaus haben. Die Schlammschnecke *Hydrobia ulvae* ist ein wichtiger Ökosystemingenieur, der an der Oberfläche von intertidalen Schlickflächen wie im Wattenmeer lebt. Durch ihren Fütterungsprozess ist sie ein wichtiger Bioturbator, der die Oberflächenstruktur des Sediments und damit die Lebensbedingungen für andere Taxa verändert. *H. ulvae* ist auch ein Zwischenwirt für Trematodenlarven, die zu vielen Arten gehören. Mouritsen und Haun (2008) verglichen Käfige ohne Schnecken, mit niedrigen Dichten und hohen Dichten von parasitenfreien *H. ulvae*, und Behandlungen mit hoher Dichte mit 33 und 100 % infizierten *H. ulvae*. Parasiten hatten den gleichen Effekt wie eine Verringerung der Dichte, was auf eine Reduzierung der Aktivität durch die Parasiten hindeutet. Chlorophyllkonzentrationen als Proxy für die Biomasse von Mikroalgen, die Häufigkeit von Nonionidae (Gastropoda) und Cyclopidae stiegen mit der *H. ulvae*-Dichte, nahmen aber mit der Trematoden-Prävalenz ab, während epipelische Diatomeen, die Hauptnahrung von *H. ulvae*, das gegenteilige Muster zeigten.

Regionale Aussterben und globale Rückgänge

Es gibt mehrere Fälle, in denen Parasiten- oder Pathogenauswirkungen regionales Aussterben verursacht haben oder zumindest mit dem Risiko eines bevorstehenden Aussterbens in Verbindung gebracht werden.

Die „**Krebspest**" ist eines der bekanntesten aquatischen Beispiele für regionales Aussterben durch einen Parasiten. Der europäische Krebs *Astacus astaci* verschwand aufgrund einer parasitären Krankheit durch den Oomyceten *Aphanomyces astaci* (Alderman 1996) aus den meisten Teilen seines natürlichen Verbreitungsgebiets. Der Parasit infiziert auch andere Süßwasser- oder katadrome Dekapodenkrebstiere (Svoboda et al. 2009), aber bisher wurde keine verheerende Auswirkung wie die auf *A. astacus* gefunden.

Die "**Seagrass Wasting Disease**" ist ein weiterer Fall, bei dem ein globaler Rückgang einschließlich lokaler Ausfälle zumindest teilweise einem Parasiten, dem Pilz *Labyrinthula* spp., zugeschrieben wurde, obwohl auch andere Umweltfaktoren wie mechanische Schäden durch Baggerarbeiten, bestimmte Fischereipraktiken und das Ankern von Booten in Seegrasbetten zusammen mit Eutrophierung und anderen Arten von Verschmutzung vermutlich zum Rückgang der Seegräser beitragen (Sullivan et al. 2013). Hughes et al. (2018) fanden heraus, dass Nitratanreicherung und Zugabe eines Herbizids die Anfälligkeit des Seegrases *Zostera marina* für *Labyrinthula* erhöhen. Beide Arten von Verschmutzung sind typisch für landwirtschaftliches Abwasser. In einer globalen Übersicht kommen Short und Wyllie-Echeverria (1996) zu dem Schluss, dass menschliche Einflüsse wie mechanische Störungen, Eutrophierung und Verschmutzung stärkere Treiber des Seegrasrückgangs sind als natürliche Störungen, einschließlich *Labyrinthula*.

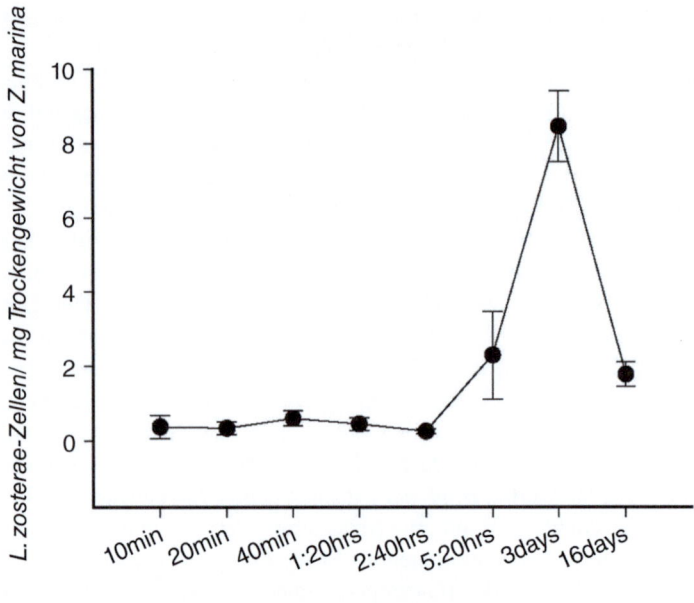

Abb. 6.27 Wachstum und Rückgang von *Labyrinthula zosterae* nach Inokulation von gesunden *Zostera marina* Blättern (Abb. 3 in Brakel et al. 2014, © 2014 Brakel et al. Dies ist ein Open-Access-Artikel, der unter den Bedingungen der Creative Commons Attribution License verteilt wird, die eine uneingeschränkte Nutzung, Verbreitung und Reproduktion in jedem Medium erlaubt, vorausgesetzt, der ursprüngliche Autor und die Quelle werden genannt.)

Evolution der Resistenz. Brakel et al. (2014) untersuchten die Auswirkungen von *Labyrinthula zosterae*, die in den 1930er Jahren auf beiden Seiten des Atlantiks weiträumige Ausfälle von *Zostera marina* verursacht haben soll. Allerdings veränderte *L. zosterae* die Genexpression von heutigem *Z. marina* und induzierte die Produktion von Abwehrmetaboliten, reduzierte jedoch nicht deren Vitalraten. Künstliche Inokulation von gesunden *Z. marina* Blättern führte zunächst zu einem exponentiellen Anstieg von *L. zosterae*, der nach 3 Tagen gestoppt und von einem Rückgang gefolgt wurde (Abb. 6.27). Die Autoren kamen zu dem Schluss, dass *L. zosterae*, im Gegensatz zu den 1930er Jahren, nicht mehr virulent ist.

6.3 Positive Interaktionen

Der Begriff **Facilitation** („das Leben erleichtern") umfasst jene Interaktionen, bei denen mindestens ein Partner profitiert, während zumindest kein Partner einen Nachteil erleidet (Stachowicz 2000), obwohl der Begriff manchmal im engeren Sinne einer einseitig positiven Interaktion und keiner Auswirkung auf den anderen

Partner verwendet wird, eine Interaktion, die heute meist als Kommensalismus bezeichnet wird.

Kommensalismus ist eine einseitig positive und einseitig neutrale Interaktion. Die erleichternden Organismen stellen Ressourcen für den Nutznießer bereit, während der Nutznießer keinen messbaren Effekt auf den erleichternden Organismus hat. **Ökosystem-Engineering** ist ein spezieller Fall von Kommensalismus, bei dem Organismen die physische Struktur der Umwelt verändern und somit einen geeigneten physischen Untergrund für andere Arten produzieren. **Mutualismus** ist eine beidseitig positive Interaktion, bei der beide Seiten voneinander profitieren.

Symbiose bedeutet das Zusammenleben von Individuen verschiedener Arten in enger räumlicher Verbindung. Symbiotische Beziehungen können parasitär, oder mutualistisch sein. In einigen älteren Literaturquellen wurde der Begriff Symbiose nur für mutualistische Beziehungen verwendet, aber in der zeitgenössischen Literatur liegt der Schwerpunkt auf der räumlichen Verbindung, nicht auf Vorteilen und negativen Auswirkungen. Symbionten können innerhalb des Körpers ihrer Partner leben (**Endosymbiose**) oder auf der Körperoberfläche (**Ektosymbiose**). Es kann konstitutiv oder fakultativ sein.

6.3.1 Kommensalismus und Ökosystem-Engineering

Trophischer Kommensalismus
Im Prinzip findet man chemischen Kommensalismus überall dort, wo der Abfall einer Art die Ressource einer anderen Art ist. Dies ist immer der Fall, wenn Organismen jeglicher Ernährungsart DOC ausscheiden, das als Nährsubstrat für heterotrophe Bakterien dient. Ebenso ist es eine Art der Facilitation, wenn Tiere Ammonium oder Phosphat ausscheiden, das als Nährstoff für Autotrophe dient. Normalerweise wird dies nicht als „Kommensalismus" bezeichnet, obwohl es unter die Definition fällt. Typischere Fälle sind kommensalistische Interaktionen zwischen Bakterien, z. B. die Interaktion zwischen den chemosynthetischen **nitrifizierenden Bakterien** *Nitrosomonas* und *Nitrobacter* (Abschn. 4.2.3). *Nitrosomonas* oxidiert Ammonium zu Nitrit, das dann als reduziertes Substrat für *Nitrobacter* dient. *Nitrobacter* gewinnt seine Energie aus der Oxidation von Nitrit zu Nitrat. Die Bereitstellung von Nitrit für *Nitrobacter* kann als trophischer Dienst von *Nitrosomonas* interpretiert werden.

Sedimentstabilisierung
Stabilisierung von Sedimenten ist eine weit verbreitete Rolle von Mikro- und Makroorganismen, die dadurch die Lebensbedingungen im und auf dem Sediment tiefgreifend verändern.
Mikrobielle Sedimentstabilisierung. Frisch abgesetzte Sedimentpartikel werden innerhalb weniger Stunden besiedelt. Zunächst werden „saubere" Partikel von organischen Makromolekülen („Konditionierungsfilme") bedeckt, die aus dem Porenwasser stammen. Dieser Konditionierungsfilm wird von Bakterien besiedelt, die durch die Wasserströmung herangetragen werden oder die durch aktives

Schwimmen, angezogen durch Chemotaxis, in die laminare Grenzschicht eindringen. Die Bakterien scheiden fibrilläre Polymere aus, die sich durch bivalente Kationen miteinander verbinden (Wahl 1989). Die Bakterien selbst bedecken nur 0,01–5 % der verfügbaren Oberfläche, sind aber miteinander verbunden und bedecken die Sedimentpartikel mit einem Netzwerk von **extrazellulären polymeren Substanzen** (EPS). Diese machen auch die Sedimentpartikel klebrig und stabilisieren so das Sediment.

Mikrobielle Matten sind Konsortien von metabolisch unterschiedlichen Mikrobenarten, die physikalisches Ökosystem-Engineering und chemische Facilitation kombinieren. Diese Matten werden strukturell von fadenförmigen Arten dominiert, die in Umgebungen gedeihen, in denen extreme Bedingungen den Fraßdruck reduzieren, zum Beispiel hohe Salinität in Verdunstungspfannen oder Austrocknungsstress im obersten Eulitoral. Ein beeindruckendes Beispiel für **laminierte mikrobielle Matten** (Paterson et al. 1990; Stal 1993; Krumbein et al. 1994) kann man in sandigen Sedimenten im Wattenmeer, den südöstlichen Wattflächen der Nordsee, sehen. Die Oberfläche hat die gelb-braune Farbe von Sand, die nächste untere Schicht ist blau-grün durch Cyanobakterien (z. B., *Oscillatoria limosa*, *Lyngbia converfacea*, *Merismopedia punctata*) gefolgt von einer rosa bis rötlichen Schicht, die von Purpurbakterien dominiert wird. Die unterste Schicht wird von anaeroben sulfatatmenden Bakterien dominiert. Die schwarze Farbe resultiert aus der Ausfällung von Sulfidionen durch Fe (Abb. 6.28). Die **Cyano-**

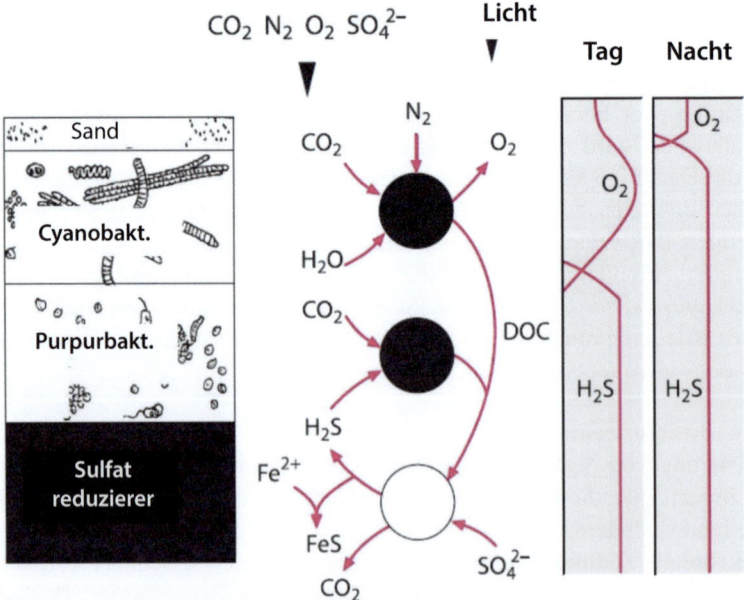

Abb. 6.28 Laminierte mikrobielle Matten im Wattenmeer, **links:** vertikale Struktur; **Mitte:** Netto-Biogeochemische Flüsse, die von den Hauptautotrophen (gefüllte Kreise) und heterotrophen (offener Kreis) Akteuren ausgeführt werden; **rechts:** vertikale Profile von O_2 und H_2S. (Quelle: Abb. 8.16 in Sommer 2005)

bakterien führen tagsüber Sauerstoff produzierende Photosynthese und nachts Stickstofffixierung durch, die Purpurbakterien führen die H_2S-basierte Art der Photosynthese durch. Beide Arten von Autotrophen scheiden DOC aus, das als Ressource für die **heterotrophen Sulfatreduzierer** dient. Diese liefern wiederum den Purpurbakterien H_2S. Die Sulfatreduzierer fällen auch **Calcit** aus, wodurch die Stabilität des Sediments erhöht wird.

$$Ca^{2+} + SO_4^{2-} + 2\,CH_2O \rightarrow H_2S + CaCO_3 + CO_2 + H_2O \qquad (6.3)$$

Sedimentstabilisierung und Bioturbation durch Makroorganismen. Grabende Tiere wie viele Polychaeten und Bivalven können sowohl stabilisierende als auch mischende Effekte haben. Die Beschichtungen der Gänge neigen dazu, das Sediment physisch zu stabilisieren, während der Wassertransport die Eindringtiefe von Sauerstoff erhöht. Sedimentfressen neigt dazu, chemische Gradienten zu zerstören oder zumindest abzuflachen, wenn Fressen und Ausscheidung in unterschiedlichen Tiefen stattfinden. Das Abflachen von vertikalen Gradienten wird als **Bioturbation** bezeichnet. **Verwurzelte Makrophyten** stabilisieren das Sediment mechanisch durch ihre Rhizoide und Wurzeln (Hemmings und Duarte 2000).

Biogene Riffe

Biogene Riffe sind die ultimative Form des Ökosystem-Engineerings, die Bildung von felsähnlichen Strukturen durch konsolidierte Skelettstrukturen oder ausgefällte Produkte von aquatischen Organismen. Heute sind die spektakulärsten Beispiele Korallenriffe, aber es gibt auch andere Arten von aktuellen Riffen, z. B. Riffe durch krustenbildende Algen, Schwammriffe, Riffe, die von Röhrenwürmern gebaut werden, und Austern- und Muschelbänke. In der geologischen Vergangenheit gehörten die dominanten Riffbauer auch zu anderen höheren Taxa, z. B. Archaeocyathida, Stromatoporididae, Bryozoa, etc. (Sorokin 1995). Die Flächenausdehnung der aktuellen Riffe beträgt ca. 600.000 km^2, aber die geologische Bedeutung der fossilen Riffe übersteigt das bei weitem. Ein erheblicher Teil des Kalksteins resultiert aus Riffen, die in der geologischen Vergangenheit gebaut wurden.

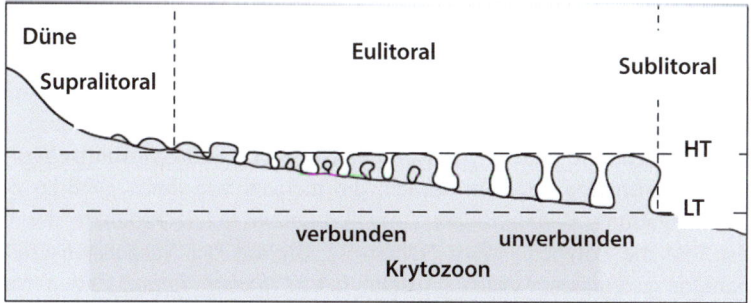

Abb. 6.29 Zonierung der Stromatolithenformen in der Gezeitenzone von Shark Bay. (Quelle: Abb. 7.20 in Sommer 1995, nach Daten in Logan 1961)

Stromatolithen sind die geologisch älteste Form von Riffen und sind seit dem Präkambrium zu finden. Es gibt noch einige wenige Orte der aktuellen Stromatolithenbildung, z. B. hypersaline Seen und tropische Lagunen wie Shark Bay in Australien. Die Stromatolithen entstehen durch Kalkausfällung in Matten von Cyanobakterien auf sandigen Sedimenten und haben eine laminierte Struktur. An Küstenstandorten resultiert die laminierte Struktur aus dem Überwachsen alter, toter mikrobieller Matten durch frische Matten während der Springtidenhochwässer, wenn die Oberfläche mit Wasser bedeckt ist. Monty (1967) beobachtete ein Dickenwachstum von ca. 600 µm während 1 Tag. Zeitrafferaufnahmen konnten auch eine Rolle der Phototaxis durch kriechende Cyanobakterien (Biddanda et al. 2015) dokumentieren. Nach der Überflutung durch das Springtidenhochwasser trocknen die Matten aus und Trockenrisse führen zur charakteristischen Pilzform der Stromatolithen (Abb. 6.29).

Muschel- und Austernriffe oder Bänke können sich auf hartem Untergrund entwickeln, aber auch auf weichem Untergrund, wenn die ersten Siedler Stücke von hartem Substrat, z. B. Muscheln oder kleine Steine, finden, an denen sie sich festsetzen können. Die Schalen dieser ersten Siedler werden dann von weiteren Individuen besiedelt, bis Bänke von Muscheln ihre endgültigen Ausdehnungen erreichen, manchmal mehrere 100 m oder mehr. Besonders Austernbänke können sehr feste mechanische Strukturen werden, fast wie fester Fels. Wenn Muschelbänke auf weichem Untergrund entstehen, führt dies zu einer vollständigen Umgestaltung der sekundären Fauna. Typische Weichboden-Taxa, wie viele Polychaeten und grabende Muscheln, werden durch typische Hartboden-Tiere, z.B. Krebstiere und Oligochaeten, ersetzt (Dittmann 1990).

Tropische Korallenriffe (Sorokin 1995) sind auf einen Gürtel zwischen 25°N und 25°S beschränkt. Ihr jährliches Wachstum reicht von 0,1 mm Jahr^{-1} (Gygi 1969) bis 1 cm Jahr^{-1} (Seibold 1974). Die Dicke der von den Korallen produzierten Kalksteine kann 2200 m erreichen (Malediven). Tropische Korallenriffe entwickeln sich in flachen Gewässern, weil sie lichtabhängig sind. Die riffbildenden Korallen gehören zu zwei Gruppen, den **Steinkorallen** (Scleractinia, Anthozoa, Cnidaria) oder zu **Feuerkorallen** (Milleporaria, Hydrozoa, Cnidaria). Die Polypen vermehren sich hauptsächlich vegetativ durch Knospung oder Längsteilung. Nach der Vermehrung bleiben die resultierenden Tochterpolypen zusammen und bilden große, klonale Kolonien. Die Polypen leben viel kürzer als die Persistenz des kalkigen Exoskeletts. Daher sind die basalen Teile der Korallen tot, während nur die distalen Teile lebende Polypen enthalten. Die Form der Kolonien resultiert aus dem Verzweigungsmuster der Polypen. Sexuelle Fortpflanzung führt zur Produktion von planktonischen Larven, die neue Substrate besiedeln können.

Die biologische Produktion von Korallen hängt von **endosymbiotischen Algen** ab, die **Zooxanthellen** genannt werden, die meisten von ihnen gehören zur Dinoflagellatengattung *Symbiodinium* . *Symbiodinium* liefert Produkte der Photosynthese und die Polypen liefern Nährstoffe, die aus der Suspensionsernährung mit Plankton gewonnen werden (Abschn. 6.4.3). *Symbiodinium* Zellen wachsen innerhalb der Zellen der Polypen. Zusammen mit tropischen Regenwäldern sind Korallenriffe Hotspots der **Biodiversität** und gehören zu den **artenreichsten**

Ökosystemen der Welt. Innerhalb einer Tiefenzone eines Riffs können bis zu 80 verschiedene Arten von Korallen gefunden werden (Sorokin 1995). Riffbildende Korallen schaffen eine reiche physikalische Struktur der Umwelt, die das Zusammenleben einer hohen Anzahl von benthischen Organismen und riffassoziiertem Nekton ermöglicht. Ebenso sind tropische Korallenriffe auch **Hotspots der Produktivität** (Abschn. 7.3.3) Dies ist bemerkenswert, denn die meisten Riffe befinden sich in extrem nährstoffarmen Zonen des Weltmeeres. Die meisten Nährstoffe sind in Biomasse gebunden und Nährstoffe, die von Heterotrophen freigesetzt werden, werden sofort verbraucht. Daher bleibt der Pool an gelösten Nährstoffen im Wasser niedrig (Hatcher 1988).

Die typische **Geomorphologie von Riffen** resultiert aus bevorzugtem Wachstum nahe der Oberfläche aufgrund von Licht und einer Einstellung des Wachstums über der Hochwasseroberfläche aufgrund von Austrocknung. Die Entwicklung eines Riffs beginnt mit einem **Saumriff**, das dann in Richtung offenes Meer wächst. Dies führt zur Entwicklung einer **Riffplatte**, wo Sedimentablagerungen das Korallenwachstum reduzieren und erosive Prozesse beginnen zu dominieren. Dies verwandelt die Riffplatte in eine Lagune und das Riff wird zu einem **Barriereriff**. Wenn Riffe um Inseln wachsen und der Meeresspiegel im Verhältnis zum Inselring ansteigt, entstehen ringförmige **Atolle** (Abb. 6.30).

Riffe sind auch der **Erosion** ausgesetzt, wodurch das Netto-Wachstum ein Gleichgewicht zwischen dem Brutto-Wachstum der Korallen und den erosiven Verlusten darstellt. Erosive Mechanismen beinhalten mechanische Schäden durch Wellenbewegung und Bewegung von Trümmern durch Wellen. Biologische Faktoren beinhalten mechanische Schwächung durch bohrende Schwämme und Muscheln und Fütterung durch korallenfressende Tiere. Einige Papageienfische (Scaridae) Arten beißen Stücke von Korallen ab, zermahlen das Korallenmaterial, verdauen das organische Gewebe und geben die anorganische Materie als feinen Sand frei. Der Dornenkronenseestern (*Acanthaster planci*) frisst das organische Gewebe und lässt das Calciumcarbonat unbeschichtet und anfällig für chemische Korrosion und mechanische Erosion. *A. planci* kann verheerende Auswirkungen auf Riffe

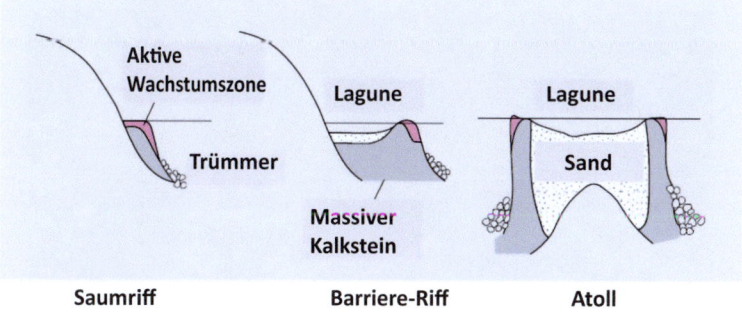

Abb. 6.30 Geomorphologische Entwicklung von Korallenriffen. (Quelle: Abb. 7.21 in Sommer 2005)

haben (Abschn. 7.3.3, Rotjan und Lewis 2008; Fabricius et al. 2000). Weitere negative biologische Effekte sind Überwucherung durch Makroalgen und Weichkorallen, die den Zugang von Steinkorallen zu Licht reduzieren. Diese Überwucherung scheint auch durch Eutrophierung begünstigt zu sein, da heterotrophe Weichkorallen sich von Phytoplankton ernähren (Fabricius et al. 1995). Allerdings kann eine Überfischung von Herbivoren und Prädatoren von Weichkorallen nicht als treibende Faktoren ausgeschlossen werden.

Tiefsee-Korallenriffe. Im Vergleich zu tropischen, flachen Riffen sind Tiefsee-Korallenriffe eine relativ neue Entdeckung, obwohl Fischer bereits vor 250 Jahren versehentlich Tiefseekorallen gefangen haben. Die Tiefsee-Riffe entwickeln sich entlang der Kontinentalränder und um Seamounts, in der Regel in einer Tiefe von 200–2000 m, aber im Trondheimsfjord (Norwegen) finden sie sich bereits in 40 m Tiefe (Fosså et al. 2002; Keller et al. 2017). Die riffbildenden Korallen sind rein heterotroph und tragen keine phototrophen Symbionten wegen des Mangels an Licht. Während es viele Arten von Tiefseekorallen gibt, dominiert eine einzige (*Lophelia pertusa*) zumindest im Nordatlantik den Riffbau (Abb. 6.31).

Epibiose

Epibiose (Abschn. 3.7.1) kann als eine Art von Ökosystem-Engineering betrachtet werden, bei dem der **Basibiont** seine Körperoberfläche als Substrat für die Ansiedlung von **Epibionten** zur Verfügung stellt. Sie ist weit verbreitet im Benthos, wo sessile Organismen ein zweidimensionales Substrat in einen dreidimensionalen Lebensraum umwandeln. Aber Epibiose findet sich auch im Pelagial, der spektakulärste Fall ist das Wachstum von Seepocken auf der Haut von Walen. Die Aus-

Abb. 6.31 Kaltwasserkoralle *Lophelia pertusa* mit einem Furchenkrebs (*Eumunida picta*. (Quelle: http://gallery.usgs.gov/photos/04_15_2010_eIYk05Nbb7_04_15_2010_6#.Ut3_B_fTnrd, USGS, public domain)

wirkungen von Epibionten auf den Basibionten können negativ oder positiv sein, oft abhängig von den aktuellen Bedingungen. Negative Auswirkungen treiben die Evolution von Abwehrmechanismen gegen Epibiose voran (Wahl 2009).

- **Konkurrenzeffekte.** Phototrophe Epibionten üben einen gerichteten Konkurrenzdruck auf phototrophe Basibionten aus, indem sie Schatten werfen und Nährstoffflüsse abfangen. Ähnlich reduzieren suspensionsfressende Epibionten die Verfügbarkeit von Nahrung für suspensionsernährende Basibionten.
- **Nährstoffanreicherung.** Epiphytische Tiere scheiden Nährstoffe aus und können so die Nährstoffversorgung der Basibionten erhöhen.
- **Schutz vor Grazing.** Epibionten sind oft eine schmackhaftere Nahrung als Basibionten, aufgrund der hohen Investitionen der Basibionten in strukturelle, schlecht verdauliche Polymere.
- **Mitverzehr durch Herbivore** kann auftreten, wenn Weidetiere, die von Epibionten angezogen werden, eher unselektiv fressen oder wenn sie sich nach dem Verzehr der Epibionten dem weniger attraktiven Basibionten zuwenden (Karez et al. 2000)
- **Erhöhung des Widerstands** durch Epibionten kann die energetischen Kosten des Schwimmens von Basibionten erhöhen und die Empfindlichkeit von sessilen Basibionten gegenüber Welleneinwirkungen erhöhen, was das Ablösen oder Brechen erleichtert.

Abwehrmechanismen Die negativen Auswirkungen von Epibionten können die Evolution von konstitutiven oder induzierbaren Abwehrmechanismen hervorrufen. Dazu gehören die Produktion von **chemischen Abwehrstoffen** (Pereira et al. 2017; Sudatti et al. 2018), Oberflächen-**Mikrotopographien**, die eine Anhaftung erschweren (Bers und Wahl 2004), und das Abstoßen von Oberflächengewebe, um Epibionten loszuwerden (Littler und Littler 1999)

6.3.2 Mutualismus

Mutualismus ist eine beidseitig positive Interaktion, bei der beide Partner voneinander profitieren. In Teilen der älteren Literatur wurde diese Art von Interaktion als „Symbiose" bezeichnet, während heute der Begriff Symbiose eine enge räumliche Assoziation zwischen beiden Partnern bedeutet, unabhängig von der Bilanz von Vorteil und Nachteil. Mutualismus kann auf verschiedenen Ebenen des Kontakts basieren, von temporären wiederholten Kontakten bis hin zu Mutualismus, der auf Endosymbiose basiert.

Mutualismus kann zerbrechlich sein („**Zusammenbruch des Mutualismus,**" Sachs und Simms 2006), wenn **Betrüger**-Genotypen in einem der Partner entstehen. Betrüger sind Genotypen, die die Dienstleistung des anderen Partners konsumieren, ohne die Gegenleistung zu erbringen oder sogar Parasiten des Partners werden. Wenn diese Genotypen einen Fitnessvorteil erlangen, wird die mutualistische Beziehung schließlich zusammenbrechen. (Bronstein 2001). Offensichtlich übt dies einen Druck auf den Partner aus, Strategien der Bestrafung oder Durchsetzung zu entwickeln. Mutualismus kann auch zusammenbrechen, wenn Umweltveränderungen die Kosten-Nutzen-Bilanz für die Partner verschieben. Derzeit ist noch unklar, wie häufig Zusammenbrüche des Mutualismus sind. Die meisten der verfügbaren Beispiele sind terrestrisch, und es scheint, dass der Zusammenbruch des Mutualismus im Feld weniger häufig ist als in Labor-Co-Kulturen (Frederickson 2017)

Mutualismus ohne Epi- oder Endobiose
Putzerfische und Garnelen sind Ernährungsspezialisten, die sich von Ektoparasiten, abgestorbener Haut und infiziertem Gewebe von der Oberfläche und den Kiemenkammern von Raubfischen ernähren. Dieser Dienst bietet den Putzern Nahrung und den Kunden Gesundheitspflege. Die Putzerfische und Garnelen liegen innerhalb des Nahrungsspektrums der Kunden, sind aber durch eine Signal-Färbung (oft blaue Längsstreifen) geschützt. Diese Signal-Färbung verhindert, dass die Kunden die Putzer fressen. Die Kunden öffnen sogar ihren Mund und erlauben den Putzern, ihn zu betreten, ohne sie zu verschlucken. Das Potenzial der Putzer für die Gesundheitspflege von Fischen wird nun sogar von der Aquakulturindustrie ausgenutzt, z. B. durch den Einsatz von Lippfischen zur Kontrolle von Seeläusen, die Lachse in Aquakulturen parasitieren (Gonzalez und de Boer 2017). Es gibt auch einige Fischarten, die das Aussehen und Verhalten von Putzerfischen imitieren, aber betrügen indem sie gesundes Gewebe von den Kunden abbeißen, d. h. sie verhalten sich als Parasiten. Einige Fischarten können sowohl als Put-

Abb. 6.32 Putzerfische (Neon-Gobies, *Elacatinus* sp.) entfernen Ektoparasiten von einem großen Kunden. (Quelle: NOAA Photo Library ist lizenziert unter CC BY 2.0 – https://www.flickr.com/photos/51647007@N08/39313833154, CC BY 2.0, https://commons.wikimedia.org/w/index.php?curid=102917699)

6.3 Positive Interaktionen

Abb. 6.33 *Amphiprion ocellaris* (Clown-Anemonenfisch) und Tentakeln von Seeanemonen in Papua-Neuguinea. (Quelle: Nick Hobgood, https://upload.wikimedia.org/wikipedia/commons/thumb/a/ad/Amphiprion_ocellaris_%28Clown_anemonefish%29_by_Nick_Hobgood.jpg/640px-Amphiprion_ocellaris_%28Clown_anemonefish%29_by_Nick_Hobgood.jpg, Creative Commons Attribution-Share Alike 3.0)

zer als auch als Betrüger agieren. In diesem Fall haben die Kunden Bestrafungsstrategien entwickelt, um ein kooperatives Verhalten der Putzer zu erzwingen (Bshary und Grutter 2005) (Abb. 6.32).

Seeanemonen und Anemonenfische sind ikonische Beispiele für Mutualismus (Abb. 6.33). Es handelt sich um eine kooperative Beziehung, die gegenseitige Schutzkomponenten und eine einseitige Ernährungskomponente enthält. Seeanemonen sind sessile Cnidaria mit Cnidoblasten (Nesselzellen) auf ihren Tentakeln. Die Anemonenfische (Familie Pomacentridae) tolerieren das Gift der Seeanemonen und sind vor Raubtieren geschützt, die das Gift nicht ertragen können. Im Gegenzug vertreiben die Anemonenfische Falterfische (Familie Chaetodontidae), die sonst die Anemonen fressen würden. Darüber hinaus scheiden die Anemonenfische Ammonium und Phosphat aus, die als Ressourcen der endosymbiotischen Algen (*Symbiodinium*) der Anemonen genutzt werden. Eine Reduzierung der Anemonenfische entweder durch Fischerei oder als experimentelle Störung (Frisch et al. 2016) führt zu einem reduzierten Wachstum und Überleben der Seeanemonen sowie zu einer reduzierten Rekrutierung von juvenilen Anemonenfischen.

Mutualismus basierend auf Epibiose
Einsiedlerkrebse und Seeanemonen. Einsiedlerkrebse (Überfamilie Paguroidea) sind zehnfußige Krebstiere mit einem weichen Abdomen, das keine feste Panzerung hat. Stattdessen verwenden sie leere Schneckenhäuser als Schutz für ihre Abdomen. Einige Einsiedlerkrebse tragen Seeanemonen auf diesen Schalen

(Fernandez-Leborans 2013). Diese Symbiose ist nicht obligatorisch, sowohl Einsiedlerkrebs als auch die Seeanemone können auch ohne Partner leben. Die Seeanemone profitiert von der Fortbewegung des Einsiedlerkrebses und von Nahrung, die durch abfallerzeugendes, unordentliches Fressen des Krebses verfügbar wird, und die Anemone bietet Schutz durch ihre Cnidoblasten. Unter Bedingungen des Hungers kann der Mutualismus zu einer Räuber-Beute-Interaktion wechseln, bei der Einsiedlerkrebse beginnen, die Seeanemonen auf ihrer eigenen Schale oder auf den Schalen von Nachbarn zu fressen (Imafuku et al. 2000).

Mutualismus basierend auf Endosymbiose
Holobiont. Beispiele für die phototrophen Endosymbionten in heterotrophen Organismen, wie in Korallen, sind seit langem bekannt, ebenso wie die Rolle von Darmbakterien bei der Verdauung von Tierfutter. Erst kürzlich wurde jedoch die herausragende evolutionäre Rolle der Endosymbiose klar (Guerrero et al. 2013). Wirtsorganismen und ihre Endosymbionten agieren als evolutionäre und ökologische Einheiten. Molekulare Phylogenien von Wirtsorganismen und ihren mikrobiellen Endosymbionten zeigen die gleichen Verzweigungsmuster, d. h. je verwandter die Wirtsorganismen sind, desto verwandter sind ihre Endosymbionten (Richardson 2017). Daher kann das Konsortium von Wirtsorganismen und ihren Endosymbionten als **Holobiont** oder **Metaorganismus** betrachtet werden. Der Grad der Integration zwischen den Partnern kann den Punkt erreichen, an dem Wirt und Endosymbiont zu Organismen eines neuen Typs werden, wie die **Evolution der eukaryotischen Zellorganisation**. Die Organellen der eukaryotischen Zellen werden als Nachfolger früherer Endosymbionten betrachtet (Margulis und Fester 1991; Margulis et al. 2000).

Die **Chloroplasten** eukaryotischer Phototrophe haben einengemeinsamen Vorfahren, ein cyanobakterieller Endosymbiont, der sich anschließend in eine „grüne" (Chlorophyll b-haltige) und „rote" (Chlorophyll c-haltige) Linie aufspaltete. Die

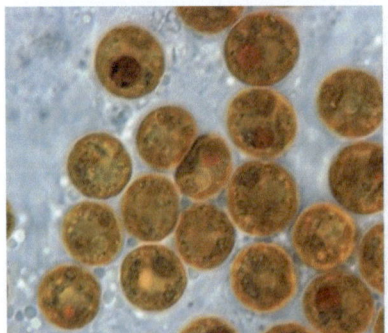

Abb. 6.34 **Links:** Mikrografie von *Symbiodinium*; **rechts:** gebleichtes und ungebleichtes Stück Koralle. (Quellen: links: Allisonmlewis – Eigenes Werk, CC BY-SA 4.0, https://commons.wikimedia.org/w/index.php?curid=38515573 NOAA, CC BY-SA 4.0; rechts: http://oceanservice.noaa.gov/education/kits/corals/media/supp_coral02d.html, public domain)

Chloroplasten der Viridiplantae (Grünalgen und höhere Pflanzen) und der Rhodophyta (Rotalgen) resultieren aus einer primären Endosymbiose, während spätere Holobionten der grünen und der roten Linie wieder Endosymbionten wurden (sekundäre und tertiäre Endosymbionten). Solche sequenziellen endosymbiotischen Ereignisse führten zur Entstehung der Euglenophyta und der Chlorarachniophyta in der grünen Linie und zur Dinophyta, Cryptophyta, Prymnesiophyta, Chrysophyta, Phaeophyta, Bacillariophyta und mehreren anderen in der roten Linie (Grzebyk et al. 2003).

Phototroph-Heterotroph Mutualismus. Der Mutualismus zwischen Flachwasser- Korallen und ihrem Endosymbionten *Symbiodinium* wurde bereits oben erwähnt (Abb. 6.34). Korallen ohne *Symbiodinium* oder Korallen, denen das Licht entzogen wurde, wachsen langsamer als Korallen mit Licht. Der Verlust von *Symbiodinium* kann durch Umweltstress, wie z. B. Hitzewellen, resultieren und ist zu einem großen Umweltproblem geworden (**Korallenbleiche**, Abschn. 9.2.5). Die Endosymbionten liefern bis zu 90 % ihrer photosynthetischen Produkte an ihre Polypen, meist in Form von niedermolekularen Verbindungen, wie Maltose oder Glycerin (Venn et al. 2008). Im Gegenzug erhalten sie Aminosäuren und Peptide von den Polypen, die durch das Fressen von Plankton gewonnen werden. Planktivorie durch die Polypen kann als Nährstoffkonzentrationsmechanismus betrachtet werden, da Korallenriffe normalerweise in ultraoligotrophen Gewässern wachsen, wo die Nährstoffkonzentrationen extrem niedrig sind und Nährstoffe in der Planktonbiomasse weit mehr konzentriert sind als im Wasser. Die Photosynthese der Zooxanthellen ist auch wichtig für die Bildung des kalkigen Exoskeletts, da sie die biogene Kalzitpräzipitation fördert (Abschn. 2.2.3, Gl. 2.9). Nahe der Oberfläche ist die Photosynthese ausreichend für eine positive Kohlenstoff- und Energiebilanz der gesamten Koralle, d. h. die Photosynthese (P) übersteigt die gemeinsame Atmung (R) der Zooxanthellen und der Polypen auf einer 24-Stunden-Bilanz, mit $P{:}R$ Verhältnissen von 1,1 bis 2,2:1 (Sorokin 1995). In 45 m Tiefe sind die $P{:}R$ Verhältnisse nur ca. 0,4:1, was eine zusätzliche, heterotrophe Ernährung durch die Polypen notwendig macht. *Symbiodinium* sensu lato (einschließlich einiger kürzlich abgespaltener Gattungen) werden auch als Endosymbionten in anderen Cnidaria, Foraminifera, Radiolaria, Schwämmen und Riesenmuscheln (*Tridacna* spp.) gefunden. Endosymbiontische Grünalgen (die mit dem nicht-taxonomischen Begriff **Zoochlorellae** bezeichnet werden) finden sich in grün gefärbten Cnidaria und Ciliaten.

Der marine Ciliat **Myrionecta** (früher *Mesodinium*) *rubra* enthält rötliche Chloroplasten, die von Cryptophyceen-Flagellaten stammen, z. B. *Teleaulax, Geminigera*. Dieser Chloroplast plus eine einzelne Membran und ein Kern sind die Überreste von aufgenommenen, freilebenden Flagellaten und überleben bis zu 30 Tage in ihrem Wirt. Sie müssen als **Kleptoplastida** („gestohlene Chloroplasten") klassifiziert werden und können als Modell für den Vorläufer der Integration des Chloroplasten in die Wirtszelle betrachtet werden (Gustafson et al. 2000). Kleptoplastiden illustrieren auch den allmählichen Übergang zwischen Prädation (auf die Flagellaten) und Mutualismus. Der *Mesodinium*-Holobiont kann phototroph,

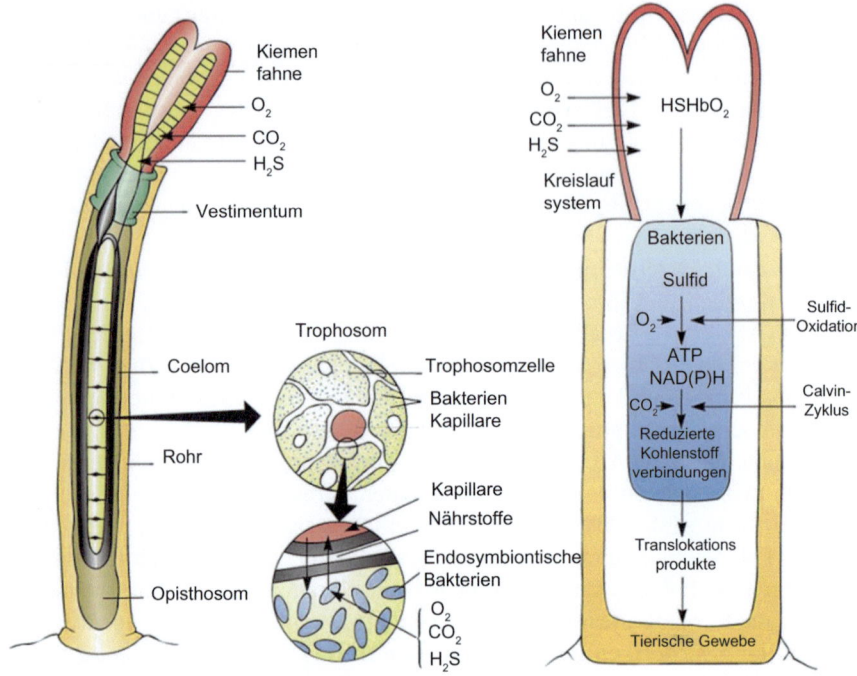

Abb. 6.35 Anatomie und Haupternährungswege des Riesenröhrenwurms *Riftia pachyptila*. (Quelle: Alf Håkon Hoel – https://schaechter.asmblog.org/schaechter/2019/07/of-terms-in-biology-trophosome.html, CC BY-SA 4.0)

Abb. 6.36 Fotografie von *Riftia pachyptila*. (Quelle: https://upload.wikimedia.org/wikipedia/commons/3/31/Riftia_tube_worms_Galapagos_2011.jpg, gemeinfrei)

mixotroph und heterotroph leben, abhängig von der Verfügbarkeit von Ressourcen.

Chemolithoautotroph–Heterotroph Mutualismus. Die spektakulärsten Fälle einer mutualistischen Beziehung zwischen chemolithoautotrophen Bakterien und mehrzelligen Tieren finden sich in hydrothermalen Quellen im Ozean, wo H_2S aus magmatischen Quellen ins Meerwasser freigesetzt wird. Diese Versorgung mit H_2S zusammen mit O_2 im Wasser ermöglicht die Chemosynthese auf der Basis der Oxidation von H_2S (Abschn. 4.2.3). Die auffälligsten Tiere mit endosymbiotischen chemotrophen Bakterien sind die sessilen, riesigen (bis zu 3 m langen) Röhrenwürmer *Riftia pachyptila* (Abb. 6.35 und 6.36) und die Muschel *Calyptogena magnifica*. Sie hat ein rotes Fleisch, das durch hohe Konzentrationen von Hämoglobin gefärbt ist, um effizient Sauerstoff aus dem Wasser aufzunehmen und die chemosynthetischen Bakterien mit Sauerstoff zu versorgen (Childress und Fisher 1992).

6.4 Komplexe Interaktionen

Die meisten der oben beschriebenen Interaktionen sind paarweise, aber strikt paarweise Interaktionen treten fast nur unter reduzierten Laborbedingungen oder in mathematischen Modellen auf. Unter natürlichen Bedingungen sind paarweise Interaktionen in ein Netzwerk weiterer Interaktionen eingebettet. Zum Beispiel können Konkurrenten der Prädation ausgesetzt sein. Wenn die Prädation die Sterblichkeit eines Konkurrenten stärker beeinflusst als die des anderen, kann dies das Gleichgewicht der Konkurrenz kippen, da eine höhere Sterblichkeit zu einem höheren Bedarf an Reproduktion führt, um ausgeglichen zu werden, und somit zu einem höheren R^*, d. h. einer geringeren Wettbewerbsstärke (Abschn. 6.1.3). In diesem Abschnitt werden einige Beispiele für Interaktionen mit drei oder mehr Partnern vorgestellt. Allerdings umfassen auch diese Interaktionen nicht das gesamte Netzwerk von Interaktionen in einem Lebensraum, sondern sind eher Module des gesamten Netzwerks. Das gesamte Netzwerk wird im Fokus des nächsten Kapitels stehen (Kap. 7). Die hier vorgestellten Beispiele können als Module für den Aufbau von Lebensgemeinschaften betrachtet werden.

6.4.1 Algen-Nährstoff-Konkurrenz–Grazing–Nährstoffrecycling

Wie in Abschn. 6.1.3 gezeigt, führt die Nährstoff-Konkurrenz unter Phytoplankton zu einer Dominanz von Diatomeen bei hohen Si:P-Verhältnissen. Gleichzeitig sind Phytoplankton dem Grazing von Zooplankton ausgesetzt. Zooplankton scheidet jedoch selektiv Nährstoffe aus. N und P werden in einer verfügbaren, gelösten Form, als Ammonium und Orthophosphat, ausgeschieden. Diatomeen-Silikat wird jedoch als partikuläre Bruchstücke (gebrochene Diatomeenschalen) ausgeschieden, die sich nur langsam in Wasser auflösen und schnell aus der Oberflächenschicht in geschichteten Gewässern absinkt. Daher neigt Zooplankton dazu, die Si:P- und Si:N-Verhältnisse zu verringern, sobald die Zooplanktonausscheidung über die Nährstoff-Versorgung aus tiefem Wasser dominiert. Daher übt Zooplankton zwei verschiedene selektive Kräfte auf Phytoplankton aus, die weniger essbare Algen begünstigen, aber auch Algen, die bei niedrigen Si:P- oder Si:N-Verhältnissen wettbewerbsfähig sind. Dies ist genau das, was in situ passiert, wenn nach tiefem Mischen oder Nährstoffauftrieb die Si:P- und Si:N-Verhältnisse hoch sind und zunächst Diatomeen dominieren, aber später durch nicht-kieselhaltige Algen ersetzt werden. Sommer (1988) hat dies in einem zweikammerigen experimentellen System nachgeahmt. Beide Kammern waren durch einen Kreislauf verbunden. In einer Kammer konkurrierten Phytoplankton um die begrenzenden Nährstoffe Si und P, während sie in der anderen, dunklen Kammer dem Grazing durch den Wasserfloh *Daphnia* ausgesetzt waren. Wie vorhergesagt, sanken die Si:P-Verhältnisse und der Anteil der Diatomeen nahm ab. Schließlich wurde die ungenießbare, fadenförmige grüne Alge *Mougeotia thylespora* dominant.

Abb. 6.37 Schlusssteinprädation in der Gezeitenzone der NW USA, mit *Pisaster* als Schlüsselprädator, *Mytilus* als Beute und dominanter Konkurrent, und Makroalgen als untergeordneter Raumkonkurrent. (Quelle: https://upload.wikimedia.org/wikipedia/commons/thumb/b/b9/Pisaster_ochraceus%2C_Espa%C3%B1a.jpg/640px-Pisaster_ochraceus%2C_Espa%C3%B1a.jpg, GNU general public licence)

6.4.2 Schlusssteinräuber

Die felsigen Gezeitenzonen an den NW-Küsten der Vereinigten Staaten haben zwei alternative Physiognomien, Dominanz durch Miesmuscheln (*Mytilus californicus*) oder durch eine vielfältige Mischung aus Braunalgen. An stark wellenexponierten Stellen neigen Miesmuscheln zur Dominanz, während Braunalgen an geschützteren Stellen dominieren. Der mechanische Effekt der Wellen konnte diesen Unterschied jedoch nicht erklären. Paine (1966) identifizierte einen Seestern (*Pisaster ochraceus*) als treibenden Faktor durch experimentelle Entfernung von Seesternen (Abb. 6.37). Miesmuscheln und Braunalgen konkurrieren um Siedlungsraum auf den Felsen und Miesmuscheln gewinnen unter den nährstoffreichen Bedingungen in diesem eutrophen Meer. Seesterne sind jedoch gefräßige Räuber, die Miesmuscheln auslöschen und den Weg für Braunalgen ebnen können. Unter natürlichen Bedingungen erfolgt die Entfernung von Seesternen durch Wellen. Paine prägte den Begriff „Schlusssteinräuber" für Seesterne aufgrund seines überwältigenden Einflusses auf die Gemeinschaftsstruktur trotz einer geringen Biomasse und einer geringen Produktionsrate im Vergleich zu Algen und Miesmuscheln.

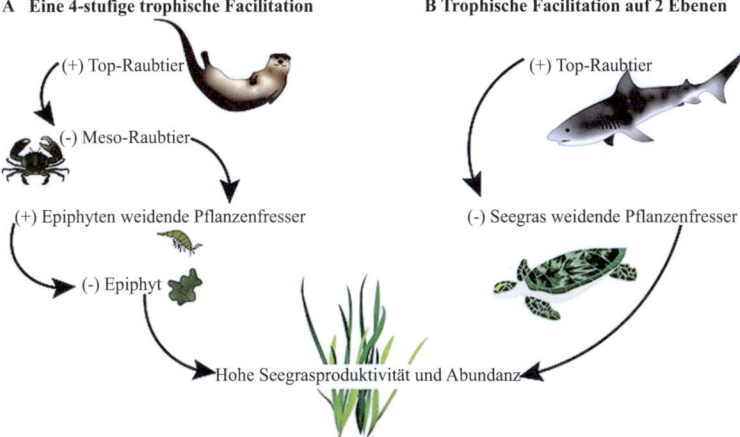

Abb. 6.38 Konzeptuelle Darstellung der abwärts gerichteten Kaskadeneffekte von Top-Räubern. **Links:** Seeotter unterdrücken mesobenthische Räuber wie Krabben, so dass Weidegänger von Epiphyten wie Gammariden und Isopoden von der Räuberdruck befreit werden und mehr Epiphyten verzehren. Die reduzierte Epiphytenlast fördert das Wachstum von Seegras; **rechts:** Haie unterdrücken Meeresschildkröten und befreien Seegras von der Beweidung durch Meeresschildkröten. (Quelle: Abb. 3 in Valdez et al. 2020; https://commons.wikimedia.org/w/index.php?search=trophic+cascade&title=Special:MediaSearch&go=Go&type=image, Creative Commons Attribution 4.0)

6.4.3 Trophische Kaskaden

Trophische Kaskaden sind serielle Räuber-Beute-Beziehungen mit mindestens drei Ebenen (Top-Räuber–Zwischenräuber–Beute), bei denen der Einfluss des Top-Räubers mindestens zwei Ebenen unterhalb des Top-Räubers nach unten kaskadiert. Der indirekte Effekt jedes Räubers in einer solchen Kaskade ist ein vorteilhafter (Förderung) auf die Populationen zwei trophische Ebenen darunter (Abb. 6.38).

Schwertwal–Seeotter–Seeigel–Makroalgen
Seeotter (*Enhydra lutris*) wurden durch die Jagd auf Pelze an den Küsten Alaskas fast ausgelöscht, bis strenge Schutz- und Wiederherstellungsmaßnahmen das Aussterben stoppten. Heute reichen 1–2 Individuen von Seeottern pro km Küstenlinie aus, um ein völlig anderes Aussehen des Sublitorals zu erzeugen. In Anwesenheit von Seeottern gibt es nur wenige und kleine Individuen von Seeigeln (*Strongylocentrotus polyacanthus*) und die Felsen sind mit Makroalgen bedeckt. Ohne Seeotter gibt es viele und große Seeigel und die Felsen sind kahl oder mit krustigen Algen bedeckt (Estes und Palmisano 1974, Abb. 6.39). Die Seeotter sind gefräßige Räuber von Seeigeln, sie bevorzugen die größeren, und retten so die Makroalgen vor dem Abweiden durch Seeigel. Spätere Beobachtungen auf den Aleuten zeigten, dass die dreigliedrige Kaskade sogar zu einer viergliedrigen Kaskade mit dem Schwertwal (*Orcinus orca*) als Top-Räuber erweitert werden kann. Einige Buchten haben flache Schwellen, die den Eintritt von Schwertwalen verhindern, während andere zugänglich sind. Überfischung von pelagischen Beutefischen führte zu einer verstärkten Suche von Schwertwalen nach littoraler Beute einschließlich Seeottern. In Buchten mit Zugang für Schwertwale herrscht im Sublitoral der Zustand Seeigel–kahler Felsen vor, während in Buchten ohne Zugang der Zustand Seeotter–Makroalgen vorherrscht (Estes et al. 1998).

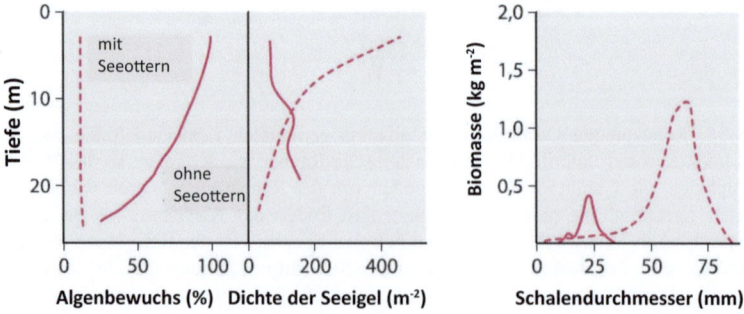

Abb. 6.39 Auswirkungen von Seeottern auf die sublitoralen Gemeinschaften an den Küsten Alaskas. **Links:** % Abdeckung durch Makroalgen; **Mitte:** Dichte der Seeigel; **Rechts:** Biomasse verschiedener Größenklassen von Seeigeln. (Quelle; Abb. 7.29 in Sommer 2005, nach Daten in Estes und Palmisano 1974)

Fisch–Zooplankton–Phytoplankton
Pelagische Kaskaden, die von Fischen zu Phytoplankton reichen, sind in der Limnologie gut etabliert, gestützt durch Vergleiche zwischen verschiedenen Seen und durch experimentelle Entfernung von Fischen (Carpenter et al. 2001). Wenn die Produktivitätsniveaus zwischen den Seen ähnlich sind, führen mehr planktivore Fische zu weniger herbivorem Zooplankton und mehr Phytoplankton, oder umgekehrt. Der Vergleich verschiedener Jahre mit unterschiedlichen Fischbeständen in den gleichen Seen ergibt das gleiche Ergebnis. Sogar die Zugabe von räuberischen Fischen kann einen Kaskadeneffekt auslösen, indem sie planktivore Fische reduzieren. Bei der Korrektur für Unterschiede in der Produktivität des Sees besteht eine negative Korrelation zwischen der Biomasse benachbarter trophischer Ebenen und eine positive zwischen Gliedern, die durch ein Zwischenglied getrennt sind.

Interessanterweise ist der Nachweis vergleichbarer Kaskadeneffekte im Ozean eher schwach. Micheli (1999) analysierte 50 Studien über Fisch–Zooplankton–Phytoplankton-Biomassen oder -Häufigkeiten. In allen Fällen gab es eine negative Auswirkung von planktivoren Fischen auf Zooplankton, aber ein Kaskadeneffekt bis hin zum Phytoplankton wurde nur in einer einzigen Studie gefunden.

Sommer und Sommer (2006) erklärten diesen Unterschied durch Merkmalsunterschiede zwischen den dominanten herbivoren/omnivoren **Mesozooplankton** (0,2–2 mm) Arten in beiden Bereichen. Diese sind die Hauptnahrung von planktivoren Fischen und sollten daher die Verbindung zwischen Fischen und Phytoplankton sein. In vielen Seen wird diese Rolle von Wasserflöhen der Gattung *Daphnia* übernommen, die besonders dominant unter geringer Fischprädation werden. Im Ozean wird die Rolle des herbivoren/omnivoren Mesozooplanktons von Copepoden übernommen. *Daphnia* ernährt sich von Phytoplankton, Bakterien und heterotrophen Protisten von den kleinsten Größen (0,5–1 µm) bis zu 30–50 µm, d. h. sie entfernt den gesamten schnell wachsenden Teil des Größenspektrums des einzelligen Planktons. Copepoden hingegen sind nicht effizient im Grazing von Organismen kleiner als 5–10 µm, haben aber größere obere Größenlimits. Daher üben sie keinen Fraßdruck auf kleines, schnell wachsendes Phytoplankton aus und befreien es sogar vom Fraßdruck durch heterotrophe Protisten wie Ciliaten und mixo- und heterotrophe Dinoflagellaten. Der kombinierte negative Effekt auf großes Phytoplankton und positiver Effekt auf kleines Phytoplankton führt zu einer Verschiebung in der Größenstruktur des Phytoplanktons, aber nicht zu einer Unterdrückung der Gesamtbiomasse. Dies könnte als „teilweise" Kaskade anstelle einer vollen Kaskade bezeichnet werden.

Mycoloop: Phytoplankton–Parasitische Pilze–Zooplankton
Man könnte erwarten, dass parasitäre Pilze des Phytoplankton Konkurrenten von herbivorem Zooplankton sind. Sie können jedoch auch eine vorteilhafte Rolle für das Zooplankton spielen, wenn das Phytoplankton nicht gut essbar ist, z. B. weil es zu groß ist. Zoosporen liegen gut im Größenbereich vieler herbivorer Zooplanktonarten. Daher macht die Freisetzung von Zoosporen einen Teil der Kohlenstoff- und Energiebiomasse des Primärproduzenten für den Verzehr durch Zooplankton verfügbar (Abb. 6.40), ein trophischer Link, der von Kagami et al. (2014)

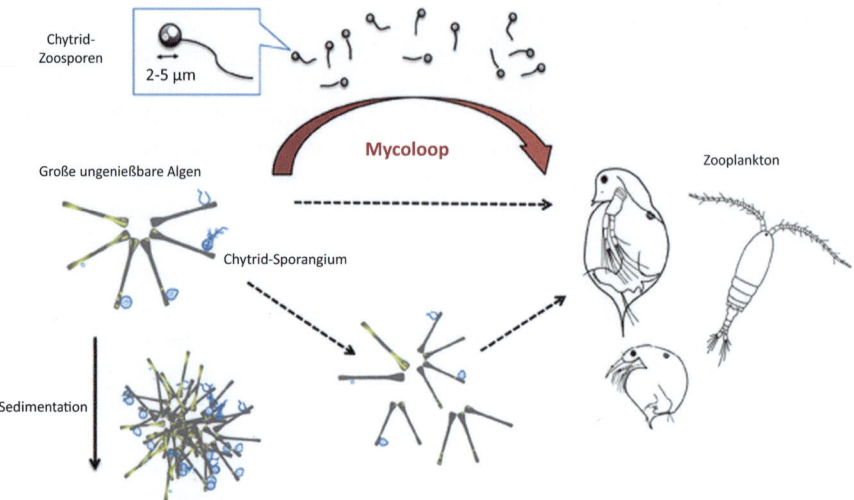

Abb. 6.40 Chytrid-Parasitoide töten die Diatomee *Asterionella*, tote *Asterionella* geht durch Absinken verloren, aber ein Teil des *Asterionlla*-Kohlenstoffs wird für Zooplankton als Chytrid-Zoosporen verfügbar (Abb. 1 in Kagami et al. 2014 – [1], CC BY-SA 4.0, https://commons.wikimedia.org/w/index.php?curid=90618133)

als Mycoloop bezeichnet wird. Es kann sogar eine Komponente der trophischen Aufwertung im Mycoloop geben, da Chytridien-Zoosporen reich an der mehrfach ungesättigten Fettsäure DHA sind, die in der Diatomeenbiomasse knapp oder nicht vorhanden ist.

6.4.4 Alternative Stabile Zustände

Es gibt mehrere Beobachtungen, dass die Zusammensetzung von Lebensgemeinschften und ihr unmittelbares Erscheinungsbild für Beobachter („Physiognomie" in der Terminologie der terrestrischen Vegetationswissenschaft) ausgeprägte, manchmal sogar kontrastierende Zustände zeigt, mit wenig oder gar keinem allmählichen Übergang zwischen den Zuständen, selbst in Abwesenheit von abrupten Veränderungen der Umweltbedingungen. In einigen Fällen wurde eine Kombination aus einer begrenzten Anzahl von Populationsinteraktionen identifiziert, die einen bestimmten Zustand stabilisieren und den Übergang in den anderen Zustand widerstehen. Für einige der bekannten Fälle in der Literatur fehlen noch immer rigorosen Tests aller hypothetisierten Effekte, sondern sie basieren teilweise auf Plausibilität. Eine vollständige Darstellung der Kriterien zur sicheren Identifizierung von alternativen stabilen Zuständen basierend auf Felddaten, Experimenten und Modellierung wird von Scheffer und Carpenter (2003) bereit-

6.4 Komplexe Interaktionen

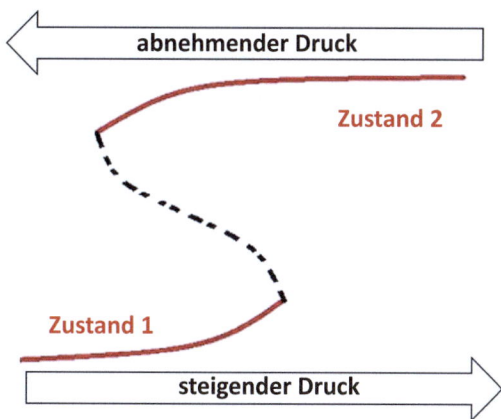

Abb. 6.41 Hysterese im Wechsel zwischen zwei alternativen stabilen Zuständen

gestellt. Typische Merkmale von alternativen stabilen Zuständen sind **plötzliche Veränderung** trotz nur allmählich steigendem Drucks und **Hysterese**: Wenn ein steigender Umweltdruck zu einem abrupten Wechsel von einem Zustand zum anderen führt, erfolgt die Rückkehr zum ursprünglichen Zustand in Reaktion auf die Druckentlastung nicht auf dem gleichen Druckniveau. Die Druckentlastung muss weiter voranschreiten, um eine Wiederherstellung des ursprünglichen Zustands zu erreichen (Abb. 6.41).

Makroalgen–Seeigel–Hummer Die Hummerfänge an der Küste von Nova Scotia, Kanada, gingen in den frühen 1970er Jahren zurück. Gleichzeitig wurden

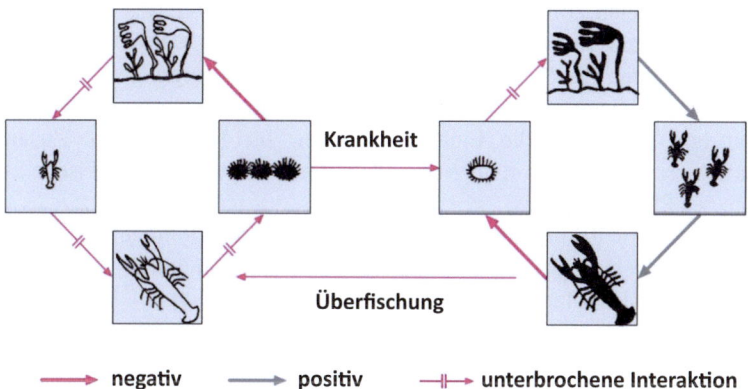

Abb. 6.42 Alternative stabile Zustände im Sublitoral von Nova Scotia, Kanada. **Links:** Seeigel-Zustand; **rechts:** Tang-Hummer-Zustand. Volle Piktogramme zeigen florierende Organismen, leere Piktogramme zeigen unterdrückte an. (Quelle: Abb. 7.30 in Sommer 2005)

sublitorale Tangwälder in kahle Felsen, krustenbildende Algen mit vielen Seeigel (*Strongylocentrotus droebachiensis*) umgewandelt. Mann und Breen (1972) schlugen folgende Erklärung vor, basierend auf einer trophischen Kaskade von Hummer über Seeigel zu Tang und einem Förderungseffekt von Tang auf Hummer. Im **Tang-Hummer-Zustand** bietet der Tang Schutz für juvenile Hummer (Förderung). Daher ist die Rekrutierung von Hummern hoch und die Prädation von Hummern hält die Seeigel-Populationen niedrig. Entsprechend leidet der Tang nur wenig unter dem Fraß durch Seeigel und kann seine schützende Rolle für juvenile Hummer aufrechterhalten. Im **Seeigel-Zustand** dezimieren Seeigel den Tang, zerstören so den Schutz für juvenile Hummer und schützen sich dadurch selbst vor der Prädation durch Hummer. Das System kann entweder durch Überfischung von Hummer oder durch parasitäre Krankheiten der Seeigel von einem Zustand in den anderen gedrängt werden (Abb. 6.42). Elner und Vadas (1990) kritisierten, dass der schützende Effekt von Tang auf juvenile Hummer und das Potenzial von Hummer zur Kontrolle von Seeigeln nicht ausreichend dokumentiert waren, während sie die Beweise für das Potenzial von Seeigeln zur Zerstörung von Tangwäldern akzeptierten.

Phytoplankton–Makrophyten–Zooplankton–Fische in flachen Seen
Flache, nährstoffreiche Seen haben zwei Zustände (Scheffer et al. 1993): **klares Wasser** und eine dichte Bedeckung der Bodens durch von **Makrophyten** oder **trübes Wasser** voll von **Phytoplankton**. Die grundlegenden Mechanismen sind ein gerichteter Lichtwettbewerb, bei dem Phytoplankton die Makrophyten beschattet, und ein beidseitiger Nährstoffwettbewerb zwischen beiden. Viele Makrophyten setzen allelopathische Substanzen frei, um Phytoplankton zu unterdrücken. Zooplankton und Fische spielen ebenfalls eine Rolle. Zooplankton weidet Phytoplankton ab, wodurch die Lichtbedingungen für Makrophyten verbessert werden. Makrophyten bieten Zooplankton Schutz vor Fischprädation, was ihnen hilft, ihren das Phytoplankton zu kontrollieren. Im Gegensatz dazu reduzieren Fische Zooplankton, wodurch die Sterblichkeit von Phytoplankton verringert wird. Darüber hinaus wirbeln bodenfressende Fische das Sediment auf, verringern die Wasserklarheit und verringern die Lichtverfügbarkeit für Makrophyten. Zusammenfassend agieren Zooplankton als Verbündete der Makrophyten und Fische als Verbündete des Phytoplanktons.

Wenn die Nährstoffbelastung eines von Makrophyten dominierten, klaren Sees zunimmt (Eutrophierung), wird es zunächst wenig Veränderung geben, aufgrund der stabilisierenden Mechanismen des Makrophytenstadiums. Überschreitet man jedoch einmal einen kritischen Schwellenwert, wird das System abrupt in den trüben, Phytoplankton-Zustand wechseln. Wenn die Nährstoffbelastung verringert wird (Erholung von der Eutrophierung), muss die Nährstoffreduktion den Punkt des ursprünglichen Schwellenwerts überschreiten, um einen abrupten Wechsel

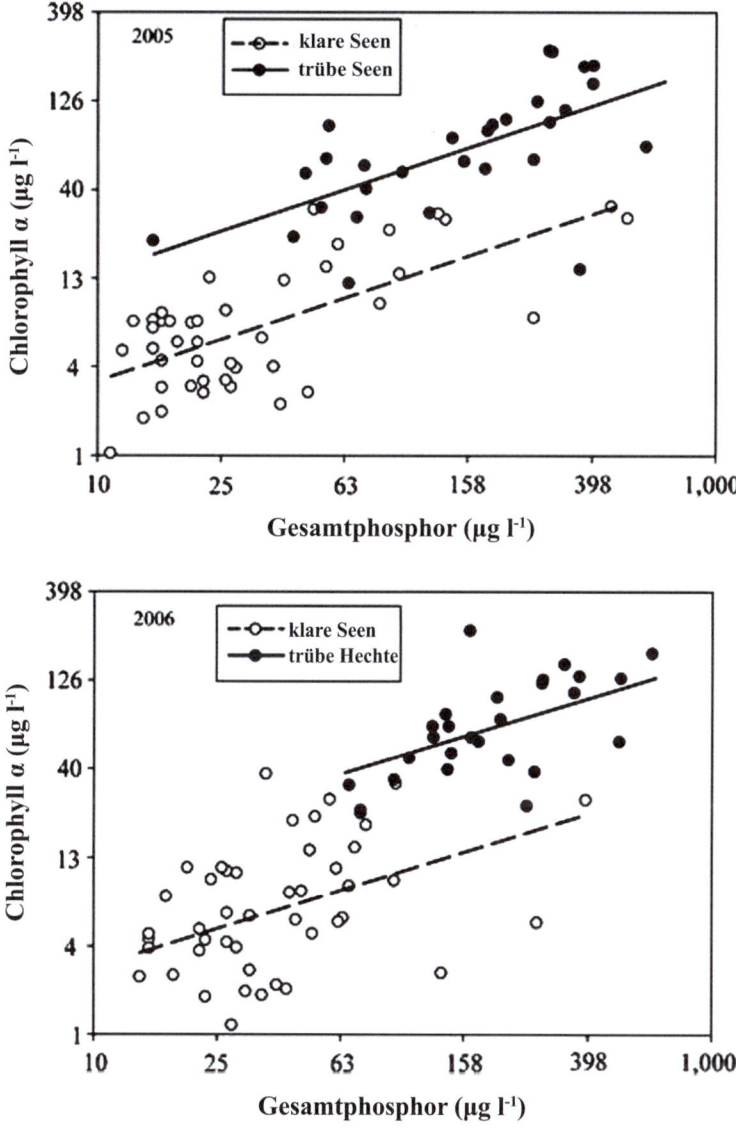

Abb. 6.43 Chlorophyll-TP-Beziehungen in trüben, Makrophyten-armen und klaren, Makrophyten-reichen Prärieseen in Nordamerika. (Quelle: Abb. 3 in Zimmer et al. 2009, mit Genehmigung von Springer Nature)

zum Makrophytenstadium zu erreichen. Diese Verschiebung der Schwellenwerte auf dem Hin- und Rückweg wird als **Hysterese** bezeichnet und ist eines der Kriterien zur Identifizierung alternativer stabiler Zustände (Scheffer und Carpenter 2003).

Zimmer et al. (2009) analysierten 72 flache Prärieseen in Nordamerika und fanden separate Chlorophyll-Gesamtphosphor (TP) Beziehungen für klare, Makrophyten-dominierte und trübe, Makrophyten arme Seen (Abb. 6.43) in 2 aufeinanderfolgenden Jahren. Chlorophyll diente als Proxy für die Phytoplankton-Biomasse und Gesamtphosphor als Proxy für die Nährstoffreichtum. In den Makrophyten-dominierten Seen wurde weniger Phytoplankton gefunden als in trüben Seen auf dem gleichen TP-Niveau. Dies wurde als Unterstützung für die Existenz alternativer stabiler Zustände genommen. Im Gegensatz dazu behauptete eine kürzlich durchgeführte Analyse, die viel längere Zeitreihen einschloss, dass die Hypothese alternativer stabiler Zustände für die Phytoplankton-Phosphor-Beziehung auf lange Sicht nicht aufrechterhalten werden konnte. Stattdessen gab es eine lineare Beziehung zwischen Phytoplankton Chlorophyll und TP (Davidson et al. 2023).

Glossar

allelopathy (Allelopathie) Schädigung konkurrierender Arten durch Freisetzung chemischer Substanzen

alternative stable states (alternative stabile Zustände) System mit mehreren Attraktoren, die durch interne Mechanismen stabilisiert werden

antibiosis (Antibiose) → Allelopathie unter Mikroorganismen

attractor (Attraktor) Kombination von Zustandsvariablen (Punkt im Phasenraum), auf die Zustandsvariablen konvergieren

biotic reefs (biotische Riffe) felsenartige Strukturen, die von Organismen gebaut wurden

bioturbation (bioturbation) Zerstörung von vertikalen chemischen Gradienten im Sediment durch grabende und sedimentfressende Tiere

camouflage (Tarnung) Farbgebung, die Unterscheidung zwischen Organismen und Hintergrund schwierig macht

carnivory (Carnivorie) sich von tierischem Material ernähren

chaos (Chaos) unregelmäßige Schwankungen einer Zustandsvariable mit extremer Empfindlichkeit gegenüber Startbedingungen

character displacement (Merkmalsverschiebung) divergente Evolution von Wettbewerbern, um den Wettbewerb zu minimieren

clear-water phase (Klarwasserstadium) Minimum der Biomasse von Phytoplankton nach der Frühjahrsblüte

competition (Konkurrenz) zweiseitige negative Interaktion zwischen Organismen, die eine Ressource teilen

competitive exclusion (kompetitive Exklusion) Ausschluss eines minderwertigen Wettbewerbers

crayfish plague (Krebspest) eine parasitäre Krankheit, die den europäischen Flusskrebs *Astacus astacus* fast ausgelöscht hat

deep-water corals (Tiefwasserkorallen) Korallen, die in Tiefen wachsen, in denen die Photosynthese von Endosymbionten unmöglich ist

defense (Abwehr, Verteidigung) Eigenschaften oder Verhaltensmuster, die darauf abzielen, vor Raubtieren oder Epibionten zu schützen

diffuse competition (diffuse Konkurrenz) Konkurrenz zwischen Populationen, die im Raum gemischt sind, wo alle Individuen miteinander konkurrieren

directional competition (gerichtete Konkurrenz) Konkurrenz, bei dem nur ein Konkurrent Auswirkungen auf den anderen haben kann, nicht umgekehrt

disturbance (Störung) episodische Faktoren, die zur Zerstörung von Biomasse führen

ecosystem engineering (Ökosystem-Engineering) Modifikation der physischen Struktur der Umwelt durch Organismen

ectoparasite (Ektoparasit) Parasit, der außerhalb des Körpers eines Wirts lebt

endoparasite (Endoparasit) Parasit, der im Körper eines Wirts lebt

epibiosis (Epibiose) auf anderen Organismen leben

exclusion time (Exklusionszeit) Zeit, die benötigt wird, bis ein unterlegener Wettbewerber ausgeschlossen ist

exploitative competition (Ressourcenkonkurrenz) negativer Effekt auf Wettbewerber durch den Verbrauch von geteilten Ressourcen

facilitation (Facilitation) Modifikation der Umwelt zum Vorteil anderer Organismen

grazing (Grazing) Fraß von Pflanzen oder Algen

herbivory (Herbivorie) sich von Pflanzen oder Algen ernährend

holobiont (holobiont) ökologische und evolutionäre Einheit bestehend aus einem Wirt und seinen Symbionten

interference competition (interferenz-Konkurrenz) Verursachung direkten Schadens an Konkurrenten vor der Ausbeutung gemeinsamer Ressourcen

intermediate disturbance hypothesis (Hypothese der mittleren Störung) eine Hypothese, die behauptet, dass die Anzahl der bestehenden Arten bei mittleren Frequenzen und Intensitäten von Störungen maximal ist

interspecific aggression (interspezifische Aggression) Aggression gegen Individuen konkurrierender Arten

kairomone (Kairomon) Warnsubstanz, die Abwehrmerkmale oder -verhalten hervorruft

Keddy's competition theory (Keddys Konkurrenztheorie) eine Konkurrenztheorie, die auf einem Kompromiss zwischen Wettbewerbsstärke und Stress- oder Störungstoleranz basiert

Lotka–Volterra model (Lotka-Volterra Modell) Modell zur Vorhersage der Phasenschieberoszillation von Raubtier- und Beutebeständen

mutualism (Mutualismus) kooperative Interaktion zwischen Organismen, bei der beide Partner sich gegenseitig einen Vorteil verschaffen
neighborhood competition (Nachbarschafts-Konkurrenz) Konkurrenz zwischen benachbarten Individuen
neutrality (Neutralität) Ähnlichkeit der Konkurrenzstärke zwischen Wettbewerbern führt zu (fast) unendlichen Ausschlusszeiten
overgrowth (Überwachsen) eine Form der Interferenzkonkurrenz zwischen sesshaften Organismen, die versuchen, sich gegenseitig zu überwachsen
paradox of the plankton (Paradoxon des Planktons) scheinbarer Widerspruch zwischen der geringen Anzahl limitierender Ressourcen und der hohen Artenvielfalt des Phytoplanktons
parasite (Parasit) Organismus, der sich von (normalerweise kleinen) Teilen von Wirtsorganismen ernährt
predator (Räuber) Organismus, der sich von anderen Organismen ernährt
prey (Beute) Organismen, die als Nahrung für andere Organismen dienen
resource competition (Ressourcen-Konkurrenz) negativer Effekt auf Wettbewerber durch den Verbrauch von geteilten Ressourcen
resource ratio hypothesis (Hypothese des Ressourcenverhältnisses) Hypothese, die behauptet, dass das Verhältnis der begrenzenden Ressourcen das Ergebnis des Ressourcenwettbewerbs bestimmt
sea urchin barren (Seeigel-Brache) kahler Fels im Sublitoral, verursacht durch das Grasen von Seeigeln an Makrophyten
stress (Stress) jeder chronische Faktor, der das Wachstum auf ein niedrigeres als optimales Niveau drückt
symbiosis (Symbiose) in enger räumlicher Verbindung leben
Tilman's competition theory (Tilmans Konkurrenztheorie) eine Konkurrenztheorie, die auf der Annahme von Kompromissen zwischen Wettbewerbsstärken für verschiedene Ressourcen basiert und auf der Ableitung von Vorhersagen aus den Fähigkeiten zur Ressourcennutzung der konkurrierenden Arten
wasting disease (Wasting Disease) parasitärer Infektion, die in den 1930er Jahren zu einem großflächigen Absterben von Seegräsern führte

Übungsaufgaben

Die rechte Spalte der untenstehenden Tabelle zeigt den Ort an, an dem die Antwort gefunden werden kann, logisch abgeleitet aus den Informationen, die im Text enthalten sind, oder berechnet aus den dort vorhandenen Gleichungen.

	Frage	Abschn.
1	Unter welchen Bedingungen werden verschiedene Populationen zu Konkurrenten füreinander?	6.1
2	Was ist der Unterschied zwischen Interferenz und Ressourcenkonkurrenz?	6.1.1
3	Erklären Sie die Unterschiede zwischen diffuser Konkurrenz, Nachbarschaftskonkurrenz und gerichteter Konkurrenz.	6.1.1

Übungsaufgaben

	Frage	Abschn.
4	Wie können Sie Beweise für Allelopathie in einem Co-Kultur-Experiment mit Phytoplankton liefern?	6.1.2
4	Geben Sie ein Beispiel für interspezifische Aggression zwischen konkurrierenden Fischarten	6.1.2
5	Wie konkurrieren krustenbildende Benthosorganismen um Raum?	6.1.2
6	Warum beobachtete Gause in einem Fall Koexistenz und in einem anderen Fall kompetitive Exklusion bei einem Paar *Paramecium* Arten?	6.1.3
7	Was besagt Hutchinsons Paradox des Planktons?	6.1.3
8	Was sind die grundlegenden Kompromisse in Tilman's Konkurrenztheorie?	6.1.3
9	Wer ist der bessere Konkurrent um eine Ressource in Tilmans Theorie: die Spezies, die mehr verbrauchen kann, oder die Spezies, die weniger benötigt, um eine stabile Population zu haben?	6.1.3
9	Was prognostiziert die Ressourcenverhältnis-Hypothese?	6.1.3
10	Welche Phytoplanktongruppen profitieren von hohen Si:P, hohen Si:N, niedrigen N:P und hohen N:P Verhältnissen?	6.1.3
11	Was sind die grundlegenden trade-offs in Keddys Konkurrenztheorie?	6.1.3
12	Ist die Zonierung von Braunalgen im Gezeitenbereich mit Keddys Theorie vereinbar?	6.1.3
13	Warum erhöht die zeitliche Variabilität der Ressourcenversorgung die Anzahl der koexistierenden Arten?	6.1.4
14	Wie beeinflusst die Ausbreitung zwischen verschiedenen Standorten die lokale und die regionale Artenvielfalt?	6.1.4
15	Erklären Sie die Hypothese der intermediären Störung	6.1.4
16	Führt die Konkurrenz um 3 oder mehr begrenzende Ressourcen unter konstanten externen Bedingungen immer zu einem Gleichgewicht mit einer Artenzahl, die maximal der Anzahl der begrenzenden Ressourcen entspricht?	6.1.4
17	Erklären Sie Merkmalsverschiebung	6.1.5
18	Was ist die Rolle der Ausschlusszeit in der Evolution der neutralen Koexistenz?	6.1.5
19	Wie werden Vorteil und Nachteil zwischen Populationen verteilt, die durch eine Räuber-Beute-Interaktion verbunden sind?	6.2.1
20	Warum erzeugt das Lotka-Volterra-Modell der Räuber-Beute-Interaktionen Oszillationen?	6.2.1
21	Wie ändern sich Räuber-Beute-Oszillationen, wenn die Ressourcenbegrenzung der Beute in das Modell einbezogen wird?	6.2.1
22	Wie ändern sich Räuber-Beute-Oszillationen, wenn die Beute aus Genotypen mit unterschiedlich starker Abwehr und einem Trade-off zwischen Abwehr und Wettbewerbsfähigkeit besteht?	6.2.1
23	Was ist die Klarwasserstadium und wie kann es erklärt werden?	6.2.2
24	Erklären Sie die Bedeutung der Größe für die Verteidigung des Phytoplanktons gegen das Grazing	6.2.2
25	Geben und erklären Sie zwei Beispiele für die Induktion von Anti-Grazing-Abwehrmechanismen des Phytoplanktons	6.2.2

	Frage	Abschn.
26	Wie hängt die Bildung von Kolonien in *Phaeocystis* mit Kairomonen zusammen?	6.2.2
27	Ist die Toxizität von Phytoplankton eine induzierte Anti-Grazing-Abwehr?	6.2.2
28	Können Herbivoren für mehrjährige Makroalgen vorteilhaft sein? Wenn ja, in welcher Weise?	6.2.2
29	Erklären Sie Seeigelbrachen	6.2.2
30	Wie können Makroalgen sich vor dem Abweiden schützen?	6.2.2
31	Erklären Sie die Saisonalität des Fraßdruckes von Fischen auf das Zooplankton	6.2.3
32	Wie beeinflusst Fischprädation die Größenstruktur des Zooplanktons	6.2.3
33	Wie können Beutetiere der Entdeckung durch Räuber entgehen?	6.2.3
34	Beschreiben Sie die tägliche Vertilkalwanderung von Zooplankton und erklären Sie deren Vorteile für das Zooplankton	6.2.3
35	Warum haben benthische Fische eine größere Formenvielfalt als pelagische?	6.2.3
36	Warum könnte es für einen Räuber auf Gastropoden profitabler sein, kleinere Beutetiere anzugreifen?	6.2.3
37	Wie unterscheiden sich Parasit-Wirt-Interaktionen von anderen Räuber-Beute-Interaktionen?	6.2.4
38	Kann Parasitismus zu einem starken Rückgang oder sogar zum Aussterben der Wirtspopulation führen? Kennen Sie irgendwelche Beispiele?	6.2.4
39	Was ist der Unterschied zwischen den *Labyrinthula*-Infektionen von Seegräsern in den 1930er Jahren und heute?	6.2.4
40	Was ist der Unterschied zwischen Symbiose und Mutualismus?	6.3
41	Warum kann die Nitrifikation als eine Art der Facilitation betrachtet werden?	6.3.1
42	Erklären Sie die Morphologie und Funktionen von laminierten mikrobiellen Matten im Wattenmeer	6.3.1
43	Erklären Sie, wie sich die typische Form von Stromatolithen entwickelt	6.3.1
44	Was ist die Rolle von *Symbiodinium* bei der Bildung von Korallenriffen?	6.3.1/6.3.2
45	Beschreiben und erklären Sie die Entwicklung der Geomorphologie von Korallenriffen?	6.3.1
46	Was unterscheidet Tiefwasserkorallenriffe von Flachwasser-Riffen?	6.3.1
47	Was sind die Vor- und Nachteile von Epibionten für den Basibionten?	6.3.1
48	Was ist der Zusammenbruch des Mutualismus?	6.3.2
49	Welche Dienstleistungen tauschen Putzerfische und ihre Kunden aus?	6.3.2
50	Welchen Dienst tauschen Seeanemonen und Anemonenfische aus?	6.3.2
51	Warum tragen einige Einsiedlerkrebse Seeanemonen auf ihren Schalen?	6.3.2
52	Erklären Sie das Konzept des „Holobionten"	6.3.2
53	Erklären Sie die Rolle der Endosymbiose für die Evolution der eukaryotischen Zelle	6.3.2
54	Geben Sie Beispiele für Tiere mit chemolithoautotrophen Endosymbionten	6.3.2

Frage	Abschn.
55	Wie können Zooplankter die Nährstoffkonkurrenz zwischen Phytoplanktern beeinflussen?	6.4.1
56	Was ist ein Schlusssteinräuber und wie wurde dieses Phänomen entdeckt?	6.4.2
57	Was ist eine trophische Kaskade? Erklären Sie das Prinzip und geben Sie 2 Beispiele.	6.4.3
58	Warum sind Fisch-Zooplankton-Phytoplankton-Kaskaden häufiger in Süßwasser als im Ozean?	6.4.3
59	Welche internen Mechanismen stabilisieren den Seeigel-Brachen und den von Makrophyten dominierten Zustand im Sublitoral von Nova Scotia?	6.4.4
60	Wie beeinflussen Fische den Übergang zwischen dem von Makrophyten dominierten und dem von Phytoplankton dominierten Zustand in flachen Seen?	6.4.4

Literatur

Alderman DJ (1996) Geographical spread of bacterial and fungal diseases of crustaceans. Revue Scientifique et Technique de l'Office International des Epizooties 15:603–632

Aronson RB, Precht WF (1995) Landscape patterns of reef coral diversity: a test of the intermediate disturbance hypothesis. J Exp Mar Biol Ecol 192:1–14

Bautista B, Harris RP, Tranter PRG, Harbour D (1992) In situ copepod feeding and grazing rates during a spring bloom dominated by *Phaeocystis* sp. in the English Channel. J Plankton Res 14:691–703

Bers AV, Wahl M (2004) The influence of natural surface microtopographies on fouling. Biofouling 20:43–51

Biddanda BA, McMillan AC, Long SA, Snider MJ, Weinke AD (2015) Seeking sunlight: rapid phototactic motility of filamentous mat-forming cyanobacteria optimize photosynthesis and enhance carbon burial in Lake Huron's submerged sinkholes. Front Microbiol 6:930

Blasius B, Rudof L, Weithoff G, Gaedke U, Fussmann GF (2020) Long-term cyclic persistence in an experimental predator-prey system. Nature 577:226–230

Brakel J, Werner FJ, Tams V, Reusch TBH, Bockelmann AC (2014) Current European *Labyrinthula zosterae* are not virulent and modulate seagrass (*Zostera marina*) defense gene expression. PLoS One 9:e92448

Bratbak G, Thingstad GF (1985) Phytoplankton-bacteria interactions: An apparent paradox? Analysis of a model system with both competition and commensalism. Mar Ecol Prog Ser 25:23–30

Brocksen RW, Davis GE, Warren CE (1970) Analysis of trophic processes on the basis of density dependent functions. In: Steele JH (Hrsg) Marine food chains. Oliver & Boyd, Edinburgh, S 468–498

Bronstein JL (2001) The exploitation of mutualism. Ecol Lett 4:287

Brooks JL, Dodson SI (1965) Predation, body size and composition of plankton. Science 150:28–35

Bruning K (1991) Effects of temperature and light on the population dynamics of the *Asterionella-Rhizophydium* association. J Plankton Res 13:707–719

Bshary R, Grutter AS (2005) Punishment and partner switching cause cooperative behaviour in a cleaning mutualism. Biol Lett 1:396–399

Carpenter SR, Cole JJ, Hodgson JR, Kitchell JL, Pace ML, Bade D, Cottingham KL, Essington TE, Houser JN, Schindler D (2001) Trophic cascades, nutrients, and lake productivity: whole-lake experiments. Ecol Monogr 71:163–186

Childress JJ, Fisher CR (1992) The biology of hydrothermal vent animals – physiology, biochemistry and autotrophic symbioses. Oceanogr Mar Biol 30:337–441

Clark JS, Dietze M, Chakraborty S, Agarwal PK, Ibanez I, LaDeau S, Wolosin M (2007) Resolving the biodiversity paradox. Ecol Lett 10:647–659

Connell JH (1978) Diversity in tropical rain forests and coral reefs. Science 199:1304–1310

Davidson TA, Sayer CD, Jeppesen E, Søndergaard M, Lauridsen TL, Johansson LS, Baker A, Graeber D (2023) Bimodality and alternative equilibria do not help explain long-term patterns in shallow lake chlorophyll-a. Nat Commun 14:398

De Bruin A, Ibelings BW, Rijkboer M, Brehm M, van Donk E (2004) Genetic variation in *Asterionella formosa* (Bacillariophyceae): Is it linked to frequent epidemics of host-specific parasitic fungi? J Phycol 40:823–830

Decaestecker E, Declerck S, De Meester L, Ebert D (2005) Ecological implications of parasites in natural *Daphnia* populations. Oecologia 144:382–390

DeMott WR (1988) Discrimination between algae and artificial particles by freshwater and marine copepods. Limnol Oceanogr 33:397–408

DeMott WR, Moxter F (1991) Foraging on cyanobacteria by copepods: responses to chemical defenses and resource abundance. Ecology 72:1820–1834

deWit CT (1960) On competition. Versl Landbouwk Onderz (Landwirtschaftliche Forschungsberichte) 66.8, Wageningen

Dittmann S (1990) Mussel beds—amensalism or amelioration for intertidal fauna. Helgol Meeresunters 44:335–352

Dittmann S (1993) Impact of foraging soldier crabs (Decapoda: Mictyridae) on meiofauna in a tropical tidal flat. Rev Biol Trop 41:627–637

Ebert D (2005) Ecology, epidemiology, and evolution of parasitism in Daphnia. Natl Cent Biotechnol Inf, Bethesda, MD

Elner RW, Vadas RL (1990) Inference in ecology: the sea urchin phenomenon in the Northwestern Atlantic. Am Nat 136:108–125

Engstöm K, Koski M, Viitasalo M, Reinikainen M, Pepka S, Sivonen K (2000) Feeding interactions of the copepods *Eurytemora affinis* and *Acartia bifilosa* with the cyanobacteria *Nodularia* sp. J Plankton Res 22:1403–1409

Engström-Öst J, Hogfors H, El-Shehawy R, De Stasio B, Vehmaa A, Gorokhova E (2011) Toxin-producing cyanobacterium *Nodularia spumigena*, potential competitors and grazers: testing mechanisms of reciprocal interactions. Aquat Microb Ecol 62:39–48

Estes JA, Palmisano JF (1974) Sea otters: their role in structuring nearshore communities. Science 185:1058–1060

Estes JA, Tinker MT, Williams TM, Doak DF (1998) Killer whale predation on sea otters linking oceanic and nearshore ecosystems. Science 282:473–476

Fabricius KF, Benayahu Y, Genin A (1995) Herbivory in asymbiotic soft corals. Science 268:90–92

Fabricius KE, Okaji K, De'ath G (2000) Three lines of evidence to link outbreaks of the crown-of-thorns seastar *Acanthaster planci* to the release of larval food limitation. Coral Reefs 29:593–605

Fernandez-Leborans G (2013) A review of cnidarian epibionts on marine crustacea. Oceanol Hydrobiol Stud 42:347–357

Flöder S, Sommer U (1999) Diversity in plankton communities: an experimental test of the intermediate disturbance hypothesis. Limnol Oceanogr 44:1114–1119

Fosså JH, Mortensen PB, Furevik DM (2002) The deep-water coral *Lophelia pertusa* in Norwegian waters.: distribution and fishery impact. Hydrobiologia 471:1–12

Frederickson ME (2017) Mutualisms are not on the verge of breakdown. Trends Ecol Evol 32:727–734

Frier GO (1979a) Character displacement in *Sphaeroma* spp. (Isopoda, Crustacea) I. Field evidence. Mar Ecol Prog Ser 1:159–163

Frier GO (1979b) Character displacement in *Sphaeroma* spp. (Isopoda, Crustacea) I. Competition for space. Mar Ecol Prog Ser 1:165–168

Frisch AJ, Rizzari JR, Munkres KP, Hobbs JPA (2016) Anemonefish depletion reduces survival, growth, reproduction and fishery productivity of mutualistic anemone-anemonefish colonies. Coral Reefs 35:375–386

Frost BW (1988) Variability and possible adaptive significance of vertical migration in *Calanus pacificus* a plankton marine copepod. Bull Mar Sci 43:675–694

Gaedeke A, Sommer U (1986) The influence of the frequency of periodic disturbances on the maintenance of phytoplankton diversity. Oecologia 71:25–28

Gagnon P, Himmelman JH, Johnson LE (2004) Temporal variation in community interfaces: kelp-bed boundary dynamics adjacent to persistent urchin barrens. Mar Biol 144:1191–1203

Gause GJ (1934) The struggle for existence. Williams & Wilkins, Baltimore

Gilbert JJ (1988) Suppression of rotifer populations by Daphnia: A review of the evidence, the mechanisms, and the effects on zooplankton community structure. Limnol Oceanogr 33:1286–1313

Gliwicz ZM (1986) Predation and the evolution of vertical migration in zooplankton. Nature 320:746–748

Gonzalez EB, de Boer F (2017) The development of the Norwegian wrasse fishery and the use of wrasses as cleaner fish in the salmon aquaculture industry. Fish Sci 83:661–670

Goodheart JA, Bleidissel S, Schillo D, Strong EE, Ayres DL, Preisfeld A, Collins AG, Cummings MP, Waegele H (2018) Comparative morphology and evolution of the cnidosac in Cladobranchia (Gastropoda: Heterobranchia: Nudibranchia). Front Zool 15:43

Grahame J, Mill PJ (1989) Shell shape variation in *Littorina saxatilis* and *Littorina arcana*, a case for character displacement. J Mar Biol Assoc UK 69:837–855

Gronning J, Kiørboe T (2020) Diatom defence: Grazer induction and cost of shell-thickening. Funct Ecol 34:1790–1801

Gross EM (2003) Allelopathy of aquatic autotrophs. Crit Rev Plant Sci 22:313–339

Gross EM, Wolk CP, Jüttner F (1991) Fischerellin, a new allelochemical from the freshwater cyanobacterium *Fischerella muscicola*. J Phycol 27:686–692

Grzebyk D, Schofield O, Vetriani C, Falkowski PG (2003) The mesozoic radiation of eukaryotic algae: The portable plastid hypothesis. J Phycol 39:259–267

Guerrero R, Margulis L, Berlanga M (2013) Symbiogenesis: The holobiont as a unit of evolution. Int Microbiol 16:133–143

Gustafson DE, Stoecker DK, Johnson MD, Van Heukelem WF, Sneider K (2000) Cryptophyte algae are robbed of their organelles by the marine ciliate Mesodinium rubrum. Nature 405:1049–1052

Gustafsson S, Hansson LA (2004) Development of tolerance against toxic cyanobacteria in *Daphnia*. Aquat Ecol 38:37–44

Gustafsson S, Rengefors K, Hansson LA (2005) Increased consumer fitness following transfer of toxin tolerance to offspring via maternal effects. Ecology 86:2561–2567

Gygi RA (1969) Korallenriffe in Bermuda heute und im Jura vor 140 Millionen Jahren. Veröff Naturhist Museum Basel 7:1–22

Haavisto F, Valikangas T, Jormalainen V (2009) Induced resistance in a brown alga: phlorotannins, genotypic variation and fitness costs for the crustacean herbivore. Oecologia 162:685–695

Hagelin A, Bergman E (2021) Competition among jue J, Mill JPenile brown trout, grayling, and landlocked Atlantic salmon in flumes – predicting effects of interspecific interactions on salmon reintroduction success. Can J Fish 78:332–338

Hairston NG, Holtmeier CL, Lampert W, Weider LJ, Post DM, Fischer JM, Caceres CE, Fox JA, Gaedke U (2001) Natural selection for grazer resistance to toxic cyanobacteria: evolution of phenotypic plasticity? Evolution 55:2203–2214

Halbach U (1969) Das Zusammenwirken von Konkurrenz und Räuber-Beute-Beziehungen bei Rädertieren. Zool Anz Suppl 33:72–79

Hatcher GB (1988) Coral reef primary productivity – a beggar's banquet. Trends Ecol Evol 3:106–111

Hemmings MA, Duarte CM (2000) Seagrass ecology. Cambridge Univ Press, Cambridge, UK

Holfeld H (1998) Fungal infections of the phytoplankton: seasonality, minimal host density, and specificity in a mesotrophic lake. New Phytol 138:607–517

Hubbell SP (2001) The unified neutral theory of biodiversity and biogeography. Princeton University Press, Princeton, NJ

Hubbell SP (2006) Neutral theory and the evolution of ecological equivalence. Ecology 87:1387–1398

Hughes RN, Elner RW (1979) Tactics of a predator, *Carcinus maenas* and morphological responses of the prey, *Nucella lapillus*. J Anim Ecol 48:65–78

Hughes RG, Potouroglou M, Ziauddin Z, Nicholls JC (2018) Seagrass wasting disease: Nitrate enrichment and exposure to a herbicide (Diuron) increases susceptibility of *Zostera marina* to infection. Mar Poll Bull 134:94–98

Huisman J, Weissing FJ (1999) Biodiversity of plankton by species oscillations and chaos. Nature 407:694

Huisman J, Weissing FJ (2001) Biological conditions for oscillations and chaos generated by multispecies conditions. Ecology 82:2682–2695

Hutchinson GE (1959) Homage to Santa Rosalia. Why are there so many kinds of animals. Am Nat 93:145–159

Hutchinson GE (1961) The paradox of plankton. Am Nat 95:137–147

Ibelings BW, Gsell A, Mooij WM, van Donk E, Van den Wyngaert S, De Senerpont Domis LN (2011) Chytrid infections and diatom spring blooms: paradoxical effects of climate warming on fungal epidemics in lakes. Freshw Biol 56:754–766

Imafuku M, Yamamoto T, Ohta M (2000) Predation on symbiont sea anemones by their host hermit crab *Dardanus pedunculatus*. Mar Freshwat Behav Physiol 33:221–232

Jang MH, Ha K, Joo GJ, Takamura N (2003) Toxin production of cyanobacteria is increased by exposure to zooplankton. Freshwat Biol 48:1540–1550

Jeppesen E, Jensen JP, Søndergaard M, Lauridsen TL, Pedersen LJ, Jensen L (1997) Top-down control in freshwater lakes: the role of nutrient state, submerged macrophytes and water depth. Hydrobiologia 342(343):151–164

Jeppesen E, Meerhoff M, Holmgren K, Gonzalez Bergonzoni I et al (2010) Impacts of climate warming on lake fish community structure and potential effects on ecosystem function. Hydrobiologia 646:73–90

Kagami M, Miki T, Takimoto G (2014) Mycoloop: chytrids in aquatic food webs. Front Microbiol 5:166

Karez R (1996) Factors causing the zonation of three *Fucus* species (Phaeophyta) in the intertidal zone of Helgoland (German Bight, North Sea). Dissertation Universität Kiel

Karez R, Chapman ARO (1998) A competitive hierarchy model integrating roles of physiological competence and competitive ability does not provide a mechanistic explanation for the zonation of three intertidal *Fucus* species in Europe. Oikos 81:471–484

Karez R, Engelbert S, Sommer U (2000) 'Co-consumption' or 'protective coating': Two new proposed effects of epiphytes on their macroalgal host in mesograzer-epiphyte-host interactions. Mar Ecol Prog Ser 205:85–93

Kearns KD, Hunter MD (2001) Toxin-producing *Anabaena flos-aquae* induces settling of *Chlamydomonas reinhardtii*, a competing motile alga. Microb Ecol 42:80–86

Keddy PA (1989) Competition. Chapman & Hall, New York

Keddy PA (1990) Competitive hierarchies and centrifugal organisation in plant communities. In: Grace JB, Tilman D (Hrsg) Perspectives on plant competition. Academic, San Diego, S 265–290

Keller NB, Oskina NS, Savilova TA (2017) Distribution of deep water scleractinian corals in the Atlantic Ocean. Oceanology 57:298–305

Kerfoot WC (1985) Adaptive value of vertical migration: comments on the predation hypothesis and some alternatives. In: Rankin MA (Hrsg) Migrations, mechanisms, and adaptive significance. Contributions in marine science, Uni Texas, Austin, Suppl 27, S 91–113

Kilias ES, Junges L, Šupraha L, Leonard G, Metfies K, Richards TA (2020) Chytrid fungi distribution and co-occurrence with diatoms correlate with sea ice melt in the Arctic Ocean. Commun Biol 3:183. Open access

Krumbein WE, Paterson DM, Stal LJ (1994) Biostabilization of sediments. BIS, Oldenburg
Laforsch C, Tollrian R (2004) Inducible defenses in multipredator environments. Ecology 85:2302–2311
Lampert W (1981) Toxicity of the blue-green Microcystis aeruginosa: effective defence mechanism against grazing pressure by Daphnia. Verh Int Verein Limnol 21:1436–1440
Lampert W (1988) The relationship between zooplankton biomass and grazing. A review. Limnologica 18:11–20
Lampert W (1993) Ultimate cause of dies vertical migration of zooplankton: new evidence for the predator avoidance hypothesis. Beih Ergebn Limnol 35:69–78
Lampert W, Loose C (1992) Plankton towers: bridging the gap between laboratory and field experiments. Arch Hydrobiol 126:53–66
Lampert W, Schober U (1978) Das regelmäßige Auftreten von Frühjahrsmaximum und Klarwasserstadium im Bodensee als Folge klimatischer Bedingungen und Wechselwirkungen zwischen Phyto- und Zooplankton. Arch Hydrobiol 82:364–386
Lampert W, Fleckner W, Rai H, Taylor BE (1986) Phytoplankton control by grazing zooplankton: a study on the spring clear water phase. Limnol Oceanogr 31:478–490
Lang J (1973) Interspecific aggression by scleractinian corals. 2. Why race is not only to the swift. Bull Mar Sci 23:260–279
Leflaive J, Ten-Hage L (2007) Algal and cyanobacterial secondary metabolites in freshwaters: a comparison of allelopathic compounds and toxins. Freshwat Biol 52:199–214
Legrand C, Rengefors K, Fistarol GO, Granéli E (2003) Allelopathy in phytoplankton – biochemical, ecological and evolutionary aspects. Phycologia 42:406–419
Lewis WMJ (1986) Evolutionary interpretation of allelochemical interactions in phytoplankton algae. Am Nat 127:184–194
Littler MM, Littler DS (1999) Epithallus sloughing: a self-cleaning mechanism for coralline algae. Coral Reefs 18:204
Logan BW (1961) Cryptozoon and associate stromatolites from the recent, Shark Bay, Western Australia. J Geol 69:517–533
Long JD, Smalley GW, Barsby T, Anderson JT, Hay ME (2007) Chemical cues induce consumer-specific defenses in a bloom-forming marine phytoplankton. Proc Natl Acad Sci USA 104:10512–10517
Loose CJ, von Elert E, Dawidowicz P (1993) Chemically induced vertical migration in *Daphnia*: a new bioassay for kairomones exuded by fish. Arch Hydrobiol 126:329–337
Lubchenco J (1983) *Littorina* and *Fucus*: effects of herbivores, substratum heterogeneity, and plant escapes during succession. Ecology 64:1116–1123
Lubchenco J, Menge B (1978) Community development and persistence in a low rocky intertidal zone. Ecol Mongr 48:67–94
MacArthur RH, Levins R (1967) The limiting similarity, convergence and divergence of coexisting species. Am Nat 101:377–338
Mann KH, Breen PA (1972) The relation between lobster abundance, sea urchins, and kelp beds. J Fish Res Board Can 29:603–605
Margulis L, Fester R (1991) Symbiosis as a source of evolutionary innovation. MIT Press, Cambridge, MA
Margulis L, Dolan MF, Guerrero R (2000) The chimeric eukaryote: Origin of the nucleus from the karyomastigont in amitochondriate protists. Proc Natl Acad Sci USA 97:6954–6959
Matthiessen B, Hillebrand H (2006) Dispersal frequency affects local biomass production by controlling local diversity. Ecol Lett 9:652–662
Matthiessen B, Mielke E, Sommer U (2010) Dispersal decreases diversity in heterogeneous metacommunities by enhancing regional competition. Ecology 91:2022–2033
May RM (1972) Limit cycles in predator–prey communities. Science 177:900–902
Micheli F (1999) Eutrophication, fisheries, and consumer-resource dynamics in marine pelagic ecosystems. Science 285:1396–1398
Monty C (1967) Distribution and structure of some stromatolithic mats, Eastern Andros Island, Bahamas. Ann Soc Geol Belg Bull 88:269–276

Mouritsen KN, Haun SCB (2008) Community regulation by herbivore parasitism and density: Trait-mediated indirect interactions in the intertidal. J Exp Mar Biol Ecol 367:236–246

Mulderij C, Smolders AJP, van Donk E (2006) Allelopathic effects of the aquatic macrophyte Stratiotes aloides on natural phytoplankton. Freshwat Biol 51:554–561

Norton TA, Hawkins SJ, Manley NL, Williams GA, Watson DC (1990) Scraping a living: A review of littorinid grazing. Hydrobiologia 193:117–138

Paine RT (1966) Food web complexity and species diversity. Am Nat 100:65–75

Paterson DM, Crawford RM, Little C (1990) Subaerial exposure and changes in the stability of intertidal estuarine sediments. Est Coast Shelf Sci 30:541–556

Peiman KS, Robinson BW (2007) Heterospecific aggression and adaptive divergence in brook stickleback (*Culaea inconstans*). Evolution 61:1327–1338

Pelletreau KN, Muller-Parker G (2002) Sulfuric acid in the phaeophyte alga *Desmarestia munda* deters feeding by the sea urchin *Strongylocentrotus droebachiensis*. Mar Biol 141:1–9

Pereira RC, Costa EDS, Sudatti DB, Perez da Gama BA (2017) Inducible defenses against herbivory and fouling in seaweeds. J Sea Res 122:25–33

Poulin RX, Hogan S, Poulson-Ellestad KL, Brown E, Fernandez FM, Kubanek J (2018) *Karenia brevis* allelopathy compromises the lipidome, membrane integrity, and photosynthesis of competitors. Sci Rep 8:9572

Pyke JH, Pulliam HR, Charnov EL (1977) Optimal foraging: a selective survey of theory and test. Q Rev Biol 52:137–154

Richardson LA (2017) Evolving as a holobiont. PLoS Biol 15:e2002168

Richerson P, Armstrong R, Goldman CR (1970) Contemporaneous disequilibrium: a new hypothesis to explain the "paradox of plankton". Proc Natl Acad Sci USA 67:1710–1714

Ringelberg J, Van Kasteel J, Servaas H (1967) The sensitivity of *Daphnia magna* Strauss to changes in light intensity of various adaptation levels and its implication in diurnal migration. Z Vergl Physiol 56:397–407

Robinson BW, Wilson DS (1994) Character release and displacement in fishes: a neglected literature. Am Nat 144:596–627

Rosenzweig ML, McArthur RH (1963) Graphical representation and stability conditions of predator-prey-interactions. Am Nat 97:209–223

Rothhaupt KO (1988) Mechanistic resource competition theory applied to laboratory experiments with zooplankton. Nature 333:660–662

Rotjan RD, Lewis SM (2008) Impact of coral predators on tropical reefs. Mar Ecol Prog Ser 367:73–91

Sachs JL, Simms EL (2006) Pathways to mutualism breakdown. Trends Ecol Evol 21:585–592

Schaffer WM (1985) Order and chaos in ecological systems. Ecology 66:93–106

Scheffer M (1991) Should we expect strange attractors behind plankton dynamics—an if so, should we bother? J Plankton Res 13:1291–1305

Scheffer M, Carpenter SR (2003) Catastrophic regime shifts in ecosystems: linking theory to observation. Trends Ecol Evol 12:648–657

Scheffer M, van Nees EH (2006) Self-organized similarity, the evolutionary emergence of groups of similar species. Proc Natl Acad Sci USA 103:230–6235

Scheffer M, Hosper ME, Meijer M-L, Moss B, Jeppesen E (1993) Alternative equilibria in shallow lakes. Trends Ecol Evol 8:275–278

Seibold E (1974) Der Meeresboden. Ergebnisse und Probleme der Meeresgeologie. Springer, Berlin

Shapiro J, Wright DI (1984) Lake restoration by biomanipulation. Round Lake, Minnesota, the first two years. Freshwat Biol 14:71–83

Shields JD (2011) Diseases of spiny lobster. A review. J Invertebr Pathol 106:79–91

Shields JD (2019) Climate change enhances disease processes in crustaceans: case studies in lobsters, crabs, and shrimps. J Crustac Biol 39:673–693

Short FT, Wyllie-Echeverria S (1996) Natural and human induced disturbance of seagrass. Environ Conserv 23:17–27

Skovgaard A, Saiz E (2006) Seasonal occurrence and role of protistan parasites in coastal marine zooplankton. Mar Ecol Prog Ser 327:37–49

Sommer U (1983) Nutrient competition between phytoplankton in multispecies chemostat experiments. Arch Hydrobiol 96:399–416

Sommer U (1985) Comparison between steady state and non-steady state competition: experiments with natural phytoplankton. Limnol Oceanogr 30:335–346

Sommer U (1988) Phytoplankton succession in microcosm experiments in microcosm experiments under simultaneous grazing pressure and resource competition. Limnol Oceanogr 33:1037–1054

Sommer U (1994a) The impact of light intensity and daylength on silicate and nitrate competition among marine phytoplankton. Limnol Oceanogr 39:1680–1688

Sommer U (1994b) Are marine diatoms favoured by high Si:N ratios? Mar Ecol Prog Ser 115:309–315

Sommer U (1994c) Planktologie. Springer, New York

Sommer U (1995) An experimental test of the intermediate disturbance hypothesis using cultures of marine phytoplankton. Limnol Oceanogr 40:1271–1277

Sommer U (1996a) Plankton ecology: the last two decades of progress. Naturwissenschaften 83:293–301

Sommer U (1996b) Nutrient competition experiments with periphyton from the Baltic Sea. Mar Ecol Prog Ser 140:161–167

Sommer U (2002) Competition and coexistence in plankton communities. In: Sommer U, Worm B (Hrsg) Competition and coexistence. Springer, Heidelberg, S 79–108

Sommer U (2005) Biologische Meereskunde, 2. Aufl. Springer, Berlin

Sommer U, Sommer F (2006) Cladocerans versus copepods: the cause of contrasting top-down controls on freshwater and marine phytoplankton. Oecologia 147:183–194

Sommer U, Gliwicz ZM, Lampert W, Duncan A (1986) The PEG model of a seasonal succession of planktonic events in fresh waters. Arch Hydrobiol 106:433–471

Sommer U, Adrian R, de Senerpont-Domis L, Elser JJ, Gaedke U, Ibelings B, Jeppesen E, Lürling M, Molinero JC, Moiij WM, van Donk E, Winder M (2012) Beyond the Plankton Ecology Group (PEG) model: mechanisms driving plankton succession. Ann Rev Ecol Evol Syst 43:429–448

Sommer U, Charalampous E, Genitsaris S, Moustaka-Gouni M (2017) Benefits, costs, and taxonomic distribution of phytoplankton body size. J Plankton Res 39:494–508

Sorokin YI (1995) Coral reef ecology. Springer, Berlin

Stachowicz JJ (2000) Mutualism, facilitation, and the structure of ecological communities. BioScience 51:235–246

Stal LJ (1993) Mikrobielle Matten. In: Meyer-Reil LA, Köster M (Hrsg) Mikrobiologie des Meeresbodens. Fischer, Jena, S 196–220

Stemberger RS (1988) Reproductive cost and hydrodynamic benefits of chemically induced defenses in *Keratella testudo*. Limnol Oceanogr 33:593–606

Steneck RS, Hacker SD, Dethier MN (1991) Mechanisms of competitive dominance between crustose coralline algae – and herbivore-mediated competitive reversal. Ecology 72:928–950

Sudatti DB, Fujii MT, Rodrigues SV, Turra A, Pereira RC (2018) Rapid induction of chemical defenses in the red seaweed *Laurencia dendroidea*: The role of herbivory and epibiosis. J Sea Res 138:48–55

Sullivan BK, Sherman TD, Damare VS, Lilje O, Gleason FH (2013) Potential roles of *Labyrinthula* spp. in global seagrass population declines. Fungal Ecol 6:328–338

Svoboda J, Strand DA, Vralstad T, Grandjean F, Edsman L, Kozak P, Kouba A, Fristad RF, Koca S, Petrusek A (2009) The crayfish plague pathogen can infect freshwater-inhabiting crabs. Freshwat Biol 59:918–929

Terlau H, Shon KJ, Grilley M, Stocker M, Stühmer W, Olivera BM (1996) Strategy for rapid immobilization of prey by a fish-hunting marine snail. Nature 381:148–151

Thingstad TF, Lignell R (1997) Theoretical models for the control of bacterial growth rate, abundance, diversity and carbon demand. Aquat Microb Ecol 13:19–27

Tilman D (1977) Resource competition between planktonic algae: an experimental and theoretical approach. Ecology 58:338–348

Tilman D (1981) Test of resource competition theory using four species of Lake Michigan algae. Ecology 62:802–815
Tilman D (1982) Resource competition and community structure. Princeton Univ Press, Princeton, NJ
Tilman D (1988) Plant strategies and the dynamics and structure of plant communities. Princeton Univ Press, Princeton, NJ
Tilman D, Sterner RW (1984) Invasions of equilibria: test of resource competition using two species of algae. Oecologia 61:197–200
Tilman D, Kiesling R, Sterner RW, Kilham SS, Johnson FA (1986) Green, bluegreen, and diatom algae: taxonomic differences in competitive ability for phosphorus, silicon, and nitrogen. Arch Hydrobiol 106:473–485
Tollrian R, Harvell CD (1999) The ecology and evolution of inducible defenses. Princeton Univ press, Princeton, NJ
Toth GB, Pavia H (2007) Induced herbivore resistance in seaweeds: a meta-analysis. J Ecol 95:425–434
Valdez SR, Zhang YS, van der Heide T, Vanderklift MA, Tarquinio F, Orth RJ, Silliman BR (2020) Positive Ecological Interactions and the Success of Seagrass Restoration. Front Mar Sci 7:91
van Donk E, Ringelberg J (1983) The effect of fungal parasitism on the succession of diatoms in Lake Maarsseveen-I (The Netherlands). Freshw Biol 13:241–251
Vanmari D, Maneveldt GW (2019) Mechanisms of interference and exploitation competition in a guild of encrusting algae along a South African rocky shore. Afr J Mar Sci 41:353–359
Venn AA, Loram JE, Douglas AE (2008) Photosynthetic symbioses in animals. J Exp Bot 59:1069–1080
Vergnon R, Dulvy NK, Freckleton RP (2009) Niche versus neutrality: uncovering the drivers of diversity in a species-rich community. Ecol Lett 12:1079–1090
Verity PG, Smetacek V (1996) Organism life cycles, predation, and the structure of marine pelagic ecosystems. Mar Ecol Prog Ser 130:277–293
Volterra V (1926) Fluctuations in the abundance of a species considered mathematically. Nature 118:558–560
von Elert E, Jüttner F (1996) Factors influencing the allelopathic activity of the planktonic cyanobacterium *Trichormus doliolum*. Phycologia 35:68–73
Wahl M (1989) Marine epibiosis. I. Fouling and antifouling. Some basic aspects. Mar Ecol Prog Ser 58:175–189
Wahl M (2009) Epibiosis. In: Wahl M (Hrsg) Marine hardbottom communities, Ecological studies, Bd 206. Springer, Berlin, S 61–72
Weitzman B, Konar B (2021) Biological correlates of sea urchin recruitment in kelp forest and urchin barren habitats. Mar Ecol Prog Ser 663:115–125
Wejnerowski L, Cerbin S, Wojciechowicz M, Jurczak T, Glama M, Meriluoto J, Dziuba M (2018) Effects of *Daphnia* exudates and sodium octyl sulphates on filament morphology and cell wall thickness of *Aphanizomenon gracile* (Nostocales), *Cylindrospermopsis raciborskii* (Nostocales) and *Planktothrix agardhii* (Oscillatoriales). Eur J Phycol 53:280–289
Wissel C (1989) Theoretische Ökologie. Springer, Berlin
Worm B, Lotze HK, Sommer U (2001) Algal propagule banks modify competition, consumer and resource control on Baltic rocky shores. Oecologia 128:281–293
Yebra L, Espejo E, Putzeys S, Giraldez A, Gomez-Jakobsen F, Leon P, Salles S, Torres P, Mercado JM (2020) Zooplankton biomass depletion event reveals the importance of small pelagic fish top-down control in the Western Mediterranean Coastal Waters. Front Mar Sci 7:608690
Yoshida T, Jones LE, Ellner SP, Fussmann GF, Hairston N (2003) Rapid evolution drives ecological dynamics in a predator–prey system. Nature 424:303–306
Zimmer KD, Hanson MA, Herwig BR, Konsti ML (2009) Thresholds and stability of alternative regimes in shallow Prairie-Parkland lakes of Central North America. Ecosystems 12:843–852

Lebensgemeinschaften und Ökosysteme

Inhaltsverzeichnis

Abkürzungsverzeichnis	306
7.1 Allgemeine Merkmale	306
7.1.1 Abgrenzungsprobleme	306
7.1.2 Grad der Integration	308
7.1.3 Struktur	309
7.1.4 Kollektive Eigenschaften	311
7.2 Nahrungsnetze	312
7.2.1 Nahrungsketten und Trophieebenen	312
7.2.2 Von Nahrungsketten zu Nahrungsnetzen	314
7.3 Lebensgemeinschaften und Ökosysteme basierend auf Ökosystem-Engineering	320
7.3.1 Makrophytenbestände	320
7.3.2 Muschelriffe	322
7.3.3 Korallenriffe	325
7.4 Diversität und Artenreichtum	329
7.4.1 Definition und Messung	329
7.4.2 Quellen und Erhaltung der Diversität	333
7.4.3 Auswirkungen der Diversität auf kollektive Eigenschaften	337
7.5 Sukzession	344
7.5.1 Allgemeines Konzept	344
7.5.2 Treiber der Sukzession	345
7.5.3 Benthische Beispiele	346
7.5.4 Pelagische Saisonalität: Eine Mischung aus Sukzession und Phänologie	348
Glossar	353
Übungsaufgaben	355
Literatur	357

Abkürzungsverzeichnis

A	Areal
b	Allometriekoeffizient
BCS	Ähnlichkeit nach Bray–Curtis
c	Konstante
D	Simpsons Diversitätsindex
E	Äquitabilität
H'	Shannons Diversitätsindex
N	Anzahl der Individuen
p_i	Relative Häufigkeit (Biomasse) der Art i
PIE	Wahrscheinlichkeit von zwischenartlichen Begegnungen
S	Anzahl der Arten
TL	Trophische Ebene

> **Zusammenfassung**
> Traditionell werden Lebensgemeinschaften als die Gesamtheit aller Populationen definiert, die in einem gemeinsamen Lebensraum interagieren. Der Begriff Ökosystem umfasst die Lebensgeinschaften und die biologisch relevanten abiotischen Komponenten des Lebensraums, d. h. jene Komponenten, die die Lebensbedingungen bestimmen und die selbst durch die Aktivitäten der lokalen Gemeinschaften beeinflusst werden. Zu diesen Aktivitäten gehören die Ressourcenextraktion, die Abfallentsorgung und das Ökosystem-Engineering. Eine Beschreibung von „Gemeinschaftsprozessen" umfasst Geburtenraten, Prädationsraten, Sterberaten usw., wobei Individuen als Währung zur Quantifizierung von Prozessen verwendet werden. Eine Beschreibung von „Ökosystemprozessen" umfasst Aufnahmeraten, Produktionsraten, Atmungsraten, wobei Massen chemischer Substanzen oder energetische Einheiten zur Quantifizierung verwendet werden. Trotz einer lang anhaltenden Trennung zwischen Gemeinschafts- und Ökosystemzentrierten Forschungstraditionen sind beide Arten der Messung und Beschreibung von Prozessen nur zwei Seiten derselben Medaille. Daher werden die Gemeinschafts- und die Ökosystemperspektive in diesem Buch zusammengeführt.

7.1 Allgemeine Merkmale

7.1.1 Abgrenzungsprobleme

In den meisten Ökologie-Lehrbüchern werden Lebesgemeinschaften als die Summe von Populationen definiert, die durch Interaktionen miteinander verbunden sind, wie in Kap. 6 beschrieben. Allerdings ist die Angelegenheit komplizierter. Lebensgemeinschaften teilen das gleiche Abgrenzungsproblem wie ihre konstituierenden Populationen, da Populationen nicht vollständig von Nachbarpopulationen isoliert sind. Infolgedessen ist der Austausch von Individuen zwischen Nachbarpopulationen auch ein Austausch zwischen Lebensgemeinschaften. Diese Unvollkommenheit der Gemeinschaftsabgrenzung wird explizit in das Konzept der **Metagemeinschaft**, d. h. einer übergeordneten Gruppe von lokalen Lebensgemeinschaften, die durch Ausbreitung zwischen ihnen verbunden sind (Leibold et al. 2004), einbezogen.

Systemtheoretiker würden eine Definition auf der Grundlage von „**starken**" und „**schwachen**" **Interaktionen** vorschlagen. Eine Lebensgemeinschaft wäre demnach eine Ansammlung von Populationen, die durch starke Interaktionen miteinander verbunden sind und kollektiv von einer Oberfläche schwacher Interaktionen zu Populationen außerhalb der Lebensgemeinschaft umgeben sind (Abb. 7.1). Praktisch kann man die Stärke aller Populationsinteraktionen in einem See, Flussabschnitt oder Meeresbecken nicht messen, um objektiv über das Ausmaß der Lebensggemeinschaften zu entscheiden. In der gängigen Praxis werden Gemeinschaften von Forschern vor der Analyse der Interaktionen vordefiniert. Daher gibt es ein Element der Subjektivität und informierten Vermutung über die Stärke der Interaktionen in der Definition von Gemeinschaften. Es ist zum Beispiel weit verbreitet, pelagische und benthische Gemeinschaften innerhalb eines Sees oder Meeresbeckens zu unterscheiden, in der Annahme, dass die Bentho-Pelagische Kopplung (Beschattung des Benthos durch Plankton, Fütterung des Benthos durch sinkende Planktonpartikel, Freisetzung pelagischer Larven durch Benthos,…) aus schwachen Interaktionen im Gegensatz zu starken Interaktionen innerhalb beider Gemeinschaften besteht.

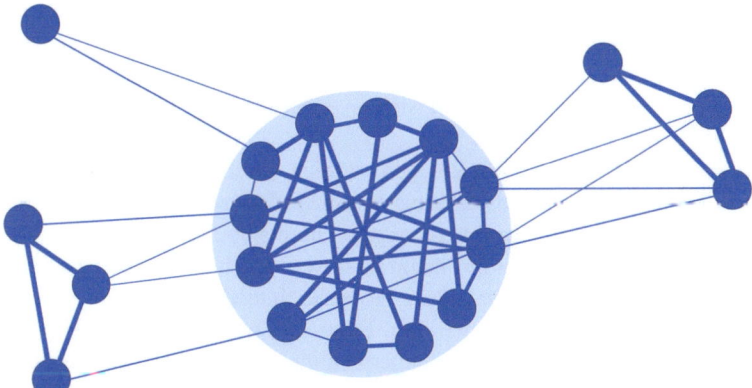

Abb. 7.1 Lebensgemeinschaft (hellblauer Hintergrund) von Populationen (blaue Kreise), die durch starke Interaktionen (Linien) miteinander verbunden sind und von einer Oberfläche schwacher Interaktionen zu Populationen aus Nachbargemeinschaften umgeben sind, Interaktionsstärke angezeigt durch die Dicke der Linien. Beachten Sie, dass nicht alle Arten innerhalb der Gemeinschaft mit allen anderen Arten der Gemeinschaft verbunden sein müssen

7.1.2 Grad der Integration

Das Superorganismus-Konzept Der Grad der Integration von Lebensgemeinschaften und Ökosystemen ist seit den frühen Tagen der Ökologie umstritten. Clements (1905), der Gründungsvater der amerikanischen Ökologie, betrachtete Gemeinschaften und Ökosysteme als „**Superorganismen**", die aus eng verbundenen Arten bestehen, bei denen die verschiedenen Arten klar zugewiesene Rollen haben, wie die Organe eines Organismus. Diese Ansicht wurde von einem der Gründungsväter der europäischen Limnologie, Thienemann (1941), in die aquatische Ökologie eingeführt. Grundannahmen des Superorganismus-Konzepts sind

- Die Fähigkeit zur Selbstregulation, d. h. kritische Funktionen innerhalb akzeptabler Grenzen zu halten, wie die Körpertemperatur von endothermen Tieren
- Die gemeinsame Verteilung verschiedener Arten, wie sie durch das Konzept der festen „Assoziationen" in der Phytosoziologie widergespiegelt wird
- Die Optimierung von Ökosystemfunktionen
- Das Vorhandensein von **emergenten Eigenschaften**, d. h. Eigenschaften, die nicht durch die Eigenschaften der einzelnen Arten erklärt werden können („das Ganze ist mehr als die Summe seiner Teile")

Das Individualistische Konzept Die Idee eines Superorganismus ist für Darwinistische Biologen schwer zu schlucken, da Gemeinschaften kein zentralisiertes Genom teilen, das durch natürliche Selektion optimiert werden könnte. Eine empirische Kritik am Superorganismus-Konzept wurde bereits von Gleason's (1926) **individualistischem Konzept** der Pflanzenassoziation geliefert. Er stellte fest, dass Pflanzenarten individuell entlang von Umweltgradienten verteilt sind und nicht als feste Assoziationen. Gleason ging davon aus, dass Ausbreitungsstadien von Arten zufällig in einer gegebenen Umgebung ankommen und überleben, wenn die Umgebung ihre ökophysiologischen Anforderungen erfüllt. Dies bedeutet, dass tödliche Grenzen der dominierende Selektionsfaktor („Filter") sind, der entscheidet, ob eine ankommende Art sich in einem gegebenen Habitat etablieren könnte.

Die meisten Gemeinschaftsökologen würden im Prinzip dem individualistischen Konzept zustimmen, halten aber seinen Fokus auf die abiotische Umwelt für unzureichend. Wie in Kap. 6 gezeigt, werden Populationen zur Umwelt füreinander und der Erfolg einer Art hängt auch von den Interaktionen zwischen den Populationen ab. Dies bedeutet, dass biotische Interaktionen (Konkurrenz, Prädation, …) als weitere Filter nach dem Filter durch die abiotische Umwelt wirken. Dieser Ansatz in der Gemeinschaftsökologie wird oft als „Darwinistisch" bezeichnet. Es wäre jedoch genauer, ihn als „Hutchinsonisch" zu bezeichnen. Die Analogie mit zwei **sequenziellen Filtern** entspricht der Unterscheidung zwischen der **fundamentalen** und der **realisierten Nische** sensu Hutchinson (1958).

7.1.3 Struktur

Interaktionsnetzwerke basierend auf Arten Idealerweise würde die Struktur einer Lebensgemeinschaft durch ein **Netzwerk** dargestellt, das alle Populationen als Knoten und alle Interaktionen als Linien darstellt, die die Knoten verbinden. Um die Dinge noch komplizierter zu machen, werden oft separate Knoten für verschiedene ontogenetische Stadien der gleichen Population benötigt, aufgrund von ontogenetischen Verschiebungen von Ressourcen, Räubern und Partnern in positiven Interaktionen. Trotz ihrer enormen Komplexität wurden solche Netzwerke konstruiert und veröffentlicht (Pascual und Dunne 2006). Aufgrund von Beschränkungen im verfügbaren Forschungsaufwand sind die meisten veröffentlichten Netzwerke binäre Netzwerke ohne Quantifizierung von Interaktionen (Abb. 7.2). In einem binären Netzwerk hat eine Prädationsverbindung zwischen den Populationen von Räuber A und Beute B die gleichen Werte, unabhängig davon, ob B die Hauptbeute oder nur eine zufällige ist.

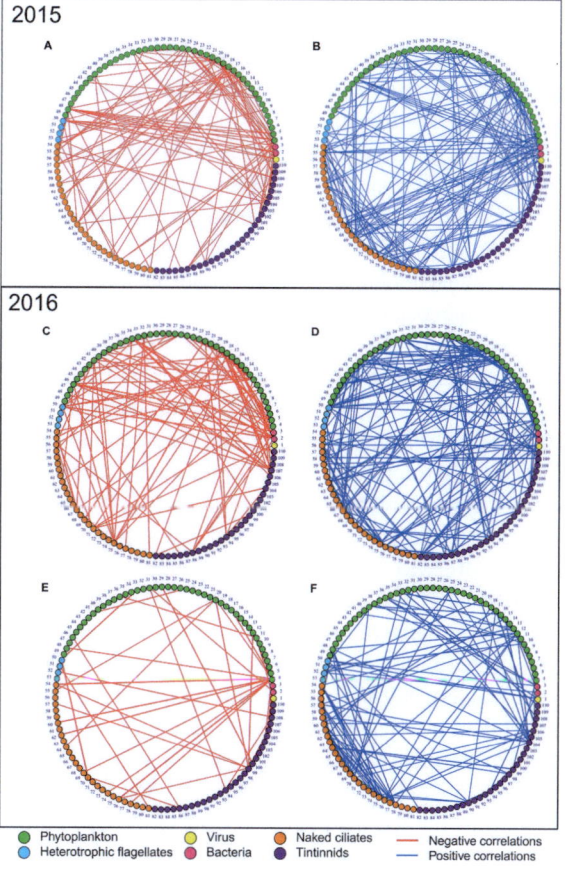

Abb. 7.2 Netzwerke von planktonischen mikrobiellen Interaktionen, Interaktionen abgeleitet aus negativen (rote Linien) und positiven (blaue Linien) Korrelationen in der Thau-Lagune, Frankreich; während der Phytoplankton-Frühjahrsblüte 2015 **a, b** und 2016 **c, d**, und nach der Blüte 2016 **e, f** (Abb. 2 in Trombetta et al. 2020; Open Access, Frontiers ist vollständig konform mit Open Access-Mandaten, indem es seine Artikel unter der Creative Commons Attribution-Lizenz (CC-BY) veröffentlicht)

Numerische Indizes, die zur Charakterisierung solcher Netzwerke verwendet werden, beruhen auf der Anzahl der Interaktionen (I) und auf Artenzahlen (S) (Bersier et al. 2002).

- **Gerichtete Connectance**: Tatsächliche Anzahl von Interaktionen (I) geteilt durch die theoretisch mögliche Anzahl von Interaktionen (alle Arten interagieren mit allen anderen Arten, einschließlich kannibalistischer Interaktionen): $C = I\,S^{-2}$
- **Linkdichte**: Durchschnittliche Anzahl von Interaktionen pro Art: $LD = I\,S^{-1}$
- **Konsumenten: Beute-Verhältnis**: Arten werden als basal (haben keine Beute), intermediär (sind sowohl Beute als auch Räuber) oder top (haben keine Räuber) klassifiziert und das Verhältnis wird berechnet als (% basal + % intermediär)/ (% intermediär + % top)

Die Netzwerkanalyse versucht, diese und ähnliche Eigenschaften mit Themen wie Stabilität in Beziehung zu setzen und ist zu einer eigenständigen Teildisziplin der ökologischen Modellierung geworden (Pascual und Dunne 2006).

Aggregation Die Quantifizierung der Interaktionen zwischen allen Arten ist praktisch unmöglich, außer für einige sehr artenarme Gemeinschaften. Daher gibt es eine lange Tradition der Reduzierung der Komplexität durch Aggregation. Arten werden zu **funktionalen Gruppen** oder **Gilden** zusammengefasst, wobei angenommen wird, dass die Arten innerhalb einer Gilde die gleichen Interaktionen teilen. Im Falle von Räuber-Beute-Beziehungen sollten die Mitglieder einer Gilde das gleiche Beute- und Räuberspektrum haben. In der Praxis stimmt das Beute- und Räuberspektrum fast nie vollständig überein und es bleibt immer eine subjektive Entscheidung, welcher Grad an Übereinstimmung gefordert ist, um eine Art in eine bestimmte Gilde einzuordnen. Andere Merkmale werden auch verwendet, um Gilden zu unterscheiden, wie bewegliches vs. unbewegliches Phytoplankton, Größenklassen und viele mehr. Es gibt keine „wahre" Aggregation, es gibt nur mehr oder weniger nützliche, der Grad der „Nützlichkeit" hängt von der Forschungsfrage ab. Der Grad der Aggregation ist in den meisten veröffentlichten Netzwerken nicht unbedingt einheitlich. In vielen veröffentlichten Netzwerken sind Mikroorganismen stark aggregiert („Phytoplankton", „Bakterien"), während große Organismen wie Fische auf der Arten- oder sogar Arten- und Altersklassenebene aufgelöst sind. Trotz des inhärenten Grades an Subjektivität haben viele Zuordnungen von Arten zu Gilden den Test der Zeit bestanden. Dennoch sollte man die subjektive Natur der Aggregation und das Risiko einer durch Aggregation eingeführten Verzerrung nicht vergessen. Möglicherweise wird eine objektivere Abgrenzung von Gilden mit dem Fortschritt der merkmalsbasierten Ökologie (Litchman und Klausmeier 2008) möglich. Wenn mehrere Merkmale quantifiziert werden können und die Verteilungen von Arten im n-dimensionalen Merkmalsraum Klumpen und Lücken zwischen den Klumpen zeigen, wird es ein objektives Kriterium für die Mitgliedschaft in Gilden geben. Es ist noch viel wissenschaftlicher Fortschritt nötig, um dorthin zu gelangen.

7.1.4 Kollektive Eigenschaften

Kollektive Eigenschaften basieren auf der Summation der Eigenschaften der Komponentenpopulationen, d. h. die Gesamtbiomasse ist die Summe der Biomassen aller Arten innerhalb einer Lebensgemeinschaft. Regeln, die die Abhängigkeit der quantitativen Maße kollektiver Eigenschaften von Umweltbedingungen bestimmen, basieren auf den Interaktionen innerhalb einer Gemeinschaft und auf allgemeinen biologischen, chemischen und physikalischen Prinzipien, z. B. der Erhaltung der Masse. Es ist zum Beispiel nicht möglich, eine unendliche Menge an Biomasse auf der Grundlage einer endlichen Menge eines begrenzenden Nährstoffs in der Umwelt zu bilden. Z. B., auf welche Weise auch immer Phosphor zwischen den verschiedenen Populationen und Gilden aufgeteilt wird, kann nur eine bestimmte Menge an Biomasse aufgebaut werden, weil es Grenzen gibt, innerhalb derer die Biomasse-Stöchiometrie sich ändern kann. Daher finden wir regelmäßige, statistische Beziehungen zwischen der Gesamtbiomasse und dem verfügbaren Pool begrenzender Nährstoffe. Kollektive Eigenschaften können für ganze Gemeinschaften oder für spezifische Kompartimente, wie Gilden oder trophische Ebenen, gemessen oder berechnet werden. Die wichtigsten kollektiven Eigenschaften sind:

- **Abundanz:** Aufgrund der enormen Größenunterschiede zwischen Organismen sind Abundanzwerte für ganze Gemeinschaften nicht sehr aussagekräftig. Die Werte würden von Bakterien dominiert, alles andere wäre vernachlässigbar. Allerdings können Häufigkeitswerte für Größenklassen und aus den Größenklassenhäufigkeiten abgeleitete Größenspektren sehr aussagekräftige Eigenschaften von Ökosystemen sein.
- **Biomasse**: Direkte Messungen der Biomasse (Frischmasse, Trockenmasse, Kohlenstoff) oder Proxies (z. B. Chlorophyll für die Biomasse von Phototrophen) sind die am häufigsten verwendeten kollektiven Eigenschaften. Je nach räumlicher Anordnung der Organismen kann die Biomasse auf das Volumen oder die Fläche bezogen sein.
- **Produktion**: Die Produktion ist die Menge an Biomasse, die pro Zeiteinheit produziert wird, entweder pro Flächen- oder Volumeneinheit ausgedrückt.
- **Deckung**: Deckung ist ein aussagekräftiger Wert für Organismen, die in einer zweidimensionalen Ebene verteilt sind, z. B. Hartboden-Benthos oder Organismen, die auf der Sedimentoberfläche leben. Für Fernerkundungsmethoden ist es einfacher, genaue Werte des von Organismen bedeckten Flächenanteils zu erhalten als Biomassewerte.
- **Diversität**: Das einfachste Maß für biologische Vielfalt ist **Artenreichtum**. Allerdings werden Artenmischungen aus einer dominanten und vielen seltenen Arten als weniger vielfältig angesehen als Mischungen aus der gleichen Anzahl von Arten, aber einer gleichmäßigen Verteilung von Individuen und Biomasse zwischen den Arten. Daher wurden eine Reihe von Indizes entwickelt, die Artenreichtum und **Äquitabilität** (Gleichverteilung der Abundanze auf Arten) kombinieren (Box 7.3).

- **Stabilität**: Die Stabilität von Gemeinschaften hat mehrere Aspekte. Die wichtigsten sind die Beständigkeit über die Zeit, die Konstanz der Zustandsvariablen, die Widerstandsfähigkeit gegenüber Veränderungen im Angesicht von Störungen und die Erholung nach Störungen.

7.2 Nahrungsnetze

Ein Nahrungsnetz ist eine Gemeinschaftsbeschreibung, die auf Räuber-Beute-Beziehungen basiert. In vielen Fällen werden Nahrungsnetze nicht artenweise analysiert oder dargestellt, sondern basieren auf Aggregationen von Arten in Gilden. Daher sind die meisten der Wettbewerbsbeziehungen innerhalb der „black boxes" der Gilden verborgen. Wie in Abb. 7.4 gezeigt wird, können konventionell definierte Gilden sogar kleine Nahrungsnetze innerhalb ihrer selbst selbst enthalten. Eine Gemeinschaftsbeschreibung durch Nahrungsnetze zeigt nur einen Aspekt der Gemeinschaftsstruktur, weil kommensalistische und mutualistische Interaktionen nicht gezeigt werden. Im Pelagial erfasst die Beschreibung von Gemeinschaften als Nahrungsnetze einen recht großen Teil der Realität, während in benthischen Gemeinschaften die Rolle des Ökosystem-Engineerings und verwandter Prozesse eine herausragende Rolle spielen kann. Daher sind die meisten der hier vorgestellten Beispiele für Nahrungsnetze pelagisch, aber sie sollen das Konzept des Nahrungsnetzes im Allgemeinen darstellen.

7.2.1 Nahrungsketten und Trophieebenen

Die Nahrungskette war historisch gesehen die erste Annahme über die Nahrungsbeziehungen in einer Lebensgemeinschaft. Für pelagische Lebensgemeinschaften wurde angenommen, dass die Nahrungskette von Phytoplankton zu herbivoren,

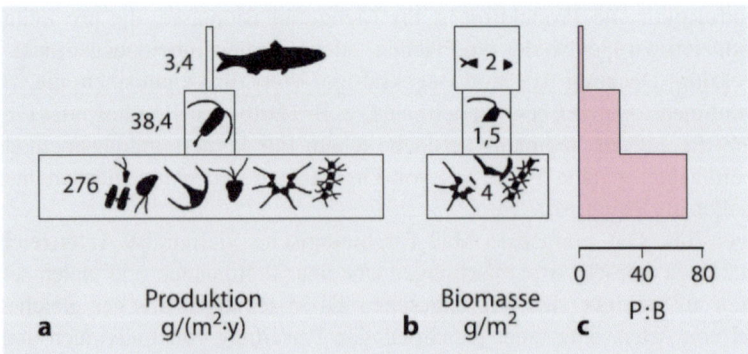

Abb. 7.3 Trophische Pyramiden im Ärmelkanal (nach Daten in Tait 1981), (**a**) jährliche Produktionsrate in g Trockenmasse m^{-2} Jahr^{-1}, (**b**) jährliche Mittelwerte der Biomasse in g Trockenmasse m^{-2}, (**c**) Verhältnisse von Produktion zu Biomasse. (Quelle: Abb. 6.32 in Sommer 2005)

7.2 Nahrungsnetze

meist crustaceendominierten Zooplankton führt und weiter zu Zooplankton fressenden Fischen, meist kleinen, schwarmbildenden Fischen oder Jungfischen von räuberischen oder benthischen Arten. Diese planktivoren Fische wurden dann von räuberischen Fischen gefressen, mit möglicherweise einer weiteren Trophieebene, bestehend aus sehr großen Räubern wie Haien und Zahnwalen. Obwohl seit langem bekannt ist, dass räuberisches Zooplankton herbivores Zooplankton frisst, wurden diese Abweichungen von einer linearen Nahrungskette als vernachlässigbar angesehen.

Trophieebenen als wissenschaftliches Konzept sind eng mit der linearen Nahrungskette verbunden. Eine Trophieebene ist die Summe aller Arten, die die gleiche Position in der Nahrungskette einnehmen.

- **Trophische Ebene 1** sind die Primärproduzenten, die organische Materie aus anorganischen Substanzen produzieren. Heterotrophe Bakterien, die sich von DOC ernähren, werden in den meisten Modellen auch der TL 1 zugeordnet.
- **Trophische Ebene 2** sind die primären Konsumenten, d. h. die Konsumenten der Primärproduzenten. In Nahrungsnetzen, die auf photosynthetischer Primärproduktion basieren, werden sie auch als Herbivoren bezeichnet.
- **Trophische Ebene 3** sind die sekundären Konsumenten oder Konsumenten von Herbivoren oder Carnivore erster Ordnung
- **Trophische Ebene 4** sind die tertiären Konsumenten oder Carnivore zweiter Ordnung.
- **Omnivore** sind Organismen, die sich von mehr als einer Trophieebene ernähren. Diese Definition unterscheidet sich von der physiologischen Definition von Omnivorie durch die Ernährung sowohl von pflanzlichem als auch von tierischem Material. Traditionell wurde Omnivorie als relativ unwichtig angesehen und daher nicht als Grund, die Idee einer linearen Nahrungskette und diskreten Trophieebenen in Frage zu stellen.
- **Detritivoren** ernähren sich von den toten Überresten von Organismen.

Trophiepyramiden sind die quantitative Darstellung von Trophieebenen, wobei davon ausgegangen wird, dass jede Trophieebene kleiner ist als die darunter liegende, wie in einer echten Pyramide. Ursprünglich wurden eine „Pyramide der Zahlen", eine „Pyramide der Biomasse" und eine „Pyramide der Produktion" postuliert. Von diesen ist nur die **Pyramide der Produktion** eine Notwendigkeit aufgrund der grundlegenden Gesetze der Energie- und Materieumwandlung. Jeder Organismus muss Materie und Energie für seine lebenswichtigen Prozesse aufwenden, die an die abiotische Umwelt abgegeben werden und nicht als Energie- und Materiequelle für die nächsthöhere Trophieebene zur Verfügung stehen. Daher muss die Produktion immer kleiner werden, je weiter Energie und Materie die Trophiepyramide hinaufreisen. Die **Pyramide der Zahlen**, d. h. die abnehmende Häufigkeit nach oben, ist zu erwarten, wenn Konsumenten größer sind als ihre Beute („große Fische fressen kleine Fische"). Sobald kleine Konsumenten kleine Stücke von größerer Beute abbeißen, besteht keine Notwendigkeit für eine abnehmende Abundanz nach oben in der Nahrungskette. Eine **Pyramide der Biomasse** erscheint auf den ersten Blick plausibel, ist aber keine Notwendigkeit. Wenn die Umsatzraten (Produktion : Biomasse-Verhältnisse, P:B) zu höheren Trophieebenen hin abnehmen, kann eine höhere Biomasse durch eine geringere Produktion aufrechterhalten werden. Dies kann durch einen Datensatz von Tait (1981) veranschaulicht werden, der Biomasse- und Produktionsniveaus für die ersten drei Trophieebenen (Phytoplankton, Zooplankton, planktivore Fische) im Ärmelkanal (Abb. 7.3) darstellt. Wie in einer echten Pyramide nehmen die jährlichen Produktionsraten von Trophieebene zu Trophieebene ab, in diesem Fall auf ca. 1/10 bei jedem Schritt. Im Gegensatz dazu sind die jährlichen Durchschnittswerte der Biomasse zwischen den Trophieebenen (TL) relativ ähnlich und steigen sogar leicht von TL2 zu TL3 an. Die P:B-Verhältnisse zeigen, wie dies möglich ist. Phytoplankton muss seine eigene Biomasse ca. 70 Mal pro Jahr produzieren, Zooplankton ca. 26 Mal pro Jahr und zooplanktivore Fische ca. 1,7 Mal pro Jahr. Hohe P:B-Verhältnisse bedeuten natürlich auch Verlustraten in äquivalenter Größenordnung, sonst würde Biomasse akkumulieren.

Ökologische Effizienz ist das Verhältnis der Produktionsraten zwischen benachbarten Trophieebenen. Lange Zeit wurde 0,1 als weitgehend anwendbare Faustregel angenommen. Dies entspricht in etwa den Daten in Abb. 7.3 und ist auch konsistent mit vielen Schätzungen, dass die Fischproduktion etwa 1 % der Primärproduktion ausmacht. Allerdings macht die Entdeckung des mikrobiellen Nahrungsnetzes und damit eine höhere als bisher angenommene TL von Fischen eine Aufwärtskorrektur der ökologischen Effizienz notwendig.

7.2.2 Von Nahrungsketten zu Nahrungsnetzen

Mikrobielle Nahrungskette Die Entdeckung der quantitativen Bedeutung mikrobieller Pfade für den Stoff- und Energiefluss ist der wichtigste Grund, über das vereinfachte Bild einer linearen Nahrungskette und ganzzahliger Trophiestufen hinauszugehen. Obwohl die Ernährung heterotropher Protisten durch Bakterien und kleine Algen seit mehr als einem Jahrhundert den Protistologen bekannt ist, wurde dies im Vergleich zur „klassischen" Fressbeziehung von Phytoplankton und Krebstier-Zooplankton nicht als quantitativ wichtig angesehen, teilweise wegen der herausragenden Rolle des Krebstier-Zooplankton als Nahrung für planktivore Fische. Vor etwa einem halben Jahrhundert änderte sich die Wahrnehmung der wissenschaftlichen Gemeinschaft (Pomeroy 1974; Azam et al. 1983). Anfangs lag der Fokus auf der DOC-Nutzung durch heterotrophe Bakterien und dem Beitrag der bakteriellen Produktion zur Ernährung höherer Trophiestufen. Alle Arten von Organismen setzen DOC frei und die bakterielle Produktion wurde als Weg gesehen, wie dieses DOC in die Nahrungskette zurückgeführt werden könnte, wie der Begriff **mikrobielle Schleife** ausdrückt. Heterotrophe Nanoflagellaten (HNF), Ciliaten und heterotrophe Dinoflagellaten wurden als Konsumenten von Bakterien identifiziert, während diese Protisten von den Metazoen des Planktons gefressen werden, das zuvor als herbivor definiert wurde. So wurde „herbivores" Zooplankton als omnivor eingestuft und die Vorstellung von ganzzahligen Trophiestufen musste aufgegeben werden. Ein Copepod, der 70 % Algen und 30 %

heterotrophe Protisten frisst, würde dann TL 2.3 besetzen, vorausgesetzt, dass alle heterotrophen Protisten auf TL 2 sind.

In einem weiteren Schritt wurde festgestellt, dass heterotrophe Protisten nicht nur Bakterien fressen, sondern auch kleines (Pico- und Nano-) Phytoplankton, und somit nicht nur als Beute für Krebstier-Zooplankton, sondern auch als deren Konkurrenten agieren (Sherr und Sherr 2002). In quantitativer Hinsicht ist dieser Ernährungsweg sehr wichtig, insbesondere im oligotrophen Ozean, wo er 50–90 % der Primärproduktion zu den höheren Trophiestufen leiten kann (Caron et al. 1995; Calbet und Landry 2004).

Das Öffnen von „Black Boxes" führt zu noch höheren Komplexitätsstufen. Während in den meisten Studien HNF als eine Gilde behandelt werden, zeigt ein genauerer Blick Räuber-Beute-Beziehungen und bis zu fünfgliedrige Nahrungsketten innerhalb dieser Gilde (Moustaka-Gouni et al. 2016). Dies ist möglich, weil die Räuber-Beute-Größenverhältnisse in Protisten-Fressbeziehungen sehr gering sein können, manchmal sogar <1.5:1 (Abb. 7.4).

Es gibt keinen Grund zu der Annahme, dass solche Nahrungsnetze innerhalb von Nahrungsnetzen nicht gefunden werden, wenn andere Gilden, z. B. Ciliaten, mit dem gleichen Auflösungsgrad untersucht werden. Es scheint auch plausibel,

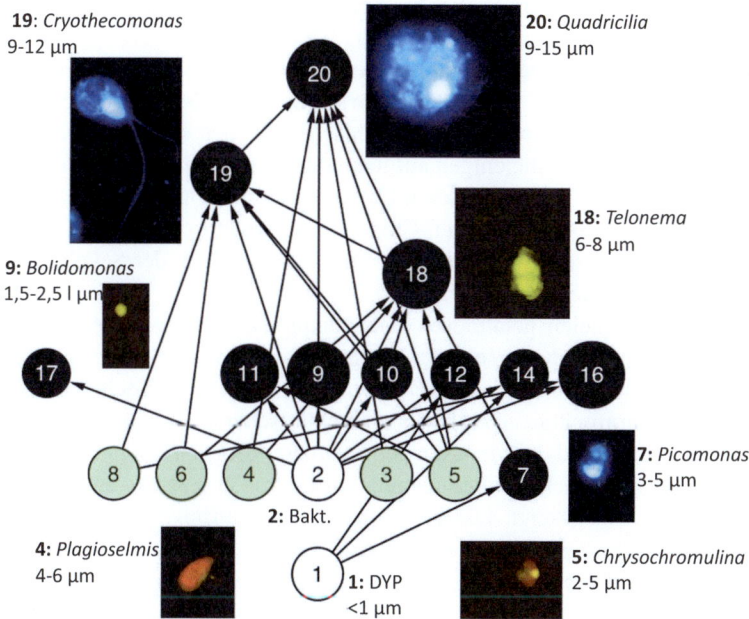

Abb. 7.4 Nahrungsnetz innerhalb des Nahrungsnetzes: Trophische Beziehungen zwischen kleinem Phytoplankton (grüne Kreise), heterotrophen Nanoflagellaten (schwarze Kreise), DYP (diffuse gelbe Partikel = organische Kolloide) und Bakterien. Zahlen sind verschiedene Arten, die wichtigsten von ihnen sind durch Fluoreszenzmikrographien dargestellt. (nach Daten in Moustaka-Gouni et al. 2016)

dass komplexe mikrobielle Nahrungsnetzen auch innerhalb benthischer Nahrungsketten gefunden werden, aber bis jetzt haben sie weniger Aufmerksamkeit erhalten als in der pelagischen Nahrungskettenökologie.

Die gelatinöse Nahrungskette Gelatinöses Zooplankton und ihre Ernährungs-Interaktionen bilden einen weiteren Weg, der Materie- und Energieflüsse von der „klassischen" Phytoplankton-Crustaceen-Fisch-Kette ablenkt. Gelatinöses Zooplankton enthält >95 %, manchmal >99 % Wasser und entsprechend wenig organische Materie in seiner Frischmasse. Daher ist es für viele Fische und andere Nekton unattraktive Nahrung, obwohl es einige, seltene Spezialisten gibt, die sich von Quallen ernähren, unter anderem der Mondfisch *Mola mola* und Meeresschildkröten. Im Allgemeinen wird die Prädation von hochrangigen Räubern auf Quallen zunehmend für wichtiger angesehen (Hays et al. 2018). Gelatinöses Zooplankton erreicht die gleichen volumetrischen Körpergrößen mit viel weniger Investition von organischer Materie als ihre fleischigen Gegenstücke im Plankton (Acuña 2001) und hat daher viel höhere Wachstumsraten als gleich große fleischige Zooplankter. Auf **niedrigeren trophischen Ebenen** werden gelatinöses Zooplankton durch **Tunicaten** repräsentiert. Sie sind Filtrierer mit Maschenweiten <0,5 μm. Die kleineren (mm-großen) Appendicularia ernähren sich von Pico- und kleinerem Nanoplankton, normalerweise <10 μm (Alldredge 1977; Sommer und Stibor 2002). Die größeren Thaliacea (Salpen, cm-groß) ernähren sich vom gesamten Größenspektrum des Phytoplanktons (Deibel 1982).

Auf **mittleren bis höheren trophischen Ebenen** sind die Hauptgruppen des gelatinösen Zooplanktons die **Ctenophora** und die **Medusen der Cnidaria** (Quallen). Diejenigen auf niedrigeren trophischen Ebenen ernähren sich von Zooplankton und Fischeiern, diejenigen auf höheren trophischen Ebenen ernähren sich auch von kleinen Fischen und anderen Ctenophoren und Quallen, z. B. die Ctenophore *Beroë*, die sich von kleineren Ctenophoren ernährt (Hosia et al. 2011) und die Scyphozoa-Medusen von *Cyanea capillata*, die sich von der Scyphozoa *Aurelia aurita* ernähren (Båmstedt et al. 1994).

In Süßwasser spielen gelatinöses Zooplankter eine viel weniger ausgeprägte Rolle als in marinen Nahrungsnetzen. Einige außergewöhnliche Beispiele sind der filtrierende Krebstier *Holopedium gibberum* auf niedrigen trophischen Ebenen, die Larven der Phantommücke *Chaoborus* als räuberischer Zooplankter auf mittleren trophischen Ebenen und die Medusen der Hydrozoa *Craspedacusta*.

Das **marine pelagische Nahrungsnetz** wird durch eine stark vereinfachte Darstellung in Abb. 7.5 gezeigt. Das gewählte Aggregationsniveau ist ein Ausgleich zwischen den Anforderungen an die Klarheit für ein Lehrbuch und den Elementen der bekannten Komplexität, z. B. ist das „Nahrungsnetz im Nahrungsnetz", das von heterotrophen Nanoflagellaten gebildet wird (Abb. 7.4), durch die Aggregation in die Gilde n-Z (Nanozooplankton) verloren gegangen. Die trophischen Verbindungen sind nicht gewichtet, da die relative Bedeutung jedes Pfades mit den Umweltbedingungen variieren kann. Die linke Seite des Netzes zeigt das gelatinöseNahrungsnetz, das wenig zur Fischproduktion beiträgt, während die rechte Seite das fleischige Nahrungsnetz zeigt.

7.2 Nahrungsnetze

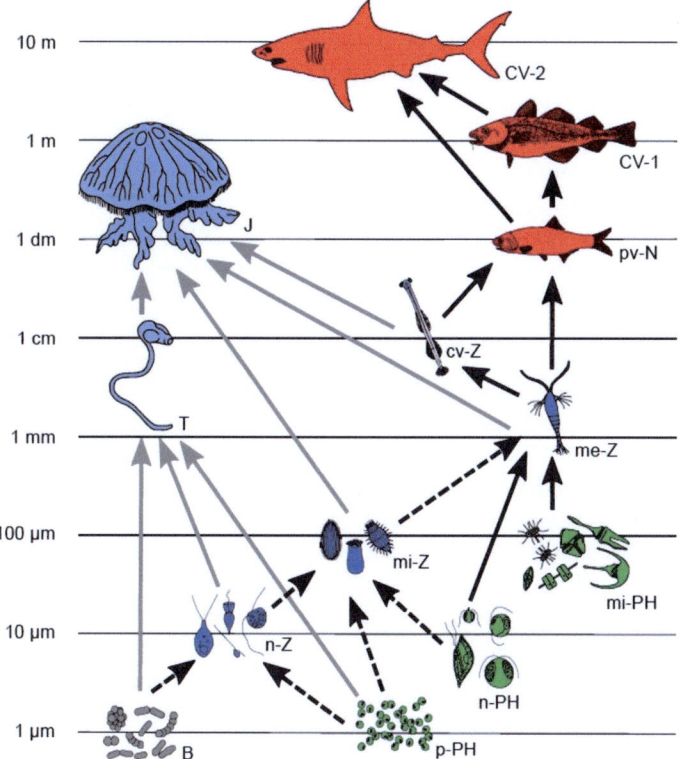

Abb. 7.5 Vereinfachte Darstellung des pelagischen Nahrungsnetzes im Ozean. **Farbcodes**—grün: Phytoplankton; grau: Bakterien; blau: Zooplankton; rot: Nekton. **Pfeile**—schwarz, durchgehend: fleischige Nahrungskette; schwarz, gebrochen: mikrobielle Schleife; grau, durchgehend: Nahrungskette der Quallen. **Abkürzungen**—B, Bakterien; p-PH, Pico-Phytoplankton; n-PH, Nanophytoplankton; mi-PH, Mikro-Phytoplankton; n-Z, Nanozooplankton; mi-Z, Mikrozooplankton; me-Z, Mesozooplankton; cv-Z, fleischfressendes Zooplankton (enthält fleischige Taxa wie Copepoden und leicht gelatinöse wie Chaetognathen), pv-N, planktivores Nekton; CV-1, Nekton der ersten Ordnung; CV-2, Nekton der zweiten Ordnung; T, Tunicaten; J, Quallen. (Quelle: Abb. 2 in Sommer et al. 2018, mit Genehmigung von Akadémiai Kiadó Zrt.)

Süßwasser-pelagische Nahrungsnetze sind im Prinzip ähnlich, mit zwei großen Unterschieden. Die Bedeutung des gelatinösen Nahrungsnetzes ist stark reduziert und große Quallen fehlen völlig. Die trophische Position des Mesozooplanktons wird in vielen Seen durch Cladoceren, insbesondere Wasserflöhe (*Daphnia*), eingenommen. Als Filtrierer mit einer minimalen Futtergröße von ca. 0,5–1 µm sind sie eher Tunicaten als den Copepoden ähnlich. Als Nahrung für höhere trophische Ebenen ähneln sie jedoch eher den Copepoden, da sie in vielen Seen die bevorzugte Nahrung für Fische sind. In einigen Seen sind jedoch Copepoden das dominierende Mesozooplankton und spielen die gleiche trophische Rolle wie im Ozean.

Einfluss von Nährstoffen Nährstoffe beeinflussen die relative Bedeutung von trophischen Pfaden durch ihre Auswirkung auf die Größe von Phytoplanktonzellen, wobei kleine Zellgrößen unter **oligotrophen** (nährstoffarmen) Bedingungen und große unter **eutrophen** (nährstoffreichen) Bedingungen dominieren (Marañon 2015). Aufgrund ihrer unterschiedlichen Fähigkeiten zur Nahrungsaufnahme sollten verschiedene Arten von Zooplankton von den Veränderungen in der Größenverteilung des Phytoplanktons profitieren und zu unterschiedlichen Gewichtungen der trophischen Pfade im unteren Teil des Nahrungsnetzes führen, wodurch das trophische Niveau von Crustaceen-Zooplankton und planktivoren Fischen beeinflusst wird (Sommer et al. 2002). Unter Nährstoffreichtum, der aus tiefem Wasser stammt (Auftriebszonen, Beginn der Saison nach der Wintermischung), sind die Si:N-Verhältnisse hoch und Diatomeen sollten dominieren. Hier ist die direkte Nahrungskette am wichtigsten und Copepoden besetzen TL 2 oder etwas darüber. Unter nährstoff-armen Bedingungen des offenen, warmen Ozeans dominieren Pico- und Nanophytoplankton. Diese können nicht effizient von Copepoden, sondern nur von heterotrophen Protisten und Tunicaten gefressen werden. Die Nutzung von Protisten bringt Copepoden auf TL 3–4. Unter nährstoffreichen Bedingungen, die durch Küsteneutrophierung angetrieben werden, sind die Si:N-Verhältnisse niedrig und große, oft „Red Tide"-Dinoflagellaten dominieren. Sie widerstehen dem Fressen durch Toxizität und harte Zellwände. Anstatt gefressen zu werden, sterben sie am Ende der Blüten ab und setzen DOC in die Umwelt frei. Dies fördert die bakterielle Produktion und den mikrobiellen Pfad, wodurch Copepoden wieder auf ein hohes trophisches Niveau gebracht werden (Abb. 7.6).

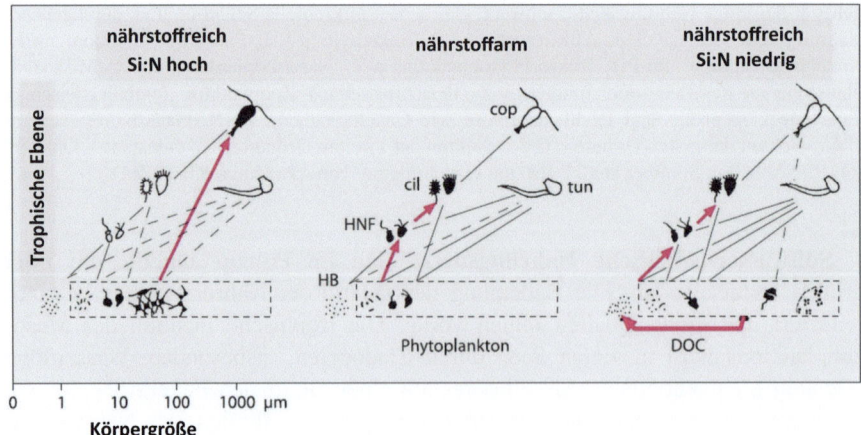

Abb. 7.6 Einfluss des Nährstoffregimes auf den unteren (planktonischen) Teil der pelagischen Nahrungskette, HB, heterotrophe Bakterien; HNF, heterotrophe Nanoflagellaten; cil, Ciliaten; tun, Tunicaten; cop, Copepoden, dominante Pfade sind magenta. (Quelle: Abb. 6.36 in Sommer 2005)

Quantitative Nahrungsnetze Die planktonische Komponente eines tropischen Nahrungsnetzes in Abb. 7.7 zeigt Produktionsraten der verschiedenen Gilden (Roff et al. 1990). Aufgrund der komplexen Fressbeziehungen ohne ganzzahlige trophische Ebenen ist es nicht einfach, ökologische Effizienzen von trophischen Ebenen der Konsumenten zu berechnen. Die jährliche Produktion der ersten trophischen Ebene beträgt ca. 20.000 kJ m^{-2} Jahr^{-1}. Wenn wir alle Gilden zusammenzählen, die vollständig oder teilweise herbivor sind, beträgt ihre jährliche Produktion ca. 4000 kJ m^{-2} Jahr^{-1}. Dies bedeutet eine ökologische Effizienz von ca. 0,2, was recht konsistent mit anderen Schätzungen aus pelagischen Nahrungsnetzen ist. Die Produktion von herbivoren Copepoden (einschließlich Nauplien) macht nur ca. 13 % der Sekundärproduktion aus, was auf die geringe Bedeutung der klassischen, direkten Nahrungskette im tropischen Ozean hinweist.

Das **benthische Nahrungsnetz** in Abb. 7.6 zeigt die Konsum-, Atmungs-, Produktions- und Exkretionsraten und die Biomasse der verschiedenen Gilden in einer Hartboden-Benthosgemeinschaft. Der erstaunlichste Kontrast zum pelagischen Nahrungsnetz ist die geringe Übertragungseffizienz von der Primärproduktion zur Herbivorenproduktion. Eine Primärproduktion von 31.000 kJ m^{-2} Jahr^{-1}

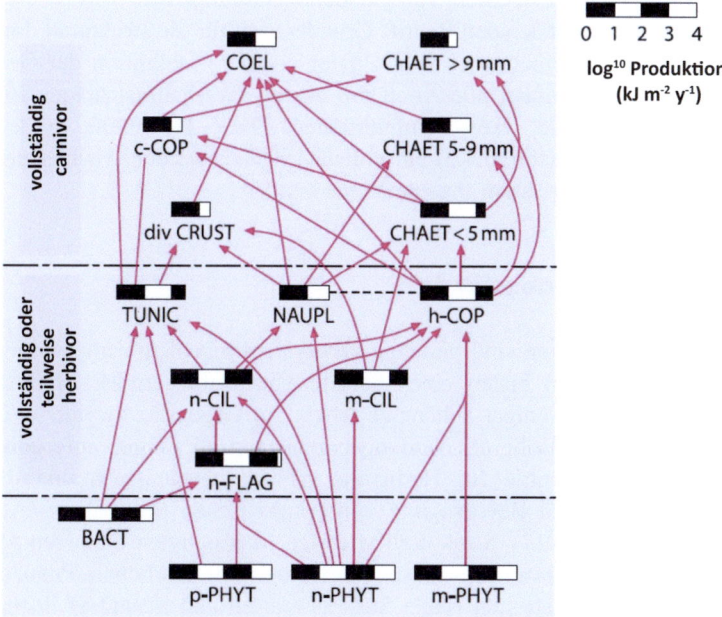

Abb. 7.7 Unterer (planktonischer) Teil eines tropischen (Jamaika) Nahrungsnetzes mit jährlichen Produktionswerten (Roff et al. 1990). **Abkürzungen**: p, pico-; n, nano-; m, micro; c, carnivorous; PHYT, Phytoplankton; BACT, Bakterien; FLAG, Flagellaten; CIL, Ciliaten; TUNIC, Tunicaten; NAUPL, Nauplius Larven; COP, Copepoden; CHAET, Chaetognatha; COEL, Coelenteraten (ein taxonomisch ungültiger Name, der Cnidaria und Ctenophora umfasst. (Quelle: Abb. 6.34 in Sommer 2005))

unterstützt nur eine Herbivorenproduktion von 404 kJ m^{-2} Jahr^{-1}, was eine ökologische Effizienz von 0,013 ergibt. Diese geringe Effizienz ist hauptsächlich auf die verschwenderischen Fraß von Seeigeln auf Makroalgen zurückzuführen. Sie nehmen nur den basalen Teil der Thalli auf und lösen sie dadurch ab. Die abgelösten Thalli werden von Wellen und Strömungen entfernt, gehen der lokalen Gemeinschaft verloren und unterstützen anderswo detritale Nahrungsketten.

7.3 Lebensgemeinschaften und Ökosysteme basierend auf Ökosystem-Engineering

Während Nahrungsnetze normalerweise eine ausreichende Annäherung sind, um das Funktionieren von pelagischen Lebensgemeinschaften zu verstehen, können viele benthische Gemeinschaften nicht verstanden werden, ohne das Ökosystem-Engineering zu berücksichtigen (Bruno und Bertness 2001). Stellen Sie sich vor, dass die Seeigel in Abb. 7.8 die Makroalgen-Vegetation zerstören. Dann kommen wir zu einer völlig anderen Art von Gemeinschaft, der Seeigel-Brache (Abschn. 6.2.2, 6.4.3 und 6.4.4) wo der vorteilhafte Effekt der Makroalgen auf viele Arten verloren geht. Dies ist nicht nur eine quantitative Verschiebung innerhalb eines Nahrungsnetzes, es führt zu einem völlig anderen Nahrungsnetz.

Viele Autoren verwenden den Begriff Gründerarten für die strukturell dominierenden Ökosystem-Ingenieure, obwohl Dayton's (1975) Definition der Gründerarten breiter ist. Sie umfasst alle Arten mit einem unverhältnismäßigen Einfluss auf Gemeinschafts- und Ökosystemfunktionen. Diese Definition würde auch Schlusssteinräuber (Abschn. 6.4.2) einschließen. Daher werden wir hier den restriktiveren Begriff „Ökosystem-Ingenieur" verwenden.

7.3.1 Makrophytenbestände

Mehrjährige Makrophyten sind wichtige Ökosystem-Ingenieure im marinen und Süßwasser-Benthos und bieten eine Vielzahl von verbessernden Effekten auf zahlreiche mehr oder weniger abhängige Arten. Im Gegensatz zu ihrer Wirkung als Ingenieure ist ihre Rolle als Nahrungsorganismen oft gering, aufgrund einer ungeeigneten Stöchiometrie für Herbivore, Abwehrmechanismen und der ernährungsphysiologischen Bevorzugung von epiphytischen Mikroalgen (Abschn. 3.4.2 und 6.2.2, Abb. 6.17). Strukturell wichtige Makrophyten umfassen Makroalgen, die auf harten Substraten wachsen (meist maritim) und höhere Pflanzen, die in Sedimenten verwurzelt sind (viele Süßwasserarten und Seegräser in marinen Umgebungen).

Die von den Makrophyten für Organismen, die innerhalb oder in der Nähe von Makrophytenbetten leben, bereitgestellten Dienstleistungen umfassen (Christie et al. 2009; Miller et al. 2018):

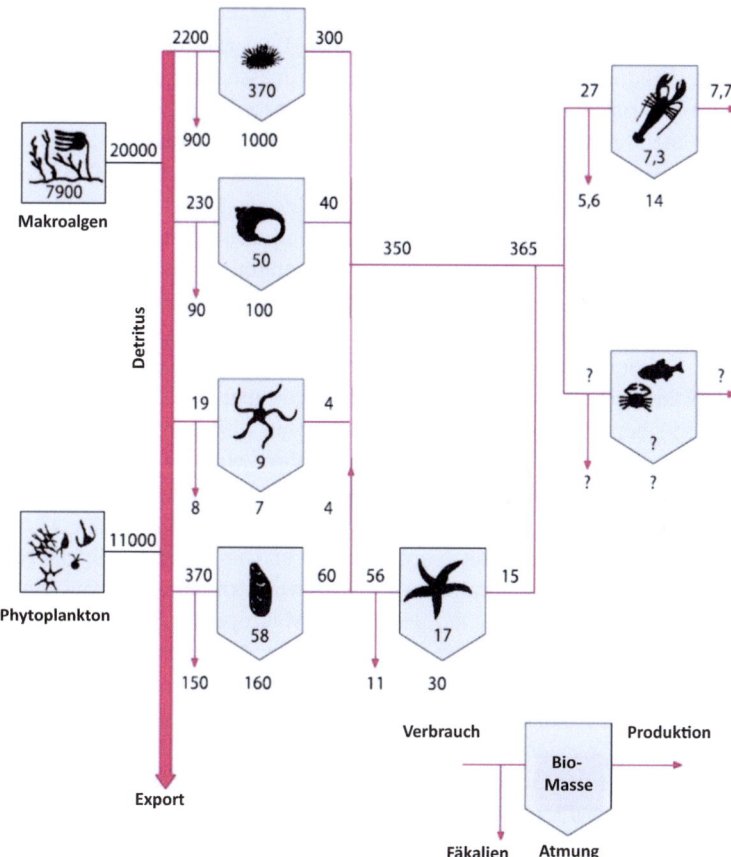

Abb. 7.8 Energiefluss durch das harte benthische Nahrungsnetz in der St. Margaret's Bay, Nova Scotia, Kanada (Daten von Miller et al. 1971), physiologische Raten in kJ m^{-2} Tag^{-1}, Biomasse in kJ m^{-2}. (Quelle: Abb. 7.28 in Sommer 2005)

- **Milderung des Austrocknungsstresses im Intertidalbereich.** Organismen, die innerhalb von intertidalen Makrophytenbetten wachsen, erfahren Beschattung, eine höhere Feuchtigkeit und weniger Wind während der Niedrigwasserzeiten
- **Sedimentstabilisierung** durch verwurzelte Makrophyten
- **Sedimentoxidation** durch verwurzelte Makrophyten, die ihre eigenen Rhizome mit Sauerstoff versorgen durch ein spezielles, luftdurchlässiges, schwammiges Gewebe (Aerenchym) und etwas Sauerstoff an die Umgebung abgeben
- **Substratbereitstellung für Epibionten** kann die Ressourcenbasis für Tiere, die sich von Epibionten ernähren, verbessern
- **Schutz vor Räubern**, insbesondere für Jungtiere und kleine Tierarten. Daher sind Makrophytenbestände hervorragende **Aufzuchtgebiete** für viele Fische und Wirbellose, z. B. Hummer (Abschn. 6.4.4)

Insgesamt führen diese vorteilhaften Effekte der Makrophyten zu einer erhöhten Biomasse und Artenvielfalt vieler abhängiger Taxa (Duffy 2006; Christie et al. 2009). Die Bindung von Nährstoffen in der Biomasse mehrjähriger Makrophyten kann Eutrophierungs-Effekte mildern und Klarwasserbedingungen sogar in eutrophen Systemen bewahren, wie im Unterabschnitt über alternative stabile Zustände in flachen Seen gezeigt wurde (Abschn. 6.4.4, Scheffer et al. 1993; Kéfi et al. 2016). Die Langlebigkeit der Biomasse mehrjähriger Makrophyten, insbesondere der unterirdischen Komponenten (Rhizome und Wurzeln), und ihre Resistenz gegen Beweidung führen auch zu einer effizienteren Bindung von CO_2 im Vergleich zu Phytoplankton oder kurzlebigen Mikroalgen. Während der größte Teil des von Mikroalgen assimilierten Kohlenstoffs schnell von Gazern respiriert wird, bleibt ein Teil der Biomasse von Makrophyten unbeweidet und wird entweder in Detritus-Nahrungsketten eingespeist oder im Sediment begraben. Duarte und Chiscano (1999) berechneten, dass Seegrasbetten nur 1 % zur primären Produktion des Ozeans beitragen, aber 15 % zur Nettoaufnahme von CO_2.

Riesen-Seetangwälder sind das herausragendste Beispiel für Lebensgemeinschaften, die von Makrophyten als Ökosystemingenieuren gebildet werden. Sie finden sich an der Pazifikküste Nordamerikas und an südhemisphärischen Kaltwasserküsten. In den relativ kalten Auftriebsgewässern der amerikanischen Westküste ist *Macrocystis pyrifera* die dominante Makrophyte. Sie kann Längen von bis zu 50 m und manchmal sogar mehr erreichen. Miller et al. (2018) haben die Vielzahl von direkten und indirekten Interaktionen zwischen den folgenden Gilden entwirrt: *Macrocystis*, kleinere benthische Algen (Unterwuchs), Seeigel, sessile Tiere, mobile Weider, mobile Raubtiere (Abb. 7.9). Sowohl die Biomasse als auch die Diversität der Gilden wurden analysiert. Beide Antwortvariablen reagierten nicht immer auf die gleiche Weise, möglicherweise aufgrund von Konkurrenzausschluss innerhalb der Gilden bei hoher Biomasse. Die meisten Effekte von *Macrocytis* standen im Zusammenhang mit der physischen Strukturierung der Umwelt. Es beschattete die Unterwuchsalgen (negativer Effekt), wodurch die Raumkonkurrenz der Unterwuchsalgen gegen sessile Tiere reduziert wurde (indirekter positiver Effekt). Die Verschiebung hin zu sessilen Tieren verbesserte die Fütterungsbedingungen der mobilen Räuber. Ein zusätzlicher positiver Effekt von *Macrocystis* auf mobile Räuber ist der Schutzeffekt gegenüber trophisch höheren Räubern. Mobile Grazer haben auch einen positiven Effekt auf mobile Räuber, während es keinen statistisch signifikanten Effekt von *Macrocystis* auf mobile Grazer gab, die wahrscheinlich auf Epiphyten fressen. Seeigel haben einen negativen Effekt auf alle sessilen Arten, seien es Algen oder sessile Tiere.

7.3.2 Muschelriffe

Muscheln (z.B. Miesmuscheln und Austern) können weiche Bodenlebensräume in Bänke oder Riffe umwandeln. Anfangs werden nur kleine Stücke von hartem Substrat benötigt, z. B. Röhrenwurmgehäuse, leere Muschelschalen, Kieselsteine usw., für die Anhaftung der planktonischen Larven. Sobald die metamorphisier-

7.3 Gemeinschaften und Ökosysteme …

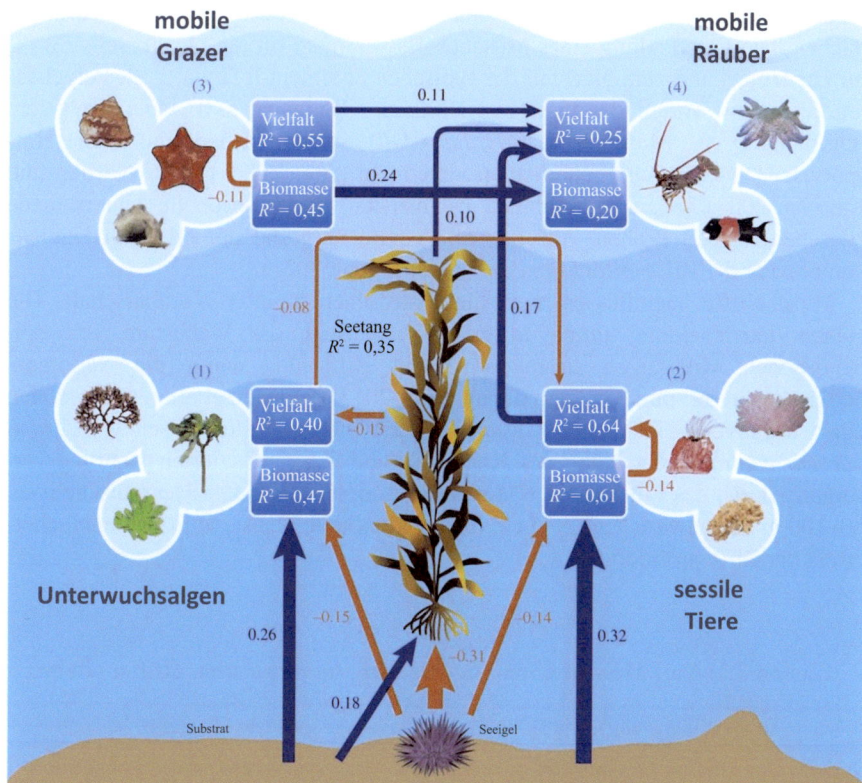

Abb. 7.9 Stückweise SEM-Modell der Auswirkung von **Riesenseetang-Biomasse** und **Seeigel-Biomasse** auf Biomasse und Diversität von vier Funktionsgruppen, dargestellt durch die blauen Kästchen: (1) Unterwuchs-Makroalgen, (2) sessile Wirbellose, (3) mobile Graze und (4) mobile Räuber. Auswirkungen des Substrats auf die Biomasse sessiler Gruppen werden ebenfalls gezeigt. Pfeile repräsentieren unidirektionale Beziehungen zwischen den Variablen. Blaue Pfeile kennzeichnen positive Beziehungen und orangefarbene Pfeile negative Beziehungen. Pfeile für nicht signifikante Pfade ($p \geq 0.05$) werden nicht gezeigt. Die Dicken der signifikanten Pfade spiegeln die Größe der standardisierten Regressionskoeffizienten wider, die daneben angegeben sind (Abb. 1 in Miller et al. 2018, mit Genehmigung der Royal Society, UK)

ten Larven zu Muscheln mit einer Schale heranwachsen, können die Schalen als Anhaftungssubstrate für weitere Larven dienen. Aneinander befestigte Muscheln wachsen zu einem Teppich heran, der unter günstigen Bedingungen in Fläche und Dicke wächst und Bänke oder Riffe bildet. Einige der sich entwickelnden Muschelriffe werden durch Wellenbewegungen infolge schwerer Stürme zerstört, während andere bestehen bleiben. In bestehenden Riffen erzeugen die Wechselwirkungen zwischen Muschelwachstum und hydromechanischer Belastung einen räumlich heterogenen Lebensraum mit Unterschlupfmöglichkeiten zwischen den Muscheln, variablen Muscheldichten, Hängen, oberen Kämmen, Gezeitentümpeln innerhalb des Riffs und Einlässen. Erosions- und Sedimentationsbedingungen innerhalb und am Rand der Riffe unterscheiden sich völlig von den Sedimentflächen. Die Entwicklung eines Muschelriffs verändert oft die physikasche Struktur der Umgebung zum Nachteil der typischen Sediment-Infauna, z. B. Polychaeten, aber zum Vorteil der typischen Hartboden-Epifauna, z. B. viele Krebstiere (Dittmann 1990). Muschelriffe (*Mytilus edulis*) in Wattflächen sind lokale Hotspots der Diversität und beherbergen viele mehr Arten als das Watt (Norling und Kautsky 2007). Sogar die Infauna β-Diversität (kompositionelle Unterschiede zwischen lokalen Proben, Abschn. 7.4.1) wird aufgrund der erhöhten Habitatkomplexität der Riffe erhöht (van der Ouderaa et al. 2021).

Muschelriffe beeinflussen auch die Wattflächen in ihrer Nachbarschaft. Die Nährstoffausscheidung durch Muscheln begünstigt das Wachstum von epibenthischen Mikroalgen stromabwärts des Riffs und damit die Nahrungsbedingungen für ihre Grazer (Engel et al. 2013). Donadi et al. (2013) fanden einen negativen Effekt eines Muschelriffs auf infaunale Herzmuscheln (*Cerastoderma edule*) in der Nähe des Riffs aufgrund einer reduzierten Nahrungsversorgung durch das Filtrieren der Muscheln. Andererseits hatten Herzmuscheln ca. 50–100 m küstenwärts vom Riff ein lokales Maximum, da sie vom Wellenbrechereffekt der Riffe profitierten.

Kasten 7.1: Von Miesmuschel- zu Austern- zu gemischten Riffen (Reise et al. 2017)

Miesmuscheln und Austern unterscheiden sich in ihren Anhaftungsmodi. Miesmuscheln sind flexibel durch ihre Byssusfäden befestigt, während Austern fest auf dem Substrat verklebt sind. Daher können Austernriffe fast so fest wie Felsen werden. Im Jahr 1986 wurde die Pazifische Auster *Magallana* (früher *Crassostrea*) *gigas* in das Wattenmeer (Nordsee) durch eine Austernfarm in der Nähe der Insel Sylt eingeführt. Ca. 5 Jahre später wurden die ersten wilden Pazifischen Austern entdeckt. Austernlarven hefteten sich an *Mytilus edulis*. Dieses Verhalten ist von anderen Epibionten bekannt, z. B. Seepocken. Im Gegensatz zu kleineren Epibionten begannen die Austern jedoch, ihren Basibionten zu überwachsen und erstickten die Miesmuscheln. Es wurde erwartet, dass *M. gigas* schließlich *M. edulis* vollständig verdrängen würde. Es gibt jedoch jetzt Gründe, eine langfristige Koexistenz beider Arten zu erwarten (Abb. 7.10).

- Mit der zunehmenden Verfügbarkeit großer Austern begannen die Austernlarven, sich mehr auf Austern als auf Miesmuscheln niederzulassen.
- Es gibt eine räumliche Trennung zwischen Austern und Miesmuscheln. Miesmuscheln neigen dazu, auf Hügeln zu dominieren, während Austern an Hängen und Böden dominieren.
- Miesmuscheln siedeln sich auf aufrecht wachsenden Austern an und finden Schutz zwischen diesen.

- Nach einem anfänglichen Rückgang nahm die Miesmuschelabundanz seit 2009/2010 wieder zu.
- Die negative Korrelation zwischen MiesmMuschel- und Austernabundanz änderte sich seit 2009/2010 in eine positive.

7.3.3 Korallenriffe

Tropische Korallenriffe sind die artenreichsten aquatischen Ökosysteme. Weltweit gibt es ca. 6000 Arten von Rifffischen. Da die Anzahl der möglichen Interaktionen exponentiell mit der Artenzahl zunimmt, gibt es praktisch unzählige mögliche Interaktionen innerhalb einer Riffgemeinschaft. Es ist nicht überraschend, dass selbst die neuesten Übersichtsartikel eher die Probleme beim Aufbau realistischer Interaktionsnetzwerke hervorheben, anstatt eine leicht verständliche Netzwerkbeschreibung zu liefern (Bierwagen et al. 2017; Pozas-Schacre et al. 2021). Riffe

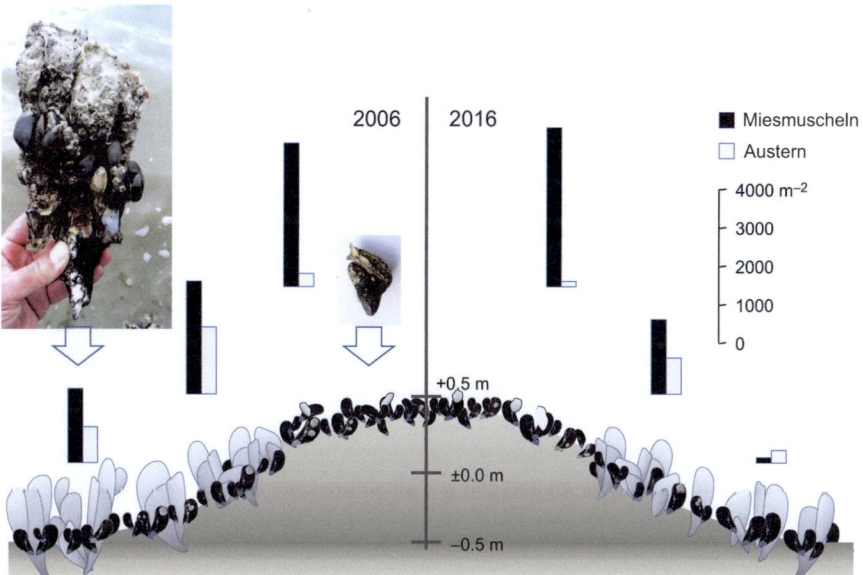

Abb. 7.10 Wiederkehrende Zonierung in 2006 und 2016 an Hügeln innerhalb gemischter Betten von Muscheln und Austern mit Dominanz von Muscheln an der Spitze und Co-Dominanz an Hang und Boden; Einschübe zeigen einzelne Muschel mit angehefteter junger Auster und mehrere Generationen umfassendes Aggregat von Austern mit Gürtel von Muscheln an der Schlammoberfläche. Die Erhebung variierte von etwa +0,5 bis -0,5 m relativ zum mittleren Niedrigwasserstand (Abb. 4 in Reise et al. 2017; Open Access, Dies ist ein Open-Access-Artikel, der unter den Bedingungen der Creative Commons CC BY Lizenz verbreitet wird, die eine uneingeschränkte Nutzung, Verbreitung und Reproduktion in jedem Medium erlaubt, vorausgesetzt, das Originalwerk wird ordnungsgemäß zitiert.)

enthalten nicht nur ansässige Arten, sondern auch regelmäßige Besucher, sei es Räuber, die den Service von Putzerfischen nutzen, oder Räuber, die sich von Rifforganismen ernähren.

Innerhalb von Riffen finden wir die üblichen Nahrungsnetzbeziehungen mit Herbivoren, mehreren trophischen Ebenen von Carnivoren, Omnivoren und Detritivoren, einschließlich sessiler Primärproduzenten und Suspensionsfressern und mobilen Räubern. Hier konzentrieren wir uns auf jene Gilden, die mit dem Aufbau, der Erhaltung und der Erosion von Riffen verbunden sind und auf die Prozesse, die Riffe mit der äußeren, pelagischen Welt verbinden.

Organismen, die am Riffbau und an der Zerstörung beteiligt sind
- **Riffbauer** sind **Steinkorallen** (Scleractinia, Anthozoa, Cnidaria) oder **Feuerkorallen** (Milleporaria, Hydrozoa, Cnidaria). Ihre biologische Produktion und die Kalkbildung beruhen auf dem Mutualismus mit den endosymbiotischen Algen *Symbiodinium* sensu lato (die Gattung wurde kürzlich aufgeteilt: LaJeunesse et al. 2018) (Abschn. 6.3.1 und 6.3.2).
- **Zusätzliche Kalkbildner** sind benthische Organismen, die Korallen als Substrat für Anhaftung und Wachstum nutzen. Einige von ihnen haben auch endosymbiotische *Symbiodinium* (z. B. die Riesenmuschel *Tridacna*), während andere rein heterotroph sind. Sie tragen zur Bildung von räumlichen Strukturen und zur Produktion von Kalkstein bei.
- **Bioerodierende Endofauna** umfasst bohrende Schwämme (Holmes 2000; Carballo et al. 2013) und Muscheln und Sipunculiden und Polychaeten (Risk et al. 1995).
- **Korallenfresser** umfassen einige Arten von Papageienfischen (Familie Scaridae, Bellwood und Choat 1990), die Stücke von Korallen abbeißen, das mineralische Material mit ihren Schlundzähnen zermahlen, den resultierenden Sand freisetzen und die Korallenpolypen verdauen. Die meisten Papageienfische gelten nicht als obligate Korallenfresser, sondern ernähren sich auch als Herbivoren und viele Arten sind ausschließlich herbivor. Im Allgemeinen werden Papageienfische nicht als Bedrohung für die Korallenriffe angesehen, aber eine Analyse, die auf Bissnarben basiert, die auf der massiven Koralle *Porites* hinterlassen wurden, fand heraus, dass ihre Auswirkungen bisher unterschätzt wurden (Bonaldo und Bellwood 2011, siehe auch Box 7.2). Der Dornenkronenseestern *Acanthaster planci* stellt eine weitaus ernstere Bedrohung für Korallen dar. Er frisst das organische Gewebe und lässt das Kalziumkarbonat unbeschichtet und der chemischen Korrosion und mechanischen Erosion ausgesetzt (Rotjan und Lewis 2008).
- **Überwucherung durch Konkurrenten** von Korallen sind hauptsächlich Makroalgen (Hughes 1994) oder suspensionsernährende Weichkorallen (Fabricius et al. 1995; Griffith 1997).
- **Herbivore** und **Räuber von Weichkorallen** können als Verteidiger von Riffen betrachtet werden. Zu den Herbivoren gehören herbivore Fische, z. B. mehrere Arten von Papageienfischen, der herbivore Seeigel *Diadema*, und eine Vielzahl von kleinen, benthischen Herbivoren (Carpenter 1986). Weichkorallen pro-

duzieren toxische oder abschreckende chemische Abwehrstoffe, aber es gibt immer noch spezialisierte Räuber, die sich von ihnen ernähren, z. B. Falterfische (Fam. Chaetodontidae; Garra et al. 2020).

Kasten 7.2: Biologische Bedrohungen für Korallenriffe

Korallenbleiche ist die am weitesten verbreitete und gefährlichste biologische Bedrohung. Es handelt sich dabei um eine Stressreaktion auf Umweltstörungen, meist auf Hitzewellen, die kritische Temperaturen überschreiten. Die endosymbiotischen *Symbiodinium* werden ausgestoßen, das Korallengewebe wird transparent und das weiße kalkhaltige Skelett wird sichtbar. Eine Erholung ist möglich, aber nur, wenn die Umweltbedingungen wieder normal werden. Während der gebleichten Phase wird die Produktivität der Korallen reduziert und erosive Kräfte neigen dazu, zu dominieren. Selbst eine ansonsten milde Prädation, wie die Prädation durch Papageienfische, kann den Erholungsprozess von der Bleiche verlangsamen (Rotjan et al. 2006). Aufgrund der anhaltenden Klimaerwärmung werden Bleichereignisse häufiger und nehmen räumlich zu. Im Zuge des Doppelbleichereignisses 2015/2016 waren mehr als 60 % des Great Barrier Reef (Australien) betroffen.
Mikrobielle Pathogene. Es gibt eine Vielzahl von Mikroben, die Krankheiten verursachen können, die sich normalerweise durch charakteristische Verfärbungsmuster äußern und Namen wie Black Band Disease, White Band Disease, White Plague, White Pox, Yellow Blotch usw. bekommen haben. Für mehrere dieser Krankheiten wurden die verantwortlichen Pathogene identifiziert (Weil et al. 2006). Mikrobielle Krankheiten von Korallen scheinen häufiger zu werden.
Prädation. Normalerweise wird der Dornenkronenseestern *Acanthaster planci* als der Korallenprädator mit dem höchsten Zerstörungspotential betrachtet. Massenansammlungen von *A. planci* können verheerende Auswirkungen auf Korallenriffe haben und scheinen in der jüngsten Vergangenheit häufiger geworden zu sein, wahrscheinlich weil die Eutrophierung zu einer erhöhten Phytoplanktonbiomasse und damit zu einem besseren Nahrungsangebot für die planktonischen *A. planci* Larven führt (Fabricius et al. 2000).
Die Prädation durch Papageienfische ist normalerweise nicht verheerend, aber chronische Prädation kann die Erholung von der Bleiche behindern, wie die geringeren Dichten von Zooxanthellen auf abgeweideten Korallen nach einer Hitzewelle zeigen (Rotjan et al. 2006) (Abb. 7.11).
Überwucherung. Makroalgen und Weichkorallen können negative Auswirkungen auf die Steinkorallen unter ihnen haben. Beschattung reduziert die Lichtzufuhr zu den photosynthetischen, riffbildenden Korallen und die

Suspensionsfütterung durch Weichkorallen reduziert die Nahrungsversorgung für die Steinkorallenpolypen. Beide Arten von überwachsenden Organismen werden durch Eutrophierung begünstigt, Makrophyten direkt durch erhöhte Nährstoffzufuhr und Weichkorallen indirekt durch erhöhte Planktonproduktion. Allerdings argumentiert McCook (1999), dass ein vollständiger Phasenwechsel von Steinkorallen zu Makroalgen nur bei geringen Herbivoriegraden stattfinden würde, möglicherweise verursacht durch Überfischung.

Verbindung des Riffs mit der Außenwelt
Genetische Verbindung zu anderen Riffen erfolgt durch die **Freisetzung** und **Ansiedlung** von Larven. Das pelagische Wasser ist hauptsächlich ein Transportmedium, obwohl planktonische Larven von Rifforganismen an den trophischen Wechselwirkungen innerhalb des Planktons teilnehmen. Daher können pelagische Prozesse einen Effekt haben, z. B. in der erhöhten Überlebensrate von Larven in nährstoff- und nahrungsreichem Wasser, wie es für die Dornenkronenseesterne (Fabricius et al. 2000) vermutet wurde.

Trophische Verbindungen mit der Außenwelt erfolgen hauptsächlich durch **Suspensionsfressen** durch die Korallenpolypen, Weichkorallen, Muscheln und viele andere Zoobenthostiere. Es gibt auch **Zooplankton fressende Fische**, z. B.

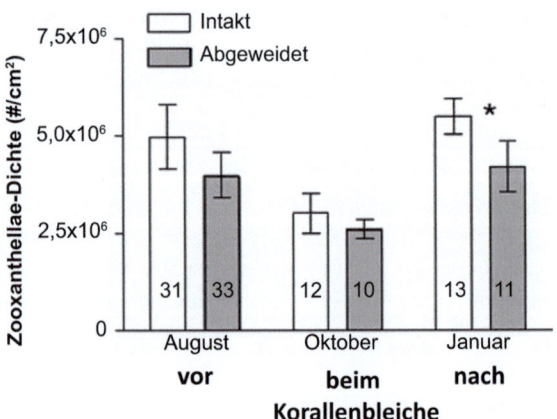

Abb. 7.11 Zooxanthellendichten innerhalb von von Papageienfischen abgeweideten versus intakten *Montastraea* spp. Kolonien in 2004–2005 vor dem Bleichereignis in Belize (August), unmittelbar nach dem Bleichereignis (Oktober) und während der Erholung von der Bleiche (Januar). Die Stichprobengrößen sind innerhalb jeder Säule dargestellt; Säulen repräsentieren Mittelwert ± S.E. Lineare Kontraste wurden verwendet, um abgeweidete und intakte Kolonien für jeden Monat zu vergleichen; Sternchen zeigt $p < 0,05$ an. (Quelle: Abb. 2 in Rotjan et al. 2006, mit Genehmigung von Springer Nature)

einige Riffbarsche (innerhalb der Familie Pomacentridae) und Kardinalfische (Apogonidae), die Bewohner der Riffe sind. Einige von ihnen jagen Zooplankton nur nachts, wenn sich vertikal wanderndes Zooplankton in höheren Wasserschichten ansammelt (Marnane und Bellwood 2002; Holzman und Genin 2003). Der Tag wird meist in Verstecken innerhalb des Riffs verbracht. Suspensionsfütterung und Zooplanktivorie führen zu einem Import von Kohlenstoff und Nährstoffen in das Riffsystem, während **Besuche von pelagischen Raubtieren** zu einem Export führen.

Insgesamt sind Riffe **Nettoimporteure** von Nährstoffen. **Import, Anhäufung, interner Kreislauf und Rückhaltung von Nährstoffen** ermöglichen es Korallenriffen, Hotspots der biologischen Produktion und Biomasseakkumulation inmitten von blauen, nährstoffarmen tropischen Gewässern zu sein (Hatcher 1988). Die jährliche Primärproduktion beträgt 1500–5000 g C m^{-2} Jahr^{-1}, was etwa das Zehnfache der produktivsten Planktonsysteme im Ozean und das 2–10-fache von Wäldern ist. Diese hohe Primärproduktivität wird auf höhere trophische Ebenen übertragen. Korallenriffe beherbergen 9 % der globalen Fischbiomasse, obwohl sie nur 0,17 % der Fläche des Weltmeeres ausmachen (Sorokin 1995). Dies ist bemerkenswert, da die meisten Riffe in extrem nährstoffarmen Zonen des Weltmeeres liegen. Die meisten Nährstoffe sind in Biomasse gebunden und von Heterotrophen freigesetzte Nährstoffe werden sofort verbraucht. Daher bleibt der Pool an gelösten Nährstoffen im Wasser niedrig (Hatcher 1988).

7.4 Diversität und Artenreichtum

7.4.1 Definition und Messung

Konzept Lebensgemeinschaften, trophische Ebenen, Gilden oder höhere Taxa innerhalb einer Lebensgemeinschaft können extrem artenarm sein, wie natürliche Monokulturen, oder sehr reich. **Artenreichtum** ist ein Konzept, das leicht verstanden werden kann, aber es ist nicht trivial, wahre Artenzahlen zu ermitteln. Mit zunehmendem Probenahme- und Identifikationsaufwand werden fast immer zusätzliche, seltene Arten gefunden, wie die **Artenzahl-Abundanz-Kurve** in Abb. 7.12 zeigt. Darüber hinaus können Gemeinschaften mit der gleichen Anzahl von Arten einen sehr unterschiedlichen Eindruck vermitteln, abhängig von der Verteilung der Abundanzen oder Biomassen zwischen den Arten. Eine Gemeinschaft oder Gilde mit einer hoch dominanten Art und neun sehr seltenen Arten wirkt viel einheitlicher und wird viel stärker von der Aktivität dieser einzelnen Art dominiert als eine Gemeinschaft mit zehn gleich häufigen Arten. Daher haben Ökologen das Konzept der **Diversität** erfunden, das die Aspekte des Artenreichtums und der **Äquitabilität**, d. h. die Verteilung von Zahlen oder Biomassen zwischen den Arten, kombiniert. In den letzten Jahren wurde der Begriff Diversität

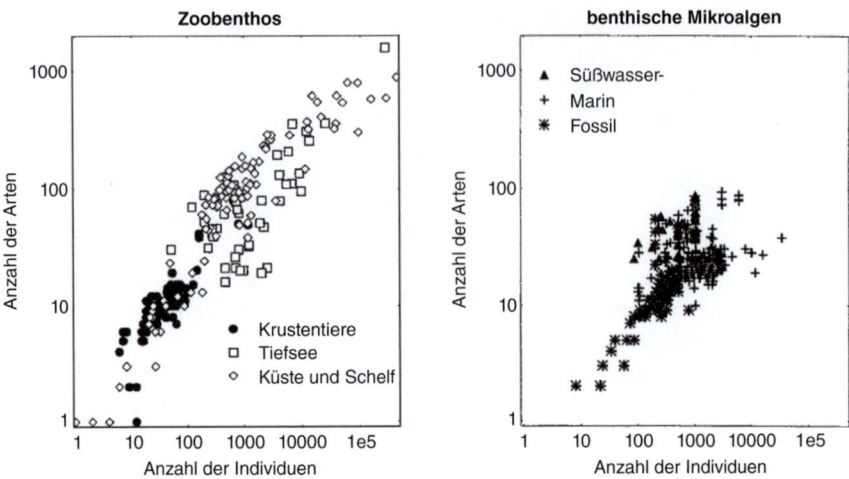

Abb. 7.12 Artenzahl-Abundanz-Kurven: Artenzahl mehrerer Gruppen aquatischer Organismen als Funktion der Anzahl identifizierter Individuen. (Quelle: Abb. 3a, d in Hillebrand et al. 2001, mit Genehmigung von Springer Nature)

oft durch „Biodiversität" ersetzt, um die Diversität biologischer Proben von der Verwendung des Wortes „Diversität" in den Sozialwissenschaften und der Politik zu unterscheiden. Innerhalb der biologischen Literatur sind jedoch „Diversität" und „Biodiversität" Synonyme.

Lokale vs. regionale Diversität Ursprünglich wurde die Diversität für lokale Gemeinschaften bewertet. Dies wird jetzt α-**Diversität** genannt und mit verschiedenen Arten von Diversitätsindizes gemessen (Box 7.3). Es ist jedoch auch von Interesse, ob eine Gemeinschaft über einen größeren räumlichen Umfang einheitlich ist oder ob es Unterschiede zwischen den verschiedenen Lokalitäten gibt, wodurch die regionale Gemeinschaft vielfältiger ist als an einzelnen Lokalitäten manifestiert. Dies wird als β-**Diversität** bezeichnet und durch die **Unähnlichkeit** zwischen verschiedenen Lokalitäten ausgedrückt. Zu diesem Zweck werden Ähnlichkeitsindizes zwischen den verschiedenen Lokalitäten berechnet und in Unähnlichkeit umgewandelt, da Unähnlichkeit $= 1 - $ Ähnlichkeit ist. Υ-**Diversität** ist das gesamte Arteninventar einer Region.

Wenn wir Ähnlichkeit gegen geographische Entfernung auftragen, erhalten wir **Abstands-Verfallsbeziehungen der Ähnlichkeit** (Abb. 7.13) Wenn diese relativ flach sind, bleiben Gemeinschaften, Gilden oder taxonomische Gruppen über weite Entfernungen ziemlich ähnlich. Dies deutet auf weite geographische Verbreitungen der Komponentenarten hin. Ein steilerer Anstieg deutet auf eine schnellere Veränderung der Artenzusammensetzung über geographische Entfernungen und engere geographische Verbreitungen hin.

7.4 Diversität und Artenreichtum

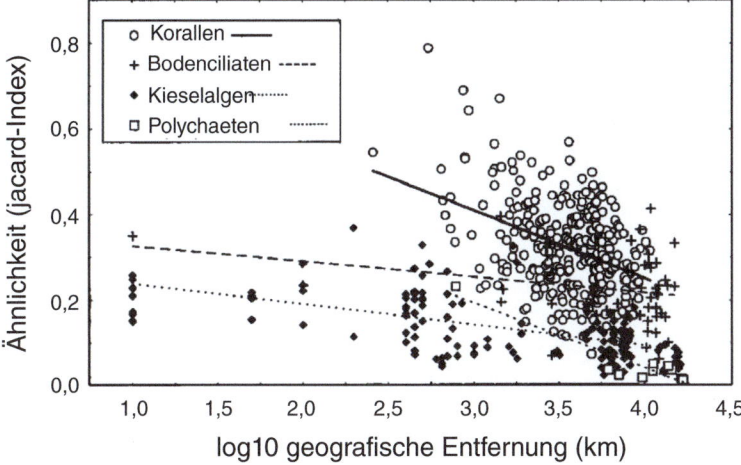

Abb. 7.13 Zerfall der Ähnlichkeit entlang der geographischen Entfernung, ausgedrückt durch den Jaccard-Ähnlichkeitsindex (Box 7.3). Beachten Sie, dass die Steigung für mehrzellige Organismen (Korallen, Polychaeten) deutlich steiler ist als für einzellige Organismen (Diatomeen, Ciliaten). (Quelle: Abb. 4 in Hillebrand et al. 2001, mit Genehmigung von Springer Nature)

Kasten 7.3: Messung von Diversität und Ähnlichkeit

Diversitätsindizes. Um die Aspekte Artenreichtum und Äquitabilität in einer Zahl zu vereinen, wurden mehrere Diversitätsindizes vorgeschlagen (Washington 1984 und Zitate darin). Hier werden nur die wichtigsten zusammen mit der zugrunde liegenden konzeptionellen Idee und der Sensitivität gegenüber Artenreichtum vs. Äquitabilität vorgestellt.

Wahrscheinlichkeit von interspezifischen Begegnungen. Die Idee hinter **Hurlberts PIE** ist recht einfach zu verstehen. Wenn die Diversität zunimmt, erhöht sich die Wahrscheinlichkeit, dass zufällig einander treffende Individuen verschiedenen Arten angehören.

$$\text{PIE} = N(N-1)^{-1}\left(1 - \sum p_i^2\right) \quad (7.1)$$

wo N die Gesamtzahl der Individuen und p_i die relative Häufigkeit der Art i ist.

Bei hohen Zahlen von N kann PIE durch **Simpsons D** approximiert werden:

$$D = 1 - \sum p_i^2 \quad (7.2)$$

Beide Indizes liegen zwischen 0 und 1. Sie sind sehr empfindlich gegenüber der Verteilung der Häufigkeiten zwischen einigen dominanten Arten und sehr unempfindlich gegenüber der Anzahl seltener Arten.

Aus der Informationstheorie abgeleitete Indizes basieren auf dem mittleren Informationsgehalt von Individuen. Diese Indizes haben keine obere Grenze. Sie sind auch stark abhängig von den dominanten Arten, aber sie geben seltenen Arten mehr Gewicht als PIE und D, während sie sich bereits nach einer moderaten Stichprobengröße stabilisieren. Die biologische Relevanz des Informationsgehalts ist umstritten geblieben, aber die Kombination aus methodischer Robustheit und einer wahrgenommenen ausgewogenen Darstellung von Artenreichtum und Äquitabilität hat die meisten Wissenschaftler überzeugt. Der bekannteste dieser Indizes ist die **Shannons** Näherung H'.

$$H' = - \sum (p_i \ln p_i) \tag{7.3}$$

Trennung von ArtenrReichtum und Äquitabilität ist mit jedem Diversitätsindex möglich. Man muss den tatsächlichen Diversitätsindex durch einen erwarteten teilen, wenn alle Arten identische Häufigkeiten hätten. Basierend auf Shannons H' kann Äquitabilität (E) berechnet werden

$$E = H' H_{\max}^{-1} = - \sum (p_i \ln p_i) (\ln S)^{-1} \tag{7.4}$$

wo S die Artenzahl ist.

Jacquards Ähnlichkeit ist die Anzahl der gemeinsamen Arten (S_c) von zwei Proben geteilt durch die Gesamtzahl der Arten in beiden Proben (S_{tot}).

$$\text{JS} = S_c S_{\text{tot}}^{-1} \tag{7.5}$$

Sie liegt zwischen 0 (keine gemeinsamen Arten) und 1 (alle Arten geteilt).

Da sie auf Anwesenheit/Abwesenheit und nicht auf relative Häufigkeiten basiert, ist sie unempfindlich gegenüber Dominanzunterschieden. Sie liefert ein stabiles Bild der Ähnlichkeit zwischen Gemeinschaften mit zeitlichen Veränderungen in der relativen Häufigkeit, aber stabilen Arteninventaren.

Bray-Curtis Ähnlichkeit basiert auf einem Vergleich der relativen Häufigkeiten (p_i). Sie wird berechnet als die Summe der niedrigeren der beiden p_i-Werte aller Arten, die zwischen zwei Proben geteilt werden.

$$\text{BCS} = \sum \min \{p_{i1}, p_{i2}\} \tag{7.6}$$

Sie liegt zwischen 0 (keine gemeinsamen Arten) und 1 (alle Arten geteilt mit der gleichen relativen Häufigkeit).

Sie reagiert stark auf Unterschiede zwischen den relativen Häufigkeiten der dominanten Arten, während sie unempfindlich gegenüber seltenen Arten ist. Sie ist der am häufigsten verwendete Ähnlichkeitsindex und unter anderem gut geeignet, um zeitliche Dominanzveränderungen innerhalb einer Gemeinschaft zu verfolgen.

> **Abundanz oder Biomasse?** Ursprünglich wurden diese Indizes für Häufigkeiten entwickelt. Es gibt jedoch ein Problem, wenn sie für ganze Gemeinschaften oder trophische Ebenen mit sehr weiten Bereichen der Körpergröße berechnet werden. Mikroorganismen sind bei weitem die zahlreichsten Organismen, tragen aber oft wenig zur Gesamtbiomasse bei. Die Abundanze von Mikroorganismen würden die Diversitäts- und Ähnlichkeitsindizes völlig bestimmen. Selbst innerhalb einzelner trophischer Ebenen würde dieses Problem auftreten, da das Picoplankton die Häufigkeit des Phytoplanktons völlig dominieren würde. Daher ist es oft relevanter, die relative Biomasse anstelle der relativen Abundanz für die Berechnung von Indizes zu verwenden.

7.4.2 Quellen und Erhaltung der Diversität

Globale Artenvielfalt

Die globale Anzahl von Arten ergibt sich aus dem Gleichgewicht zwischen **Artbildung** und Arten **Aussterben**. Globale Aussterben resultieren aus der Kumulation von lokalen Aussterben und sind, im Gegensatz zu lokalen, irreversibel. Derzeit steht die Erde vor einer Aussterbekrise, bei der die Aussterberaten auf das 1000-fache der vorindustriellen Hintergrundraten geschätzt werden (Pimm et al. 2014). Klimawandel, Lebensraumzerstörung, Ausbeutung, Verschmutzung und andere menschliche Aktivitäten sind die Haupttreiber dieser Trends (Chap. 9).

Die **regionale** und **lokale Artenvielfalt** hängt in viel geringerem Maße von lokaler Artbildung ab, sondern von **Einwanderung** oder **Import** von außen. Das bedeutet, dass die Zugänglichkeit eine wichtige Rolle spielt, ob eine Art an einem bestimmten Ort gefunden wird. Einmal angekommen, stehen Arten vor mehreren Herausforderungen, die gemeistert werden müssen, um ein lokales oder regionales Aussterben zu vermeiden. Grundsätzlich macht das Aussterberisiko keinen Unterschied zwischen kürzlich angekommenen und langfristig etablierten Arten, obwohl von letzteren erwartet werden kann, dass sie eine längere Geschichte der lokalen Anpassung haben. Umweltveränderungen können jedoch den Vorteil einer langfristigen lokalen Anpassung entwerten. Die Mechanismen, die eine Etablierung und Beständigkeit ermöglichen oder verhindern, können als eine Reihe von Filtern betrachtet werden, die passiert werden müssen:

- Die **Ankunft** hängt von der Zugänglichkeit ab, d. h. von der Entfernung zur Quellpopulation und der Wirksamkeit von physischen Barrieren
- Die **abiotische Umwelt**, d. h. die physikalischen, chemischen und geologischen Bedingungen, müssen innerhalb der Grenzen der fundamentalen Nische liegen
- **Abiotische Störungen**, wie Hurrikane, extreme Eiswinter im Intertidalbereich usw., können zu lokalem Aussterben führen

- **Räuber, Parasiten und Krankheitserreger** können zu lokalem Aussterben führen
- **Konkurrenzausschluss** (Abschn. 6.1.3 und 6.1.4) kann zu lokalem Aussterben führen

Insgesamt führen diese Faktoren zu einer Reduzierung der lokalen und regionalen Artenzahlen um viele Größenordnungen im Vergleich zum globalen Artenpool (Sommer und Worm 2002).

Großräumige Trends
Die Arten-Areal-Kurve beschreibt die Beziehung zwischen der Artenzahl und der für Arten beprobten Fläche. Die Arten-Areal-Kurve folgt der gleichen Logik wie die Beziehung zwischen Artenzahl und Anzahl der Individuen, die in Abb. 7.12 gezeigt wird. Die Artenzahl muss steigen, weil eine zunehmende Anzahl seltener Arten gefunden wird, wenn weitere Probenflächen nach Arten durchsucht werden. Ursprünglich wurden viele verschiedene Arten von Kurven verwendet, aber letztendlich konvergierte die Forschungsgemeinschaft auf eine klassische allometrische Beziehung des Typs

$$S = cA^b \tag{7.7}$$

wo S die Artenzahl, A die Fläche, c die Anzahl der Arten in einer einzelnen Flächeneinheit und b die Allometrie ($0 < b < 1$) ist, die Vergleiche zwischen verschiedenen Gemeinschaften, Regionen usw. ermöglicht. Gleichung (7.7) erlaubt auch eine Schätzung der tatsächlichen Artenzahl durch Extrapolation auf die gesamte Fläche einer Region. b zeigt, wie die Artenvielfalt mit der Fläche zunimmt, während eine Kombination aus niedrigem b und hohem c eine sehr homogene Verteilung der Arten innerhalb der Region anzeigt, da viele der in der gesamten Region gefundenen Arten bereits in kleinen Teilbereichen vertreten sind. In einem doppelt logarithmischen Plot wird die Arten-Areal-Kurve zu einer Geraden. Bei unzureichender taxonomischer Auflösung der Primärdaten ist es auch möglich, analoge Beziehungen für höhere Taxa, z. B. Gattungen oder Familien, zu konstruieren (Abb. 7.14).

Der **latitudinale Diversitätsgradient** ist seit langem bekannt. Im Allgemeinen sind Gemeinschaftstypen und höhere Taxa in niedrigeren Breiten artenreicher, d. h. die Artenvielfalt nimmt von den Polen zum Äquator zu. Nur wenige Taxa niedrigerer Ebene folgen diesem Trend nicht, z. B. gibt es mehr Pinguinarten (Familie Pygoscelidae) in hohen als in niedrigen Breiten. Der latitudinale Trend wurde hauptsächlich für mehrzellige Organismen festgestellt, es ist noch nicht klar, ob er auch für Bakterien und Protisten gilt. Der latitudinale Diversitätstrend wurde auch für Plankton in Seen in Frage gestellt (Lewis 1967). Es gibt mehrere Versuche, den latitudinalen Gradienten zu erklären, aber bisher wurde kein Konsens erreicht, obwohl evolutionäre Erklärungen auf der Basis von Artbildung nun mehr Unterstützung finden als ökologische auf der Basis der kompetitiven Exklusion (Mittelbach et al. 2007):

7.4 Diversität und Artenreichtum

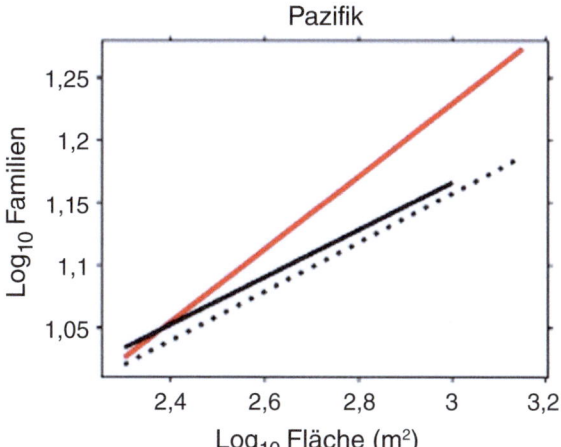

Abb. 7.14 Anzahl der Familien von Riff-Fischfamilien in Beziehung zur Fläche in einem geschützten Gebiet im Pazifischen Ozean (Palmyra, rote Linie) und zwei Riffgebieten unter Fischereidruck im Pazifischen Ozean. (Quelle: Abb. 2 in Tittensor et al. 2007, mit Genehmigung von John Wiley and Sons)

- Der **Größeneffekt** ist nur eine Folge der Arten-Areal-Kurve und der Form der Erde. Da die Erde am Äquator am dicksten ist, haben Bänder gleicher Breite eine größere Fläche in niedrigeren Breiten.
- **Historische Störung**: Die pleistozäne Vergletscherung und andere große habitatzerstörende Ereignisse früher in der Phylogenie betrafen Arten stärker in höheren Breiten, und Rekolonisationen und neue Artbildungen nach diesen Störungen laufen noch, aber die Zeit war nicht ausreichend, um mit der Artenvielfalt der weniger gestörten niedrigeren Breiten Schritt zu halten.
- **Klimatische Härte und Amplitude:** Klimatische Bedingungen sind in wärmeren Klimazonen günstiger, weil diese näher an weit verbreiteten Optima biochemischer Prozesse liegen, und geringere saisonale Variabilität erfordert weniger Anpassung an wechselnde Temperaturen. Im Kontext von Temperaturamplituden ist es sinnvoll, dass der latitudinale Trend für kleine, kurzlebige Organismen weniger zuzutreffen scheint. Wenn die Lebensspanne nur Tage bis Wochen beträgt, muss eine Art sich nicht an den vollen jährlichen Temperaturbereich anpassen. Stattdessen bietet der jährliche Temperaturbereich Nischen für mehrere Arten.
- **Evolutionäre Geschwindigkeit** sollte höher sein und daher sollte die Artbildung in wärmeren Klimazonen aufgrund höherer Wachstumsraten und kürzerer Generationszeiten schneller sein (Allen und Gillooly 2006)

Faktoren, die zu mittleren Diversitätsoptima führen
Gegenwirkung zur kompetitiven Exklusion. Bereits in Abschn. 6.1.4 wurde die Tendenz der Konkurrenz, Diversität zu minimieren, und die gegenwirkenden Effekte von Kompromissen, zeitlicher und räumlicher Heterogenität und Störungen durch Connell's (1978) **Hypothese der mittleren Störung** als eine Art Dachkonzept in Abschn. 6.1.4 eingeführt. Hier werden wir fragen, wie Raubdruck den

Konkurrenzausschluss beeinflusst und wie Räubereffekte durch Produktivität beeinflusst werden.

Fraßdruck. Raubdruck kann die Konkurrenz lindern, indem er die Beutepopulationen vorübergehend unter das Niveau drückt, auf dem sie ihre eigenen Ressourcen bis zu limitierenden Niveaus ausnutzen. Der Eingriff des Räubers gegen den Konkurrenzausschluss wird besonders wirksam sein, wenn es eine frequenzabhängige Beuteauswahl als eine Art optimale Nahrungssuche gibt (Abschn. 4.3.2, Pyke et al. 1977). Das bevorzugte Fressen der am häufigsten vorkommenden Beute hätte den gleichen Effekt wie die Strategie „den Gewinner töten" einiger Planktonparasiten (Thingstad und Lignell 1997). Es würde den dominanten Konkurrenten unterdrücken und die untergeordneten Arten von Konkurrenzdruck befreien. Wenn jedoch der Raubdruck sehr intensiv ist, würden wir erwarten, dass mehrere bis viele Arten durch Fraßverluste ausgelöscht werden und nur die widerstandsfähigsten überleben würden. Daher sollte ein Diversitätoptimum bei mittlerem Fraßdruck postuliert werden.

Sommer (1999) verglich die Reaktion der Diversität des Mikrophytobenthos der Ostsee auf das Grazing von zwei Arten von benthischen Herbivoren, der Assel *Idotea chelipes* und der Schnecke *Littorina littorea*. In beiden Fällen hatte die Reaktion der Algendiversität auf die Herbivorendichte das erwartete glockenförmige Muster, aber der Gipfel war im Fall der Schnecke viel ausgeprägter (Abb. 7.15). Dies wurde auf den Unterschied in den räumlichen Fraßmustern zurückgeführt. Die Asseln fressen in einem räumlich ziemlich gleichmäßigen Modus, wie ein Rasenmäher, während die Schnecken Fressspuren wie ein Schneepflug bilden, in denen fast keine Algen übrig bleiben. Daher bilden die Schnecken ein räumliches Mosaik mit frischen Fressspuren, teilweise rekolonisierten und teilweise unberührten Biofilmen. Dies führt zu ausgeprägter **räumlicher Heterogenität** und eröffnet Nischen für eine Vielzahl von Arten. Verschiedene Herbivorenmischungen von 100 % *Idotea* bis 100 % *Littorina* erzeugten den höchsten Grad an räumlicher Heterogenität und Algendiversität bei 100 % *Littorina* (Sommer 2000).

Fraßdruck und Produktivität. Der Effekt von Räubern (hier Herbivore) hängt auch von der Produktivität eines Ökosystems ab. Worm et al. (2002) führten ein Käfigexperiment durch, bei dem der Zugang von Herbivoren und deren Ausschluss mit verschiedenen Nährstoffzusätzen in der produktiven Ostsee und dem viel weniger produktiven Nordatlantik bei Nova Scotia kombiniert wurde. Im Nordatlantik erhöhte die Düngung die Vielfalt, während das Grazing sie verringerte. In der Ostsee war der Grazingeffekt umgekehrt und eine schwache Düngung hatte einen positiven Effekt, während eine stärkere Düngung einen negativen Effekt hatte (Abb. 7.16). Dieser Effekt war hauptsächlich auf die fadenförmige, ephemere Grünalge *Enteromorpha* zurückzuführen, die unter nährstoffreichen Bedingungen die langsamer wachsenden, mehrjährigen Makrophyten überwucherte, aber teilweise oder vollständig durch das Grazing entfernt wurde. Unter nährstoffarmen Bedingungen wandten sich die Herbivoren den mehrjährigen Algen zu und entfernten die weniger widerstandsfähigen Arten. Zusammenfassend sehen wir eine kuppelförmige Reaktion der Vielfalt auf die Produktivität und eine Umkehrung des Weideeffekts, abhängig von der Produktivität.

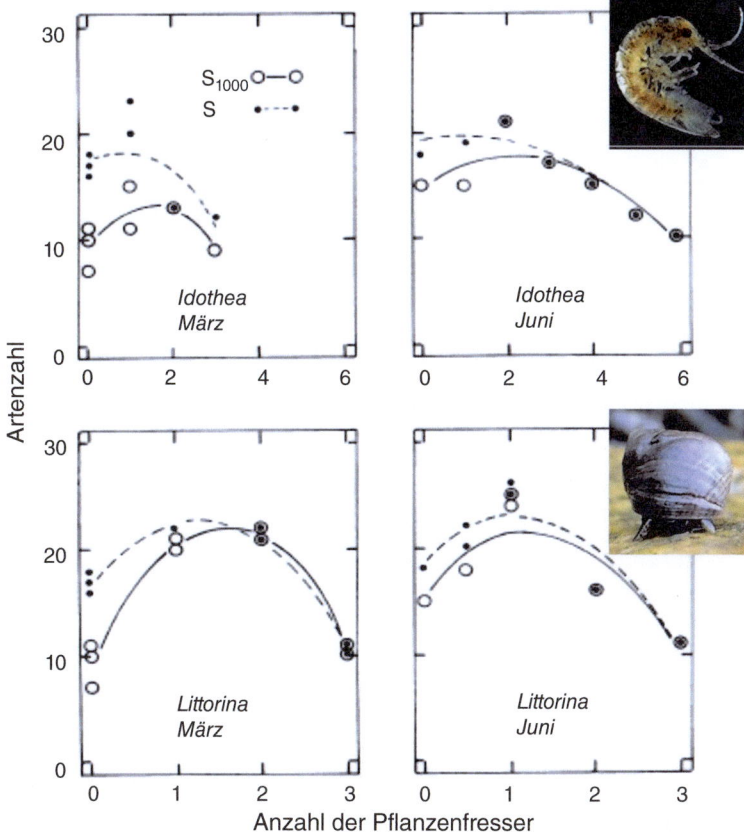

Abb. 7.15 Grazingeffekt (Anzahl der Herbivoren pro Aquarium) der Assel *Idotea balthica* und der Schnecke *Littorina littorea* auf die Artenzahl der benthischen Mikroalgen, S: rohe Artenzahl, S1000: Arten, die >0,1 % zur Gesamthäufigkeit beitragen. (Quelle: Abb. 2 in Sommer 1999, mit Genehmigung von Jon Wiley und Sons)

7.4.3 Auswirkungen der Diversität auf kollektive Eigenschaften

Allgemeine Fragen

Es war eine langjährige Annahme in der Ökologie, dass vielfältigere Lebensgemeinschaften stabiler sind. Allerdings kritisierte ein einflussreiches Übersichtspapier von Goodman (1976) die schwachen Beweise. Er wies darauf hin, dass der Vergleich von Gemeinschaften mit geringer und hoher Diversität nicht entwirren kann, ob Unterschiede in kollektiven Eigenschaften durch die Diversität als solche oder durch die Umweltbedingungen verursacht wurden, die Lebengemeinschaften sich in der Diversitätl differenzieren ließen. Darüber hinaus kritisierte er, dass der Begriff Stabilität so schlecht definiert war, dass er nicht gemessen werden konnte. Nach Goodman starb das Thema in der Grundlagenforschung fast aus, während

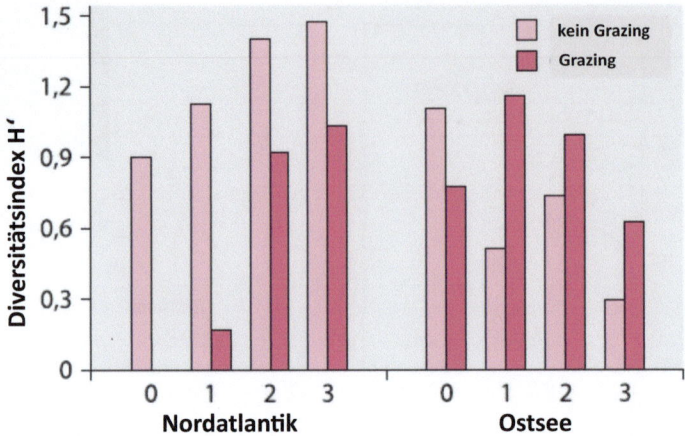

Abb. 7.16 Vielfalt der Makroalgen in Käfigexperimenten mit Zugang und Ausschluss von Weidetieren, kombiniert mit vier Nährstoffstufen (0: Kontrolle, 1: niedrig, 2: mittel, 3: hohe Düngung) an einem oligotrophen Standort (Nova Scotia, Kanada) und einem eutrophen Standort (Maasholm, Ostsee). (Quelle: Abb. 7.30 in Sommer 2005 nach Daten in Worm et al. 2002)

die Annahme der Diversitäts-Stabilitätshypothese als Motivationsfaktor in Fragen des Naturschutzes lebendig blieb. In den 1990er Jahren gab es ein Wiederaufleben des Interesses an den Auswirkungen der Diversität auf Ökosysteme aufgrund des Bewusstseins für den globalen Rückgang der Biodiversität (Pimm et al. 1995, 2014). Im Vergleich zur prä-Goodman-Ära hatte die Forschungsgemeinschaft eine kritischere Einstellung zum Studiendesign und bessere statistische Methoden, um Diversität von Umwelteinflüssen zu entwirren. Der Umfang der Debatte wurde von Stabilität auf andere Gemeinschafts- und Ökosystemfunktionen, wie Produktivität, erweitert. Insgesamt kann gesagt werden, dass die Forschungsgemeinschaft, die sich mit den Fragen der Diversitäts-Funktionsbeziehungen befasst, ein Maß an Selbstkritik und Vorsicht in Bezug auf die Schlüssigkeit von experimentellen oder Feldergebnissen entwickelt hat, das in der Ökologie sonst nirgendwo übertroffen wird (Box 7.4). Trotz vieler anhaltender Fragen wird die Bedeutung der Vielfalt für Gemeinschafts- und Ökosystemfunktionen nun weitgehend akzeptiert (Hooper et al. 2005).

Box 7.4: Die Diversitäts-Funktion-Diskussion: Probleme für das schlüssige Design von Studien

Artenreichtum vs. Artenidentität. In vielen Experimenten wurden Mischungen mit weniger Arten von Mischungen mit mehr Arten in den untersuchten Leistungen übertroffen. Allerdings war in frühen Experimenten dieser Art nicht klar, ob der Effekt auf die Artzahl als solche oder auf die spezifischen Eigenschaften und Fähigkeiten einer oder mehrerer der zusätzlichen Arten zurückzuführen war (Huston 1997). Das Problem wurde gelöst, indem nicht nur verschiedene Artenreichtumsebenen, sondern auch verschiedene, zufällig ausgewählte Mischungen derselben Artenzahl verglichen wurden (Downing und Leibold 2002). Dieser Ansatz erfordert eine große Anzahl von Versuchseinheiten und einen großen Pool von verfügbaren, kultivierbaren Arten, aus denen die Versuchsarten ausgewählt werden können.

Arten- gegenüber funktioneller Diversität. Es liegt auf der Hand, dass die Hinzufügung von stickstofffixierenden Cyanobakterien zu einer Mischung von Kieselalgen einen anderen Effekt hat als die Hinzufügung von weiteren Kieselalgen. Die Cyanobakterien fügen der Gemeinschaft eine Fähigkeit hinzu (Stickstofffixierung) und haben eine Anforderung weniger (Siliziumaufnahme). Daher verdient die funktionelle Vielfalt die gleiche Aufmerksamkeit wie die Artenvielfalt. Ein ausgefeilterer Weg könnte darin bestehen, die „funktionelle Distanz" in die Berechnung von Diversitätsindizes einzubeziehen. Wenn es möglich ist, Arten in einem n-dimensionalen Hyperraum von Merkmalen zu ordnen, könnte die euklidische Distanz zwischen den Arten als Grundlage für die Erstellung eines Clusterdiagramms dienen, dessen Verzweigungsmuster analog zur numerischen Taxonomie verwendet werden (Petchey und Gaston 2006).

Stichproben- vs. Komplementaritätseffekt. Der Stichprobeneffekt bedeutet, dass die Chance, eine oder wenige hochleistungsfähige Arten zu haben, mit der Anzahl der Arten in einer Gemeinschaft steigt und dass eine bessere Leistung von reicheren Gemeinschaften einfach durch den Stichprobeneffekt erklärt werden kann. Der Komplementaritätseffekt geht davon aus, dass reichere Gemeinschaften Ressourcen effizienter nutzen, weil die reichere Gemeinschaft mehr verschiedene Arten der Ressourcenbeschaffung und subtilere Spezialisierungen in den Ressourcenanforderungen enthält. Die Erzielung eines **Übererträges** („overyielding") ist ein einfacher Test für den Komplementaritätseffekt. Einfacher Überertrag bedeutet, dass eine Artenmischung besser abschneidet als die berechnete gemischte Leistung der Einzelarten. Transgressiver Überertrag bedeutet, dass eine Mischung besser abschneidet als die einzelne am besten abschneidende Art. Da der Stichproben- und der Komplementaritätseffekt gleichzeitig auftreten können, haben Loreau und Hector (2001) ein komplexes mathematisches Verfahren entwickelt, um Stichproben- und Komplementaritätseffekte zu trennen.

Nicht-zufälliger Artenverlust in der Natur. Der natürliche Verlust von Arten ist nicht zufällig, im Gegensatz zur zufälligen Zusammenstellung von statistisch korrekten experimentellen Mischungen. Der natürliche Artenverlust hängt von Umweltfaktoren und von Artenmerkmalen ab (Vinebrooke et al. 2004). Dies schafft einen Konflikt zwischen der Notwendigkeit, störende Faktoren (Umwelt, Artenidentität) in Experimenten zu vermeiden, und dem Bestreben, das Problem der Diversitäts-Funktionsbeziehung in einem naturrelevanten Kontext zu untersuchen. Dieses Dilemma kann nur gelöst werden, indem beides getan wird und Vertrauen geschaffen wird, wenn beide Ansätze zumindest qualitativ das gleiche Ergebnis liefern.

Diversität-Produktivität

Die meisten Experimente wurden mit einzelnen trophischen Ebenen durchgeführt, entweder in terrestrischen Modellsystemen (Graslandschaften) oder mit Kulturen von aquatischen Mikroorganismen. Experimente mit einer einzigen trophischen Ebene erleichtern die Messungen, da Unterschiede in den Produktionsraten sich direkt in Unterschieden in der Biomasseakkumulation manifestieren. Andernfalls könnten Unterschiede in der Biomasseakkumulation sowohl aus Unterschieden in der Produktion als auch aus Unterschieden in der Prädation resultieren. Natürlich muss das experimentelle Design dafür sorgen, dass die Ressourcenverfügbarkeit zwischen den verschiedenen Behandlungen gleich ist, sonst würden Ressourceneffekte die Diversitätseffekte überlagern.

Matthiessen und Hillebrand (2006) erzeugten unterschiedlich artenreiche Mischungen von benthischen Mikroalgen durch unterschiedliche experimentelle Ausbreitungsraten zwischen lokalen Gemeinschaften. Wie erwartet, erreichte die Artenvielfalt bei mittleren Ausbreitungsraten ihren Höhepunkt (Abschn. 6.1.4) und die Biomasseakkumulation tat dasselbe. Bei der Darstellung der Biomasseakkumulation im Verhältnis zur Artenvielfalt gab es einen linearen Anstieg der Biomasse mit der Artenvielfalt, mit einer dreifachen Zunahme von der artenärmsten zur artenreichsten Gemeinschaft (Fig. 7.17).

Downing und Leibold (2002) führten eines der wenigen Diversitäts-Produktionsexperimente durch, die mehrere trophische Ebenen des Makrobenthos einschlossen. Die Gemeinschaften wurden in kleinen Teichen aufgebaut und die Gilden Makrophyten, benthische Herbivore und benthische Carnivore wurden jeweils mit 1, 3 und 5 Arten besetzt. Darüber hinaus enthielten die Teiche die natürliche Mischung von Mikroorganismen und Plankton, deren Vielfalt nicht manipuliert wurde. Primärproduktion und Gemeinschaftsatmung wurden durch Sauer-

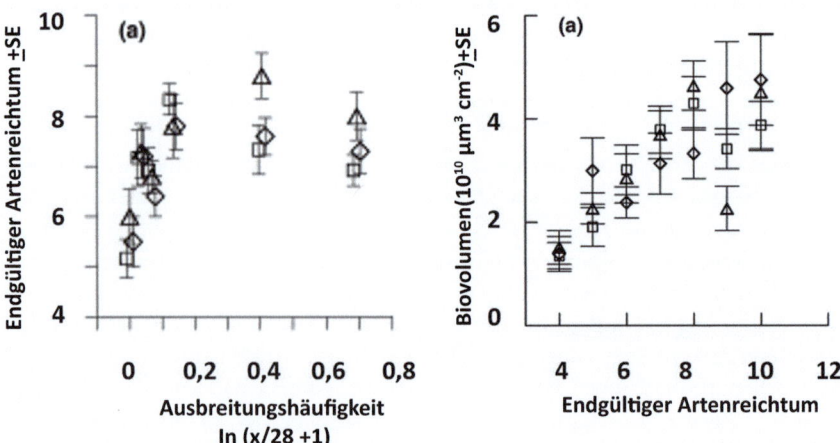

Abb. 7.17 Links: Einfluss der Häufigkeit von experimentellen Ausbreitungsereignissen auf die Artenvielfalt von benthischen Mikroalgen, **rechts:** Einfluss der endgültigen Artenvielfalt auf die Biomasseakkumulation. (Quelle: Abb. 1 und 3 in Matthiessen und Hillebrand 2006, mit Genehmigung von John Wiley and Sons)

7.4 Diversität und Artenreichtum

stoffproduktion und -verbrauch gemessen. Beide nahmen mit der Artenvielfalt zu. Die Vielfalt des Makrobenthos hatte einen positiven Effekt auf die Biomasse des Phytoplanktons und einen negativen auf die Biomasse des Zooplanktons.

Diversität: Top-Down-Effekte

Die Auswirkungen der Diversität auf die Stärke der Top-Down Kontrolle waren nur selten im direkten Fokus des experimentellen Designs. Sommer et al. (2001) zeigten in einem Mesokosmen-Experiment, dass das Sommerphytoplankton im Schöhsee, Norddeutschland, nur durch eine Mischung aus dem Wasserfloh *Daphnia* und dem Ruderfußkrebs *Eudiaptomus* auf das Niveau eines Klarwasserstadiums abgegrast werden konnte. Dies war ein offensichtlicher Fall von Komplementarität. *Daphnia* allein kontrollierte nur das kleine Phytoplankton und befreite die großen von der Konkurrenz durch die kleinen, während *Eudiaptomus* allein nur die großen Algen und die Ciliaten kontrollierte, wodurch kleine Algen von der Beweidung durch Ciliaten und der Konkurrenz durch große Algen befreit wurden.

Hillebrand und Cardinale (2004) führten eine Meta-Analyse von 87 Studien durch, in denen Daten über Diversitätseffekte auf das Abgrasen von Algen extrahiert werden konnten. Die Verbrauchereffekte nahmen mit der Algendiversität ab, was zumindest auf einen Stichprobeneffekt hindeutet, d. h. dass eine höhere Algendiversität zu einer höheren Wahrscheinlichkeit führt, weidebeständige Arten zu enthalten.

Diversität-Stabilität

Klassen von Stabilität. Wie bereits von Goodman (1976) hervorgehoben, wurde die Diversität-Stabilität-Hypothese zu breit formuliert, da „Stabilität" verschiedene Bedeutungen haben kann und die Stabilität verschiedener Einheiten (gesamte Gemeinschaft, Gilden, einzelne Populationen, …etc.) unterschiedlich auf Veränderungen in der Diversität reagieren könnte. Unter den vielen verschiedenen Definitionen in der Literatur müssen mindestens die folgenden Klassen von Stabilität unterschieden werden:

- **Konstanz** ist das Fehlen zeitlicher Veränderungen in einer Zustandsvariable, wie z. B. Abundanz, Biomasse, Artenzahl, … auch stabile Schwingungen oder ein konstanter Trend können als Konstanz betrachtet werden. Üblicherweise wird Konstanz durch ihren Kehrwert gemessen, den Variationskoeffizienten um einen Mittelwert, eine stabile Schwingung oder einen Trend.
- **Persistenz** ist die Langlebigkeit eines qualitativen Zustands der Lebensgemeinschaft, z. B. Kelpwald, Muschelriff, etc. Sie wird in Zeiteinheiten gemessen und quantitative Konstanz ist nicht erforderlich, nur die Bewahrung der Identität einer Gemeinschaft. Ein Muschelriff bleibt ein Muschelriff, auch wenn Miesmuscheln durch Austern ersetzt werden. Persistenz ist wahrscheinlich die wichtigste Klasse von Stabilität für den Naturschutz, spielte aber bisher nur eine geringe Rolle in der experimentellen Ökologie.

Konstanz und Persistenz sind deskriptive Eigenschaften, die aus Beobachtungszeitreihen abgeleitet werden können. Das Finden von Konstanz oder Persistenz macht keinen Unterschied, ob sie aus der Abwesenheit von Umweltstörungen oder aufgrund von Resistenz oder Elastizität gegenüber Umweltstörungen resultieren.

- **Resistenz** oder Trägheit ist die starre Form der Stabilität. Es bedeutet, dass Zustandsvariablen, Trends von Grenzzyklen trotz eines externen Schocks aufrechterhalten werden.
- **Elastizität** oder Rückkehrstabilität ist die Fähigkeit, nach einer durch einen externen Schock verursachten Veränderung in den ungestörten Zustand zurückzukehren. Sie hat zwei Komponenten: **Resilienz**, die maximale Abweichung vom Normalzustand, nach der eine Rückkehr zum Normalzustand möglich ist, und **Rückkehrzeit**, d. h. Elastizität im engeren Sinne.

Gemeinschaft vs. Populationskonstanz. Konstanz war die am häufigsten verwendete Stabilitätsklasse in der experimentellen Forschung. Es stellte sich heraus, dass die Vorhersage für die Stabilität von Gemeinschaften im Vergleich zur Populationsstabilität in Bezug auf die Diversität genau das Gegenteil ist. Populationen tendieren dazu, mehr zu schwanken, während kollektive Eigenschaften, wie die Biomasse der Gemeinschaft, bei höherer Diversität tendenziell weniger schwanken (Tilman 1996). Diese Ergebnisse sind leicht zu verstehen. Das Aufsummieren von Populationen sollte immer zu einer gedämpften Reaktion führen, außer im Falle einer strengen Synchronität zwischen den Populationen. Der Dämpfungseffekt tritt auf, ob es sich dabei um zufällige Schwankungen handelt oder um Komplementarität, z. B. unterschiedliche Umweltoptima. Ebenso bieten mehr Arten mehr Spielraum für Artenersetzungen und erhöhen damit die Instabilität auf der Populationsebene. Auch dies kann sowohl durch zufällige Prozesse als auch durch Ersatz aufgrund von Unterschieden in den Umweltpräferenzen angetrieben werden.

Die vorteilhafte Rolle von Artenersetzungen für die Persistenz und Konstanz von Gemeinschaften wurde mit einem einfachen und intuitiven Label versehen, der **Versicherungshypothese** (Yachi und Loreau 1999). Einige der untergeordneten Arten könnten besser an veränderte Bedingungen angepasst sein und die Persistenz von Gemeinschaften gewährleisten, indem sie dominante Arten ersetzen, wenn diese durch Umwelteinflüsse ausgeschaltet werden.

McGrady-Steed und Morin (2000) setzten Plankton-Mikrokosmen mit 3–31 Arten aus einem Pool bestehend aus Phytoplankton, heterotrophen Protisten und Rädertieren zusammen, d. h. die experimentellen Gemeinschaften enthielten Primärproduzenten, Phytoplankton-Fresser, Bakterienfresser und Räuber. In den reicheren Mesokosmen gingen einige der Arten während der 42 Tage des Experiments verloren, was zu einer negativen Reaktion der durchschnittlichen Persistenzzeit der Arten auf die Artenvielfalt führte. Die meisten kollektiven Eigenschaften wurden konstanter (niedrigerer Variationskoeffizient) mit zunehmender Artenvielfalt: Gesamtabundanz, Gesamtabundanz der Bakterienfresser, Gesamtabundanz der Pflanzenfresser, Gesamtabundanz der Räuber und Gemeinschaftsatmung. Die Variabilität der Häufigkeit der Primärproduzenten hatte jedoch einen Höhepunkt bei mittlerer Artenvielfalt. Die funktionelle Gruppenabundanz von Produzenten, Herbivoren und Raubtieren stieg mit der Artenvielfalt, während die Abundanz der Bakterienfresser abnahm (Abb. 7.18).

7.4 Diversität und Artenreichtum

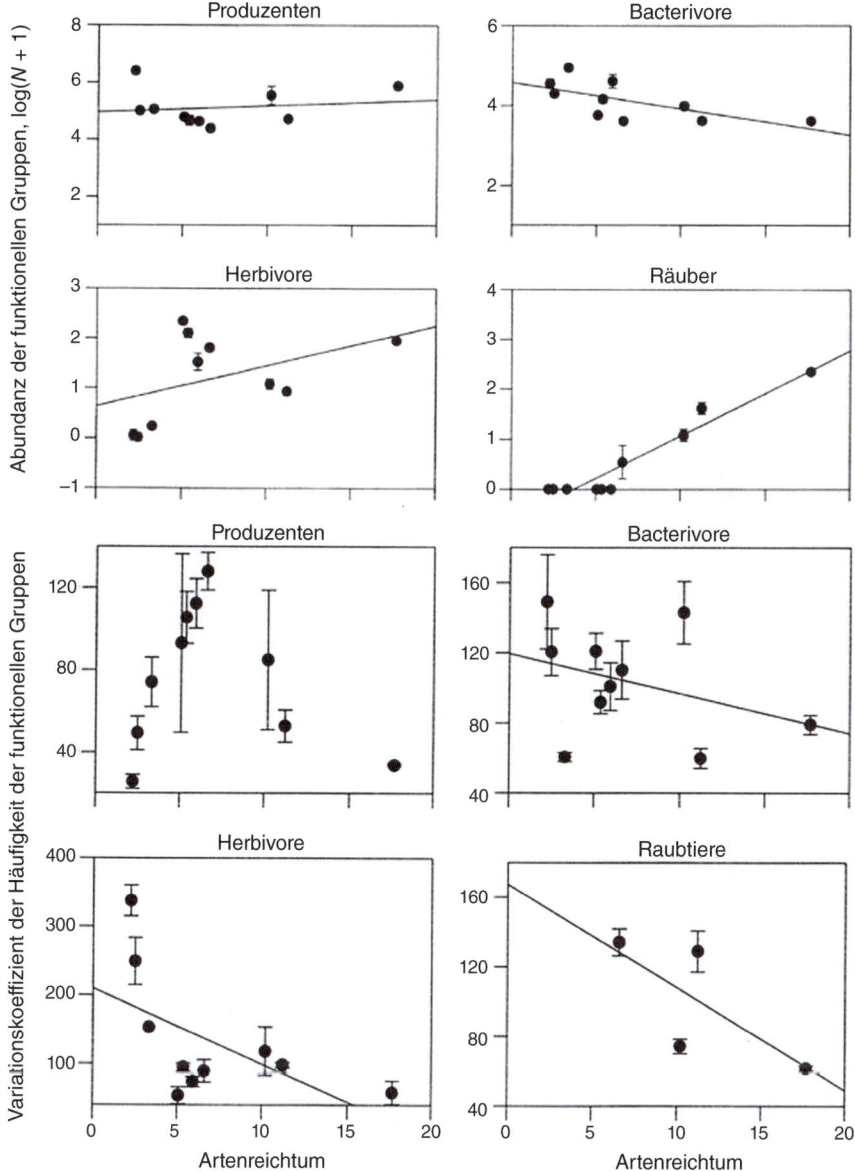

Abb. 7.18 Reaktion der funktionellen Gruppenabundanz (obere vier Unterfiguren) und des Variationskoeffizienten (untere vier Unterfiguren) auf die Artenvielfalt in experimentellen Gemeinschaften. (Quelle: Abb. 4 in McGrady-Steed und Morin 2000, mit Genehmigung von John Wiley und Sons)

7.5 Sukzession

Lebensgemeinschaften und die Netzwerke der Interaktion sind nicht statisch, sie verändern sich im Laufe der Zeit. Zeitliche Veränderungen können der historische Aufbau einer Gemeinschaft sein (Sukzession), die Veränderung in Reaktion auf langfristige Umweltveränderungen und die Reaktion auf zyklische Veränderungen, hauptsächlich Saisonalität (Phänologie). In diesem Abschnitt werden wir uns mit Sukzession und teilweise auch mit Phänologie befassen, während die Reaktion auf verschiedene Arten von Umweltveränderungen wie Eutrophierung und Klimawandel in Kap. 9 behandelt wird.

7.5.1 Allgemeines Konzept

Die Sukzession ist ein Konzept, das aus der terrestrischen Ökologie entlehnt wurde, wo es die Entwicklung einer „reifen" Vegetation entweder aus kahlem Substrat oder aus gestörten Zuständen der Vegetation beschreibt. Eine Sukzession aus einem kahlen Substrat wird als **Primärsukzession** bezeichnet, eine Sukzession, die nach einer Störung folgt, wird als **Sekundärsukzession** bezeichnet, wie sie beobachtet werden kann, wenn verlassenes Ackerland zuerst von Büschen und dann von Wald überwachsen wird. Anfangs wird kahles Substrat von **Pionierarten** besiedelt, die sich durch gute Ausbreitungsfähigkeiten und hohe Wachstumsraten auszeichnen. Diese werden später von langsamer, aber höher wachsenden Arten überwachsen, die beginnen, sie zu beschatten. Die nachfolgenden Artengeeinschaften haben

- Langsameres Wachstum
- Größere Körpergröße
- Längere Lebensdauer
- Höhere Biomasse
- Langsamere Umsatzrate der Biomasse, d. h. niedrigeres Produktions- : Biomasseverhältnis
- Höhere Investition in strukturelles Material
- Zunehmende Bedeutung des Ökosystem-Engineerings für Struktur und Funktion der Gemeinschaft

Die größeren, späteren sukzessionellen Ökosystem-Ingenieure werden von einem Unterwuchs kleinerer Arten begleitet, aber diese sind normalerweise nicht die gleichen wie die Pionierarten am Anfang, weil der Unterwuchs in der Lage sein muss, im Schatten der die Baumkrone bildenden Arten zu wachsen.

Natürliche oder vom Menschen verursachte Störungen können zu einer Rückkehr zu früheren Sukzessionsstadien oder zu Abweichungen von der natürlichen

Sequenz führen, wie dem Ersatz von natürlicher Vegetation durch landwirtschaftliche Kulturen.

Der Grad der Richtungsbestimmtheit, Vorhersagbarkeit und die implizit oder explizit zugrunde liegende Idee der „Gemeinschaftsreifung" waren ein ständiges Diskussionsthema zwischen Ökologen, die dem Superorganismus-Konzept von Clements (1905, 1916) näher standen, und solchen, die dem individualistischen Konzept von Gleason (1926) näher standen. Dennoch gibt es einen gemeinsamen Nenner zwischen den verschiedenen Denkschulen: Sukzessionelle Veränderung besteht aus einer **Ersetzung von Generationen und Arten** und nicht nur aus zeitlichen Lebenszyklusmustern ansässiger Arten, wie dem saisonalen Wachstum und Rückgang von Seegras-Schösslingen. **Phänologie** ist der geeignete Begriff für die letztere Veränderung des Gemeinschaftsbildes.

Raum für Zeit Substitution Da die Sukzession hin zu langlebigen, spät sukzessionellen Arten Jahre bis Jahrhunderte dauern kann, sind direkte Beobachtungen selten oder nur auf die frühesten Stadien beschränkt. Um sukzessionelle Sequenzen zu rekonstruieren, können Standorte unterschiedlichen sukzessionellen Alters verglichen werden, wenn eine Datierung möglich ist. In der aquatischen Ökologie könnten dies künstliche Gewässer unterschiedlichen Alters, Küstenkonstruktionen und Schiffswracks unterschiedlichen Alters usw. sein. Rekonstruktionen von sukzessionellen Sequenzen aus Standorten mit unterschiedlichem Alter werden als **Chronosequenz** bezeichnet.

7.5.2 Treiber der Sukzession

Connell und Slatyer (1977) unterschieden drei grundlegende Modelle über die Mechanismen, die die Sukzession antreiben

- **Facilitationsmodell:** Frühere Arten bereiten den Boden für spätere, z. B. durch chemische oder physikalische Konditionierung des Substrats
- **Toleranzmodell:** Frühere Arten erschöpfen Ressourcen auf ein Niveau, dass nur Arten, die niedrigere Ressourcenniveaus tolerieren können, einwandern können, d. h. sie widerstehen zuerst und überwinden dann den Wettbewerbsdruck durch frühere Arten (beachten Sie, dass dieses Modell mit der Konkurrenztheorie von Tilman übereinstimmt, Abschn. 6.1.3)
- **Hemmungsmodell:** Sobald sie den Raum besetzt haben, leisten Organismen jeder sukzessionellen Stufe Widerstand gegen die Invasion von später kommenden. Die späteren Arten können nur einwandern, wenn der individuelle Tod oder externe Störungen den Raum für sie öffnen.

7.5.3 Benthische Beispiele

Kelpwald-Sukzession

Kahle harte Substrate, die durch das Weiden von Seeigeln verursacht werden, gelten als ein alternativer stabiler Zustand zu Kelpwäldern im Sublitoral von kaltgemäßigten und kalten Meeren (Abschn. 6.4.4, Abb. 6.29). Leinaas und Christie (1996) reduzierten Seeigel aus kahlen Gebieten im Sublitoral von Nova Scotia, Kanada, und beobachteten die anschließende Sukzession. Eine moderate Reduktion ermöglichte das Wachstum von ephemeren, fadenförmigen Algen, aber keine Besiedlung durch Kelp. Eine starke oder vollständige Entfernung von Seeigeln führte zunächst zum Wachstum von ephemeren Algen, die innerhalb weniger Wochen von der schnell wachsenden Kelpart *Laminaria saccharina* überwachsen wurden. Nach 3-4 Jahren wurde der langlebige, langsamer wachsende und schattentolerantere Kelp *Laminaria hyperborea* zunehmend dominant, in Übereinstimmung mit dem Toleranzmodell.

Uribe et al. (2021) setzten keramische Fliesen als Besiedlungssubstrat in von *Lessonia trabeculata* dominierten Kelpwäldern und benachbarten Seeigelbrachen im Sublitoral von Nordchile aus. Das Experiment dauerte 14 Monate. Die sukzessionellen Sequenzen unterschieden sich erheblich zwischen beiden Gemeinschaften mit sieben charakteristischen Stadien im Kelpwald und vier Stadien in der Brachen. In beiden Gemeinschaften waren Bakterien, Diatomeen und Flagellaten die ersten Besiedler, gefolgt von krustenbildenden Grünalgen und einigen benthischen Tieren. Im Kelpwald schritt die Sukzession fort, bis Sporophyten von *L. trabeculata* am Ende des Experiments ca. 70 % des Substrats bedeckten. In den Seeigelbrachen gab es nur vier charakteristische Stadien, das letzte wurde von krustenbildenden Grünalgen und dem Polychaeten *Romanchella* dominiert.

Erholung der Seegraswiesen

Peterson et al. (2002) verwendeten eine Raum-für-Zeit-Substitution, um eine Chronosequenz der Seegraserholung nach einer vollständigen Verwüstung einer Seegras (*Syringodium filiforme*) Wiese durch eine Weidefront von Seeigeln in Florida, USA, zu rekonstruieren. Die Seeigel-Front bewegte sich mit einer konstanten Geschwindigkeit von 1 m Tag^{-1} in eine Richtung. Daher konnte die Zeit der Zerstörung für jede Probennahmestelle berechnet und eine Chronosequenz der Erholung berechnet werden. Die ca. 3 Jahre der Chronosequenz waren nicht ausreichend, um zu beurteilen, ob *S. filiforme* die Dominanz wiedererlangen würde. *S. filiforme* blieb selten und stattdessen begannen eine Mischung aus dem Seegras *Thalassia testudinum* und den kalkhaltigen Grünalgen *Halimeda* spp. und *Udotea* spp. den Sediment zu besiedeln. Die Verschiebung in der Artenzusammensetzung der Makrophyten wurde auf einen Verlust von Nährstoffen und feinem Sediment aufgrund von Resuspension nach der Entfernung von *S. filiforme* zurückgeführt. Die Studiendauer war nicht lang genug, um zu beurteilen, ob die Sukzession weiter fortschreiten würde oder ob die neue Zusammensetzung der Makrophytengilde der Endpunkt der Sukzession war.

Rolle der Herbivoren. Burkepile und Hay (2010) führten Käfigexperimente mit verschiedenen Arten von herbivoren Fischen in einem karibischen Riff durch. Sie untersuchten die Auswirkungen der Herbivoren auf die frühe Sukzession auf leeren Substraten und verglichen sie mit den Auswirkungen auf etablierte Korallenriffe. Ozean-Chirurgenfische (*Acanthurus bahianus*) und Prinzessinnen-Papageienfische (*Scarus taeniopterus*) stoppten Algen auf den neuen Substraten in einem frühen Stadium der Sukzession und erlaubten nur das Wachstum von kurzen Filamenten und krustenbildenden Algen. Diese kurzen Algen konnten die Ansiedlung von Korallen nicht verhindern. Daher erleichterten Ozean-Chirurgenfische und Prinzessinnen-Papageienfische den Fortschritt der Sukzession hin zu Korallen. Das Grazing von Rotband-Papageienfischen (*Sparisoma aurofrenatum*) war weniger effektiv und erlaubte das Wachstum von hohen filamentösen Algen und spätsukzessionellen Makroalgen. Auf etablierten Korallenkolonien war die Wirkung beider Arten von herbivoren Fischen umgekehrt, Rotband-Papageienfische konnten Makroalgen unterdrücken, während die anderen beiden Arten dies nicht konnten.

Die primäre Sukzession von See-Makrophyten kann nach dem Befüllen von künstlichen Seen untersucht werden. Vejříková et al. (2021) verfolgten die Entwicklung der Unterwasservegetation nach der Flutung eines Tagebaus (See Milada, Tschechische Republik) über 10 Jahre. Die Entwicklung von 2007 bis 2010 zeigte eine zunehmende Bedeckung des Substrats und eine zunehmende Tiefendurchdringung von Makrophyten (Abb. 7.19). Dementsprechend nahm der Anteil des unbewachsenen Substrats ab. Anfangs waren Charophyceae die dominanten algenartigen Makrophyten und *Myriophyllm spicatum* und *Potamogeton crispus* die dominanten höheren Pflanzen. Die Bedeckung von *P. crispus* nahm bereits von 2007 bis 2010 ab, während Charophyceae und *M. spicatum* 2010 eine maximale Bedeckung erreichten und dann allmählich abnahmen. *Elodea canadensis* hatte nur in der obersten Tiefenzone im Jahr 2010 nennenswerte Bedeckungswerte. *P. pecticatus* wurde zur dominanten höheren Pflanze und die Xanthophyta *Vaucheria* wurde 2016 zur dominanten algenartigen Makrophyte. Die Sukzession fand in einer unveränderten physischen Umgebung statt. Gelöste Nährstoffe nahmen während des Untersuchungszeitraums ab, wahrscheinlich weil die anfängliche Nährstoffbelastung während der Befüllung der Mine durch Nährstoffablagerung in den Sedimenten und Speicherung in der zunehmenden Vegetation gemildert wurde. Der Druck durch herbivore Fische nahm auch während dieser Zeit ab, weil der See mit Raubfischen besetzt wurde.

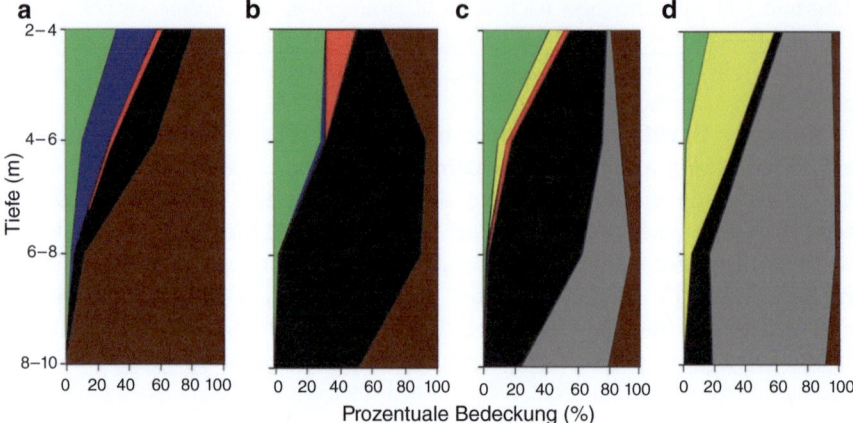

Abb. 7.19 Die Ausbreitung der untergetauchten Vegetation (in Prozent) in tiefere Bereiche (Tiefen 2–4, 4–6, 6–8 und 8–10 m) und im Gegensatz dazu die Abnahme des unbedeckten Bodens (braun) im Laufe der Zeit in (**a**) 2007, (**b**) 2010, (**c**) 2013 und (**d**) 2016 wird veranschaulicht. Der prozentuale Bedeckungsgrad von *Myriophyllum spicatum* (grün), *Potamogeton crispus* (blau), *Elodea canadensis* (rot), Characeae (schwarz), *Vaucheria* sp. (grau), *P. pectinatus* (gelb) wird gezeigt. (Quelle: Abb. 5 in Vejříková et al. 2021, mit Genehmigung von Wiley and sons)

7.5.4 Pelagische Saisonalität: Eine Mischung aus Sukzession und Phänologie

Der saisonale Wechsel pelagischer Gemeinschaften ist eine Mischung aus Sukzession und Phänologie. Die Saisonalität von Phytoplankton und den meisten Zooplanktern besteht aus einem Generationswechsel und den Aufs und Abs in der Häufigkeit der verschiedenen Arten. Es gibt einige Zooplanktonarten, z. B. den marinen Copepoden *Calanus finmarchicus*, mit einem jährlichen Lebenszyklus, bei dem Ereignisse wie das Schlüpfen aus Eiern, die Metamorphose zwischen den verschiedenen Lebenszyklusstadien, das Einsetzen der Diapause und die Fortpflanzung an bestimmte Jahreszeiten gebunden sind und als Phänologie klassifiziert werden können. Die langlebigstenZooplankter, z. B. der antarktische Krill *Euphausia superba*, haben eine Lebensdauer von mehreren Jahren, wobei viele Lebenszyklusereignisse ebenfalls an Jahreszeiten gebunden sind. Nekton sind meist mehrjährig und haben ebenfalls saisonal definierte Lebenszyklusereignisse wie Laichen, Schlüpfen, Übergang vom Larven- zum Jungtierstadium zumindest in kalt-gemäßigten und hohen Breiten. Daher fallen saisonale Lebenszyklusereignisse einiger Zooplankton und aller Nektontiere unter den Begriff „Phänologie".

7.5 Sukzession

Kalt-Gemäßigte und Boreale Zonen

Die Beschreibung der Plankton-Saisonalität in kalt-gemäßigten und borealen Zonen basiert hier auf dem Standardmodell, das von der internationalen Plankton Ecology Group vorgeschlagen wurde (PEG-Modell). Das Modell basiert auf einem Vergleich von Seen (Sommer et al. 1986), ist aber auch auf kalt-gemäßigte und boreale Meeresysteme anwendbar.

Winter und Frühling. Phytoplankton in kalt-gemäßigten und borealen Zonen wird im Winter, insbesondere in tiefen oder eisbedeckten Gewässern, knapp. Hier bedeutet Winter, die Sukzession fast auf Null zurückzusetzen. Der Grund ist der Lichtmangel (Abschn. 2.4 und 4.2.1, Gleichung 4.7), verursacht durch kurze Tageslänge, niedrige Sonnenwinkel, tiefe Durchmischung oder Lichtverlust durch Eisdecken. In dieser Zeit sammeln sich auch gelöste Nährstoffe im Wasser an und bieten ideale Ressourcenbedingungen, sobald das Lichtangebot zunimmt. Dies geschieht wie ein relativ plötzlicher Schalter durch das Auftauen des Eises und mit dem Beginn der Schichtung in tiefen Gewässern (Sverdrup 1953; Huisman und Sommeijer 2002) oder allmählicher durch zunehmende Sonnenstrahlung in flachen, eisfreien Gewässern. Die Folge ist ein **Frühjahrsblüte**, die oft von Diatomeen gemischt mit Flagellaten dominiert wird. In nährstoffreichen Systemen kann die Frühjahrsblüte durch eine bemerkenswerte Färbung des Wassers sichtbar werden. Herbivores Zooplankton verfolgt die erhöhte Nahrungsverfügbarkeit entweder durch Populationswachstum oder durch das Erwachen aus der Diapause. Die Frühjahrsblüte endet mit einem Abfall des Phytoplanktons, der zur **Klarwasserstadium** (Abschn. 6.2.2) führt, das hauptsächlich auf Zooplankton-Grazing und teilweise auch auf Massensedimentation nach Nährstofflimitierung auf dem Höhepunkt der Frühlingsblüte zurückgeführt wird.

Sommer. In **eutrophen** Systemen führt das Wachstum von mehr fraßresistenten Phytoplanktonarten und der Rückgang des Grazingdrucks zu einer Zunahme der Phytoplanktonbiomasse. Der Rückgang des Grazingdrucks resultiert aus Jungfischen des Jahres, die sich von Zooplankton ernähren. Die anschließende Entwicklung von **Sommerblüten** wird in der Regel von fraßresistenten, großen oder kolonialen Phytoplanktonarten dominiert, manchmal toxischen, begleitet von einem Unterwuchs von Nano- und Pikoplankton. Die Zusammensetzung des Phytoplanktons wird gleichzeitig durch Grazing und Nährstoffe kontrolliert. In **oligotrophen** Systemen ist die Nährstoffverfügbarkeit unzureichend, um eine Sommerblüte zu ermöglichen. Stattdessen gibt es eine verlängerte Periode niedriger Biomasse. Episodische Kaltfronten und Stürme können die Mischungstiefe erhöhen und zur Nährstoffinjektion (einschließlich Si) in das Oberflächenwasser führen, was Episoden ermöglicht, die von frühen Sukzessionsarten wie Diatomeen dominiert werden.

Herbst. Zunehmende Mischungstiefe und abnehmende Sonnenstrahlung führen zu einem Wechsel von Nährstoff- zu Lichtlimitierung. Herbstblüten können sich entwickeln, wenn der positive Nährstoffeffekt früh genug eintritt, um eine zu strenge Lichtlimitierung zu vermeiden. Herbstblüten haben oft Diatomeen als wichtige Komponente. In sehr hohen Breiten und Höhen kann die „Frühlingsblüte" so sehr in den Sommer hinein verzögert werden, dass sie das einzige Blütenereignis des Jahres wird.

Eine erweiterte Version des PEG-Modells (Sommer et al. 2012) berücksichtigt Modifikationen aufgrund von Veränderungen in der Fischdichte und bietet eine klarere Unterscheidung zwischen den Mustern von protistischem und metazoischen Zooplankton als das ursprüngliche PEG-Modell (Box 7.5).

Kasten 7.5: Das erweiterte PEG-Modell der saisonalen Planktonfolge (Sommer et al. 2012)

Das ursprüngliche PEG-Modell ging von den Annahmen geringer überwinternder Zooplanktonpopulationen, mäßiger Dichten von planktivoren Fischen und einem saisonalen Maximum der Fischprädation durch Jungfische aus, das die Metazoen-Zooplanktonblüte im späten Frühjahr, d. h. während des Klarwasserstadiums, beendet. Das erweiterte Modell enthält Modifikationen für die folgenden Fälle:

- **Starke überwinternde Zooplanktonpopulationen**, wie sie oft bei marinen Copepoden der Fall sind, führen zu einer reduzierten Phytoplankton- und heterotrophen Protisten-Frühjahrsblüte.
- **Ungewöhnlich niedrige Dichten von planktivoren Fischen**, z. B. nach Fischsterben oder in Seen, die zu intensiv mit Raubfischen besetzt sind. Dies führt zu mehr Metazoen-Zooplankton und weniger Phytoplankton und heterotrophen Protisten im Sommer.
- **Ungewöhnlich hohe Dichten von planktivoren Fischen**, z. B. als Folge von Überfischung von Raubfischen. Dies führt zu weniger Metazoen-Zooplankton, mehr Phytoplankton und heterotrophen Protisten und dem (fast) Fehlen eines Klarwasserstadiums (Abb. 7.20).

Niedrige Breitengrade

In niedrigeren Breitengraden ist die solare Einstrahlung im Winter nicht schwach genug, um ein Aufhören des Phytoplanktonwachstums im Winter zu bewirken, d. h. es gibt **kein Winterminimum** des Phytoplanktons. Dies war sehr offensichtlich in einem Vergleich der Planktonsaisonalität von griechischen (38°18′–40°45′N) und deutschen (47°38′–54°37′N) Seen (Moustaka-Gouni und Sommer 2014). Keiner der griechischen Seen hatte das winterliche Minimum der Phytoplanktonbiomasse, wie es für kalt-gemäßigte Seen und Meere typisch ist. Stattdessen hatten mehrere der Seen sogar ihr jährliches Biomassemaximum im Win-

7.5 Sukzession

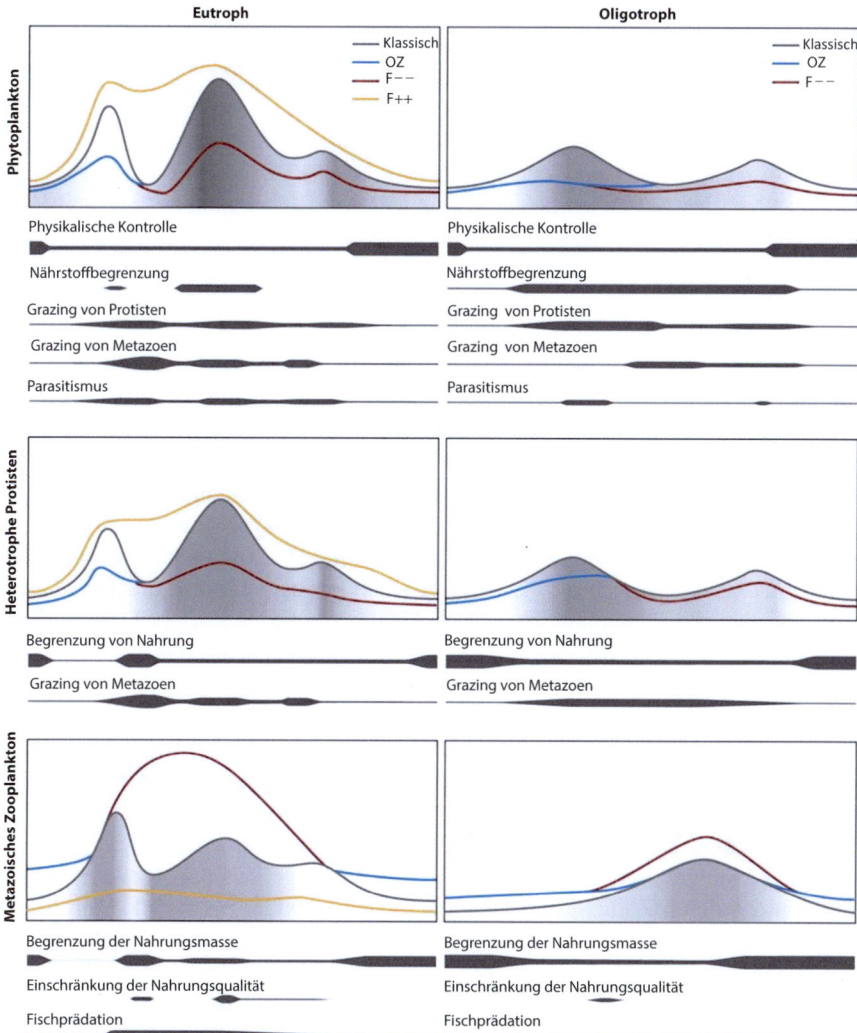

Abb 7.20 Das erweiterte PEG-Modell: **Oben:** Fokus auf Phytoplankton (blaue durchgezogene Linie) (dunkle Schattierung, ungenießbar für Metatoan-Zooplankton; helle Schattierung, genießbar für Metazoen-Zooplankton). **Mitte:** Fokus auf heterotrophen Protisten (dunkle Schattierung, kleine Herbivoren; helle Schattierung, große Herbivoren) **Unten:** Fokus auf Metazoen-Zooplankton (hell: kleinwüchsigeTaxa, dunkel: großwüchsigee Taxa). Die Dicke der horizontalen Balken zeigt die saisonale Veränderung der relativen Bedeutung von physikalischen Faktoren, Grazing, Nährstofflimitierung, Fischprädation und Nahrungslimitierung an, farbige Linien zeigen Abweichungen vom „klassischen" Modell: **blau:** starke überwinternde Zooplanktonpopulation, **rot:** ungewöhnlich niedrige Dichten von planktivoren Fischen, **gelb:** ungewöhnlich hohe Dichten von planktivoren Fischen. (Quelle: Abb. 1 in Sommer et al. 2012)

ter. Darüber hinaus haben die meisten der griechischen Seen eine Mischung von Diatomeen mit Cryptophyceen-Flagellaten während der **Winterblüte**. Diese taxonomische Zusammensetzung ähnelt der typischen Zusammensetzung der Frühjahrsblüten in kalt-gemäßigten deutschen Seen.

In **oligotrophen warm-gemäßigten oder subtropischen Meeren,** sind die Lichtbedingungen das ganze Jahr über günstig für die Bildung von Phytoplanktonblüten, aber der Nährstoffmangel verhindert sie. Blüten können nur auftreten, wenn der Import von nährstoffreichem Tiefenwasser in das Oberflächenwasser Blüten auslöst. Solche Wachstumsperioden folgen regelmäßiger der winterlichen Zunahme der Mischungstiefe (D'Ortenzio und Ribera d'Alcalà 2009). Episodische Blüten außerhalb der üblichen saisonalen Muster können auch starken Fronten folgen, wie einer Diatomeenblüte im März/April 2008 im östlichen Mittelmeer (Varkitzi et al. 2020).

Top-Down-Effekte. Der Winter-Frühjahrs-Übergang in eutrophen mediterranen Seen ist oft durch eine Dominanz durch einen Wechsel von Diatomeen zu Cyanobakterien gekennzeichnet, die bis zum Herbst dominant bleiben. Es gibt kein Klarwasserstadium und eine mehr oder weniger kontinuierliche Steigerung der Phytoplanktonbiomasse bis zum Herbst. Das Fehlen einesr Klarwasserstadiums lässt sich am besten durch den geringen Grazingdruck des Zooplanktons auf das Phytoplankton erklären. Insgesamt ist die Zooplanktonbiomasse bei ähnlicher Phytoplanktonbiomasse viel niedriger in mediterranen Seen als in kalt-gemäßigten Seen. Darüber hinaus sind die individuellen Größen des Mesozooplanktons in den mediterranen Seene viel kleiner. Beide Unterschiede deuten auf eine stärkere Fischprädation auf das Mesozooplankton hin. Diese Prädation ist nicht nur stärker, sondern auch beständiger über den Jahreszyklus, da die Produktion von Jungfischen gleichmäßiger über den Jahreszyklus verteilt ist (Meerhoff et al. 2007; Jeppesen et al. 2010). Wenn es mitt-saisonale Minima der Phytoplanktonbiomasse gibt, können diese in der Regel auf das Auswaschen des Epilimnions durch Zuflüsse mit hohen Abflussschwankungen zurückgeführt werden. In tropischen Seen ist der Wechsel zwischen **Regen- und Trockenzeiten** der Haupttreiber der Saisonalität, der schnell wachsende, kleine Arten bei hohen Auswaschungsraten und langsamer wachsende, gut verteidigte Arten während Stagnationsperioden begünstigt (Domis et al. 2013).

Polare und Hochgebirgsgewässer

Polare Gewässer und Hochgebirgsseen in der gemäßigten Zone zeichnen sich durch eine viel kürzere Vegetationsperiode aus, die die Zeitachse in Abb. 7.20 komprimiert und den Beginn der Saison in den Sommer verschiebt. Dies lässt Raum für nur eine **Sommerblüte** von Phytoplankton, gefolgt von einer Zooplanktonblüte. In von Meereis bedeckten Teilen der Polarmeere erzeugt schmelzendes Seewasser eine niedrigsalzige Oberflächenschicht, die für einige Zeit eine tiefe Durchmischung widersteht und die hohe Lichtumgebung für eine Eisrandblüte von Phytoplankton bereitstellt (Landry et al. 2002).

Glossar

α-diversity (α-Diversität) lokale Vielfalt
β-diversity (β-Diversität) Unterschiede in der Artenzusammensetzung zwischen Lokalitäten innerhalb einer Gemeinschaft
ϒ-diversity (γ-Diversität) regionales Arteninventar
bacterivory (Bakterivorie) sich von Bakterien ernährend
biomass (Biomasse) Masse von Organismen
calcifier (Kalzifizierer) Organismen, die kalkhaltige Skelettstrukturen bilden
carnivory (Carnivorie) sich von tierischer Biomasse ernähren
chronosequence (Chronosequenz) Rekonstruktion einer sukzessionellen Trajektorie von Standorten unterschiedlichen Alters (Raum-für-Zeit-Substitution)
clear-water phase (Klarwasserstadium) mittsaisonales Phytoplankton-Minimum, normalerweise verursacht durch Zooplankton-Grazing
community (Lebensgemeinschaft) Summe der Populationen, die in einem gemeinsamen Lebensraum interagieren
complementarity (Komplementarität) Unterschied in der Ressourcennutzung und Umwelttoleranz von Arten, der zu einer verbesserten Leistung der Gemeinschaft führt
constancy (Konstanz) Fehlen einer Veränderung einer Zustandsvariable über die Zeit
coral bleaching (Korallenbleiche) Verlust von endosymbiotischen Phototrophen derh Korallen
cover (Bedeckung) Anteil des Lebensraum, der von Organismen bedeckt ist
detritivory (Detritivorie) sich von totem Material ernähren
diversity (Diversität) eine kombinierte Messung der Artenzahl und der gleichmäßigen Verteilung von Individuen zwischen den Arten
ecological efficiency (ökologische Effizienz) Verhältnis zwischen den Produktionsraten der nachfolgenden trophischen Ebenen
ecosystem (Ökosystem) System bestehend aus einer lokalen Gemeinschaft und ihrer physischen, chemischen und geologischen Umgebung
ecosystem engineering (Ökosystem-Engineering) Modifikation der physischen Struktur der Umwelt durch Organismen
elasticity (Elastizität) Fähigkeit einer Gemeinschaft, nach einer Störung in den Normalzustand zurückzukehren
eutrophic (eutroph) nährstoffreiche Umwelt
evenness (Äquitabilität) gleiche Verteilung von Individuen unter den Arten
facilitation model (Facilitationsmodell) Annahme, dass frühe Sukzessionsarten den Boden für spätere Arten vorbereiten
food chain (Nahrungskette) Sequenz von Räuber-Beute-Beziehungen, A wird von B gefressen, B von C, C von D, ..
food web (Nahrungsnetz) System von verzweigten und verbundenen Nahrungsketten

foundation species (Gründerart) Arten mit unverhältnismäßig hohem Einfluss auf eine Gemeinschaft, oft ein Ökosystem-Ingenieur

guild (Gilde) Gruppe von Populationen, die dieselben Ressourcen und Raubtiere teilen

herbivory (Herbivorie) sich von pflanzlicher oder algenartiger Biomasse ernährend

individualistic concept (individualistisches Konzept) Annahme, dass Arten individuell in der Umwelt verteilt sind

inhibition model (Hemmungsmodell) Annahme, dass Arten jeder Sukzessionsstufe die Eindringen späterer Sukzessionsarten hemmen. Diese können sich nur etablieren, wenn Störungen Möglichkeiten eröffnen.

jelly food chain (gelatinöse Nahrungskette) Nahrungskette mit gallertigen Organism

kelp forest (Kelpwald) Macrophytenbestände, die von großen Braunalgen dominiert werden

metacommunity (Metagemeinschaft) Gruppe von lokalen Lebensgemeinschaften, die durch Ein- und Auswanderung von Organismen verbunden sind

microbial food web (mikrobielles Nahrungsnetz) Nahrungsnnetz mit einzelligen Teilnehmern

microbial loop (mikrobielle Schleife) Recycling von DOC in das Nahrungsnetz durch die Aufnahme von DOC durch Bakterien und anschließende Bakterivorie

oligotrophic (oligotroph) nährstoffarme Umwelt

overyielding (Überertrag) verbesserte Leistung einer Artmischung im Vergleich zu dem berechneten Mischeffekt von Einzelartleistungen

persistence (Persistenz) Langlebigkeit eines qualitativ definierten Gemeinschaftsstatus (z. B. Muschelriff)

phenology (Phänologie) jahreszeitliche Veränderung im Erscheinungsbild einer Gemeinschaft, verursacht durch saisonal gebundene Lebenszyklusereignisse von Arten

pioneer species (Pionierart) frühe Sukzessionsarten, die sich durch hohe Ausbreitungsfähigkeiten, hohe Fruchtbarkeit, kurze Lebensdauer und geringe Größe auszeichnen

primary production (Primärproduktion) Produktion von organischer Materie aus anorganischem Material

resilience Resilienz) Menge an Störungen, die eine Gemeinschaft tolerieren kann und trotzdem zur Normalität zurückkehrt

resistance (Resistenz) Fähigkeit einer Gemeinschaft, ihren Zustand trotz Störungen aufrechtzuerhalten

sampling effect (Stichprobeneffekt) erhöhte Wahrscheinlichkeit von leistungsstarken Arten mit zunehmender Artenvielfalt

species–area curve (Arten-Areal-Kurve) Kurve, die die Beziehung zwischen der Anzahl der identifizierten Arten und der beprobten Fläche beschreibt

succession (Sukzession) Austausch von Arten während der Entwicklung einer Gemeinschaft

superorganism (Superorganismus) Annahme einer engen Integration von Gemeinschaften, die zu gemeinsamen Artenverteilungen, Selbstregulierung und Optimierung auf Gemeinschaftsebene führt

tolerance model Toleranzmodell) Annahme, dass spät-sukzessionale Arten zunächst den Wettbewerbsdruck durch früh-sukzessionale Arten tolerieren und dann überwinden

trophic level (trophische Ebene) Gruppe von Organismen mit der gleichen Position in der Nahrungskette

Übungsaufgaben

Die rechte Spalte der untenstehenden Tabelle zeigt den Ort an, an dem die Antwort gefunden werden kann, logisch abgeleitet aus den Informationen, die im Text enthalten sind, oder berechnet aus den dort vorhandenen Gleichungen.

	Frage	Abschn.
1	Unterscheiden Sie die Begriffe Lebensgemeinschaft und Ökosystem	7
2	Was ist eine Metagemeinschaft?	7.1.1
3	Erklären Sie den Unterschied zwischen dem Superorganismus-Konzept und dem individualistischen Konzept von Lebensgemeinschaften und Ökosystemen	7.1.2
4	Welche Faktoren bestimmen die Artenzusammensetzung einer Lebensgemeinschaft?	7.1.2
5	Was sind Connectance und Link-Dichte?	7.1.3
6	Wie und warum werden Arten in Gilden zusammengefasst?	7.1.3
7	Nennen Sie mindestens 4 kollektive Eigenschaften von Lebensemeinschaften	7.1.4
8	Was ist eine trophische Ebene?	7.2.1
9	Welche trophische Ebene bilden die Primärkonsumenten?	7.2.1
10	Verringert sich die Produktion zwangsläufig mit der trophischen Ebene? Und warum?	7.2.1
11	Verringert sich die Biomasse zwangsläufig mit dem trophischen Niveau? Und warum?	7.2.1
12	Was ist ökologische Effizienz?	7.2.1
13	Wie kann von Organismen ausgeschiedener DOC für die Ernährung höherer trophischer Ebenen verfügbar gemacht werden?	7.2.2
14	Erklären Sie die mikrobielle Schleife	7.2.2
15	Warum muss das Konzept der Nahrungskette durch das Konzept des Nahrungsnetzes ersetzt werden?	7.2.2
16	Wie wichtig ist der Konsum von Primärproduktion durch das mikrobielle Nahrungsnetz?	7.2.2
17	Wie hängt die Bedeutung des mikrobiellen Nahrungsnetzes mit dem Nährstoffreichtum zusammen?	7.2.2

	Frage	Abschn.
18	Warum ist die gelatinöse Nahrungskette der Quallen nachteilig für die Fütterung von Fischen?	7.2.2
19	Vergleichen Sie Süßwasser- und marine pelagische Nahrungsnetze hinsichtlich des mikrobiellen Nahrungsnetzes, des Mesozooplanktons, das als Nahrung für Fische dient, und der gelatinösen-Nahrungskette	7.2.2
20	Wie ändert sich die trophische Ebene von Zooplankton fressenden Fischen mit den Nährstoffbedingungen?	7.2.2
21	Warum ist die Energieübertragung vom 1. zum 2. trophischen Niveau im Hartboden-Benthos oft weniger effizient als im Pelagial?	7.2.2
22	Vergleichen Sie die Bedeutung von Ökosystem-Ingenieuren im Pelagial und im Benthos	7.3
23	Wie beeinflussen mehrjährige Makrophyten die Lebensbedingungen von Organismen, die innerhalb von Makrophytenbetten leben?	7.3.1
24	Welche Gilden profitieren von Riesentang, welche erleiden Nachteile?	7.3.1
25	Erklären Sie den Unterschied zwischen den Haftungsmodi von Miesmuscheln und Austern	7.3.2
26	Wie beeinflussen Muschelriffe die Fauna in den Gezeitenflächen in der Nähe?	7.3.2
27	Können riffbildende Austern und Muscheln koexistieren? Wenn ja, wie?	7.3.2
28	Welche Gruppen von Organismen sind die dominierenden Ökosystem-Ingenieure in Korallenriffen?	7.3.3
29	Sind Korallen die einzigen kalkbildenden Organismen in Korallenriffen?	7.3.3
30	Erklären Sie die Rolle des Papageienfisches in Korallenriffen	7.3.3
31	Welche Arten von Organismen könnten riffbildende Korallen überwachsen und welche schützen sie vor Überwucherung?	7.3.3
32	Erklären Sie Korallenbleiche	7.3.3
33	Welche Rolle spielen Dornenkronenseesterne in Korallenriffen?	7.3.3
34	Wie können Korallenriffe so viel Biomasse und Produktion in nährstoffarmen Meeren haben?	7.3.3
35	Berechnen Sie den Shannon- und Simpson-Diversitätsindex für die drei folgenden Gemeinschaften (A, B, C) aus den relativen Artenhäufigkeiten: A: sp 1: 0.5, sp 2: 0.3, sp 3: 0.1, sp 4: 0.05, sp 5: 0.0.5 B: sp 1: 0,3, sp 2: 0,3, sp 3: 0,3, sp 4: 0,05, sp 5: 0,0,5 C: sp 1: 0,3, sp. 2: 0,3, sp 3: 0,2, sp 4: 0,05, sp 5: 0,05, sp 6: 0,05, sp 7: 0,06	7.4.1
36	Erklären Sie den Unterschied zwischen α-, β- und γ-Diversität	7.4.1
37	Welche Faktoren bestimmen den lokalen Artenpool?	7.4.2
38	Wie kann der Breitengradient der Vielfalt erklärt werden? Können Sie mehrere alternative Erklärungen anbieten?	7.4.2
39	Wie beeinflusst das Verhalten von Räubern die lokale Diversität?	7.4.2
40	Wie beeinflusst die Produktivität den Einfluss von Räubern auf die Diversität?	7.4.2
41	Wie können wir zwischen dem Stichprobeneffekt und dem Komplementaritätseffekt der Diversität auf die Produktivität unterscheiden?	7.4.3
42	Erhöht oder verringert die Diversität auf einer trophischen Ebene den Top-Down-Effekt der nächsthöheren trophischen Ebene?	7.4.3

	Frage	Abschn.
43	Erhöht oder verringert die Diversität auf einer trophischen Ebene den Top-Down-Effekt auf die nächst niedrigere Ebene?	7.4.3
44	Erklären Sie den Unterschied zwischen Konstanz und Persistenz	7.4.3
45	Was ist der Unterschied zwischen Resistenz und Resilienz einer Gemeinschaft?	7.4.3
46	Können wir erwarten, dass Diversität den gleichen Effekt auf die Stabilität kollektiver Gemeinschaftseigenschaften und auf einzelne Populationen hat?	7.4.3
47	Was ist der Versicherungseffekt von Diversität?	7.4.3
48	Was sind die Hauptunterschiede zwischen Pionier- und Spätsukzessionsarten?	7.5.1
49	Was ist der Unterschied zwischen Sukzession und Phänologie?	7.5.1
50	Wie können wir sukzessionale Sequenzen analysieren, wenn die Sukzessionszeit die Lebenszeit der Beobachter bei weitem übersteigt?	7.5.1
51	Können Seeigel die Makroalgen-Sukzession in Richtung eines Kelpwaldes beeinflussen? Wenn ja, wie?	7.5.2
52	Wie beeinflussen verschiedene herbivore Fische die Sukzession in einem Korallenriff?	7.5.2
53	Wie ändern sich Bedeckung und Tiefendurchdringung von Makrophyten während der Primärsukzession in einem künstlichen See?	7.5.2
54	Warum ist pelagische Saisonalität eine Mischung aus Sukzession und Phänologie?	7.5.3
55	Was sind die Bedingungen für die Entwicklung einer Frühjahrsblüte von Phytoplankton?	7.5.3
56	Warum gibt es oft eine Phase mit geringer Phytoplankton-Biomasse nach der Frühjahrsblüte?	7.5.3
57	Wie unterscheidet sich die sommerliche Phytoplankton-Sukzession in kalt-gemäßigten Zonen zwischen eutrophen und oligotrophen Systemen?	7.5.3
58	Wie beeinflussen ungewöhnlich hohe und ungewöhnlich niedrige Dichten von zooplanktivoren Fischen die saisonale Abfolge von Phyto- und Zooplankton in der kalt-gemäßigten Zone?	7.5.3
59	Was ist der Hauptunterschied zwischen kalt-gemäßigtem/borealem und warm-gemäßigtem/subtropischem Phytoplankton im Winter?	7.5.3
60	Wie unterscheidet sich das saisonale Muster der Fischprädation von Zooplankton zwischen kalt-gemäßigten und mediterranen Seen?	7.5.3
61	Was ist der Grund für Eisrandblüten von Phytoplankton?	7.5.3

Literatur

Acuña JL (2001) Pelagic tunicates: Why gelatinous? Am Nat 158:100–107
Alldredge AL (1977) House morphology and mechanisms of feeding in the oikopleuridae (Tunicata, Appendicularia). J Zool Lond 181:175–188
Allen AP, Gillooly JF (2006) Assessing latitudinal gradients in speciation rates and biodiversity at the global scale. Ecol Lett 9:947–954
Azam F, Fenchel T, Field JG, Gray JS, Meyer-Reil LA, Thingstad F (1983) The ecological role of water column microbes in the sea. Mar Ecol Progr Ser 10:257–263

Båmstedt U, Martinussen MB, Matsakis S (1994) Trophodynamics of the two scyphozoan jellyfishes, *Aurelia aurita* and *Cyanea capillata*, in western Norway. ICES J Mar Sci 51:369–382

Bellwood DR, Choat JH (1990) A functional analysis of grazing in parrotfishes (family Scaridae): the ecological implications. Environ Biol Fish 28:189–214

Bersier LF, Banasek-Richter C, Cattin MF (2002) Quantitative descriptors of food-web matrices. Ecology 83:2394–2407

Bierwagen SL, Heupel MR, Chin A, Simpfendorfer CA (2017) Trophodynamics as a tool for understanding coral reef ecosystems. Front Mar Sci 5:24

Bonaldo RM, Bellwood DR (2011) Parrotfish predation on massive *Porites* on the Great barrier reef. Coral Reefs 30:259–269

Bruno JF, Bertness MD (2001) Habitat modification and facilitation in Benthic marine communities. In: Bertness MD, Hay ME, Gaines SD (Hrsg) Marine community ecology. Sinauer Associates, Sunderland, MA, S 201–218

Burkepile DE, Hay ME (2010) Impact of herbivore identity on algal succession and coral growth on a Caribbean reef. PLoS One 5:e8963

Calbet A, Landry M (2004) Phytoplankton growth, microzooplankton grazing, and carbon cycling in marine systems. Limnol Oceanogr 49:51–57

Carballo JL, Bautista E, Nava H, Cruz-Barraza JA, Chavez JA (2013) Boring sponges, an increasing threat for coral reefs affected by bleaching events. Ecol Evol 3(4):872–886

Caron DA, Dam HG, Kremer P, Lessard EJ, Madin LP, Malone TC, Napp JM, Peele ER, Roman MR, Youngbluth MG (1995) The contribution of microorganisms to particulate carbon and nitrogen in surface waters of the Sargasso Sea near Bermuda. Deep Sea Res. I 42:943–972

Carpenter RC (1986) Partitioning herbivory and its effects on coral reef algal communities. Ecol Monogr 56:345–363

Christie H, Norderhaug KM, Fredriksen S (2009) Macrophytes as habitat for fauna. Mar Ecol Progr Ser 396:221–233

Clements FI (1905) Research methods in Ecology. Univ Nevada Press, Lincoln, NV

Clements FE (1916) Plant succession; an analysis of vegetation development. Carnegie Inst Washington, Washington, DC

Connell JH (1978) Diversity in tropical rain forests and coral reefs. Science 199:1304–1310

Connell JH, Slatyer RO (1977) Mechanisms of succession in natural communities and their role in community stability and organization. Am Nat 111:1119–1144

Dayton PK (1975) Experimental evaluation of ecological dominance in a rocky intertidal algal community. Ecol Monogr 45:137–159

Deibel D (1982) Laboratory-measured grazing and ingestion rates of the salp, *Thalia democratica* Forskal, and the doliolid, *Dolioletta gegenbauri* Uljanin (Tunicata, Thaliacea). J Plankton Res 4:189–201

Dittmann S (1990) Mussel beds—amensalism or amelioration for intertidal fauna. Helgol Meeresunters 44:335–352

Domis LD, Elser JJ, Gsell AS, Huszar VLM, Ibelings BW, Jeppesen E, Kosten S, Mooij WM, Roland F, Sommer U, Van Donk E, Winder M, Lürling M (2013) Plankton dynamics under different climatic conditions in space and time. Freshwat Biol 58:463–482

Donadi S, Van Der Heide T, Van Der Zee EM, Eklöf JS, Van De Koppel J, Weerman EJ, Piersma T, Olff H, Eriksson BK (2013) Cross-habitat interactions among bivalve species control community structure on intertidal flats. Ecology 94:489–498

D'Ortenzio F, Ribera d'Alcalà M (2009) On the trophic regimes of the Mediterranean Sea: A satellite analysis. Biogeosciences 6:139–148

Downing AJ, Leibold MA (2002) Ecosystem consequences of species richness and identity and composition in pond food webs. Nature 416:837–841

Duarte CM, Chiscano CL (1999) Seagrass biomass and production: a reassessment. Aquat Bot 65:159–174

Duffy JE (2006) Biodiversity and the functioning of seagrass ecosystems. Mar Ecol Prog Ser 311:233–255

Engel FG, Alegria J, Andriana R, Donadi S, Gusmao JB, van Leeuwe MA, Matthiessen B, Eriksson BK (2013) Mussel beds are biological power stations on intertidal flats. Estuar Coast Shelf Sci 191:21–27

Fabricius KF, Benayahu Y, Genin A (1995) Herbivory in asymbiotic soft corals. Science 268:90–92

Fabricius KE, Okaji K, De'ath G (2000) Three lines of evidence to link outbreaks of the crown-of-thorns seastar *Acanthaster planci* to the release of larval food limitation. Coral Reefs 29:593–605

Garra S, Hall A, Kingsford MJ (2020) The effects of predation on the condition of soft corals. Coral Reefs 38:1329–1343

Gleason MA (1926) The individualistic concept of the plant association. Torrey Bot Club Bull 53:1–10

Goodman D (1976) The theory of diversity-stability relationships in ecology. Q Rev Biol 50:237–266

Griffith JK (1997) Occurrence of aggressive mechanisms during interactions between soft corals (Octocorallia : Alcyoniidae) and other corals on the Great Barrier Reef, Australia. Mar Freshwat Res 48:129–135

Hatcher GB (1988) Coral reef primary productivity—a beggar's banquet. Trends Ecol Evol 3:106–111

Hays GC, Doyle TK, Houghton JDR (2018) A paradigm shift in the trophic importance of jellyfish. Trends Ecol Evol 33:874–888

HillebrandH, Cardinale BJ (2004). Consumer effects decline with prey diversity. Ecol Lett 7:192–201

Hillebrand H, Waterman F, Karez R, Berninger UG (2001) Differences in species richness patterns between unicellular and multicellular organisms. Oecologia 126:114–124

Holmes KE (2000) Effects of eutrophication on bioeroding sponge communities with the description of new West Indian sponges, Cliona spp. (Porifera : Hadromerida : Clionidae). Invert Biol 119:125–138

Holzman R, Genin A (2003) Zooplanktivory by a nocturnal coral-reef fish: Effects of light, flow, and prey density. Limnol Oceanogr 48:1367–1375

Hooper DU, Chapin FS, Ewel JJ, Hector A, Icnchausti P, Lovorel S, Lawton JH, Lodge TM, Loreau M, Naeem S, Schmid B, Setälä H, Symstad AJ, Vandermeer J, Wardle JA (2005) Effects of biodiversity on ecosystem functioning: A consensus of current knowledge. Ecol Monogr 75:3–35

Hosia A, Titelman J, Hansson LJ, Haraldsson M (2011) Interactions between native and alien ctenophores: *Beroe gracilis* and *Mnemiopsis leidyi* in Gullmarsfjorden. Mar Ecol Progr Ser 422:129–138

Hughes TP (1994) Catastrophes, phase shifts and large-scale degradation of a Caribbean coral reef. Science 265:1547–1551

Huisman J, Sommeijer B (2002) Population dynamics of sinking phytoplankton in light-limited environments: simulation techniques and critical parameters. J Sea Res 48:83–96

Huston MA (1997) Hidden treatments in ecological experiments: re-evaluating the ecosystem function of biodiversity. Oecologia 110:449–460

Hutchinson GE (1958) Homage to Santa Rosalia, or why are there so many species of animals. Am Nat 93:145–159

Jeppesen E, Meerhoff M, Holmgren K, Gonzalez-Bergonzoni I, Teixeira-de Mello F, Declerck SAJ et al (2010) Impacts of climate warming on lake fish community structure and potential effects on ecosystem function. Hydrobiologia 646:73–90

Kéfi S, Holmgren M, Scheffer M (2016) When can positive interactions cause alternative stable states in ecosystems? Funct Ecol 30:88–97

LaJeunesse TC, Parkinson JE, Gabrielson PW, Jeong HJ, Reimer JD, Voolstra CR, Santos SR (2018) Systematic revision of Symbiodiniaceae highlights the antiquity and diversity of coral endosymbionts. Curr Biol 28:2570–2580.e6

Landry MR, Selp KE, Brown SL, Abbott MR, Measures CI, Vink S, Allen CB, Calbet A, Christensen S, Nolla H (2002) Seasonal dynamics of phytoplankton in the Antarctic Polar Front region at 170 degrees W. Deep Sea Res Part II 49:1843–1865

Leibold MA, Holyoak M, Mouquet N, Amarasekare P, Chase JM (2004) The metacommunity concept: a framework for multi-scale community ecology. Ecol Lett 7:601–613

Leinaas HP, Christie H (1996) Effects of removing sea urchins (*Strongylocentrotus droebachiensis*): Stability of the barren state and succession of kelp forest recovery in the east Atlantic. Oecologia 105:524–536

Lewis WM (1967) Tropical limnology. Ann Rev Ecol Syst 18:159–184

Litchman E, Klausmeier CA (2008) trait-based ecology of phytoplankton. Ann Rev Ecol Evol Syst 39:615–639

Loreau M, Hector A (2001) Partitioning selection and complementarity inn biodiversity experiments. Nature 412:72–76

Marañon E (2015) Cell size as a key determinant of phytoplankton metabolism and community structure. Ann Rev Mar Sci 7:241–264

Marnane MJ, Bellwood DR (2002) Diet and nocturnal foraging in cardinalfishes (Apogonidae) at One Tree Reef, Great Barrier Reef, Australia. Mar Ecol Prog Ser 231:261–268

Matthiessen B, Hillebrand H (2006) Dispersal frequency affects local biomass production by controlling local diversity. Ecol Lett 9:652–662

McCook LJ (1999) Macroalgae, nutrients and phase shifts on coral reefs: scientific issues and management consequences for the Great Barrier Reef. Coral Reefs 18:357–367

McGrady-Steed J, Morin PJ (2000) Biodiversity, density compensation, and the dynamic of functional groups. Ecology 81:361–373

Meerhoff M, Clemente JM, Teixeira-de Mello F, Iglesias C, Pedersen AR, Jeppesen E (2007) Can warm climate-related structure of littoral predator assemblies weaken the clear water state in shallow lakes? Global Change Biol 13:1888–1897

Miller RJ, Mann KH, Scarratt DJ (1971) Potential production of a lobster-seaweed community in eastern Canada. J Fish Res Board Can 28:1733–1738

Miller RJ, Lafferty KD, Lamy T, Kui L, Rassweiler A, Reed DC (2018) Giant kelp, *Macrocystis pyrifera*, increases faunal diversity through physical engineering. Proc Royal Soc B Biol Sci 285:20172571

Mittelbach GG, Schemske DW, Cornell HV, Allen AP, Brown JM, Bush MB, Harrison SP, Hurlbert AH, Knowlton N, Lessios HA, McCain CM, McCune AR, McDade LA, McPeek MA, Near TJ, Price TD, Ricklefs RE, Roy K, Sax DF, Schluter D, Sobel JM, Turelli M (2007) Evolution and the latitudinal diversity gradient: speciation, extinction and biogeography. Ecol Lett 10:315–331

Moustaka-Gouni M, Sommer U (2014) Modifying the PEG-model for Mediterranean lakes—no biological winter and strong fish predation. Freshwat Biol 59:1136–1154

Moustaka-Gouni M, Kormas KA, Scotti M, Vardaka E, Sommer U (2016) Warming and acidification effects on planktonic pico- and nanoflagellates in a mesocosm experiment. Protist 167:389–410

Norling P, Kautsky N (2007) Structural and functional effects of *Mytilus edulis* on diversity of associated species and ecosystem functioning. Mar Ecol Prog Ser 351:163–175

Pascual M, Dunne JA (2006) Ecological networks: linking structure to dynamics in food webs. Oxford University Press, Oxford, UK

Petchey OL, Gaston KJ (2006) Functional diversity: Back to basics and looking forward. Ecol Lett 9:741–758

Peterson BJ, Rose CD, Rutten LM, Fourqurean JW (2002) Disturbance and recovery following catastrophic grazing: studies of a successional chronosequence in a seagrass bed. Oikos 97:361–370

Pimm SL, Russel CJ, Gittleman JL, Brooks TM (1995) The future of biodiversity. Science 269:247–350

Pimm SL, Jenkins CN, Abell R, Brooks TM, Gittleman JL, Joppa LN, Raven PH, Roberts CM, Sexton JO (2014) The biodiversity of species and their rates of extinction, distribution, and protection. Science 344:1246752

Pomeroy LR (1974) The oceans food web, a changing paradigm. BioScience 24:499–504

Pozas-Schacre C, Casey JM, Brandl SJ, Kulbicki M, Harmelin-Vivien M, Strona G, Parravicini V (2021) Congruent trophic pathways underpin global coral reef food webs. Proc Natl Acad Sci USA 118:e2100966118

Pyke JH, Pulliam HR, Charnov EL (1977) Optimal foraging: a selective survey of theory and test. Q Rev Biol 52:137–154

Reise K, Buschbaum C, Büttger H, Wegner KM (2017) Invading oysters and native mussels: from hostile takeover to compatible bedfellows. Ecosphere 8:e01949

Risk EM, Sammarco PW, Edinger EN (1995) Bioerosion in *Acropora* across the shelf of the Great Barrier Reef. Coral Reefs 14:79–86

Roff JC, Hopcroft RR, Clarke C, Chishol LA, Lynn DH, Gilron GL (1990) Structure and energy flow in a tropical neritic planktonic community off Kingston, Jamaica. In: Barnes M, Gibson RN (Hrsg) Trophic relationships in the marine environment. Aberdeen Univ Press, Aberdeen, S 266–280

Rotjan RD, Lewis SM (2008) Impact of coral predators on tropical reefs. Mar Ecol Progr Ser 367:73–91

Rotjan RD, Dimond JL, Thornhill DJ, Leichter JJ, Helmuth B, Kemp DW, Lewis SM (2006) Chronic parrotfish grazing impedes coral recovery after bleaching. Coral Reefs 25:361–368

Scheffer M, Hosper ME, Meijer M-L, Moss B, Jeppesen E (1993) Alternative equilibria in shallow lakes. Trends Ecol Evol 8:275–278

Sherr EB, Sherr BF (2002) Significance of predation by protists in aquatic microbial food webs. Antonie van Leeuwenhoek 81:293–308

Sommer U (1999) The impact of herbivore type and grazing pressure on benthic microalgal diversity. Ecol Lett 2:65–69

Sommer U (2000) Benthic microalgal diversity enhanced by spatial heterogeneity of grazing. Oecologia 122:284–287

Sommer U (2005) Biologische Meereskunde, 2nd edn. Springer, Berlin

Sommer U, Stibor H (2002) Copepoda–Cladocera–Tunicata: The role of three major mesozooplankton groups in pelagic food webs. Ecol Res 17:161–174

Sommer U, Worm B (2002) Synthesis; Back to Santa Rosalia or no wonder there are so many species. In: Sommer U, Worm B (Hrsg) Competition and coexistence. Springer, Heidelberg, S 207–218

Sommer U, Gliwicz ZM, Lampert W, Duncan A (1986) The PEG model of a seasonal succession of planktonic events in fresh waters. Arch Hydrobiol 106:433–471

Sommer U, Sommer F, Santer B, Jamieson C, Boersma M, Becker C, Hansen T (2001) Complementary impact of copepods and cladocerans on phytoplankton. Ecol Lett 4:545–550

Sommer U, Stibor H, Katechakis A, Sommer F, Hansen T (2002) Pelagic food web configurations at different levels of nutrient richness and their implications for the ratio fish production:primary production. Hydrobiologia 484:11–20

Sommer U, Adrian R, de Senerpont-Domis L, Elser JJ, Gaedke U, Ibelings B, Jeppesen E, Lürling M, Molinero JC, Moiij WM, van Donk E, Winder M (2012) Beyond the Plankton Ecology Group (PEG) model: mechanisms driving plankton succession. Ann Rev Ecol Evol Syst 43:429–448

Sommer U, Charalampous E, Scotti M, Moustaka-Gouni M (2018) Big fish eat small fish: implications for food chain length? Community Ecol 19:107–115

Sorokin YI (1995) Coral reef ecology. Springer, Berlin

Sverdrup H (1953) On conditions for the vernal blooming of phytoplankton. J Cons Int Explor Mer 18:287–295

Tait RV (1981) Elements of marine ecology, 3rd edn. Butterworths, London

Thienemann A (1941) Vom Wesen der Ökologie. Biol Gen 15:312–331

Thingstad TF, Lignell R (1997) Theoretical models for the control of bacterial growth rate, abundance, diversity and carbon demand. Aquat Microb Ecol 13:19–27

Tilman D (1996) Biodiversity, population, and ecosystem stability. Ecology 77:350–363

Tittensor DP, Micheli F, Nyström M, Worm B (2007) Human impacts on the species–area relationship in reef fish assemblages. Ecol Lett 10:760–772

Trombetta T, Vidussi F, Roques C, Scotti M, Mostajir B (2020) Marine microbial food web networks during phytoplankton bloom and non-bloom periods: Warming favors smaller organism interactions and intensifies trophic cascade. Front Microbiol 11:502336

Uribe RA, Ortiz M, Jordan F (2021) Discrete steps of successional pathways differ in kelp forest and urchin barren communities. Comm Ecol 22:51–54

van der Ouderaa IBC, Claassen JR, van de Koppel J, Bishop MJ, Eriksson BK (2021) Bioengineering promotes habitat heterogeneity and biodiversity on mussel reefs. J Exp Mar Biol Ecol 540:151561

Varkitzi I, Psarra S, Assimakopoulou G, Pavlidou A, Krasakopoulou E, Velaoras D, Papathanassiou E, Pagou K (2020) Phytoplankton dynamics and bloom formation in the oligotrophic eastern Mediterranean: Field Studies in the Aegean, Levantine and Ionian seas. Deep Sea Res Part II 171:104662

Vejříková I, Vejřík L, Čech M, Říha M, Peterka J (2021) Succession of submerged vegetation in a hydrologically reclaimed opencast mine during first 10 years. Restor Ecol 30:e13489

Vinebrooke RD, Cottingham KL, Norberg J, Scheffer M, Dodson SI, Maberly SC, Sommer U (2004) Impacts of multiple stressors on biodiversity and ecosystem functioning. Oikos 104:451–457

Washington HG (1984) Diversity, biotic, and similarity indices. Water Res 18:653–694

Weil E, Smith G, Gil-Agudelo DL (2006) Status and progress in coral reef disease research. Dis Aquat Organ 69:1–7

Worm B, Lotze HK, Hillebrand H, Sommer U (2002) Consumer versus resource control of species diversity and ecosystem functioning. Nature 417:848–851

Yachi S, Loreau M (1999) Biodiversity and ecosystem productivity in a fluctuating environment: the insurance hypothesis. Proc Natl Acad Sci USA 96:1463–1468

Biogeochemie

8

Inhaltsverzeichnis

8.1 Grundlagen des Energie- und Materietransfers 364
    8.1.1 Transfers von Energie 364
    8.1.2 Transfers von Materie 367
    8.1.3 Bildung von Partikeln 368
    8.1.4 Regeneration gelöster Substanzen 370
    8.1.5 Sedimentation und Ablagerung 371
    8.1.6 Maßstab der biogeochemischen Kreisläufe 373
8.2 Spezifische Kreisläufe 374
    8.2.1 Kohlenstoffkreislauf 374
    8.2.2 Nährstoffkreisläufe 377
    8.2.3 Sauerstoffzyklus 378
8.3 Weltproduktion und die ozeanische Kohlenstoffpumpe 380
    8.3.1 Plankton 380
    8.3.2 Benthos 382
    8.3.3 Globale Summen der Primärproduktion 382
    8.3.4 Die biologische Kohlenstoffpumpe 383
8.4 Der langfristige Einfluss der biologischen Produktion im Ozean 388
    8.4.1 Biogene Bildung von Sedimenten und Gesteinen 388
    8.4.2 Biologische Kontrolle der Meerwasserchemie 391
    8.4.3 Biologische Kontrolle der Atmosphäre 394
Glossar 396
Übungsaufgaben 398
Literatur 401

© Der/die Autor(en), exklusiv lizenziert an Springer Nature Switzerland AG 2024
U. Sommer, *Süßwasser- und Meeresökologie*,
https://doi.org/10.1007/978-3-031-64723-9_8

Abkürzungsverzeichnis

ef   Verhältnis von Export- zu Primärproduktion
F   Sedimentationsfluss
L   Breitengrad
PP   Primärproduktion
TN   Gesamtstickstoff
z   Tiefe

Zusammenfassung

Ernährung, Wachstum, Atmung und Tod von Organismen sind gigantische Transfers von Materie und Energie, wenn sie auf der Ebene von Ökosystemen, Ozeanbecken oder global aggregiert werden. Mit Ausnahme von CO_2 aus tektonischen Quellen wurde jedes Molekül CO_2, das von einem Primärproduzenten aufgenommen wurde, zuvor durch Atmung an die Umwelt abgegeben. Umgekehrt wurde jedes für die Atmung verwendete Molekül O_2 durch die pflanzliche Art der Photosynthese an die Umwelt abgegeben. Der ständige Kreislauf zwischen Aufnahme durch Organismen und Freisetzung in die unbelebte Umwelt findet sich auch bei mineralischen Nährstoffen. Der Kreislauf von Materie zwischen der Biosphäre und der unbelebten Umwelt hat zum Konzept desr „biologischen Gleichgewichts" geführt. Wir sollten uns jedoch bewusst sein, dass das Gleichgewicht nie perfekt ist. Wenn der Verbrauch und die Freisetzung von Stoffen sich perfekt ausgleichen würden, gäbe es keine Veränderung auf der Erde. Es ist das winzige Ungleichgewicht zwischen Verbrauch und Freisetzung, das sich über geologische Zeiten hinweg angesammelt hat und das einen Großteil der Erdoberfläche durch eine gigantische Umverteilung von Stoffen zwischen der Lithosphäre, der Atmosphäre, der Hydrosphäre und der Biosphäre geformt hat. Ohne das Ungleichgewicht in den biogeochemischen Kreisläufen wäre der Übergang von einer reduzierten zu einer oxidierten Atmosphäre, die Bildung von biogenen Sedimentgesteinen und die Bildung von fossilen Brennstoffpools nicht möglich gewesen.

8.1 Grundlagen des Energie- und Materietransfers

8.1.1 Transfers von Energie

Die Bildung organischer Materie und ihre Umwandlung in Nahrungsketten und Nahrungsnetze (Abschn. 7.2) kann auch als Energie Transfer betrachtet werden. Es gibt jedoch grundlegende Unterschiede zwischen dem Fluss von Energie und dem Fluss von Materie durch Ökosysteme. Materie kann zirkulieren, d. h. von Organismen freigesetzte Elemente können von Organismen wieder aufgenommen und verwendet werden. Energie hingegen kann nicht recycelt werden. Energie, die für die Arbeit, die das Beutetier leistet, ausgegeben wird und Wärme, die durch jede energetische Transformation erzeugt wird, kann nicht vom Räuber genutzt werden.

Energiegehalt organischer Substanzen
Organische Materie ist der universelle Energieträger für Transferprozesse in Nahrungsnetzen. Daher ist der Fluss von Energie von einer trophischen Ebene zur nächsten eng mit dem Fluss organischer Materie verbunden. Reduziertere Substanzen enthalten mehr Energie pro Masseneinheit. Für grobe Berechnungen können die folgenden Masse-Energie-Äquivalenzen verwendet werden:

- 1 g Kohlenhydrate: 17.2 kJ
- 1 g Protein: 23.7 kJ
- 1 g Lipid: 39.6 kJ

Pool- und Flussgrößen
Die Beschreibung von Energie- und Materietransfers in Ökosystemen basiert auf Fluss- und Poolgrößen. Umsatzzeit und spezifische Leistung werden aus beiden abgeleitet.

Poolgrößen sind ein statischer Begriff, der definiert, wie viel Energie in einem bestimmten Kompartiment des Ökosystems enthalten ist, z. B. Biomasse einer oder mehrerer Gilden, Gesamtbiomasse, gelöste organische Substanzen. Poolgrößen werden in energetischen, d. h. Arbeits-Einheiten ausgedrückt: $1\text{ N m} = 1\text{ J} = 1\text{ W s}$ (N: Newton, J: Joule, W: Watt), und können auf die Fläche oder das Volumen der Umwelt bezogen werden.

Flussgrößen quantifizieren die Prozesse, durch die Energie zu einem Pool hinzugefügt oder von ihm entfernt wird pro Zeiteinheit. Daher wird der Einheit eine negative Zeitdimension hinzugefügt. In der Mechanik wird der Begriff „Leistung" für Flussgrößen verwendet: $1\text{ N m s}^{-1} = 1\text{ J s}^{-1} = 1\text{ W}$. Produktion, Verbrauch, Assimilation, Atmung usw. sind typische Flussgrößen in der Ökologie.

Umsatzzeit. Grundsätzlich sind Pool- und Flussgrößen voneinander unabhängig. Theoretisch kann ein großer Pool wenig Energie pro Zeiteinheit gewinnen und verlieren, während ein kleiner Pool große Mengen an Energie pro Zeiteinheit gewinnen und verlieren kann. Praktisch gibt es Grenzen, weil Stoffwechselprozesse nicht unendlich beschleunigt (obere Grenze) und nicht unendlich verlangsamt (untere Grenze) werden können, außer bei Ruhestadien. Ein Pool ist im Gleichgewicht, wenn die Summe aller ein- und die Summe aller ausströmenden Flüsse sich gegenseitig ausgleichen. Die Umsatzzeit ist die Zeit, die benötigt wird, um einen Pool von Null aufzufüllen, wenn alle Ausgänge blockiert sind. Im Gleichgewichtszustand ist die Umsatzzeit der Quotient Poolgröße/Summe der Eingangsflüsse oder Poolgröße/Summe der Ausgangsflüsse. Es handelt sich also um die Verweilzeit der Energie innerhalb eines Pools.

Spezifische Leistung ist das Inverse der Umsatzzeit, mit der Dimension t^{-1}, wie spezifische Wachstumsraten, Produktions- : Biomasse-Verhältnisse usw. Kurze Umsatzzeiten mit hoher spezifischer Leistung kennzeichnen aktive Ökosystemkompartimente, während lange Umsatzzeiten weniger aktive Kompartimente kennzeichnen.

Prinzipien der Thermodynamik
Energieerhaltung. Ökosysteme sind Energiewandlungssysteme. Verschiedene Formen von Energie (Licht, mechanische Arbeit, chemische Energie, Wärme) können ineinander umgewandelt werden, aber Energie kann bei solchen Umwandlungen weder erzeugt noch vernichtet werden (erster Hauptsatz der Thermodynamik). Daher kann die langfristige Produktion einer trophischen Ebene nicht höher sein als die Produktion der nächsttieferen Ebene, obwohl kurzfristige Abweichungen möglich sind, wenn Pools verbraucht werden, die in der Vergangenheit aufgebaut wurden.

Wärmeerzeugung. Bei allen energetischen Umwandlungen wird ein Teil der Energie in Wärme umgewandelt, die nicht vollständig in andere Energieformen rückverwandelt werden kann (zweiter Hauptsatz der Thermodynamik). Daher muss die Produktion einer trophischen Ebene niedriger sein als die Produktion der nächsttieferen Ebene.

Zunahme der Entropie. Die Wärmeerzeugung bei energetischen Umwandlungen führt zu einer Zunahme der Entropie (Unordnung) in geschlossenen Systemen. Dies gilt jedoch nicht für offene Systeme, wie Ökosysteme.

Export von Entropie. Offene Systeme mit kontinuierlichem Energiefluss können ihre innere Ordnung aufrechterhalten, indem sie Entropie an externe, übergeordnete Systeme exportieren (Prigogine 1961). So erhalten offene Systeme ihre innere Ordnung auf eine „parasitäre" Weise auf Kosten übergeordneter Systeme. Für Ökosysteme ist das Sonnensystem das oberste übergeordnete System. Die Sonnenstrahlung dient als ständige Energiequelle für Ökosysteme, erhöht aber die Entropie des Sonnensystems, indem sie den Temperaturgradienten zwischen der Sonne und den Planeten verringert.

Maximierung der Leistung. Während die allgemeinen Prinzipien der Thermodynamik weithin anerkannt und gut etabliert sind, schlug der Systemökologe H.T. Odum (1983) ein weiteres Prinzip für die Entwicklung offener Systeme vor, das „Prinzip der maximalen Leistung". Es postuliert, dass offene Systeme im Prozess der Selbstorganisation eine Maximierung der Leistung anstreben. Das Prinzip blieb umstritten (Mansson und McGlade 1993) und es ist nicht klar, ob die Zunahme der Leistung ein allgemeines Merkmal offener Systeme ist oder nur ein Nebenprodukt der zunehmenden Biomasse und der Konkurrenz während der Ökosystem-Sukzession. Die zunehmende Biomasse macht Organismen abhängig von der Erschließung bisher ungenutzter Ressourcen und erhöht damit den Energiefluss durch das System.

Energetische Offenheit von Ökosystemen
Nahrungsnetze benötigen eine Energiezufuhr aus der Außenwelt, entweder durch Primärproduktion oder durch den Import von allochthoner organischer Materie, die anderswo produziert wurde. Ökosysteme, die von einer externen Versorgung

mit organischer Materie abhängig sind, sind auf die Exportproduktion in Quellökosystemen angewiesen und können nur begrenzt ausgedehnt werden. Auf globaler Ebene muss die gesamte sekundäre Produktion durch die Primärproduktion unterstützt werden.

Photosynthese und Chemosynthese als Eingangstore für Energie. Photosynthetische (Abschn. 4.2.1) und chemosynthetische (Abschn. 4.2.3) Primärproduzenten nutzen die Energie von Licht und Redoxreaktionen als Energiequelle für die Bildung organischer Substanzen aus anorganischer Materie. Sie sind nicht nur die Nahrungsgrundlage von Nahrungsnetzen, sondern auch das Eingangstor für externe, abiotische Energie in Ökosysteme. Global gesehen ist die Photosynthese die weitaus wichtigere Form der Primärproduktion als die Chemosynthese.

Energietransfer über organische Substanzen. Die in organischen Substanzen gebundene Energie ist die universelle Währung des Energietransfers innerhalb von Nahrungsnetzen. Sie ist die einzige Energieform, die von heterotrophen Konsumenten genutzt werden kann. Energie, die für andere lebenswichtige Zwecke umgewandelt wird, z. B. Fortbewegung, kann nicht von Konsumenten genutzt werden.

Unumkehrbarer Energieexport durch Atmung und Gärung. Die Atmung und Gärung organischer Substanzen liefern die für alle Arten von Aktivitäten benötigte Energie. Sie reduzieren die für Räuber verfügbare chemische Energie. Daher sind Atmung und Gärung der endgültige Energieverlust aus Ökosystemen. Dies unterscheidet die durch Atmung gewonnene Arbeitsenergie von ihrem materiellen Gegenstück CO_2. Dies kann wieder von Autotrophen verwendet werden.

Andere Energieverluste. Nicht nur Wärmeverluste und mechanische Arbeit machen Teile der Produktion von Beutetieren für ihre Räuber unverfügbar. Ein Teil der Biomasse könnte refraktär sein, d. h. unverdaulich oder zumindest nur langsam verdaulich. Organische Materie könnte aus lokalen Ökosystemen verlagert werden, z. B. durch Wellen abgelöste Makrophyten, Phytoplankton, das aus den euphotischen Zonen absinkt. Solches verlagerte organisches Material kann entweder anderswo Ökosysteme antreiben oder im Sediment abgelagert werden. Dort wird ein Teil der organischen Materie weiter von Mikroorganismen verarbeitet, aber ein Teil wird dauerhaft abgelagert und kann auf geologischen Zeitskalen fossile Brennstoffe bilden.

8.1.2 Transfers von Materie

Recycling

Elemente, die durch dissimilatorische Prozesse freigesetzt werden, können wieder von Organismen aufgenommen werden. Dies ist der grundlegende Unterschied zwischen dem Verhalten von Materie und Energie in Ökosystemen. Daher gibt es ein Recycling von Elementen. Es sind auch abiotische Prozesse am Kreislauf der Elemente beteiligt, z. B. Fällung und Lösung. Daher werden die Kreisläufe der Elemente als **biogeochemische Kreisläufe** bezeichnet.

Hauptfraktionen von Elementen

Die Haupt-Fraktionen von Elementen werden in der Regel durch eine dreibuchstabige Abkürzung gekennzeichnet. Der erste Buchstabe steht für partikulär (P) vs. gelöst (D), der zweite für organisch (O) vs. anorganisch (I), und der dritte für Materie im Allgemeinen (M) oder für das betreffende Element (chemisches Symbol des Elements):

- **POM:** Partikuläre organische Materie, entweder lebende Biomasse oder Detritus
- **PIM:** Partikuläre anorganische Materie
- **DOM:** Gelöste organische Materie
- **DIM:** Gelöste anorganische Materie

Im Falle spezifischer Elemente ist es auch üblich, den Buchstaben T für „total" zu verwenden, z. B. TP für die Summe aller P-Fraktionen und TDP für alle gelösten Fraktionen (DOP + DIP).

Methodische Probleme

Partikulär vs. gelöst und organisch vs. anorganisch sind auf den ersten Blick klare Konzepte. In vielen Fällen ist die verfügbare Methodik jedoch nicht wirklich in der Lage, eine genaue Trennung vorzunehmen. Partikuläre Materie wird als die Materie gemessen, die auf Filtern einer definierten Porengröße zurückgehalten wird. Minimale Porengrößen, die in limnologischen und ozeanographischen Studien verwendet werden, liegen zwischen 0,1 und 0,45 µm. Es gibt immer noch feine Partikel und Kolloide, die solche Filter passieren.

Ähnlich machen einige der weit verbreiteten chemischen Methoden keine genaue Unterscheidung zwischen organischer und anorganischer Materie. Ein prominentes Beispiel ist die Molybdänblau-Methode zur Messung von gelöstem Phosphat. Die zur Erzeugung der blauen Farbe für Messungen verwendete Methodik bricht auch einige labile organische Orthophosphatverbindungen auf und misst die freigesetzten Orthophosphationen als Teil des DIP. Möglicherweise ist dieses Problem von geringerer Bedeutung im Falle der Messung der Nährstoffverfügbarkeit für Phytoplankton, da das mit diesem Fehler gemessene „DIP" in etwa dem P entspricht, das von Phytoplankton aufgenommen werden kann (Løvstad und Wold 1984).

Pools vs. Flüsse

Die Analyse von biogeochemischen Kreisläufen benötigt die gleiche Unterscheidung von **Poolgrößen** und **Flussgrößen** wie die Analyse von Energieflüssen. Poolgrößen werden in molarer oder Masseneinheiten pro Fläche oder Volumen ausgedrückt, Flussgrößen haben zusätzlich die negative Zeitdimension.

8.1.3 Bildung von Partikeln

POM wird durch P rimärproduktion oder durch bakterielle Aufnahme von DOM und anschließende Umwandlung in bakterielle Biomasse gebildet. PIM wird durch chemische Fällung oder Adsorption an bereits vorhandene Partikel gebildet.

8.1 Grundlagen der Energie- und Materieübertragung

Manchmal kann die chemische Fällung durch biologische Prozesse vermittelt werden, wie die Fällung von Kalziumkarbonat, die durch Photosynthese angetrieben wird („biogene Entkalkung", Abschn. 2.3.3). PIM kann auch als anorganisches Skelettmaterial von Organismen gebildet werden, wobei die wichtigsten Kalziumkarbonate (Calcit, Aragonit) und opalines Siliziumdioxid sind.

Primäre Bildung von POM
Partikuläre organische Materie wird durch Photosynthese oder Chemosynthese gebildet. Im Interesse der Fitness sollte der größte Teil des Primärprodukts zur Biomasse des Primärproduzenten, d. h. POM, werden. Wenn jedoch Licht eine fortlaufende Photosynthese erlaubt, aber Nährstoffe zu begrenzt für die Bildung von Nukleinsäuren und Proteinen sind, können Teile der produzierten organischen Substanz als DOM verloren gehen.

Die Bildung von POC ist ein Redox-Prozess, der zu einem reduzierten Oxidationszustand von C führt. Das Gleiche gilt für Stickstoff, mit Ausnahme der Verwendung von Ammonium als N-Quelle, da Ammonium den gleichen Oxidationszustand hat wie organischer N, meist Aminogruppen in Proteinen. Die Einbindung von P in organische Materie beinhaltet keine Redox-Veränderung.

Sekundäre Bildung von POM
Die Bildung von POM durch heterotrophe Bakterien erfordert die vorherige Produktion von DOM durch primäre Produktion oder während des Prozesses der sekundären Produktion. Durch die Bildung von POM aus DOM machen Bakterien die organische Materie wieder nutzbar für partikelfressende Protisten und Tiere („mikrobielle Schleife", Abschn. 7.2.2).

Chemische Partikelbildung
Anorganische Partikel (PIM) werden durch **Fällung** gebildet. Die Löslichkeitsgrenze von Ionenpaaren oder die Löslichkeit von nichtpolaren Substanzen kann durch Verdunstung überschritten werden, wie in flachen Lagunen oder Salzseen. Darüber hinaus enthalten die pelagischen Gewässer auch importierte, suspendierte Partikel, die durch die Sedimentfracht von Nebenflüssen oder durch Resuspension von Bodensedimenten bereitgestellt werden. **Adsorption** von gelösten Substanzen an vorhandene Partikel erhöht deren Masse.

Redox Effekte. Veränderungen im Redoxpotential (Abschn. 2.3.4) können zu Verschiebungen zwischen Oxidationsstufen von Elementen mit unterschiedlicher Löslichkeit führen, z. B. vom leicht löslichen Fe^{2+} Ion zum viel weniger löslichen Fe^{3+} Ion. Die Fällung von Fe^{3+} führt auch zu einer Ko-Fällung von Phosphat, meist chelatiert durch das leicht fällbare $Fe(OH)_3$. Allerdings kann auch das Fe^{2+} Ion ausgefällt werden, wenn die Sulfat-Atmung zur Produktion von H_2S führt. Dann wird Eisen als FeS ausgefällt.

Biogene Karbonatfällung. $CaCO_3$ kann durch Verschiebungen im Karbonatsystem, die durch Photosynthese induziert werden („biogene Entkalkung", Abschn. 2.3.2), oder durch Sulfatreduktion (Abschn. 6.3.1) ausgefällt werden. Die Bildung von freien Kalzitkristallen als Ergebnis eines biologischen Prozesses ist in benthischen mikrobiellen Matten und in der pelagischen Zone von Hartwasserseen üblich, aber weniger häufig im marinen Pelagial.

Skelettsubstanzen
Skelettsubstanzen sind PIM, die durch biologische Prozesse als Teil des Körpers von Organismen gebildet werden, entweder als Endoskelette oder als Schalen. **Amorphes Si** (Opal) ist die Skelettsubstanz von Diatomeen, Silicoflagellaten, Radiolarien und vielen Schwämmen. **Kalziumkarbonat** ($CaCO_3$) ist eine weit verbreitete Skelettsubstanz unter vielen Protisten-, Pflanzen- und Tiergruppen. Es kristallisiert entweder als Kalzit oder als Aragonit. **Strontiumsulfat** ($SrSO_4$) ist die Skelettsubstanz von Acantharia, einer Protistengruppe, die früher unter Radiolarien subsumiert wurde. Skelettsubstanzen werden nach dem Tod von Organismen oft nicht vollständig aufgelöst und tragen zur Bildung von Sedimenten, Gesteinen und dem Fossilienbestand bei.

8.1.4 Regeneration gelöster Substanzen

DOC wird praktisch von allen Organismen sowohl während ihres Lebens als auch nach ihrem Tod an aquatische Ökosysteme abgegeben. Zusätzlich wird allochthoner DOC von Zuflüssen geliefert. Die Quellen von autochthonem DOC sind:

- **Akzidentelle DOC-Produktion durch Primärproduzenten**, wenn hohe Licht- und niedrige Nährstoffbedingungen die Photosynthese ermöglichen, aber die Synthese von Proteinen und Nukleinsäuren verhindern
- **Produktion von funktionalem DOC** wie Exoenzymen, Chelatoren, Kairomonen, allelopathischen Substanzen, Abschreckungsmitteln gegen Räuber, …..
- **Ausscheidung** organischer Endprodukte des Stoffwechsels, die nicht im Körper verbleiben können
- **Lyse** toter Organismen
- **Unsauberes Fressen**, wenn nur ein Teil der Beutebiomasse aufgenommen wird und Teile in die Umwelt freigesetzt werden

Remineralisierung ist die Umwandlung von organischer in anorganische Materie, im Falle von Kohlenstoff durch Atmung und Gärung. Auch die Ausscheidung anorganischer Nährstoffe, z. B. Ammonium und Phosphat, sind Fälle von Remineralisierung.
    Lokale Netto-Heterotrophie. Auf globaler und langfristiger Skala kann nur so viel Kohlenstoff als CO_2 in die Atmosphäre freigesetzt werden, wie in organische Substanzen durch vorhergehende Primärproduktion umgewandelt wurde. Lokale Ökosysteme können jedoch mehr Kohlenstoff veratmen, als durch die tatsächliche Primärproduktion erlaubt ist, wenn Biomassereste aus der Vergangenheit veratmet werden. Dies ist der Fall während des Klarwasserstadiums, wenn die während der vorangegangenen Frühjahrsblüte aufgebaute Biomasse veratmet wird

(Abschn. 6.2.2 und 7.5.3). Langfristige Atmung über die Photosynthese hinaus ist auf lokaler Ebene möglich, wenn die allochthone Zufuhr von DOC die lokale Produktion in erheblichem Umfang subventioniert. Die meisten Seen, zumindest die oligotrophen, scheinen **netto heterotroph** zu sein (del Giorgio und Peters 1994; Cole 1999). Die Netto-Heterotrophie von Seen war lange Zeit umstritten, trotz einer frühen Schätzung des Abbaus allochthoner organischer Substanz im Genfer See durch Forel (1904). Im Gegensatz dazu wurde immer akzeptiert, dass Fließgewässer netto heterotroph sind und dass biologische Prozesse in ihnen in hohem Maße von terrestrischen Einträgen organischer Substanz abhängen (Hynes 1975).

8.1.5 Sedimentation und Ablagerung

Das Absinken von Partikeln (Abschn. 2.2.3), die schwerer als Wasser sind, führt zu einem Export von POC aus der euphotischen Zone in tiefere Gewässer. In Systemen mit ausgeprägter Saisonalität der Primärproduktion ist auch der vertikale Fluss von partikulärer Materie durch scharfe zeitliche Spitzen nach Planktonblüten in Oberflächenwasser (Abb. 8.1) gekennzeichnet.

Neben der Größe der Primärproduktion beeinflussen mehrere andere Faktoren die Größe der Sedimentationsraten:

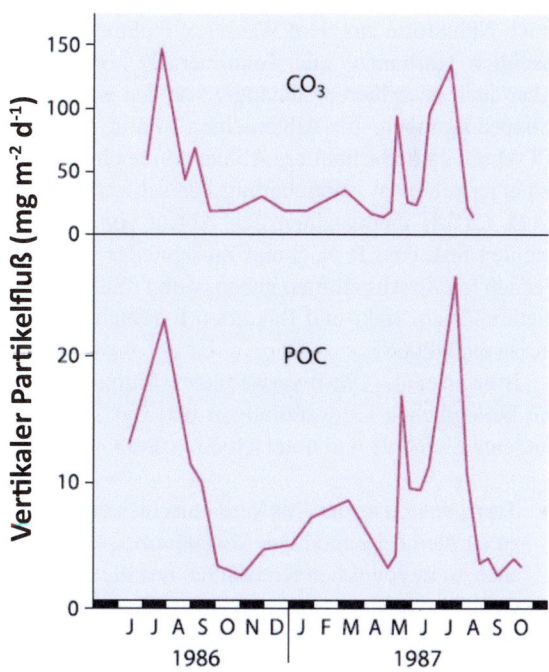

Abb. 8.1 Saisonaler Partikelfluss (Karbonat und POC) in 500 m Tiefe im Norwegischen Meer, gemessen mit Sedimentfallen. (Quelle: Abb. 9.3 in Sommer 2005, nach Abb. 2 in Bathmann et al. 1990, mit Genehmigung von Elsevier)

Vertikaler Partikelfluß (mg m^{-2} d^{-1})

- **Stabile Schichtung** und geringe Mischungstiefe begünstigen hohe Sedimentationsraten
- **Diatomeen:** Ein hoher Anteil an schwerem und großzelligem Phytoplankton, insbesondere Diatomeen, begünstigt hohe Sedimentationsraten
- **Aggregation:** Sedimentation wird beschleunigt, wenn absinkende Partikel klebrig und verklumpt werden. Dies ist insbesondere der Fall, wenn Phytoplankton am Ende von Blüten stark nährstoffbegrenzt wird
- **Fäkalpellets:** Einige Zooplanktonarten, z. B. Copepoden und Krill, bilden stabile Fäkalpellets, die aufgrund ihrer Größe schnell absinken
- **Meeresschnee** (Alldredge und Silver 1988) sind Aggregate aus detritischen und lebenden Partikeln, die durch eine Matrix aus gelatinösen, polymeren Substanzen zusammengehalten werden. Sie können mm- bis cm-Größe erreichen. Exuvien von häutendem Zooplankton spielen eine wichtige Rolle als Kristallisationskerne von marinen Schneepartikeln. Marine Schneepartikel sind dicht von Bakterien und Bakterivoren besiedelt und sind Hotspots biologischer Aktivität mit Nährstoffkonzentrationen, die um Größenordnungen höher sind als im offenen Wasser. Sie sinken mit Geschwindigkeiten von mehreren 10–100 m Tag^{-1} und sind damit eine Größenordnung schneller als Diatomeen

Chemische Veränderung während des Absinkens

Während des Absinkens unterliegen POM und PIM in absinkenden Partikeln chemischen Veränderungen. POM wird teilweise während des Absinkens remineralisiert, aber Bakterien, die sich auf absinkenden Partikeln ansiedeln, können auch Nährstoffe aus dem Wasser aufnehmen. Absinkende Mineralpartikel (hauptsächlich Karbonate und Tonminerale) können gelöste Substanzen absorbieren, aber auch desorbieren, abhängig von den Konzentrationen im Wasser und den Redoxbedingungen. Im Allgemeinen nimmt der Nährstoffgehalt von absinkendem POM ab, da der schnellere Abbau von leicht verdaulichen organischen Substanzen zu einer relativen Anreicherung von schwer abbaubaren Polymeren führt. Twining et al. (2014) untersuchten den Abbau von absinkender Diatomeenbiomasse und stellten fest, dass P, N, S und Zn schneller verloren gingen als Si und Fe. Es kann jedoch lokale Ausnahmen geben, wenn relativ nährstoffarmes POM durch P-reiche tiefere Zonen sinkt und Bakterien P aufnehmen (Gächter und Mares 1985; de Vicente et al. 2008).

Brewer et al. (1980) verwendeten Aluminium, das häufigste Element, das nicht an biologischen Umwandlungen beteiligt ist, als Tracer für das Absinkverhalten anderer Elemente und unterschieden drei Gruppen:

- **Terrigene Gruppe:** Das Verhältnis dieser Elemente (z. B. B, K, Ti, La, Co, ^{232}Th) zu Al bleibt während des Absinkprozesses konstant. Einige dieser Elemente sind auch an biologischen Kreisläufen beteiligt, aber die biologisch umgesetzte Menge ist im Vergleich zum mineralischen Hintergrund vernachlässigbar.
- **Biogene Gruppe:** Das Verhältnis dieser Elemente (z. B. C, N, P, S, Mg, Si, Ba, U, I, ^{236}Ra) zu Al nimmt während des Absinkprozesses ab. Interessanterweise enthält diese Liste auch einige Elemente mit unbekannter biologischer Rolle.

- **Absorbierte Gruppe:** Das Verhältnis dieser Elemente (z. B. Mn, Cu, Fe, ^{230}Th) zu Al nimmt während des Absinkprozesses zu.

Ablagerung
Ablagerung von pelagischen Sedimenten. Es hängt von der Absinkdistanz, der Absinkgeschwindigkeit und den Prozessen während des Absinkens ab, wie viel der absinkenden Materie den Boden eines Gewässers erreicht. Dort setzt sich die Remineralisierung fort, während die frisch abgelagerte Materie von neuerem Sediment begraben wird. Bereits in einer Tiefe von wenigen mm (Schlamm) oder cm (Sand) werden die Bedingungen anaerob und die Remineralisierung wird langsamer. Ein Teil des POM wird dauerhaft abgelagert und sammelt sich über geologische Zeitskalen an.
Ablagerung von benthischem Material. Biomasse und Skelettsubstanzen unterliegen der Remineralisierung durch Räuber und Mikroorganismen. Ein Teil wird durch physikalische Zerstörung durch Wellen, rollende Felsen etc. erodiert. Aber ein Rest bleibt, der von frischem Sediment begraben oder von jüngeren Organismen überwachsen wird und die Zerstörung wird mit zunehmendem Alter verlangsamt. Schließlich werden die Überreste von Skelettsubstanzen zu Gesteinen umgewandelt, die durch geologische Prozesse an der Gebirgsbildung beteiligt sein können und somit wieder der Erosion unterliegen.

8.1.6 Maßstab der biogeochemischen Kreisläufe

Es gibt nicht einen einzigen Kohlenstoff-, Stickstoff- oder Phosphorkreislauf in einem Ökosystem. Stattdessen gibt es eine ganze Reihe von Kreisläufen, die ineinander verschachtelt sind, von sehr schnellen und lokalen (Stunden bis Tage) bis hin zu sehr langsamen und globalen (geologische Zeitskalen).
Lokale Kreisläufe. Der schnellste und lokalste Kreislauf ist die Ausscheidung und Wiederverwendung von Substanzen durch dasselbe Individuum, z. B. die Freisetzung von CO_2 durch Atmung und anschließende Verbrauch für die Photosynthese. Der Kohlenstoff- und Nährstoffkreisläufe innerhalb der mikrobiellen Schleife können auch sehr schnell ablaufen, mit Umsatzzeiten von Stunden oder wenigen Tagen. Wenn Primärproduzenten von metazoischen Herbivoren gefressen werden, sind die Umsatzzeiten langsamer, erreichen aber im Falle von Phytoplankton und metazoischen Zooplankton auch nur wenige Tage bis Wochen. Der Teil der Primärproduktion, der nicht in der Oberflächenschicht remineralisiert wird, wird durch Sedimentation exportiert und als **Exportproduktion** bezeichnet. Die durch die Nährstoffausscheidung von Herbivoren angetriebene Primärproduktion wird als **regenerierte Produktion** im Gegensatz zur **neuen Produktion** bezeichnet, die durch Nährstoffinjektionen aus tieferem Wasser oder aus dem Einzugsgebiet angetrieben wird (Dugdale und Goering 1967). Da Zooplankton Ammonium ausscheidet, wird das Verhältnis von Ammonium- zu Nitrat-Aufnahme durch Phytoplankton als Indikator für die relative Bedeutung der regenerierten Produktion in vielen ozeanographischen Studien herangezogen. Diese Methode funktioniert

nicht in Wasserschichten über sauerstoffarmen Wasser mit Nitrat-Ammonifikation oder in der Nähe von Zuflüssen, die Ammonium transportieren.

Jahreszeitenzyklen. Die Exportproduktion aus der Oberflächenschicht und die anschließende Remineralisierung in den darunter liegenden Wasserschichten reichert diese mit CO_2 und gelösten Nährstoffen an. Mischereignisse bringen dieses CO_2 und die gelösten Nährstoffe zurück in die Oberflächenschicht und treiben dort die neue Produktion an. Die wichtigsten Mischereignisse sind die ein oder zwei Ereignisse der Vollzirkulation, die entweder den Boden (viele Seen und einige flache Meere) oder die permanente Thermokline oder die Halokline erreichen. Das bedeutet, dass ein Teil der Offenheit der kurzen, lokalen Kreisläufe auf einer saisonalen Zeitskala geschlossen wird.

Lange Verweildauer in tiefem Wasser. Wenn POM unterhalb der permanenten Thermokline absinkt, wird sein Kohlenstoff- und Nährstoffgehalt von einer saisonalen Rückkehr zur Oberfläche abgehalten. CO_2 und Nährstoffe, die aus POM in Gewässern unterhalb der permanenten Thermokline freigesetzt werden, können dort je nach Standort innerhalb des Großen Förderbands (Abschn. 2.7.1, Abb. 2.7) für Jahrhunderte oder sogar Jahrtausende verbleiben.

Stoffspiralen in fließenden Gewässern. In fließenden Gewässern wird ein sehr erheblicher Teil der lokalen Produktion organischer Stoffe flussabwärts transportiert. Daher sind lokale Kreisläufe viel weniger geschlossen als in Seen oder Meeresbecken.

Geologische Zeitskalen. Biogene Substanzen, die dauerhaft im Sediment abgelagert werden, können durch geologische Ereignisse oder durch menschliche Aktivitäten, wie Bergbau oder Bohrungen nach Gas und Öl, remobilisiert werden. Fossile Brennstoffe sind die abgelagerte Exportproduktion der geologischen Vergangenheit.

8.2 Spezifische Kreisläufe

Die biogeochemischen Kreisläufe der verschiedenen Elemente sind eng miteinander verknüpft. Dennoch gibt es spezifische Unterschiede, die eine separate Behandlung in einem Lehrbuch erfordern. Aufgrund der herausragenden Bedeutung von Kohlenstoff als Biomasse-Element wird die Übersicht mit dem Kohlenstoffkreislauf beginnen und die Kreisläufe der wichtigeren anderen Elemente werden hauptsächlich durch Hinweis auf die spezifischen Unterschiede zum Kohlenstoffkreislauf beschrieben.

8.2.1 Kohlenstoffkreislauf

Der pelagische C-Zyklus
DIC. Der epipelagische C-Zyklus (Abb. 8.2) ist offen für den Gasaustausch mit der Atmosphäre. Dieser Austausch wurde im Detail in Abschn. 2.3.3 behandelt. Einmal in Wasser gelöst und zu Kohlensäure hydratisiert, gibt es ein pH-ab-

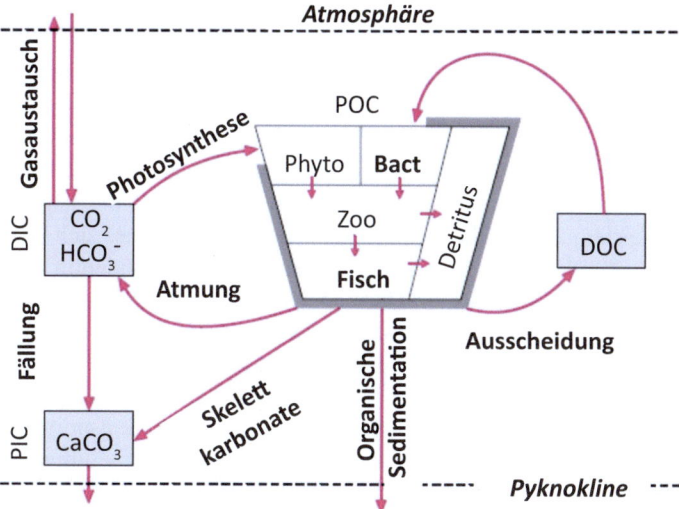

Abb. 8.2 Kohlenstoffzyklus in der gemischten Oberflächenschicht. Das Nahrungsnetz innerhalb des POC-Pools ist stark vereinfacht. (Quelle: Abb. 9.1 in Sommer 2005)

hängiges Dissoziationssystem einschließlich CO_2, H_2CO_3, HCO_3^- und CO_3^{2-}, beschrieben unter der Überschrift „Kohlensäuresystem" in Abschn. 2.3.3. Nur CO_2 kann mit der Atmosphäre ausgetauscht werden. CO_3^{2-} kann zusammen mit Kalzium als $CaCO_3$ ausgefällt werden. **Senken** von DIC sind Ausgasung von CO_2, Photosynthese und die Ausfällung von $CaCO_3$, entweder als freie Kristalle oder als Skelettmaterial. Die Haupt**quellen** von DIC sind die Aufnahme aus der Atmosphäre, Atmung und Auflösung von festen Karbonaten.

POC. Der POC-Pool besteht aus lebender Biomasse und Detritus. Innerhalb des POC-Pools gibt es komplexe Nahrungsnetzbeziehungen. Die Haupt**quellen** von POC sind Photosynthese und die Umwandlung von DOC in bakterielle Biomasse nach osmotropher Aufnahme. Wenn es starke Redoxgradienten im Pelagial gibt, spielt auch die Chemosynthese eine Rolle. Die Haupt**senken** sind Atmung, Ausscheidung von DOC und Absinken durch die Pyknocline. Sobald lebende Biomasse unter die Kompensationstiefe gesunken ist, wird die photosynthetische Produktion gestoppt, während Atmung und Exkretion weitergehen.

DOC. Die Haupt**quellen** von DOC sind Exkretion, schlampiges Fressen und Autolyse von totem Material. Die Haupt**senke** ist die bakterielle Aufnahme.

PIC im Pelagial besteht aus freien Karbonatkristallen und Skelettmaterial, z. B. den Schuppen von Coccolithophoren, den Schalen von Foraminiferen und von pelagischen Mollusken wie Pteropoden. Coccolithophorenschuppen bestehen aus Kalzit, während Pteropodenschalen aus Aragonit bestehen. Beide sind $CaCO_3$, haben aber eine unterschiedliche Kristallstruktur.

Der benthische C-Zyklus

Der benthische C-Zyklus ist komplizierter als der pelagische (Abb. 8.3). Zusätzliche Komplexitäten ergeben sich aus der größeren Bedeutung von Import, Export, Chemosynthese, anaeroben Prozessen und Gesteinsbildungsprozessen.

POC-Import. Innerhalb der euphotischen Zone ist der POC-Import in Weichsubstrat-Benthos wichtiger als in Hartboden-Benthos. Unterhalb der euphotischen Zone ist der Import die dominierende Quelle von POC. Der Unterschied zwischen Hart- und Weichboden-Benthos resultiert aus der Tatsache, dass sich Hartböden in Zonen dominanter Erosion entwickeln, während sich Weichböden in Zonen dominanter Ablagerung entwickeln. Im Hartboden-Benthos ist die Filtration durch sessile Tiere das dominierende Eingangstor für allochthones POC, während in Weichböden die Ablagerung von organischem Sediment oft die dominierende Rolle spielt.

POC-Export wird durch physikalische Ablösung und Transport, durch Freisetzung von planktonischen Larven und durch Fütterung von benthivoren Fischen angetrieben.

Anaerobe Atmung und **Gärung** (Abschn. 4.4.2) werden als separate Boxen in Abb. 8.3 dargestellt. Anaerobe Atmung ist ein Senke für organische Materie und oxidierte Ionen, während sie DIC produziert. Gärung verbraucht ebenfalls POC und produziert DIC zusammen mit stark reduzierten organischen Substanzen, verbraucht aber keine oxidierten Ionen. Im Benthos kann die räumliche Nähe von ae-

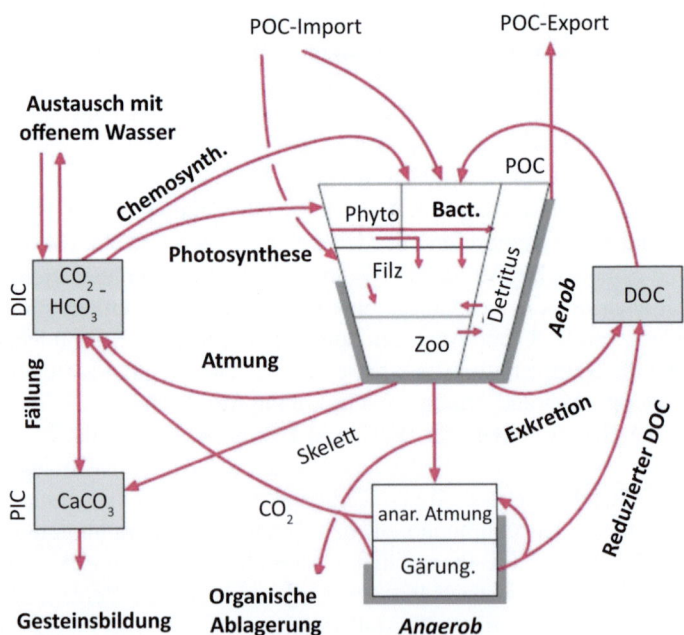

Abb. 8.3 Kohlenstoffzyklus im Benthos. Die POC-Box ist in einen aeroben und einen anaeroben Teil aufgeteilt. (Quelle: Abb. 9.2 in Sommer 2005)

roben und anaeroben Zonen sehr eng sein und steile Redoxgradienten erzeugen. Diese Gradienten bieten Möglichkeiten für **Chemosynthese** (Abschn. 4.2.3), die DIC, reduzierte gelöste Substanzen und oxidierte gelöste Substanzen (hauptsächlich O_2) verbraucht und POC produziert.

Gesteinsbildung. PIC (Kalziumkarbonat) wird als Skelettsubstanz und als freie Kristalle produziert, die in mikrobiellen Matten ausgefällt werden. Ein Teil davon geht durch Erosion und chemische Auflösung verloren, während ein Teil dauerhaft als Gestein abgelagert wird.

8.2.2 Nährstoffkreisläufe

Nährstoffkreisläufe folgen im Grunde den gleichen Mustern wie der Kohlenstoffkreislauf, da die Bildung von Biomasse aus der Umwandlung von Kohlenstoff und Nährstoffen in POM besteht und die Remineralisierung gelöste Nährstoffe und Kohlendioxid in die Hydrosphäre freisetzt. Es gibt jedoch spezifische Unterschiede für jeden der Hauptnährstoffe, die im Folgenden hervorgehoben werden sollen.

Stickstoff
Oxidationsstufe. Die Rolle von Stickstoff hängt mit seiner Oxidationsstufe zusammen (Abschn. 4.2.2, 4.2.3 und 4.4.2). Die am stärksten oxidierte Form, **Nitrat** (NO_3^-), ist ein Nährstoff für Autotrophe und ein oxidierendes Substrat in der anaeroben Atmung (Denitrifikation, Nitratammonifikation) und bei Anammox. Es ist auch das oxidierte Endprodukt der Nitrifikation. **Elementarer Stickstoff** (N_2) wird für den Aufbau von Biomasse durch stickstofffixierende Bakterien und Cyanobakterien verbraucht und ist das Endprodukt der Denitrifikation und des Anammox. **Ammonium** (NH_4^+) ist ein Nährstoff für Autotrophe, ein metabolisches Endprodukt des katabolen Proteinmetabolismus, das reduzierte Substrat für Nitrifikation und Anammox und das reduzierte Endprodukt der respiratorischen Ammonifikation. **Aminogruppen** ($-NH_2$) sind die Formen von N in PON und befinden sich auf dem gleichen Oxidationsniveau wie Ammonium.

Spezifische Wege des N-Zyklus sind:

- **Stickstofffixierung**
- **Chemosynthese:** Nitrifikation, Anammox
- **Nitratatmung** mit den Endprodukten N_2 oder NH_4^+

Schwefel
Die spezifischen Wege des Schwefelkreislaufs sind:

- **Photosynthese** von roten und grünen Schwefelbakterien (Abschn. 4.2.1)
- Schwefelbasierte **Chemosynthese** verwendet reduzierte und produziert oxidierte Schwefelverbindungen
- **Sulfat-Atmung**
- **Sulfid-Ausfällung** zusammen mit Metallionen in anaeroben Zonen

Phosphor
Die spezifischen Merkmale des Phosphorkreislaufs sind

- **Ausfällung** mit Fe^{3+}
- **Freisetzung** mit Fe^{2+}
- **Ko-Ausfällung** mit Kalziumkarbonat
- **Absorption** an Tonmineralen

Eisen
- **Komplexierung.** Wie viele andere Metalle besteht das meiste gelöste Eisen nicht aus freien Ionen, sondern als Komplex gebunden an organische Chelatoren. Ohne Komplexierung würde das meiste Fe^{3+} ausfallen
- Fe^{3+}**-Ausfällung** wenn Fe^{2+} (oft aus anoxischem Porenwasser stammend) oxidiert wird
- Fe^{2+}**-Auflösung** nach Übergang zu anaeroben Bedingungen
- **FeS-Ausfällung** wenn reduziertes Eisen und Sulfid zusammen vorkommen

Silizium
Silizium wird in erheblichen Mengen nur von jenen Organismengruppen benötigt, die Skelettstrukturen aus amorphem SiO_2 bilden. Kieselsäure ist in den meisten natürlichen Gewässern untersättigt. Dementsprechend sollte partikuläres Si nach dem Tod von kieseligen Organismen und dem Abbau der organischen Beschichtungen, die es schützen, auflösen. Dies ist jedoch ein langsamer Prozess. Kamitani (1982) schätzte eine Halbwertszeit von ca. 50 Tagen für partikuläre Diatomeen-SiO_2-Trümmer im Seewasser. Das bedeutet, dass der größte Teil des PSi durch Sedimentation aus der gemischten Oberflächenschicht verloren geht, bevor es aufgelöst werden kann. Daher gibt es keine oder nur geringe kurzfristige Wiederverwertung von Si innerhalb der Oberflächenschicht in geschichteten Gewässern und oberflächennahe Gemeinschaften müssen auf neue Si-Einträge durch Mischereignisse oder durch Import aus dem Einzugsgebiet warten.

8.2.3 Sauerstoffzyklus

Asymmetrien mit dem C-Zyklus. Aufgrund der zentralen und gegensätzlichen Rollen von CO_2 und O_2 in der Photosynthese und Atmung sollte erwartet werden, dass der Sauerstoffzyklus ein Spiegelbild des Kohlenstoffzyklus ist. Dies trifft mehr oder weniger zu in gut oxygenierten Systemen, aber es gibt Mechanismen, die diese Symmetrie in Redoxgradienten und anaeroben Systemen brechen:

- **Bakterielle Photosynthese** verbraucht CO_2 und produziert POC ohne Freisetzung von O_2.
- Die meisten Formen der **Chemosynthese** verbrauchen sowohl CO_2 als auch O_2 für die Bildung von POC.
- **Anaerobe Atmung** und **Gärung** setzen CO_2 aus remineralisiertem POC frei, ohne O_2 zu verbrauchen.

8.2 Spezifische Kreisläufe

Anoxie in stagnierenden Gewässern. Niedriger oder fehlender Sauerstoffgehalt in offenem oder interstitiellem Wasser wird durch den Verbrauch von Sauerstoff für die Atmung verursacht, der nicht durch die photosynthetische Sauerstoffproduktion oder die Auffüllung aus der Atmosphäre ausgeglichen wird. Saisonal niedriger Sauerstoff bis zu anaeroben Bedingungen sind typisch für Hypolimnien produktiver Seen, dauerhafte Anoxie ist typisch für Monimolimnien meromiktischer Seen und Meeresbecken, die durch Haloklinen vor vertikaler Durchmischung geschützt sind (z. B. Schwarzes Meer, tiefe Becken in der Ostsee; Abschn. 2.5.3).

Sauerstoffminimumzonen im globalen Ozean. Im globalen Ozean gibt es Sauerstoffminimumzonen (OMZ) in Tiefen von mehreren 100 m bis ca. 1500 m (Karstensen et al. 2008), die ohne Verständnis des Systems der thermohalinen Zirkulation (Abschn. 2.7.1) nicht verstanden werden können. Diese Zonen entwickeln sich hauptsächlich westlich der großen Landmassen (Abb. 8.4), wo das Aufsteigen von tiefem, nährstoffreichem Wasser die Entwicklung einer hohen Produktion organischer Substanzen begünstigt, analog zu einem „perennierenden Frühjahrsblüten". Beim westwärts Driften mit den Wasserströmungen werden die Nährstoffe erschöpft und ein Teil der hohen Primärproduktion wird entweder als alterndes Algenmaterial oder als Fäkaltpellets nach unten exportiert. Sauerstoffverbrauch durch Remineralisierung der sinkenden Partikel betrifft dann in Wasserkörper, die in der „Schattenzone" liegen, d. h. einer Zone mit geringer lateraler Advektion von O_2-reichem Wasser (Luyten et al. 1983). OMZ sind nicht völlig

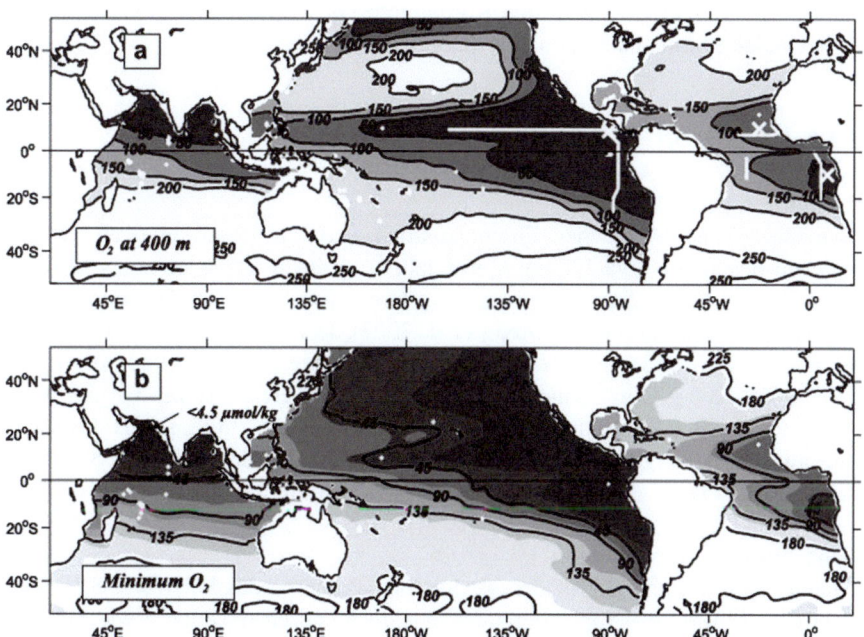

Abb. 8.4 Sauerstoffkonzentrationen in µmol kg^{-1} im Weltmeer auf 400 m Tiefe (**a**) und am Sauerstoffminimum (**b**). (Quelle: aus Abb. 1 in Karstensen et al. 2008, mit Genehmigung von Elsevier)

sauerstofffrei, aber Teile der Pazifischen OMZ sind „suboxisch". Dies wird konventionell definiert durch eine Sauerstoffkonzentration von <4,5 µmol kg^{-1} (Morrison et al. 1999) und entspricht einem signifikanten Beginn der Nitratatmung.

8.3 Weltproduktion und die ozeanische Kohlenstoffpumpe

Direkte Messungen der Primärproduktion sind im Vergleich zur enormen Größe des Weltmeeres und der Anzahl der Seen immer noch recht selten. Darüber hinaus basiert ein Teil dieser Messungen auf 24-Stunden-Inkubationen mit der ^{14}C-Methode (Box 4.2). Es besteht guter Grund zu der Annahme, dass ein Teil des von Pico- und Nanophytoplankton aufgenommenen CO_2 möglicherweise vor Ende der Inkubation von heterotrophen Protisten abgeweidet und dann respiriert wurde. Daher müssen wir davon ausgehen, dass viele Primärproduktionswerte nach oben korrigiert werden müssen. Das Problem der Hochskalierung von Untersampling wird in der Regel durch die Verwendung von empirische Beziehungen zwischen Phytoplanktonproduktion und Chlorophyll, das als Proxy für die Phytoplanktonbiomasse verwendet wird, gelöst. Die oberflächennahe Chlorophyll kann durch Satellitenbildgebung geschätzt werden, die auch eine Abdeckung von grob untersampelten Regionen ermöglicht. Offensichtlich gibt es Korrelationen zwischen Phytoplanktonproduktion und Chlorophyll trotz des prinzipiellen Unterschieds zwischen Fluss- und Poolgrößen. Es gibt jedoch einen erheblichen Unsicherheitsbereich. Daher müssen zukünftige Korrekturen von Schätzungen globaler Trends und globaler Summen der Primärproduktion erwartet werden.

8.3.1 Plankton

Produktion pro Fläche
Charakteristische Werte der Phytoplanktonproduktion in produktiven Ozeanregionen liegen bei etwa 120 mg C m^{-2} Jahr^{-1} mit lokal sehr begrenzten Maxima bis zu 1000 g C m^{-2} Jahr^{-1}, während 25 g C m^{-2} Jahr^{-1} typisch für unproduktive Regionen sind (Berger 1989; Gregg et al. 2003). Der Bereich ist in Seen größer, mit minimalen Werten ähnlich den unproduktiven Ozeanregionen und oberen Extremen um 3000 g C m^{-2} Jahr^{-1} (Vollenweider und Kerekes 1982). Es gibt mehrere terrestrische Ökosysteme, die marine Ökosysteme übertreffen, z. B. tropische Regenwälder 800, gemäßigte Wälder 560, boreale Wälder 360 und Savannen 320 mg C m^{-2} Jahr^{-1} (Durchschnittswerte, Whittaker und Likens 1973).

Geographische Verteilung
Ozeane. Der Breitengradient der ozeanischen Primärproduktion (Abb. 8.5) folgt nicht dem Muster, das von großräumigen klimatologischen Treibern wie Sonneneinstrahlung, Länge der Vegetationsperiode oder Temperatur zu erwarten wäre. Stattdessen gibt es ausgeprägte Minima in den subtropischen Wirbeln. Dies sind die Zonen mit minimaler Nährstoffverfügbarkeit im globalen Ozean. Höhere

8.3 Weltproduktion und die ozeanische Kohlenstoffpumpe

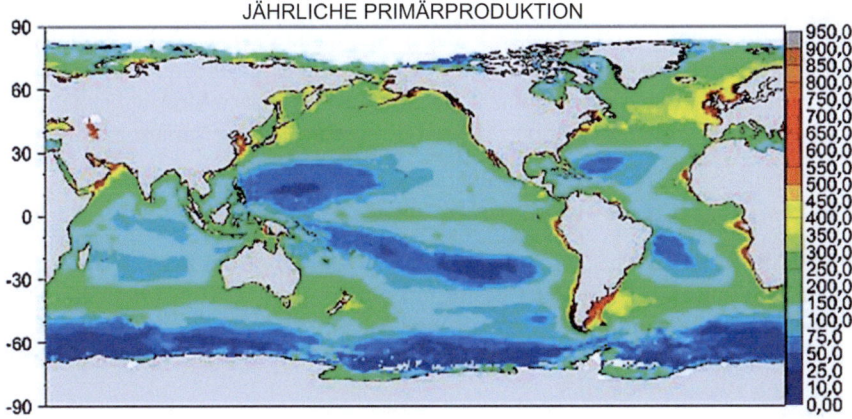

Abb. 8.5 Ozeanische Primärproduktion in g C m^{-2} Jahr^{-1}, berechnet aus SeaWiFS-Satellitendaten (1997–2002). (Quelle: Abb. 3 in Gregg et al. 2003, mit Genehmigung von John Wiley and Sons)

Produktionsniveaus finden sich in der Äquatorzone, angetrieben durch äquatorialen Auftrieb. Die Hotspots des Phytoplanktons sind die Auftriebszonen an den westlichen Rändern der Kontinente, gemäßigte Zonen und subpolare bis polare Gewässer. In all diesen Fällen treiben **Nährstoffe**, die aus dem Auftrieb oder saisonalem Durchmischungsereignissen stammen, die Produktivität an. Landbasierte Nährstoffeinträge erzeugen ebenfalls lokale Hotspots. In terrestrischen Ökosystemen sind die subtropischen Wüsten das Gegenstück zu den subtropischen Wirbeln, aber an Land gibt es keine Zunahme der Produktion in Richtung sehr hoher Breiten.

Zusammenfassend sind Gebiete **niedriger Produktion** :

- **Subtropische** Wirbel aufgrund von niedrigen Nährstoffen
- **HNLC (hohe Nährstoffe–niedriges Chlorophyll) Gebiete**, in denen klassische Nährstoffe reichlich vorhanden sind, Nitrat und Phosphat nie erschöpft sind und die Phytoplanktonbiomasse dennoch niedrig bleibt. Dies ist der Fall im antarktischen Ozean und im äquatorialen Pazifik in der Nähe der Galapagos-Inseln und im subarktischen Pazifik. Hier ist Eisen der limitierende Faktor (Martin 1992).

Hohe Produktion findet man in

- **Auftriebszonen**, in denen das Aufsteigen von Tiefenwasser Nährstoffe an die Oberfläche bringt
- **Gemäßigte und boreale Meere,** in denen tiefe Winterdurchmischung Nährstoffe liefert
- **Nährstoffangereicherte** Küstenzonen, Ästuare und Randmeere, in denen landbasierte Nährstoffquellen eine eutrophierende Rolle spielen

Seen. Die Primärproduktion in Seen zeigt weniger ausgeprägte großräumige geographische Muster als im Ozean. Nährstoffarme und nährstoffreiche Seen können auf jeder Breite gefunden werden und der Effekt der Höhe entkoppelt die Temperatur bis zu einem gewissen Grad von der Breite. Faithfull et al. (2011) führten eine multiple Regressionsanalyse mit einer Vielzahl von Umweltparametern und anschließender Variablenauswahl durch, um eine relativ einfache Modellgleichung zur Vorhersage der Primärproduktion zu erstellen, die ca. 77 % der Varianz erklärt:

$$\log_{10} PP = 1.04 - 1.37(\log_{10} DOM) + 1.09(\log_{10} TN) + 0.313(\log_{10} SI) - 0.034 L$$
$$r^2 = 0.769; F_{4,70} = 62.4, p < 0.001$$
(8.1)

wo PP die Primärproduktion in mg C m^{-3} h^{-1} ist, DOM das gelöste organische Material in mg C L^{-1}, TN der Gesamtstickstoff in µg L^{-1}, SI das Verhältnis von Fläche (km^{-2}) und mittlerer Tiefe (m). SI ist ein Formindex (am höchsten für große, flache Seen) und L der absolute Wert der Breite in Grad, ohne Unterscheidung zwischen N und S.

Der negative Effekt von DOM kann durch den Abschattungseffekt von Huminstoffen erklärt werden. TN muss als allgemeiner Index für Nährstoffreichtum verstanden werden, aufgrund der engen Korrelation von TN und TP. Der Effekt des Formindexes (maximal für flache, große Seen) wird durch den Anteil der euphotischen Zone am Seenvolumen erklärt.

8.3.2 Benthos

Die photosynthetische Primärproduktion des marinen Benthos ist auf den Rand der Ozeanbecken beschränkt, da der größte Teil des Meeresbodens unterhalb der Kompensationstiefe liegt. Die Primärproduktion pro Fläche kann sehr hoch sein, insbesondere in Makroalgenbeständen, während die flächenbezogene Mikroalgenproduktion in Bereichen vergleichbar mit Phytoplankton liegt. Die Extrapolation von Punktmessungen auf große räumliche Skalen ist noch schwieriger als im Pelagial, aufgrund einer noch geringeren Datendichte und einer größeren räumlichen Heterogenität. Für die einzelnen Arten von benthischer Vegetation können die folgenden Werte gefunden werden:

- **Mikroalgen auf Sedimenten**: 30–400 g C m^{-2} Jahr^{-1} (Cadée 1980; Zedler 1980)
- **Seegräser**: 130–2000 g C m^{-2} Jahr^{-1} (Valiela et al. 1976)
- **Makroalgen**: *Laminaria* Bestände 1225–1900 g C m^{-2} Jahr^{-1} (Mann 1972), *Macrocystis* Bestände 400–820 g C m^{-2} Jahr^{-1} (Cledenning 1971), *Fucus* Bestände bis zu 3000 g C m^{-2} Jahr^{-1} (Kanwisher 1966)
- **Korallenriffe**: 1500–5000 g C m^{-2} Jahr^{-1} (Sorokin 1995).

8.3.3 Globale Summen der Primärproduktion

Bis ca. 1990 lagen die Schätzungen der globalen ozeanischen Primärproduktion zwischen 17 und 35 x 10^{15} g C Jahr^{-1}. Methodische Fortschritte seitdem führten zu höheren Schätzungen. Die traditionelle ^{14}C-Methode wurde durch größere und ultrareine Flaschen und kürzere Inkubationszeiten verbessert. Die Extrapolation von den eher spärlichen Punktmessungen führte zu Schätzungen nahe 50×10^{15} g C Jahr^{-1} (Martin et al.1987; Knauer 1993). Longhurst et al. (1995) erreichten ähnliche Schätzungen von $45–50 \times 10^{15}$ g C Jahr^{-1} durch die Verwendung von Satellitenschätzungen von Chlorophyllkonzentrationen, Sonnenwinkel, Wolkenabdeckungsdaten und typischen Parametern von ozeanischen P-I-Kurven (Gl. 4.5 und 4.6). Field et al. (1998) schätzten die gesamte Primärproduktion der Erde auf 104.9×10^{15} g C Jahr^{-1} mit etwa gleich großen Beiträgen von terrestrischen und marinen Ökosystemen. Seen und Feuchtgebiete sind in den kontinentalen Werten enthalten, aber separate Schätzungen sind ebenfalls verfügbar.

- **Kontinente:** 56.4×10^{15} g C Jahr^{-1}
- **Ozeane:** 48.5×10^{15} g C Jahr^{-1}
- **Feuchtgebiete:** 4×10^{15} g C Jahr^{-1} (Huston und Wolverton 2009)
- **Seen:** ca. 1×10^{15} g C Jahr^{-1} (Lewis 2011)

Die Produktionsraten pro Flächeneinheit unterscheiden sich stark voneinander:

- **Feuchtgebiete**: 1200 g C m^{-2} Jahr^{-1}
- **Terrestrische Ökosysteme:** 429 g C m^{-2} Jahr^{-1}
- **Seen:** 270 g C m^{-2} Jahr^{-1}
- **Ozeane:** 140 g C m^{-2} Jahr^{-1}

8.3.4 Die biologische Kohlenstoffpumpe

Mit der wachsenden Sorge über die Zunahme von CO_2 in der Atmosphäre und dem daraus resultierenden Treibhauseffekt wurde die Frage der CO_2-Sequestrierung durch die Biosphäre zu einem heißen Thema in der globalen Biogeochemie. Derzeit erscheint nur ca. die Hälfte des durch die Verbrennung fossiler Brennstoffe emittierten CO_2 als Konzentrationszunahme in der Atmosphäre, während die andere Hälfte von den Kontinenten und dem Ozean aufgenommen werden muss. Der vom Ozean aufgenommene Teil wird entweder physisch sequestriert („**physikalische Kohlenstoffpumpe**"), z. B. durch Subduktion von CO_2-reichem Oberflächenwasser in den Zentren der Tiefenwasserbildung (Abschn. 2.7.1), oder biologisch, durch Bildung organischer Materie und anschließenden Transport in die Tiefe („**biologische Kohlenstoffpumpe**," BCP; Volk und Hoffert 1985; Boyd et al. 2019). In diesem Abschnitt werden wir uns auf das Schicksal der pelagischen Produktion im Ozean konzentrieren, wegen ihrer vorherrschenden Rolle für den aquatischen Teil des globalen Kohlenstoffkreislaufs.

Exportproduktion

Die Sedimentation aus der euphotischen Zone wird als entscheidender Teil des Exports aus der euphotischen Zone betrachtet. Auf lokaler Ebene gibt es auch seitlichen Export und Import, aber diese gleichen sich auf globaler Ebene aus. Der Export von einem Ort zeigt sich als Import an einem anderen Ort. Die aktuellen Schätzungen der globalen Exportproduktion weichen stark voneinander ab.

***ef*-Verhältnis.** Eppley und Peterson (1979) postulierten, dass die aus der Oberflächenschicht absinkende Primärproduktion (Exportproduktion) auf lange Sicht mit der neuen Produktion im Sinne von Dugdale und Goering (1967) im Gleichgewicht sein sollte. Andernfalls würde die pelagische Biomasse in einem Ozeanbecken auf lange Sicht entweder zunehmen oder abnehmen. Eppley und Peterson (1979) gingen von einer linearen Beziehung zwischen neuer Produktion und Gesamtprimärproduktion bis zu einem Niveau von 200 g C m^{-2} Jahr^{-1} aus. Sie prägten den Begriff *f*-Verhältnis für das Verhältnis von neuer Produktion zur Gesamtproduktion. Murray et al. (1996) verwendeten den Begriff *e*-Verhältnis, weil sie ihre Analyse nur auf direkte Messungen der Exportproduktion (Sedimentfallen und ^{234}Th) stützten. Laws et al. (2000) schlugen den Begriff *ef*-Verhältnis für Datensätze vor, die sowohl Schätzungen der neuen Produktion (in der Regel geschätzt durch das Verhältnis von Nitrat-Aufnahme zur Gesamt-N-Aufnahme, Abschn. 8.1.6) als auch Sedimentationsmessungen enthielten. Die ursprünglich angenommene lineare Beziehung zwischen Exportproduktion und Gesamtproduktion hielt der Überprüfung im Laufe der Zeit nicht stand, sowohl wegen eines negativen Temperatureinflusses (T, in °C) als auch wegen eines sättigenden Effekts der Gesamtprimärproduktion (PP, in mg C m^{-2} Tag^{-1}) auf *ef*. Bei höheren Temperaturen sollte mehr der Primärproduktion von der lokalen Nahrungskette in der euphotischen Zone verbraucht werden, aufgrund höherer Stoffwechselraten bei höheren Temperaturen. Laws et al. (2011) schlugen eine Gleichung vor, die einen negativen, linearen Temperatureffekt und eine Michaelis-Menten-artige Sättigungsfunktion kombiniert, die 87 % der Varianz in ihrem Datensatz erklärte:

$$ef = [(0.5857 - 0.0165\,T)\,\text{PP}]\,(51.7 + \text{PP})^{-1} \qquad (8.2)$$

Die Vorhersage der globalen ozeanischen Exportproduktion, die aus dieser und einer alternativen, etwas komplizierteren Gleichung abgeleitet wurde, beträgt 9–13 x 10^{15} g C Jahr^{-1}.

Interessanterweise fanden Baines et al. (1994) eine andere Abhängigkeit des *ef*-Verhältnisses in Seen und im Ozean. Während es im Ozean mit der Produktion zunimmt, gibt es in Seen eine leichte Abnahme, zumindest bei niedrigen Produktionsniveaus. Baines et al. erklärten das mit einem höheren Produktions- : Chlorophyll-Verhältnis in Zonen mit geringer Produktion in den Ozeanen. Das bedeutet, dass ultraoligotrophe Ozeane weniger sinkbare Phytoplankton-Biomasse enthalten als Seen gleicher Produktion.

Eine alternative Schätzung der Exportproduktion. POC, das die euphotische Zone nach unten verlässt, wird weiter durch mikrobielle Remineralisierung verarbeitet und kann als Nahrung von mesopelagischen Tieren verwendet werden. Dies führt zu einer Abnahme des POC-Flusses nach unten. Diese Abschwächung kann durch eine negative exponentielle Gleichung beschrieben werden (Martin et al.1987):

$$F_z = F_{100}(0.01\,z)^{-b} \qquad (8.3)$$

wo F_z der absinkende Fluss in der Tiefe z und F_{100} der absinkende Fluss in 100 m Tiefe ist, unter der Faustregel, dass 100 m eine Annäherung für die durchschnittliche euphotische Tiefe und F_{100} für die Exportproduktion sein würden. Der Exponent b wurde auf ca. **–0.86** geschätzt, was einen ca. 90 %igen Verlust von POC während einer Sinkstrecke von 1000 m vorhersagt. Buesseler et al. (2020) kritisieren diesen Ansatz wegen der festen Referenztiefe, die zu einer Unterschätzung der Exportproduktion führt, wenn die euphotische Tiefe (von ihnen definiert als 0,1 % Lichtdurchdringungstiefe) <100 m und eine Überschätzung, wenn sie >100 m ist. Der Ersatz der festen Referenztiefe von 100 m durch die tatsächliche euphotische Tiefe erhöhte die globale Schätzung der Exportproduktion von 2,8 x 10^{15} auf 5,7 x 10^{15} g C Jahr^{-1}, aber selbst dieser Wert ist nur die Hälfte des von Laws et al. (2011) geschätzten Werts.

Von der Exportproduktion zur biologischen Kohlenstoffpumpe
Solange die Abnahme des sinkenden POC oberhalb der permanenten Pyknokline stattfindet, wird DIC, das aus der Atmung sinkender Partikel und ihrer Konsumenten resultiert, innerhalb eines Jahres an das Oberflächenwasser zurückgegeben und kann auf (sub-)jährlichen Zeitskalen mit der Atmosphäre ausgetauscht werden. Nur POC, das die permanente Pyknokline durchquert, wird für mehr als 1 Jahr sequestriert und POC, das das Tiefenwasser (üblicherweise >1000 m) erreicht, wird für Jahrhunderte oder länger sequestriert. Die biologischen Mechanismen, die Kohlenstoff von einem kurzfristigen Austausch mit der Atmosphäre entfernen, werden als **biologische Kohlenstoffpumpe (BCP)** bezeichnet.

Komponenten der BCP. Das Absinken von Partikeln nach dem Stoke'schen Gesetz (Abschn. 2.2.3) ist nicht der einzige Mechanismus, der an der BCP beteiligt ist. Boyd et al. (2019) und Claustre et al. (2021) identifizieren mehrere Komponenten der BCP:

- **Biologische Gravitationspumpe (BGP):** Absinken von POC aus der Oberflächenschicht nach dem Stoke'schen Gesetz
- **Physikalische Injektionspumpen (PIP)** beinhalten alle Prozesse**,** bei denen Oberflächenwasserkörper in Tiefen unterhalb der euphotischen Zone eingebunden werden. Dazu gehören die
  - **Durchmischungsschichtpumpe (MLP)**, wenn die Verflachung der gemischten Schicht ihren unteren Teil von der Oberflächenschicht trennt
  - **Großskalige Subduktionspumpe (LSP)**, bei der Oberflächenwassermassen durch großskalige (100–1000 km) Zirkulationsmuster subduziert werden
  - **Wirbel-Subduktionspumpe (ESP)**, bei der Oberflächenmassen durch mesoskalige (10–100 km) und sub-mesoskalige (1–10 km) frontale Zirkulationsmuster subduziert werden
- **Mesopelagische Migrationspumpe (MMP)**, bestehend aus Zooplankton und Fischen mit täglicher Vertikalwanderung zwischen der euphotischen und der mesopelagischen Zone. Sie nehmen POC in der Oberflächenschicht auf und setzen Fäkalpellets in der mesopelagischen Zone frei. Wenn sie sich dort häuten oder sterben, trägt dies ebenfalls zu einem abwärts gerichteten Transport von POC bei.
- **Saisonale Lipidpumpe (SLP)** durch Zooplankton, das vor der Migration in die Tiefe somatische Lipidreserven auffüllt, um in den Zustand der ontogenetischen vertikalen Migration einzutreten.

Abb. 8.6 zeigt die quantitative Bedeutung der verschiedenen Komponenten der BCP in Bezug auf Exportraten, Sequestrierungszeiten und Kohlenstoffspeicherung. Die biologische Gravitationspumpe ist in Bezug auf die Exportraten am wichtigsten, führt aber zu geringeren Sequestrierungszeiten als die anderen,

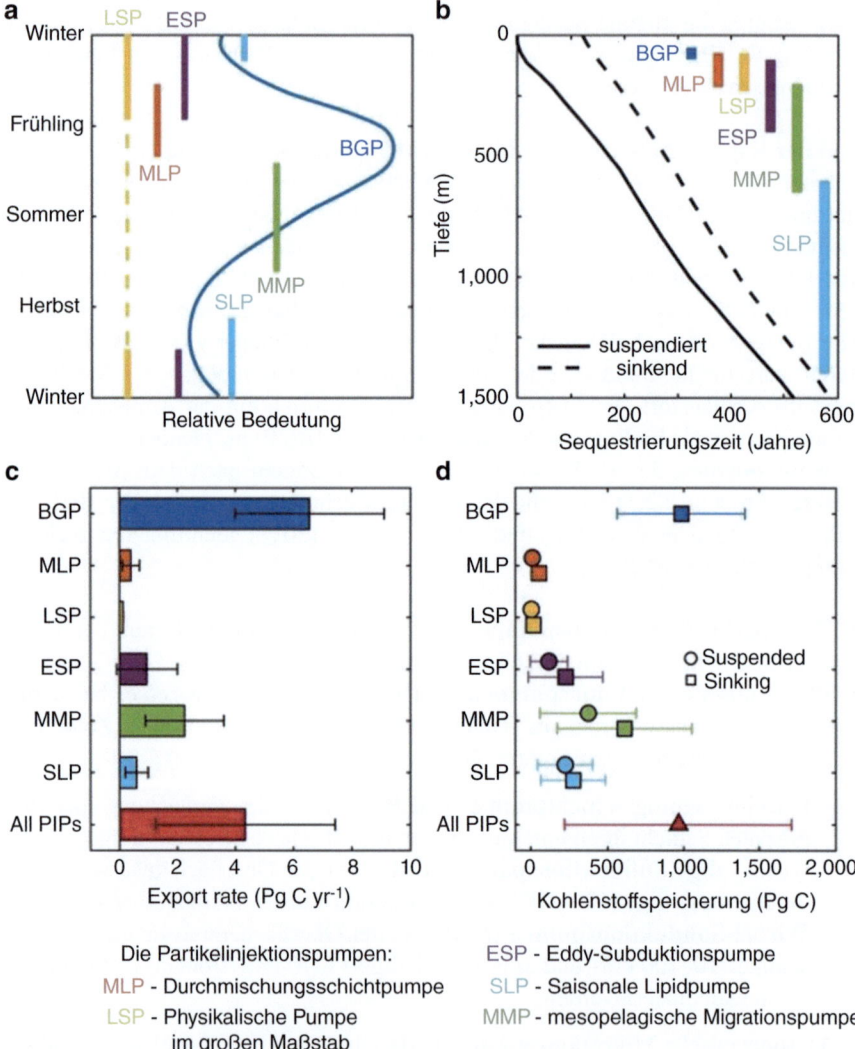

Abb. 8.6 (a) Idealisierter Saisonverlauf der verschiedenen Komponenten der biologischen Kohlenstoffpumpe für Regionen, die eine starke Saisonalität aufweisen, wobei ein die Frühjahrsblüte den Kohlenstoffexport durch die BGP (dunkelblaue Linie) dominiert. Farbige Balken zeigen die Saison des maximalen Kohlenstoffexports an. Beachten Sie, dass die großskalige physikalische Pumpe am stärksten sein sollte, wenn die Mischschichten am tiefsten sind, aber wahrscheinlich das ganze Jahr über wirksam ist (gestrichelte Linie). ESP, Wirbel-Subduk-

◀ tionspumpe; LSP, großskalige physikalische Pumpe; MLP, Durchmischschichtpumpe; mesopelagische Migrationspumpe; SLP, saisonale Lipidpumpe. (**b**) Sequestrierungseffizienz der PIPs. Schwarze Linien stellen die globale mittlere Sequestrierungszeitskala für Kohlenstoff dar, der auf einer gegebenen Tiefe injiziert wird, definiert als die Zeit, die für remineralisierten Kohlenstoff benötigt wird, um zurück zur Ozeanoberfläche zu zirkulieren, berechnet in einem datenbasierten Zirkulationsmodell. Die durchgezogene Linie geht davon aus, dass die Partikel suspendiert sind, so dass die Remineralisierung auf der Injektionstiefe erfolgt, während die gestrichelte Linie davon ausgeht, dass die Partikel sinken und über die Tiefe remineralisieren (siehe Methoden). Farbige Balken zeigen den Injektionstiefenbereich der BGP und der PIPs an. Die Effizienz jeder Pumpe ist definiert als die Sequestrierungszeit von ihrer Injektionstiefe. (**c**) Stärke der Pumpenmechanismen, definiert als ihre Rate des Kohlenstoffexports oder der Injektion. „Alle PIPs" bezieht sich auf die Summe der fünf einzelnen PIPs. (**d**) Ozeankohlenstoffspeicherung durch jede Pumpe, definiert als das Produkt der Stärke (**c**) und Effizienz (**b**). Für jede PIP werden zwei Szenarien gezeigt, unter Verwendung der Sequestrierungszeit für suspendierte (Kreise) und sinkende (Quadrate) Partikel, während die BGP davon ausgeht, dass sie nur sinkende Partikel exportiert. Für die Summe der PIPs präsentieren wir ein „wahrscheinlichstes" Szenario, in dem die Migrationspumpe sinkende Partikel (Fäkalpellets) injiziert und alle anderen PIPs suspendierte Partikel (Dreieck) injizieren. Beachten Sie, dass Pg gleich 10^{15} g entspricht. (Quelle: Abb. 2 aus Boyd et al. 2019, mit Genehmigung von Springer Nature)

weil sie nicht so tief reicht. Wie die Autoren erwähnen, könnte es ein Problem der „Doppelbuchführung" geben, z. B. wenn Partikel, die durch physikalische Injektion nach unten bewegt werden, weiter absinken. Die Summe der Werte aller Pumpen in Abb. 8.6c ergibt einen Wert von ca. 13,5 x 10^{15} g C Jahr^{-1}, der etwas höher ist als die obere Grenze der Schätzung von Laws et al. (2011).

Globaler Kohlenstoffhaushalt
Globale Kohlenstoffhaushalte, die im letzten Jahrzehnt veröffentlicht wurden, zeigen durchweg Werte für die Netto-CO_2-Aufnahme des Ozeans, die niedriger sind als die oben gezeigten Exportraten. Der Grund dafür ist, dass ein Teil der Exportproduktion durch die Rückkehr von Wassermassen an die Oberfläche und die anschließende Ausgasung von CO_2 von der dauerhaften Sequestrierung abgelenkt wird. Die meisten Schätzungen der Nettoaufnahme liegen im Bereich von 2–3 x 10^{15} g C Jahr^{-1}, wie im Budget von Kirschbaum et al. 2019, Abb. 8.7.

CO_2-Freisetzung durch Süßwasser
Die netto heterotrophe Natur vieler Seen (del Giorgio und Peters 1994; Cole 1999) und praktisch aller fließenden Gewässer (Hynes 1975) ist mittlerweile gut etabliertes Wissen. Daher können wir nicht erwarten, dass Süßwasser zur globalen Sequestrierung von CO_2 beiträgt. Stattdessen haben die globalen Schätzungen der CO_2-Freisetzung durch Süßwasser in den letzten Jahrzehnten zugenommen. Der größte Teil dieser Zunahme ist auf die Einbeziehung von Daten aus dem Amazonas in die globalen Schätzungen zurückzuführen. Ward et al. (2017) geben eine Schätzung von 3,8 x 10^{15} g C Jahr^{-1} an, die in der gleichen Größenordnung liegt wie die geschätzte Nettoaufnahme von Kontinenten (2,7 ± 1,2 x 10^{15} g C Jahr^{-1}) und dem Ozean (2,4 ± 0,6 x 10^{15} g C Jahr^{-1}).

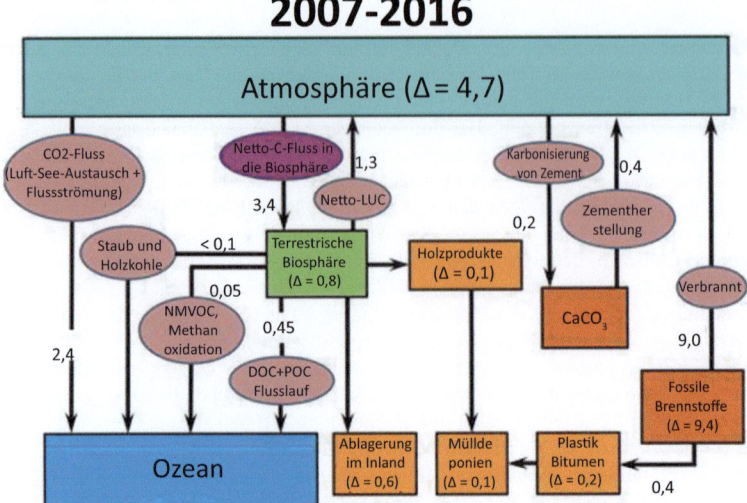

Abb. 8.7 Erweiterte Zusammenfassung der Hauptkomponenten des globalen Kohlenstoffkreislaufs für den Zeitraum 2007–2016. Rechteckige Kästen beziehen sich auf identifizierte wichtige Kohlenstoffspeicher im globalen Kohlenstoffhaushalt. Die in Ovalen beschriebenen Nettoflüsse (in 10^{15} g C Jahr^{-1}) beziehen sich auf Nettoflüsse zwischen diesen Speichern. (Quelle: Abb. 7 in Kirschbaum et al. 2019, Open Access, Diese Arbeit ist unter der Creative Commons Attribution 4.0 Lizenz veröffentlicht)

8.4 Der langfristige Einfluss der biologischen Produktion im Ozean

Biogeochemische Kreisläufe sind nicht vollständig geschlossen. Die Aktivität von Organismen hätte die Verteilung von Substanzen zwischen Lithosphäre, Atmosphäre und Hydrosphäre nicht verändert, wenn die Kreisläufe geschlossen wären. In einem geschlossenen Kreislaufsystem wären alle von Organismen aufgenommenen Substanzen vollständig an die ursprüngliche Quelle zurückgeführt worden. Stattdessen haben die Aktivitäten der Organismen riesige Spuren in den Sedimentgesteinen, der Chemie des Meerwassers und der Chemie der Atmosphäre hinterlassen.

8.4.1 Biogene Bildung von Sedimenten und Gesteinen

Klassifizierung von marinen Sedimenten
Chester (1990) unterscheidet die folgenden Arten von marinen Sedimenten:

- **Küstensedimente** sind in ihrer Chemie, Korngröße und Herkunft sehr variabel. Die Akkumulationsraten sind hoch und es gibt einen hohen Einfluss von

terrestrischem Material. Materialien biologischen Ursprungs sind hauptsächlich Skelettsubstanzen von benthischen Organismen, z. B. Korallen, Muscheln, koralline Algen. Auf geologischen Zeitskalen sind diese Sedimente zusammen mit Riffen eine der Hauptquellen für **Kalkstein**. Hohe Belastungen mit organischen Substanzen führen zur Bildung von **Sapropel**, d. h. reduziertem, schwärzlichem Schlamm, der reich an organischen Substanzen ist.
- **Hemipelagische Tiefseesedimente** sammeln sich am Rand der Kontinentalhänge an. Sie werden stark von Transportprozessen entlang der Hänge beeinflusst. Lithogene Tone, Sande und in hohen Breiten auch glaziale Materialien spielen eine wichtige Rolle. Die Akkumulationsraten überschreiten 10 μm Jahr^{-1} und der POC-Gehalt liegt in der Regel zwischen 1 und 5 %.
- **Pelagische Tiefseesedimente** finden sich am Boden der zentralen Ozeanbecken. Sie werden hauptsächlich durch den vertikalen Partikelfluss gespeist. Die Akkumulationsrate liegt in der Größenordnung von 1 μm Jahr^{-1}.
  - **Anorganische pelagische Tiefseesedimente** enthalten <30 % biogenes Skelettmaterial und >60 % Tonminerale. Der POC-Gehalt ist gering. Daher ist die Oberfläche durch Eisenoxid rötlich gefärbt (roter **Tiefseeton**).
  - **Biogene pelagische Tiefseesedimente** enthalten >30 % Material, das aus Skelettsubstanzen mariner Organismen stammt. Diese können **Kalziumkarbonat** (CaCO$_3$, kristallisiert als Kalzit oder Aragonit) oder **Opal** (amorphes, hydratisiertes SiO$_2$) sein.

Herkunft und Verteilung von Tiefseesedimenten
- **Kalzit:** Die Hauptorganismen, die Kalzit im Pelagial bilden, sind die **Coccolithophoren** (Phytoplankton mit Kalzitschuppen) und die **Foraminiferen** (heterotrophe Protisten, manchmal mit phototrophen Endosymbionten). Die Schuppen der Coccolithophoren sind klein, <10 μm, die Schalen der Foraminiferen reichen von ca. 30 bis 1000 μm. Kalzitdominiertes Sediment bedeckt ca. 47 % des Tiefseebodens (65 % im Atlantischen Ozean, 36 % im Pazifischen Ozean, 54 % im Indischen Ozean).
- **Aragonit**: Aragonit ist das Skelettmaterial von Mollusken, die überwiegend benthisch sind. Die einzige wichtige pelagische Gruppe sind die **Pteropoden**. Aragonitschlamm, der von Pteropoden stammt, bedeckt nur 0,5 % des Tiefseebodens, 2,4 % im Atlantischen Ozean, unbedeutend in den anderen Ozeanbecken.
- **Opal**: Opaline Skelettstrukturen werden von zwei Phytoplanktongruppen, **Diatomeen** und **Silikoflagellaten**, und von einer Protozoengruppe, **Radiolarien**, produziert. Schlamm, der von Diatomeenschalen stammt, findet sich unter hochproduktiven Regionen des Pelagials (Abb. 8.8), solange er nicht von terrigenem Material oder organischer Substanz verdrängt wird. Diatomeenschlamm bedeckt 12 % des Tiefseebodens (7 % im Atlantischen Ozean, 10 % im Pazifischen Ozean, 20 % im Indischen Ozean). Radiolarienschlamm ist nur im Pazifischen Ozean (4,6 %) wichtig, wo er einen Gürtel entlang des Äquators bildet.

Silikoflagellaten sind nie eine dominierende Komponente, sondern finden sich als geringfügige Beimischung zu Diatomschlämmen.

Auflösung von Kalziumkarbonaten während des Absinkens. Die Auflösung von absinkenden Kalziumkarbonaten hängt von der lokalen Untersättigung des Meerwassers und der CO_2-Konzentration ab. Insgesamt neigt sie dazu, mit der Tiefe zuzunehmen. Ab einer bestimmten Tiefe sind die Auflösungsraten höher als die Zufuhr durch absinkende Kalziumkarbonatpartikel („Kompensationstiefe"). Ab dieser Tiefe erreichen keine Kalziumkarbonatpartikel den Meeresboden. Die Kompensationstiefen unterscheiden sich zwischen Kalzit und Aragonit. Die **Kalzit-Kompensationstiefe (CCD)** liegt bei 4–5 km Tiefe, während die Aragonit-Kompensationstiefe (ACD) zwischen mehreren 100 m und 2 km liegt (Abb. 8.9). Die **Lysokline** (oberhalb der CCD) ist die Tiefe, unterhalb derer keine intakten Schalen, sondern nur Fragmente den Meeresboden erreichen.

Interaktion Tiefe–Produktivität. Abb. 8.9 zeigt, wie Tiefe und Produktivität des Oberflächenwassers interagieren, um die Art der Skelettsubstanzen zu bestimmen, die das Bodensediment bilden. Unter hochproduktiven Gewässern dominieren organische Substanzen bei geringen Tiefen, was zu einem anoxischen Schlamm (**Sapropel**) führt und bei geringer Oberflächenproduktivität und Tiefen, die die CCD überschreiten, dominieren Tonminerale.

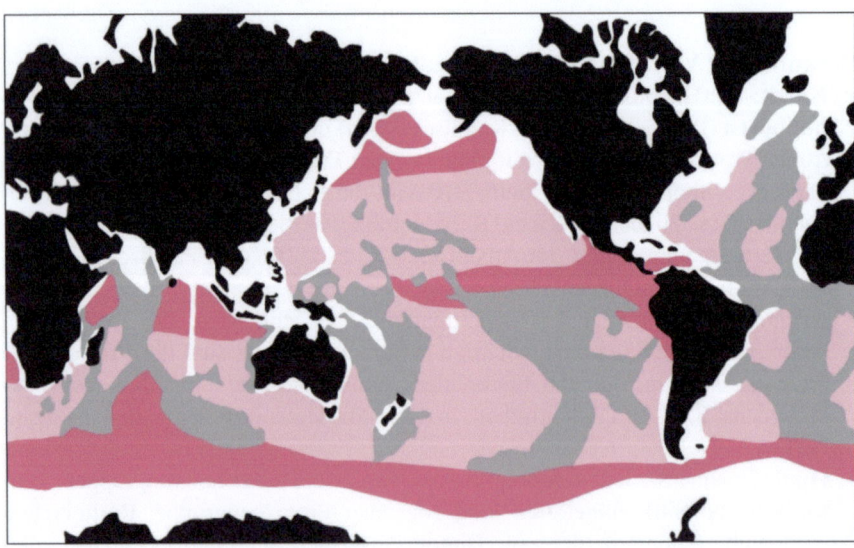

Abb. 8.8 Verteilung von Tiefseesedimenten nach Davies und Gorsline (1976), **grau:** roter Tiefseeton, **hellrosa:** Kalziumkarbonatschlamm, **dunkelrosa:** Opalschlamm. (Quelle: Abb. 9.6 in Sommer 2005)

8.4 Der langfristige Einfluss der biologischen Produktion im Ozean

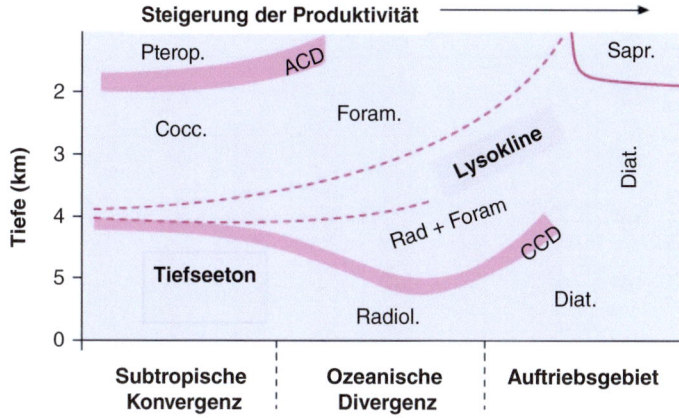

Abb. 8.9 Bildung von Sedimenten nach Berger (1976) in Abhängigkeit von Produktivität und Tiefe. (Quelle: Abb. 9.7 in Sommer 2005)

8.4.2 Biologische Kontrolle der Meerwasserchemie

Zusammensetzung von Meersalz

Die Verdunstung von Flusswasser, das ins Meer transportiert wird, und die anschließende Erhöhung der Konzentrationen von gelösten Stoffen ist keine ausreichende Erklärung für die Zusammensetzung des Meersalzes. Die ionische Zusammensetzung von Meerwasser unterscheidet sich stark von konzentriertem durchschnittlichem Flusswasser. Regenwasser entspricht ca. 5000-fach verdünntem Meerwasser. Während des Transportprozesses durch Grundwasser, Bäche, Seen und Flüsse reichert die Verwitterung von Gesteinen und Böden Süßwasser mit Mineralstoffen an und Bikarbonat wird zum dominanten Anion und Kalzium zum dominanten Kation. In Meersalz sind diese Ionen jedoch bei weitem nicht die dominanten. Die Konzentration von Na^+-Ionen lässt vermuten, dass Meerwasser ca. 2000-fach konzentriert ist im Vergleich zu durchschnittlichem Flusswasser. Die Konzentration von Cl^--Ionen ist mehr als 2000-fach konzentriert aufgrund von zusätzlichem Chlor, das von vulkanischen Quellen am Meeresboden geliefert wird. Im Gegensatz dazu sind mehrere andere Ionen um Größenordnungen weniger konzentriert im Meerwasser als nach einer 2000-fachen Erhöhung durch Verdunstung erwartet (Abb. 8.10).

Skelettsubstanzen (Kalzium, Bikarbonat, Silikat) sind diejenigen, die im Meerwasser im Vergleich zu konzentriertem Flusswasser am meisten fehlen. Das Defizit beträgt zwei Größenordnungen bei Kalzium, drei Größenordnungen bei Bikarbonat und vier Größenordnungen bei Silikat. Kalzium und Silikat werden für die Bildung von Skelettsubstanzen von pelagischen und benthischen Organismen verbraucht, Bikarbonat auch für die Bildung von organischer Materie. Darüber hi-

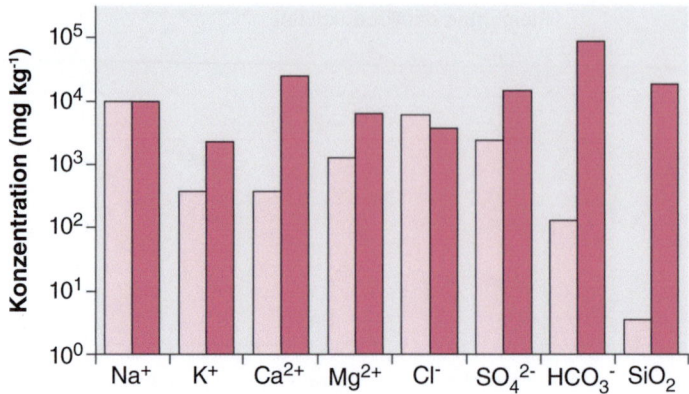

Abb. 8.10 Konzentration wichtiger Ionen im Meerwasser (helle Säulen) und 2000-fach konzentriertem durchschnittlichem Flusswasser. (Quelle: Abb. 9.8 in Sommer 2005)

naus gibt es auch eine gewisse chemische Ausfällung von Kalzium und Karbonat aufgrund der Übersättigung in Oberflächenwässern. Der Unterschied in der Größe der Defizite spiegelt Unterschiede in der Recyclingeffizienz vor der endgültigen Ablagerung im Sediment wider.

Schwefel. Sulfatkonzentrationen sind auch fast eine Größenordnung geringer als in 2000-fach konzentriertem Flusswasser, trotz zusätzlicher, vulkanischer S-Quellen in Form von H_2S. Ein Teil des fehlenden S wird innerhalb von fossiler organischer Materie abgelagert, aber der größte Teil davon wird durch Sulfatatmung in anaeroben Zonen und anschließende Ausfällung von reduzierten S^{2-}-Ionen als FeS (Pyrit) und andere Metallsulfide verbraucht. Ein Teil des Schwefels geht auch als DMS (Dimethylsulfid) in die Atmosphäre verloren.

N:P-Verhältnis
Redfield-Verhältnis. In seinen einflussreichen Arbeiten stellte Redfield (1934) und Redfield et al. (1963) fest, dass die stöchiometrischen C:N:P-Verhältnisse von ozeanischem Seston und von organischem Material, das in Sedimentfallen gesammelt wurde, um 106:16.1 gruppiert waren (Abschn. 3.4.2, Box 3.1). Ein N:P-Verhältnis von etwa 16:1 wurde auch für gelöste Nährstoffkonzentrationen in Tiefenwasser und im Gradienten der gelösten Nährstoffkonzentrationen über die Pycnocline gefunden. Es gibt lokale Abweichungen, aber insgesamt besteht eine gute Korrelation zwischen vergleichbaren N- und P-Fraktionen in marinen Umgebungen ($r > 0{,}95$), während in Süßwässern auch positive, aber weniger enge Korrelationen bestehen ($r = 0{,}5$–$0{,}75$) (Hecky et al. 1993).

N:P-Verhältnisse in Biomasse um das Redfield-Verhältnis resultieren aus typischen Protein- und Nukleinsäuregehalten (Abschn. 3.4.2) und variieren zwischen Taxa und in Reaktion auf Nährstofflimitierung, aber nur innerhalb bestimmter Grenzen (Abschn. 4.2.2). Wenn das Umwelt-N:P-Verhältnis nahe am Verhältnis in der Biomasse liegt, stellt sich die Frage: Hat das Leben sich in Richtung eines Bedarfs an N und P entwickelt, der dem Verfügbarkeitsverhältnis in der Umwelt entspricht? Oder haben Organismen die Umwelt entsprechend geformt? Um zu einer Antwort zu gelangen, ist es notwendig, die ursprünglichen Wege zu vergleichen, durch die beide Elemente in biogeochemische Kreisläufe eingetreten sind.

Geochemische Ursprünge von N und P. Der **Phosphor** in aquatischen Ökosystemen stammt aus der Verwitterung von **Apatit** in den Gesteinen der Erdkruste. **Stickstoff** hingegen stammt aus der **Atmosphäre**. N_2 kann durch diazotrophe, d. h. stickstofffixierende Cyanobakterien und heterotrophe Bakterien in Ökosysteme geleitet werden. Die atmosphärische Quelle von N bedeutet, dass letztendlich so viel Stickstoff von Ökosystemen gebunden werden kann, wie für den Aufbau von Biomasse benötigt wird. Nach dem primären Eintritt in das Ozeansystem zirkulieren N und P viele Male durch biogeochemische Kreisläufe und der größte Teil des heutigen DIN und DIP resultiert aus der Wiederverwertung von Biomasse. Es ist auch nicht überraschend, dass das N:P-Verhältnis in der gelösten Phase nicht zu stark von dem in der Biomasse abweicht.

Ausgleich von N:P. Die potenzielle Nachfüllung des N-Bedarfs aus der Atmosphäre bedeutet, dass Phosphor im geochemischen Sinne der letztendliche limitierende Faktor sein sollte. Wie lässt sich dies mit der Beobachtung einer vorherrschenden Stickstofflimitierung in großen Teilen des Weltmeeres in Einklang bringen? Gründe können in einer Reihe von Prozessen gefunden werden, die zu Abweichungen von einem Gleichgewicht nahe dem Redfield-Verhältnis führen. Einige der Prozesse haben mit der Sauerstoffversorgung kritischer Regionen zu tun, z. B. der Sediment-Wasser-Grenzfläche, aber auch mit dem Ausmaß von suboxischen oder anoxischen Wasserkörpern (Abschn. 8.2.3):

Ausdehnung von oxidierten Zonen neigt dazu, das System in Richtung eines relativen P-Mangels zu treiben, aufgrund der Ausfällung von Phosphat mit Fe^{3+} und der Reduzierung von Nitratverlusten durch Denitrifikation und Anammox. Daher neigen weit verbreitete oxische Bedingungen dazu, hohe N:P-Verhältnisse zu begünstigen.

Ausdehnung von reduzierten Zonen neigt dazu, das System in Richtung eines N-Mangels zu treiben, aufgrund der Freisetzung von Phosphat aus Sedimenten und einem höheren Verbrauch von Nitrat als Oxidationsmittel für Denitrifikation und Anammox. Die Stickstofffixierung ist nicht immer in der Lage, diese Verluste auszugleichen, aus drei Gründen:

- Hohe Turbulenz in Oberflächenwasser stört die Entwicklung der erforderlichen Mikrozonen mit niedrigem Sauerstoffgehalt um N_2-fixierende Zellen
- Limitierung der N_2-Fixierung durch Spurenelemente (Fe, Mo)
- Günstige Temperaturen (>20 °C) finden sich nur in Teilen der Weltmeere

Die heutige Gesamtdenitrifikation des Weltmeeres wird auf 120×10^{12} g Jahr^{-1} geschätzt, während die gesamte N_2-Fixierung nur auf 30×10^{12} g Jahr^{-1} geschätzt wird (Codispoti 1989). Letztendlich sollte eine zunehmende N-Limitierung zu weniger Biomassebildung und damit zu weniger Sauerstoffverbrauch durch POC führen, das in die Tiefe sinkt. Dies sollte die respiratorischen Nitratverluste reduzieren. Die für diese Ausgleichung benötigte Zeit wird jedoch auf mehrere Jahrtausende geschätzt.

8.4.3 Biologische Kontrolle der Atmosphäre

Sauerstoff in der Atmosphäre
Vor dem Beginn des Lebens, ca. 3,5 Milliarden Jahre vor unserer Zeit (Schopf 1983), war die Atmosphäre der Erde reduzierend und bestand hauptsächlich aus Stickstoff, Kohlendioxid und geringen Mengen von NH_3, CH_4 und Edelgasen. Stromatolith-Strukturen weisen auf das Vorhandensein von Cyanobakterien bereits vor 2,7 Milliarden Jahren hin. Der Sauerstoff, der von diesen Cyanobakterien produziert wurde, wurde zunächst von reduzierenden Substanzen, z. B. Fe^{2+}, verbraucht. Daher wurde bis ca. 2,4 Millionen Jahre vor unserer Zeit, dem Beginn des **Großen Sauerstoffereignisses**, kein oder nur wenig Sauerstoff in die Atmosphäre abgegeben. Bis ca. 630 Millionen Jahre vor unserer Zeit blieben die Sauerstoffkonzentrationen in der Atmosphäre nur bei wenigen Prozent und erreichten ein erstes Plateau von ca. 15 % gegen Ende des Präkambriums, vor 539 Millionen Jahren. In der folgenden Phanerozoikum-Periode schwankte die Sauerstoffkonzentration zwischen 15 und 35 %, hauptsächlich abhängig vom Gleichgewicht zwischen Photosynthese und reduzierenden Prozessen, einschließlich Atmung. Ohne ständige Zufuhr durch Photosynthese könnte ein so reaktives Gas wie Sauerstoff nicht in der Atmosphäre bleiben. Derzeit führt die Verbrennung fossiler Brennstoffe zu einem Rückgang des atmosphärischen Sauerstoffs. Dieser Rückgang ist im Vergleich zur Hintergrundkonzentration gering, aber eine Fortsetzung des aktuellen Trends würde nur noch 3700 Jahre menschliches Überleben ermöglichen (Martin et al. 2016) (Abb. 8.11).

CO_2 und die Verteilung von Kohlenstoff
Während Perioden eines Überschusses von Photosynthese über Atmung und Gärung wurden die DIC-Pools im Ozean und in der Atmosphäre reduziert und der ungenutzte organische Kohlenstoff wurde als fossile Brennstoffe abgelagert. Diese haben sich über Hunderte von Millionen Jahren angesammelt und bilden nun einen Kohlenstoffpool, der den atmosphärischen CO_2-Pool bei weitem übersteigt. Die Verbrennung von fossilen Brennstoffen führt nun Kohlenstoff aus dem fossilen in den atmosphärischen Pool zurück, mit Raten von etwa 0,1 % pro Jahr, abhängig von den weit auseinanderliegenden Schätzungen der Größe des fossilen Pools. Dies bedeutet, dass der über mehrere hundert Millionen Jahre angesammelte fossile Kohlenstoff innerhalb eines Jahrtausends oder weniger verbrannt würde, wenn die Verbrennungsraten konstant bleiben.

8.4 Der langfristige Einfluss der biologischen Produktion im Ozean

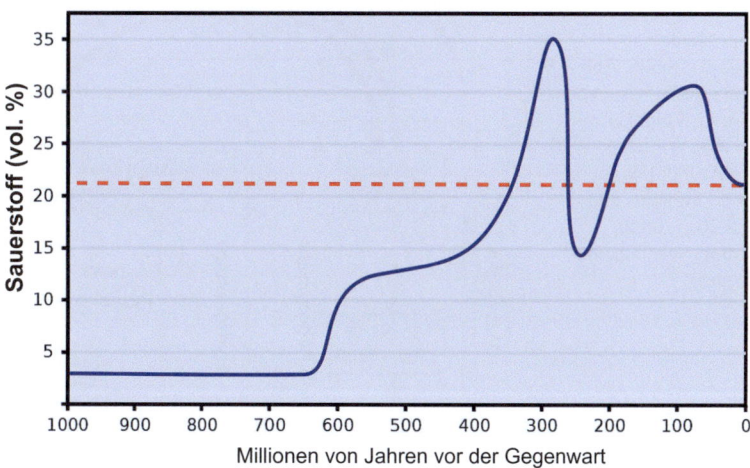

Abb. 8.11 Sauerstoffkonzentration in der Atmosphäre (Vol. %) während der letzten Milliarde Jahre (https://commons.wikimedia.org/wiki/File:Sauerstoffgehalt-1000mj2.png)

Mit Ausnahme des CO_2-Pools in der Atmosphäre unterscheiden sich die globalen Poolgrößenschätzungen stark zwischen den verschiedenen Quellen in der Literatur, trotz des enormen Anstiegs der Forschungsbemühungen, die durch die aktuelle Klimakrise angeregt wurden. Quellen für die folgende Liste sind: Whittaker und Likens (1973); Whittaker (1975); Woodwell (1980); Longhurst et al. (1995); Melieres und Marechal (2015); http://globecarboncycle.unh.edu/diagram.shtl:

- **Atmosphäre:** Der größte Teil des atmosphärischen Kohlenstoffs ist CO_2. Die Poolgröße hat sich von einem vorindustriellen Niveau von 560 auf derzeit ca. 800 x 10^{15} g C erhöht.
- **Ozeane:** Die Ozeane enthalten ca. 37.000–38.000 x 10^{15} g DIC, ca. 2000 x 10^{15} g DOC und <3 x 10^{15} g C lebende Biomasse.
- **Kontinente:** Die oberirdische Biomasse enthält 560 830 x 10^{15} g C und die Böden enthalten 1500–3000 x 10^{15} g C, bestehend aus lebender Biomasse, Detritus und Humus.
- **Lithosphäre:** 40.000.000–100.000.000 x 10^{15} g C in Karbonatgesteinen und 2000–5000 x 10^{15} g C in fossilen Brennstoffen.

Während ein Teil der globalen Verteilung von Kohlenstoff durch abiotische Prozesse, wie Verwitterung, Niederschlag und Wasser-Luft-Austausch, angetrieben wurde, ist ein erheblicher Teil auf biologische Aktivitäten zurückzuführen, einschließlich der Bildung von fossilen Brennstoffen und einem erheblichen Beitrag zur Bildung von Karbonatgesteinen (Abb. 8.12).

Abb. 8.12 Globaler Kohlenstoffkreislauf, Poolgrößen (Rechtecke) in 10^{15} g C, Flussgrößen(Pfeile) in 10^{15} g C Jahr^{-1} (modifizierte Quelle: Abb. 9.9 in Sommer 2005, basierend auf Daten in Whittaker und Likens 1973; Whittaker 1975; Woodwell 1980; Longhurst et al. 1995; Melieres und Marechal 2015, http://globecarboncycle.unh.edu/diagram.shtl)

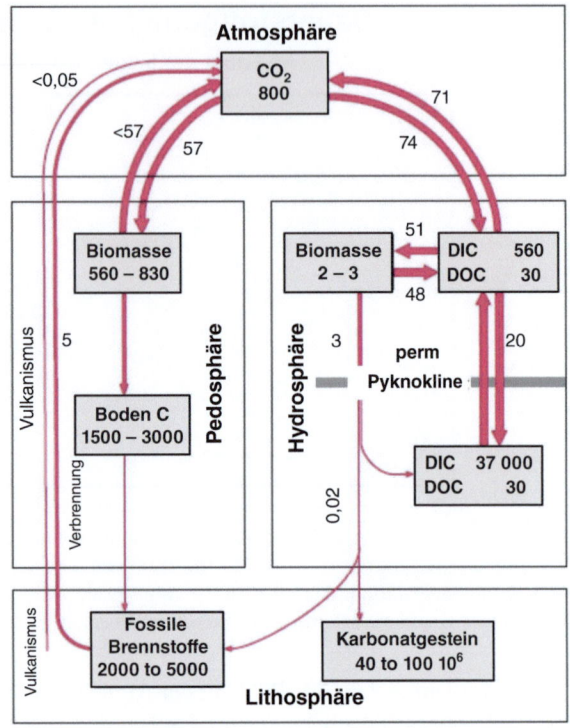

Glossar

aerobic (aerob) in Gegenwart von Sauerstoff

allochthonous (allochthon) stammt von außerhalb eines Systems

ammonification (Ammonifizierung) Produktion von Ammonium durch →Nitratatmung

anaerobic (anarob) in Abwesenheit von Sauerstoff

anammox (Anammox) anaerobe bakterielle Oxidation von Ammonium durch Nitrat

anoxic (anoxisch) ohne Sauerstoff

aragonite compensation depth (Aragonitkompensatiostiefe) Tiefe, an der die Auflösung von Aragonit die vertikale Lieferung durch Sedimentation überwiegt

autochthonous (autochthon) stammt aus dem Inneren eines Systems

autotrophic (autotroph) Verwendung von Kohlendioxid oder Bikarbonat als C-Quelle für die Biomasseproduktion

benthos (Benthos) Organismen, die am Boden oder am Rand von Gewässern leben

biological carbon pump (BCP) (biologische Kohlenstoffpumpe) biologische Prozesse, die Kohlenstoff von der Oberflächenzone entfernen, wo er mit der Atmosphäre ausgetauscht werden kann und biol

biomass (Biomasse) Masse von lebenden Organismen, normalerweise ausgedrückt als Frischgewicht, Trockengewicht, Kohlenstoffgehalt
C:N:P ratio (C:N:P Verhältnis) hier verwendet für die elementare Zusammensetzung der Körpermasse
calcification (Kalzifizierung) Bildung von Karbonatstrukturen (Schalen, Skelett, …) durch Organismen
calcite compensation point (Kalzitkompensationspunkt) Tiefe, an der die Auflösung von Kalzit die vertikale Lieferung durch Sedimentation überwiegt
carbonate system (Karbonatsystem) chemisches Gleichgewicht zwischen Kohlendioxid, Kohlensäure, Bikarbonat und karbonat
catabolism (Katabolismus) dissimilatorischer Stoffwechsel, Stoffwechselprozesse, die organische Materie zur Energiegewinnung verbrauchen
chemolithoautotrophy (Chemolithoautotrophie) Produktion von Biomasse unter Verwendung von Redoxreaktionen als Energiequelle, anorganischer Substanz als Elektronendonator und Kohlendioxid oder Bikarbonat als Kohlenstoffquelle
chemosynthesis (Chemosynthese) →Chemolithoautotrophie
deep-sea clay (Tiefseeton) anorganisch, oxidiert, rötliches Sediment am tiefen Meeresboden unterhalb von Zonen mit geringer Produktivität
denitrification (Denitrifikation) Produktion von N_2 durch →Nitratatmung
detritus (Detritus) totes organisches Material
DIC gelöster anorganischer Kohlenstoff
DIM gelöste anorganische Substanz
DIN gelöster anorganischer Stickstoff
DON gelöster organischer Stickstoff
DIP gelöstes anorganisches Phosphor
DOP gelöster organischer Phosphor
dissimilation (Dissimilation) oxidierende oder fermentierende Verwertung organische Substanzen aus eigenen Körperreserven zur Energiegewinnung
DOC gelöster organischer Kohlenstoff
DOM gelöste organische Substanz
***e*-ratio** Verhältnis der Exportproduktion zur gesamten Primärproduktion
***ef*-ratio** Verhältnis von (Exportproduktion = Neuproduktion) zur gesamten Primärproduktion unter der Annahme eines Gleichgewichts zwischen Export und Neuproduktion
euphotic zone (euphotische Zone) Tiefenzone mit genügend Licht für die Photosynthese
export production (Exportproduktion) Teil der Primärproduktion, der aus der euphotischen Zone nach unten exportiert wird
fermentation (Fermentation, Gärung) Energiegewinn durch Spaltung organischer Moleküle in eine oxidierte und eine reduzierte Komponente
fossil fuel (fossiler Brennstoff) Kohle und Kohlenwasserstoffe (Öl, Erdgas), die aus vergangener biologischer Produktion stammen und in der Lithosphäre abgelagert wurden

***f*-ratio** Verhältnis der Neuproduktion zur gesamten Primärproduktion

heterotrophy (Heterotrophie) Biomasseproduktion durch Verwendung organischer Substanzen als C-Quelle

hypolimnion (Hypolimnion) Tiefwasserzone (unterhalb der →Thermokline) in geschichteten Seen

new production (neue Produktion) Teil der Primärproduktion, die durch Nährstoffe angetrieben wird, die (von unten oder aus dem Einzugsgebiet) in die euphotische Zone importiert werden

nitrate respiration (Nitratatmung) Atmung unter Verwendung von Nitrat als Oxidationsmittel

nitrogen fixation (Stickstofffixierung) Verwendung von N_2 als Stickstoffquelle für die Biomasseproduktion

oxygen minimum zones (OMZ) (Sauerstoffminimumzonen) Mittelwasserzonen mit reduzierten Sauerstoffkonzentrationen im Ozean

pelagic sediment (pelagisches Sediment) Schicht aus Partikeln, die in der pelagischen Zone absinken

photosynthesis (Photosynthese) Biomasseproduktion unter Verwendung von Licht als Energiequelle

phototrophy (Phototrophie) →Photosynthese

POC partikulärer organischer Kohlenstoff

POM partikuläre organische Materie

PON partikulärer organischer Stickstoff

POP partikulärer organischer Phosphor

primary production (Primärproduktion) Synthese von organischer Materie aus anorganischen Quellen

pycnocline (Pyknokline) vertikale Zone mit einem steilen Gradienten der Wasserdichte

Redfield-ratio (Redfield-Verhältnis) C:N:P-Verhältnis (106:16:1), typisch für Phytoplankton bei ausreichender N- und P-Versorgung, N:P-Verhältnis typisch für Tiefenwasser und Verhältnis der N- und P-Gradienten über die Pycnocline

regenerated production (regenerierteProduktion) Teil der Primärproduktion, der durch Nährstoffe unterstützt wird, die von Heterotrophen recycelt werden

respiration (Respiration) Oxidation von organischer Materie zur Energiegewinnung für lebenswichtige Prozesse

sulfate respiration (Sulfatatmung) Atmung unter Verwendung von Sulfat als oxidierendem Mittel

Übungsaufgaben

Die rechte Spalte der untenstehenden Tabelle zeigt den Ort an, an dem die Antworten gefunden oder logisch aus den im Text enthaltenen Informationen abgeleitet werden können.

Übungsaufgaben

	Frage	Abschn.
1	Was ist der grundlegende Unterschied zwischen dem Energietransfer und der Stofftransfer im Ökosystem?	8.1
2	Erklären Sie den Unterschied zwischen Poolgrößen und Flussgrößen	8.1.1
3	Berechnen Sie die Umschlagszeit, wenn der Energiegehalt eines Pools 6000 kJ beträgt, konstant bleibt und pro Sekunde 3 kJ hinzugefügt und entfernt werden	8.1.1
4	Erklären Sie die Prinzipien der Thermodynamik	8.1.1
5	Wie können Ökosysteme dem Anstieg der Entropie widerstehen?	8.1.1
6	Wie können von Organismen aufgenommene anorganische Stoffe recycelt werden?	8.1.2
7	Erklären Sie den Unterschied zwischen POM und PIM	8.1.2
8	Welche methodischen Probleme sind bei der Unterscheidung zwischen gelösten und partikulären Stoffen beteiligt?	8.1.2
9	Ist die Photosynthese der einzige natürliche Weg zur Bildung von POM?	8.1.3
10	Können Organismen an der Bildung von anorganischen Partikeln beteiligt sein? Wenn ja, geben Sie Beispiele.	8.1.3
11	Wie hängen die Fällung und Auflösung von Eisen mit den Redoxbedingungen zusammen?	8.1.3
12	Welche Prozesse führen zur Produktion von DOC?	8.1.4
13	Können Ökosysteme mehr CO_2 freisetzen, als sie durch Primärproduktion aufgenommen haben?	8.1.4
14	Welche Bedingungen begünstigen das Absinken von POM?	8.1.5
15	Wie ändert sich die Chemie von POM während des Absinkprozesses?	8.1.5
16	Erklären Sie die dominanten zeitlichen Skalen von biogeochemischen Kreisläufen?	8.1.6
17	Was ist der hauptsächlichen physikalischen Treiber des Jahreszyklus?	8.1.6
18	Was sind die chemischen Komponenten von DIC?	8.2.1, 2.3.3
19	Was sind die Hauptsenken von DIC unter aeroben Bedingungen und an der aerob-anaeroben Schnittstelle?	8.2.1
20	Was sind die Hauptquellen von DIC unter aeroben und anaeroben Bedingungen?	8.2.1
21	Wie beeinflusst die Chemosynthese die Konzentration von DIC?	8.2.1
22	Welche biologischen Prozesse konsumieren und welche produzieren Nitrat?	8.2.2
23	Ist N_2 biologisch wichtig? Wenn ja, warum?	8.2.2
24	Erklären Sie die Rolle der Redoxbedingungen für die Verfügbarkeit von gelöstem Phosphat	8.2.2
25	Erklären Sie die Rolle der Redoxbedingungen für die Verfügbarkeit von gelöstem Eisen	8.2.2
26	Welche biologischen Prozesse verbrauchen CO_2, setzen aber kein O_2 frei?	8.2.3
27	Welche biologischen Prozesse verbrauchen gleichzeitig CO_2 und O_2?	8.2.3
28	Welche biologischen Prozesse setzen CO_2 frei, verbrauchen aber kein O_2?	8.2.3

	Frage	Abschn.
29	Wo befinden sich die großen Sauerstoffminimumzonen im Ozean und wie haben sie sich entwickelt?	8.2.3
30	Was ist der Bereich der planktonischen, jährlichen Primärproduktionsraten pro m² im globalen Ozean und in Seen?	8.3.1
31	Welche sind die hochproduktiven und welche sind die hochunproduktiven pelagischen Zonen im Ozean?	8.3.1
32	Was ist der wichtige unmittelbare Faktor, der großräumige geographische Unterschiede in der planktonischen Primärproduktion im Ozean antreibt? Licht? Temperatur? Nährstoffe?	8.3.1
33	Haben DOM und Nährstoffe eine positive oder negative Auswirkung auf die planktonische Primärproduktion in Seen?	8.3.1
34	Wie hoch können die jährlichen Primärproduktionsraten von Seegrasbetten, Makroalgenbeständen und Korallenriffen sein?	8.3.2
35	Was ist die gesamte jährliche Primärproduktion des Ozeans (ungefähr)?	8.3.3
36	Ist sie viel höher, mehr oder weniger gleich oder viel niedriger als die terrestrische Primärproduktion?	8.3.3
37	Was ist die biologische Kohlenstoffpumpe?	8.3.4
38	Warum ist die CO_2-Sequestrierung der biologischen Kohlenstoffpumpe viel kleiner als die globale ozeanische Photosynthese	8.3.4
39	Erklären Sie die Begriffe f-Verhältnis, e-Verhältnis und ef-Verhältnis	8.3.4
40	Welche ist auf lange Sicht und auf großen räumlichen Skalen höher, die Neuproduktion oder die Exportproduktion?	8.3.4
41	Ist das Absinken von Partikeln, die schwerer als Wasser sind, der einzige Mechanismus der biologischen Kohlenstoffpumpe? Welche anderen Mechanismen könnten wichtig sein?	8.3.4
42	Was ist die Größenordnung der aktuellen Schätzungen der Kohlenstoffentfernung der biologischen Kohlenstoffpumpe?	8.3.4
43	Sind Seen und Flüsse eine globale Quelle oder Senke für CO_2?	8.3.4
44	Unter welchen Bedingungen von Oberflächenproduktivität und Tiefe erwarten Sie Sedimente, die von Kalziumkarbonat oder opalinem Silikat dominiert sind?	8.4.1
45	Erklären Sie die Aragonit- und Kalzit-Kompensationstiefe?	8.4.1
46	Wo wird der Meeresboden durch Tiefseeton gebildet?	8.4.1
47	Welches Ion wird verwendet, um den Konzentrationsfaktor von Meerwasser im Vergleich zu durchschnittlichem Flusswasser zu berechnen?	8.4.2
48	Welche Ionenkonzentrationen sind um Größenordnungen geringer als aus dem Konzentrationsfaktor von Meerwasser im Vergleich zu Flusswasser berechnet? Und warum sind die Konzentrationen so niedrig?	8.4.2
49	Geben Sie eine biologische Erklärung dafür, dass Stickstoff-Phosphor-Verhältnisse im Ozean oft nahe am Redfield-Verhältnis liegen	8.4.2
50	Wie beeinflussen Wechsel zwischen stärker oxidierten und stärker reduzierten Bedingungen das N:P-Verhältnis im Ozean	8.4.2

	Frage	Abschn.
51	Wie war die Atmosphäre zusammengesetzt zu Beginn des Lebens?	8.4.3
52	Welcher Mechanismus führte zur Oxygenierung der Atmosphäre und wann?	8.4.3
53	Wie vergleichen sich die Geschwindigkeit der Bildung von fossilen Brennstoffvorkommen und deren Verbrennung durch den Menschen?	8.4.3
54	Was ist der größte Kohlenstoffpool auf der Erde?	8.4.3
55	Gibt es mehr DIC im Ozean, in der Pedosphäre oder in der Atmosphäre?	8.4.3
56	Wie viel des durch die Verbrennung fossiler Brennstoffe freigesetzten CO_2 zeigt sich als Konzentrationszunahme in der Atmosphäre	8.4.3

Literatur

Alldredge AL, Silver MW (1988) Characteristics, dynamics and significance of marine snow. Prog Oceanogr 20:41–82

Baines SB, Pace ML, Karl DM (1994) Why does the relationship between sinking flux and planktonic primary production differ between lakes and ocean? Limnol Oceanogr 39:211–236

Bathmann UV, Peinert R, Noji TT, Bodungen BV (1990) Pelagic origin and fate of sedimenting particles in the Norwegian Sea. Proc Oceanogr 24:117–125

Berger WH (1976) Biogenous deep sea sediments: production, preservation and interpretation. In: Riley JP, Chester R (Hrsg) Chemical oceanography, vol 5. Academic, London, S 265–388

Berger WH (1989) Global maps of ocean productivity. In: Berger WH, Smetacek V, Wefer D (Hrsg) Productivity of the ocean: past and present. Wiley, Chichester, S 429–455

Boyd PW, Claustre H, Levy M, Siegel DA, Weber T (2019) Multi-faceted particle pumps drive carbon sequestration in the ocean. Nature 568:327–335. https://doi.org/10.1038/s41586-019-1098-2

Brewer PG, Nozaki Y, Spencer DW, Fleer AP (1980) Sediment trap experiments in the deep North Atlantic: isotopic and elemental fluxes. J Mar Res 38:703–728

Buesseler KO, Boyd PW, Black EE, Siegel DA (2020) Metrics that matter for assessing the ocean biological carbon pump. Proc Natl Acad Sci USA 117:9679–9687

Cadée GC (1980) Reappraisal of the production and import of organic carbon in the Western Wadden Sea. Neth J Sea Res 14:305–322

Chester R (1990) Marine geochemistry. Unwin Hyman, London

Claustre H, Legendre L, Boyd PW, Levy M (2021) The oceans Biological Carbon Pumps: Framework for a research observational community approach. Front Mar Sci 8:780052

Cledenning KA (1971) Organic productivity in kelp areas. Nova Hedwigia Suppl 32:259–263

Codispoti LA (1989) Phosphorus vs. nitrogen limitation of new and export production. In: Berger WH, Smetacek V, Wefer G (Hrsg) Productivity of the oceans: Past and present. Wiley, Chichester, S 377–394

Cole JJ (1999) Aquatic microbiology for ecosystem scientists: New and recycled paradigms in ecological microbiology. Ecosystems 2:215–225

Davies DA, Gorsline DS (1976) Oceanic sediments and sedimentary processes. In: Riley JP, Chester R (Hrsg) Chemical oceanography, vol 5. Academic, London, S 1–80

del Giorgio PA, Peters RH (1994) Patterns in planktonic P:R ratios in lakes: Influence of lake trophy and dissolved organic C. Limnol Oceanogr 39:772–787

de Vicente I, Rueda F, Cruz-Pizarro L, Morales-Baquero R (2008) Implications of seston settling on phosphorus dynamics in three reservoirs of contrasting trophic state. Fund Appl Limnol 170:263–272

Dugdale RC, Goering JJ (1967) Uptake of new and regenerated forms of nitrogen in primary productivity. Limnol Oceanogr 12:196–206

Eppley RW, Peterson BJ (1979) Particulate organic matter flux and planktonic new production in the deep ocean. Nature 282:677–680

Faithfull CL, Bergström AK, Vrede T (2011) Effects of nutrients and physical lake characteristics on bacterial and phytoplankton production: A meta-analysis. Limnol Oceanogr 56:1703–1713

Field CB, Behrenfeld MJ, Randerson JT, Falkowski P (1998) Primary production of the biosphere: integrating terrestrial and oceanic components. Science 281:237–240

Forel FA (1904) Lac Léman—Monographie Limnologique. III. E. Rouge, Lausanne

Gächter R, Mares A (1985) Does settling seston release soluble reactive phosphorus in the hypolimnion of lakes? Limnol Oceanogr 32:367–371

Gregg WW, Conkright ME, Ginoux P, O'Reilly JE, Casey NW (2003) Ocean primary production and climate: Global decadal changes. Geophys Res Lett 30. https://doi.org/10.1029/2003GL016889

Hecky RE, Campbell B, Hendzel LL (1993) The stoichiometry of carbon, nitrogen, and phosphorus in the particulate matter of lakes and oceans. Limnol Oceanogr 38:709–724

Huston MA, Wolverton S (2009) The global distribution of net primary production: resolving the paradox. Ecol Monogr 79:343–377

Hynes HBN (1975) The stream and its valley. Verh Int Verein Limnol 19:1–15

Kamitani A (1982) Dissolution rates of silica from diatoms decomposing at various temperatures. Mar Biol 68:91–96

Kanwisher JW (1966) Photosynthesis and respiration in some seaweeds. In: Barnes H (ed) Some contemporary studies in marine science. Allen & Unwin, London, S 407–420

Karstensen J, Stramma L, Visbeck M (2008) Oxygen minimum zones in the eastern tropical Atlantic and Pacific oceans. Progr Oceanogr 77:331–350

Kirschbaum MUF, Zeng G, Ximenes F, Giltrap DL, Zeldis JR (2019) Towards a more complete quantification of the global carbon cycle. Biogeosciences 16:831–846

Knauer GA (1993) Productivity and new production of the oceanic system. In: Wollast R (ed) Interactions of C, N, P and S biogeochemical cycles and global change. Springer, Berlin, S 211–231

Laws EA, Falkowski PG, Smith WO, Ducklow H, McCarthy JJ (2000) Temperature effects on export production in the open ocean. Glob Biogeochem Cyc 14:1231–1124

Laws EA, D'Sa E, Naik P (2011) Simple equations to estimate ratios of new or export production to total production from satellite-derived estimates of sea surface temperature and primary production. Limnol Oceanogr Methods 9:593–601

Lewis WM (2011) Global primary production of lakes: 19th Baldi Memorial Lecture. Inland Waters 1:1–28

Longhurst A, Sathyendranath S, Platt T, Caverhill C (1995) An estimate of global primary production in the ocean from satellite radiometer data. J Plankton Res 17:1245–1271

Løvstad Ø, Wold T (1984) Determination of external concentrations of available phosphorus for phytoplankton populations in lakes. Verh Int Verein Limnol 22:205–210

Luyten LR, Pedlosky JR, Stommel H (1983) The ventilated thermocline. J Physical Oceanogr 13:292–309

Mann KH (1972) Ecological energetics of the seaweed zone in a marine bay on the Atlantic coast of Canada. II. Productivity of the seaweeds. Mar Biol 14:199–209

Mansson BA, McGlade JM (1993) Ecology, thermodynamics and H.T. Odums conjectures. Oecologia 93:582–596

Martin JH (1992) Iron as a limiting factor in oceanic productivity. In: Falkowski G, Woodhead AD (Hrsg) Primary productivity and biogeochemical cycles in the sea. Plenum, New York, S 123–137

Martin JH, Knauer GA, Karl DM, Broenkow WW (1987) VERTEX: Carbon cycling in the northeast Pacific. Deep Sea Res A 34:267–285

Martin D, McKenna H, Valerie L (2016) The human physiological impact of global deoxygenation. J Physiol Sci 67:97–106

Melieres M, Marechal C (2015) Climate change: Past, present and future. Wiley-Blackwell, Chichester

Morrison JM, Codispoti LAA, Smith SL, Wishner K, Flagg C, Gardner WD, Gaurin S, Naqvi SWA, Manghnani V, Prosperie L, Gundersen JS (1999) The oxygen minimum zone in the Arabian Sea during 1995. Deep Sea Res II 46:1903–1931

Murray JW, Young J, Newton J, Dunne J, Chapin T, Paul B, McCarthy JJ (1996) Export flux of particulate organic carbon from the Central Equatorial Pacific determined using a combined drifting trap - ^{234}Th approach. Deep Sea Res II 43:1095–1132

Odum HT (1983) Systems ecology. Wiley, New York

Prigogine I (1961) Introduction to thermodynamics of irreversible processes. Interscience, New York

Redfield AC (1934) On the proportions of organic derivatives in seawater and their relation to the composition of plankton. In: Daniel RJ (ed) James Johnstone memorial volume. Liverpool University Press, Liverpool, S 176–192

Redfield AC, Ketchum BH, Richard FA (1963) The influence of organisms on the composition of seawater. In: Hill MN (ed) The sea. Wiley, New York, S 26–77

Schopf J (1983) Earth's earliest biosphere: Its origin and evolution. Princeton University Press, Princeton, NJ

Sommer U (2005) Biologische Meereskunde, 2nd edn. Springer, Berlin

Sorokin YI (1995) Coral reef ecology. Springer, Berlin

Twining BS, Nodder SD, King AL, Hutchins DA, LeCleir GR, DeBruyn JM, Maas EW, Vogt S, Wilhelm SW, Boyd PW (2014) Differential remineralization of major and trace elements inn sinking diatoms. Limnol Oceanogr 59:699–703

Valiela I, Teal JM, Persson NY (1976) Production dynamics of experimentally enriched salt marsh vegetation: below-ground biomass. Limnol Oceanogr 21:245–252

Volk T, Hoffert MI (1985) Ocean carbon pumps: Analysis of relative strengths and efficiencies in ocean-drive atmospheric CO_2 changes. Geophys Monogr 32:99–110

Vollenweider R, Kerekes J (1982) Eutrophication of waters. Monitoring, assessment, and control. OECD, Paris

Ward ND, Bianchi TS, Medeiros PM, Seidel M, Richey JE, Keil RG, Sawakuchi HO (2017) Where carbon goes when water flows: carbon cycling across the aquatic continuum. Front Mar Sci 4:7

Whittaker RH (1975) Communities and ecosystems. MacMillan, New York

Whittaker RH, Likens GE (1973) Primary production: the biosphere and man. Hum Ecol 1:357–369

Woodwell GM (1980) Aquatic systems as part of the biosphere. In: Barnes RSK, Mann KH (Hrsg) Fundamentals of aquatic ecosystems. Blackwell, Oxford, S 201–215

Zedler JB (1980) Algal mat productivity: comparisons in a salt marsh. Estuaries 3:122–131

Menschliche Einflüsse 9

Inhaltsverzeichnis

Abkürzungsverzeichnis 406
9.1 Eutrophierung 407
    9.1.1 Ursachen 407
    9.1.2 Folgen im Pelagial 411
    9.1.3 Auswirkungen auf das Benthos 416
9.2 Klimawandel 418
    9.2.1 Physikalische Veränderungen 418
    9.2.2 Biogeographische Verschiebungen 419
    9.2.3 Verschobene Saisonalität biologischer Prozesse 420
    9.2.4 Zukünftige Primärproduktion 424
    9.2.5 Schrumpfende Körpergröße 426
    9.2.6 Risiken für Korallenriffe 427
9.3 Versauerung 428
    9.3.1 Süßwasserversauerung 428
    9.3.2 Ozeanversauerung 430
9.4 Überfischung 434
    9.4.1 Ausmaß und Ursachen 434
    9.4.2 "Fishing Down the Food Web" (Pauly et al. 1998) 436
    9.4.3 Wiederherstellungsbemühungen 439
9.5 Biologische Invasionen 439
    9.5.1 Menschliche Transportvektoren 439
    9.5.2 Vom Transport zur Etablierung 440
    9.5.3 Auswirkungen invasiver Arten 442
9.6 Das Anthropozän 448
    9.6.1 Definition des Anthropozäns 448
    9.6.2 Menschliche Dominanz 448
    9.6.3 Erleben wir das sechste Massensterben? 449
Glossar 453
Übungsaufgaben 454
Literatur 457

© Der/die Autor(en), exklusiv lizenziert an Springer Nature Switzerland AG 2024
U. Sommer, *Süßwasser- und Meeresökologie*,
https://doi.org/10.1007/978-3-031-64723-9_9

Abkürzungsverzeichnis

ASP   Amnestische Muschelvergiftung
B Biomasse
Chl   Chlorophyll
DSP   Diarrhoische Muschelrvergiftung
ER   Aussterberisiko
HAB   Schädliche Algenblüte
IPCC Weltklimarat
NIS   Nicht-einheimische Arten
NSP   Neurotoxische Muscheltiervergiftung
PSP   Paralytische Muschelvergiftung
S Anzahl der Arten
TN   Gesamtstickstoff
TP   Gesamtphosphor
τ Verweilzeit

Zusammenfassung

Menschen haben von Anfang an Oberflächengewässer genutzt, zunächst für Trinkwasser und für die Ausbeutung von Fischen und anderen Meeresfrüchten. Später in der Menschheitsgeschichte wurde Süßwasser für die Bewässerung und für industrielle Zwecke abgezogen. Seen, Flüsse und Ozeane wurden zuerst regional, dann global zu wichtigen Transportwegen. Gewässer wurden physisch verändert und neue Gewässer durch den Bau von Wasserwegen und Staudämmen geschaffen. Der Bau von Infrastrukturen für den Schiffsverkehr und den Küstenschutz veränderte die Oberflächengewässer weiter. In jüngerer Zeit wurde der Tourismus zu einer weiteren Nutzung der Oberflächengewässer. Während wir all diese „Ökosystemgüter und -dienstleistungen" in immer größerer Menge und Intensität genießen, wurden die Oberflächengeässer auch als Müllkippe für menschliche Abfälle aller Art genutzt, was die Wasserqualität verschlechterte und zu negativen Auswirkungen auf das Ökosystem führte. Abfälle, die in die Atmosphäre freigesetzt werden, insbesondere CO_2, das aus Verbrennungsprozessen resultiert, beeinflussen schließlich indirekt durch den Klimawandel oder direkt die aquatischen Ökosysteme, indem sie in den Oberflächengewässern enden. Unter den vielen menschlichen Auswirkungen auf aquatische Ökosysteme wurden fünf global besonders wichtige Auswirkungen als Beispiele für dieses Buch ausgewählt: Eutrophierung, Klimaerwärmung, Versauerung, Überfischung und Transport invasiver Arten. All diese Beispiele und weitere menschliche Aktivitäten an Land führen zu einer Dominanz der Erdoberfläche durch den Menschen. Diese Dominanz wird als Rechtfertigung dafür genommen, unsere Periode als eine neue geologische Epoche, das Anthropozän, zu definieren.

9.1 Eutrophierung

9.1.1 Ursachen

Natürliche vs. anthropogene Eutrophierung
Die Unterscheidung zwischen oligotrophen (nährstoffarmen Seen) und eutrophen (nährstoffreichen Seen) ist seit Thienemann (1925) einer der Kernbestandteile der Seentypologie. Eutrophierung ist die Erhöhung des Produktionspotenzials eines Ökosystems durch Zugabe von limitierenden Nährstoffen, in der Regel Stickstoff und Phosphor. Sie tritt als natürlicher Prozess im Laufe geologischer Zeitskalen und als viel schnellerer anthropogener Prozess in der Regel innerhalb weniger Jahrzehnte auf. Natürliche Eutrophierung ist die Folge der allmählichen Auffüllung von Wasserbecken durch Sedimente und der anschließenden Verkleinerung ihres Volumens. Wenn externe **Belastungen** durch Nährstoffe konstant bleiben, erhält ein zunehmend kleineres Wasservolumen die gleiche Nährstoffbelastung und daher steigen die Nährstoffkonzentrationen. Anthropogene Eutrophierung resultiert aus der Einleitung von Nährstoffen durch menschliche Aktivitäten und deren anschließendem Transport zu Gewässern. Sie begann als langsamer Prozess schon vor langer Zeit, wurde aber nach dem Zweiten Weltkrieg sichtbar beschleunigt. Vor dieser Beschleunigung waren die lokalen und regionalen Nutzer von Gewässern, insbesondere Fischer, oft mehr besorgt über die geringe Produktivität ihrer Gewässer, als dass sie Eutrophierung fürchteten. Diese Einstellung änderte sich mit der rasanten Eutrophierung in den 1950er bis 1970er Jahren, als die unerwünschten schädlichen Auswirkungen der Eutrophierung offensichtlich wurden und Wasserwirtschaftler begannen, die Eutrophierung zu bekämpfen.

Anthropogene Nährstoffquellen
Stickstoff und Phosphor werden als **landwirtschaftliche Düngemittel** eingesetzt. Phosphor wird aus Phosphatabbau gewonnen, während stickstoffhaltige Düngemittel hauptsächlich aus atmosphärischem N_2 durch den Haber-Bosch-Prozess, der Ammonium aus Stickstoff und Wasserstoff produziert, hergestellt werden. Nur etwa 40 % des in der globalen Landwirtschaft eingesetzten N-Düngers landen in der Biomasse der Kulturpflanzen, während der Rest ins Grundwasser gelangt (Conant et al. 2013) und schließlich in Binnengewässern und Küstenozeanen endet. Phosphor ist stärker an die Ton-Humus-Komplexe im Boden gebunden und daher weniger leicht von landwirtschaftlichen Flächen exportierbar, aber Erosionsereignisse durch Überschwemmungen und Stürme transportieren partikelgebundenen Phosphor ins Oberflächenwasser. **Menschliche und tierische Faeces und Exkreta** enthalten sowohl N als auch P, die in den hydrologischen Kreislauf freigesetzt werden. Stickoxide, die aus der **Verbrennung fossiler Brennstoffe** resultieren, und Ammonium, das aus der Viehzucht stammt, werden zunächst in die Atmosphäre freigesetzt und dann durch Lösung in Regenwasser in den hydrologischen Kreislauf überführt. Phosphathaltige **Waschmittel** wurden nach dem Zweiten Weltkrieg zu einer weiteren Quelle von P-Emissionen und stellten sich als ein Hauptbeitrag zur P-Belastung von Oberflächenwasser heraus. In einem Bemühen, den Druck

der Eutrophierung zu reduzieren, wurden sie ab den 1980er Jahren durch gesetzliche Änderungen zumindest teilweise durch phosphatfreie Waschmittel ersetzt. In den 1970er Jahren, der Zeit der maximalen Eutrophierung, wurde geschätzt, dass Waschmittel 59 % zur P-Belastung des Bodensees beitrugen (Wagner 1976).

Welcher Nährstoff treibt die Eutrophierung an?
Häusliche Abwässer haben ein niedriges N:P Verhältnis (ca. 4:1), während landwirtschaftliches Abflusswasser dazu neigt, überschüssiges N zu enthalten. Dies würde nahelegen, dass Gewässer mit einer anfänglich ausgeglichenen Verfügbarkeit von N und P (Redfield-Verhältnis, 16:1) in Richtung N-Limitierung getrieben werden sollten, wenn häusliche Abwässer die Hauptquelle der Eutrophierung sind, und in Richtung P-Limitierung, wenn landwirtschaftliches Abwasser dominiert. Allerdings starten viele Gewässer nicht mit einem ausgeglichenen N:P-Verhältnis, wobei P-Limitierung in Seen und N-Limitierung in Küstenmeeren häufiger sind. Die Dinge werden noch komplizierter aufgrund der Offenheit des N-Zyklus zur Atmosphäre, mit Stickstofffixierung auf der einen Seite und Denitrifikation auf der anderen Seite, die zu Veränderungen von N führen, die das N:P-Verhältnis im zuströmenden Wasser erheblich verzerren.

In der Limnologie wurde das Paradigma einer dominierenden Rolle von P in der Eutrophierung bereits recht früh in der Geschichte der Eutrophierungsforschung etabliert, weil

- **Hohe N:P-Verhältnisse** in vielen Seen, sowohl als Verhältnisse von Gesamtnährstoffen (TN und TP), als gelöste anorganische Nährstoffe (DIN und DIP) außerhalb der Vegetationsperiode (wenn die meisten Anteile von N und P nicht in Biomasse gebunden sind) und als gelöste Nährstoffe während der Vegetationsperiode, wenn gelöstes P auf Werte nahe der Nachweisgrenze erschöpft ist, während noch gut messbare Konzentrationen von Nitrat und/oder Ammonium gefunden werden.
- **Großräumige Vergleiche zwischen Seen** zeigten starke Korrelationen zwischen Phosphor und Phytoplanktonbiomasse (in der Regel gemessen als Chlorophyll), während Korrelationen mit Stickstoff schwächer waren (Vollenweider und Kerekes 1982; Box 9.1).
- Düngungsexperimente in der kanadischen Experimental Lake Area, wo natürlich oligotrophe Seen entweder nur mit P oder mit einer Mischung aus N und P gedüngt wurden (Schindler 1980, 2006). Die Düngung mit P erzeugte Algenblüten ähnlicher Größe wie die N & P-Düngung, weil Cyanobakterien den fehlenden Stickstoff durch **N_2-Fixierung** aufnehmen konnten.

Kasten 9.1: Die OECD-Eutrophication Studie (Vollenweider und Kerekes 1982)

Ziele. Schon früh in der limnologischen Eutrophierungsforschung wurden groß angelegte, koordinierte Studien eingerichtet, um zwei Fragen zu beantworten:

1. Steht der Nährstoffgehalt von Seen in Beziehung zum Nährstofffluss in Seen („Belastung")?
2. Reagieren biologische Schlüsselvariablen (z. B. Phytoplanktonbiomasse) auf sich ändernde Nährstoffe und wenn ja, auf welche?

Die Antwort wurde von der log-log Regression von Nährstoff- und Biomasse-bezogenen Variablen über zahlreiche Seen erwartet.

Die größte dieser Studien war die OECD-Eutrophierung Studie mit einem standardisierten Probenahmeprogramm, das Seen umfasste, die fast drei Größenordnungen an Nährstoffreichtum umspannen. Nur einige der Schlüsselergebnisse sollen hier vorgestellt werden. Die Nährstoffkonzentrationen in der OECD-Studie wurden als Massenkonzentration (μg L^{-1}) und nicht als molare Konzentrationen angegeben.

Nährstoffstatus und Belastung. Die Nährstoffkonzentrationen folgen tatsächlich der externen Belastung:

$$\text{TP}_\text{L} = 1.55 \left[\text{TP}_\text{in} / \left(1 + \tau^{0.5}\right)\right]^{0.82}; r^2 = 0.86, n = 87 \tag{9.1}$$

TP$_\text{L}$: Gesamt-P im See (Jahresmittel)
TP$_\text{in}$: mittlere Gesamt-P-Konzentration in Zuflüssen
τ: Verweilzeit des Wassers (in Jahren)

Der negative Effekt der Verweilzeit auf TP$_\text{L}$ resultiert aus der Tatsache, dass mehr P durch Sedimentation in einem See verloren geht, wenn das Wasser dort länger verweilt.

TN und TP in Seen waren positiv korreliert ($r^2 = 0.56; n = 57$). Dies ist nicht überraschend, da Seen, die viel Abwasser erhalten, viel von beiden Nährstoffen erhalten.

Von Nährstoffen zu Phytoplankton. Da Phytoplanktonblüten eine der Hauptbesorgnisse der Eutrophierungsforschung waren und von den Primärproduzenten erwartet wurde, dass sie die unmittelbaren Empfänger von Nährstoffeffekten sind, war das Phytoplankton der dominante biologische Fokus der OECD-Studie. Nach Ausschluss einiger N-begrenzter Seen auf der Basis von TN:TP-Verhältnissen gab es eine fast lineare Korrelation zwischen TP und **Chlorophyll** a (in mg L^{-1}) als Proxy für die Phytoplanktonbiomasse (Jahresmittel der euphotischen Zone):

$$\text{Chl} = 0.28 \, \text{TP}^{0.96}; r^2 = 0.96, n = 0.77 \tag{9.2}$$

Primärproduktion Messungen (P, in g C m^{-2} Jahr^{-1}) waren in der Datenbasis seltener. Sie ergaben eine deutlich weniger als lineare Beziehung:

$$P = 31.1 \, \text{TP}^{0.54}; r^2 = 0.50; n = 49 \tag{9.3}$$

Die weniger als lineare Beziehung wurde durch zunehmende Selbstabschattung bei höheren Biomasseniveaus erklärt.
Heterotrophe waren nicht der primäre Fokus der OECD-Studie. Daher ist die Datenbasis für Heterotroph-Phosphor-Beziehungen schwächer als die für Phytoplankton. Peters (1986) hat Biomassedaten aus anderen Quellen zusammengestellt (umgerechnet in Trockenmasse, $\mu g\ L^{-1}$). Die Beziehungen entsprechen dem Paradigma der Bottom-up-Kontrolle, das für großskalige Systemvergleiche bei sehr unterschiedlichen Nährstoffniveaus erwartet wird:

$$\text{Biomasse Zooplankton}: B = 17.1\ TP^{0.64}; r^2 = 0.86, n = 12 \quad (9.4)$$

$$\text{Biomasse Crustaceen- Zooplankton}: B = 2.57\ TP^{0.91}, r^2 = 0.72, n = 49 \quad (9.5)$$

$$\text{Biomasse Microzooplankton}: B = 7.65\ TP^{0.71}, r^2 = 0.72, n = 12 \quad (9.6)$$

$$\text{Biomasse Meso-und Macrozoopl.}: B = 9.00\ TP^{0.65}, r^2 = 0.86, n = 12 \quad (9.7)$$

$$\text{Biomasse Bakterien}: B = 18.0\ TP^{0.65}, r^2 = 0.86, n = 12 \quad (9.8)$$

Bereich der Unsicherheit. Die durch die Gleichungen (9.1)–(9.8) beschriebenen Regressionslinien sind von einer großen Streuung umgeben und werden nur aufgrund des breiten Bereichs der x- und y-Achsenwerte (2–3 Größenordnungen) signifikant. Nur ein Beispiel, entnommen aus Gleichung (9.2): Der für einen durchschnittlichen See mit einem TP-Gehalt von 10 μg L^{-1} vorhergesagte Chlorophyllwert beträgt 2,55 $\mu g\ L^{-1}$. Die 95 %igen Konfidenzgrenzen für Chlorophyll liegen jedoch zwischen 0,8 und 7,8 $\mu g\ L^{-1}$. Diese Größenordnung des Bereichs der 95 %igen Vorhersagegrenzen ist für solche empirischen Beziehungen recht typisch. Sie enthält den Einfluss von zufälligen und ungemessenen deterministischen Faktoren. Es wäre beispielsweise interessant, trophische Kaskadeneffekte zu überprüfen. Nach der Theorie der trophischen Kaskade sollten Seen ohne planktivore Fische Chlorophyllwerte näher an der unteren 95 %igen Vorhersagegrenze haben, während Seen mit vielen planktivoren Fischen Chlorophyllwerte näher an der oberen Grenze haben sollten (Abschn. 6.4.3).

Welcher Nährstoff sollte gemanagt werden?
Der frühe Fokus auf Phosphor führte zu einer Dominanz von P-zentrierten Strategien in **See-Restaurations** Bemühungen, wie P-Fällung in Kläranlagen und Substitution von P-haltigen Waschmitteln, während die Umleitung von Abwasser alle im Abwasser enthaltenen Nährstoffe betraf. Die P-Abbaustrategien erzeugten beeindruckende Erfolgsgeschichten in eutrophierten, aber zuvor oligotrophen Seen. In mehreren Fällen konnten die Gesamtphosphorgehalte auf Werte reduziert wer-

den, die fast so niedrig sind wie vor dem Beginn der Eutrophierung. Prominente Beispiele unter vielen anderen sind der Bodensee (Deutschland, Schweiz, Österreich), der Zürichsee (Schweiz) und der Lake Washington (USA). Der Bodensee hatte ca. 0,22 µmol TP L^{-1} während der Winterzirkulation vor der Eutrophierung (um 1950), 2,8 µmol TP L^{-1} bei maximaler Eutrophierung (um 1980) und kam 2007 auf 0,25 µmol TP L^{-1} zurück (Stich und Brinker 2010).

Der frühe Fokus auf P könnte jedoch unzureichend für Seen sein, bei denen N aufgrund spezifischer biogeochemischer Einstellungen der primäre limitierende Faktor ist, und für Küstenmeere (Conley et al. 2009). In flachen Gewässern könnte ein Mangel an P durch vertikal mobile Algen überwunden werden, die P aus dem interstitiellen Wasser an der Sedimentoberfläche aufnehmen. Umgekehrt kann ein Mangel an N nicht immer durch N_2-Fixierung wie im Experiment von Schindler (1980) ausgeglichen werden, da es bei Salinitäten >10 PSU außer dem tropischen/subtropischen Cyanobakterium *Trichodesmium* keine blütenbildenden N_2-Fixierer gibt, während sie in eutrophierten Ästuaren und Küstenmeeren eine Rolle spielen.

9.1.2 Folgen im Pelagial

Phytoplankton Biomasse

Wie aus Gleichung (9.2) vorhergesagt, werden höhere Werte der Phytoplankton Biomasse erwartet, wenn die Nährstoffzufuhr zunimmt. Dies betrifft nicht nur die Jahresmittelwerte, sondern noch stärker die Maximalwerte während der Blüten. **Blüten** in eutrophen Gewässern sind sogar mit bloßem Auge sichtbar aufgrund einer Verfärbung des Wassers, wobei die Farbe von den Pigmenten der dominanten Algengruppen abhängt.

Die Meeresökologie verfügt nicht über eine ähnlich umfassende Eutrophierungsstudie wie die OECD-Studie, die in Box 9.1skizziert ist, aber auch hier ist der Anstieg der Phytoplanktonbiomasse unter Eutrophierung zweifellos gegeben.

Veränderte Bedingungen für die Konkurrenz im Phytoplankton

Veränderte Nährstoff- und Lichtbedingungen unter Eutrophierung verschieben auch den Wettbewerbsvorteil zwischen verschiedenen Gruppen von Phytoplankton (Abschn. 6.1.3). Eutrophierung verändert kritische **Nährstoffverhältnisse**, da die Versorgung mit N und P erhöht wird, während die Versorgung mit Si nicht erhöht wird. Sie kann sogar abnehmen, weil eine erhöhte Produktivität in Gewässern stromaufwärts die Produktion von Diatomeen und die Ablagerung von partikulärem Si dort erhöhen kann. Staudämme haben einen ähnlich nachteiligen Effekt auf die Si-Versorgung von unterstromigen Seen, Ästuaren und Küstenmeeren (Treguer & De La Rocha 2013). Das bedeutet, dass der Wettbewerb des Phytoplanktons unter reduzierten Si:P- und Si:N-Verhältnissen stattfindet und daher zum Nachteil von Diatomeen und zum Vorteil von nicht-silifizierten Algen (Makareviciute-Fichtner et al. 2020).

Erhöhte Biomasse führt auch zu **erhöhter Selbstbeschattung** und damit zu einem Wettbewerbsvorteil von Phytoplankton mit entweder geringen

Lichtanforderungen oder mit der Fähigkeit, ihre vertikale Position durch Schwimmen (große Flagellaten) oder Auftriebsregulierung (Cyanobakterien) zu regulieren. Der Vorteil der vertikalen Mobilität wird weiter erhöht durch steilere vertikale Nährstoffgradienten zwischen einer Oberflächenschicht, in der Nährstoffe verbraucht werden, und nährstoffreichem Wasser in oder unterhalb der Sprungschicht.

Erhöhte Sekundärproduktion unter eutrophischeren Bedingungen führt auch zu einer Intensivierung des Fraßdrucks und damit zu einem zunehmenden Wettbewerbsvorteil der **Fraßresistenz**, die durch Größe, Toxizität oder harte Schalen bereitgestellt wird (Abschn. 6.2.2).

Cyanobakterienblüten in Seen

Blüten von Cyanobakterien mit langen Filamenten (*Planktothrix*, *Dolichospermum*, *Aphanizomenon*, *Cylindrospermopsis*, …) oder großen Kolonien (*Microcystis*) sind die typischste und unerwünschteste Folge der Eutrophierung von Seen (Moustaka-Gouni und Sommer 2021), obwohl Blüten anderer Taxa unter geeigneten Umständen auch auftreten können. Cyanobakterienblüten verfärben nicht nur das Wasser, sondern können auch Oberflächenaggregationen (Abb. 9.1) bilden, da sie durch ihre Gasvakuolen leichter als Wasser werden können. Darüber hinaus sind viele Stämme der typischen Blütenbildenden Arten toxisch für aquatische Tiere, Nutztiere und Menschen und verschlechtern die Nutzbarkeit des Wassers für die Trinkwasserproduktion durch toxische, übel riechende oder schmeckende Substanzen, die ins Wasser freigesetzt werden (Chorus et al. 2021). Cyanobakterien sind ideal für eutrophe Bedingungen geeignet aufgrund ihrer Fraßresistenz (Größe, Toxizität) und vertikalen Mobilität durch Auftriebsregulierung (Moustaka-Gouni und Sommer 2020). Nährstoffmangel macht sie schwerer als Wasser aufgrund der Ansammlung von Polysachariden, Lichtmangel macht sie leichter als Wasser (Walsby und Reynolds 1980). Stickstofffixierende Taxa wie *Dolichospermum* und *Aphanizomenon* haben einen zusätzlichen Wettbewerbsvorteil, wenn P-reiche häusliche Abwässer die N:P-Verhältnisse auf Werte reduzieren, bei denen N zum primären limitierenden Nährstoff würde.

Abb. 9.1 Cyanobakterien-Oberflächenblüten, (**a**) Mikrografie von *Dolichospermum* (Filamente) und *Microcystis* (gelatinöse Kolonien), (**b**) Oberflächenblüte im griechischen See Kastoria, Sept. 2014, (**c**) der Oberflächenfilm ist so fest, dass in den See geworfener Müll nicht durch den Film sinkt (Fotos: U. Sommer)

Marine Schädliche Algenblüten (Harmful Algal Blooms = HABs)

Red Tides sind ebenso ikonisch für negative Eutrophierungskonsequenzen in Küstenmeeren wie Cyanobakterienblüten in Seen (Graneli et al. 2008; Anderson et al. 2012). Die Phytoplanktontaxa, die zu solchen Red Tides führen, sind Dinoflagellaten, die zu einer rötlichen Verfärbung des Wassers führen (Abb. 9.2). Viele von ihnen haben eine mixotrophe Ernährungsweise. Sie sind in der Lage, vertikale Gradienten durch Migrationen mit Amplituden von bis zu 10 m auszunutzen (Sommer 1988). Viele von ihnen widerstehen dem Grazing durch Toxizität oder durch harte Schalen und zeigen allelopathische Aktivität gegenüber anderen Phytoplanktern.

Phaeocystis ist eine weitere durch Küsteneutrophierung geförderte Algenplage, z. B. an der Südküste der Nordsee. Sie ist nicht toxisch, aber die freigesetzten polymeren Substanzen können große Schaumpakete bilden, die an Land gespült werden und von Touristen als Belästigung wahrgenommen werden. *Phaeocystis* gewinnt den Wettbewerb gegen andere Flagellaten bei niedrigen N:P-Verhältnissen, die durch übermäßige P-Belastung verursacht werden. Wenn die DIN-Verfügbarkeit auf Ammonium umschaltet, wechselt sie vom Einzelzellstatus zum Kolonialstatus, in dem Tausende von Zellen in einem gemeinsamen Schleim eingebettet sind (Riegman et al. 1992). Diese Kolonien sind für die meisten Zooplankton ungenießbar.

Abb. 9.2 Red Tide und verursachende Dinoflagellaten, (**a**) Verfärbung des Wassers durch eine Red Tide in Iwaki Harbor, Japan, (**b**) *Karenia brevis*, (**c**) *Alexandrium catenella*. (Quellen: **a**: melvil—eigene Arbeit, CC BY-SA 4.0, https://commons.wikimedia.org/w/index.php?curid=63557549 **b**: Florida Fish and Wildlife Conservation Commission, public domain, **c**: Me.garneau, Creative Commons Attribution-Share Alike 3.0)

Toxische Algen von Brackwasser umfassen die Prymnesiophyte *Prymnesium parvum* und die Dinophyte *Pfiesteria piscicida*, die beide zu Fischsterben führen können (Burkholder und Glasgow 1997).

Auswirkungen auf pelagische Tiere
Zooplankton war in der Regel nicht der Hauptfokus der Eutrophierungsforschung. Daher fehlen noch Daten für allgemeine Schlussfolgerungen. Die Gleichungen (9.4)–(9.7) zeigen eine Zunahme des Zooplanktons mit TP in Seen, aber die Zunahme ist weniger als linear, im Gegensatz zur linearen Zunahme der Phytoplanktonbiomasse, was auf eine verringerte ökologische Effizienz bei höheren Nährstoffgehalten hinweist. In den Ozeanen haben natürliche eutrophe Gebiete, z. B. Auftriebszonen, in der Regel eine höhere Transferleistung von der Primärproduktion zur Fischproduktion aufgrund der kurzen Nahrungskette Diatomeen—Copepoden—planktivore Fische (Abb. 7.4). Allerdings wird die Auftriebsfruchtbarkeit nicht nur durch hohen N und P, sondern auch durch hohen Si unterstützt. Unter anthropogener Eutrophierung werden die vorherrschenden, schlecht essbaren Algen nur teilweise durch direktes Grazing genutzt, aber ihre Energie und ihr Kohlenstoff werden nur über Zelltod und bakterielle Zersetzung weiter oben in der Nahrungskette geleitet, was zu einer geringeren Effizienz der Energie- und Stoffübertragung auf Fische führt (Sommer et al. 2002).

Zusammensetzungsänderungen des Zooplanktons. Eine Tendenz zu **kleinerem Zooplankton** unter Seeneutrophierung wurde recht häufig beobachtet, insbesondere wenn Cyanobakterien zu dominieren beginnen. Kleinere filtrierende Zooplanktonarten können die versehentliche Aufnahme von filamentösen Cyanobakterien und mechanische Störungen durch Verstopfung ihrer Filtrationsapparate durch große und filamentöse Algen besser vermeiden (Gliwicz 1977; Gliwicz & Siedlar 1980). Eine Verschiebung zu kleinerem Zooplankton wurde auch für eutrophierte Küstenmeere beobachtet (Uye 1994). In diesem Fall wurde die Größenverschiebung durch eine Abweichung von einer auf Diatomeen basierenden Grazing-Nahrungskette (die herbivore Calanoid-Copepoden bevorzugt) zu einer auf Mikroben basierenden Nahrungskette erklärt, die den kleinen Cyclopoid-Copepoden *Oithona* bevorzugt. Für marine Systeme wurde auch eine Zunahme von **gelatinösem Zooplankton**, insbesondere Ctenophora und Cnidaria, als Folge der Eutrophierung vorgeschlagen, obwohl die zeitliche Übereinstimmung mit der Klimaerwärmung und der zunehmenden Überfischung es schwierig machen, die wichtigsten Treiber von Quallenblüten zu identifizieren (Arai 2001; Purcell et al. 2007).

Fische. Als Gesamtgruppe können Fische von einer verbesserten Nahrungsverfügbarkeit unter Eutrophierung profitieren. Allerdings können toxische Algenblüten (Burkholder und Glasgow 1997; Chorus 2001; Ernst et al. 2006) und Sauerstoffmangel, der aus dem Zerfall der Biomasse von Algenblüten resultiert, den Effekt der verbesserten Nahrung oft in Form von episodischen Katastrophen, die als **Fischsterben,** bezeichnet werden, aufheben. In einer Analyse von Schweizer und Französischen Seen fanden Gerdeaux et al. (2006) eine Zunahme der Fischproduktion mit TP nur bis zu einem TP-Niveau von 20 µg L^{-1}und ein Plateau bei höheren Eutrophierungsgraden.

9.1 Eutrophierung

Nahrungsnetz-Konfiguration. In kalt-gemäßigten Seen gibt es oft eine eutrophiebedingte Verschiebung in der Nektonzusammensetzung **Salmoniden/Coregoniden** → **Perciden** → **Cypriniden** (Persson et al. 1991). Die Salmoniden und Coregoniden benötigen eine oxygenierte Sedimentoberfläche für das Überleben ihrer Eier, eindeutig ein Nachteil unter eutrophen Bedingungen. Die Cypriniden können auf benthische Nahrung („benthische Subsidien") umsteigen, wenn Cyanobakterienblüten zu abschreckend sind. Einige der Cypriniden können sogar in gewissem Maße von Cyanobakterien leben. Die Folgen von Cyanobakterienblüten für die Konfiguration des pelagischen Nahrungsnetzes sind in Abb. 9.3 dargestellt.

Sauerstoff

Während der Phytoplanktonblüten gibt es eine übermäßige Produktion von Sauerstoff, die zu einer Übersättigung nahe der Oberfläche führt, wenn die Äquilibration mit der Atmosphäre langsamer ist als die Produktion. Wenn Blüten zusammenbrechen oder wenn große Mengen von POC unter die Sprungschicht

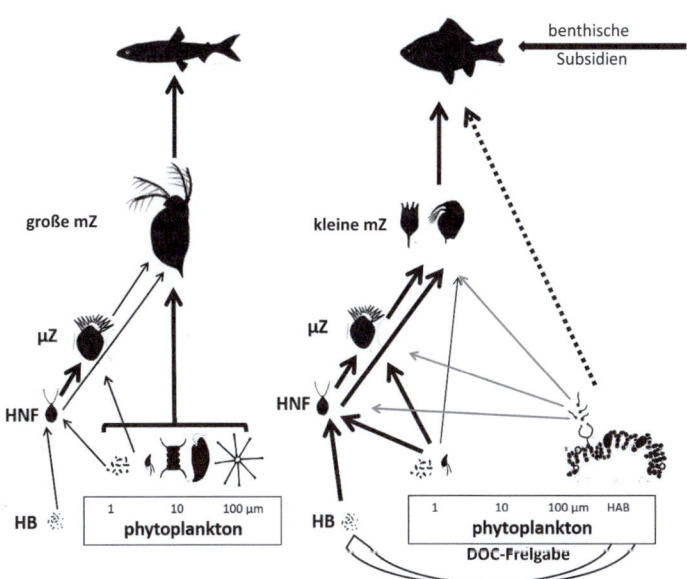

Abb. 9.3 Hauptnahrungspfade zu planktonfressenden Fischen unter zwei Szenarien des pelagischen Nahrungsnetzes im See, **links:** oligotrophes Szenario mit *Daphnia* als Hauptmesozooplankton und Coregoniden als wichtigste planktivore Fische, **rechts:** eutrophes Szenario mit Cyanobakterien als Hauptphytoplankton und Cypriniden als Hauptplanktivoren. Dicke Pfeile: Nahrungspfade wichtiger als im anderen Szenario; dünne Pfeile: Nahrungspfade weniger wichtig als im anderen Szenario; gestrichelter Pfeil: Nahrungspfad nur realisiert mit Fischen, die sich von Cyanobakterien ernähren; graue Pfeile: Materie- und Energieübertragung über die Freisetzung von Zoosporen durch Pilzparasiten; offener, gebogener Pfeil: Materie- und Energieübertragung über DOC-Freisetzung durch alternde Cyanobakterien. Abkürzungen: HB, heterotrophe Bakterien; HAB, schädliche Algenblüten; HNF, heterotrophe Nanoflagellaten; µZ, Mikrozooplankton; mZ, Mesozooplankton (Abb. 3 in Moustaka-Gouni und Sommer 2020; Open Access)

sinken, verbraucht der Abbau der organischen Materie Sauerstoff und führt zu **Anoxie** mit all ihren sekundären Auswirkungen auf das Leben und die Wasserchemie. In kleinen, eisbedeckten Seen kann der gesamte Wasserkörper unter dem Eis anoxisch werden und bietet keinen Zufluchtsort für Fische. Dies führt zu **Winterfischsterben**.

Während der Vegetationsperiode führt übermäßige Primärproduktion nicht nur zu Übersättigung durch Sauerstoff. In schlecht gepuffertem Süßwasser kann es sogar den pH-Wert so stark erhöhen, dass NH_4^+ in toxisches NH_3 umgewandelt wird. Dies ist eine zusätzliche Ursache für **Sommerfischsterben** neben Algentoxinen.

Toxische Meeresfrüchte
Die Anreicherung von Phytoplanktontoxinen in Meeresfrüchten und Fischen kann sie für Räuber und Menschen toxisch machen. Die menschliche Vergiftung tritt am häufigsten durch filtrierende Bivalven auf (**Muschelvergiftung**). Eines der bekanntesten Toxine ist Saxitoxin, das von Red Tide-Dinoflagellaten stammt, z. B. *Alexandrium*. Abhängig von den menschlichen Symptomen unterscheiden wir (Grattan et al. 2016):

- **Diarrhoische Muschelvergiftung (DSP)**, die zu Durchfall und anderen gastrointestinalen Störungen führt, verursacht durch Okadain-Säure, produziert z. B. von dem Dinoflagellaten *Dinophysis* spp.
- **Paralytische Muschelvergiftung (PSP)**, die zu paralytischen Symptomen führt, die tödlich sein können, weil sie eine Lähmung des Herzens und der Atmung durch Saxitoxin verursachen.
- **Neurotoxische Muschelvergiftung (NSP)**, die mit gastrointestinalen Störungen und Schmerzen beginnt und zu Schwindel und Panikattacken führt, verursacht durch Brevetoxine, produziert z. B. vom Dinoflagellaten *Karenia brevis*.
- **Amnesische Muschelvergiftung (ASP)**, die zu Gedächtnisverlust führt. Sie unterscheidet sich von den anderen Formen der Muschelvergiftung dadurch, dass sie durch Domoin-Säure verursacht wird, die von mehreren Diatomeenstämmen der Gattung *Pseudonitzschia* produziert wird.
- **Ciguatera** unterscheidet sich in den Übertragungswegen. Das Toxin wird von tropischen, benthischen Dinoflagellaten produziert und nach Anreicherung entlang der Nahrungskette durch Raubfische auf den Menschen übertragen. Die Symptome ähneln denen der NSP, zusätzlich kann es zu einer Verwechslung von Kälte- und Wärmeempfinden kommen.

9.1.3 Auswirkungen auf das Benthos

Euphotische Zone
Vorteil für Ephemere Algen. Mit Ausnahme von ultra-oligotrophen Zonen sind ausdauernde Makrophyten selten nährstoffbegrenzt, da Makroalgen Nährstoffe im Winter aufnehmen und Blütenpflanzen Nährstoffe aus dem Sedimentporenwasser

aufnehmen. Daher profitieren sie nicht oder nur marginal von der Eutrophierung, während ephemere Algen, z. B. die fadenförmigen Grünalgen *Enteromorpha* und die fadenförmige Braunalge *Pilayella* und Mikroalgen stark von einer erhöhten Nährstoffzufuhr profitieren (Worm et al. 1999). Ephemere Algen können umfangreiche und dicke Algenmatten produzieren, wodurch die Lichtzufuhr und CO_2-Diffusion zu darunter liegenden, langsamer wachsenden ausdauernden Algen reduziert wird. In flachen Gewässern gibt es eine typische Progression von ausdauernden Makroalgen über ephemere Makroalgen zu Mikroalgen (Duarte 1995).

Lichtreduktion. Die verringerte Wassertiefe während Algenblüten führt zu einer verringerten Lichtzufuhr zum sublittoralen Phytobenthos und einer Verkleinerung der euphotischen Zone. Dadurch verringert sich die untere Grenze des Makrophytenwachstums (Kautsky et al. 1992).

Ausbreitung von Muscheln. Filtrierende Muscheln erleben nach der Eutrophierung eine höhere Nahrungszufuhr, die ein schnelles Wachstum und eine stärkere Position im Raumwettbewerb mit ausdauernden Makroalgen ermöglicht (Abschn. 6.4.2). Die Ersetzung durch die Muschel *Mytilus edulis* wurde als einer der Faktoren identifiziert, die zum Rückgang der Braunalge *Fucus vesiculosus* während des Eutrophierungsprozesses der Ostsee beitragen (Kautsky et al.1992).

Korallenriffe. Flachwasser-Riffe von photosynthetischen Korallen entwickeln sich unter nährstoffarmen Bedingungen. Der Nährstoffmangel schützt sie vor Überwucherung durch Makroalgen und filtrierende Tiere, z. B. Weichkorallen. Das Wachstum der ersteren wird durch N- und P-Limitierung eingeschränkt, das Wachstum der letzteren durch den Mangel an planktonischer Nahrung. Es ist nicht überraschend, dass die Eutrophierung das Überwachsen durch Makrophyten (Hughes 1994) und Filtrierer (Fabricius et al. 1995; Griffith 1997) fördert. In gewissem Maße kann dieses Überwachsen durch Herbivoren und Prädatoren auf Filtrierer verhindert oder verzögert werden (Abschn. 7.3.3). McCook (1999) argumentiert, dass eine vollständige Umwandlung von einem Riff aus Steinkorallen in Makrophyten- oder Filtriergemeinschaften nur dann stattfinden würde, wenn die top-down-Kontrolle versagt. Dieses Versagen kann durch Überfischung verursacht werden. Daher verringert die Überfischung die Widerstandsfähigkeit von Korallenriffen gegen Eutrophierung.

Aphotische Zone
Die erhöhte Sedimentation von POC unter Eutrophierung bedeutet eine erhöhte Nahrungszufuhr für das Benthos. Allerdings geht die erhöhte Nahrungszufuhr mit Kosten eines erhöhten Sauerstoffverbrauch einher. Die Entwicklung von anoxischen Zonen hängt vom Zusammenspiel zwischen der Zufuhr von organischer Sedimentation und der Erneuerung des Wassers ab, entweder durch episodisches oder saisonales Mischen oder durch die laterale Advektion von oxygeniertem Wasser. Anoxische Zonen können saisonal oder dauerhaft anoxisch sein. In saisonal anoxischen Zonen können nur diejenigen sauerstofffordernden Tiere überleben, die in der Lage sind, mehrere Monate der Anaerobiose zu überstehen (Abschn. 4.4.2), wie die Muschel *Astarte borealis* (Theede 1984). Wenn die Anoxie dauerhaft ist, sind sogar diese Tiere ausgeschlossen. In der neueren ozeanographischen Literatur

wurden diese Zonen als "**Todeszonen,**" bezeichnet, trotz des Vorhandenseins von anaerobem mikrobiellem Leben. Es gibt überwältigende Beweise dafür, dass solche Todeszonen im Weltmeer expandieren (Dybas 2005; Diaz und Rosenberg 2008).

9.2 Klimawandel

9.2.1 Physkalische Veränderungen

Vorhergesagte Veränderungen
Die erste Veröffentlichung, die die globale Erwärmung als Folge der anthropogenen Emission von **Treibhausgasen**, hauptsächlich CO_2, aber auch CH_4, vorhersagte, liegt fast ein halbes Jahrhundert zurück (Broecker 1975). Nach Jahrzehnten der Kontroverse und aggressiven Lobbyarbeit der Öl- und Kohleindustrie ist die Tatsache der globalen Erwärmung und ihre Verursachung durch die Verbrennung fossiler Brennstoffe von der wissenschaftlichen Gemeinschaft und von der Mehrheit der politischen Entscheidungsträger und Medien allgemein anerkannt. Der letzte Bericht des **Zwischenstaatlichen Ausschusses für Klimaänderungen** (IPCC 2021) besagt:

- **Erhöhung des atmosphärischen CO_2-Gehalts:** von 270 auf 410 µatm von vorindustriellen Werten bis 2019
- **Temperaturerhöhung:** Erhöhung der globalen Durchschnittstemperaturen um 0,99 (0,84–1,1) °C vom Zeitraum 1850–1900 bis zum Zeitraum 2001–2018
- **Weitere Erwärmung** kann nicht verhindert werden
- **Zukünftige Erwärmung** wird von den verschiedenen Szenarien zukünftiger CO_2-Emissionen abhängen. Die strengsten modellierten Emissionsbeschränkungen werden zu einer Erwärmung von 1,5 °C bis 2100 führen, die pessimistischsten Szenarien prognostizieren eine Erwärmung von >4 °C
- **Extreme Temperaturbedingungen**, d. h. Abweichungen vom typischen saisonalen Muster, wie Hitzewellen, werden in Häufigkeit und Intensität zunehmen
- **Niederschläge** werden weltweit zunehmen, können aber regional abnehmen. Die Häufigkeit und Intensität von **Dürren und Überschwemmungen** wird zunehmen

Hydrografische Folgen
Die Folgen für die Hydrographie der Oberflächengewässer sind:

- **Weniger Winter-Eis:** Die Eisbildung wird später beginnen und das Eis wird früher in der Saison schmelzen. Viele bisher gefrierende Gewässer werden eisfrei werden
- **Frühere thermische Frühjahrsumwälzung**
- **Früherer Beginn der thermischen Schichtung**
- **Spätere thermische Herbstumwälzung**
- **Kürzere Mischperiode** in monomiktischen Gewässern

- **Seltene statt jährliche vollständige Durchmischung**, d. h. monomiktische Gewässer werden oligomiktisch mit vollständiger Durchmischung nur während außergewöhnlich kalter Winter.
- **Verlangsamung des Großen Förderbands** (aufgrund eingeschränkter Tiefenwasserbildung)
- **Anstieg des Meeresspiegels**
- **Salzgehaltsänderungen** in Küstengewässern aufgrund von Veränderungen im Niederschlag
- **Oligotrophierung** dort, wo die Nährstoffzufuhr zur euphotischen Zone hauptsächlich durch vertikale Durchmischung oder Auftrieb dominiert wird
- **Eutrophierung oder Oligotrophierung**von Küstengewässern und Seen hängt mehr von regionalen Veränderungen ab, z. B. im Niederschlag und Veränderungen in der Landnutzung und Abwasserbehandlung

9.2.2 Biogeographische Verschiebungen

Es ist eine einfache Vorhersage, dass sich die Verbreitungsgebiete von Arten in Richtung höherer Breitengrade (Walther et al. 2002), höherer Höhen von Seen und Flüssen und zu größerer Tiefe innerhalb von Gewässern (Dulvy et al. 2008) in einem wärmeren Klima verschieben werden. Dies bedeutet Verluste von Verbreitungsgebieten an der Grenze der niedrigen Breiten-/Höhenverteilung und Gewinne an der Grenze der hohen Breiten-/Höhenverteilung limit.

Vorhersagen aus der aktuellen Verteilung
Oft basieren spezifische Vorhersagen auf der **Umwelthülle** (Environmental Envelope) Methode, d. h. aktuelle Verteilungen werden in Beziehung zu den lokal vorherrschenden abiotischen Umweltbedingungen gesetzt (im Grunde die ökologischen Optimumskurven, Abb. 4.1) und modellierte zukünftige abiotische Bedingungen werden verwendet, um zukünftige Verteilungen vorherzusagen. Diese Methode könnte eine angemessene erste Annäherung sein, aber sie könnte versagen, wenn die Konstruktion der Hülle allein auf der Temperatur basiert. Nur um ein Problem zu nennen: Die Muster der Sonnenstrahlung werden sich nicht zusammen mit der Temperatur ändern, d. h. photosynthetische Taxa könnten in zukünftigen Orten mit optimalen Temperaturregimen suboptimale Lichtregime vorfinden. Das Lichtproblem legt starke Einschränkungen für einen Rückzug der aquatischen Primärproduzenten in kältere, tiefere Gewässer auf. Insgesamt erfordert die Methode der Umwelthülle eine zunehmende Aufmerksamkeit für mehrere Umweltfaktoren und ihre lokalen Kombinationen (Lenoir und Svenning 2015).

Kann die biogeographische Verteilung dem Klimawandel folgen?
Die Methode der Umwelthülle vernachlässigt die Rolle biotischer Interaktionen und mögliche Schwierigkeiten von Arten, ihre Verbreitungsgebiete schnell genug zu ändern, um die Geschwindigkeit des Klimawandels zu verfolgen. Pitt et al. (2010) fanden nicht die erwarteten polwärts gerichteten Bereichs Verschiebungen

bei etwa der Hälfte der untersuchten marinen Taxa der tasmanischen Gezeitenfauna.

Bereichsverschiebungen oder deren Fehlen werden oft auf die taxonomische Zugehörigkeit oder Artenmerkmale zurückgeführt. Perry et al. (2005) analysierten Bereichsverschiebungen von Fischarten mit nördlichen oder südlichen Verbreitungsgrenzen in der Nordsee. Arten mit nordwärts gerichteten Bereichsverschiebungen waren im Durchschnitt kleiner und haben kürzere Lebenszyklen als Arten ohne latitudinale Verschiebung. Dies wird durch das Eindringen kleiner Sardellen und Sardinen aus dem Süden in die Nordsee illustriert (Alheit et al. 2012). Lima et al. (2007) analysierten die Bereichsverschiebung von Makroalgen entlang der Küste Portugals. Als Warmwasserarten klassifizierte Arten zeigten die erwartete polwärts gerichtete Bereichsverschiebung, während als Kaltwasserarten klassifizierte Arten gemischte Reaktionen zeigten (nordwärts, südwärts, keine Verschiebung).

Die polwärts gerichteten Bereichsverschiebungen von Phytoplankton haben die meiste Aufmerksamkeit gefunden, wenn es um HABs ging, z. B. HAB-bildende Dinoflagellatenarten in der Nordsee (Edwards et al. 2006, Abb. 9.4) und die Ausbreitung der toxischen Cyanobakterien *Cylindrospermopsis raciborskii* in mitteleuropäische Seen (Wiedner et al. 2007).

Pinsky et al. (2013) schlugen eine andere Erklärung als Taxonomie und Merkmale vor. Sie verwendeten 50 Jahre-Langzeitdaten von nordamerikanischen Küstenuntersuchungen, die 360 marine Taxa umfassten, und bezogen Bereichs Verschiebungen auf fein skalierte, lokale Änderungen der klimatischen Bedingungen anstelle von großräumigen Temperaturtrends. Insgesamt konnten die Verteilungen der Taxa erfolgreich den Änderungen der lokalen Bedingungen folgen, ohne Unterschiede zwischen den taxonomischen Gruppen.

9.2.3 Verschobene Saisonalität biologischer Prozesse

Beginn und Ende der Saison
Frühlingsereignisse (z. B. Schlüpfen aus Eiern, Erwachen aus Ruhephasen, Beginn des saisonalen Wachstums) werden in einem wärmeren Klima früher erwartet, während Herbstereignisse (z. B. Beendigung des Wachstums, Beginn der Ruhephase) unter Klimaerwärmung später erwartet werden (Walther et al. 2002). Dies ist eine einfache Vorhersage, die mit der allgemeinen Beschleunigung physiologischer Prozesse durch steigende Temperaturen (Abschn. 4.1.2) und mit Temperaturreizen, die Lebenszyklusereignisse auslösen, vereinbar ist. Eine Vorverlagerung von saisonalenEreignissen wurde tatsächlich für die große Mehrheit der Meeresorganismen über das gesamte Spektrum der funktionellen Gruppen berichtet (Poloczanska et al. 2016).

Rolle des Lichts
Vorsicht ist geboten für die Prognose des Timings der lichtbegrenzte Photosynthese und Wachstum von Phototrophen. Dies sind die einzigen physiologischen Prozesse,

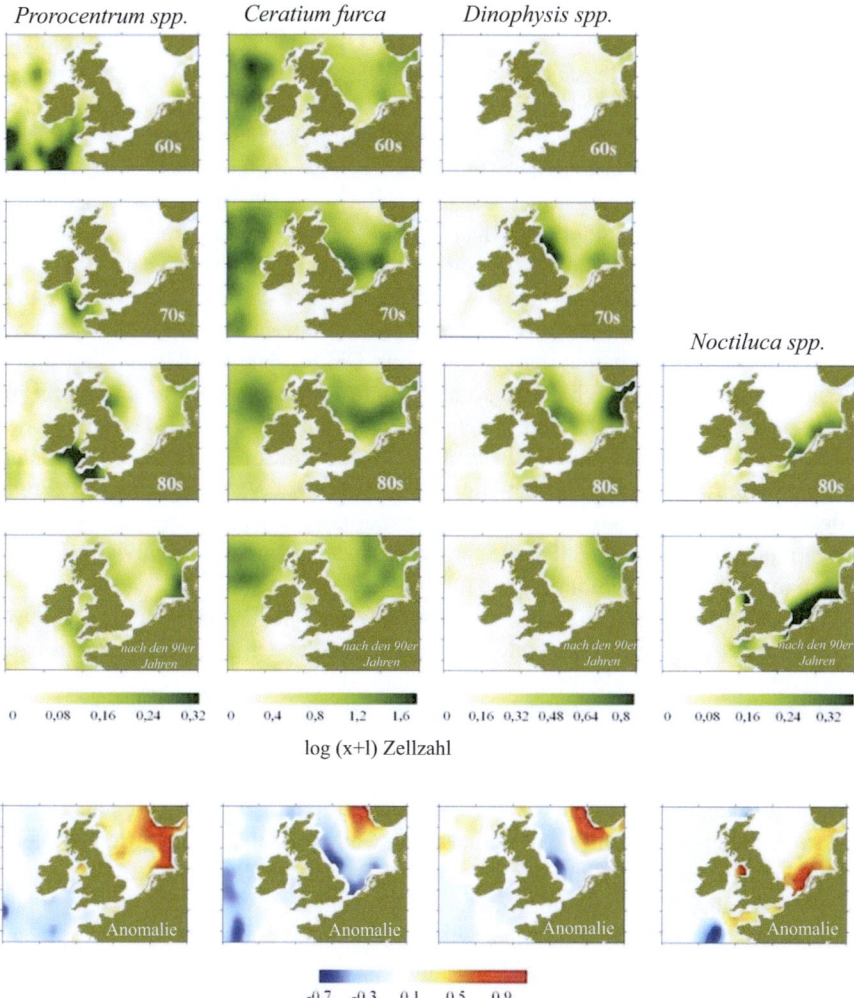

Anomalie (Differenz zwischen dem langfristigen Durchschnitt und dem Wert nach den 90er Jahren)

Abb. 9.4 Häufigkeiten von vier Dinoflagellaten (*Prorocentrum, Ceratium, Dinophysis, Noctiluca*) im NE Atlantik und der Nordsee während der 1960er, 1970er und Anomalien in den post-1990er Jahren im Vergleich zu den Jahrzehnten davor. (Quelle: Abb. 3 in Edwards et al. 2006, mit Genehmigung von John Wiley and Sons)

die durch Erwärmung nicht oder nur marginal beschleunigt werden (Abschn. 4.2.1). Temperaturabhängige Mechanismen können jedoch als „Lichtschalter" wirken und die Lichtverfügbarkeit für Phytoplankton plötzlich erhöhen. Ein früheres Abschmelzen des Eises kann frühere Phytoplankton-Frühjahrsblüten ermöglichen. Das Gleiche gilt für den Beginn der thermischen Schichtung, die die durchschnittliche Lichtverfügbarkeit in der Durchmischungsschicht innerhalb kurzer Zeit mehrfach erhöht (Eq. 4.7). Im Einklang mit Sverdrups (1953) Konzept einer kritischen Durchmischungstiefe verwendeten Siegel et al. (2002) satellitengestützte Chlorophyll-Daten und Lichtdaten basierend auf Oberflächenbestrahlung, Wassertransparenz und modellierter Mischungstiefe, um die mittlere Einstahlung der durchmischten Oberflächenschicht zu berechnen, die für den Beginn des Phytoplankton-Frühjahrsblüte benötigt wird. Die **kritische Tagesdosis** (E_c) wurde auf 1,3 (0,96–1,75) mol Photonen m^{-2} Tag^{-1}geschätzt und war unabhängig von Oberflächentemperatur und Breitengrad. Sommer und Lengfellner (2008) führten Mesokosmen-Experimente mit einer faktoriellen Kombination von Licht (festgelegt als %-Niveaus der saisonalen Oberflächenbestrahlung an wolkenlosen Tagen) und Temperatur (0, 2, 4 und 6 °C Erwärmung im Vergleich zu heutigen späten Winter-/frühen Frühlingsmustern) und Planktongemeinschaften der Ostsee durch. Die tägliche Lichtdosis, die für den Beginn der Frühjahrsblüte benötigt wurde, stimmte gut mit dem Bereich von Siegel et al. (2002) überein. Licht hatte einen viel stärkeren Einfluss auf das Timing der Phytoplankton-Frühjahrsblüte und Biomasse als die Temperatur (Abb. 9.5). In allen Experimenten führte eine Erwärmung um 1°C zu einer Vorverlagerung der Frühlingsblüte um 1–1,4 Tage °C^{-1}, d. h. gerade mal etwa 1 Woche über den gesamten Erwärmungsbereich, während die Lichtunterschiede zu Unterschieden von bis zu 40 Tagen im Timing der Frühlings Blüte führten.

In flachen Gewässern oder in Gewässern mit einer flachen Halokline (z. B. Ostsee) überwiegt der vorherrschende Einfluss des Lichts den Temperatureinfluss auf das Timing der Phytoplankton-Frühlingsblüte, da der Beginn der Frühlingsblüte unabhängig vom Beginn der Schichtung ist. Der Temperatureffekt könnte sogar umgekehrt sein, wenn relativ warme späte Winter-/frühe Frühlingsperioden mit niedrigem Druck und starker Bewölkung gekoppelt sind, während kalte Winter-Frühlingsübergänge mit hohem Druck und klarem Himmel gekoppelt sind, wie es oft in gemäßigten, ozeanischen Klimaten der Fall ist. Unter solchen Bedingungen könnte die Erwärmung sogar den Beginn der Frühlingsblüte verzögern, wie es für die Nordsee bei Wiltshire und Manly (2004) beobachtet wurde. Sie boten jedoch eine alternative Erklärung an: Überwinternde Copepoden könnten in wärmerem späten Winter/frühen Frühlingswasser aktiver sein und einen höheren Fraßdruck ausüben, wodurch der Lichtbedarf für Phytoplankton erhöht wird, um die Fraßverluste durch Wachstum zu überwinden.

Mismatch in Nahrungsketten
Wenn das Timing verschiedener Nahrungsnetzkomponenten unterschiedlich auf die Erwärmung reagiert, könnte dies zu einem zeitlichen Entkopplung zwischen Räuber und Beute führen. In den meisten der Temperatur-Licht-Kombinationen von Sommer und Lengfellner (2008) wurde kein solches Mismatch Missverhältnisgefunden, außer bei den extremsten Kombinationen von Licht und Temperatur. In diesen Fällen stimmte das Schlüpfen der Nauplien aus den überwinternden Copepoden nicht mit der Nahrungsversorgung durch Phytoplankton überein. Unter der Kombination niedriges Licht–hohe Temperatur schlüpften die Nauplien ca. 1,5 Monate vor dem Frühlingshöhepunkt des Phytoplanktons. Unter hohen Licht–niedrigen Temperaturbedingungen

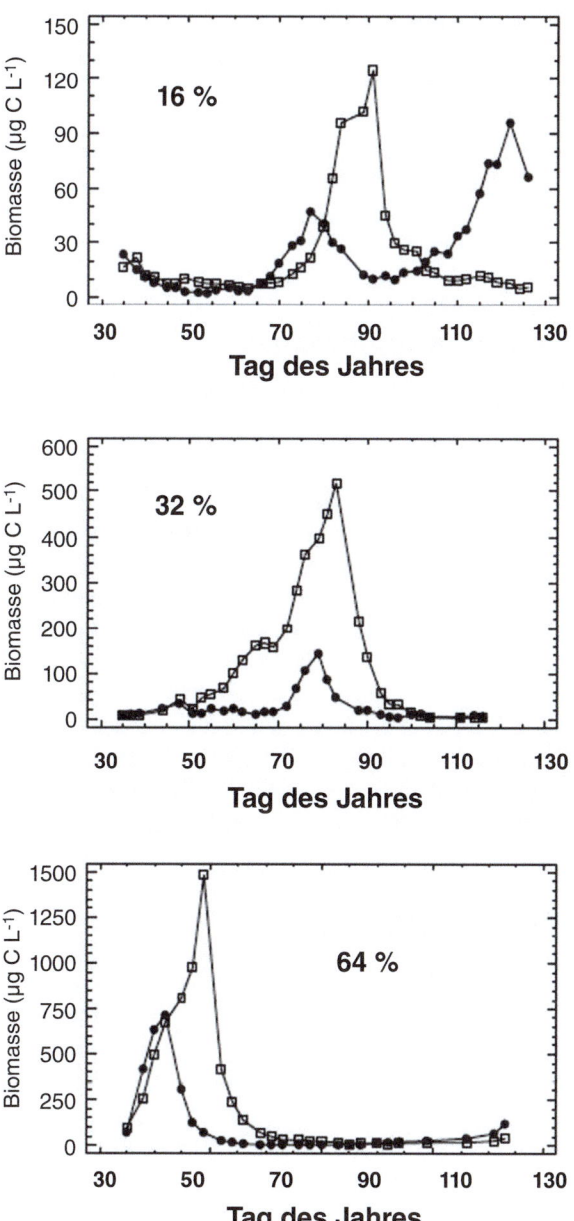

Abb. 9.5 Entwicklung der Phytoplankton-Biomasse in den extremen Temperaturregimen (**volle Kreise:** 0 °C Erwärmung, **offene Quadrate:** 6 °C Erwärmung) eines Mesokosmen-Experiments, Lichtregime definiert als % der einfallenden Strahlung an wolkenlosen Tagen. Beachten Sie die unterschiedlichen Skalen für die verschiedenen Lichtregime. (Quelle: Abb. 1 in Sommer und Lengfellner 2008, mit Genehmigung von John Wiley and Sons)

schlüpften die meisten Nauplien ca. 1 Monat nach dem Phytoplankton-Höhepunkt (Sommer et al. 2012). Ein solches Missverhältnis kann für das Überleben der Nauplien tödlich sein, da sie nur wenige Tage ohne Nahrung überleben, im Gegensatz zu erwachsenen Copepoden. Negative Auswirkungen auf Nauplien können sich auf das Nahrungsnetz auswirken, da Nauplien die erste Nahrung für die Larven von Fischen wie Heringen sind. Ähnlich wie die Nauplien haben auch die jungen Fischlarven kurze Überlebenszeiten unter Nahrungsmangel.

9.2.4 Zukünftige Primärproduktion

Seen und Küstenmeere

In Seen und Küstenmeeren wird die Nährstoffversorgung durch die Belastung aus dem Einzugsgebiet dominiert. Änderungen in der Nährstoffbelastung können bis zu einem gewissen Grad auf Änderungen in der Niederschlagsmenge zurückzuführen sein, die in verschiedenen Regionen unterschiedlich sein werden. Darüber hinaus werden solche klimatischen Auswirkungen durch menschliches Verhalten, z. B. Landnutzungspraktiken, Abwasserbehandlung, Düngemittelmanagement und Beschränkungen anderer Nitrat-, Distickstoffoxid-, Ammonium- und Phosphatemissionen oder das Fehlen solcher Beschränkungen, überlagert. Daher können wir keine global einheitliche Auswirkung des Klimawandels auf die Nährstoffbelastung der Küstengewässer erwarten. Wir können jedoch eine **Verstärkung der thermischen Schichtung** und daher **steilere Nährstoffgradienten** in der Thermokline erwarten. Dies führt zu einer stärker ausgeprägten Trennung einer lichtreichen/nährstoffarmen Oberflächenschicht und einer nährstoffreichen/lichtarmen Schicht darunter. Diese vertikale Trennung bietet Phytoplankton mit einer starken Kapazität für vertikale Wanderungen einen Fitnessvorteil, viele von ihnen bilden **schädliche Algenblüten** (Abschn. 9.1.1), wie koloniale und filamentöse **Cyanobakterien** (Moustaka-Gouni und Sommer 2020) in Seen und Küstenmeeren mit einer Salinität von <10 PSU (z. B. Ostsee) und **Red Tide-Dinoflagellaten** in Küstenmeeren (Hallegraeff 2010). Bei gleichem Eutrophierungsniveau werden schädliche Algenblüten in einem wärmeren Klima wahrscheinlicher sein als in einem kälteren Klima.

Offener Ozean

Die Vorhersage ist für den offenen Ozean ganz anders. Hier wird eine Abnahme des vertikalen Aufwärtstransports von Nährstoffen zu einem erhöhten Nährstoffmangel über ausgedehnte Gebiete führen, was zu einer **Oligotrophierung** mit geringerer Phytoplanktonbiomasse und Produktivität führt. Diese Tendenz ist bereits sichtbar für Chlorophyllkonzentrationen in der Mehrheit der großen Ozeanbecken mit Ausnahme des südlichen Indischen Ozeans (Boyce et al. 2010) und wird von gekoppelten ozeanographisch-biologischen Modellen vorhergesagt (Olonscheck et al. 2013).

Rolle des Zooplanktons

Neben Nährstoffen haben auch die Top-Down-Effekte des Zooplanktons eine formende Rolle auf die Reaktion des Phytoplanktons auf die Erwärmung, da heterotrophe Prozesse durch die Erwärmung stärker beschleunigt werden als das auf lichtlimitierter Photosynthese basierende Wachstum (Abschn. 4.1.2). Sommer und Lewandowska (2011) kombinierten Erwärmung und drei verschiedene Copepodendichten in einem Mesokosmenexperiment, das die Frühjahrsblüte in der Ostsee nachahmte. Die Erwärmung hatte die gleichen Auswirkungen wie die Erhöhung der Copepodendichte auf die Phytoplanktonbiomasse (weniger) und die Zell- oder Koloniegröße (kleiner). Dies deutet darauf hin, dass die Erwärmung die Grazingaktivitäten pro Copepodenindividuum erhöht hat. Erwärmungsbedingungen mit wenigen überwinternden Copepoden haben die gleiche Auswirkung auf das Frühjahrsphytoplankton wie die Kombination von keiner Erwärmung und vielen überwinternden Copepoden (Abb. 9.6).

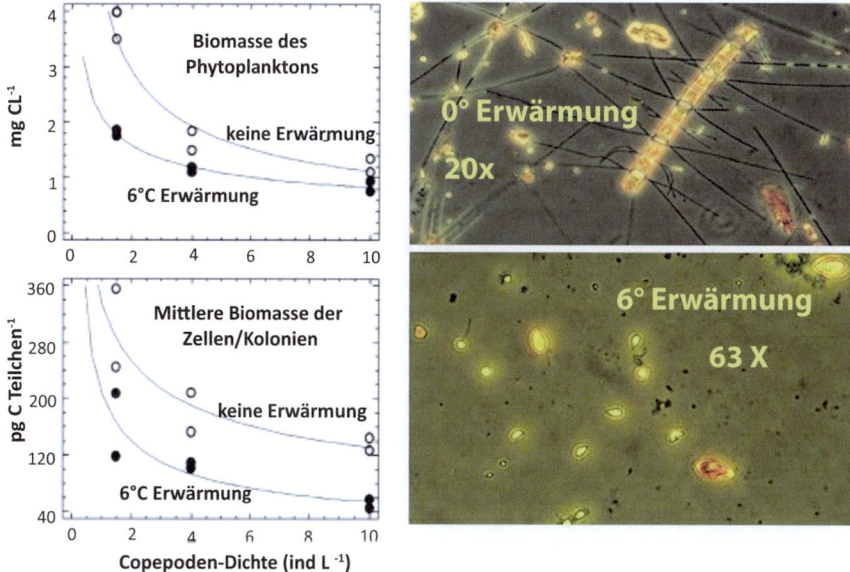

Abb. 9.6 Links: Reaktion des Phytoplanktons auf die Temperatur (**offene Kreise:** keine Erwärmung; **gefüllte Kreise:** 6 °C Erwärmung) und die anfängliche Copepodendichte (y-Achse) in einem Mesokosmenexperiment mit natürlichem, spätwinterlich/frühjahrs Phytoplankton aus der Ostsee, **oben links:** Erwärmung und Zunahme der Copepodendichte reduzieren die Phytoplanktonbiomasse während der Frühjahrsblüte, **unten links:** Erwärmung und Zunahme der Copepodendichte. (Quelle: Abb. 2 in Sommer und Lewandowska 2011, mit Genehmigung von John Wiley and Sons); **rechts:** mikroskopische Fotografien, die den Effekt der Erwärmung auf die Phytoplankton-Frühjahrsblüte veranschaulichen, **oben rechts:** keine Erwärmung, wenig Einfluss des Grazings, gut essbare Diatomeen wie *Chaetoceros* dominieren, unten rechts: 6 °C Erwärmung, Phytoplankton sieht aus wie die Reste nach Copepodengrazing, Flagellaten <5 μm und Pikoplankton

Das Modell von Olonscheck et al. (2013) berücksichtigte diesen Effekt und fand einen signifikanten Beitrag des Unterschieds in der Erwärmungsreaktion von Auto- und Heterotrophie zur vorhergesagten Abnahme des Phytoplanktons in einem sich erwärmenden Ozean. Allerdings trat der gleiche Effekt nicht in einem Sommerexperiment auf, das unter Nährstofflimitierung begonnen wurde und in dem das Phytoplankton von der weideresistenten Diatomee *Dactyliosolen fragilissimus* dominiert wurde (Lewandowska et al. 2014). In diesem Experiment reduzierte nur die Nährstoffreduktion im für den zukünftigen Ozean vorhergesagten Bereich das Phytoplankton, nicht die Erwärmung allein.

Zusammenfassend können wir eine reduzierte Primärproduktion im offenen Ozean unter einem sich erwärmenden Klima erwarten.

9.2.5 Schrumpfende Körpergröße

Die Erwärmung reduziert die Körpergröße von Phytoplankton sowohl durch die Auswahl kleinerer Arten als auch durch eine Größenabnahme innerhalb der Arten (Peter und Sommer 2012). Der letztere Effekt ist kleiner, weil die Größenvariabilität innerhalb einer Art geringer ist als die Größenvariabilität über den gesamten Artenpool von Phytoplankton. Experimentelle Ergebnisse stimmen mit biogeographischen Beobachtungen über den gesamten Bereich der heutigen Ozeantemperaturen überein. Es ist jedoch umstritten, ob die kleinere Körpergröße von Phytoplankton im tropischen Ozean auf Nährstoffmangel (Marañón et al. 2015) oder auf die kombinierte Wirkung von Temperatur und Nährstoffen (Morán et al. 2010) zurückzuführen ist. Eine Überprüfung von experimentellen Studien zeigte eine negative Auswirkung auf die Körpergröße durch Temperatur, Nährstoffbegrenzung und Copepodenfraß (Sommer et al. 2017). Nährstoff- und Fraßeinflüsse verstärken signifikant den Temperatureffekt.

Phytoplankton ist nicht die einzige funktionale Gruppe, die auf Erwärmung mit einer Abnahme der Körpergröße reagiert. Die Größenverkleinerung wurde in den meisten der untersuchten Organismengruppen festgestellt und wurde bereits als latitudinaler Trend nach einer der ältesten biogeographischen Regeln, der **Bergmann'schen Regel** (1847) **Regel**, postuliert. Diese Regel wurde ursprünglich für endotherme Tiere geprägt, später aber auf ectotherme Tiere und auch Mikroorganismen ausgedehnt. Daufresne et al. (2009) fanden eine Tendenz zur Abnahme der Körpergröße in jüngsten Klimaauswirkungsstudien für verschiedene Gruppen von Wasserorganismen. Die negative Größenreaktion zeigte sich auf drei Ebenen:

- Gemeinschaftsebene: **Ersetzung größerer durch kleinere Arten**
- Populationsebene: **Erhöhter Anteil von Juvenilen**
- Individualebene: **Abnahme der Größe bei definierten ontogenetischen Stadien**, wie Größe bei der Reife bei Fischen und Größe vor der Zellteilung bei Protisten

Für die **Fischproduktion** könnte der Verzwergungseffekt der globalen Erwärmung sich zu dem Effekt der reduzierten Primärproduktion addieren. Kleineres Phytoplankton bedeutet, dass weniger der Primärproduktion von Mesozooplankton verbraucht werden kann, aber mehr von Protisten verbraucht wird. Dies bedeutet eine oder möglicherweise zwei (Nanoflagellaten und Ciliaten) zusätzliche trophische Ebenen zwischen Primärproduktion und Fischproduktion (Sommer et al. 2002) und damit ein verringertes Verhältnis zwischen Fischproduktion und Primärproduktion unter einer bereits reduzierten Primärproduktion.

9.2.6 Risiken für Korallenriffe

Korallenbleiche Korallenriffe sind nicht nur Hotspots der Biodiversität und biologischen Produktivität (Abschn. 7.3.3), sie sind auch eine der am stärksten gefährdeten marinen Gemeinschaften unter der globalen Erwärmung. Tropische Korallenriffe leben in Zonen, in denen die Wassertemperaturen bereits am oberen Rand des Bereichs liegen, der im gegenwärtigen globalen Ozean gefunden wird, mit Ausnahme von Orten, die von geothermischer Wärme beeinflusst werden. Daher werden zukünftige Durchschnittstemperaturen und zukünftige Hitzewellen in einem Bereich liegen, an den sich Korallen und ihre Symbionten in der jüngsten evolutionären Vergangenheit nicht angepasst haben. Es gab bereits drei globale Ereignisse der **Korallenbleiche** (Box 7.2) in allen tropischen Ozeanen in den letzten 25 Jahren (1997–1998, 2010 und 2015–2016), höchstwahrscheinlich getrieben durch Warmwasseranomalien. Beachten Sie, dass dies bereits zu einer Zeit geschah, als die globale Erwärmung noch nicht eine Erhöhung der Durchschnittstemperaturen um 1 °C über den vorindustriellen Werten überschritten hatte. 4–8 Wochen von 1–2 °C über dem Üblichen reichen aus, um eine Korallenbleiche auszulösen (Hughes 1994; Hughes et al. 2017, 2018). Höchstwahrscheinlich werden solche Ereignisse häufiger auftreten und mit kürzeren Erholungsintervallen zwischen den Hitzewellen in einem weiter erwärmenden Ozean.

Korallenbleiche und Versauerung (Abschn. 9.3)
Die Korallenbleiche resultiert aus der Überschreitung der thermischen Toleranz des photosynthetischen Korallensymbionten *Symbiodinium* (Hoegh-Guldberg 1999). Ein zusätzlicher Stressfaktor entsteht durch die Zunahme von CO_2, das den pH-Wert des Meerwassers senkt und die Kalzifizierung erschwert und damit die Skelettbildung durch die Korallenpolypen reduziert. Laut Hughes et al. (2017) ist die Bleiche aufgrund von Hitzewellen die wichtigste globale Bedrohung für Korallenriffe und wichtiger als die Ozeanversauerung (Abschn. 9.3.2).

Evolutionäre Anpassung?
Man sollte nicht vergessen, dass *Symbiodinium* ein Mikroorganismus ist, der potenziell zu einer schnellen evolutionären Anpassung fähig ist, wie eine Studie von Oliver und Palumbi (2011) zeigt. Sie verglichen die Hitzetoleranz von Koral-

len aus Becken an der Rückseite von Riffen mit geringen täglichen Temperaturschwankungen (26,5–33,3 °C) mit Korallen aus Becken mit hohen Schwankungen (25–35 °C). Letztere waren resistenter gegen Bleiche. Derzeit ist völlig unklar, wie viel Hoffnung wir aus solchen Erkenntnissen schöpfen können.

9.3 Versauerung

9.3.1 Süßwasserversauerung

Chemische Treiber der Seeversauerung
Saurer Regen. Versauerung von Süßwasser wurde in den 1970er Jahren in Regionen mit silikatischem Grundgestein (Granit, Gneis) wie Skandinavien und dem Präkambrium-Schild in SO Kanada und NO USA zu einem Anliegen. Süßwässer in solchen Regionen sind Weichwässer, arm an Elektrolyten, mit geringer Pufferkapazität und einer Alkalinität von <0.1 meq L^{-1} (Abschn. 2.3.1). Reines Wasser mit einem CO_2-Gehalt im atmosphärischen Gleichgewicht hat einen pH-Wert von ca. 5,6. In stark industrialisierten Zonen werden oxidierte Stickstoff- (NO_x) und Schwefelverbindungen (SO_2) aus der Verbrennung fossiler Brennstoffe in die Atmosphäre abgegeben (Psenner 1994). In der Atmosphäre werden Stickoxide und Sulfite zu NO_3^- und SO_4^{2+} umgewandelt. Sie bilden Salpeter- und Schwefelsäure, wenn sie in Wasser gelöst sind. Das Ergebnis ist eine Reduzierung des Regenwasser-pH-Werts in Windrichtung von stark industrialisierten Regionen auf Werte weit unter pH = 4,7 (Psenner 1994)

Bedeutung des Einzugsgebiets. Die eingehende Säure des Regens verbraucht zunächst die Alkalinität der Umgebung, genau wie bei einer Titration. Nachdem die Alkalinität aufgebraucht ist, sinkt der pH-Wert des in Bäche und Seen fließenden Wassers schnell. Dort werden Wasserstoffionen weiter durch Verwitterung von Gesteinen verbraucht, z. B. im Falle von K-Al-Silikaten:

$$KAl_2(AlSi_3O_{10})(OH)_2 \rightarrow K^+ + 3\,Al_3^+ + 3\,H_4SiO_4 \qquad (9.9)$$

In kalkhaltigen Einzugsgebieten ist die Alkalinität der Umgebung hoch genug, um den sauren Regen zu puffern und wenig von der zusätzlichen Säure erreicht die Oberflächengewässer. In silikatischen Einzugsgebieten mit sehr verwitterungsresistenten Gesteinen wird jedoch ein erheblicher Teil der zugefügten Wasserstoffionen nicht im Einzugsgebiet verbraucht. Wright (1983) erstellte eine Sulfat- und Wasserstoffbilanz für das Einzugsgebiet des versauerten Sees Langtjern (Norwegen). Ca. 80 % des abgelagerten Sulfats und 27,5 % der Wasserstoffionen erreichten den See. In einem kalkhaltigen Einzugsgebiet wären oft nahezu 100 % im Einzugsgebiet zurückgehalten worden.

Löslichkeit von Metallen. Versauerung verändert die Löslichkeit von Metallionen. Mehrere Metalle werden löslicher. Dazu gehören Aluminium, Eisen, Kupfer, Nickel, Blei und Cadmium, aber Quecksilber und Vanadium werden weniger löslich. Der biologisch vorherrschende Effekt ist die erhöhte Löslichkeit von

Aluminium. Al ist eines der häufigsten Elemente in der Erdkruste. Darüber hinaus wird die Speziation von Aluminium durch sinkenden pH-Wert zum toxischen Al^{3+}-Ion verschoben.

Biologische Effekte
Direkte Effekte. Die Toxizität von Al^{3+} und die Notwendigkeit, Energie in die Regulation des internen pH-Werts zu investieren, belasten Süßwasserorganismen zunehmend stärker, je mehr der pH-Wert im sauren Bereich reduziert wird. Die Säuretoleranz variiert oft zwischen eng verwandten Arten, aber im Allgemeinen nimmt die Anzahl der Arten innerhalb der meisten höheren Taxa und funktionalen Gruppen mit zunehmender Versauerung ab (Almer et al. 1974).

- **Diatomeen:** Die Artenzahl nimmt allmählich ab, wenn der pH-Wert sinkt, aber viele Arten haben sehr ausgeprägte pH-Optima. Die Erhaltung von Frustulen im Sediment und die bekannte heutige Verteilung ermöglichen es, Diatomeen in Sedimentkernen als Paläo-pH-Meter zu verwenden. Wenn die Sedimentschichten datiert werden können, kann die Versauerungsgeschichte eines Sees rekonstruiert werden (Arzet et al. 1986; Birks et al. 1990).
- **Zooplankton:** Die Cladocera *Daphnia* spp. verschwindet bei pH < 6, während ihr naher Verwandter *Bosmina longirostris* noch bei pH = 4.1 gefunden wird (Brett 1989).
- **Fische:** Der Bachsaibling *Salvelinus fontinalis* wird noch bei pH = 4.5 gefunden, während die meisten anderen Arten Toleranzgrenzen im Bereich von 5.0–5.5 haben. Typischerweise können adulte Fische niedrigere pH-Werte überleben als ihre Eier (Henriksen et al. 1989).

Indirekte Effekte. Die erhöhten Konzentrationen von Aluminiumionen fällen Phosphat aus und führen so zur **Oligotrophierung**, die sich durch eine reduzierte Produktion von Phytoplankton und **zunehmende Wassertransparenz** äußert. Die Wassertransparenz wird weiter erhöht durch die Ausfällung von **Huminsubstanzen**. Die Zunahme der Transparenz verbessert die Wachstumsbedingungen für benthische Primärproduzenten, die P aus dem Sedimentporenwasser beziehen können. Als Folge gibt es eine **Verschiebung der Primärproduktion vom Phytoplankton zum Benthos**, oft in Form von dichten Matten der fadenförmigen Grünalge *Mougeotia* (Klug und Fisher 2000).

Unter den **Makrophyten** gibt es oft einen Ersatz von Angiospermen durch das Torfmoos *Sphagnum* spp. (Arts 2002). *Sphagnum* hat die Fähigkeit, ernährungsphysiologisch benötigte Kationen durch Ionenaustausch zu erhalten. Anstelle der Kationen gibt es H^+-Ionen an das Wasser ab, wodurch die Versauerung intensiviert und die Umweltbedingungen für säureempfindliche Taxa verschlechtert werden.

Auch **Top-down-Effekte** sollten nicht vernachlässigt werden (Eriksson et al. 1980). Die Ausbreitung von Algenmatten in versauerten Süßgewässern kann durch den Rückgang von weidenden Zoobenthos bei abnehmendem pH-Wert weiter begünstigt werden.

9.3.2 Ozeanversauerung

Chemischer Hintergrund
Das andere CO_2-Problem (Doney et al. 2008). Wie in Abschn. 8.3.4erwähnt, nimmt der Weltozean einen erheblichen Teil der menschlichen CO_2-Emissionen auf. Dies könnte als Dienstleistung betrachtet werden, da die globaleKlimaerwärmung ohne diese Aufnahme noch schneller voranschreiten würde. Dieser Dienst hat jedoch Kosten aufgrund der Auswirkungen von zusätzlichem CO_2 auf das Karbonat-System im Meerwasser (Abschn. 2.3.3). Es senkt den pH-Wert des Meerwassers und verschiebt das chemische Gleichgewicht zur linken Seite der Gleichungen (2.5), (3.6), und (2.7), insbesondere führt es zu einer Abnahme der Konzentration der Karbonationen (CO_3^{2-}). Schon jetzt sind die Karbonatkonzentrationen ca. 30 % niedriger als die vorindustriellen Hintergrundkonzentrationen.

Von der vorindustriellen Zeit bis heute hat der durchschnittliche pH-Wert des Ozeans von 8,21 auf ca. 8,10 abgenommen und eine weitere Abnahme um 0,3–0,4 Einheiten wird eintreten, wenn die atmosphärische pCO_2auf 800 µatm ansteigt, wie in einigen der Emissionsszenarien für das Ende des einundzwanzigsten Jahrhunderts vorhergesagt (Doney et al. 2008). Der pH-Wert des Ozeans wird immer noch im leicht alkalischen Bereich bleiben, aber die Alkalinität wird verbraucht (Gleichung 2.6). Daher wird dieser Prozess als **Ozeanversauerung** bezeichnet.

Natürliche CO_2-Veränderungen im Meerwasser. Die CO_2-Konzentrationen im Meerwasser werden nicht nur durch den Austausch mit der Atmosphäre bestimmt. Die Maxima und Minima seiner Konzentration werden oft von CO_2-verbrauchenden biologischen Prozessen (hauptsächlich Photosynthese, aber auch Chemosynthese) und CO_2-freisetzenden Prozessen (Atmung, Gärung) dominiert, insbesondere in eutrophen Küstenmeeren, in denen die biologische Produktion und Remineralisierung mit hohen Raten voranschreiten. Der Kieler Förde in der westlichen Ostsee könnte als Beispiel dienen (Thomsen et al. 2010). Dieses System ist natürlich netto heterotroph, wie durch einen jährlichen mittleren pCO_2-Wert von ca. 700 µatm angezeigt. Die Remineralisierung von Sommerphytoplanktonblüten und das Aufsteigen von tieferem Wasser führen zu Spitzenwerten von 2300 µatm, was einem pH-Wert knapp über 7,4 entspricht. Überlagert auf das saisonale Muster sind kurzfristige Schwankungen von mehreren 100 µatm. Daher ist die erwartete Veränderung aufgrund steigender atmosphärischer CO_2-Werte relativ gering im Vergleich zur Variabilität, die durch biologische Prozesse getrieben wird. Daher erwarten wir, dass Organismen bereits an ein breites Spektrum von CO_2- und pH-Bedingungen in eutrophen Küstenmeeren angepasst sind.

Die relative Bedeutung des atmosphärischen CO_2-Effekts wird voraussichtlich mit zunehmend oligotrophen Bedingungen zunehmen, bei denen die heutigen saisonalen und kurzfristigen Schwankungen von pCO_2 gering sind. Hier erwarten wir auch die stärksten biologischen Auswirkungen der Ozeanversauerung.

Auswirkungen auf Kalzifikation
Die Abnahme der Konzentration von Karbonationen führt zu einem **abnehmenden Sättigungszustand** von Kalziumkarbonat. Der Sättigungszustand ist definiert als das Quotient der tatsächlichen Konzentrationen der Karbonat- und Kalziumionen geteilt durch ihr Löslichkeitsprodukt. Wenn er abnimmt, wird die Bildung von $CaCO_3$-Skelett- und Schalenstrukturen energetisch zunehmend teuer (Waldbusser et al. 2016). Daher wird erwartet, dass kalzifizierende Organismen am meisten unter der Ozeanversauerung leiden. Negative Auswirkungen auf kalzifizierende Organismen werden voraussichtlich weitreichende sekundäre Auswirkungen auf ganze Ökosysteme haben, aufgrund der herausragenden Rolle von Kalzifizierern als Ökosystemingenieuren und Riffbauern (Abschn. 6.3.1, 7.3.2 und 7.3.3).

Kurzfristige Reaktion. Frühe Experimente zur Wirkung der Ozeanversauerung wurden als kurzfristige CO_2-Störungen durchgeführt. Diese zeigten negative Auswirkungen auf die Kalkbildungsgsraten von Korallen und korallinen Makroalgen (Gattuso et al. 1998; Langdon et al. 2000) im Benthos und auf Coccolithophoren im Phytoplankton (Riebesell et al. 2000). Coccolithophoren sind Flagellaten, die von kalkigen Schuppen (Coccolithen) mit sehr charakteristischen Formen bedeckt sind. Unter erhöhtem pCO_2 wurde ein leichter Anstieg der Primärproduktion, aber eine starke Abnahme der Kalkbildungsraten festgestellt. Dies führte zu einer Abnahme des Verhältnisses von Kalzit : POC mit zunehmendem pCO_2 (Abb. 9.7) und zu Fehlbildungen der Zellen und der Coccolithen (Abb. 9.8).

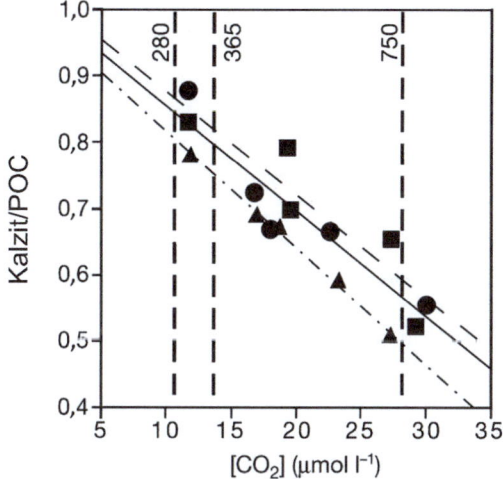

Abb. 9.7 Verhältnis von Kalkbildung zu POC-Produktion (Calcit/POC) von *Emiliania huxleyi* als Funktion der CO_2-Konzentration, $[CO_2]$. Die Zellen wurden bei Photonendichteflüssen von 30, 80 und 150 μmol m^{-2} s^{-1} (dargestellt durch Kreise, Quadrate und Dreiecke und entsprechende durchgezogene, gestrichelte, strichpunktierte Regressionslinien) inkubiert. Balken kennzeichnen ±1 s.d. ($n = 3$); Linien repräsentieren lineare Regressionen. Vertikale Linien zeigen pCO2-Werte von 280, 365 und 750 μatm an (Abb. 2 in Riebesell et al. 2000, mit Genehmigung von Springer Nature)

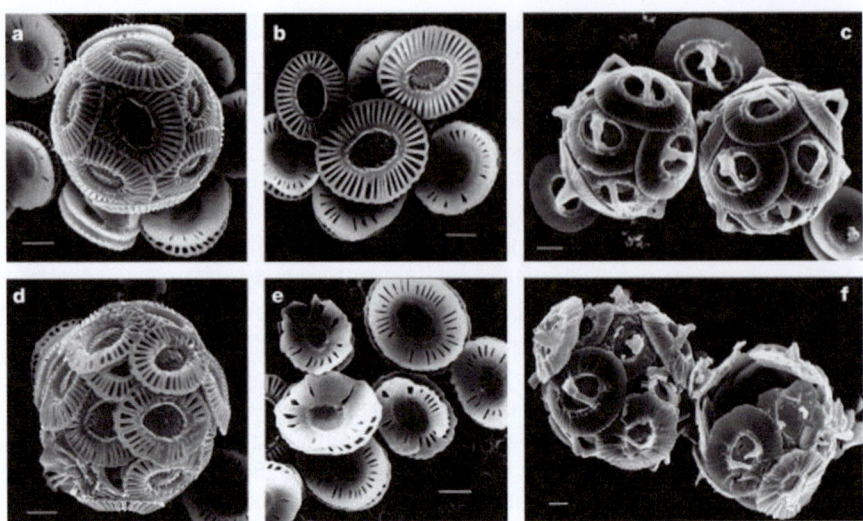

Abb. 9.8 Rasterelektronenmikroskopie (REM) Fotos von Coccolithophoriden unter verschiedenen CO_2-Konzentrationen. (**a, b, d, e**) *Emiliania huxleyi*; und (**c, f**) *Gephyrocapsa oceanica* gesammelt aus Kulturen, die bei [CO_2] ≈ 12 µmol L^{-1}(**a–c**) und bei [CO_2] ≈ 30–33 µmol L^{-1} (**d–f**) inkubiert wurden, entsprechend pCO2-Werten von etwa 300 µatm und 780–850 µatm. Maßstabsbalken repräsentieren 1 µm. Beachten Sie den Unterschied in der Coccolith-Struktur (einschließlich deutlicher Fehlbildungen) und im Grad der Verkalkung von Zellen, die bei normalen und erhöhten CO_2-Werten gewachsen sind (Abb. 3 in Riebesell et al. 2000, mit Genehmigung von Springer Nature)

Die Auswirkungen der Versauerung sind zwischen verschiedenen taxonomischen Gruppen und Entwicklungsstadien sehr unterschiedlich (Kroeker et al. 2010, 2013a). Mehrere kalzifizierende Gruppen wie koralline Algen, Coccolithophoren, Korallen und Mollusken zeigen deutliche negative Auswirkungen von erhöhtem pCO_2 auf die Kalkbildung, Überleben und Wachstum. Andererseits zeigten Crustacea keine negativen Auswirkungen. Nicht-verkalkende Organismen wurden nicht negativ beeinflusst und zeigten manchmal sogar erhöhte Raten der Photosynthese. Die Photosynthese wurde nur bei korallinen Algen negativ beeinflusst, aber nicht bei Korallen und Coccolithophoren.

Akklimatisierung und Anpassung. Negative kurzfristige Reaktionen auf CO_2-Erhöhungen wurden häufig gezeigt. Es bleibt jedoch eine wichtige Frage, inwieweit kalzifizierende Organismen phänotypisch akklimatisieren und evolutionär anpassen können. Ein erster Hinweis kann von **Bivalven aus Gebieten mit starken Schwankungen** in pCO_2, wie der Kieler Förde, erhalten werden. Miesmuscheln (*Mytilus edulis*) von dieser Stelle können ihre Kalkbildungsraten bis zu 1400 µatm CO_2 aufrechterhalten (Thomsen et al. 2010). Die Autoren dieser Studie sind jedoch besorgt, dass Perioden mit pCO_2 über diesem Niveau häufiger und länger werden, wenn der atmosphärische CO_2 weiter ansteigt. Dies würde zumindest die jährliche Wachstumsperiode verkürzen.

9.3 Versauerung

Form und Riebesell (2012) zeigten die **Akklimatisierung** von *Lophelia pertusa*, einer langsam wachsenden Kaltwasserkoralle, die in experimentellen Aquarien gehalten wurde. Während anfangs eine pH-Abnahme um 0,1 Einheiten zu einem drastischen Rückgang der Kalkbildungsraten führte, erholten sich diese nach 6 Monaten auf Kontrollniveaus.

Evolutionäre Anpassung des Coccolithophore *Emiliania huxleyi* wurde in einem Kulturexperiment von Schlüter et al. (2014) gezeigt, das Erwärmung und Versauerung in einem faktoriellen Design kombiniert. Die Temperaturen lagen bei 15 und 26,3 °C (nahe an den oberen Toleranzgrenzen). Die pCO_2-Werte lagen bei 400, 1100 und 2200 µatm. Nach einem Jahr der Kultivierung unter erwärmten und versauerten Bedingungen wurden sowohl die Kalzifikationsraten als auch die POC-Produktionsraten wiederhergestellt und waren deutlich höher als bei nicht angepassten Kontrollen. Es gibt jedoch einen Vorbehalt hinsichtlich Verallgemeinerungen. Es muss bedacht werden, dass *E. huxleyi* ein schnell wachsendes Mikroorganismus ist und 1 Jahr mehreren hundert Generationen entspricht.

CO_2 als Ressource
Erhöhte photosynthetische Raten unter erhöhtem CO_2 sind eine Folge der CO_2-Limitierung (Abschn. 4.2.1; Riebesell et al. 1993). Während DIC eine unerschöpfliche Ressource für Phototrophe ist, sind die Mechanismen, die zur Bewältigung niedriger CO_2-Konzentrationen benötigt werden, energetisch kostspielig (Reinfelder 2011). Diese Kosten können erhöhtes pCO_2 für Phototrophe vorteilhaft machen. Basierend auf Mesokosmen-Experimenten prognostizieren Riebesell et al. (2007) einen erhöhten biologischen Kohlenstoffverbrauch und -export in einem hohen CO_2-Ozean. In einem Mesokosmen-Experiment mit einer faktoriellen Kombination von Erwärmung und Versauerung fanden Sommer et al. (2015) gegenläufige Effekte von Erwärmung und CO_2-Zunahme. Erwärmung neigte dazu, die Phytoplankton-Biomasse zu reduzieren, während Versauerung den gegenteiligen Effekt hatte.

Auswirkungen auf biotische Interaktionen
Die unterschiedlichen schädlichen und vorteilhaften Auswirkungen der Versauerung auf verschiedene Arten von Organismen sollten die Gemeinschaftszusammensetzung beeinflussen, selbst wenn die schädlichen Auswirkungen für keine der beteiligten Arten tödlich sind. Unterschiede im relativen Nachteil und Vorteil sollten das Kräfteverhältnis in der Konkurrenz (Abschn. 6.1) und in Räuber-Beute-Beziehungen (Abschn. 6.2) verschieben. Als Folge könnten wir Veränderungen in der Gemeinschaftszusammensetzung unter weiterer Ozeanversauerung erwarten. Im Allgemeinen können wir Nachteile für kalkbildende Arten und Vorteile für nichtkalkbildende Arten erwarten, aber die Anzahl der Studien ist noch zu gering, um allgemeine Vorhersagen für den zukünftigen Zustand der Gemeinschaften zu treffen.

Konkurrenz. Kroeker (2013b) inkubierte Fliesen als Kolonisationssubstrate in einem natürlichen pH-Gradienten, der durch vulkanische CO_2-Ausströmungen in der Nähe der Insel Ischia, Italien, verursacht wurde. Der UmgebungspH-Wert betrug 8,06 ± 0,09, der niedrige pH-Wert 7,75 ± 0,51, d. h. innerhalb des Bereichs einiger der pessimistischeren IPCC-Szenarien für das Ende des Jahrhunderts, und der extrem niedrige pH-Wert 6,59 ± 0,51, d. h. weit über jeglichen Jahrhundertprognosen. Anfangs konnten sowohl kalkhaltige als auch nicht-kalkbildende Algen in der Umgebungs- und niedrigen pH-Zone rekrutieren. Daher kann ein tödlicher pH-Effekt auf die kalkhaltigen Algen ausgeschlossen werden. Bei Umgebungs-pH wurden die kalkhaltigen Algen im Laufe einer 14-monatigen Sukzession dominant. Bei reduziertem pH wurden sie von fleischigen Makroalgen überwachsen, die wahrscheinlich vom Ressourceneffekt zusätzlichen CO_2 profitierten und nicht auf Kalzifikation angewiesen waren. Bei extrem niedrigem pH konnten sich nur Biofilme und fadenförmige Algen entwickeln.

Räuber-Beute Beziehungen. Viele Meeresorganismen sind durch kalkhaltige Schalen gegen Räuber geschützt. Wenn die Kalzifikation unter versauerten Bedingungen energetisch teurer wird, könnten die Schalen dünner werden oder mehr Energie könnte in die Schalenbildung investiert werden, die dann für andere lebenswichtige Zwecke fehlt. Die optimale Zuweisung von Energie in verschiedene lebenswichtige Funktionen ist stark kontextabhängig und könnte zwischen Arten, Entwicklungsstadien und lokalen Raubrisiken variieren (Kroeker et al. 2014). Steigende Ausgaben für die Kalzifikation sind auch ein Problem für viele Räuber, da viele von ihnen kalzifizierte Strukturen, z. B. die Scheren von Krabben, verwenden, um die Schalen ihrer Beute zu knacken. Wenn die Kosten der Versauerung zwischen Räuber und Beute nicht zu stark differieren, könnte die durch die Ozeanversauerung verursachte Veränderung im Kräfteverhältnis eher subtil sein. Appelhans et al. (2012) untersuchten Wachstum und Raub der Seestern *Asterias rubens* und der Krabbe *Carcinus maenas* auf die Muschel *Mytilus edulis* in einem 10-wöchigen Experiment bei drei pCO_2-Stufen, 650, 1200 und 3500 μatm, wobei nur die letztere die heutige saisonale Variabilität in der Kieler Förde, Ostsee, übersteigt. Die drei Arten zeigten keine negativen Auswirkungen des mittleren pCO_2-Niveaus, während auf dem höchsten Niveau *M. edulis* ein reduziertes Schalenwachstum und brüchigere Schalen hatte, *A. rubens* langsamer wuchs und weniger Muscheln verzehrte. Die Dauer des Experiments war zu kurz, um das Wachstum von *C. maenas* zu beurteilen, aber sie verzehrte weniger Muscheln. Insgesamt war das Nettoergebnis all dieser Veränderungen in Bezug auf die Räuber-Beute-Dynamik marginal.

9.4 Überfischung

9.4.1 Ausmaß und Ursachen

Globalität des Problems
Die Fischerei ist eine der ältesten Formen der menschlichen Nutzung von Süß- und Meerwasser. Sie ist nicht grundsätzlich negativ für das Funktionieren aquatischer Ökosysteme, solange sich die Fischbestände (lokale Populationen) durch natürliche Fortpflanzung erneuern können. Überschreitet man diese Grenze, führt

dies zunächst zu einem Rückgang und dann zu einer Abnahme der Fisch- oder Meeresfrüchtebestände. Diese Form der nicht nachhaltigen Ausbeutungsfischerei wird als **Überfischung** bezeichnet. Lokale Überfischung einer begrenzten Anzahl von Fischbeständen ist ein jahrhundertealtes Phänomen (Jackson et al. 2001), aber lange Zeit konnten Fischereien auf andere Fanggründe oder Zielarten ausweichen. Mit der Intensivierung der globalen Fischerei und der Entwicklung immer effektiverer Fischereitechnologien (Industrialisierung der Fischerei) haben sich sichere Räume für Fische verringert und die Überfischung ist in den letzten Jahrzehnten zu einem globalen Problem geworden. Laut einem aktuellen Bericht der Ernährungs- und Landwirtschaftsorganisation der Vereinten Nationen sind ca. 34 % der globalen Bestände überfischt (FAO 2020). Die Überfischung von Süßwasser ist weniger gut dokumentiert, aber es gibt Anzeichen dafür, dass sie insbesondere in Entwicklungsländern zu einem ernsthaften Problem wird (Allan et al. 2005).

Zunahme des Fischereiaufwands
Eine wachsende menschliche Bevölkerung und steigende Pro-Kopf-Anforderungen an Fisch zumindest in einigen Ländern haben zu einer weltweiten achtfachen Zunahme des Fischkonsums von 1950 bis 2010 geführt (Abb. 9.9). Allerdings begannen die **Wildfänge** Ende der 1980er Jahre sich bei einem Niveau von ca. 80 Millionen Tonnen, d. h. dem ca. fünffachen Wert von 1950, einzupendeln. Der weitere Anstieg des Fischkonsums wurde durch die wachsende **Aquakultur** unterstützt. Leider ist auch die Aquakultur nicht harmlos. Viele der in der Aquakultur gezüchteten Fische, z. B. Lachs, Zackenbarsch usw., sind Raubfische auf hohem

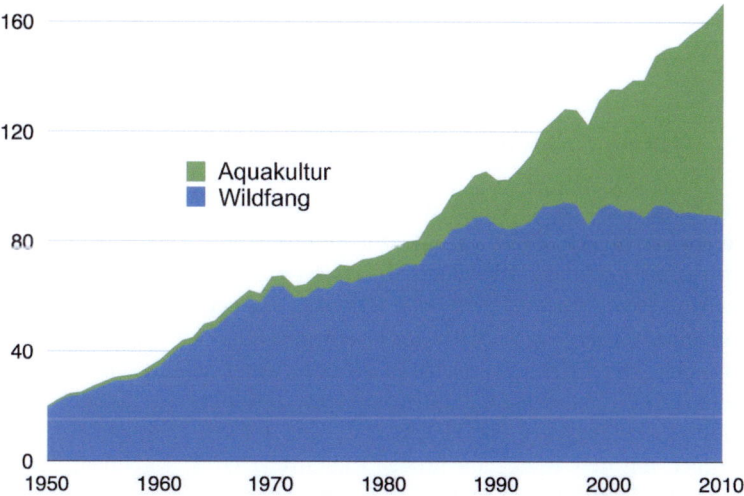

Abb. 9.9 Entwicklung des weltweiten Fischfangs von 1950 bis 2010 in Millionen Tonnen, basierend auf FAO-Daten (von Epipelagic—Eigenes Werk, CC BY-SA 3.0, https://commons.wikimedia.org/w/index.php?curid=20367976)

trophischem Niveau. Zumindest teilweise werden sie mit Futterpellets gefüttert, die Fischöl und Fischmehl enthalten, das durch Wildfänge von Fischen auf niedrigem trophischem Niveau gewonnen wird. Darüber hinaus verursachen Fäkalien und Exkremente von Fischen in der Aquakultur regionale Eutrophierungsprobleme und aus Farmen entkommene Fische können das genetische Make-up von Wildbeständen verzerren.

Die Stagnation des Fischfangs ist an sich ein Zeichen für Überfischung, denn die Anstrengungen haben weiter zugenommen, aber der **Fang pro Aufwandseinheit** nimmt ab. Das hohe Niveau des Fischereiaufwands wird teilweise durch fiskalische Subventionen getrieben, die das wirtschaftliche Überleben ansonsten nicht tragfähiger Fischereiindustrien ermöglichen. Gesetzliche Beschränkungen wie Fangbegrenzungen (Quoten), Regulierungen der Maschengrößen, Begrenzungen der Fangtage, lokale Verbote („no-take areas") werden oft von der Fischereiindustrie bekämpft und politische Kompromisse sind oft weniger restriktiv als die Vorschläge der zuständigen wissenschaftlichen Beratungsgremien. Darüber hinaus gibt es eine erhebliche Menge an illegaler Fischerei.

Beifang und zerstörerische Fischereigeräte
Der übermäßige Druck durch die Fischerei schadet nicht nur den Zielarten. Fischernetze sind oft voll von **Beifang**, d. h. unerwünschten Fischen oder Wirbellosen, die bis vor kurzem über Bord geworfen wurden. Neue Regelungen, die in den letzten Jahren beispielsweise im Nordatlantik und seinen Küstengewässern umgesetzt wurden, verlangen, dass der Beifang an Land gebracht wird. Die Masse des Beifangs wird dann von der Quote des zulässigen Fangs abgezogen. **Grundschleppnetze** pflügen den Sedimentboden um und verletzen und töten benthische Fauna. **Langleinen**, die zum Fang großer pelagischer Fische wie Thunfisch verwendet werden, fangen auch Delfine, Meeresschildkröten, Seevögel und zahlreiche nicht gesuchte Fische.

9.4.2 "Fishing Down the Food Web" (Pauly et al. 1998)

Die FAO-Daten zeigen, dass das durchschnittliche trophische Niveau Ebene der gelandeten Fische seit 1950 um ca. 0,1 Einheiten pro Jahrzehnt abgenommen hat. Dies ist teilweise auf den hohen Marktwert großer Raubfische wie Thunfisch oder Schwertfisch zurückzuführen und teilweise auf den Effekt, dass kleinere Fische mit einem kürzeren Lebenszyklus sich schneller von der Erschöpfung erholen können. Der Effekt auf große Raubfische war ziemlich dramatisch. Myers und Worm (2003) verwendeten Daten für demersale Fische in Schelfmeeren und Langleinendaten (Fang pro 100 Haken, d. h. eine Art von Fang-pro-Aufwandseinheit-Metrik), um den Rückgang großer Raubfische (z. B. Kabeljau, Thunfische, Schwertfische, Billfische, …) zu schätzen. Seit Beginn der industriellen Fischerei wurde für die meisten der großen Ozeanregionen ein Rückgang um 90 % festgestellt (Abb. 9.10).

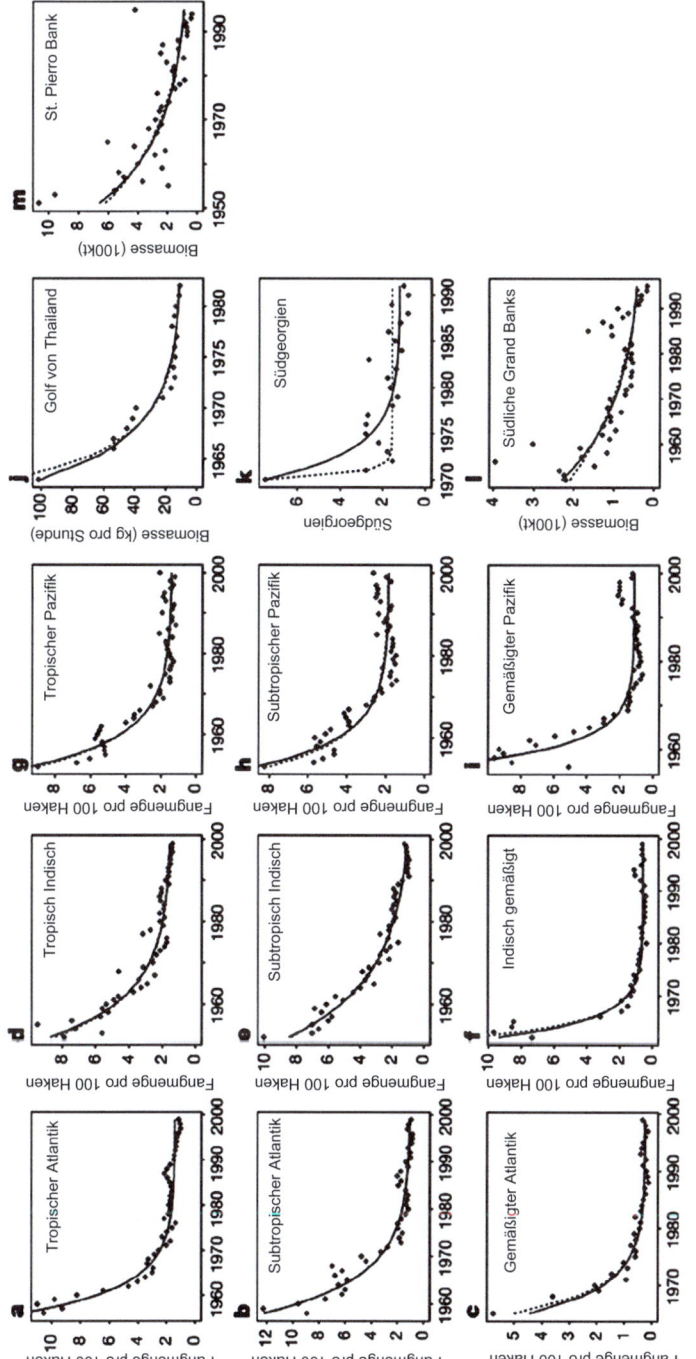

Abb. 9.10 Zeitliche Trends der aggregierten Biomasse von Raubfischen in ozeanischen (**a–i**) und Schelf (**j–m**) Ökosystemen. Relative Biomasseschätzungen vom Beginn der industrialisierten Fischerei (feste Punkte) werden zusammen mit überlagerten angepassten Kurven aus individuellen Maximum-Likelihood-Fits (feste Linien) und empirischen Bayes-Vorhersagen aus einem gemischten Modell-Fit (gestrichelte Linien) gezeigt (Abb. 1 in Myers und Worm 2003, mit Genehmigung von Springer Nature)

Ökosystemeffekte

Das in Abschn. 6.4.3 dargelegte Konzept der trophischen Kaskade legt nahe, dass solche massiven Reduzierungen von Spitzenprädatoren weitreichende Auswirkungen auf die darunter liegenden trophischen Ebenen haben sollten. Die Dezimierung von Spitzenprädatoren sollte Zwischenprädatoren freisetzen und damit den Prädatordruck auf Zooplankton fressende Fische erhöhen. Dies würde eine Zunahme des Zooplanktons und damit einen erhöhten Weidedruck auf Phytoplankton ermöglichen. Wenn das „Fischen abwärts in der Nahrungskette" weiter zu mittleren Prädatoren fortschreitet, sollten Zooplankton fressende Fische von der Prädation befreit werden, mit negativen Auswirkungen auf das Zooplankton und positiven auf das Phytoplankton. Es gibt jedoch Gründe, solche geradlinigen Vorhersagen mit Vorsicht zu behandeln, da viele piscivore Fische ein breites Größenspektrum von Fischen fressen, von kleinen Planktivoren bis hin zu Prädatoren, die nur geringfügig kleiner sind als sie selbst. Daher fressen viele räuberische Fische auf mehreren trophischen Ebenen, was die Auswirkungen der trophischen Kaskade dämpfen kann. Dennoch gibt es einige Beispiele, die Kaskadeneffekte veranschaulichen, unter anderem:

- **Große Haie–kleinere Elasmobranchier–Kammuscheln:** Seit 1972 gab es einen Rückgang von 88–98 % in der Häufigkeit von großen (>2 m) Haien in den Küstengewässern vor North Carolina (USA), was eine Zunahme kleinerer Elasmobranchier ermöglichte, darunter die Kuhnasenrochen, die sich von Kammuscheln ernähren. Die zunehmende Prädation durch Kuhnasenrochen führte zu einem Rückgang der Kammuscheln und beendete eine hundertjährige Kammuschelfischerei in North Carolina (Myers et al. 2007).
- **Seeotter/Kabeljau/Hummer–Seeigel–Seetang:** Die Auswirkungen lokaler Seeotter-Aussterben auf Seeigel-Ausbrüche und das Aussterben von Alaskischen Seetangwäldern (Estes et al. 1998) wurden bereits im Kapitel über trophische Kaskaden (Abschn. 6.4.3) beschrieben. Beide Fälle von Seeotter-Aussterben stehen in Zusammenhang mit menschlicher Ausbeutung, historisch durch die Pelzjagd auf Seeotter, heute durch die Umstellung von Schwertwalen auf benthisches Fressen aufgrund von pelagischer Überfischung. Im westlichen Nordatlantik spielte ursprünglich der Kabeljau die Rolle der Top-Down-Kontrolle auf Seeigel, nach dem Rückgang des Kabeljaus übernahmen Hummer diese Rolle, bis auch sie überfischt waren. Nun dominieren Seeigel-Brache (kahler Fels, maximal bedeckt von Biofilmen oder krustigen Algen) in weiten Gebieten (Mann und Breen 1972; Jackson et al. 2001).
- **Überfischung von Korallenriffen.** Fische in Korallenriffen werden nicht nur als menschliche Nahrung gefischt, sondern auch als Zierfische für Aquarien. Unter intensiver Ausbeutung können herbivore Fische (z. B. verschiedene Arten von Papageienfischen) und Fische, die sich von Weichkorallen ernähren (z. B. Falterfische), ihre Rolle als Top-Down-Regulatoren des Überwucherns nicht erfüllen (Abschn. 7.3.3, Box 7.2).
- **Quallen-Ausbrüche.** Meeresschildkröten und verschiedene Fischarten (z. B. Mondfische, *Mola mola*) sind Prädatoren von Quallen, während Quallen

Prädatoren von Fischeiern und juvenilen Fischen und Nahrungskonkurrenten für zooplanktivore Fische sind. Überfischung könnte somit den Weg für Ausbrüche von Quallenpopulationen ebnen, aber andere Treiber können nicht ausgeschlossen werden, wie Klimawandel oder Eutrophierung, die Sauerstoffverlust unterhalb der Pycnocline verursachen (Richardson et al. 2009). Quallenpolypen tolerieren niedrigere Sauerstoffkonzentrationen als Fischeier und sind daher weniger empfindlich gegen Sauerstoffverlust aufgrund von Eutrophierung.

Während Vorhersagen über zukünftige Artenzusammensetzung und Dominanz unter einem Regime der Überfischung nicht in allen Fällen möglich sein werden, sind einige Verallgemeinerungen möglich:

- Eine Verschiebung zum Nachteil von **großen, langlebigen Arten**
- Reduzierung der **Top-Down-Kontrolle**
- Zusammenbruch von **großen Ökosystem-Ingenieuren**
- Zunehmende **Dominanz kleinerer, kurzlebiger Arten**

Andere Arten von global wichtigen menschlichen Störungen, z. B. Klimawandel, Habitatzerstörung, Eutrophierung usw., wirken oft in die gleiche Richtung (Jackson 2008). Daher besteht die Sorge, dass diese Effekte sich gegenseitig verstärken, da jeder Stressor die Resilienz oder Widerstandsfähigkeit von Ökosystemen gegenüber den anderen Stressoren reduziert.

9.4.3 Wiederherstellungsbemühungen

Die Erholung von überfischten Fischbeständen und von Überfischung betroffenen Ökosystemen erfordert weitere Einschränkungen des Fangs, die Implementierung von selektiveren und weniger zerstörerischen Fischereigeräten und **marine Schutzgebiete**, in denen das Fischen nicht erlaubt ist, optimalerweise eine Zonierung des Ozeans in Zonen, die für nachhaltige Fischerei und andere Zonen, die für den Naturschutz verwaltet werden (Worm et al. 2009).

9.5 Biologische Invasionen

9.5.1 Menschliche Transportvektoren

Im Laufe der Evolutionsgeschichte haben sich die geographischen Verbreitungsgebiete von Arten verändert, entweder durch Ausdehnung ihres natürlichen Lebensraums oder durch Verschiebungen, d. h. Rückzug an einem Ende und Ausdehnung am anderen Ende ihres Bereichs. Seit dem Aufkommen des Welthandels haben menschliche Aktivitäten die biogeographischen Ausbreitungen einiger Arten beschleunigt, indem sie ihnen halfen, natürliche Verbreitungsbarrieren zu überwinden und Gebiete weit entfernt von ihrem ursprünglichen Verbreitungsgebiet zu erreichen. Menschliche Transportvektoren beinhalten:

- **Absichtliche Einführung,** z. B. zum Zweck der Besetzung von Gewässern mit attraktiven Fischen oder der Nutzung eingeführter Arten in der Aquakultur
- **Mitführung** von Parasiten, Kommensalen von absichtlich eingeführten Arten oder Arten, deren Dauerstadien einfach in den Transportbehältern von absichtlich transportierten Arten vorhanden sind
- **Transport mit Schiffen** in **Ballastwasser** und auf **bewachsenen Schiffsrümpfen**, d. h. Rümpfen, die mit Benthos überwachsen sind (Carlton und Geller 1993)
- **Kanäle**, die verschiedene Gewässer verbinden
- **Transport mit Ausrüstung für Wassersport**

Derzeit scheint der Transport mit Schiffen und insbesondere mit Ballastwasser der effizienteste Transportvektor zu sein, und es wurden mehrere Maßnahmen zur Reduzierung seiner Wirksamkeit vorgeschlagen und in einigen Ländern umgesetzt, z. B. **Ballastwasser Austausch**, um einen osmotischen Schock auszuüben oder **Ballastwasserbehandlung**, z. B. Filtration, Chlorierung, Ozonisierung, UV-Behandlung (Briski et al. 2015).

Arten, die in einem neuen Gebiet auftauchen, werden als **Neo-** oder **Xenobiota**, **eingeführte Arten**, **fremde Arten**, **nicht-einheimische Arten** (NIS), oder **invasive Arten** bezeichnet. Der letztere Begriff trägt eine negative Konnotation, die Schäden an ansässigen Arten, dem aufnehmenden Ökosystem und folglich auch an der menschlichen Nutzung von Ökosystemgütern und -dienstleistungen impliziert (Cuthbert et al. 2021).

9.5.2 Vom Transport zur Etablierung

Der Invasionsprozess besteht aus mehreren Phasen, in denen Arten Barrieren überwinden und verschiedenen Selektionsdrücken ausgesetzt sind (Williamson und Fitter 1996; Blackburn et al. 2011):

- **Transport:** Dauerstadien oder aktive Individuen müssen manchmal harte Bedingungen während des Transports überleben, z. B. Dunkelheit, Nahrungsmangel und Sauerstoffmangel, schnelle Temperaturwechsel. **Dauerstdien** mit keinen oder stark reduzierten Ressourcenanforderungen und hoher physischer Toleranz sind in dieser Phase hilfreich.
- **Ankunft,** d. h. Freisetzung aus dem Transportmittel in die neue Umgebung.
- **Etablierung** in der neuen Umgebung erfordert **Toleranz** gegenüber den lokalen Umweltbedingungen auf individueller Ebene und die **Fähigkeit zur Fortpflanzung** mit einer positiven Nettowachstumsrate auf Populationsebene.

- **Ausbreitung** wenn die Fortpflanzung stark genug ist, um sich über den Punkt der Einführung hinaus auszubreiten. Die meisten NIS werden in diesem Stadium erkannt, während die vorhergehenden Stadien oft unterhalb der Wahrnehmungsschwelle des Menschen stattfinden.

Propagulendruck
Offensichtlich erhöht ein hoher **Propagulendruck**, d. h. die Anzahl der Propagulen (Ausbreitungseinheiten), die an einer Empfängerstelle ankommen, die Wahrscheinlichkeit des Invasionserfolgs in mehreren Schritten. Er verringert das Risiko des zufälligen Aussterbens kleiner Populationen und erhöht die Wahrscheinlichkeit, dass Genotypen, die gut für die neue Umgebung geeignet sind, enthalten sind. Der einfache Effekt des Propagulendrucks kann durch die Selektion auf mehrere Umweltstressoren während des Transports modifiziert werden. Dies erhöht die Wahrscheinlichkeit, dass Genotypen mit mehreren und hohen Toleranzen ankommen (Briski et al. 2018).

Umwelttoleranz
Sobald sie in der neuen Umgebung angekommen sind, müssen NIS zunächst die Barrieren überwinden, die durch die physischen und chemischen Bedingungen der neuen Umgebung auferlegt werden. Daher erleichtert eine breite Umwelttoleranz die Etablierung. Ein typisches Beispiel für diese breite Umwelttoleranz ist der Invasionserfolg zahlreicher NIS aus der Ponto-Kaspischen Region (Region des Schwarzen und Kaspischen Meeres) in der Ostsee, der Nordsee und sogar in den Süßgewässern der Laurentischen Großen Seen (Cuthbert et al. 2022). Die Quellregion ist eine Brackwasserregion mit breiten regionalen und saisonalen Amplituden in der Salinität, die für breite Salinitätstoleranzen selektiert (Pauli und Briski 2018).

Umweltveränderung und Interaktionen
Nachdem sie die Barriere der Toleranz gegenüber der abiotischen Umwelt überwunden haben, müssen NIS dem Druck von Konkurrenten, Räubern und Parasiten standhalten. Manchmal profitieren sie sogar davon, dass sie Räuber und Parasiten aus ihrem ursprünglichen Verbreitungsgebiet hinter sich gelassen haben, ein Phänomen, das als **Feindentlastung** (enemy relase) bezeichnet wird. Umweltveränderungen, z. B. Klimawandel, helfen bei der Etablierung und Ausbreitung, wenn die einheimischen Arten weniger gut an die neuen Bedingungen angepasst sind und NIS besser angepasst sind. Daher erwarten wir mehr erfolgreiche Invasionen von wärmeren zu kälteren Regionen als umgekehrt in einem global sich erwärmenden Klima.

Kolonisationsdruck
Kolonisationsdruck muss vom Propagulendruck unterschieden werden. Es handelt sich um die Anzahl der neuen Arten, die in einer Empfängerregion ankommen. Normalerweise würden wir erwarten, dass Empfängerregionen, die viele Propagulen erhalten, auch viele Arten erhalten, aber Selektionsprozesse während des Transportprozesses können diesen Zusammenhang schwächen (Briski et al. 2012).

9.5.3 Auswirkungen invasiver Arten

Die Mehrheit der erfolgreich etablierten und sich ausbreitenden NIS integriert sich in einheimische Gemeinschaften, ohne größere schädliche Auswirkungen zu haben, aber die Anzahl der schädlichen NIS ist recht erheblich und rechtfertigt Besorgnis (Simberloff 2011). Man muss jedoch zugeben, dass die Wahrnehmung von „Schädlichkeit" eine Frage der Perspektive ist und oft von der menschlichen Nutzung der einheimischen Arten und Ökosysteme abhängt. Die Auswirkungen können in ihrer Größe, der betroffenen Aggregationsebene (von Arten bis zu Ökosystemen) und der zeitlichen Persistenz nach Beginn oder Entdeckung der Invasion variieren.

- **Ersetzung einheimischer Arten** wenn NIS übermäßig erfolgreiche Konkurrenten, Räuber oder Parasiten einheimischer Arten sind
- **Besetzung leerer Rollen** in einheimischen Gemeinschaften, oft verbunden mit Ökosystemengineering oder Top-Räuber-Positionen
- **Erleichterung weiterer Invasionen** wenn NIS eine günstige Umgebung für weitere Eindringlinge schaffen. Dieses Phänomen kann theoretisch zu einer sich beschleunigenden Kettenreaktion führen, die als **Invasionskollaps** bezeichnet wird (Simberloff und von Holle 1999). Bis jetzt wurden jedoch solche Kettenreaktionen nicht dokumentiert (Simberloff 2006)
- **Umstrukturierung des Lebensraums** wenn NIS entweder effektive Ökosystemingenieure sind (Crooks 2002) oder Schäden an einheimischen Ökosystemingenieuren verursachen
- **Veränderung der Nährstoff- und Kohlenstoffkreisläufe**

Kasten 9.2: Fallgeschichten von Invasionen und ihren Auswirkungen

Gemeiner Karpfen (*Cyprinus carpio*): Ein Weihnachtsgericht in Teilen Europas, eine Plage in Nordamerika
Der Karpfen gilt als eine der schlimmsten invasiven Fischarten in Nordamerika und Australien (Sorensen und Bajer 2011). Er ist eine einheimische Fischart in Süß- und Brackwasser in weiten Teilen Europas und Asiens und regional ein beliebter Speisefisch in verschiedenen Kulturen dort, traditionell an Heiligabend in mehreren Regionen Mitteleuropas serviert. Schon die alten Römer begannen, Karpfen in Teichen zu züchten. Er wurde 1877 absichtlich von den United States Fish Commissions in die USA eingeführt, es gibt aber auch Berichte über frühere Einführungen.

In Amerika wird der Karpfen als schädlich angesehen, weil er klare, von Makrophyten dominierte Seen in trübe, phytoplanktonreiche Seen mit dezimierten Makrophyten umwandelt. Wie in Abschn. 6.4.4 gezeigt, gelten der klare, von Makrophyten dominierte und der trübe, von Phytoplankton dominierte Zustand als alternative stabile Zustände in flachen, nährstoffreichen Seen. Der Karpfen ist ein Benthosfresser und schädigt Makrophyten durch Ausreißen und direkten Verzehr. Durch das Aufwühlen des Sediments bei der Futtersuche transportiert der Karpfen interstitielle Nährstoffe, insbesondere P, ins Pelagial. Ebenso bereichert er das Pelagial durch die Nährstoffausscheidung. Die resultierende Nährstoffanreicherung stimuliert das Wachstum von Phytoplankton, reduziert das Licht, das den Boden erreicht, und behindert so die benthische photosynthetische Produktion. Zusammenfassend umfassen die Auswirkungen des Karpfens sowohl **strukturelle Veränderungen** als auch eine **Umleitung von biogeochemischen Kreisläufen** (Abb. 9.11).

Nilbarsch (*Lates niloticus*) im Viktoriasee, ein wirtschaftlicher Erfolg und eine soziale und ökologische Katastrophe

Der Nilbarsch ist ein großer (bis zu 2 m und 200 kg) und gut vermarktbaren Fisch, der in Afrika weit verbreitet ist, aber ursprünglich im Viktoriasee fehlte. Der Viktoriasee ist ein Hotspot der Süßwasserfischbiodiversität und berühmt für seine ca. 500 Buntbarscharten. Diese unterstützten lokale Fischereien, die auf Sonnentrocknung als Konservierungsmethode angewiesen waren. In den 1950er Jahren führten die Kolonialbehörden den Nilbarsch als Sportfisch ein und um die kommerzielle Fischerei zu stärken (Pringle 2005a). In den 1980er Jahren explodierte die Nilbarschpopulation und die Fischereieinkommen vervielfachten sich.

Die Auswirkungen auf das Nahrungsnetz und die sozialen Auswirkungen waren katastrophal (Pringle 2005b). Etwa die Hälfte der 500 Buntbarscharten wurden fast ausgerottet und zooplanktivore Buntbarsche verschwanden aus dem Pelagial. Mit ihnen verloren die traditionellen lokalen Fischereien ihre Fischquelle. Im Gegensatz zu Buntbarschen kann der Nilbarsch wegen seines höheren Fettgehalts nichtzur Konservierung sonnengetrocknet werden. Er muss geräuchert werden. Dies erhöhte die Nachfrage nach Brennholz, trug zur regionalen Entwaldung, Erosion und Wüstenbildung bei. Darüber hinaus konnten Netze, die stark genug waren, um Nilbarsche zu fangen, nicht lokal hergestellt werden und mussten zu für die lokalen Fischergemeinschaften unerschwinglichen Preisen importiert werden (Abb. 9.12).

Zebramuschel (*Dreissena polymorpha*) und Wandermuschel (*Dreissena rostriformis bugensis*): Zwei eng verwandte Ökosystem-Ingenieure auf Reisen mit Schiffen

Zebramuscheln und Wandermuscheln sind filtrierende, riffbildende Muscheln. Ihre Ursprungsregion sind Süß- und Brackwasser in Südrussland und der Ukraine. Sie sind nur zwei weitere der vielen Beispiele für invasive Arten aus der Ponto-Kaspischen Region. *Dreissena* Muscheln produzieren große Mengen an Veliger-Larven, die sich an die Oberfläche von Fischen und Wasserfahrzeugen anheften können oder im Ballastwasser transportiert werden können. Zentral-, Nord- und Westeuropa wurden bereits im 19. Jahrhundert von *D. polymorpha* besiedelt. Die Besiedlung wurde durch künstliche Wasserwege erleichtert, die die Ponto-Kaspischen Flüsse (z. B. Dnjepr, Wolga, ..) mit Westrussland und der Ostsee verbanden. Die erste Vorkommen südlich der Alpen wurde 1973 vom Gardasee, Italien, gemeldet (Giusti und Oppi 1973). *D. polymorpha* erschien Ende der 1980er Jahre in den Laurentischen Großen Seen, von wo aus sie sich weiter in Nordamerika ausbreitet. Die Ausbreitung von *D. rostriformis* folgte im Wesentlichen dem gleichen Weg. Die Ausbreitung begann ein Jahrhundert später und wurde sehr schnell, erreichte Nordamerika nur wenige Jahrzehnte nach *D. polymorpha*. Bis heute hat *D. rostriformis* die Dominanz über *D. polymorpha* in einer Reihe von Gewässern erlangt oder ist dabei, sie zu erlangen, wie zum Beispiel im Bodensee (Baer et al. 2022) und in den Laurentischen Großen Seen. Beide Arten sind in ihren Merkmalen sehr ähnlich und überschneiden sich weitgehend in ihren Umweltanforderungen, obwohl *D. polymorpha*höhere Temperaturen zu tolerieren scheint, während *D. rostriformis* toleranter gegenüber niedrigen Sauerstoffbedingungen zu sein scheint (Karatayev und Burlakova 2022).

Dreissena-Muscheln bilden dichte, monospezifische Riffe, die oft ganze Betten von Gewässern bedecken und einheimische benthische Arten eliminieren. Sie sind Filtrierer, die Phytoplankton sehr effizient aus dem Wasser entfernen und so negative Eutrophierungseffekte im offenen Wasser entgegenwirken. Als Nahrungsorganismen von Krebsen, einigen benthivoren Fischen und Wasservögeln lenken sie Energie-, Kohlenstoff- und Nährstoffflüsse von der pelagischen Nahrung zum benthischen Netz um (Higgins und Vander Zanden 2010; Baer et al. 2022).

Aus wirtschaftlicher Sicht besteht ihre hauptsächliche negative Auswirkung in der Verunreinigung von Booten und Docks und der Verstopfung von Einlassrohren von Trinkwasseranlagen, Wasseraufbereitungsanlagen, Kühlwasserkreisläufen von Kraftwerken usw. (Abb. 9.13).

*Mnemiopsis*leydii: **Wechselnde Ansichten über die Auswirkungen eines Eindringlings**

M. leydii ist an der Atlantikküste von Nord- und Südamerika heimisch. Es ernährt sich von Plankton, Fischeiern und -larven. Sie wurde 1982 erstmals im Schwarzen Meer gefunden und hatte 1989 einen Populationshöhepunkt. Später wurde sie im Kaspischen Meer und in Küstengebieten des Mittelmeeres beobachtet (Shiganova et al. 2001). Im Jahr 2006 tauchte sie in der Ostsee (Javidpour et al. 2006) und Nordsee (Boersma et al. 2007) auf. Entgegen den ursprünglichen Erwartungen nahm *M. leydii* nicht den bekannten Ponto-Kaspischen Invasionsweg zur Ost- und Nordsee. Mikrosatellitenanalysen ergaben, dass die Ponto-Kaspischen und Mittelmeer-

9.5 Biologische Invasionen

M. leydii-Populationen aus dem Golf von Mexiko stammen, während die nordischen aus Neuengland stammen (Reusch et al. 2010).

Die Wahrnehmung der Auswirkungen von *M. leydii* hat sich erheblich verändert. Ursprünglich wurde der Zusammenfall ihres Ausbruchs 1989 mit dem Zusammenbruch der Schwarzmeer-Sardellenfischerei (*Engraulis encrasicolus*) als Anzeichen für eine verheerende Auswirkung von *M. leydii* auf zooplanktonfressende, kleine Fische wie Sardellen angesehen. Dies war konsistent mit Rolle als Nahrungskonkurrent, der sich von Zooplankton ernährt, und als Räuber von Fischeiern und -larven. Die späten 1980er Jahre waren jedoch auch eine Zeit der maximalen Überfischung von Sardellen. Daher könnte die Überfischung den Weg für den Ausbruch von *M. leydii* geebnet haben, indem sie einen dominanten Konkurrenten entfernte. Bilio und Niermann (2004) stellten fest, dass ein Zusammenbruch der Sardellen nach übermäßiger Prädation durch *M. leydii* auf Eier und Larven zu einem Zusammenbruch der Fischerei 1 oder 2 Jahre später hätte führen müssen, als beobachtet. Mehrere Jahre reduzierter Fischerei auf Sardellen führten zu einer teilweisen Erholung ihrer Bestände. Gleichzeitig ging *M. leydii* zurück. Dieser Rückgang wurde von einigen Autoren auf die Invasion durch die räuberische Rippenqualle *Beroë ovata.* zurückgeführt. Daher könnten sowohl durch die erholten Sardellen als auch die Prädation durch *B. ovata*das das Wachstum von *M. leydii*eingeschränkt haben. Die Analyse von Daskalov et al. (2007) unterstützt auch die Hypothese, dass die Überfischung von Sardellen den Weg zum Ausbruch 1989 ebnete (Abb. 9.14).

Abb. 9.11 Gemeiner Karpfen (*Cyprinus carpio*), Quelle: USFWS—National Image Library, Gemeinfrei, https://commons.wikimedia.org/w/index.php?curid=738817

Abb. 9.12 Nilbarsch (*Lates niloticus*). (Quelle: Von smudger888—heruntergeladen von flickr https://www.flickr.com/photos/smudger888/118152020/Nilbarsch und zugeschnitten zum Vergleich zu einem Mann, CC BY 2.0, https://commons.wikimedia.org/w/index.php?curid=5886446)

Zeitliche Veränderung der Auswirkungen
Die meisten Studien konzentrieren sich auf die akute Phase der Invasionsauswirkungen, d. h. den Zeitraum unmittelbar nach der Wahrnehmung einer Invasion. Allerdings könnten die akuten Auswirkungen nicht anhalten (Strayer et al. 2006). Die Gründe für die Veränderung beinhalten phänotypische und evolutionäre Prozesse auf der Seite des Eindringlings und der ursprünglichen Einwohner, z. B. die Erweiterung oder Verschiebung von Nahrungsspektren und die Entwicklung von Abwehrmechanismen. Der Vorteil der Feindentlastung kann durch das Lernen von einheimischen Raubtieren und Parasiten oder durch das neue Auftreten alter Feinde geschwächt werden. Während diese Mechanismen dazu neigen, die Auswirkungen von Invasionen zu schwächen, könnte die Anhäufung von strukturellen Veränderungen, z. B. durch den Eindringling verursachte Ablagerungen, die Auswirkungen erhöhen.

9.5 Biologische Invasionen

Abb. 9.13 Zebra-Muschel (*Dreissena polymorpha*). (Quelle: GerardM—http://en.wikipedia.org/wiki/Image:Dreissena_polymorpha.jpg, http://nl.wikipedia.org/wiki/Afbeelding:Dreissena_polymorpha.jpg, CC BY-SA 3.0, https://commons.wikimedia.org/w/index.php?curid=1450019)

Abb. 9.14 Die Rippenqualle *Mnemiopsis leydii*. (Quelle: Von Steven G. Johnson—commons, CC BY-SA 3.0, https://commons.wikimedia.org/w/index.php?curid=77199719)

9.6 Das Anthropozän

9.6.1 Definition des Anthropozäns

Crutzen und Stoermer (2000) prägten den Begriff Anthropozän für ein neues geologisches Zeitalter, das durch die menschliche Dominanz über geochemische und biologische Prozesse gekennzeichnet ist. Das Anthropozän folgt dem Holozän, das bis vor kurzem als das geologische Gegenwartszeitalter galt, beginnend am Ende der Eiszeit, ca. 10.000–12.000 Jahre vor unserer Zeit. Mit dem Anstieg der menschlichen Bevölkerung und des wirtschaftlichen Wachstums haben menschliche Kräfte eine Äquivalenz zu geologischen Kräften bei der Gestaltung der Erdoberfläche erlangt. Manifestationen dieser globalen menschlichen Auswirkungen sind die Veränderung der Chemie der Atmosphäre und der daraus resultierende Klimawandel, die massive Freisetzung von schädlichen Chemikalien, die von der Natur nicht in global beeinflussenden Mengen produziert werden (z. B. Chlorfluorkohlenwasserstoffe, die für das „Ozonloch" verantwortlich sind), großflächige Entwaldung und Desertifikation und Artensterben weit über natürliche Aussterberaten hinaus. Crutzen und Stoermer schlugen 1784 (Erfindung der Dampfmaschine durch James Watt) als Beginn des Anthropozäns vor.

Die Internationale Kommission für Stratigraphie (ICS) und die Internationale Union der Geowissenschaften (IUGS) haben das Anthropozän noch nicht als offiziellen Namen für eine geologische Epoche anerkannt (Stand der Dinge April 2022). Ein formeller Vorschlag dazu wurde 2021 an die ICS gerichtet.

9.6.2 Menschliche Dominanz

Die menschlichen Auswirkungen auf Ökosysteme, die in Abschn. 9.1–9.5 und mehreren anderen Auswirkungen beschrieben werden, sind nicht nur lokale Störungen oder Veränderungen natürlicher Prozesse um einige Prozent. Stattdessen ist *Homo sapiens* zum dominanten Umwandler der Ökosysteme der Erde geworden (Vitousek et al. 1997, Abb. 9.15). Nur um einige Beispiele zu nennen:

- **Transformation der Erdoberfläche** durch menschliche Aktivitäten, dazu gehören städtische und industrielle Gebiete, Ackerland, Weiden, beweidete natürliche Graslandschaften und ausgebeutete Wälder
- **Erhöhung des atmosphärischen CO_2** (beachten Sie, dass der Anteil von CO_2, der auf die Verbrennung fossiler Brennstoffe zurückzuführen ist, seit Vitousek's et al. (1997) Papier weiter gestiegen ist)
- **Süßwassernutzung:** Etwa die Hälfte des verfügbaren Süßwassers wird vom Menschen genutzt
- **Umgestaltung von Gewässern:** Viele Flüsse und andere Süßwassersysteme werden durch Dämme manipuliert, mit großen Auswirkungen auf die hydrologischen Kreisläufe, biogeochemische Kreisläufe und wandernde Tiere
- **Übernutzung von Süßwasser** führt zu Verlusten von Oberflächen- und Grundwasser

9.6 Das Anthropozän

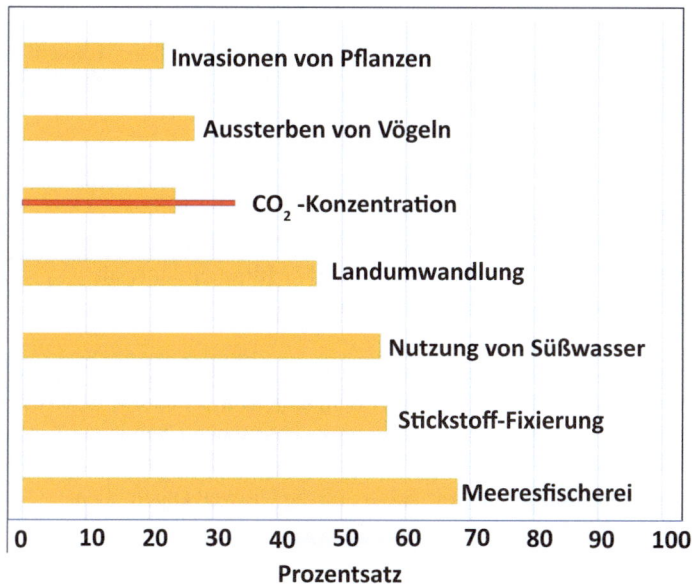

Abb. 9.15 Menschliche Dominanz oder Veränderung mehrerer Hauptkomponenten des Erdsystems, ausgedrückt als (von oben nach unten) Prozentsatz der Pflanzenarten in Kanada, die von Menschen von anderswo transportiert wurden, Prozentsatz der Vogelarten, die in den letzten zwei Jahrtausenden weltweit ausgestorben sind, Prozentsatz der aktuellen atmosphärischen CO_2-Konzentration, die auf menschliches Handeln zurückzuführen ist (gelb: im Jahr 1997, rot: im Jahr 2019), Prozentsatz des zugänglichen Oberflächen-Süßwassers, das genutzt wird, Prozentsatz der terrestrischen N-Fixierung, die menschlich verursacht ist, und Prozentsatz der großen Meeresfischereien, die vollständig ausgebeutet, überfischt oder erschöpft sind; Datenquellen: gelbe Balken: Vitousek et al. (1997), rote Linie: IPCC-Bericht 2021

- **Stickstofffixierung** durch Düngemittelproduktion und Verbrennung fossiler Brennstoffe übersteigt die Summe der natürlichen Stickstofffixierungsprozesse
- **Arteninvasionen:** In vielen Regionen werden erhebliche Teile der ökologischen Gilden von invasiven Arten dominiert
- **Artensterben:** Transformationen von Ökosystemen und Ausbeutung erhöhen das Artensterben
- **Überfischung:** Mehr als die Hälfte der Fischbestände im Ozean sind stark ausgebeutet oder sogar zusammengebrochen

9.6.3 Erleben wir das sechste Massenaussterben?

Massenaussterben
Es gibt fünf Aussterbeperioden im Fossilienbestand, die als Massenaussterben bezeichnet werden (Raup und Sepkoski 1982). Während einige Autoren kleinere oder größere Zahlen von Massenaussterben behaupten, ist die Definition von fünf

Massenaussterben der Mehrheitskonsens in der wissenschaftlichen Gemeinschaft. Üblicherweise wird ein Verlust von 75 % der Arten als eher willkürliches Kriterium verwendet, um Massenaussterben von kleineren Aussterbeereignissen zu unterscheiden. Die fünf Massenaussterben waren

- Das **Ordovizium**-Massenaussterben, ca. 440 Millionen Jahre alt
- Das **Devon**-Massenaussterben, ca. 375 Millionen Jahre alt
- Das **Perm**-Massenaussterben, ca. 250 Millionen Jahre alt
- Das **Trias/Jura**-Massenaussterben, ca. 200 Millionen Jahre alt
- Das **Kreide/Tertiär**-Massenaussterben, ca. 65 Millionen Jahre alt

Jedes dieser Massenaussterben soll durch geologische (Plattenbewegungen, Vulkanismus) oder astronomische (Meteoriteneinschläge) Kräfte und die daraus resultierenden Veränderungen im Klima und in der atmosphärischen Chemie verursacht worden sein. Im Gegensatz dazu wird das heiß diskutierte sechste Massenaussterben durch menschliche Auswirkungen auf die Biota und die Umwelt angetrieben.

Ausmaß des aktuellen Artenverlusts
Seit Diamonds einflussreicher Veröffentlichung (1989) diskutiert die wissenschaftliche Gemeinschaft, ob Menschen durch Verschlechterung und Zerstörung von Lebensräumen, Umweltverschmutzung, Klimawandel, Übernutzung und die Auswirkungen von durch den Menschen verursachten biologischen Invasionen ein weiteres Massenaussterben verursachen. Die meisten Ansätze zur Schätzung der tatsächlichen Anzahl von Aussterben sind problematisch, da es fast unmöglich ist, zwischen extremer Seltenheit und vollständigem Verschwinden einer Art zu unterscheiden. Die Kriterien für die Aufnahme in die Rote Liste der IUCN (International Union for Conservation of Nature) gelten als zu restriktiv. Die Roten Listen werden weiterhin kritisiert, weil sie sich auf Wirbeltiere konzentrieren. Diese sind auch die Zielorganismen der meisten Naturschutzbemühungen und daher besser vor dem Aussterben geschützt als andere Gruppen. Andere Ansätze verwenden Arten-Areal-Kurven und Prognosen des Artenverlusts durch Lebensraumverlust.

Insgesamt ist das Ausmaß des Artenverlusts während der Periode der menschlichen Dominanz sicherlich weniger als 75 %. Cowie et al. (2022) verwendeten Mollusken, das zweitgrößte Tierphylum, als Beispiel für Wirbellose. Sie schätzen, dass seit ca. 1500 7,5–13 % der ca. 2 Millionen Molluskenarten verloren gegangen sind.

Rate des aktuellen Artenverlusts
Die Rate des Artensterbens wird oft als Anzahl der Extinktionen pro Million Artenjahre ausgedrückt, was 1 Aussterben pro 10.000 Arten und 100 Jahre entspricht. Die Hintergrundrate zwischen Massenaussterbeereignissen wird als <1 MSY angesehen. Ceballos et al. (2015) verwendeten ein konservatives Kriterium von 2 MSY als Hintergrundrate und sehr konservative Schätzungen des Verlusts von Wirbeltierarten, um die aktuellen Aussterberaten mit den Hintergrundraten zu

vergleichen. Sie fanden heraus, dass die aktuellen Aussterberaten mindestens 100 Mal höher sind als die Hintergrundraten, während andere Autoren sogar 1000 Mal höhere Raten schätzen (Pimm et al. 2014).

Aus dem Ausmaß der bisherigen Extinktionen und den aktuellen Aussterberaten können wir schließen: Das sechste Massenaussterben ist noch lange nicht abgeschlossen, aber es ist auf dem Weg, es sei denn, es wird durch weltweite und ehrgeizige Naturschutz- und Umweltschutzmaßnahmen gestoppt oder zumindest drastisch verlangsamt.

Weniger Aussterben im marinen Bereich?
Die fünf vergangenen Massenaussterben waren hauptsächlich maritim, zumindest in Bezug auf die Anzahl der verlorenen Arten, trotz des sprichwörtlichen Endes der Dinosaurier während des Kreide/Tertiär-Aussterbens. Das gegenwärtige Massenaussterben scheint marine Arten weniger zu beeinflussen als das terrestrische, obwohl eine Stichprobenverzerrung nicht ausgeschlossen werden kann. Von den 72 Fischarten, die von der IUCN als ausgestorben gelistet sind, ist nur eine streng marin, eine ist eine Brackwasserart und eine ist ein anadromer Wanderer, während 69 streng süßwassergebunden sind (Cowie et al. 2022). Die Dezimierung großer Raubfische, wie sie von Myers und Worm (2003) festgestellt wurde, muss von der biologischen Ausrottung unterschieden werden. Der Zusammenbruch der Fischerei bedeutet, dass die Zielarten so selten geworden sind, dass sie nicht mehr ein sinnvolles Ziel für die Fischerei sind. Jedoch kann es auch nach Einstellung der gezielten Fischerei noch zu Sterblichkeit durch Beifang oder Umweltverschlechterung kommen. Daher sollte eine fortgesetzte Reduzierung der Abundanzwerte auf <10 % der vorindustriellen Referenzwerte als Frühwarnindikator für ein hohes Aussterberisiko in den nächsten Jahrzehnten angesehen werden.

Vergleich von fossilen, historischen und gegenwärtigen Aussterben
Harnik et al. (2012) verglichen fossile und historische Extinktionen mit den gegenwärtigen Aussterberisiken von marinen Taxa (Abb. 9.16). Der fossile Datensatz umfasste das gesamte Känozoikum (letzte 65 Millionen Jahre) und das Aussterben wurde als negative Wachstumsraten der Artenzahlen über geologische Perioden von ca. 7 Millionen Jahren berechnet ($ER = -\ln S_1/\ln S_0$). Der historische Datensatz basiert auf archäologischen Funden und schriftlichen Aufzeichnungen (Logbücher, etc.) und wird als Anzahl global ausgestorbener oder lokal ausgerotteter Arten ausgedrückt und umfasst den Zeitraum von 1500 n. Chr. bis heute. Das gegenwärtige Aussterberisiko basiert auf der Bewertung durch die IUCN, die drei betroffene Kategorien umfasst: stark gefährdet, gefährdet und verwundbar. Bitte beachten Sie, dass die Anzahl der bewerteten Arten, mit Ausnahme von Fischen, eher gering ist.

Es gibt einige interessante phylogenetische Trends:

- Meeressäugetiere (Carnivora, Cetacea, Sirenia) haben die höchsten fossilen Aussterberaten und auch hohe Anteile an derzeit gefährdeten oder verwundbaren Arten.

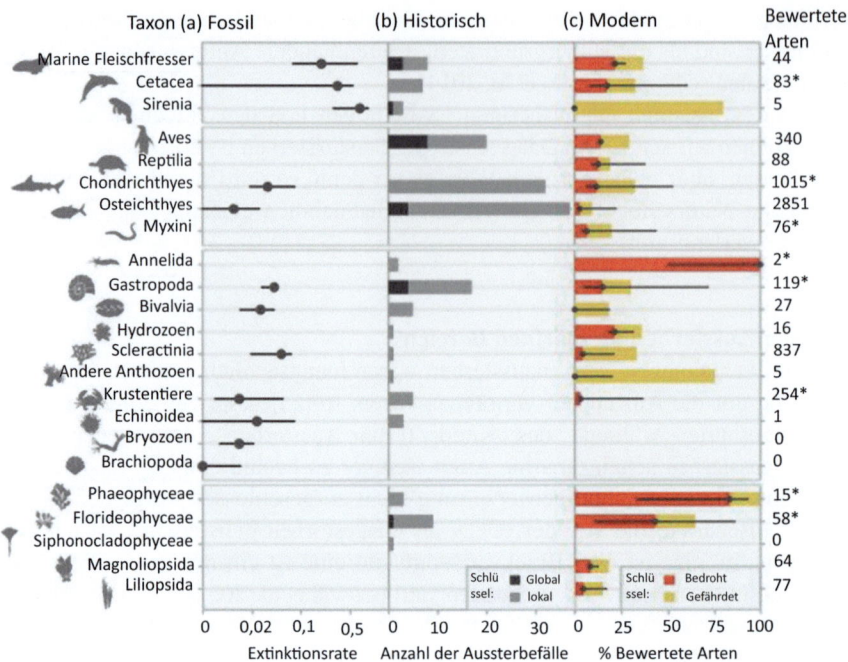

Abb. 9.16 Vergleich der Aussterberaten (berechnet als negative Wachstumsraten) im känozoischen Fossilienbestand, der Anzahl der Aussterben in der historischen Aufzeichnung und dem aktuellen Aussterberisiko bei marinen Taxa. (**a**) Aussterberaten über das Känozoikum; Median (Kreise) und erste und dritte Quartile. (**b**) Anzahl der historischen globalen Extinktionen (dunkelgrau) und lokalen (hellgrau) Ausrottungen. (**c**) Der Prozentsatz der modernen Arten, die in der Roten Liste der Internationalen Union für die Erhaltung der Natur (IUCN) als gefährdet oder stark gefährdet (rot) und verwundbar (gelb) eingestuft werden, ausgenommen datendefizitäre Arten. Taxonomische Gruppen sind Säugetiere (oben), gefolgt von anderen Wirbeltieren, Wirbellosen und Pflanzen (unten). Zahlen auf der rechten Seite zeigen die Anzahl der von der IUCN bewerteten modernen Arten für jede taxonomische Gruppe. Sternchen kennzeichnen taxonomische Gruppen, bei denen >50 % der bewerteten Arten als datendefizitär eingestuft werden. Linienabschnitte in (**c**) zeigen obere und untere Schätzungen des Anteils von gefährdeten Arten, wenn alle datendefizitären Arten als gefährdet oder nicht gefährdet eingestuft würden, jeweils. (Quelle: Abb. 2 in Harnik et al. 2012, mit Genehmigung von Elsevier)

- Knochenfische (Osteichthyes) haben relativ niedrige fossile Aussterberaten und einen relativ niedrigen Anteil an derzeit gefährdeten oder verwundbaren Arten.
- Knorpelfische (Chondrichthyes) haben viel höhere fossile Aussterberaten und einen höheren Anteil an derzeit gefährdeten oder verwundbaren Arten als Knochenfische.
- Extreme Werte (z. B. 100 % der Arten gefährdet in Annelida) sind mit sehr kleinen Zahlen von bewerteten Arten verbunden (2 im Fall von Annelida) und könnten nicht zutreffen, wenn die Stichprobengrößen erhöht werden.

Insgesamt liegen für die meisten Gruppen die Anteile der Arten, die als stark gefährdet und gefährdet eingestuft werden, im gleichen Bereich (<25 %) wie der Anteil der Arten, die bereits im terrestrischen Bereich während des Anthropozäns ausgestorben sind. Vielleicht hinkt die marine Biosphäre der terrestrischen in Bezug auf das Aussterben nur um einige Jahrzehnte hinterher. Es besteht jedoch die Chance, viele der gefährdeten Arten zu retten, wenn die Umweltverschlechterung, die Emission von Treibhausgasen und die Überausbeutung gestoppt oder zumindest stark eingeschränkt werden können.

Glossar

acidification (Versauerung) Verbrauch der Alkalinität des Wassers durch erhöhte Zufuhr von sauren Komponenten
alkalinity (Alkalinität) Fähigkeit, Säure zu puffern
anthropocene (Anthropozän) vorgeschlagener Name für die aktuelle geologische Epoche, die durch menschliche Dominanz gekennzeichnet ist
Bergmann's rule (Bergmannsche Regel) Regel, dass die Größe innerhalb ähnlicher Arten von Organismen in Richtung der Pole/in kälteren Klimazonen zunimmt
bloom (Blüte) Zeitraum auffälliger hoher Biomasse, Begriff wird normalerweise auf Phytoplankton angewendet
bycatch (Beifang) versehentlicher Fang von Wassertieren, die nicht Ziel der Fischerei sind
calcification (Kalzifizierung) Bildung von Skelett- oder Schalenstrukturen aus Calciumcarbonat
catch-per-unit-effort (Fang pro Anstrengungseinheit) Fang von Fischen in Bezug auf einige Maßnahmen des Aufwands wie Anzahl der Schiffe, verbrachte Zeit, verwendete Ausrüstung, beteiligtes Personal; ein Indikator für die Effektivität der Fischerei
colonization pressure (Kolonisierungsdruck) Anzahl der nicht-einheimischen Arten, die in einer Empfängerregion ankommen
enemy release (Feindentlastung) natürliche Feinde während des Invasionsprozesses zurücklassen
environmental envelope method (Methode der Umwelthüllen) Versuch, geographische Verteilungen auf Umweltbedingungen abzubilden, um zukünftige Verteilungen vorherzusagen
eutrophic (eutroph) nährstoffreich
eutrophication (Eutrophierung) Prozess der Erhöhung der Nährstoffreichtums (hauptsächlich N und P) von Gewässern
fish kill (fischsterben) episodisches Massensterben von Fischen
fishing down the food web Abnahme der trophischen Ebene der gefangenen Fische
greenhouse effect (Treibhauseffekt) Erwärmungseffekt von erhöhten Konzentrationen von Gasen, die infrarote Strahlung in der Atmosphäre stark absorbieren (CO_2, CH_4, Stickoxide)

HABs (harmful algal blooms) (schädliche Algenblüte) Blüten von giftigem Phytoplankton oder Phytoplankton mit anderen schädlichen Auswirkungen
invasive species (invasive Art) nicht-einheimische Arten (→NIS), von denen vermutet wird, dass sie negative Auswirkungen auf das Ökosystem haben
lake restoration (Seenrestaurierug) Reduzierung der Eutrophierung eines Sees oder Reduzierung negativer Eutrophierungssymptome
loading (Belastung) Transport von Nährstoffen (oder anderen Substanzen) zu einem Gewässer, normalerweise normalisiert auf Volumen oder Fläche
mass extinction (Massenaussterben) globales Aussterbeereignis, das zum Verlust von >75 % der Arten führt
mismatch Ungleichzeitigkeit von hohem Angebot und hoher Nahrungsnachfrage zwischen Räuber und Beute
NIS (non-indigenous species) (nicht-einheimische Art) neu in einer Region etablierte Arten
oligotrophic (oligotroph) nährstoffarm
oligotrophication (Oligotrophierung) Erholung von Eutrophierung durch Nährstoffreduktion
overfishing (Überfischung) Fischerei, die die Fähigkeit zur natürlichen Erholung eines Bestandes überschreitet
propagule pressure (Propagulendruck) Anzahl der Propagulen einer nicht-einheimischen Art, die in einer Empfängerregion ankommen
red tide rötliche Verfärbung des Wassers durch Dinoflagellatenblüten
stock (Bestand) Zielpopullation der Fischerei

Übungsaufgaben

Die rechte Spalte der untenstehenden Tabelle zeigt den Ort an, an dem die Antworten gefunden werden können, logisch abgeleitet aus den Informationen, die im Text enthalten sind, oder berechnet aus den dort vorhandenen Gleichungen.

	Frage	Abschn.
1	Durch welche Aktivitäten treiben Menschen die Eutrophierung von Seen und Küstenmeeren voran?	9.1.1
2	Warum hatte die P-only-Anreicherung einen ähnlichen Effekt auf die Phytoplankton-Biomasse wie die kombinierte N- und P-Anreicherung im Schindler-Experiment im experimentellen Seengebiet?	9.1.1
3	Wie kam die limnologische Gemeinschaft zu dem Schluss, dass P-Anreicherung der dominierende Faktor bei der Eutrophierung von Seen ist?	9.1.1
4	Unter welchen Bedingungen muss N als wichtiger Faktor bei der Eutrophierung betrachtet werden?	9.1.1
5	Welche Phytoplankton-Taxa profitieren am meisten von der Eutrophierung von Seen und Küstenmeeren?	9.1.2

Übungsaufgaben

	Frage	Abschn.
6	Welche Merkmale des Phytoplanktons werden durch Eutrophierung gefördert und warum?	9.1.2
7	Warum werden Cyanobakterienblüten als Belästigung betrachtet?	9.1.2
8	Was sind Red Tides und welche negativen Auswirkungen haben sie?	9.1.2
9	Wie ändert sich die Konfiguration des pelagischen Nahrungsnetzes mit der Eutrophierung?	9.1.2
10	Warum ist Eutrophierung ein Nachteil für mehrjährige Makrophyten? Wer profitiert stattdessen?	9.1.3
11	Warum sind Steinkorallen durch Eutrophierung gefährdet?	9.1.3
12	Wie werden die saisonalen hydrographischen Muster (Schichtung, Vermischung, Eisbedeckung) und die Nährstoffversorgung des Oberflächenwassers auf die globale Erwärmung reagieren?	9.2.1
13	Wie wird die biogeographische Verteilung der Arten auf die globale Erwärmung reagieren?	9.2.2
14	Sind die heutigen Temperaturgrenzen der Artenverteilung und das Wissen über zukünftige Temperaturen ausreichend, um zukünftige Artenverteilungen vorherzusagen?	9.2.2
15	Wie werden saisonale Aktivitäts- und Häufigkeitsmuster auf die globale Erwärmung reagieren?	9.2.3
16	Warum macht Licht die Vorhersage zukünftiger saisonaler Phytoplanktonmuster komplizierter?	9.2.3
17	Wie werden zukünftige Primärproduktion und die Phytoplanktonzusammensetzung auf die globale Erwärmung reagieren? Wird es Unterschiede zwischen Seen, Küstenmeeren und dem offenen Ozean geben?	9.2.4
18	Wie wird die Körpergröße von Wasserorganismen auf Erwärmung reagieren?	9.2.5
19	Warum sind Korallenriffe besonders gefährdet in einem sich erwärmenden Ozean?	9.2.6
20	Was ist Korallenbleiche?	9.2.6
21	Welche Substanzen treiben die Versauerung von Süßwasser voran?	9.3.1
22	Warum ist Süßwasserversauerung schädlich für viele Arten?	9.3.1
23	Wie reagiert das Karbonatsystem auf die Ozeanversauerung?	9.3.2
24	Welcher biologische Prozess ist am empfindlichsten gegenüber der Ozeanversauerung und warum?	9.3.2
25	Welche benthischen und welche pelagischen höheren Taxa reagieren am negativsten auf die Ozeanversauerung?	9.3.2
26	Warum kann die Photosynthese unter Ozeanversauerung erhöht werden?	9.3.2
27	Können Kalzifizierer sich an die Ozeanversauerung anpassen oder sie bewältigen? Geben Sie Beispiele.	9.3.2
28	Wie beeinflusst die Ozeanversauerung den Wettbewerb zwischen verschiedenen Gruppen von benthischen Algen?	9.3.2
29	Wie kann die Ozeanversauerung Räuber-Beute-Beziehungen beeinflussen?	9.3.2

Nr.	Frage	Abschn.
30	Warum wurde Überfischung zu einem globalen Problem?	9.4.1
31	Hat der Fang von Wildfischen in den letzten Jahrzehnten zugenommen, abgenommen oder ist er konstant geblieben?	9.4.1
32	Kann Aquakultur Nachteile für Wildfische haben? Wenn ja, welche?	9.4.1
33	Was ist mit dem Ausdruck „fishig down the food web gemeint?	9.4.2
34	Wie groß sind die heutigen Populationen von großen Raubfischen im Vergleich zu vor >50 Jahren?	9.4.2
35	Kann die Überfischung von hohen Trophiestufen Auswirkungen auf niedrigere haben?	9.4.3
36	Wie kann Überfischung zur Förderung von Quallen-Ausbrüchen beitragen?	9.4.3
37	Wie erhöhen Menschen den globalen Transport von nicht-einheimischen Arten?	9.5.1
38	Was sind die Phasen eines erfolgreichen Invasionsprozesses?	9.5.1
39	Welche Hindernisse müssen nicht-einheimische Arten überwinden, um sich in einer Empfängerregion zu etablieren?	9.5.2
40	Was sind die Unterschiede zwischen Propagulendruck und Kolonisierungsdruck?	9.5.2
41	Was sind die möglichen negativen Auswirkungen von Arteninvasionen?	9.5.3
42	Warum wird der beliebte Speisefisch *Cyprinus carpio* als eine der schlimmsten invasiven Arten in Nordamerika eingestuft?	9.5.3
43	Was waren die ökologischen und sozialen Auswirkungen der Einführung des Nilbarschs in den Viktoriasee?	9.5.3
44	Wie beeinflusst die Invasion der Zebramuschel die einheimischen Ökosysteme und die menschliche Nutzung von Gewässern?	9.5.3
45	Woher stammen die europäischen Populationen der Rippenqualle *Mnemiopsis leydii*	9.5.3
46	Wie hat sich die Wahrnehmung der Interaktion zwischen *Mnemiopsis leydii* und der Schwarzmeer-Sardelle verändert?	9.5.3
47	Was sind die Gründe für den Vorschlag des Anthropozäns als eine neue geologische Epoche für unsere Zeit?	9.6.1
48	Können Sie mindestens 6 Beispiele dafür nennen, wie menschliche Aktivitäten die Ökosysteme der Erde dominieren?	9.6.2
49	Erleben wir ein 6. Massenaussterben?	9.6.3
50	Wie unterscheidet sich das vermeintliche 6. Massensterben von den 5 Massensterben in der geologischen Vergangenheit?	9.6.3
51	Welche marinenn höheren Taxa werden am stärksten von den gegenwärtigen Extinktionen bedroht und welche wsren in der geologischen Vergangenheit am stärksten betroffen?	9.6.3

Literatur

Alheit J, Pohlmann D, Casini M, Greve W, Hinrichs R, Mathis M, O'Driscoll K, Vorberg R, Wagner C (2012) Climate variability drives anchovies and sardines into the North and Baltic Seas. Prog Oceanogr 96:128–139

Allan JD, Abell R, Hogan Z, Revenga C, Taylor BW, Welcomme RL, Winemiller K (2005) Overfishing of inland waters. BioScience 55:1041–1051

Almer WW, Dickson B, Eckström C, Hornström E, Miller U (1974) Effects of acidification on Swedish lakes. Ambio 3:30–36

Anderson DM, Cembella AD, Hallegraeff GM (2012) Progress in understanding Harmful Algal Blooms: paradigm shifts and new technologies for research, monitoring, and management. Ann Rev Mar Sci 4:143–176

Appelhans YS, Thomsen J, Pansch C, Melzner F, Wahl M (2012) Sour times: seawater acidification effects on growth, feeding behaviour and acid-base status of *Asterias rubens* and *Carcinus maenas*. Mar Ecol Prog Ser 459:85–98

Arai MN (2001) Pelagic coelenterates and eutrophication: a review. Hydrobiologia 451:69–87

Arts GHP (2002) Deterioration of Atlantic soft water macrophyte communities by acidification, eutrophication and alkalinisation. Aquat Bot 73:373–393

Arzet K, Steinberg C, Psenner R, Schulz N (1986) Diatom distribution and diatom inferred pH in the sediment of four alpine lakes. Hydrobiologia 243:247–254

Baer J, Spiessl C, Auerswals K, Geist J, Brinker A (2022) Signs of the times: Isotopic signature changes in several fish species following invasion of Lake Constance by quagga mussels. J Great Lakes Res 48:746–755

Bergmann C (1847) Über die Verhältnisse der Wämeökonomie der Thiere zu ihrer Grösse [About the relationship of the thermal economy of animals to their body size]. Gottinger Studien 3:538–545

Bilio M, Niermann U (2004) Is the comb jelly really to blame for it all? *Mnemiopsis leidyi* and the ecological concerns about the Caspian Sea. Mar Ecol Prog Ser 269:173–183

Birks HJB, Line JM, Juggins S, Stevenson AC, Terbraak CJF (1990) Diatoms and pH reconstruction. Philos Trans Roy Soc Ser B Biol Sci 327:263–278

Blackburn TM, Pyšek P, Bacher S, Carlton JT, Duncan RP, Jarošík V, Wilson JRU, Richardson DM (2011) A proposed unified framework for biological invasions. Trends Ecol Evol 26:333–339

Boersma M, Malzahn AM, Greve W, Javidpour J (2007) first occurrence of the ctenophore *Mnemiopsis leidyi* in the North Sea. Helgoland Mar Res 61:153–155

Boyce DG, Lewis MR, Worm B (2010) Global phytoplankton decline over the past century. Nature 466:591–596

Brett MT (1989) Zooplankton communities and acidification processes (a review). Water Air Soil Pollut 44:387–414

Briski E, Bailey SA, Casas-Monroy O, DiBacco C, Kaczmarska I, Levings C, MacGillivary ML, McKindsey CW, Nasmith LE, Parenteau M, Piercey GE, Rochon A, Roy S, Simard N, Villac MC, Weise AM, MacIsaac HJ (2012) Relationship between propagule pressure and colonization pressure in invasion ecology: a test with ships' ballast. Proc Roy Soc B Biol Sci 279:2990–2997

Briski E, Gollasch S, David M, Linley RD, Casas-Monroy O, Rajakaruna H, Bailey SA (2015) Combining ballast water exchange and treatment to maximize prevention of species Introductions to freshwater ecosystems. Environ Sci Technol 49:9566–9573

Briski E, Chan FT, Darling JA, Lauringson V, MacIsaac HJ, Zhan A, Bailey SA (2018) Beyond propagule pressure: importance of selection during the transport stage of biological invasions. Front Ecol Environ 16:345–353

Broecker WS (1975) Climatic change: are we on the brink of a pronounced global warming? Science 189:460–463

Burkholder JM, Glasgow HB (1997) Pfiesteria piscicida and other Pfiesteria-like dinoflagellates: Behavior, impacts, and environmental controls. Limnol Oceanogr 42:1052–1075

Carlton JB, Geller JT (1993) Ecological roulette—the global transport of non-indigenous marine organisms. Science 261:78–82

Ceballos G, Ehrlich PR, Barnosky AD, Garcia A, Pringle RM, Palmer TM (2015) The Accelerated modern human-induced species losses: Entering the sixth mass extinction. Sci Adv 1:e1400253

Chorus I (2001) Effects of *Microcystis* spp. and selected cyanotoxins on freshwater organisms. In: Chorus I (ed) Cyanotoxins. Springer, Heidelberg, S 239–280

Chorus I, Fastner J, Welker M (2021) Cyanobacteria and cyanotoxins in a changing environment: Concepts, controversies, challenges. Water 13:2463

Conant RT, Berdanier AB, Grace PR (2013) Patterns and trends in nitrogen use and nitrogen recovery efficiency in world agriculture. Global Biogeochemical Cycles 27:558–566

Conley DJ, Paerl HW, Howarth RW, Boesch DF, Seitzinger SP, Havens KE, Lancelot C, Likens GE (2009) ECOLOGY controlling eutrophication: nitrogen and phosphorus. Science 323:1014–1015

Cowie RH, Bouchet P, Fontaine B (2022) The sixth mass extinction: fact, fiction or speculation? Biol Rev 97:640–663

Crooks JA (2002) Characterizing ecosystem-level consequences of biological invasions: the role of ecosystem engineers. Oikos 97:153–166

Crutzen PJ, Stoermer EF (2000) The Anthropocene. Glob Change Newsl 41:17–18

Cuthbert RN, Pattison Z, Taylor NG, Verbrugge L, Diagne C, Ahmed DA, Leroy B, Angulo E, Briski E, Capinha C, Catford JA, Dalu T, Essl F, Gozlan RE, Haubrock PJ, Kourantidou M, Kramer AM, Renault D, Wasserman RJ, Courchamp F (2021) Global economic costs of aquatic invasive alien species. Sci Total Environ 775:145238

Cuthbert RN, Kotronaki SG, Carlton JT, Ruiz GM, Fofonoff P, Briski E (2022) Aquatic invasion patterns across the North Atlantic. Glob Change Biol 28:1376–1387

Daskalov GM, Grishin AN, Rodionov S, Mihneva V (2007) Trophic cascades triggered by overfishing reveal possible mechanisms of ecosystem regime shifts. Proc Natl Acad Sci USA 104:105180523

Daufresne M, Lengfellner K, Sommer U (2009) Global warming benefits the small in aquatic ecosystems. Proc Natl Acad Sci USA 106:12788–12793

Diamond JM (1989) The present, past and future of human-caused extinctions. Philos Trans Roy Soc B Biol Sci 325:469–477

Diaz RJ, Rosenberg R (2008) Spreading dead zones and consequences for marine ecosystems. Science 321:926–929

Doney SC, Fabry VJ, Feely RA, Kleypas JA (2008) Ocean acidification—the other CO_2 problem. Ann Rev Mar Sci 1:169–192

Duarte CM (1995) Submerged aquatic vegetation in relation to different nutrient regimes. Ophelia 41:87–112

Dulvy NK, Rogers SI, Jennings S, Stelzenmüller V, Dye SR, Skjoldal HR (2008) Climate change and deepening of the North Sea fish assemblage: a biotic indicator of warming seas. J Appl Ecol 45:1029–1039

Dybas CL (2005) Dead zones spreading in world oceans. BioScience 55(552):557

Edwards M, John PG, Leterme SC, Svendsen B, Richardson AJ (2006) Regional climate change and harmful algal blooms in the northeast Atlantic. Limnol Oceanogr 51:820–829

Eriksson MOG, Henrikson L, Nilsson B, Nyman G, Oscarson HG, Stenson AE, Larsson K (1980) Predator-prey relationship important for the biotic changes in acidified lakes. Ambio 9:248–249

Ernst B, Hoeger SJ, O'Brien E, Dietrich DR (2006) Oral toxicity of the microcystin-containing cyanobacterium *Planktothrix rubescens* in European whitefish (*Coregonus lavaretus*). Aquat Toxicol 79:31–40

Estes JA, Tinker MT, Williams TM, Doak DF (1998) Killer whale predation on sea otters linking oceanic and nearshore ecosystems. Science 282:473–476

Fabricius KF, Benayahu Y, Genin A (1995) Herbivory in asymbiotic soft corals. Science 268:90–92

FAO (2020) The state of world fisheries and aquaculture 2020. https://doi.org/10.4060/ca9229en

Form AU, Riebesell U (2012) Acclimation to ocean acidification during long-term CO_2 exposure in the cold-water coral Lophelia pertusa. Glob Change Biol 18:843–853

Gattuso JP, Frankignoulle M, Bourge I, Romaine S, Buddemeier RW (1998) Effect of calcium carbonate saturation of seawater on coral calcification. Glob Planet Change 18:37–46

Gerdeaux D, Anneville O, Hefti D (2006) Fishery changes during re-oligotrophication in 11 perialpine Swiss and French lakes over the past 30 years. Acta Oecol 30:161–167

Giusti F, Oppi E (1973) Dreissena polymorpha (Pallas) nuovamente in Italia (Bivalvia, Dreissenidae). Mem Mus Civ St Nat Verona (in Italian) 20:45–49

Gliwicz ZM (1977) Food size selection and seasonal succession of filter feeding zooplankton in an eutrophic lake. Ekologia Polska 25:179–225

Gliwicz ZM, Siedlar E (1980) Food size limitation and algae interfering with food collection in Daphnia. Arch Hydrobiol 88:155–177

Graneli E, Weberg M, Salomon PS (2008) Harmful algal blooms of allelopathic microalgal species: The role of eutrophication. Harmful Algae 8:94–102

Grattan LM, Holobaugh S, Morris JG (2016) Harmful algal blooms and public health. Harmful Algae 57:2–8

Griffith JK (1997) Occurrence of aggressive mechanisms during interactions between soft corals (Octocorallia : Alcyoniidae) and other corals on the Great Barrier Reef, Australia. Mar Freshwat Res 48:129–135

Hallegraeff GM (2010) Ocean climate change, phytoplankton community responses, and harmful algal blooms: a formidable predictive challenge. J Phycol 46:220–235

Harnik PG, Lotze HK, Anderson SC, Finkel ZV, Finnegan S, Lindberg DR, Liow LH, Lockwood R, McClain CR, McGuire JL, O'Dea A, Pandolfi JM, Simpson C, Tittensor DP (2012) Extinctions in ancient and modern seas. Trends Ecol Evol 27:608–617

Henriksen A, Lein L, Rosseland BO, Traaen TS, Sevaldrup IS (1989) Lake acidification in Norway: present and predicted fish status. Ambio 18:314–321

Higgins SN, Vander Zanden MJ (2010) What a difference a species makes: a meta-analysis of dreissenid mussel impacts on freshwater ecosystems. Ecol Mongr 80:179–196

Hoegh-Guldberg O (1999) Climate change, coral bleaching and the future of the world's coral reefs. Mar Freshwat Res 50:839–866

Hughes TP (1994) Catastrophes, phase shifts and large-scale degradation of a Caribbean coral reef. Science 265:1547–1551

Hughes TP, Barnes ML, Bellwood DR, Cinner JE, Cumming GS, Jackson JBC, Kleypas J, van de Leemput IA, Lough JM, Morrison TH, Palumbi SR, van Nes EH, Scheffer M (2017) Coral reefs in the Anthropocene. Nature 546:82–90

Hughes TP, Kerry JT, Simpson T (2018) Large-scale bleaching of corals on the Great Barrier Reef. Ecology 99:501

IPCC (2021) Climate change 2021: The physical science basis. Contribution of Working Group I to the Sixth Assessment Report of the Intergovernmental Panel on Climate Change. Cambridge University Press, Cambridge, UK. https://doi.org/10.1017/9781009157896

Jackson JBC (2008) Ecological extinction and evolution in the brave new ocean. Proc Natl Acad Sci USA 105:11458–11465

Jackson JBC, Kirby MX, Berger WH, Bjorndal KA, Botsford LW, Bourque BJ, Bradbury RH, Cooke R, Erlandson J, Estes JA, Hughes TP, Hughes TP, Kidwel S, Lange CB, Lenihan HS, Pandolfi JM, Peterson CH, Steneck RS, Tegner MJ, Warner RR (2001) Historical overfishing and the recent collapse of coastal ecosystems. Science 293:629–638

Javidpour J, Sommer U, Shiganova TA (2006) First record of *Mnemiopsis leidyi A. Agassiz* 1865 in the Baltic Sea. Aquat Invasions 1:299–302

Karatayev AY, Burlakova LE (2022) What we know and don't know about the invasive zebra (*Dreissena polymorpha*) and quagga (*Dreissena rostriformis bugensis*) mussels. Hydrobiologia. https://doi.org/10.1007/s10750-022-04950-5

Kautsky H, Kautsky L, Kautsky N, Kautsky U, Lindblad C (1992) Studies of the *Fucus vesiculosus* community in the Baltic Sea. Acta Phytogeogr Sues 78:33–48

Klug JL, Fisher JM (2000) Factors influencing the growth of Mougeotia in experimentally acidified mesocosms. Can J Fish Aquat Sci 57:538–547

Kroeker KJ, Kordas RL, Crim RN, Singh GG (2010) Meta-analysis reveals negative yet variable effects of ocean acidification on marine organisms. Ecol Lett 13:1410–1434

Kroeker KJ, Kordas RL, Crim RN, Hendriks IE, Ramajo L, Singh GS, Duarte CM, Gattuso JP (2013a) Impacts of ocean acidification on marine organisms: quantifying sensitivities and interaction with warming. Global Change Biol 19:1884–1896

Kroeker KJ, Micheli F, Gambi MC (2013b) Ocean acidification causes ecosystem shifts via altered competitive interactions. Nat Clim Change 3:156–159

Kroeker KJ, Sanford E, Jellison BM, Gaylord B (2014) Predicting the effects of ocean acidification on predator-prey interactions: A conceptual framework based on coastal molluscs. Biol Bull 226:211–222

Langdon C, Takahashi T, Sweeney C, Chipman D, Goddard J, Marubini F, Aceves H, Barnett H, Atkinson M (2000) Effect of calcium carbonate saturation state on the calcification rate of an experimental coral reef. Global Biogeochem Cycles 14:639–654

Lenoir J, Svenning DC (2015) Climate-related range shifts—a global multidimensional synthesis and new research directions. Ecography 38:15–38

Lewandowska AM, Boyce DG, Hofmann M, Matthiessen M, Sommer U, Worm B (2014) Effects of sea surface warming on marine plankton. Ecol Lett 17:614–623

Lima FP, Ribeiro PA, Hawkins SJ, Santos AM (2007) Do distributional shifts of northern and southern species of algae match the warming pattern? Global Change Biol 13:2592–2604

Makareviciute-Fichtner K, Matthiessen B, Lotze HK, Sommer U (2020) Decrease in diatom dominance at lower Si:N ratios alters plankton food webs. J Plankton Res 42:411–424

Mann KH, Breen PA (1972) The relation between lobster abundance, sea urchins, and kelp beds. J Fish Res Bd Can 29:603–605

Marañón E, Cermeño P, Latasa M, Tadonleke RD (2015) Resource supply alone explains the variability of marine phytoplankton size structure. Limnol Oceanogr 60:1848–1854

McCook LJ (1999) Macroalgae, nutrients and phase shifts on coral reefs: scientific issues and management consequences for the Great Barrier Reef. Coral Reefs 18:357–367

Morán XAG, Lopez-Urrutia A, Calvo-Díaz A, Li WKW (2010) Increasing importance of small phytoplankton in a warmer ocean. Global Change Biol 16:1137–1144

Moustaka-Gouni M, Sommer U (2020) Effects of harmful blooms of large-sized and colonial Cyanobacteria on aquatic food webs. Water 12:1587

Moustaka-Gouni M, Sommer U (2021) Harmful blooms of Cyanobacteria: adding complexity to a well studies topic. Water 13:2643

Myers RA, Worm B (2003) Rapid worldwide depletion of predatory fish communities. Nature 423:280–283

Myers RA, Baum JK, Shepherd TD, Powers SP, Peterson CH (2007) Cascading effects of the loss of apex predatory sharks from a coastal ocean. Science 315:1846–1850

Oliver TA, Palumbi SR (2011) Do fluctuating temperature environments elevate coral thermal tolerance? Coral Reefs 30:429–440

Olonscheck D, Hofmann M, Worm B, Schellnhuber HJ (2013) Decomposing the effects of ocean warming on chlorophyll a concentrations into physically and biologically driven contributions. Environ Res Lett 8:014043

Pauli NC, Briski E (2018) Euryhalinity of Ponto-Caspian invaders in their native and introduced regions. Aquat Invasions 13:439–447

Pauly D, Christensen V, Dalsgaard J, Froese R, Torres F (1998) Fishing down marine food webs. Science 279:850–863

Perry AL, Low PJ, Ellis JR, Reynolds JD (2005) Climate change and distribution shifts in marine fishes. Science 308:1912–1915

Persson L, Diehl S, Johansson L, Andersson G, Harmin SF (1991) Shifts in fish communities along the productivity gradient of temperate lakes-patterns and the importance of size-structured interactions. J Fish Biol 38:281–293

Peter KH, Sommer U (2012) Phytoplankton cell size: intra- and interspecific effects of warming and grazing. PLoS One 7:e49632

Peters RH (1986) The role of prediction in limnology. Limnol Oceanogr 31:1149–1159

Pimm SL, Jenkins CN, Abell R, Brooks TM, Gittleman JL, Joppa LN, Raven PH, Roberts CM, Sexton JO (2014) The biodiversity of species and their rates of extinction, distribution, and protection. Science 344:1246752

Pinsky ML, Worm B, Fogarty MJ, Sarmiento JL, Levin SA (2013) Marine taxa track local climate velocities. Science 341:1239–1242

Pitt NR, Poloczanska ES, Hobday AJ (2010) Climate-driven range changes in Tasmanian intertidal fauna. Mar Freshwat Res 61:1–8

Poloczanska ES, Burrows MT, Brown CJ, Molinos JG, Halpern BS, Hoegh-Guldberg O, Kappel CV, Moore PJ, Richardson AJ, Schoeman DS, Sydeman WJ (2016) Responses of marine organisms to climate change across oceans. Front Mar Sci 3:62

Pringle RM (2005a) The origins of the Nile Perch in Lake Victoria. BioScience 55:780–787

Pringle RM (2005b) The Nile Perch in Lake Victoria: local responses and adaptations. Africa 75:510–538

Psenner R (1994) Environmental impacts on freshwaters: acidification as a global problem. Sci Tot Environ 143:53–61

Purcell JE, Uye S, Lo WT (2007) Anthropogenic causes of jellyfish blooms and their direct consequences for humans: a review. Mar Ecol Prog Ser 350:153–174

Raup DM, Sepkoski JJ (1982) Mass extinctions in the marine fossil record. Science 215:1501–1503

Reinfelder JR (2011) Carbon concentrating mechanisms in eukaryotic marine phytoplankton. Annu Rev Mar Sci 3:291–325

Reusch TBH, Bolte S, Sparwel M, Moss AG, Javidpour J (2010) Microsatellites reveal origin and genetic diversity of Eurasian invasions by one of the world's most notorious marine invader, *Mnemiopsis leidyi* (Ctenophora). Mol Ecol 19:2690–2699

Richardson AJ, Bakun A, Hays GC, Gibbons MJ (2009) The jellyfish joyride: causes, consequences and management responses to a more gelatinous future. Trens Ecol Evol 24:312–322

Riebesell U, Wolf-Gladrow DA, Smetacek VS (1993) Carbon dioxide limitation of marine phytoplankton growth rates. Nature 361:249–251

Riebesell U, Zondervan I, Rost B, Tortell PD, Zeebe RE, Morel FMM (2000) Reduced calcification of marine plankton in response to increased atmospheric CO_2. Nature 407:364–367

Riebesell U, Schulz KG, Bellerby RGJ, Botros M, Fritsche P, Meyerhöfer M, Neill C, Nondal G, Oschlies A, Wohlers J, Zöllner E (2007) Enhanced biological carbon consumption in a high CO_2 ocean. Nature 450:545–548

Riegman R, Nordeloos AAM, Cadée GC (1992) *Phaeocystis* blooms and eutrophication of the continental coastal zones of the North sea. Mar Biol 112:479–484

Schindler DW (1980) The effect of fertilization with phosphorus and nitrogen versus phosphorus alone on eutrophication of an experimental lake. Limnol Oceanogr 25:1149–1152

Schindler DW (2006) Recent advances in the understanding and management of eutrophication. Limnol Oceanogr 51:3546–3363

Schlüter L, Lohbeck K, Gutowska M, Gröger JP, Riebesell U, Reusch TBH (2014) Adaptation of a globally important coccolithophore to ocean warming and acidification. Nat Clim Change 4:1024–1030

Shiganova TA, Mirzoyan ZA, Studenikina EA, Volovik SP, Siokou-Frangou I, Zervoudaki S, Christou ED, Skirta AY, Dumont HJ (2001) Population development of the invader ctenophore *Mnemiopsis leidyi* in the Black Sea and other seas of the Mediterranean basin. Mar Biol 139:431–445

Siegel DA, Doney SC, Yoder JA (2002) The North Atlantic spring phytoplankton bloom and Sverdrup's critical depth hypothesis. Science 296:730–733

Simberloff D (2006) Invasional meltdown 6 years later: important phenomenon, unfortunate metaphor, or both? Ecol Lett 9:912–919

Simberloff D (2011) How common are invasion-induced ecosystem impacts? Biol Invasions 13:1255–1268

Simberloff D, Von Holle B (1999) Positive interactions of nonindigenous species: invasional meltdown? Biol Invasions 1:21–32

Sommer U (1988) Some size relationships in phytoflagellate mobility. Hydrobiologia 161:125–131

Sommer U, Lengfellner K (2008) Climate change and the timing, magnitude and composition of the phytoplankton spring bloom. Glob Change Biol 14:1199–1208

Sommer U, Lewandowska A (2011) Climate change and the phytoplankton spring bloom: warming and overwintering zooplankton have similar effects on phytoplankton. Glob Change Biol 17:154–162

Sommer U, Stibor H, Katechakis A, Sommer F, Hansen T (2002) Pelagic food web configurations at different levels of nutrient richness and their implications for the ratio fish production:primary production. Hydrobiologia 484:11–20

Sommer U, Aberle N, Lengfellne K, Lewandowska A (2012) The Baltic Sea spring phytoplankton bloom in a changing climate: an experimental approach. Mar Biol 159:2479–2490

Sommer U, Paul C, Moustaka-Gouni M (2015) Warming and ocean acidification effects on phytoplankton—from species shifts to size shifts within species in a mesocosm experiment. PLoS One 10:e0125239

Sommer U, Peter KH, Genitsaris S, Moustaka-Gouni M (2017) Do marine phytoplankton follow Bergmann's rule *sensu lato*? Biol Rev 92:1011–1026

Sorensen PW, Bajer P (2011) Carp, common. In: Simberloff D, Rejmánek M (Hrsg) Encyclopedia of biological invasions. University of California Press, Berkeley, S 100–104

Stich HB, Brinker A (2010) Oligotrophication outweighs effects of global warming in a large, deep, stratified lake ecosystem. Global Change Biol 16:877–888

Strayer DL, Eviner VT, Jeschke JM, Pace ML (2006) Understanding the long-term effects of species invasions. Trends Ecol Evol 21:645–651

Sverdrup H (1953) Conditions for the vernal blooming of phytoplankton. J Cons Explor Mer 18:287–295

Theede H (1984) Physiological approaches to environmental problems of the Baltic. Limnologica 15:443–458

Thienemann A (1925) Die Binnengewässer Mitteleuropas. Binnengewässer 1:1–255

Thomsen J, Gutowska MA, Saphorster J, Heinemann A, Trübenbach K, Fietzke J, Hiebenthal C, Eisenhauer A, Körtzinger A, Wahl M, Melzner F (2010) Calcifying invertebrates succeed in a naturally CO_2-rich coastal habitat but are threatened by high levels of future acidification. Biogeosciences 7:3879–3891

Treguer PJ, De La Rocha CL (2013) The world ocean silica cycle. Ann Rev Mar Sci 5:477–501

Uye S (1994) Replacement of large copepods by small ones with eutrophication of embayments: cause and consequence. Hydrobiologia 292/293:513–519

Vitousek PM, Mooney HA, Lubchenco J, Melillo JM (1997) Human domination of earth's ecosystems. Science 277:494–499

Vollenweider R, Kerekes J (1982) Eutrophication of waters. Monitoring, assessment and control. OECD, Paris

Wagner G (1976) Simulationsmodelle der Seeneutrophierung, dargestellt am Beispiel des Bodensees-Obersee. Arch Hydrobiol 78:1–41

Waldbusser GG, Hales B, Haley BA (2016) Calcium carbonate saturation state: on myths and this or that stories. ICES J Mar Sci 73:563–5468

Walsby AE, Reynolds CS (1980) Sinking and floating. In: Morris I (ed) The physiological ecology of phytoplankton. Blackwell, Oxford, S 371–412

Walther GR, Post E, Convey P, Menzel A, Parmesan C, Beebee TC, Fromentin JM, Hoegh-Guldberg O, Bairlein F (2002) Ecological responses to recent climate change. Nature 416:389–395

Wiedner C, Rücker J, Brüggemann R, Nixdorf B (2007) Climate change affects timing and size of populations of an invasive cyanobacterium in temperate regions. Oecologia 152:473–484

Williamson M, Fitter A (1996) The varying success of invaders. Ecology 77:1661–1666

Wiltshire KH, Manly BFJ (2004) The warming trend at Helgoland Roads, North Sea: phytoplankton response. Helgoland Mar Res 58:269–273

Worm B, Lotze HK, Bostrom C, Engkvist R, Labanauskas V, Sommer U (1999) Marine diversity shift linked to interactions among grazers, nutrients and propagule banks. Mar Ecol Prog Ser 185:309–314

Worm B, Hilborn R, Baum JK, Branch TA, Collie JS, Costello C, Fogarty MJ, Fulton EA, Hutchings JA, Jennings S, Jensen OP, Lotze HK, Mace PM, McClanahan TR, Minto C, Palumbi SR, Parma AM, Ricard D, Rosenberg AA, Watson R, Zeller D (2009) Rebuilding global fisheries. Science 325:578–585

Wright RF (1983) Input-output budgets at Langtjern, a small acidified lake in southern Norway. Hydrobiologia 101:1–12

MIX
Papier aus verantwortungsvollen Quellen
Paper from responsible sources
FSC® C105338

If you have any concerns about our products,
you can contact us on
ProductSafety@springernature.com

In case Publisher is established outside the EU,
the EU authorized representative is:
**Springer Nature Customer Service Center GmbH
Europaplatz 3, 69115 Heidelberg, Germany**

Printed by Libri Plureos GmbH
in Hamburg, Germany